Johann Steiner

Compendium der Kinderkrankheiten

Für Studierende und Ärzte

Johann Steiner

Compendium der Kinderkrankheiten
für Studierende und Ärzte

ISBN/EAN: 9783743452336

Hergestellt in Europa, USA, Kanada, Australien, Japan

Cover: Foto ©berggeist007 / pixelio.de

Manufactured and distributed by brebook publishing software (www.brebook.com)

Johann Steiner

Compendium der Kinderkrankheiten

COMPENDIUM

DER

KINDERKRANKHEITEN

FÜR

STUDIRENDE UND AERZTE

VON

Dr. JOHANN STEINER,

K. R. A. O. PROFESSOR DER KINDERHEILKUNDE AN DER UNIVERSITAET UND ORDINIRENDER ARZT
AM FRANZ-JOSEPH-KINDERSPITALE ZU PRAG, CORRESPONDIRENDES MITGLIED DES VEREINS DER
AERZTE IN STEIERMARK, EHRENMITGLIED DER GESELLSCHAFT FUER NATUR- UND HEILKUNDE
ZU DRESDEN.

LEIPZIG,

VERLAG VON F. C. W. VOGEL.

1872.

Vorrede.

Fünfzehnjährige ununterbrochene Thätigkeit im Franz-Joseph-Kinderspitale zu Prag, und zwar theils unter der Anleitung meines hochverehrten Lehrers und Gönners des Ministerialrathes Freiherrn Joseph von Löschner, theils in selbstständiger Stellung als ordinirender Arzt und Lehrer gaben mir den Muth und die Berechtigung, vorliegendes Compendium zu verfassen. Ob es mir gelungen, die zahlreichen eigenen sowie fremden Erfahrungen auf dem Gebiete der Pädiatrik in jene Form zu bringen, dass das Buch dem Studirenden ein belehrender Leitfaden, dem Arzte aber ein nutzbringender Führer am Krankenbette ist, darüber soll die Stimme der Oeffentlichkeit entscheiden, welcher ich das Buch mit dem Bewustsein übergebe, nur das Beste angestrebt zu haben.

Prag, im August 1871.

Dr. Steiner.

INHALTSVERZEICHNISS.

ERSTER ABSCHNITT.

Krankenuntersuchung.

ZWEITER ABSCHNITT.

Krankheiten des Nervensystems.

A. Krankheiten des Gehirns und seiner Häute.

DRITTER ABSCHNITT.

Krankheiten der Athmungsorgane.

A. Krankheiten der Nasenhöhle.

B. Kehlkopfkrankheiten.

C. Krankheiten der Trachea.

D. Krankheiten der Schilddrüse.

E. Krankheiten der Bronchien und der Lunge.

VIERTER ABSCHNITT.

Krankheiten der Circulationsorgane und des Lymphapparates.

FÜNFTER ABSCHNITT.

Krankheiten der Verdauungswerkzeuge.

Allgemeine und physiologische Vorbemerkungen.

A.   Mund- und Rachenhöhle.

Erster Abschnitt.

Krankenuntersuchung.

Die Untersuchung kranker Kinder ist mit mannigfachen Schwierigkeiten und Hindernissen verbunden, welche überwunden werden müssen, will der Arzt — was er ja muss — zu einer sichern Diagnose gelangen. Das Fehlen der Sprache, die Unzuverlässlichkeit der Mittheilungen über die subjectiven Störungen im Befinden, Eigensinn, Widerwillen, Furcht und Aufregung der Kinder machen die Untersuchung schwierig oder selbst unmöglich, und dies umso mehr, wenn es der Arzt nicht versteht, sich die Gunst des Kindes zu gewinnen. Der Kinderarzt sei zuerst Kinderfreund, kehre bei seinen Krankenvisiten, namentlich den ersten nicht zu sehr den Arzt hervor, sondern suche die Aufmerksamkeit der Kinder von sich zunächst auf andere Gegenstände, Spielsachen etc. abzulenken, und in mehr freundlicher, spielender Weise seinen Zweck zu erreichen. Diese Vorsicht ist namentlich bei Kindern zwischen 6 Monaten und 3 Jahren geboten, ganz junge Säuglinge und schon ältere Kinder legen der Untersuchung weniger Schwierigkeiten in den Weg; erstere sind eben noch willenlose, mehr indifferente Wesen, letztere vernünftigen Vorstellungen schon zugänglich.

Ich pflege bei der Untersuchung so vorzugehen, dass ich mir zunächst einen Gesammteindruck des kranken, zu untersuchenden Kindes verschaffe und dann erst zur Specialuntersuchung der einzelnen Systeme und Organe schreite, wenn nicht die Dringlichkeit des Falles ein unmittelbares Eingehen auf den Krankheitsherd erfordert.

In soweit es möglich, lasse man das Kind entkleiden und entweder das Bettchen so stellen, dass der kleine Patient hinreichend

beleuchtet wird, oder lasse ihn, wo dieses nicht angeht, auf einen
dem Fenster nahestehenden Tisch legen.

, Der Gesammteindruck ist die Summe jener körperlichen
und geistigen Eigenschaften und Thätigkeiten, deren Kenntniss
sich der Arzt verschaffen kann, ohne das Kind zu berühren oder
zu belästigen. In manchen Fällen kann schon die richtige und
scharfe Würdigung dieser Symptome eine wahrscheinliche oder
selbst bestimmte Diagnose ermöglichen.

In den Rahmen des Gesammteindruckes gehört zunächst die
Entwicklung und Ernährung des Kindes. Die Länge des
neugeborenen Knaben beträgt durchschnittlich 49 Ctm., die des
Mädchens 48 Ctm.. Am schnellsten wächst das Kind in den ersten
Lebenswochen, im ersten Jahre etwa um 16—20, im zweiten um
8—10, im dritten um 7--8, im vierten um 6 Ctm., vom fünften
bis fünfzehnten oder sechszehnten Jahre beträgt die jährliche Zunahme etwa 5—6 Ctm.. Das Körpergewicht eines Neugeborenen
beträgt im Durchschnitt 3—4000 Gramm.

Die tägliche Gewichtszunahme eines normal sich entwickelnden Kindes muss 1—3 Loth betragen.

Ein Blick auf das Kind im Vergleiche mit dem Alter desselben wird uns sagen, ob die Ernährung und Entwicklung eine
normale sei oder nicht. Geringe Körperlänge, mangelhafter oder
fehlender Fettpolster, dünne schlaffe Muskulatur, eine faltige runz-
lige Haut sind Zeichen gestörter An- und Fortbildung und haben
ihren Grund entweder in mangelhafter unzweckmässiger Nahrung
oder in Krankheiten selbst.

Man überzeuge sich ferner, ob die einzelnen Organabschnitte
in einem harmonischen Verhältnisse zu einander stehen, wobei
nicht zu vergessen ist, dass bei Neugeborenen und Säuglingen
der Kopf und Unterleib überhaupt relativ grösser sind. Auffallende Störungen dieses Verhältnisses bietet der Hydrocephalus,
Mikrocephalus, die Rachitis, der chronische Darmkatarrh, die Caries der Wirbelsäule.

Den Gesammteindruck bedingen auch die Stellungen
und Bewegungen des Kindes. Gesunde Kinder liegen
ruhig und bewegen sich im wachen Zustande mit Lust und
in kräftiger, lebhafter Weise; apathisches gleichgiltiges Dahinliegen verräth Kraftlosigkeit und Schwäche, sind die Kinder dabei bewusstlos oder sich nur halbbewusst, die Augen starr, unbeweglich, die Augenlider halb offen, so sind dies Zeichen eines
schweren Hirnleidens. Unruhiges Hin- und Herwerfen und häufiges

Wechseln der Lage kommt bei fieberhaften Krankheiten und bei Hirnreiz vor, häufiges Abstossen und Anziehen der untern Extremitäten an den Unterleib, verbunden mit schmerzhaftem Schreien spricht bei Säuglingen für Dyspepsie und Colik; bleibendes Anziehen beider untern Extremitäten kommt bei Peritonitis, nur einer derselben bei Gonitis, Coxitis und Psoitis vor.

Ruhige ängstlich eingehaltene Lage am Rücken, auf einer oder der andern Seite mit schnellen kurzen Athembewegungen kommt Entzündungen der Brustorgane und des Bauchfelles, stark nach rückwärts gebeugter Kopf exsudativen Gehirnleiden und dem Croup zu. Häufiges, oft perpendikelartig erfolgendes Hin- und Herwerfen des Kopfes, Reiben und Bohren mit demselben im Kopfkissen, automatische Bewegungen einer oder beider obern Extremitäten und zeitweises Werfen oder Schleudern einer untern Extremität nach aussen, während die andere eine vernachlässigte, ruhige Lage annimmt, sehen wir bei Kindern mit Gehirnkrankheiten. Andauerndes Liegen auf dem Gesichte ist ein Zeichen von Lichtscheu und wird besonders bei scrophulöser Augenentzündung wahrgenommen. Halbsitzende Stellung mit grosser Athemnoth verräth reichliche Ergüsse in Herzbeutel und Pleurasack. Klonische und tonische Muskelkrämpfe, sowie Paralysen einzelner oder vieler Muskelgruppen werden durch centrale oder peripherische Störungen im Nervensystem bedingt; unwillkührliche Muskelbewegungen bei vorhandenem Bewusstsein sind der Chorea eigen.

Einen weitern Factor des Gesammteindruckes bildet der Ausdruck des Gesichtes.

Während gesunde, gut genährte Säuglinge, besonders in den ersten Lebenswochen, noch keine ausgesprochene Physiognomie haben, finden wir unter dem Einflusse gewisser Krankheiten den Gesichtsausdruck in mehr oder weniger charakteristischer und für die Diagnose wichtiger Weise alterirt. Greisenhaftes Gesicht mit weiter runzlicher Haut begleitet chronische abzehrende Krankheiten, besonders des Darmkanales und der Lunge; ein in wenigen Stunden oder Tagen zu Stande gekommener Collapsus des Gesichtes mit Zurücksinken der tiefhalonirten Augen in die Orbita, Spitzigwerden der vorstehenden Gesichtstheile spricht für acute Unterleibskrankheiten, namentlich die Cholera infantum — eitrige Peritoneitis — croupös diphtheritische Magenentzündung. Schmerzhafter Gesichtsausdruck mit Runzeln der Stirnmuskeln kommt bei Hirnreiz vor, und stürmisches Heben und Senken der Nasenflügel

beim Athmen spricht für eine entzündliche Affection der Lunge. —
Gedunsenes Gesicht und ödematöse Anschwellung der Augenlider
wird bei Hydropsien, der parenchymatösen Nephritis und dem
Keuchhusten beobachtet.

Hat man sich einen Gesammteindruck verschafft, während
welcher Zeit an die Umgebung einige der wichtigsten Fragen
über Veranlassung, Dauer und bisherigen Verlauf der Krankheit
gestellt werden können, so schreite man zur Specialuntersuchung und überzeuge sich zunächst von dem Verhalten des
Pulses, der Körperwärme und der Respiration — Aeusserungen,
welche bei Kindern durch verhältnissmässig geringe Ursachen
merklich alterirt werden und zu einem falschen Resultate führen
können.

Schläft das Kind zur Zeit der vorzunehmenden Untersuchung,
so erhält man ohne Schwierigkeit die richtigen Verhältnisse der
Pulsfrequenz und Körperwärme. Anders ist es, wenn die Kinder
aufgeregt und unbändig sind, schreien und weinen, wodurch das
Pulsfühlen erschwert oder gar nicht möglich ist, und die Ziffer
momentan um 15—20 Schläge gesteigert wird. Unter solchen
Umständen warte man auf einen günstigen Zeitpunkt und bis
sich die kleinen Patienten einigermassen beruhigt haben.

Als Durchschnittszahlen der Pulsfrequenz in den einzelnen
Abschnitten des Kindesalters können folgende Ziffern gelten
(Rilliet und Barthez, Valleix u. A.), welche selbstverständlich mehr-
fache Abweichungen erfahren..

Bei Neugeborenen bis zum zweiten Monate zählt der Puls
                                       160—130
        zwischen dem 2.—6. Monate . . .   130—120
          „   „   6. Monate bis 1. Jahre   120—110
          „   „   1.—3. Jahre . . . .   110—100
          „   „   3.—5.   „   . . . .   100—90
          „   „   5.—10. „   . . . .   90—80
          „   „   10.—14. „   . . . .   80—70.

Zur Beurtheilung eines fieberhaften Zustandes ist bei Kindern
der Nachweis der gesteigerten Temperatur weit wichtiger als eine
vermehrte Pulsfrequenz. — Im Allgemeinen folgt bei Kindern die
Pulscurve dem Gange der Temperatur; nach mehrfachen Beobachtungen fällt bei Kindern unter 4 Jahren die Pulscurve im
fieberlosen Zustande in die Temperaturcurve, bei älteren Kindern
unter dieselbe; in fieberhaften Krankheiten bei Kindern unter 4
Jahren über die Temperaturcurve, bei älteren Kindern in dieselbe.

Fast wichtiger als die Frequenz ist die Qualität und der Rhythmus des Pulses. Unregelmässiger, verlangsamter Puls kommt bei Gehirnkrankheiten, Herzfehlern, mitunter auch bei nervösen anämischen Kindern ohne tiefere Bedeutung vor; einfach verlangsamter dabei regelmässiger Puls begleitet das Sklerem der Neugeborenen, manchmal auch die Nephritis parenchymatosa und den Icterus. Eine Pulsfrequenz von 140—160 bei abnorm erhöhter Temperatur in den Morgenstunden lässt eine croupöse Pneumonie oder den Ausbruch eines acuten Exanthems erwarten. Bezüglich der Körperwärme sei erwähnt, dass eine genaue Messung derselben zur Beurtheilung des Fieberverlaufes wichtig und nothwendig ist.

Zur approximativen Beurtheilung des Fiebergrades genügt es, die Hautwärme mittelst der aufgelegten Hand zu prüfen, wobei es rathsam ist, Kopf, Brust, Unterleib und Extremitäten für sich zu untersuchen, da auch ungleiche Vertheilung der Temperatur über die einzelnen Organabschnitte beobachtet wird. So findet man bei Meningitis tub. die Temperatur am Kopfe wesentlich gesteigert, an den Füssen dagegen gesunken, beim Typhus zeigt Stirne und Unterleib ziemlich die höchsten Temperaturgrade, bei acuten Exanthemen betrifft die abnorme Höhe der Temperatur die gesammte Hautoberfläche. Genaue Messungen der Bluttemperatur werden nur durch Einlegen eines verglichenen Thermometers in den Mastdarm oder die Achselhöhle erzielt.

Beim Neugeborenen ist die Körperwärme $1/4$—$1/2$ ° Cels. — später um weniges höher, als beim Erwachsenen; bei Kindern wird eine rasche Erhebung der Temperatur mit flüchtigem Charakter und bald eintretendem Abfall nicht selten schon durch geringfügige Krankheitsursachen, wie Erkältung, Schnupfen, Indigestion, Stomatitis, katarrhalische Angina etc. hervorgerufen.

Frostanfall im Beginne fieberhafter Krankheiten ist bei Kindern, je jünger dieselben, desto seltener und wenn er vorhanden, meistens unvollständig. Statt dessen sehen wir öfter eklamptische Anfälle, bei älteren Kindern Delirien eintreten, was in der leichten Erregbarkeit des Gehirns durch die gesteigerte Eigenwärme seinen Grund hat.

Abnorm niedere Temperaturen werden bedingt und unterhalten durch Blut- und Säfteverluste bei Cholera nostras — bei atrophischen, anämischen Kindern, ferner durch Kreislaufstörungen, namentlich im venösen Antheile, bei Herzfehlern, Sklerem der Neugeborenen, Emphysem, Asphyxie, Collapsus und

in der Agone. Beim Prüfen der Hautwärme kann man sich gleichzeitig überzeugen, ob die Haut trocken oder feucht, ob ein Ausschlag vorhanden und im bejahenden Falle, wie sich derselbe
charakterisirt. Bei der

Untersuchung des Kopfes

ist zunächst Grösse und Form desselben zu prüfen. Abnorm
gross ist er beim Hydrocephalus, bei Rachitis und Hirnhypertrophie — abnorm klein bei schon angeborener oder durch prä-
mature Synostose bewirkter Mikrocephalie. Rundlich oder mehr
oval ist der vergrösserte Schädel bei Hydrocephalus — mehr keilförmig mit höckerig-wulstigen Prominenzen an Stirn- und Seitenwandbeinhöckern bei Rachitis. — Wichtig ist ferner das Verhalten der Nähte und grossen Fontanelle. Die Nähte
verlieren im zweiten Lebensmonate ihre Beweglichkeit; die hintere
Fontanelle wird zuerst geschlossen, dann die seitlichen, zuletzt die
grosse, was gewöhnlich zwischen 15.—20. Lebensmonate geschieht.
Unter abnormen Verhältnissen kann frühzeitige Verknöcherung
eintreten oder die Nähte und Fontanellen ungewöhnlich lange
beweglich und offen bleiben. — Intercranielle Hyperämie, Exsudation, Erguss von Blut oder Serum und Hirnhypertrophie bewirken stark gespannte, leicht vorgewölbte Nähte und Fontanellen,
während dieselben bei Anämie, Atrophie einsinken und selbst
Uebereinanderschiebungen der Knochenränder mit terrassenförmi-
gen Vorsprüngen bedingen. An der grossen Fontanelle ist eine
doppelte Bewegung wahrzunehmen, eine respiratorische mit Anschwellen der Fontanelle während der Exspiration und Erschlaffung während der Inspiration, und eine pulsatorische.

Bei der Auscultation der grossen Fontanelle hört man
neben dem Athmungs- und Deglutitionsgeräusche manchesmal
ein mehr oder weniger lautes systolisches Blasen; das Vorhandensein oder Fehlen desselben hat jedoch keinen diagnostischen
Werth.

Für die Diagnose der Hirnkrankheiten ist ein neuer Behelf
in der Augenspiegeluntersuchung gewonnen. Dieselbe
verschafft uns manchen wichtigen Aufschluss, besonders bei acuter Tuberculose, und bei capillärer Embolie der Arteria ophthalmica.

Bei dieser Gelegenheit kann man sich über den Zustand der
Intelligenz und über das Vorhandensein oder Fehlen von Motilitätsstörungen Kenntniss verschaffen.

Die Untersuchung der Brustorgane.

Im Allgemeinen ist die physikalische Untersuchung derselben bei Kindern schwieriger und das Resultat weniger zuverlässig und vorsichtiger zu verwerthen als bei Erwachsenen. Die Kleinheit der Organe, die Zartheit der Gewebe, die grosse Unruhe der Kinder, der Mangel der Sprache und das oft schwache, sehr oberflächliche und sparsame Athmen erklären diese Thatsache in hinreichender Weise.

Die Inspection belehrt uns über die Zahl und Art der Athemzüge; dieselbe ist nach dem Alter der Kinder eine verschiedene und zeigt mannigfache Schwankungen. Gesunde Säuglinge machen nach mehrfach von mir vorgenommenen Zählungen 24—30 Respirationen in der Minute, dabei sind die Athemzüge nicht immer ganz rhythmisch und dies nicht allein in wachem und unruhigem Zustande, sondern auch während des Schlafes. Bei älteren Kindern ist das Verhältniss der Athemzüge zur Pulsfrequenz wie 1 : 4—5. Je mehr die Athmungsfläche durch Krankheiten der Respirationsorgane verkleinert wird, desto höher steigt die Athemfrequenz und erreicht die Ziffer von 60—80 Respirationen und darüber in der Minute.

Abnorm beschleunigte Respiration kommt bei Kindern im Verlaufe hochfieberhafter Krankheiten, z. B. der acuten Exantheme, entzündlichen Affectionen der Brustorgane und bei krankhaften Zuständen des Knochensystems (Rachitis) vor.

Abnorm verlangsamte Respiration ist bedingt durch Hirndruck und sinkt dieselbe auf 16—12, selbst 8 Athemzüge in der Minute. Dabei ist das Athmen gewöhnlich arythmisch, ungleichmässig, bald langsamer und sehr oberflächlich kaum hörbar, bald lauter und mit tiefem Seufzen begleitet.

Bei Neugeborenen und Säuglingen ist die abdominelle Respiration die vorherrschende, erst später und zwar mehr bei Mädchen als bei Knaben wird sie eine gemischte oder vorzugsweise von den obern Brustmuskeln versorgt.

Vorhandensein der peripneumonischen Furche (starke inspiratorische Einziehung der Diaphragmainsertion) spricht stets für ein Respirationshinderniss, mag dasselbe in den Lungen (Pneumonie), den Luftwegen (Croup und Bronchitis), oder im Knochen- oder Muskelsysteme (Rachitis) beruhen.

Die physikalische Untersuchung wird bei Kindern am besten ohne Benützung des Plessimeters und Stethoscopes vorgenommen.

In der Mehrzahl der Fälle, besonders bei kleinen Kindern, jedoch nicht immer genügt es die Rückenfläche zu untersuchen, wenn es gilt ein Lungenübel zu constatiren. Wickelkinder werden am besten in der Bauch- oder Seitenlage untersucht. Kinder, die schon aufrecht getragen werden, lasse man auf den Arm der Mutter oder Wärterin nehmen. Durch Schreien und Pressen der Kinder wird der Percussionsschall an den hintern abhängigen Partien besonders rechterseits vorübergehend kürzer und leerer und erheischt es die Vorsicht, um diese physiologische Dämpfung nicht als eine pathologische aufzufassen, zu warten, bis das Kind sich beruhigt hat. Eine ähnliche vorübergehende, jedoch nur halbseitige Dämpfung kommt bei Kindern an jener Thoraxhälfte zu Stande, mit welcher die Kinder beim Halten auf dem Arme innig und unmittelbar an der Brust der Mutter anliegen.

Man lasse zur Vornahme der Gegenprobe das Kind auch auf den andern Arm setzen, und percutire noch einmal.

Percussion und Auscultation wird am sichersten vergleichsweise über beiden Thoraxhälften vorgenommen. Die Percussion hat bei Kindern zart und sanft zu geschehen, starkes und kräftiges Percutiren verursacht den Kindern Schmerzen, regt sie auf und macht jede fernere Untersuchung schwer und selbst unmöglich.

Bezüglich der Auscultation, welche am besten unmittelbar mit dem Ohre oder nur bei Bestimmung von Herzfehlern mittelst des Stethoscopes vorgenommen wird, ist es wichtig zu wissen, dass das vesiculäre Athmen immer schärfer ist als später, mitunter so laut und scharf, dass es von weniger geübten Aerzten leicht als bronchiales gedeutet wird, ferner dass das Bronchialathmen in Folge entzündlicher Verdichtung des Lungengewebes bei jungen, schwächlichen Kindern sich auch auf die gesunde Seite fortpflanzt.

Die Palpation ist bei Kindern nie zu unterlassen, sie gibt uns Aufschluss über den Fremitus der Stimme, sowie über das Vorhandensein oder Fehlen von lauten, zahlreichen Rasselgeräuschen.

Neben der physikalischen Untersuchung der Brustorgane hat der Kinderarzt noch zwei andere respiratorische Symptome zu berücksichtigen, den Husten und das Geschrei.

Der Husten zeigt nach der ihm zu Grunde liegenden Ursache verschiedene diagnostisch nicht unwichtige Charaktere; der einfach katarrhalische Husten ist locker, schmerzlos und nur bei spärlichem Secrete der Luftwege etwas pfeifend und schrill klingend. Bei entzündlichen Affectionen ist er kurz, trocken, abgebrochen, schmerzhaft. Umflorter, heiserer, bellender Hustenton kommt bei acutem Kehlkopfkatarrh, in höherem Grade bei Croup vor. Krampfhafter Husten mit stossweise erfolgenden Exspirationen und langgezogenen, lauten Inspirationen bedeutet Keuchhusten. Trockener, neckender, besonders zur Nachtzeit auftretender Husten begleitet die chronische Bronchoadenitis Vorzugsweise trockener, Tag und Nacht anhaltender häufiger Husten kommt bei tuberculösen Kindern vor. — Trockener, krampfhafter, hartnäckiger, des Tages über sehr quälender, während des Schlafes jedoch ganz schweigender Husten wird bei anämischen, nervösen, in der Pubertätsentwicklung stehenden Mädchen beobachtet.

Der Auswurf, ein für die Diagnose der Lungenkrankheiten nicht unwichtiges Symptom, fehlt bei Kindern bis zum 6.—7. Lebensjahre gänzlich, nur ausnahmsweise, wie beim Keuchhusten, wird derselbe durch den Brechact herausbefördert.

Das Geschrei, bei kranken Kindern oft der einzige Dollmetsch schmerzhafter Empfindungen, zeigt nach dem Tone, der Form und der Dauer desselben verschiedene Eigenthümlichkeiten.

Das gewöhnliche, lautklingende, langgezogene Geschrei fällt stets mit der Exspiration zusammen, nur selten ist die kurze zwischenliegende Inspiration auch laut und hörbar, dies gilt besonders vom Geschrei geängstigter, eigensinniger, verwöhnter Kinder.

Lautes, kräftiges und anhaltendes Schreien ohne Husten schliesst gewöhnlich eine schwere Erkrankung der Respirationsorgane aus, begleitet dagegen in der Regel die Colikschmerzen der Säuglinge. Erstickter und klangloser Schrei kommt vor bei exsudativen Kehlkopfkrankheiten; Schreien mit belegter, leicht umflorter Stimme begleitet Katarrhe des Kehlkopfes. — Vereinzelnte schrille, durchdringende, scharf abgerissene exspiratorische Schreie (sogenanntes Aufschreien) lassen Kinder bei Hirnreizung und Hydrocephalus vernehmen. Mühsames Geschrei, leises Stöhnen oder klägliches Wimmern mit schmerzhaftem Verziehen des Gesichtes wird bei schweren entzündlichen und erschöpfenden Krankheiten beobachtet.

Einen wichtigen Theil in der Diagnostik der Kinderkrankheiten bildet die

Untersuchung der Digestionsorgane.

Dieselbe umfasst die Inspection der Mund- und Rachenhöhle, die Untersuchung des Unterleibes, das Erbrechen und die Stuhlentleerungen. Man verabsäume
es nie, selbst auch wenn kein auffordernder Grund vorliegt, die
Mund- und Rachenhöhle zu untersuchen, obzwar sich der Arzt
durch diese Manipulation die Gunst mancher Kinder oft auf lange
Zeit verscherzt. Bei Säuglingen genügt gewöhnlich ein leises
Berühren der Unterlippe oder des Kinnes, um den Mund zu öffnen, worauf man den Finger schnell bis zur Zungenwurzel ein-
führt, dieselbe etwas herabdrückt und so Einblick in die Rachenhöhle erlangt. Schreit das Kind während der Untersuchung, so
wird schon dadurch die Mundhöhle der Inspection zugängig.

Aeltere Kinder, besonders furchtsame, verhätschelte und
schlecht erzogene, öffnen den Mund nur selten bereitwillig, es bedarf dazu oft langen Zuredens oder selbst der Anwendung von
Gewalt mittelst Zuhaltens der Nase. Ist der Mund geöffnet, so
schiebe man rasch einen Löffelstiel bis zur Zungenwurzel hinein,
wobei nicht selten eine leichte Würgbewegung eintritt und Einblick in die Rachenorgane gewährt. Man vergesse nicht, ehe
man zu dieser gewaltsamen Untersuchung der Rachenorgane
schreitet, die Kinder so zu versorgen, dass Hände und Füsse festgehalten sind, weil der Erfolg leicht vereitelt werden könnte.

Das Verhalten der Zunge, die verschiedenen Formen der Stomatitis, das Auftreten von Masern und Variola, die bei Kindern
so wichtigen und gefährlichen Erkrankungen der Rachenorgane
und endlich gewisse Formfehler der Mundhöhle, wie Palatum
fissum, Uvula bipartita — und andere Defecte werden dabei entdeckt.

Herrschen Scarlatina und Diphtheritis in epidemischer Verbreitung, so erlasse man keinem unter welchen Symptomen immer
erkrankenden Kinde die Untersuchung der Mund- und Rachenhöhle. Um die

Untersuchung des Unterleibes

zu ermöglichen, — was bei straff gespannten Hautdecken, unruhigen und schreienden Kindern nur schwer oder gar nicht ausführbar ist — lasse man die Kinder am besten die Rückenlage
einnehmen und die Füsse etwas anziehen. Kleinere Kinder be-

lasse man auf dem Arme der Wärterin, lege, während die letztere das Kind beschäftigt, von rückwärts die Hand auf den Unterleib und übe einen leichten Druck auf denselben aus, wobei das Kind, wenn es Schmerzen empfindet, alsogleich mit Schreien antwortet.

Die Untersuchung des Unterleibes geschieht mittelst der Inspection, Palpation und Percussion desselben.

Die Inspection liefert uns genaue Auskünfte über das Verhältniss des Unterleibes zum übrigen Körper, über Grösse und Form desselben, über die Beschaffenheit der Bauchdecken und, was bei Kindern besonders wichtig ist, des Nabels.

Mittelst der Palpation erheben wir die Temperatur, die Härte oder Weichheit und Nachgiebigkeit der Bauchdecken, ferner vorhandenen Schmerz oder Schmerzlosigkeit und endlich Volumszunahme der drüsigen Unterleibsorgane, Neugebilde und Geschwülste.

Die Percussion, am besten mittelst der Finger und in zarter Weise vorgenommen, belehrt uns bei Auftreibung des Unterleibes, ob dieselbe durch Gas, Ansammlung von freier Flüssigkeit oder Exsudat bedingt ist.

Aus der Combination dieser drei Methoden gehen folgende diagnostische Anhaltspunkte hervor.

Die Auftreibung des Unterleibes ist entweder und zwar öfter eine allgemeine oder eine umschriebene, partielle.

Abnorme Ausdehnung des Unterleibes in seinem ganzen Umfange ist am häufigsten die Folge bedeutender Gasentwicklung in den Gedärmen. Der birnförmig, halbkugelförmig rundliche Unterleib ist mehr oder weniger prall gespannt und schmerzhaft, oder, schmerzlos, und gibt bei der Percussion einen hellen tympanitischen Schall. — Dieser Zustand kommt vor bei Dyspepsie, Darmkatarrhen, besonders chronischen, beim Typhus und der Tuberculose der Mesenterialdrüsen. Trommelartige Auftreibung des Unterleibes mit vermehrter Resistenz, kurzem gedämpften Percussionsschalle und grosser Schmerzhaftigkeit beim Berühren ist ein Zeichen ausgebreiteter Peritonitis.

Fassförmige Auftreibung mit kurzem und an den abhängigen Partien mit vollkommen leerem Percussionsschalle und Schwappung ohne grosse Schmerzhaftigkeit kommt dem Ascites zu.

Auftreibung des Epigastriums rührt her von Tympanitis

ventriculi oder gastörmiger Auftblähung des Querstückes des Grimmdarmes.

Auftreibung der Mittelbauchgegend, besonders um den Nabel, kommt vor bei Tuberculose der Mesenterialdrüsen, sowie bei grossen Abscessen, die ihren Ausgangspunkt in den Bauchdecken oder in der Bauchhöhle selbst haben können. Die Nabelgegend ist dabei gewöhnlich kugelartig zugespitzt, gespannt, fluctuirend und schmerzhaft.

Vorwölbung der linken Regio hypogastrica mit vermehrter Resistenz und fehlendem oder geringem Schmerze wird bei ungewöhnlich grossen, chronischen Milztumoren und linksseitigem Nierencarcinom beobachtet.

Schmerzhafte Auftreibung der rechten Regio iliaca kommt bei Perityphlitis, im geringeren Grade beim Typhus vor. Auch Psoasabscesse bedingen in der rechten, seltener linken Regio iliaca schmerzhafte Vorwölbung mit oder ohne Röthung der Haut, matter Percussion und gleichzeitiger Unmöglichkeit, die betreffende Extremität zu bewegen.

Vorwölbung der Unterbauchgegend wird am häufigsten bedingt durch starke Füllung der Harnblase — nur selten ist die Ursache eine umschriebene Peritonitis; im ersten Falle schwindet die Vortreibung nach dem Urinabgange, im letztern ist die Vorwölbung und die durch sie bedingte Resistenz und Percussionsdämpfung eine länger andauernde.

Eingesunkener, collabirter Unterleib ist entweder Symptom einer schweren Hirnkrankheit, besonders der tuberculösen Meningitis, oder einer Darmaffection, namentlich der Cholera infantum, Enteritis follicularis und Dysenterie. Die Bauchdecken sind namentlich bei Hirnkrankheiten oft so bedeutend retrahirt (kahnförmige Einziehung), dass man mit Leichtigkeit die Wirbelsäule durchfühlt. Die Gedärme werden an der Bauchwand als unbewegliche oder zeitweise in peristaltischer Bewegung begriffene Windungen bemerkt.

Von den im Unterleibe auftretenden Schmerzen verdienen folgende zwei charakteristische Formen besondere Erwähnung.

Kolikschmerzen im Verlaufe von Dyspepsie, Flatulenz, Diarrhöen oder selbst Obstipation — treten in Paroxysmen auf, denen in der Regel eine längere oder kürzere Remission folgt, sind meist fieberlos, von kräftigem anhaltendem Geschrei und lebhaftem Anziehen der untern Extremitäten an den meteoristisch aufgetriebenen Unterleib begleitet und schwinden gewöhnlich nach Abgang von Gasen und Faeces.

Zum Unterschiede von diesen charakterisiren sich die Schmerzen bei Peritonitis und Psoitis durch die längere Dauer, Vorhandensein der Fiebersymptome, schwaches unterdrücktes Geschrei, Wimmern, ängstliche Vermeidung jeder Bewegung bei anhaltender Rückenlage und Steigerung des Schmerzes vor und während des Abganges von Gasen oder Faeces.

Das Erbrechen ist eine im Kindesalter nicht ungewöhnliche Erscheinung und hat bald eine sehr leichte, vorübergehende, bald wieder sehr ernste und schwere symptomatische Bedeutung. Zur richtigen Beurtheilung und diagnostischen Verwerthung muss stets erhoben werden die Ursache desselben, die Art und Weise seines Eintrittes, die Quantität und Qualität der erbrochenen Massen und die andern das Erbrechen begleitenden Symptome. Der Brechact ist bei Kindern durch die noch verticale Stellung des Magens ungewöhnlich begünstigt. — Erbrechen erfolgt auf directe mechanische oder chemische Reizung der Magenwände selbst, mag dieselbe von der Nahrung oder anderen in den Magen gerathenen fremdartigen Gegenständen (Spulwürmern, Eiter, Galle, verschluckten Münzen etc.) oder von Texturerkrankungen des Magens herrühren; oder das Erbrechen kommt auf sympathische Weise zu Stande, namentlich durch Krankheiten solcher Organe, welche vom Nervus vagus versorgt werden; es kann aber auch seinen Grund haben in Reizung des centralen Nervensystems bei Krankheiten des Gehirns, speciell des verlängerten Markes und bei Veränderungen der Blutmischung, namentlich im Beginne der acuten Infectionskrankheiten.

Das sogenannte habituelle Erbrechen, auch Käsen der Säuglinge genannt, ist strenge genommen kein Brechact, sondern nur einfaches Herausschwappen der eben genossenen Milch und hat keine pathologische Bedeutung. Es geschieht bei manchen Säuglingen sehr leicht, dass sie unmittelbar oder kurze Zeit nach dem Säugen einen Theil der genossenen Milch ganz unverändert oder als eine säuerliche molkenähnliche Flüssigkeit ohne alle Würgbewegung, Verfärbung und Verzerrung des Gesichtes wieder zurückgeben und zwar um so leichter, wenn man die Kinder gleich nach dem Trinken viel hin und her bewegt. Diese Art von Erbrechen kommt fast nur bei Brustkindern — dagegen selten bei künstlich aufgefütterten vor.

Gehen dem Erbrechen kürzere oder längere Zeit Uebliehkeit und Würgen voraus, werden die Kinder dabei matt und hinfällig, die Stirne und Extremitäten kühl, das Gesicht blass oder verfallen, der Puls klein, das Athmen oberflächlich, so rührt es zunächst vom Magen her und hat eine bessere Bedeutung, als im umgekehrten Falle.

Plötzlich auftretendes Erbrechen ohne Uebliehkeiten und Würgen mit Entleerung einer mehr wässerigen, schleimigen, weisslichen oder gelblich grünen Flüssigkeit, meistens in einem bogenförmigen Gusse — ist ein Zeichen von Gehirnreizung und kommt der tuberculösen Meningitis, dem Hydrocephalus, Morbus Brightii etc. zu, und ist stets Symptom einer schweren Krankheit.

Nicht minder der Beachtung werth ist die Beschaffenheit des Erbrochenen. Sehr häufig wird das eben Genossene mehr oder weniger verändert zurückgegeben, oder in den erbrochenen Massen finden sich Schleim, Galle, seltener Blut und Reste von croupös-diphtheritischen Exsudaten, Spulwürmer oder Soorpilze. Die mikroskopische Untersuchung des Erbrochenen wird der Diagnose stets förderlich sein.

Bezüglich der Stuhlentleerungen frage man nach Häufigkeit und Qualität derselben, ob sie mit oder ohne Schmerzen, und zu welcher Zeit sie abgesetzt werden. Ist eine Entleerung vorhanden, so unterlasse man es nicht, dieselbe zu besichtigen, da auch die beste Schilderung die objective Anschauung nicht ersetzt. Diagnostisch wichtig ist es zu erfahren, ob die Stuhlentleerungen dünnflüssig, reiswasserähnlich (acuter Darmkatarrh — Enteritis choleriformis) oder blassgelblich, grünlich gelb, stark grün und mit mehr weniger Schleimklümpchen durchsetzt sind (einfacher und chronischer Darmcatarrh).

Gehackte, gelbliche oder gelblich grünliche mit weisslichen käsigen Klumpen untermischte Stuhlentleerungen kommen der Dyspepsie zu; hefenartig, graulich, lehmartig ist der Stuhl bei Mangel an Galle; blutig gestriemt, oder mit Klümpchen von Blut und Eiter durchsetzt bei Verletzung der Darmschleimhaut (Follicularenteritis, Typhus, Dysenterie, Tuberculose).

Geruchlos oder nur schwach kothig riechend ist der Stuhlgang bei Enteritis choleriformis, bei lehmartigen, gallenlosen und nur aus sulzartigen Schleimmassen bestehenden Entleerungen; säuerlich bei Dyspepsie und acutem Darmkatarrh der Säuglinge; einen penetranten aashaften Geruch verbreiten die Stühle bei ulceröser Enteritis chronica und bei Darmtuberculose.

Mittelst der mikroskopischen Untersuchung der Stuhlentleerungen wird das Vorhandensein von Eingeweidewürmern durch
den Nachweis der Eier sichergestellt. —

Beachtung verdient bei der Untersuchung ferner der Nabel,
der Anus und die Genitalien, die beiden letzteren namentlich
deshalb, weil die Zeichen der angeborenen Syphilis hier zuerst
und am deutlichsten auftreten.

Zu einer vollständigen Krankenuntersuchung gehört neben
der objectiven Exploration, welche allerdings den Schwerpunkt
bilden muss, eine genaue Aufnahme der Anamnese, welche selbstverständlich nur durch Fragen an die Eltern und die Umgebung
des Kindes erlangt wird. Man erkundige sich nach dem Gesundheitszustand der Eltern, besonders der Mutter während der Schwangerschaft, ob erbliche Krankheiten wie Scrofulose oder Tuberculose in der Familie vorkommen, wobei man jedoch aus Schonung
und Rücksicht diese Krankheitsnamen lieber umschreiben und
nicht direct nennen möge —, ob schon Kinder in der Familie
gestorben und an welchen Krankheiten; ist das Kind noch ein
Säugling, ob es von der Mutter, einer Amme oder künstlich genährt wird, worin in letzterem Falle die Nahrung besteht; ist das
Kind schon älter, wann und unter welchen Störungen die Zahnung begonnen und verlaufen, — und höre und benütze jede in
dieser Beziehung gemachte Mittheilung seitens der Eltern und
Wärterin und halte keinen Umstand für zu geringfügig — als
dass er im grossen Rahmen des Kinderkrankenexamens nicht
irgend einen Werth erhalten könnte. —

Zweiter Abschnitt.

Krankheiten des Nervensystems.

A. Krankheiten des Gehirns und seiner Häute.

1. Anämie des Gehirns. und seiner Häute.
Hydrocephaloid.

Anämie des Gehirns ist eine im Kindesalter verhältnissmässig häufige Erscheinung und entwickelt sich unter dem Einflusse mannigfacher acuter wie chronischer Störungen. — Blutarmuth bewirkt im kindlichen Gehirne schneller schwere und gefahrdrohende Symptome als bei Erwachsenen.

Der nähere Zusammenhang zwischen der Anämie und den Störungen in der Thätigkeit des Gehirns ist noch immer räthselhaft, obzwar es keinem Zweifel unterliegt, dass der wechselnde Wassergehalt des Gehirns bestimmte Störungen zur Folge hat. Durch die Aehnlichkeit der Symptome mit denen des acuten Hydrocephalus bestimmt, hat Marshall Hall diesem Zustande den Namen Hydrocephaloid beigelegt und behauptet derselbe bis heute noch in diesem Sinne seine Geltung.

Anatomie.

Die Anämie des Gehirns und seiner Häute ist entweder, und das sind die überwiegend häufigen Fälle, allgemein oder nur beschränkt, partiell. Die Blutgefässe der Meningen sind dünn und collabirt, führen wenig blasses Blut, dagegen findet sich oft im subarachnoidealen Zellstoff eine grössere Menge klarer Flüssigkeit. Das Gehirn ist klein, weich, die Windungen schmal und ihre Furchen weiter, die graue Substanz ist blässer und geht bei Säuglingen ohne scharfe Grenze in die weisse über. Die Schnittflächen der Marksubstanz zeigen keine oder nur sehr wenig kleine Blutpunkte, dabei eine stark weisse oder milchweisse Färbung. Mikroskopisch findet sich sehr häufig Verfettung der Neuroglien und der Capillargefässe. Die Ventrikel haben bald die normalen Durchmesser, bald sind sie mehr oder weniger vergrössert und mit einer entsprechenden Menge klarer Flüssigkeit erfüllt. Die Plexus choroidei sind auffallend blass. Die Hirnmasse ist entweder trocken oder mehr weniger durchfeuchtet. Die Sinus der dura mater enthalten wenig wässriges Blut und spärliche, blassröthliche Faserstoffgerinsel.

Partielle Anämie des Gehirns wird, wenngleich selten, neben Tumoren und in Folge von Thrombose und Embolien der Hirngefässe beobachtet.

Symptome.

Der Symptomencomplex der cerebralen Anämie gestaltet sich, jenachdem sich dieselbe acut oder mehr schleichend bei Säuglingen oder älteren Kindern entwickelt, in etwas verschiedener Weise. Kinder, welche durch erschöpfende Krankheiten diesem Uebel verfallen, zeigen neben allgemeiner Anämie und Atrophie ein auffallend blasses, erdfahles, scharf markirtes Gesicht, die Stirnhaut ist gerunzelt, die Stirn- und Temporalvenen scharf markirt, die Kopfhaut ist merklich weiter geworden, die vordere Fontanelle flach oder muldenförmig eingesunken, die Hinterhauptsschuppe selten auch das Stirnbein unter die Seitenwandbeine geschoben, so dass sich ein terrassenförmiger, mit der Hand leicht wahrnehmbarer Vorsprung bildet, die Haare am Hinterhaupte spärlich vorhanden und sehr trocken. Häufiges, oft automatisches Hin- und Herreiben oder Werfen des Kopfes mit Rückwärtsbeugen desselben, öfteres Greifen nach dem Kopfe mit schmerzhaftem Verziehen des Gesichtes, Zerren und Zupfen an den Haaren, an den Augenwimpern, an den Ohren oder an der Nase, träge Bewegungen der Augenlider, welche meist halb geöffnet sind, anfangs verengte, später erweiterte Pupillen und Rollen der Augen nach aufwärts, grosse Unruhe, wechselnd mit Apathie, kurzer Schlaf, aus welchem die Kinder plötzlich mit weit geöffnetem stierem Auge aufschrecken und ängstlich jammern, um bald wieder in die Schlummersucht zurückzusinken, Contracturen der obern Extremitäten, krampfhaft gestreckte oder an den Leib angezogene untere Extremitäten, manchmal selbst krampfhafte Steifheit des ganzen Körpers bilden die wichtigsten und häufigsten

Gehirnsymptome; — baldiges und oft wiederkehrendes leichtes
Erbrechen der eben genossenen Nahrung und Getränke; Stuhlverstopfung oder auch diarrhöische, wässerige oder schleimige,
blutig-eitrige Entleerungen dauern mitunter bis zum Tode an.
Der Unterleib ist meist aufgetrieben, gespannt, — manchmal auch
teigig weich, und die Haut desselben in längerstehenden Falten auf-
hebbar. — Das Athmen wird sehr oberflächlich, in nächster Nähe
nicht mehr wahrnehmbar, die Hauttemperatur sinkt, der Puls
wird beschleunigt, zeigt jedoch nicht jene Verlangsamung und
Unregelmässigkeit, wie er die Meningitis begleitet.

In rapid verlaufenden Fällen wickelt sich das eben geschil-
derte Krankheitsbild oft schon in zwei bis drei Tagen ab, während dies bei chronischen erschöpfenden Leiden langsam geschieht,
um bei richtiger und rechtzeitig eingeleiteter Behandlung zu
schwinden oder was häufiger der Fall ist — zum Tode zu führen.

Während sich in der eben dargelegten Weise die cerebrale
Anämie bei Kindern im ersten und zweiten Lebensjahre äussert
und die als Hydrocephaloid bekannte Krankheit darstellt, sehen
wir in den spätern Perioden des kindlichen Alters wesentlich
andere Störungen. Gehirnanämie als Folgezustand des Typhus
bewirkt mitunter auffallende psychische Störungen, jedoch stets
nur in vorübergehender Weise. Kinder, welche vor dem Ausbruche des Typhus geistig geweckt waren und leicht memorirten,
werden schwachsinnig und gedächtnissschwach, der Gesichtsausdruck verliert die geistige Schärfe und ähnelt dem der Blöd-
sinnigen, ihre Antworten bestehen in einem nichtssagenden Lächeln,
andere finden an Spielen Wohlgefallen, die ihrem Alter nicht mehr
entsprechen etc., mit einem Worte: die psychische Thätigkeit wird
herabgesetzt. Gehirnanämie in Folge von Wachsthumsanomalien
bei schnell aufgeschossenen zarten Kindern besonders zwischen
dem siebenten bis zehnten Lebensjahre schwächt die Widerstandsfähigkeit des Gehirns in mehr oder weniger ausgesprochener Weise
ab. Launische traurige Stimmung, Unlust zu geistiger Thätigkeit, häufig wiederkehrende Kopfschmerzen, Schwindel, Sinnes-
täuschungen, Ohnmachten, unruhiger Schlaf mit Zähneknirschen,
Jammern und Aechzen aus demselben werden bei solchen Kindern beobachtet, um nach längerer oder kürzerer Dauer spurlos
wieder zu verschwinden.

Aus leicht begreiflichen Gründen sind die Symptome, welche partielle Anämie des Gehirns hervorruft, noch wenig gekannt.

U r s a c h e.

Ursachen der Hirnanämie können alle erschöpfenden Krankheiten des Kindesalters sein, am häufigsten jedoch kommt sie zu
Stande nach profusen Diarrhöen im Verlaufe der acuten Gastroenteritis (Cholera nostras), der Enteritis folliculosa, der Dysenterie, bei unzweckmässiger und unzureichender Nahrung, häufiger
bei künstlich aufgefütterten als bei Brustkindern, bei frühzeitiger
Entwöhnung oder nach unvorbereitetem Abstillen, schweren Typhen, bei Wachsthums- und Entwicklungsanomalien, und nach
Blutverlusten. — Ursachen der partiellen Anäme sind Verengerung der zuführenden Gefässe, sowie alle jene Störungen,
welche den Raum im Schädel verengern (Tumoren, seröse Ergüsse
Bindegewebshypertrophie und Sclerose des Gehirns).

D i a g n o s e.

Dieselbe muss sich vorzugsweise auf die causalen Momente
stützen, und die vorausgegangenen oder noch bestehenden schwächenden und erschöpfenden Zustände ins Auge fassen. Verwechslungen mit Hirnhyperämie und Meningitis begegnet man
durch das Feststellen der allgemeinen Anämie einerseits, sowie
der im Verlaufe fehlenden charakteristischen Zeichen der Meningitis andererseits. Bei ganz jungen Säuglingen gehört eine Verwechslung der Hirnanämie mit purulenter Meningitis eben nicht
zu den groben diagnostischen Fehlern, weil bekannter Weise die
letzte Krankheit nicht selten unter ganz ähnlichen Symptomen
verläuft, wie die cerebrale Anämie.

P r o g n o s e.

Die gute oder schlechte Prognose steht in gradem Verhältnisse zu der Möglichkeit, die Ursachen der Anämie beheben zu
können. Im Allgemeinen gestaltet sie sich desto schlimmer, je
jünger das Kind, doch darf man selbst in desperaten Fällen
die Möglichkeit einer Heilung nicht ganz in Abrede stellen,
denn der kindliche Organismus entfaltet, wenn ihm die richtigen
Mittel zur rechten Zeit geboten werden, oftmals eine an's Wunderbare gränzende Reactionsthätigkeit.

B e h a n d l u n g.

Die Aufgabe der Behandlung ist eine doppelte, einmal die sin-
kende Energie des Gehirnlebens anzufachen und zu kräftigen

und dann den Grundursachen der Anämie baldigst zu begegnen.
Das Krankenzimmer muss gut gelüftet, die Temperatur desselben
eher etwas höher gehalten sein (17—18 ° Reaumur), da die Er-
zeugung der Eigenwärme bei so geschwächten Kindern ungemein
tief steht. Diesem Zwecke entsprechen ferner Wärmflaschen zu
den Füssen und den Seiten der Kinder. — Ein warmes nur kurze
Zeit dauerndes Bad, Reizmittel auf die Haut des Unterleibes und
der untern Extremitäten — zeitweise vorgenommene Abreibungen
des Kindes mit warmen Essig unterstützen die Kur. Von inneren
Mitteln sind vor allem der Wein, stündlich 15—20 Tropfen
bis zu $\frac{1}{2}$ Kaffeelöffel gereicht, oder einige Tropfen Rum mit
Wasser verdünnt zu empfehlen. — Auch die anderen Reizmittel wie liquor ammon. anisat. — die Tra. ferri acet. aether. —
Moschus finden Anwendung. Ist das Kind eben oder erst kurze
Zeit vorher abgestillt, so wird eine entsprechende Amme das einzige und beste Mittel sein; trifft die Krankheit Kinder, welche
künstlich aufgefüttert oder schon lange entwöhnt sind, so reiche
man häufiger kleine Quantitäten von Fleischbrühe, Hafer-
oder Gerstenschleim mit Milch; — auch rohes Fleisch mit
einigen Tropfen Wein werden oft noch vertragen und sind hilfreich bei Kindern, welche jede andere Nahrung zurückgeben. —
Gegen Gehirnanämie nach Blutungen, nach Typhus, bei gestörtem
Wachsthum sind Chinapräparate besonders das Extract. chinae.,
Eisen, Bier, Wein, kräftige leicht verdauliche Kost und Aufenthalt in guter Luft die entsprechenden Mittel.

Alle schwächenden, die organische Thätigkeit herabsetzenden Mittel sind bei Gehirnanämie streng ausgeschlossen.

Am meisten suche der Arzt besonders bei chronischen erschöpfenden Krankheiten prophylaktisch einzuwirken, um der
beginnenden oder schon vorgeschrittenen Anämie Grenzen
zu setzen. In wie weit die Transfusion namentlich bei Gehirnanämie nach Blutverlusten Hilfe bringt, kann ich aus eigener
Erfahrung nicht beurtheilen.

2. Hyperämie des Gehirns und der Meningen.

Die Hyperämie des Gehirns und seiner Häute ist eine häufige sowohl primäre wie secundäre — acute oder chronische Krankheitserscheinung des kindlichen Alters. Der noch nicht ge-
schlossene Schädel, das in den ersten Lebensjahren überwiegend
rasche Wachsthum des Gehirns und eine ausgesprochene Dispo-

sition desselben, an andern Krankheiten Theil zu nehmen — erklären das häufige Auftreten derselben bei Kindern.

Anatomie.

Die Hyperämie des Gehirns und seiner Häute ist fast stets eine allgemeine, nur selten eine partielle. Grösserer Blutreichthum in den äussern Bedeckungen, in der Kopfschwarte, und besonders der dunkelblauroth gefärbten Knochen, verrathen schon vor Eröffnung des Schädels auch einen grösseren Blutreichthum des Gehirns und seiner Häute. In den strotzend gefüllten Sinus der dura mater befindet sich theils flüssiges, theils geronnenes Blut. — Die Dura mater ist bläulichroth durchscheinend, und sowie die Meningen in hohen Graden der Blutüberfüllung trocken, prall gespannt. — Die Gefässe der pia mater sind bis in die kleinsten Verzweigungen stark injicirt, geschlängelt und selbst varicös erweitert. Die Hyperämie betrifft bei mechanischen Ursachen, z. B. vergrösserten Lymphdrüsen am Halse oft nur die dem Tumor entsprechende Hälfte des Gehirns. Das Gehirn selbst zeigt erhöhte Turgescenz, die Sulci erscheinen schmäler, die Rindensubstanz ist dunkler geröthet, die Marksubstanz von zahlreichen grösseren und kleineren, hie und da confluirenden Blutpunkten durchsetzt. — Bei längerer und stärkerer Einwirkung der Hyperämie finden sich gleichzeitig Oedem der pia mater, des Gehirns oder Hydrocephalus, seltener Blutaustritt, die plexus choroidei sind sehr blutreich, mitunter von kleinen Cystchen besetzt. — Bei älteren Kindern findet sich ausnahmsweise milchige Trübung der Arachnoidea und Vergrösserung der Pacchioni'schen Granulationen, wenn die Hyperämie längere Zeit gedauert hat.

Symptome und Verlauf.

Es ist nicht leicht, für die Hyperämie des Gehirns und seiner Häute eine auf alle Fälle passende Symptomengruppe aufzustellen. Dieselbe wechselt nach der veranlassenden Ursache, nach dem Grade der Hyperämie und dem Alter des ergriffenen Kindes und stellt bald die Zeichen der Hirnreizung, bald wieder jene des Hirndruckes in den Vordergrund. Wenn auch als Regel gelten darf, dass die ersteren den letzteren gewöhnlich vorausgehen, so kann es auch geschehen, dass die Hirnhyperämie gleich mit Depressionssymptomen einsetzt, dies gilt besonders von der Stauungshyperämie. Mehr oder weniger stark geröthetes

Gesicht, flüchtige Röthe auf der einen oder andern Wange, injicirte Conjunctiva, Nasenbluten, contrahirte Pupillen, stark ge-
wölbte, pulsirende vordere Fontanelle bei noch nicht geschlossenem
Schädel, erhöhte Temperatur des Kopfes, namentlich an Stirn
und Hinterhaupt, bald weinerliches, ärgerliches, bald wieder wildes, aufgeregtes Wesen, Lichtscheu, Ueblichkeit und Erbrechen,
Kopfschmerz und Delirien bei älteren Kindern, grosse Empfindlichkeit gegen Geräusch, unruhiger Schlaf mit häufigem Aufschrecken, Zähneknirschen, leichte Muskelzuckungen oder allgemeine Convulsionen sind die Zeichen der Gehirnreizung, während Apathie, Somnolenz, comatöser Zustand, Unlust zu geistigen
Beschäftigungen, das Gefühl von Druck und Schwere im Kopf,
erweiterte Pupillen, rasch vorübergehende Paresen, erschwertes
Athmen und kleiner Puls Aeusserungen der Depression des Gehirns sind.

Die Hyperämie des Gehirns und seiner Häute entwickelt
sich oft plötzlich, um ebenso schnell wieder zu verschwinden
(Congestion); oder aber der Zustand dauert unter dem Einflusse
nachhaltiger ätiologischer Momente längere Zeit an und führt
zu den oben erwähnten Folgen. Ein ausgezeichnetes Beispiel
solcher andauernder oder häufig wiederkehrender Hyperämien
sehen wir z. B. bei dem Keuchhusten, in dessen Verlaufe bei
manchen Kindern hochgradige Stauungshyperämien mit all ihren
üblen Folgen beobachtet werden.

Der Ausgang der Hyperämie des Gehirns und seiner Häute
in Genesung ist der bei weitem häufigere; doch unterschätze man
nie die Gefahren derselben für das kindliche Gehirn — und habe
den möglichen Ausgang in Entzündungsprocess, Ausschwitzung,
Blutaustretung stets im Auge.

Ursache.

Hyperämie des Gehirns und seiner Häute entsteht durch Erschlaffung der Gefässe (vasomotorische Paralyse) und des Gehirn-
parenchyms, durch Veränderung der Blutbeschaffenheit (toxische
Hyperämie), durch Kreislaufstörungen, selten jedoch durch locale
Gefässerkrankungen, obgleich fettige Degeneration der Gefässe
auch schon bei Kindern oft genug beobachtet wird.

Je nachdem die eine oder andere dieser genannten Ursachen
einwirkt, können wir die Hyperämie als active (Gehirnfluxionen)
und als passive (Stauungshyperämien) unterscheiden. Active
Hyperämien treten auf bei allen fieberhaften Krankheiten in

Folge gesteigerter Eigenwärme, während der Dentition, nach
Einwirkung hoher Temperaturgrade (Insolation) und übermässiger geistiger Anstrengung, ferner im Verlaufe der acuten Infectionskrankheiten, wie Scharlach, Masern, Variola, Typhus,
Diphtheritis. — Bei den letztgenannten Krankheiten dürfte
neben der toxischen Veränderung des Blutes auch die gesteigerte
Blutwärme in Betracht kommen. Auch psychische Erregungen
besonders in der Entwicklungsperiode werden Veranlassung zu
activen Hyperämien des Gehirns, ausnahmsweise sind es der Ge-
nuss alkoholiger Getränke oder die Einwirkung narkotischer Medicamente. Stauungshyperämien werden beobachtet bei Neugeborenen in Folge schwerer Geburten, bei Störungen im kleinen
Kreislaufe, entweder von den Lungen oder vom Herzen aus,
Croup des Larynx, Keuchhusten, croupöse oder katarrhalische
Pneumonie, hochgradige pleuritische Exsudate, angeborene
Herzkrankheiten oder erworbene Klappenfehler und rachitische
Veränderung des Brustkorbes bedingen und unterhalten derartige
Stauungen. Auch mechanisch behinderter Rückfluss des Venen-
blutes vom Gehirn durch Tumoren am Halse, vergrösserte Lymph-
drüsen in der Nachbarschaft der grossen Gefässe, weit vorge-
schrittene Hypertrophie der Tonsillen — rufen passive Hyper-
ämien hervor. Endlich bewirken auch Koprostase, Anschwellungen
der Leber, heftige und länger dauernde clonische und chronische
Muskelkrämpfe mitunter Stauungshyperämie im Kindesalter.

Diagnose.

Neben den aufgeführten Symptomen hat man vor allem das
causale Moment zu berücksichtigen, um eine einfache Hyperämie
mit einer tieferen Läsion des Gehirns nicht zu verwechseln.
Eine genaue Würdigung der Ursache, der meist flüchtige und
wechselnde Charakter der Symptome, das Fehlen von schweren
und andauernden Motilitätsstörungen, namentlich im Bereiche beschränkter Nervenbahnen, der gleichzeitige Nachweis eines anderen
Krankheitsprocesses oder der sofortige Ausbruch anderer Krankheiten nach kurzer Dauer der Gehirnstörungen sichern in der
Mehrzahl der Fälle die Diagnose, wenngleich nicht verschwiegen
werden darf, dass die richtige Deutung der Gehirnsymptome in
ihrem ersten Auftreten besonders bei Kindern in den ersten
drei Lebensjahren mitunter grosse diagnostische Verlegenheiten
bereitet.

Prognose.

Dieselbe wird sich als eine gute gestalten in allen jenen Fällen, wo die Ursachen der Hyperämie vorübergehende, leicht behebbare sind und einen baldigen Ausgleich der Circulationsstörungen erwarten lassen; schwer dagegen, wenn die Hyperämie durch Zustände bedingt und unterhalten wird, welche durch längere Zeit einwirken und lebensgefährliche Veränderungen des Gehirns befürchten lassen. Augenblickliche Gefahr für das Leben kann die toxaemische und Insolationshyperämie in ihren schwersten Graden bringen. — Gehirnfluxionen lassen eine bessere Prognose zu als Stauungshyperämien.

Behandlung.

Die Behandlung der Hyperämie des Gehirns und seiner Häute ist einerseits eine causale, andrerseits eine symptomatische. Die letztere muss nicht selten in zweifelhaften und dringenden Fällen der ersteren vorausgeschickt werden. Nach Entfernung aller hemmenden Kleidungsstücke, festgeschlungenen Wickelbänder etc ist vor allem Ruhe bei erhöhter Kopflage in kühlen, gut ventilirten Localen nothwendig. Oertliche Anwendung von Kälte in Form von Umschlägen, Eiskappen, öfter wiederholten Uebergiessungen neben Ableitungen auf die Haut mittelst Einreibung von Senfspiritus, Einhüllung der untern Extremitäten in Essig- oder Meerrettigteige wirken meist heilsam. Reizende und abführende Klystire, Abführmittel wie Calomel zu $\frac{1}{2}$—1 Gran pro dosi mehrmal verabreicht, oder Aq. laxat. Vienn. unterstützen wesentlich die Kur. Bei Convulsionen gebe man Zincum oxydatum ($\frac{1}{4}$—$\frac{1}{2}$ Gran pro dosi) allein oder in Verbindung mit Calomel ($\frac{1}{2}$—1 Gran) — Blutentziehungen können bei Kindern ohne Vorwurf umgangen werden. Gegen Hyperämie des Gehirns mit stark ausgesprochenen und gefahrdrohenden Zeichen der Depression, wie sie bei Insolation, heftigen Keuchhustenparoxysmen, ausgebreiteter Pneumonie und asphyetischen Zuständen neugeborener Kinder vorkommen, müssen Reizmittel wie Liquor ammon. anisat., Wein, Campher, Moschus, warme Bäder, Abreibungen mit heissem Essig etc. unverzüglich angewendet werden. — Die causale Behandlung muss selbstverständlich das einwirkende Moment berücksichtigen, und wenn möglich mittelst innerer Mittel oder auf operativem Wege zu beheben bestrebt sein.

3. Blutungen der Schädelhöhle.
Hämorrhagia meningum et cerebri.

Blutungen der Schädelhöhle kommen, wenn wir von der öfter
auftretenden Apoplexia meningea der Neugeborenen absehen, im
Kindesalter eigentlich nicht oft zur Beobachtung und zwar aus
dem Grunde, weil die zwei Hauptbedingungen, nämlich leichtere
Zerreisslichkeit der Gefässwandungen einerseits und Missverhältnisse zwischen eintreibender Kraft des Blutstromes und Gefäss-
wandung andererseits bei Kindern nicht in der Häufigkeit und
Heftigkeit auftreten, wie in den späteren Altersperioden. Der
atheromatöse Process, hochgradige Herzfehler, Gehirnatrophie
und Encephalitis als die häufigsten Ursachen der Apoplexien sind
dem Kindesalter nur selten zukommende Processe.

Sämmtliche Blutungen innerhalb der Schädelhöhle lassen sich
in zwei anatomisch begründete Abtheilungen bringen, und unterscheiden wir eine intermeningeale und cerebrale Hämorrhagie, je nachdem der Blutaustritt 1. in die Gefässhaut und die Höhle
der Arachnoidea oder 2. in die Gehirnsubstanz selbst stattfindet.
Doch kommen auch beide Formen neben einander vor. Die
Apoplexia cerebri ist entweder eine capilläre oder ein hämorrhagischer Herd.

Anatomie.

Intermeningeale Hämorrhagie äussert sich durch kleine oder
grössere Blutextravasate vom Umfange einer Erbse bis eines
Thalers und darüber. — Dieselben kommen häufiger an der
Hirnbasis und zwar vorzüglich am Hinterlappen (Bednar) vor,
können jedoch, wenngleich seltener, auch die Convexität des
Grosshirns betreffen. Nach dem Alter der Hämorrhagie ist das
Blut noch flüssig, geronnen oder es ist theilweise oder grösstentheils
resorbirt und nur noch als rostbraunes oder schmutziggelbes
Pigment zu erkennen.

Blutergüsse in den Sack der Arachnoidea sind oft bedeutend,
betragen 1—5 Unzen und erstrecken sich mitunter bis in den
Arachnoidealraum des Rückenmarkes. In Form einer Cyste wird
das Extravasat nur sehr ausnahmsweise beobachtet und habe
ich bei der Pachymeningitis eines solchen Falles gedacht.

Die capillären Apoplexien des Gehirnes zeigen sich als kleine
stecknadelkopf- bis hirsekorngrosse, leicht zerfliessende Blut-

punkte oder dünne Striemen an der Rücken- oder Marksubstanz, letztere ist nicht selten erweicht.

Der apoplektische Herd von theils rundlicher theils länglicher Gestalt zeigt verschiedene Grösse von der einer Linse bis einer Wallnuss, ist entweder nur einfach oder mehrfach und bezüglich seines Sitzes ein central oder peripherer.

Blutungen in die Gehirnventrikel sind seltene Ausnahmen. Die apoplektische Schwiele, Cyste oder Narbe, — als die weitere Metamorphose des Blutergusses war bis jetzt bei Kindern nur selten Object anatomischer Beobachtung. In manchen Fällen, namentlich bei Neugeborenen, ist die Apoplexie die einzige nachweisbare Veränderung des Gehirnes, in anderen wieder werden gleichzeitig Embolien, Thrombosen, Encephalitis, Pachymeningitis, Hydrocephalus, Tumoren oder Atrophie des Gehirns nachgewiesen, — endlich finden sich auch Krankheiten anderer Organe, welche zu der Hämorrhagie in innigem ursächlichem Verhältnisse stehen oder nur eine Gelegenheitsursache derselben bilden.

Symptome und Verlauf.

Kleine meningeale Blutextravasate erzeugen in der Regel keine oder nur sehr geringe am Krankenbett wahrnehmbare Störungen, bei grösseren Blutergüssen dagegen, besonders in den Sack der Arachnoidea werden folgende und zumeist dem Hirndrucke angehörende Symptome beobachtet. Das Kind liegt in einem schlummerähnlichen Zustande, schreit nicht oder lässt höchstens ein schwaches Wimmern vernehmen, das Gesicht ist bläulich und sowie die Haut des übrigen Körpers kühl anzufühlen. Die vordere grosse Fontanelle ist gespannt, mehr oder weniger vorgewölbt, und pulsirt anfangs stark, allmälig jedoch schwächer, die Pupillen sind stark zusammengezogen, die Hornhaut leicht getrübt oder selbst erweicht, die Augen machen zitternde Bewegungen, die Extremitäten sind entweder vollkommen gelähmt oder befinden sich im Zustande leichter Contracturen, zu welchen sich zeitweise auftretende Zuckungen gesellen. Der Puls ist klein und retardirt, die Respirationen erfolgen langsam, und wechseln oberflächliche mit tiefen Inspirationen. Dabei geht die Stuhlentleerung entweder normal von statten, oder es können selbst häufige Darmentleerungen und Erbrechen bestehen. Die Kinder nehmen die Brust schwer und lassen sie bald wieder los oder können sie wegen des vorhandenen Trismus gar nicht fassen. Die Dauer dieser intermeningealen Blutungen beträgt 4—18 Tage, doch kann dieselbe selbstverständlich durch andere complicirende Krankheiten wesentlich beeinflusst werden.

Der apoplektische Herd, welcher nicht so sehr bei Neugeborenen und Säuglingen, sondern in den spätern Perioden des Kindesalters beobachtet wird, entwickelt sich entweder urplötzlich mitten im besten Wohlsein oder unter Vorausgehen einzelner Vorboten, wie Kopfschmerz, grosse Reizbarkeit und unruhiger Schlaf. Im Allgemeinen darf gesagt werden, dass der apoplektische Anfall im Kindesalter nur sehr selten mit jener Wucht und jenen intensiven Störungen auftritt, wie im Mannes- und Greisenalter. Vorübergehende Bewusstlosigkeit, schwache oder ganz aufgehobene Empfindung, Lähmung einzelner Muskelgruppen, namentlich halbseitige, leichte oder starke convulsivische Zuckungen, Verlust der Sprache, erschwertes Schlingen, Contractionen, verlangsamter Herzschlag, unregelmässiges schnarchendes Athmen, bilden in wechselvoller Weise den Symptomencomplex bei Gehirnblutung. Nachdem idiopathische Apoplexie im Kindesalter selten ist, wird die Reihe der Symptome durch die anderen Hirncomplicationen oft genug vervielfacht und alterirt. Capilläre Apoplexie kann, wenn dieselbe von geringem Umfange ist, wegen Mangel entsprechender Symptome sich während des Lebens jeder Beobachtung entziehen; bei reichlicher Entwicklung derselben sah ich öfter im Beginne Convulsionen und grosse Unruhe, welcher bald Sopor folgte, und bis zum Tode anhielt. In einzelnen Fällen von Gehirnapoplexie werden die Eltern erst durch den Eintritt der Lähmungen auf das Leiden aufmerksam gemacht. Folgezustände der Gehirnblutungen sind Encephalitis und Erweichung in der Umgebung des Herdes, und mehr oder weniger hartnäckige Lähmungen.

Ursache.

Das Alter betreffend finden wir Gehirnblutungen am häufigsten bei Neugeborenen und in den ersten vier Lebenswochen — von hier bis zur Pubertät kommen sie nur als vereinzelte Fälle vor. Knaben werden etwas häufiger befallen als Mädchen. Die Zerreissung feiner Gefässe als die nächste Ursache der Hämorrhagien wird bald durch näher liegende, bald entferntere Veranlassungen herbeigeführt. Verfettung der Capillärgefässe des Gehirns bildet eine ausnahmsweise Ursache von cerebraler Apoplexie und sind es dann Fälle, wo bei anscheinend gesunden und gut

genährten oder in der Ernährung beeinträchtigten Kindern die
Zeichen der Hämorrhagie ohne oder unter leichten Vorboten erfolgen. — Hyperämie des Gehirns und seiner Häute, Thrombose
der Sinus und der Venae meningeae — Embolien bei Herzfehlern
oder durch Pigmentanschwemmung — Tumoren im Gehirne —
Encephalitis — Pachymeningitis, Hydrocephalus und traumatische
Einwirkungen auf die Schädelknochen wie namentlich beim Geburtsacte sind nähere Ursachen, während Asphyxie, angeborene Anomalien der grossen Gefässstämme und des Herzens,
erworbene Herzfehler, angeborene Hypertrophie der Schild- und
Thymusdrüse, vergrösserte und verkäste Bronchialdrüsen namentlich in der Nähe des Herzens, Keuchhusten (Löschner), Trismus und Tetanus der Neugeborenen — Nabelgangrän mit nachfolgender Bauchfellentzündung — Nephritis albuminosa und Veränderungen des Blutes wie Pyämie, Scarlatina — Morbilli,
Variola, Typhus, Purpura entferntere Veranlassungen bilden.
Was die Infectionskrankheiten betrifft, dürfte neben der Hyperämie des Gehirns vielleicht auch Ernährungsstörung der Gefässwandungen (Verfettung) mit thätig sein, wenigstens sprechen
einige meiner Beobachtungen dafür. Acute Verfettungsprocesse
finden sich bei den acuten Infectionskrankheiten auch in andern
Organen (Leber, Herz).

Prognose.

Dieselbe hat zunächst, wenn die Hämorrhagie mit Wahrscheinlichkeit oder Gewissheit diagnosticirt werden kann — was
nicht immer leicht ist — die Ursache, die Heftigkeit der Symptome und die Constitution des befallenen Kindes zu berücksichtigen. Kleinere Hämorrhagien können ohne Beeinträchtigung des
Lebens rückgängig werden, grössere führen fast stets zum Tode.
Dies gilt besonders von den intermeningealen Apoplexien neugeborener Kinder. Lähmungen nach apoplektischen Herden sah
ich einige Male auch erst zwei bis drei Jahre nach dem Auftreten
noch schwinden; in anderen Fällen dagegen blieb jede Behand-
lung· erfolglos bei vorschreitender Atrophie der gelähmten Extremitäten.

Behandlung.

Schon ein flüchtiger Blick auf die näheren und entfernten
Ursachen der Hirnhämorrhagie im Kindesalter verschafft uns die
Ueberzeugung, dass die Behandlung keine glänzenden Resultate

aufzuweisen hat. Da wir auf die sie bedingenden aetiologischen Momente in der Regel nur einen sehr geringen oder gar keinen Einfluss nehmen können, so ergibt sich von selbst, dass die Therapie nur eine symptomatische ist und in Mitteln besteht, welche auch bei der Hyperämie des Gehirns und seiner Häute in Anwendung kommen. Als Prophylaxis wäre das Fernhalten aller Einflüsse, welche Blutungen hervorrufen und unterhalten — kräftigst durchzuführen; die Behandlung der zurückbleibenden Paralysen findet unter dem Kapitel Lähmungen ihre Erledigung.

4. Hirnsinusthrombose.

Die Gerinnungen in den Sinus der Dura mater kommen im Kindesalter als primäre und secundäre unter mannigfachen Verhältnissen zu Stande, sie bilden bald einen selbstständigen am Krankenbette erkennbaren oder zu vermuthenden Vorgang bald wieder nur ein Mitsymptom oder eine Folgeerscheinung anderer tieferer Hirnläsionen, mit deren Symptomenreihe sie mehr weniger verschmelzen und verschwinden.

Anatomie.

Die Gerinnungen, durch welche die betroffenen Blutleiter in der Regel strotzend ausgefüllt und erweitert werden, stellen derbe, härtliche, braunrothe oder bräunlich gelbliche Coagula dar, deren Oberfläche bald glatt, bald wieder uneben, leicht höckerig, und deren freies Ende rundlich oder konisch zugespitzt ist. Sie hängen entweder in ihrer ganzen Ausdehnung oder nur an einzelnen Punkten mit der Gefässwand inniger oder lose zusammen. Verfärbung, Erweichung oder Verjauchung und selbst Obliteration der Vene sind nicht selten weitere Folgen dieser Gerinnungen. Was den Sitz betrifft, so gilt als Erfahrung, dass am häufigsten der Sinus transversus und rectus, seltener der Sinus longitud. und noch seltener der Sinus cavernosus, petros. und circularis betroffen werden. (Gerhardt.) Ich selbst fand unter 14 Fällen von Hirnsinusthrombosen sechsmal den Sinus longitud., zweimal den sinus longitud. und transversus, einmal den Sinus longitud., transversus und sigmoideus, dreimal den Sinus transversus, zweimal den Sinus sigmoideus ergriffen.

In diesen Fällen waren fünfmal die Venae meningeae mehr oder weniger thrombosirt, dreimal chronischer Hydrocephalus, dreimal Pachymeningitis, zweimal Hämatoma internum, zweimal

Apoplexia intermeningealis, einmal Thrombose der Jugularvenen und einmal embolische Metastasen in der Lunge vorhanden.

Die übrigen gleichzeitig nachgewiesenen Krankheiten solcher Kinder waren acute und chronische Magen-Darmkatarrhe, allgemeine Tuberculose, Caries des Felsenbeines, Pyopneumothorax und Lungengangrän, Rachitis, Pneumonie und geheilte Schädelfractur.

Symptome.

Für die reine Hirnsinusthrombose, d. h. ohne gleichzeitige tiefere Hirnleiden, sind allerdings bereits einige in mehreren Fällen beobachtete Symptome gewonnen worden, welche auf das Hinderniss im intercraniellem Kreislaufe schliessen lassen, dagegen dürfte es wohl schwer oder unmöglich werden, bei gleichzeitigen anderweitigen Erkrankungen des Gehirns die vorhandenen Störungen stets richtig zu deuten. Das beste Bild der reinen Hirnsinusthrombose sehen wir manchmal nach erschöpfenden Durchfällen, nach der Cholera infantum, der chronischen Follicularenteritis auftreten, wo neben allgemeiner Abmagerung, Intercalatio der Kopfknochen, eingesunkener grosser Fontanelle, umnebeltem Bewusstsein, Schlafsucht, tiefem Sopor und Zeichen von Hirndruck, als da sind Lähmungen im Bereiche des Facialis und Oculomotorius, Nackenstarre, Starre der Rückenmuskeln, allgemeine Wechselkrämpfe etc. sich noch ganz besondere Störungen in einzelnen Gebieten der Circulationsorgane auffinden lassen, welche für die Diagnose der Hirnsinusgerinnung sprechen.

Folgende Erfahrungssätze haben sich mehrfach bestätigt:

1) Ist ein Sinus transversus oder vielleicht mit ihm der Sinus petros. inf. oder das Anfangsstück der Jug. interna verstopft, so zeigt sich, wenn überhaupt die Halsvenen einen grossen Grad von Blutfülle besitzen, die äussere Jugularvene der kranken Seite leerer, als die der gesunden. (Gerhard und Huguenin.)

2) Setzt sich die Gerinnung durch das Emmissarium am Warzenfortsatz aus dem Sinus transversus auf die hinteren Ohrvenen fort, so entsteht hinter dem Ohre eine umschriebene, hart ödematöse Geschwulst. (Griessinger — Mohs.)

3) Die Verstopfung des Sinus cavernosus wirkt zunächst auf die Vena ophthalmica, die dahin ihr Blut zum grössern Theil entleert. Sie hat Hyperämien der Venen des Augengrundes zu Folge, die ophthalmoskopisch nachgewiesen ist, ferner leichten

Exophthalmus (H u g u e n i n), Oedem des obern Augenlides oder
der ganzen Gesichtshälfte. (G e n o u v i l l e.)

4) Das Gerinnsel im Sinus eavernosus kann Reizungs- oder
Lähmungssymptome durch directen Druck hervorrufen am ersten
Quintusaste und den Augenmuskelnerven. (H e u b n e r.)

5) Blutgerinnung im Sinus longitudinalis sup. bewirkt Cyanose
im Gesichte, Erweiterung von Venenästen oder Netzen, die von
der grossen Fontanelle in die Schläfegegend ziehen, umschriebenen
Schweiss an Stirn und Nase, Nasenbluten. (D u s e h und auch
von mir mehrmals bestätigt.)

Die Dauer kann nur wenige Tage bis drei Wochen betragen,
obzwar es wohl nicht immer leicht ist, namentlich bei chronisch
erschöpfenden Krankheiten, den Beginn der Thrombose festzustellen. Das übrige Krankheitsbild entspricht entweder einem
pyämischen Fieber oder es hat Aehnlichkeit mit der Hirnanämie
(Hydrocephaloid), oder mit der Encephalitis interstitialis. Der
Ausgang ist fast immer ein tödtlicher, doch wollen G r i e s s i n g e r
und andere Beobachter Fälle von Heilung gesehen haben; dieselben können sich nach meiner Erfahrung wohl nur auf sehr beschränkte Gerinnsel beziehen.

Ursache.

Was das Alter betrifft, so entfällt die grosse Mehrzahl der
Fälle auf die ersten zwei Lebensjahre, auch bei Neugeborenen
hat man sie schon beobachtet.

Von den 14 Fällen meiner Beobachtung standen 5 Kinder
im ersten, 4 im zweiten, 2 im dritten, 1 im vierten, 1 im fünften,
1 im neunten Lebensjahre.

Sämmtliche Ursachen der Hirnsinusthrombose lassen sich auf
Verlangsamung des Kreislaufes im Allgemeinen oder locale Be-
hinderung desselben durch Druck auf die Venen, auf Bluteindickung, z. B. bei Cholera infantum, oder auf eine Entzündung
der Dura mater, auf Verwundungen des Schädels und Caries der
Schädelknochen besonders des Felsenbeines zurückführen. Man
trennt sie in die marantische und entzündliche. Die erstere
kommt vor bei acuten und chronischen Magen - Darmkatarrhen,
bei Tuberculose, Serophulose, Rachitis, Pyopneumothorax, Pyämie und vielleicht bei allen erschöpfenden Krankheiten, wodurch die Kinder geschwächt werden; die letztere bei Traumen,
Pachymeningitis und Caries des Felsenbeines.

Behandlung.

Am meisten vermag noch eine rechtzeitige Prophylaxis, namentlich wo es gilt, marantische Thromben zu verhüten. Man
biete alles auf, um die als Ursachen erkannten Krankheiten zu
bekämpfen, ehe sich die Gerinnungen entwickeln. Gegen marantische Thrombose sind Reizmittel, Wein, Kraftsuppen, rohes Fleisch,
Fleischsaft, bei abgestillten Kindern eine Amme, innerlich die
Tinct. ferri acet. äther. oder Moschus etc. zu versuchen. Bei der
entzündlichen Form ist der antiphlogistische Heilapparat zu empfehlen. Im allgemeinen sind jedoch die Heilerfolge so spärlich,
dass man sie mit Fug und Recht noch bezweifeln darf.

5. Pachymeningitis.
Entzündung der harten Hirnhaut und Hämatom der Dura mater.

Die Entzündung der Dura mater ist entweder eine externe
oder, was häufiger der Fall ist, eine interne, entwickelt sich nur
ausnahmsweise primär und begleitet zumeist andere krankhafte
Processe.

Anatomie.

Bei der Pachymeningitis externa finden sich auf der äussern
Fläche der Dura mater neben mehr oder weniger entwickelten
Gefässnetzen, einfacher Punktirung und grösseren ecchymotischen
Flecken, dann und wann auch Eiteransammlung in spärlicher oder
reichlicher Menge. Nicht selten, namentlich bei Läsionen der
Schädelknochen, entwickelt sich ein blutreiches netzförmiges Osteophyt, welches beim Abziehen der dura mater stellenweise an
letzterer haften bleibt, oder selbst zu vollkommener Verknöcherung führen kann.

Die Pachymeningitis interna charakterisirt sich vorzugsweise
durch pseudomembranöse, zart vascularisirte Auflagerungen, zwischen welchen kleinere oder grössere Blutergüsse zu finden sind.
Einzelne Zweige der Meningealvenen und die Sinus enthalten
theils dunkelrothe, theils rostbraune Thromben, letzteres besonders,
wenn die Entzündung der Dura mater durch Caries des Felsenbeines bedingt wird. Die Pachymeningitis kann auch die pia
mater in Mitleidenschaft ziehen und Zeichen der Entzündung daselbst hervorrufen.

Grössere Blutergüsse zwischen dura und pia mater bedingen
das Hämatoma, welches in der Mehrzahl der Fälle auf der

Convexität des Gehirns, seltener an der Schädelbasis sich entwickelt, wie ich bei einem 6 Jahre alten Kinde beobachtet, wo
eine 3 Zoll breite platt - rundliche Cyste mit ziemlich dicken Wandungen und blutigserösem Inhalte in der vorderen Schädelgrube
sass, und eine beträchtliche Compression und Atrophie des Gehirns bewirkt hatte. Ausnahmsweise werden neben Pachymeningitis auch Abscesse im Kleinhirne gesehen.

Symptome und Verlauf.

Die Pachymeningitis macht keine so charakteristischen Symptome, dass aus ihrem Auftreten das Leiden mit Sicherheit diagnosticirt werden könnte. Je nachdem die Entzündung mehr acut
oder chronisch ist, je nachdem die sie begleitenden Hämorrhagien
spärlich oder reichlich, langsam oder stürmisch erfolgen, gestaltet
sich das Krankheitsbild verschieden. Im Beginne ähnelt der Symptomencomplex dem der Hirnhyperämie oder der Meningitis simplex, im weiteren Verlaufe oder kurze Zeit vor dem Tode dem
des Hydrocephalus. Aeltere Kinder klagen über Schmerzen im
Kopfe, welche bei Traumen gewöhnlich der afficirten Schädelge-
gend, bei Otitis interna der ergriffenen Kopfhälfte entsprechen;
jüngere im ersten bis dritten Lebensjahre stehende Kinder verrathen den Schmerz durch grosse Unruhe, öfteres Greifen nach
dem Kopfe, Aufschreien und Wimmern; Uebelichkeiten, Erbrechen,
Schwindel, leichte Convulsionen, Apathie, Somnolenz und endlich
andauerndes Coma folgen sich im weiteren Verlaufe. Plötzlich
auftretende Blutergüsse können augenblicklich den Tod herbeiführen. Doch fehlen mitunter alle diese Symptome und wird im
Leben nichts als Somnolenz beobachtet. Die Dauer ist bald eine
kürzere 1–2 Wochen, bald längere 3—4 Monate und darüber.
Das Hämatom der Dura mater äussert sich meist unter den Zeichen von Herderkrankungen des Gehirns und bedingt periodisch
auftretende epileptiforme Krämpfe. So sah ich bei einem 6 Monate alten Kinde solche Convulsionen anfangs nur alle 2—3
Wochen, später jede Woche und endlich fast täglich auftreten,
ohne dass Zeichen der Paralyse vorhanden waren. Das Hämatom
an der Schädelbasis bot in den letzten zwei Wochen das Bild der
tuberculösen Meningitis.

Ursache.

Unter den Ursachen der Pachymeningitis und des Hämatoms
der Dura mater nehmen den ersten Platz traumatische Insulte

ein, ferner kommt sie bei cariösen Processen der Schädelknochen, namentlich des os petrosum, bei Entzündungen und Eiterungen der Kopfschwarte, bei Gesichtserysipel und pyämischen Processen sowie bei allgemeiner Hypertrophie und Sclerose des Gehirns zur Entwicklung; spontan entsteht sie bei abgezehrten, mit Lungen- und Darmkrankheiten oder Rachitis behafteten Kindern, vielleicht angeregt durch marantische Thrombosen, sowie im Verlaufe von acuten Infectionskrankheiten. Kinder zwischen dem ersten bis vierten Lebensjahre werden am häufigsten ergriffen; das Geschlecht zeigt keinen bemerkenswerthen Unterschied.

Behandlung.

Die Unsicherheit der Diagnose einerseits, sowie der meist tödtliche Ausgang andrerseits machen es erklärlich, dass die Behandlung nur eine symptomatische sein und sich auf jene Mittel beschränken wird, welche bei Meningitis und Hydrocephalus Anwendung finden. Kälte in Form von fleissig wiederholten Umschlägen auf den Kopf, Ableitungen auf Haut und Darmkanal, bei Convulsionen Zincum oxydatum oder Opiate, bilden die gewöhnliche, doch meistens erfolglose Therapie. Bei schwächlichen marastischen Kindern sorge man für eine gute Ernährung, und versuche bei chronischem Verlaufe Eisen- und Chinapräparate.

6. Entzündung der pia mater.
Meningitis simplex — Leptomeningitis.

Die Meningitis simplex ist eine verhältnissmässig nicht häufige Krankheit (auf tausend Fälle von Hirnleiden etwa acht bis zehn mal), tritt sehr selten idiopathisch auf und ist zumeist secundär bedingt durch anderweitige Einflüsse.

Anatomie.

Vorzugsweise und am häufigsten auf der convexen Seite der Hemisphären entwickelt, finden sich die anatomischen Veränderungen doch auch oft genug an der Basis des Gehirns. Die Gefässe der pia mater zeigen stärkere Injection, hie und da kleine Ecchymosen; dem Laufe von grösseren, erweiterten Venen folgend, befindet sich bald ein spärlicher, bald sehr massiger seröser, sulzartiger, häufiger citriger, mehr oder weniger fester, grünlich gelber Erguss und setzt sich zwischen die Gyri fort. In seltenen hochgradigen Fällen ist das Gehirn in seiner peripherischen, wie ba-

salen Fläche mit einer bis liniendicken Eiterschwarte haubenartig
umhüllt. Seröser und seltener eitriger Erguss in den Seitenven-
trikeln begleitet die Meningitis simplex, doch kann derselbe auch
fehlen und werden die Ventrikel fast leer angetroffen. Von der Basis
pflanzt sich die Exsudation gerne auf die Spinalmeningen fort,
während von der Convexität aus öfter die Hirnrinde ergriffen
und dann stark injicirt oder erweicht gefunden wird. Bei chronischem Verlaufe erleidet das Exsudat auch Umwandlung in
milchig getrübte feste, ausnahmsweise in käsige Massen. Die Sinus enthalten bald viel, bald wenig halbgeronnenes Blut — dann
und wann auch Thromben.

Symptome.

Im allgemeinen kann als Regel gelten, dass sich bei der einfachen Meningitis der Symptomencomplex rasch entwickelt und
in mehr stürmischer Weise eingeleitet wird. Die Kinder, welche
noch gut genährt oder bereits durch erschöpfende Krankheiten
herabgekommen sind, werden urplötzlich bewusstlos, von stärkeren
und schwächeren Convulsionen befallen, welche sich Schlag auf
Schlag bis zum Eintritte des Todes folgen, was selbst schon nach
36—48 Stunden geschehen kann. Diese convulsivisch comatöse
Form tritt gern bei Säuglingen auf. Neben diesen Symptomen
stellt sich gleichzeitig Fieber, erhöhte Temperatur am Kopfe, häufiges Wechseln der Gesichtsfarbe zwischen Blässe und Röthe,
Zähneknirschen, grosse Unruhe und öfteres Erbrechen ein. Lassen
die Krämpfe nach, so verfallen die Kinder in einen Zustand
grosser Schwäche, Apathie und in wirklichen Sopor, aus welchem
sie durch wiederholte Convulsionen geweckt werden. Bei älteren
Kindern wird das Leiden nicht selten durch einen Schüttelfrost
eingeleitet, welchem bald heftige Kopfschmerzen, Erbrechen,
Schwindel, Lichtscheu mit anfangs enger, später erweiterter Pupille folgen. Säuglinge und jüngere Kinder fahren häufig mit den
Händen nach dem Kopfe und lassen ein schmerzhaftes Schreien
oder leises Wimmern vernehmen. Während im Beginne noch
Pausen eintreten, wo das Bewusstsein vorhanden ist, schwindet
dieses bald und für immer, zu den Convulsionen gesellen sich
partielle oder ausgebreitete Lähmungen.

Sind die Fontanellen noch offen, so wölben sich dieselben
mehr oder weniger hervor, pulsiren, um mit eintretender Depression wieder etwas einzusinken. Der Puls ist anfangs beschleunigt,
bei zunehmender Depression verlangsamt, ebenso ist das Athmen

unregelmässig, doch nicht in dem Grade und so constant wie bei
der tuberculösen Meningitis. Der Unterleib behält meist seine
Form, ist entweder stark tympanitisch oder weich; kann selbst
etwas eingezogen sein. Stipsis ist die Regel, doch werden auch
normale tägliche oder selbst diarrhoische Entleerungen beobachtet.

Abweichend von dieser stürmischen convulsivischen Form
verläuft die Meningitis simplex bei sehr jungen Kindern manchmal nur unter den Zeichen heftiger Depression (comatöse Form).
Die Kinder zeigen einen hohen Grad von Apathie, welche allmählich in tiefen Sopor übergeht und erst einige Stunden vor
dem Tode treten einzelne convulsivische Anfälle hinzu, oder
können selbst ganz fehlen. Das bei solchen Kindern massenhaft
vorgefundene Exsudat erklärt den hohen Grad der Depressions-
erscheinungen. Bei eitriger, namentlich traumatischer Meningitis
stellt sich manchmal ein spärlicher oder reichlicher eitriger Ausfluss aus einem oder beiden Ohren mit Nachlass der stürmischen
Reizerscheinungen ein.

Die Dauer der Meningitis simplex schwankt zwischen zwei
bis vierzehn Tagen Ausgang in Genesung wird nicht oft beobachtet, diese ist selten eine vollkommene. Störungen in der geistigen Thätigkeit, Taubheit, Blindheit, Contracturen oder Lähmungen bilden traurige, selbst lebenslängliche Folgen dieser
Krankheit.

Ursache.

Die Meningitis simplex befällt Kinder aller Altersperioden
von der Geburt bis zur Entwicklung, auch schon während des
intrauterinen Lebens kommt sie vor, Knaben und Mädchen werden gleich häufig ergriffen. Als primäre Form entwickelt sich
dieselbe bei gut wie schlecht genährten Kindern auf Einwirkung
der Insolation, Erkältung und traumatischer Insulte, übermässige
geistige Anstrengung, doch fehlt für die Entstehung derselben sowohl in der Anamnese, wie im objectiven Befunde nicht selten
jeder Anhaltspunkt. Secundäre Meningitis wird beobachtet im
Verlaufe des Erysipelas faciei et capillitii, der acuten Exantheme,
des Typhus, der Pneumonie, sehr selten des Morbus Brightii, bei
Pyämie namentlich der Neugeborenen und im Säuglingsalter, als
fortgeleiteter Process bei Pachymeningitis, Otitis interna, Ozoena,
Periorbititis, Periostitis, Coxitis meist scrophulosen Ursprungs.
Als Ursache intrauteriner Meningitis fand ich Erkrankungen der
Mutter während der Schwangerschaft (Variola) und Puerperalfieber.

Diagnose.

Eine genaue Würdigung der anamnestischen und ätiologischen Momente im Zusammenhalte mit dem rapiden Auftreten und dem schnellen Verlaufe der Krankheit sind bei der Stellung der Diagnose die leitenden Fäden. Zeichen der Scrophulose oder Tuberculose bei Kindern mit mehr langsamer Entwicklung der Hirnsymptome sprechen nicht für eine einfache sondern tuberculöse Meningitis. Ein Zweifel zwischen Meningitis und Typhus, ist höchstens in den ersten Tagen möglich, und wird die Diagnose durch das Erscheinen der Roseola, der Milzanschwellung, der Bronchitis und des Durchfalls, sowie der abendlichen Fieberexacerbationen mit Remissionen am Morgen bald gesichert. Einer Verwechslung mit der sogenannten Gehirnpneumonie, welche allerdings im Beginne der Krankheit nicht unmöglich ist, wird die physikalische Untersuchung der Lunge und das die Pneumonie begleitende hochgradige Fieber begegnen. Gehirnhyperämie setzt nicht so intensive Erscheinungen und geht rascher vorüber. Bei urämischer Gehirnaffection, welche im Kindesalter mitunter das Bild der einfachen Meningitis annimmt, wird das charakteristische Verhalten des Urins und vorhandene Hydropsie den Ausschlag geben. Nicht immer leicht ist es, die rein comatöse Form der einfachen Meningitis von der cerebralen Anämie zu unterscheiden; eine gewissenhafte Berücksichtigung der ätiologischen Momente und des gesammten Habitus der erkrankten Kinder, sowie der Umstand, dass bei der Meningitis die febrilen Erscheinungen stärker auftreten als bei Hirnanämie — werden gute Behelfe sein.

Prognose.

Der Ausgang in Genesung bildet seltene Ausnahmen, der in Tod die Regel; die Prognose ist daher, wenngleich die Möglichkeit einer Heilung zugegeben werden muss, stets eine höchst zweifelhafte. Als sicher tödtend ist die Meningitis im Verlaufe pyämischer Processe zu bezeichnen. Erfolgt Heilung, so ist sie höchst selten eine vollkommene, und bleiben leicht Functionsstörungen im Bereiche der psychischen, motorischen und Sinnesthätigkeit zurück.

Behandlung.

Im Beginne der Krankheit finden die antiphlogistischen Mittel Anwendung. Blutentziehungen, ob örtlich oder allgemein, leisten

durchaus das nicht, was ihnen von einzelnen Autoren nachge-
rühmt wird, streng contraindicirt sind dieselben bei schwächlichen,
herabgekommenen, anämischen Kindern. Oertliche Anwendung
der Kälte in Form von Umschlägen, Eiskappen und zeitweise
vorgenommene Uebergiessungen wirken mehr beruhigend als hei-
lend. — Das Unguentum einereum, die Jodkalisalbe oder gar die
Pustelsalbe auf den abgeschorenen Kopf eingerieben nehmen
keinen sichergestellten günstigen Einfluss auf den Verlauf der
Krankheit und bleiben immer nur sehr problematische Heilversuche. Ebensowenig ist von der innerlichen Darreichung des
Jodkali zu erwarten. Stuhlverstopfung ist durch eröffnende Klystiere oder Abführmittel, wie Aqua laxat. Viennen., Calomel zu
beheben. Gegen lebhafte Delirien, öfter wiederkehrende Convulsionen wirken allgemeine Einwicklungen des Körpers in nasskalte
Linnen mitunter beruhigend, desgleichen können besonders bei
grosser Unruhe Opium und Morphium innerlich oder mittelst sub-
cutaner Injectionen versucht werden. Bei eintretenden Zeichen
starker Depression reicht man Reizmittel wie Campher, Moschus
— jedoch stets ohne Aussicht auf Erfolg. — Gegen die pyämische
Form der Meningitis mache man Gebrauch von Chinin ($\frac{1}{2}$—1
Gran pro dosi) mehrere Male des Tages.

Absolute Ruhe, Fernhalten aller störenden Einflüsse und
fleissige Ventilation der Krankenstube verstehen sich von selbst.
Nimmt die Meningitis einen protahirten Verlauf mit allmählichem
Nachlassen der beunruhigenden Symptome, so greife man bald
zu kräftiger Diät und tonischen Mitteln. Gegen zurückbleibende
psychische und Motilitätsstörungen vermag die Therapie sehr
wenig oder gar nichts.

7. Meningitis tuberculosa, Basalmeningitis, tuberculöse Hirn-hautentzündung.

Tuberculöse Granulationen mit gleichzeitiger Exsudation in
der pia mater namentlich an der Basis des Gehirns und acutem
Hydrocephalus, bilden das Wesen dieser Krankheit. Die Entzündung steht zu den Granulationen in dem Verhältnisse, wie
Ursache zur Wirkung, und können die ersteren bereits längere
oder kürzere Zeit bestehen, ehe die Meningitis und der Hydrocephalus hinzutritt. In Fällen, wo das letztere nicht geschieht,
wird der Zustand einfach als Miliartuberculose der Meningen be-

zeichnet. Tuberculöse Meningitis fand ich unter 4292 Fällen von
Gehirnkrankheiten 224 mal.

Anatomie.

Die wesentlichsten Veränderungen treffen die Basis des Gehirns. Die Meningen desselben sind und zwar am intensivsten
entsprechend dem Chiasma nerv. optic. und von da allmählich
abnehmend einerseits gegen die Medulla oblongata — andererseits
nach vorne und oben mit gelblich-grauen sulzigen Exsudatmassen
besetzt. Spärliche oder zahlreiche bis stecknadelkopfgrosse Granulationen, welche durch Zellenwucherung aus dem Lymphsack der
kleinen Arterien entstehen (Lebert), finden sich besonders nach
den Bahnen der grösseren Gefässe, begleiten dieselben in die Sylvischen Gruben, so dass letztere meist stark verklebt sind. Solche
Knötchen finden sich seltener an den Meningen des Kleinhirns
und auf der Convexität des Grosshirns. Die Ventrikel sind um
das drei- bis sechsfache erweitert, mit vermehrtem wasserklaren
oder leicht trüblichem, flockigem Inhalte, die Commissuren meist
erweicht, leicht einreissbar, das Ependym ist selten fest, resistent,
häufiger gelockert, erweicht, leicht abstreifbar, an demselben befinden sich nicht selten tuberculöse Granulationen oder selbst
kleine hämorrhagische Herde, die Plexus sind meist blassroth und
oft mit ähnlichen Granulationen besetzt. Die Hirnsubstanz ist
weich und blutarm, die des Kleinhirns anämischer als die des
Grosshirns. In den Sinus der Dura mater befindet sich theils
lockergeronnenes, theils dickliches Blut; die Dura mater ist
straff gespannt, die Hirnoberfläche stark abgeflacht, die Gyri und
Sulci verstrichen, der Fornix vorgewölbt. Auch grössere, grün-
lich-gelbe, erbsen- bis taubeneigrosse Entzündungsherde in der
Hirnrinde oder in den Centralganglien werden mitunter getroffen.—
Tuberkelgranulationen auf der Gefässhaut des Auges (Cohnheim)
ausserdem Knötchen und grössere tuberculöse und Entzündungsherde in andern Organen, den Drüsen, Lungen, Leber, Milz etc.
bilden einen häufigen Befund. In seltenen Fällen findet sich ausser
den Knötchen im Gehirne im ganzen übrigen Organismus nicht
die geringste Spur einer tuberculösen oder scrophulösen Veränderung und die granulöse Meningitis ist die erste und einzige
Aeusserung der Tuberculose. Grosse Trockenheit der dunkelrothen Muskulatur, des subcutanen Zellstoffes und Magenerweichung sind öftere — doch nicht constante Vorkommnisse.

Symptome und Verlauf.

Eine Eintheilung der Krankheit in Stadien ist weder vom anatomischen noch klinischen Standpunkte gerechtfertigt. Die Krankheit entwickelt sich mehr oder weniger schleichend und unter anfänglich leichten Symptomen, welche jedoch in den Augen des Kenners eine schwere und ernste Bedeutung haben.

Unter den sogenannten Prodomen macht sich neben Abmagerung des Körpers und Welkwerden der Hautdecken zunächst eine auffallende Veränderung im Benehmen des Kindes bemerkbar, verdriessliches, mürrisches und launiges Wesen, Aufsuchen der Einsamkeit, Unlust an den gewohnten Spielen, Zusammenschrecken bei stärkeren Geräuschen, furchtsamer, muthloser und ängstlicher Charakter, baldige Ermüdung bei den geringsten körperlichen Anstrengungen, Zerstreutheit und Abnahme des Gedächtnisses, unruhiger, oft unterbrochener Schlaf, Aufschrecken und Aufschreien aus demselben, Aeusserungen von Kopfschmerz, Steifigkeit im Nacken und Ziehen mit Schmerzen daselbst, unsicherer Gang und Straucheln auf ebenem Boden, Abnahme des Appetits bilden in ihren mannigfachen Combinationen die Initialsymptome dieser Krankheit.

Nachdem dieselben zwei bis vier Wochen oft auch darüber gedauert, und eine stetige Zunahme nicht verkennen lassen, gesellt sich als erstes Allarmzeichen ein- oder mehrmaliges Erbrechen hinzu, ohne dass Uebliehkeiten oder Würgneigung vorausgehen. Nur ausnahmsweise erfolgt das Erbrechen auch im späteren Verlaufe oder gegen das Ende der Krankheit. Von diesem Augenblicke an werden die Kinder in der Regel bettlägerig, oder verlassen dasselbe nur auf einige Stunden. Der Appetit schwindet gänzlich, ohne dass der Durst sich wesentlich steigert. Die Kopfschmerzen werden heftiger, laute Klagen und Schmerzensäusserungen werden vernommen. Stuhlträgheit oder hartnäckige Stuhlverstopfung herrscht vor, mit Ausnahme jener Fälle, wo wegen tuberculöser Enteritis selbst bis zum Tode Diarrhöe besteht, die Zunge ist selten ganz trocken, zeigt oft einen gelblichen oder schmutzig weissen Beleg. Die Diurese ist spärlicher, der Urin zeigt einen Ueberschuss von Phosphaten. Eine ungewöhnlich grosse Hyperästhesie der ganzen Hautoberfläche, für welche selbst die leiseste Berührung schmerzhaft wird, macht sich oft bemerkbar.

Eine Steigerung der Temperatur wird zunächst und oft ausschliesslich nur am Kopfe wahrgenommen, während der Rumpf nur warm und die Füsse selbst kühl anzufühlen sind. Schwankungen der Temperatur namentlich am Kopfe sind eine häufige Erscheinung. Eine hohe Temperatur (40 ⁰ Cels.) mit klebrigem Schweisse tritt in der Regel kurze Zeit vor dem Tode ein. — Der Puls im Beginne der Krankheit 120—140 zählend, sinkt allmählich auf 80—60 selbst 48 Schläge in der Minute und wird unregelmässig, um im weiteren Verlaufe und gegen das Ende der Krankheit wieder auf 120 - 140—160 sich zu heben. Eine ähnliche Unregelmässigkeit macht sich in der Respiration bemerkbar, die Athemzüge erfolgen bald schneller, bald langsamer, sind bald sehr oberflächlich und seicht, so dass sie kaum vernommen werden, bald folgt wieder eine tiefe, von lautem Seufzen begleitete Inspiration. Mit der Unregelmässigkeit und Verlangsamung im Pulse und in der Respiration treten die cephalischen Symptome schärfer hervor. — Die Kinder werden vollständig apathisch, schlummersüchtig, lassen namentlich bei Nacht einen eigenthümlichen, scharf abgestossenen, in Intervallen sich wiederholenden Schrei vernehmen, greifen häufig nach dem Kopfe, werfen denselben hin und her, bohren das Hinterhaupt tief in das Kissen, knirschen mit den Zähnen, machen oft leere Kaubewegungen, liegen mit halboffenen Augen, und drehen die Bulbi stark nach aufwärts. Nun stellen sich auch die mannigfachen Motilitätsstörungen unter der Form von partiellen oder allgemeinen clonischen Krämpfen ein, welchen früher oder später die tonischen als Contracturen, tetanische Streckung, Retroversio capitis, Trismus folgen. Das Auftreten neuer Convulsionen wird gewöhnlich durch grosse Unruhe der Kinder, tiefe fleckige oder ausgebreitete Röthe im Gesichte, und Glotzen der Augen angekündigt.

Die Lähmungen treten bei zunehmendem Hirndrucke auf und gestalten sich verschieden; bei gleichzeitig vorhandenen Tumoren im Gehirne tritt der halbseitige Charakter der Paralyse scharf und bleibend hervor. Von Störungen der Sinnesorgane werden an den Augen beobachtet anfangs grosse Empfindlichkeit gegen das Licht mit enger Pupille, später träge, endlich ganz fehlende Reaction auf Lichteinfluss bei weiter Pupille, Strabismus ungleich weite Pupillen, vermehrte Sehleimabsonderung mit starker Injection der Conjunctiva und mitunter Keratomalacie des einen oder beider Augen. — Der Nachweis der Aderhauttuberkeln im Augenhintergrunde (G r ä f e — B o u c h u t) ist ein öfterer, jedoch nicht constanter Befund, und die ophthalmoskopische Untersuchung der Kinder mit grossen Schwierigkeiten ver-

bunden. Auch der Gehörsinn versagt im weiteren Verlaufe der
Krankheit seine Dienste, scheint jedoch später zu erlöschen als
der Gesichtssinn.

Tritt die Krankheit bei noch offener Fontanelle auf, so ist
dieselbe durch den ganzen Verlauf der Meningitis hervorgewölbt.

Die kahnförmige Einziehung des Unterleibes, welche mit seltenen Ausnahmen stets beobachtet wird, ist weder als Krampf
noch als Lähmung der Bauchmuskulatur aufzufassen, sondern
bleibt eine noch nicht erklärte Erscheinung und dürfte ihren
Grund in einem gesteigerten Tonus der Ringfasern des Darmkanals haben (Traube), wodurch die Menge der Darmgase abnimmt und ein Einsinken der Darmwandungen mit Nachgeben
der Bauchdecken bedingt wird. Ein eigenes Nervencentrum in
der Nähe der Medulla oblongata scheint die Gesammtheit der
Darm-Ringmuskeln zu beherrschen. — Die sogenannten meningitischen Flecken, welche in Form von flüchtigen verschieden
grossen rundlichen intensiv rothen Hautstellen im Gesicht sich
zeigen, sind wohl nur umschriebene Erytheme, bedingt durch
Reizung der vasomotorischen Nerven. — Als ein Symptom der
Reizung im plexus pudend. wird das häufige Greifen und Ziehen
an den Genitalien beobachtet. Die Dauer der tuberculösen Meningitis beträgt bei schnellerem Verlaufe 10—14 Tage, bei langsamer Entwicklung 4—6 Wochen, als Durchschnittsziffer können
2—3 Wochen angenommen werden, doch ist das erste Auftreten
der Initialsymptome nicht immer bestimmt festzusetzen.

Ursache.

Die Krankheit tritt am häufigsten zwischen dem zweiten und
siebenten Lebensjahre auf, selten befällt sie Kinder im ersten
Lebensjahre. Knaben werden häufiger ergriffen als Mädchen.
Bezüglich der Jahreszeit kommen die meisten Fälle im April und
Mai, etwas seltener im Januar, Februar und März zur Beobachtung,
das Leiden kann übrigens zu jeder Zeit auftreten.

Tuberculose und Scrophulose bilden die häufigste und wichtigste Ursache. Schlechte häusliche Verhältnisse und der Aufenthalt in grossen volkreichen Städten begünstigen zweifelsohne den
Ausbruch der Krankheit. — Die Behauptung, dass die Meningitis
ein Resorptionsprocess ist und stets auf einen käsigen tuberculösen und citerigen Herd zurückgeführt werden müsse (Waldenburg u. A.), hat gewiss nicht allgemeine Geltung, und wird durch
einzelne Fälle, wo die Meningitis isolirt auftritt, abgeschwächt.

Gelegenheitsursachen zum Ausbruche der Entzündung bilden die Dentition, Masern, Keuchhusten, Typhus, Otitis interna. Dass durch rasches Abheilen chronischer Ausschläge am Kopfe Meningitis tuberculosa hervorgerufen wird, ist eine irrige Meinung. Der Grund ist eher in Resorption von Eitermassen und Detrituskörperchen seitens der Entzündungsherde am Capillitium zu suchen.

Diagnose.

Bereits ausgebildete Meningitis tuberculosa bietet selten diagnostische Schwierigkeiten, dagegen sind im Beginne der Krankheit Verwechslungen mit andern Leiden leicht möglich. Von der einfachen Meningitis unterscheidet sich die tuberculöse durch den mehr langsamen Verlauf, die Prodromalsymptome, das Verhalten des Pulses und des Unterleibes, das frühere oder auch gleichzeitige Bestehen scrophulöser oder tuberculöser Herde, und den Nachweis von Erblichkeit der Tuberculose in der Familie. Wichtig und mitunter entscheidend ist der Nachweis von Granulationen auf der Aderhaut des Auges und dieses um so mehr, wenn dieselben schon vor dem Auftreten der schweren Gehirnsymptome in den ersten Stadien der allgemeinen Tuberculose sichergestellt werden können (Fränkel).

Eine Verwechslung mit Typhus wird durch die der letzten Krankheit zukommenden Eigenthümlichkeiten leicht vermieden werden können, dagegen erheischt es mitunter den grössten Scharfsinn, um einen Typhus bei mit Rachitis und chronischem Hydrocephalus behaftetem Kinde zwischen dem zweiten und vierten Lebensjahre von einer Meningitis zu unterscheiden. — Die hohe Temperatur von 40° Cels. und selbst darüber, das plötzliche Sinken derselben in den kritischen Tagen, der Nachweis einer acuten Infiltration in der einen oder andern Lunge lässt eine Gehirnpneumonie von der tuberculösen Meningitis trennen. — Das Fehlen tieferer und schwererer Gehirnsymptome macht eine Unterscheidung des acuten Magenkatarrhes und einer Meningitis bald möglich. — Helminthiasis täuscht wohl nur selten eine tuberculöse Meningitis vor, erschwert jedoch die Diagnose in Fällen, wo bei mit Taenia behafteten Kindern tuberculöse Meningitis sich entwickelt, wie ich in drei Fällen beobachtet und durch die Section constatirt habe.

Prognose.

Die tuberculöse Meningitis endet stets lethal, weshalb die Vorhersage immer eine absolut ungünstige ist. Einzelne Beispiele von Heilung werden allerdings angeführt, der Beweis dafür ist jedoch nicht geliefert.

Behandlung.

Dass die Behandlung bei der trostlosen Prognose keine glänzenden Erfolge aufzuweisen hat, versteht sich von selbst, dessenungeachtet erheischt es doch die Humanität, solche unglückliche Kinder nicht ohne Behandlung zu lassen, und können wir auch nicht helfen, so können wir doch lindern, und die schmerzhaften und für die Umgebung so peinlichen Aeusserungen mildern. Die Hauptmittel sind die Kälte und die Opiate, und werden in derselben Weise angewendet, wie wir bei der einfachen Meningitis auseinandergesetzt. Chinin, Jodkali, Jodeisen etc. haben bis jetzt keinen sichern Erfolg aufzuweisen. Die bei hereinbrechendem Collapsus noch immer üblichen Reizmittel wie Moschus, Aether, Campher etc. finden ihre Entschuldigung sicher nur in der Rathlosigkeit, in welcher sich der Arzt der Krankheit und den hilfeflehenden Eltern gegenüber befindet.

So wenig man bei einmal ausgebrochener Krankheit zu leisten vermag, ebenso wichtig und erfolgreich ist mitunter eine rechtzeitige prophylaktische Behandlung. Alle Mittel, welche gegen Scrophulose und Tuberculose — die zwei Hauptquellen der tuberculösen Meningitis sich bewähren, finden bei solchen Kindern ihre Anzeige Der Leberthran, Jodeisen, die jodhaltigen Mineralwässer neben einer vernünftigen physischen und geistigen Erziehung sind die besten Mittel in der Hand der Eltern und des Arztes. — Gelegenheitsursachen, wie Insolation, Keuchhusten, Masern, vielleicht auch Traumen sind, insoweit es eben möglich ist von solchen Kindern fern zu halten.

8. Encephalitis — Hirnentzündung.

Die Hirnentzündung als einfache und eiterige kommt im Kindesalter nicht sehr oft zur Beobachtung; berücksichtigt man jedoch dabei die erst in letzterer Zeit erkannte Encephalitis interstitialis (Virchow), so wird sich die Häufigkeit dieser Krankheitsform jedenfalls beträchtlich steigern.

Anatomie.

Die einfache Encephalitis kommt sowohl an der Hirnrinde, wie in der Masse des Gross- und Kleinhirns vor, tritt bald in kleineren, zerstreuten oder einfachen isolirten Herden, bald wieder in diffuser Ausbreitung auf, letzteres ist namentlich an der Hirnrinde der Fall. Die entzündete Hirnsubstanz wird im weiteren Verlaufe entweder erweicht, was der öftere Vorgang, oder es erfolgt auch Resorption, Atrophie und Verhärtung des Gewebes. Als Residuen fötaler Encephalitis finden sich mitunter im Marke der Grosshirnhemisphären einzelne oder dichter gruppirte bis hanfkorngrosse, rundliche, im Inneren mit kleinen Hohlräumen versehene Stellen (Beduar). Ich fand solche auch neben frischer Encephalitis und Meningitis. Der Ausgang der Gehirnentzündung in Eiterung (Abscessbildung) wird in allen Hirntheilen beobachtet, kommt jedoch mit Vorliebe in den peripherischen Theilen der Grosshirnhemisphären und im Kleinhirn vor, das letztere namentlich durch fortgeleitete Entzündung bei Otitis interna. Ecchymosen im Krankheitsherde, Entzündung an der Oberfläche des Gehirns entsprechend dem Eiterherde und Thrombosen der Sinus bilden nicht selten Nebenbefunde.

Die interstitielle Encephalitis wird von Virchow als ein parenchymatöser Entzündungsprocess aufgefasst, welcher zur Fettmetamorphose der Zellen der Neuroglia führt. Der Hauptsitz dieses Leidens sind die Hemisphären des Grosshirns und die Stränge des Rückenmarkes. Unter dem Mikroskope erscheinen dann die Neurogliezellen dieser Gegenden als schwärzliche Punkte, welche letztere sich bei stärkerer Vergrösserung in feine Körnchen auflösen. Wenn sich diese Fettkörnchenkugeln in grösserer Zahl anhäufen, so entsteht ein schon makroskopisch erkennbarer weisser, undurchsichtiger oder gelblich-weisser matter Fleck, Punkt oder Herd, der selbst eine Ausdehnung von $\frac{1}{2}$ Zoll erreichen kann. Als Nebenbefund dieser Encephalitis sah ich bei einem sechs Wochen alten Kinde Magenerweichung.

Symptome und Verlauf.

Hirnentzündung kann längere Zeit latent bleiben, in der Regel jedoch stellen sich bald Erscheinungen ein, welche ein tieferes Hirnleiden erkennen lassen. Der Symptomencomplex ähnelt in der Hauptsache dem der einfachen eiterigen Meningitis mit dem Unterschiede, dass der Verlauf der Encephalitis langsamer vor

sich geht und namentlich im Beginne des Leidens mitunter kürzere
oder längere Remissionen sich bemerkbar machen. Die geistigen
Fähigkeiten erhalten sich bei Hirnentzündung oft merkwürdig
lange und nehmen erst kurz vor dem Tode ab. Das sah ich
namentlich bei Abscessen des Kleinhirns, dagegen klagten die
Kinder in solchen Fällen über einen heftigen, zeitweise bis zur
höchsten Extase gesteigerten Schmerz in der Hinterhauptgegend,
welchen Paroxysmen dann und wann allgemeine Convulsionen
folgten. Sitzt der encephalitische Herd sehr peripherisch und ist
dem Eiterabflusse ein Weg gebahnt, wie es bei Schädelver-
letzungen mitunter der Fall ist, so fehlen selbst bei sehr ausge-
dehnten Zerstörungen des Gehirns oft lange Zeit alle Symptome
eines Hirnleidens. Es bleibt mir ein hiehergehöriger Fall unver-
gesslich, wo bei einem fünfjährigen Kinde mit einer klaffenden
Schädelfractur der grösste Theil der linken Grosshirnhemisphäre
theils durch Eiterung, theils Necrose zerstört, allmählich durch
die Knochenlücke prolabirte und sich absticss, ohne dass durch
volle drei Wochen ein Gehirnsymptom diesen Process begleitete.
Der Knabe sass munter im Bette, verzehrte seine Mahlzeit mit
gutem Appetit, und schlief die ganze Zeit hindurch gut. Erst zu
Ende der dritten Woche kam eine eitrige Meningitis hinzu und
führte in zwei Tagen den Tod herbei.

Die interstitielle Encephalitis, welche bis jetzt am
Krankenbette noch wenig gekannt ist, bewirkt, in so weit es meine
Beobachtung betrifft, jene Symptomenreihe, wie sie der Anämie
und Atrophie des Gehirns (Hydrocephaloid) zukommt. Diese
Form der Hirnentzündung ist eine intrauterine und kommt bei
todtgeborenen oder in den ersten Lebenstagen gestorbenen Kindern vor, kann sich jedoch auch später entwickeln. Ich fand als
Symptome: Schlechte Ernährung, trockene Haut, die Temperatur
derselben namentlich an den Extremitäten kühl, den Puls klein,
120—140, später nicht mehr zu tasten; das Stirn- und Hinter-
hauptsbein zwischen die Seitenwandbeine eingeschoben, Fontanellen
eingesunken, die Hornhaut auf beiden Seiten anfangs
etwas getrübt, mattglänzend, später im Zustande der
Malacie, die Augenlider halb geöffnet, das Athmen sehr oberflächlich, öfteres Erbrechen, Nichtnehmen der Brust und anderer
Nahrung, krampfhaftes Anziehen der oberen und der unteren Extremitäten besonders der letzteren an den Unterleib, grosse Unruhe mit Aufschreien, später nur schmerzhaftem Wimmern, Apathie und endlich vollständiges Coma.

Ursache.

Hirnentzündung kommt schon als intrauterines Leiden vor,
und gilt dieses besonders von der interstitiellen Encephalitis. Andere Ursachen namentlich bei älteren Kindern liefern traumatische
Läsionen, Otitis interna mit Caries ossis petrosi, eitrige Meningitis, Geschwülste des Gehirns, Hämorrhagien der Schädelhöhle,
Pyämie, Scrophulose und Syphilis. — Als Ursachen der erworbenen interstitiellen Encephalitis werden von Virchow die acuten Exantheme, namentlich die Pocken und die Syphilis, angeführt. Meiner Vermuthung nach können auch Darmkatarrhe, besonders sehr acute, zu dieser Form der Hirnentzündung führen,
überhaupt werden sich die ätiologischen Momente derselben durch
weitere exacte Untersuchungen ohne Zweifel vervielfältigen und
klären.

Prognose.

Sie ist in der Regel eine ungünstige, erfolgt Heilung, so ist
diese nicht selten unvollständig und durch bleibende Störungen
in der Motilität und geistigen Thätigkeit getrübt.

Behandlung.

Bei traumatischer Encephalitis ist die antiphlogistische Behandlung am Platze und zwar Eis oder kalte Umschläge auf den
Kopf, Ableitung auf die Haut und den Darmkanal neben abso-
luter geistiger und körperlicher Ruhe. Gegen die heftigen Schmerzen und nächtliche Unruhe werden Opiate innerlich oder subcutan
Anwendung finden. Bei öfter auftretenden Convulsionen mache
man vom Zinkoxyd, Kali bromatum und den nasskalten Einwickelungen Gebrauch. Die interstitielle Encephalitis erheischt,
wenn sie erkannt, wohl meist eine tonisirende Behandlung, dürfte
aber stets resultatlos bleiben.

9. Hypertrophie und Sclerose des Gehirns.

Die wahre Hypertrophie des Gehirns, welche nicht in einer
einfachen Massenzunahme der Hirnsubstanz, sondern in Hyperplasie der Neuroglia besteht, kommt im Kindesalter nicht oft zur
Beobachtung, und ist die Art ihrer Entstehung noch immer räthselhaft. Hypertrophie des Gehirns fällt nicht selten mit totaler
Sclerose desselben zusammen, lässt sich am Krankenbette nicht

trennen und ist es dadurch gerechtfertigt, wenn ich beide diese
Proeesse unter Einem abhandle, wenngleich schon hier bemerkt
werden muss, dass particelle Sclerose auch Hand in Hand geht
mit Atrophie des Gehirns.

Anatomie.

Der Schädel ist ähnlich wie bei Hydrocephalen meistens sehr
vergrössert, ich fand die Circumferenz desselben bei einem zehn
Monate alten Kinde 74 Centimeter messend. Die Dura ist straff
gespannt, bei Eröffnung derselben drängt sich das Gehirn stark
hervor, die Hirnhäute sind trocken, an das Gehirn sich innig an-
schmiegend; die Grosshirnhemisphären erscheinen besonders im
Verhältnisse zum Kleinhirn unverhältnissmässig voluminös. Die
Windungen sind verstrichen und abgeplattet, die Rinde blass-
röthlich, das Mark matt weiss, von spärlichen Blutpunkten durchsetzt, dabei die Hirnsubstanz namentlich am Centrum semiovale
Vicussenii ungewöhnlich dicht, fest und bei Sclerosirung selbst
knorpelartig hart, schnig glänzend, die Ventrikelwandlungen eng
an einander liegend. — Einmal fand ich neben hochgradiger Hypertrophie und Sclerose des Gehirns Pachymeningitis. — In seltenen Fällen betrifft die Hypertrophie und Sclerose auch gleichzeitig das Kleinhirn, die Varolsbrücke und das verlängerte Mark.

Particelle Sclerose tritt in einem oder mehreren grösseren
oder kleineren Herden auf, und zeigt dann das Gehirn an den
betreffenden Stellen eine eben wahrnehmbare Dichtigkeitszunahme
oder knorpelartige Härte. Die Gehirnwindungen sind mitunter
dabei auf die Hälfte oder noch weniger der normalen Dicke re-
ducirt.

Symptome und Verlauf.

Die Hypertrophie und Sclerose des Gehirns hat keinen ihr
ausschliesslich angehörenden Symptomencomplex und wechseln
in ihrem Verlaufe die Zeichen der Hirnreizung mit denen des
Hirndruckes ab; doch gewinnen letztere namentlich bald vor dem
Tode gewöhnlich die Oberhand. Die Kinder sind entweder noch
gut genährt oder schon sehr herabgekommen, wenn die cerebralen
Störungen auftreten. Die Kopfdurchmesser sind bei noch nicht
verknöchertem Schädel mehr oder weniger vergrössert und bieten das Bild des chronischen Hydrocephalus, bald sind die geistigen Thätigkeiten nicht oder wenig getrübt, bald wieder ist vollständiger Blödsinn vorhanden, Somnolenz oder grosse Unruhe,

besonders häufig heftiges Aufschreien während der Nacht, Kopfschmerz, Gesichtshallucinationen, Funken - oder Sternesehen,
Blindheit, weite und träge Pupillen, Nystagmus, Strabismus, Umnebeltsein oder Fehlen des Bewusstseins, Erbrechen, unregelmässige Respiration, retardirter Puls, Stuhlverstopfung, Zittern
der Extremitäten namentlich bei Berührung derselben, Convulsionen, Trismus, tetanische Streckung des ganzen Körpers, Contracturen der Extremitäten und endlich tiefes Coma sind die
Störungen, welche bei Hypertrophie und Sclerose des Gehirns
beobachtet werden.

Particlle Sclerose verräth sich während des Lebens gar nicht
und hat dann nur anatomisches Interesse oder bedingt bei grösseren
Herden Zeichen des Hirndruckes namentlich Somnolenz. — Das
Krankheitsbild wird selbstverständlich auch durch andere sie be-
dingende Gehirnkrankheiten, wie eiterige Meningitis, Atrophie des
Gehirns, Extravasate etc. mehr oder weniger alterirt.

Die Hypertrophie des Gehirns mit weit verbreiteter Sclerose
nimmt stets einen tödtlichen Verlauf, während partielle Sclerose
die Möglichkeit des Fortbestehens des Lebens nicht ausschliesst.
Die Dauer der Krankheit ist verschieden lang und wohl selten
richtig zu taxiren, einmal konnte ich sie auf 17 Monate bestimmen
bei einem Kinde, wo der Zustand angeboren war.

Ursache.

Alles, was wir hierüber wissen, sind Vermuthungen. Einmal
war der Zustand, wie oben bemerkt, angeboren und lebte das
Kind 17 Monate, — das Alter von drei Jahren lieferte die meisten
Fälle. Manchmal beginnt das Leiden mitten im besten Wohlsein
und lässt sich weder in der Anamnese noch im übrigen Gesundheitszustande der Kinder irgend ein Anhaltspunkt gewinnen.
Oefter dagegen tragen die ergriffenen Individuen mehr oder weniger Zeichen hochgradiger Rachitis, Tuberculose oder Scrophulose an sich, besonders sind hyperplastische und verkäste Drüsen
ein nicht seltener Befund. Partielle Sclerose kommt vor neben
Atrophie des Gehirns, Meningeal- und Gehirnblutungen, Meningitis und Encephalitis.

Diagnose.

Dieselbe ist bei Hypertrophie und Sclerose mit Bestimmtheit
wohl nie, mit Wahrscheinlichkeit nur selten auszusprechen. —
Form und Grösse des Schädels unterscheiden sich in nichts von

dem chronischen Hydrocephalus und ist in beiden Fällen die
grosse Fontanelle vorgewölbt. — Die Auscultation des Schädels
bietet keinen verwendbaren Anhaltspunkt.

Behandlung.

Nach dem früher Mitgetheilten ergibt sich von selbst, dass
die Behandlung eine nur symptomatische, leider meist erfolglose ist.

10. Hydrocephalus, die serösen Exsudationen im Gehirne und seinen Häuten.

Unter Hydrocephalus in der weitesten Bedeutung sind alle
serösen Ansammlungen innerhalb der Schädelhöhle zu verstehen.
Dieselben können angeboren oder erworben, acut oder chronisch,
durch locale oder allgemeine Einflüsse bedingt sein. Die Ansammlung der Flüssigkeit findet statt zwischen Arachnoidea und
dura mater (als äusserer Hydrocephalus), in den Maschen der pia
mater (als Oedem der pia mater), in den Ventrikeln (als innerer
Hydrocephalus) oder endlich in der Gehirnsubstanz selbst (als
Hirnödem). Unter 200 Fällen von Hydrocephalie fand ich 100
mal innern Hydrocephalus, 80mal Oedem der pia mater, 10mal
äusseren Hydrocephalus und 10mal einfaches Hirnödem. — Der
leichteren Uebersicht wegen beschreibe ich die Hydrocephalie als
angeborene und erworbene.

a) Angeborener Hydrocephalus.

Der angeborene Hydrocephalus entwickelt sich während des
Intrauterinlebens und hat entweder ein frühzeitiges Absterben
der Frucht zur Folge oder bedingt bei ausgetragenen Kindern
ein grosses Geburtshinderniss; in anderen Fällen ist die Wasser-
ansammlung während des Fötallebens keine sehr bedeutende und
steigert sich erst nach der Geburt in rapiden Dimensionen.

Anatomie.

Der angeborene Hydrocephalus ist selten ein äusserer, in der
Regel ein innerer, nur sehr ausnahmsweise kommen beide Formen
neben einander vor; der auffallend grosse Schädel steht zu
dem kleinen Gesichte im grellen Missverhältnisse. In einzelnen
extremen Fällen erreicht der Umfang des Schädels 60—70 Centi-

meter, bei einem 9 Monate alten Kinde fand ich denselben 83
Centimeter und die Körperlänge 68 Centimeter, die Kopfhöhe
betrug 19½ Centimeter. Die Form des Kopfes ist dabei meist
eine symmetrische, seltener zeigt sie Asymmetrie verschiedenen Grades, bedingt durch ungleichmässige Verknöcherung des Schädels,
durch frühzeitige Synostosen einzelner Nähte, durch anhaltendes
Liegen auf einer Seite, wohl nur sehr selten durch neilaterale
Entwickelung des Hydrocephalus. Angeborener Hydrocephalus
kann aber auch bestehen bei nur geringer Vergrösserung oder
selbst abnormer Kleinheit des Schädels (Microcephalie). So beobachtete ich einen bedeutenden angeborenen inneren Hydrocephalus bei einem 10 Monate alten Kinde mit nur 26 Centimeter
Schädelumfang. Die Hautdecken sind über den vergrösserten
Kopf meist stark gespannt, mit spärlichen Haaren besetzt, in extremen Fällen ist bei Betastung eine deutliche Fluctuation zu
fühlen. — Die Knochentafeln des Schädels sind entweder gleichmässig dünn, leicht eindrückbar oder an einzelnen Stellen, namentlich der Hinterhauptschuppe, mit grösseren oder kleineren inselförmigen oft nur membranig überbrückten Lücken versehen. —
Die Fontanellen, vorzugsweise die vordere ist mehrere Zoll weit
oder mündet mit ungewöhnlicher Breite in die mehrere Linien
offenen Nähte. Das Hinterhaupt, die Schuppen der Seitenwandbeine und das Stirnbein sind stark vorgewölbt, auf beiden letzteren bei gleichzeitiger Rachitis rundliche dunkelrothe Wülste
periostealer Wucherung. Bei langsamer Verknöcherung entstehen
mitunter exencephalitische Protuberanzen in der Gegend der Fontanellen und Usurlücken der Knochen. Nach Eröffnung des
Schädeldaches drängt sich das Gehirn nicht selten als ein schwap-
pendes sackartiges Gebilde hervor, die Hirnoberfläche ist stark
abgeplattet, die Gyri und Sulci verstreichen, die Ventrikel sind
zu sackartigen Höhlen mit dünnen oft nur 1—2 Linien betragen-
den und leicht einreissbaren Wandungen erweitert, das Septum
ist entweder mehrfach durchlöchert oder stellt nur ein balken-
förmiges Gerüste dar. Das Foramen Monroi traf ich einmal so
weit, dass ein Hühnerei durchpassiren konnte. Seh- und Streifen-
hügel sind abgeplattet, die Hirnschenkel weichen auseinander,
auch das Kleinhirn ist mehr oder weniger platt gedrückt. Die
Schnittfläche der Centralganglien, sowie des kleinen Gehirns ist
bei längerer Dauer der Krankheit speckähnlich dicht und ho-
mogen, mit undeutlicher Trennung der grauen und weissen Hirn-
substanzen, auch finden sich im Marklager gelbliche Flecke einer

dichten callösen Gewebsmasse, welche bei mikroskopischer Untersuchung Fettkörnchenhaufen darstellen. (Lambl.)

Die Menge der Flüssigkeit wechselt zwischen 4—6 Unzen und 6—7 Pfund. — Das Serum ist wasserklar oder leicht getrübt, reagirt alkalisch, ist eiweisshaltig, nach Schmidt herrschen Kalisalze und Phosphate vor.

Bei äusserem Hydrocephalus wirkt der Druck von oben nach unten und erfährt das Gehirn dadurch mannigfache Veränderungen. Die Schädelgruben sind mehr oder weniger abgeflacht und bilden in hochgradigen Fällen nur eine gemeinschaftliche tiefe Convexität, desgleichen sind die Augenhöhlendecken mehr oder weniger herabgedrängt. — Einige Male sah ich neben dem angeborenen Hydrocephalus Spina bifida, Klumpfuss und Wolfsrachen.

Ursache.

Hemmungsbildungen des Gehirns und intrauterine Ependymitis sind theils nachweisbare, theils vermuthete Ursachen des angeborenen Hydrocephalus. Erblichkeit liegt gewiss manchen Fällen zu Grunde. Welchen Einfluss Ehen unter Verwandten, Syphilis, herabgekommene Gesundheit, vorgerücktes Alter der Eltern, Trunksucht des Vaters etc. auf die Entstehung des angeborenen Hydrocephalus nehmen, kann heute noch nicht beantwortet werden.

b. Erworbener Hydrocephalus.

Der erworbene Hydrocephalus äussert sich als Hydrocephalus internus oder externus, als Oedem der pia mater oder des Gehirns. — Er entsteht entweder acut, subacut oder chronisch, und unterscheidet man demzufolge einen acuten und chronischen Hydrocephalus. Acuter Hydrocephalus darf in der tuberculösen Meningitis nicht aufgehen, sondern bildet unter Umständen ein selbstständiges Hirnleiden.

Anatomie.

Die erworbene Hirnhöhlenwassersucht (Hydrocephalus internus acquisitus) zeigt alle jene Veränderungen, wie sie beim angeborenen aufgeführt, nur mit dem Unterschiede, dass sie nicht jene extremen Grenzen erreichen, besonders dann nicht, wenn er sich bei schon oder fast geschlossenem Schädel entwickelt. Die

Ventrikel sind nur um das drei- bis sechsfache erweitert, ihre
Hörner stark abgerundet, die Wassermenge beläuft sich auf 4
bis 8 Unzen, bei der acuten Form ist das Ependym hyperämisch,
häufiger gelockert, matt aussehend, oder breiartig erweicht, auch
der Fornix, das Septum und die Oberfläche der Vierhügel zeigen
mehr oder weniger eine solche Erweichung; bei dem chronischen
Hydrocephalus ist das Ependym verdickt, derb, dann und wann
mit Bindegewebsgranulationen besetzt, die Plexus choroidei weiss,
blass, mit kleinen Cystchen versehen; die Hirnsubstanz blutarm, zäh oder weich und durchfeuchtet. In einigen Fällen chronischer Hydrocephalie sah ich die bereits bis zur Berührung ge-
näherten Nähte wieder auseinanderweichen und Diastasen bis auf
vier Linien Breite bilden.

Das Oedem des Gehirns charakterisirt sich entweder als
blosse Durchfeuchtung der Hirnmasse oder als reichliche Ansammlung von Serum in derselben, im ersten Falle sind die Schnittflächen stark glänzend, in letzterem sickert aus demselben wässerige Flüssigkeit in Form von Tropfen. Das Gehirn ist entweder
hochgradig anämisch und mehr oder weniger erweicht oder trägt
Zeichen der Hyperämie an sich. Das Gehirnödem ist häufig mit
Oedem der pia mater und Hirnhöhlenwassersucht combinirt.

Das Oedem der pia mater betrifft zumeist die Convexität
des Gehirns und besteht in theils grösserer, theils geringerer Ansammlung von theils klarem, theils röthlich gefärbtem Serum an
der Hirnoberfläche und zwischen den einzelnen Windungen des
Gehirns; dasselbe ist sehr oft mit etwas vermehrtem Kammer-
inhalte vergesellschaftet.

Ursache.

Unter 80 Fällen von erworbener Hydrocephalie waren

22	Kinder	noch nicht	2	Jahre alt,
24	„	waren	2	„ „
17	„	„	3	„ „
7	„	„	4	„ „
4	„	„	5	„ „
2	„	„	6	„ „
2	„	„	7	„ „
1	„	„	8	„ „
1	„	„	9	„ „

worunter 46 Knaben und 34 Mädchen.

Sämmtliche Ursachen der Hydrocephalie lassen sich mit

Bamberger in zwei Grundlinien zusammenfassen: 1. Hirnkrankheiten und abnorme Circulationsverhältnisse im Gehirn; 2. veränderte (seröse) Beschaffenheit des Blutes, entweder selbstständig
oder durch anderweitige Krankheit bedingt. — Alle Krankheiten,
welche eine oder beide dieser Bedingungen herbeiführen, werden
somit im Stande sein, Hirnhöhlenwassersucht, Oedem der pia
mater und des Gehirns hervorzurufen. — Als solche ätiologische
Momente sind zu nennen: Tumoren im Gehirne, Geschwülste am
Halse, erschöpfende Krankheiten, besonders chronische Darm-
leiden, Rachitis, Nierenkrankheiten, Keuchhusten, Herzfehler,
Croup des Larynx, Tuberculose, Scrophulose. Bronchopneumonie,
seltener die acuten Exantheme. Nicht selten geht der acute
Hydrocephalus in den chronischen über.

Symptome und Verlauf.

Die mannigfachen Störungen im Verlaufe der Hydrocephalie
sind zum Theile mechanischer Natur, bedingt durch den Druck
seitens des ergossenen Serums, zum Theile jedoch die Aeusserungen veränderter Ernährung und Thätigkeit der Gehirnelemente
selbst. Nachdem die Symptome der acuten Hydrocephalie bereits
bei der Meningitis tuberculosa ihre Erledigung gefunden, so möge
im Folgenden vorzugsweise die chronische berücksichtigt werden. —
Die schon früher aufgeführten Abweichungen in Grösse und Form
des Schädels bieten, je nachdem der Hydrocephalus angeboren
oder erworben ist, sich schneller oder langsamer bei schon geschlossenem oder noch nicht verknöchertem Schädeldach entwickelt, grosse Mannigfaltigkeit und Gradunterschiede dar. Am
schärfsten treten sie hervor bei dem angeborenen Hydrocephalus, der unverhältnissmässig grosse Kopf, den die Kinder nur
selten aufrecht tragen können, das kleine, spitze, oft greisenhafte
Gesicht, die stark erweiterten Venen an Schläfen- und Stirn-
gegend, die vorgedrängten halbgeschlossenen Augen, bei verküm-
merter Entwickelung des übrigen Organismus, verleihen solchen
Kindern ein eigenthümliches Gepräge. — Weniger ausgesprochen
finden sich diese Zeichen beim erworbenen Wasserkopf, besonders ist die Ernährung und Entwickelung des übrigen Körpers
eine mitunter ganz vorzügliche und dem Alter entsprechende.

Von den Functionen des Gehirns leidet zunächst die psychische Thätigkeit und finden sich Gradunterschiede von
leichter geistiger Beschränktheit bis zum thierischen Blödsinne,
so dass solche Kinder nur bis zu einem gewissen Grade oder gar

nicht erziehungsfähig sind. Ausnahmsweise fand ich bei ziemlich
hochgradigen Hydrocephalen die Geisteskräfte nicht alterirt. —
Die Sinnesorgane sind nur selten unbeeinträchtigt, meistens
geschwächt. Dies gilt besonders vom Gesichtssinne, und sehen
solche Kinder nur schlecht oder sind vollkommen blind. Strabismus und Nystagmus sind häufige Vorkommnisse.

Auch der Gehör- und Geschmacksinn leiden früher oder
später unter dem Drucke des angesammelten Serums. Die Sensibilität der Haut ist häufiger abgeschwächt, seltener wird Hyperästhesie oder Schmerzhaftigkeit beobachtet. — Von Motilitätsstörungen macht sich zunächst eine allgemeine Schwäche bemerkbar, so dass die Kinder weder sitzen noch stehen können,
es zum Gehen niemals oder sehr spät bringen. Partielle oder
allgemeine Convulsionen, Contracturen, Lähmungen, automatische
Bewegungen mit einer oder beiden obern Extremitäten, treten in
mannigfacher Combination auf, um eine Zeit lang wieder zu
schweigen. — Kopfschmerzen besonders beim Aufrichten des
Rumpfes, Erbrechen, grosse Unruhe, stundenlanges Schreien,
Beissen, Zähneknirschen starkes Speicheln, sind ziemlich constante Symptome. Die Verdauung ist in der Regel sehr gut,
seltener gestört, Stuhlverstopfung vorherrschend, manche Kinder
entwickeln eine staunenswerthe Gefrässigkeit, ohne dabei an Körpergewicht zuzunehmen. — Bemerkenswerth sind im Verlaufe des
chronischen Hydrocephalus die oft ohne jede Veranlassung auftretenden acuten Exacerbationen, welche wahrscheinlich mit neuen
Nachschüben in der Transudation zusammenfallen. Zeichen von
starker Hirnreizung, wie Erbrechen, grosse Unruhe, epileptiforme
Krämpfe, Tobsucht etc. stellen sich ein, um nach längerer oder
kürzerer Dauer wieder zu schwinden. Unter dem Einflusse solcher Paroxismen kann selbst der Tod plötzlich erfolgen. Die
Dauer des chronischen Hydrocephalus ist eine verschieden lange;
als Regel darf gelten, dass Kinder mit angeborenem Hydrocephalus das Jünglingsalter selten erreichen, sondern schon bald
nach der Geburt oder während der Zahnung in Folge des Hydrocephalus oder einer anderen hinzutretenden Krankheit, wie
Pneumonie, Bronchitis, Darmkatarrh, Dysenterie, tuberculöser
Meningitis, zu Grunde gehen. Als seltene Ausnahme erreichen
manche mit chronischem Hydrocephalus behaftete Individuen das
Mannesalter. So kenne ich einen solchen 32 Jahre alten Mann,
dessen Schädeldurchmesser noch so gross sind, dass er gewöhnlich keinen für seinen Kopf passenden Hut findet und dabei aber

geistig soweit entwickelt ist, um als Abschreiber sich verwenden
zu lassen. Gall beschreibt einen Wasserkopf von 54 Jahren. —
Tritt Stillstand oder Heilung ein, so geschieht dieses durch
Massenzunahme der Schädelknochen, die mitunter eine Dicke
von 1 Zoll erreichen, und durch Compensation seitens des Gehirns.

Die Apoplexia serosa, das acute Gehirnoedem, entwickelt sich stets plötzlich und führt binnen kurzer Zeit, oft
binnen einigen Minuten zum Tode. Dasselbe befällt Kinder,
welche nur anscheinend gesund oder meist wohl üppig genährt
sind, aber bei näherer Untersuchung die Zeichen acuter Rachitis
an sich tragen, oder bei vorgenommener Lustration einen gewissermassen latenten Kammerhydrops nachweisen lassen. Ich fand
in allen von mir beobachteten Fällen den einen oder andern
Anhaltspunkt und kann den Autoren nicht beipflichten, welche
die Apoplexia serosa bei früher ganz gesunden Kindern gesehen
haben wollen. Die Mehrzahl der Fälle stand im ersten und
zweiten Lebensjahre und trat der Tod gewöhnlich so urplötzlich
auf, dass die bestürzten Eltern denselben gewöhnlich nicht für
möglich hielten; die sonst gut aussehenden Kinder werden mitunter, nachdem sie eben noch gelächelt, von leichten Convulsionen ergriffen und sind wenige Minuten darnach eine Leiche.

Diagnose.

Vom tuberculösen Hydrocephalus acutus gilt dasselbe, was
bei der Meningitis tuberculosa erwähnt wurde. Der idiopathische
Hydrocephalus acutus, der allerdings nur sehr selten beobachtet
wird, erzeugt einen ähnlichen Symptomencomplex, ist aber am
Krankenbette kaum mit Bestimmtheit zu diagnosticiren.

Das Oedem der pia mater, sowie die mit demselben oft
auftretenden leichteren Grade von Hirnhöhlenwassersucht ähneln
in ihren Erscheinungen während des Lebens denen der cerebralen Anämie und kann die Diagnose nur durch genaue Würdigung der ursächlichen Momente ermöglicht werden Hochgradige Fälle von chronischem Hydrocephalus, besonders wenn
derselbe angeboren ist, bieten durchaus keine diagnostischen
Schwierigkeiten, leichtere Grade dagegen können mit Schädelrachitis verwechselt werden. Die periostealen Wucherungen an
den Stirn- und Seitenwandbeinhöckern, der Nachweis der Rachitis
am übrigen Skelette und das Fehlen der schweren, den Hydrocephalen zukommenden Zeichen cerebraler Depresssion sind

werthvolle Anhaltspunkte für den rachitischen Schädel. Die Kopfauscultation, welche von einigen Autoren zur differentiellen Diagnose zwischen Rachitis und Hydrocephalus benutzt wird, verdient nach meinen zahlreichen Untersuchungen durchaus keinen Werth. — Uebrigens vergesse man nicht, dass Rachitis und Hydrocephalus gar oft neben einander gleichzeitig vorkommen. Wahre Hypertrophie des Gehirns kommt bei Kindern so selten vor, dass sie wohl kaum Veranlassung zu diagnostischen Zweifeln zwischen ihr und Hydrocephalus wird. — Verläuft der Hydrocephalus ohne Makrocephalie, so werden die oben geschilderten Symptome massgebend sein, eine Verwechselung des chronischen Hydrocephalus mit Tumoren des Gehirns ist unter solchen Umständen nicht immer zu vermeiden.

Prognose.

Sie ist für die Mehrzahl der Fälle eine bedenkliche oder ungünstige, ob der Hydrocephalus angeboren oder erworben, acut oder chronisch ist; dass der tuberculöse Hydrocephalus acutus stets zum Tode führt, ist schon früher bemerkt worden. Eine theilweise Resorption der ergossenen Flüssigkeit muss nach den Beobachtungen am Leben möglich sein und zwar desto eher, je mehr der Schädel ossificirt ist. Oefter sich wiederholende Nachschübe mit Zeichen acuter Hirnreizung sind stets ein schlimmes Zeichen.

Behandlung.

Gegen den acuten Hydrocephalus und das Oedem der pia mater sind alle jene Mittel zu versuchen, wie sie bei der Meningitis angegeben, wenngleich meist ohne Erfolg, wohl aber kann der Arzt durch eine rechtzeitige Prophylaxis der Entwicklung des secundären Hydrocephalus mitunter vorbeugen. Er versäume nicht bei lang dauernden Darmkatarrhen, chronischer Bronchopneumonie, Rachitis, bei Anämie und Hyperämie, die Bedingungen zu erfüllen, um diesem Ausgange zu begegnen. Der chronische Hydrocephalus bietet leider kein dankenswerthes Object für unsere Behandlung. Weder die örtliche Anwendung resorbirender Salben, noch die innerliche Verabreichung der Diuretica und Diaphoretica, weder die Compression mittelst Heftpflasterstreifen noch die Punction und Entleerung der angesammelten Flüssigkeit haben sich trotz wiederholter Versuche irgendwie heilsam erwiesen. Sie sind eben nur mehr oder weniger qual-

volle Experimente und werden heute mit Recht mehr und mehr
verlassen.

11. Geschwülste des Gehirns und seiner Häute.

Unter den Geschwülsten, welche im kindlichen Gehirne auftreten, ist als die häufigst beobachtete der Tuberkel zu nennen,
nur ausnahmsweise entwickeln sich das Carcinom, Sarcom,
Glyom, Syphilom, Parasiten (Cysticerons).

Anatomie.

Der Tuberkel des Gehirns zeigt bezüglich seiner Zahl,
Grösse, seines Sitzes und Verhaltens mannigfache Verschiedenheiten. In 94 selbst beobachteten, durch die Section sichergestellten Fällen fand ich Folgendes:

Der Gehirntuberkel tritt bald nur als einzelner Tumor,
bald wieder in mehreren Herden gleichzeitig auf; je kleiner der
Tumor, desto mehr sind in der Regel vorhanden; die Grösse
der Hirntuberkel schwankt zwischen dem Volumen einer Erbse
bis Hühnerei - und Mannsfaustgrösse; die Gestalt ist meist die
rundliche, selten ist sie eine unregelmässige; der Sitz der Tuberkel ist vorzugsweise die graue, seltener die weisse Substanz,
häufiger das Grosshirn als das Kleinhirn, mitunter in beiden
gleichzeitig, ausnahmsweise die Medulla oblongata. Die umgebende Hirnsubstanz verhält sich entweder ganz indifferent
oder ist anämisch, hyperämisch, zuweilen erweicht, oder es finden
sich kleine Extravasate in der unmittelbaren Nähe derselben.
Innerer Hydrocephalus und Oedem der pia mater bilden häufige
Complicationen derselben, können jedoch auch fehlen. In seltenen Fällen besteht die Hirntuberculose als isolirtes Leiden,
ohne dass in den übrigen Organen käsige und tuberculöse Herde
nachgewiesen werden können, in der Regel jedoch findet sich
neben Tuberculose des Gehirns auch Tuberculose der Lymphdrüsen, Lungen etc.

Tuberculöse Meningitis ist eine öftere doch nicht constante
Complication des Hirntuberkels. — Die Herde bilden meist käsig-
gelbe, mehr oder weniger trockene Massen, seltener bestehen sie
aus grauen, härtlichen rothhalonirten Knötchen. — Breiige Erweichung der Tumoren vom Centrum aus wird dann und wann
beobachtet, Verkalkung der Hirntuberkel sahen Rilliet, Ber-
thez und West.

Das Carcinom nimmt als eine sehr seltene Erscheinung seinen Ausgangspunkt entweder vom Gehirn und den Meningen und kann im letzteren Falle die Schädelknochen durchbrechen, wie ich einmal beobachtet; oder seine Entwickelung beginnt im Knochen und dringt nach innen vor. Als secundäre Form nach Exstirpation eines carcinomatös entarteten Auges sah ich Hirnkrebs in mehreren Herden auftreten.

Das Sarcom eben so selten beobachtet, entwickelt sich als rundliche, feste, glatte Geschwulst. Einmal sah ich im rechten Sehhügel bei einem vier Jahre alten Mädchen ein hühnereigrosses Sarcom.

Von Parasiten wurde der Cysticercus cellulosa, und Echinococcus einige Male beobachtet, ich selbst sah ersteren dreimal bei Kindern.

Symptome und Verlauf.

Eine auf alle Fälle von Gehirntumoren zutreffende Schilderung des Symptomencomplexes gehört bis heute zu den Unmöglichkeiten. Die meistens nur allmähliche Entwickelung derselben, ihre verschiedene Grösse und Zahl, der wechselnde Sitz und das nicht immer gleiche Verhalten der Tumoren zur nächsten Umgebung machen es erklärlich, dass die Störungen mannigfache Formen und Schwankungen annehmen und somit fast in jedem Falle ein eigenthümliches Gepräge erhalten. Als öfter wiederkehrende Thatsache muss vor Allem betont werden, dass selbst bedeutende Hirntumoren lange Zeit, oft jahrelang bis zum Eintritt des Todes latent bleiben und kein irgend auf eine Herderkrankung des Gehirns passendes Symptom erkennen lassen. Ich selbst habe drei Fälle beobachtet, in welchen hühnereigrosse tuberculöse Tumoren bis zum Tode nicht die geringste cerebrale Störung darboten. Sie sassen sehr peripherisch in den Lappen des Grosshirns. — Versuchen wir es dennoch, aus der grossen Reihe der sich oft widersprechendsten Symptome einige Anhaltspunkte für die Symtomatologie und Diagnose der Gehirntumoren zu gewinnen, so möge Folgendes gelten:

Halbseitige Convulsionen, Lähmungen und Contracturen, welche andauern oder periodisch in denselben Nervenbahnen wiederkehren, lassen bei Kindern mit grosser Wahrscheinlichkeit eine Herderkrankung in der der ergriffenen Körperhälfte gegenüberliegenden Hemisphäre des Gehirns annehmen und zwar für die Mehrzahl der Fälle, wenn Zeichen der Scrophulose und Tuber-

culose gleichzeitig in anderen Organen nachweisbar sind   einen
tuberculösen Tumor.

Epileptiforme Convulsionen, welche durch lange Zeit anfangs
selten, allmählich jedoch häufiger und stets in denselben Muskelgruppen ob halbseitig oder doppelseitig wiederkehren, lassen einen
Hirntumor vermuthen.

Geschwülste der Grosshirnhemisphäre bleiben vollkommen
latent oder bedingen nur zeitweise hartnäckigen Kopfschmerz,
Schwindel, Uebliehkeiten, wirkliches Erbrechen und führen nicht
selten erst im weiteren Verlaufe durch ihr Wachsthum und ihre
Folgezustände zu Convulsionen, Hemiplegie und Sopor.

Geschwülste an der Hirnbasis erzeugen in der Regel schon
frühzeitig Zeichen des Hirndruckes, wie Störungen im Gesichtssinne, Schwäche desselben, Amaurose, Strabismus, Ptosis des
einen oder beider oberen Augenlider, Erbrechen, Kopfschmerz,
epileptiforme Convulsionen, Lähmungen einzelner oder zahlreicher
Muskelgruppen. Bei Tumoren am Pons und der Medulla oblongata sowie im Kleinhirne wurde von mir öfter intermittirender
oder anhaltender Schmerz entsprechend dem Hinterkopfe, Ziehen
im Nacken, Rückwärtsbengung des Kopfes und was besonders
wichtig, Störungen der Coordination beobachtet, unsicherer Gang,
Taumeln, Zittern oder clonische Muskelzuckungen, welches letztere Symptom immer stärker hervortritt, wenn die Patienten
aufgestellt oder zum Gehen aufgefordert werden, dagegen in der
ruhigen Rückenlage wieder schwindet. Auch epileptiforme an
Häufigkeit und Heftigkeit zunehmende und einmal sehr starke,
häufig wiederkehrende Convulsionen der obern Körperhälfte sah
ich bei Tumoren am Pons. Rasche, geräuschvolle und mitunter
von lauten Seufzern begleitete Inspirationen kommen vor und beginnen dann und wann den epileptischen Anfall.

Tuberkel der Vierhügel und am Pedunculus erzeugen neben
anderen nicht constanten Symptomen schon frühzeitig Lähmungserscheinungen im Gebiete des N. oculomotorius, wie Ptosis etc.

Ein hühnereigrosses Sarcom im rechten Thalamus opticus bei
einem vierjährigen Mädchen meiner Beobachtung hatte ausser
erweiterter Pupille keine anderweitige Störung im Gesichtssinne
bewirkt, dagegen wurden grosse Unruhe, häufiges Aufschreien,
allgemeine Muskelschwäche, zurückgebeugter Kopf, Contracturen
der obern Extremitäten, unregelmässige Respiration und unregelmässiger nicht retardirter Puls, später Sopor und leichte Convulsionen beobachtet, der Tumor füllte die stark erweiterten

Ventrikel fast vollkommen aus, der linke Thalamus opticus war
wenig entwickelt, platt gedrückt, die Meningen an der Basis des
Gehirns entsprechend dem Mittelhorn milchig getrübt.

Was die übrigen Körperfunctionen bei Vorhandensein von
Hirntumoren betrifft, so können dieselben oft ziemlich lange unbeeinträchtigt bleiben, die Verdauung geht normal von Statten,
das Aussehen der Kranken ist ein beruhigendes, erst bei hinzu-
tretenten Folgekrankheiten stellen sich Störungen verschiedener
Art ein. Der Puls wird beschleunigt, das Athmen unregelmässig, Harnlassen wird seltener und unwillkührlich, allgemeine
Schwäche, Schlummersucht, Coma gesellen sich hinzu. Die Dauer
der Gehirntumoren lässt sich bei dem Umstande, dass dieselben
namentlich im Beginne längere oder kürzere Zeit latent bleiben
können, wohl nie mit Bestimmtheit ziffermässig angeben, dieselbe kann unter Umständen nur Monate, häufig vielleicht Jahre
betragen. Der Tod erfolgt in der Regel unter Hinzutritt eines
secundären Processes im Gehirne und seinen Häuten (wie Hydrocephalus acutus oder chronicus, Hämorrhagie — Encephalitis,
Meningitis — acute Miliartuberculose). —

Ursachen.

Die häufigste Ursache für Hirntumoren des Kindesalters
bildet Scrophulose und Tuberculose, und findet man bei solchen
Kindern neben dem Tumor im Gehirn auch in den Drüsen, der
Lunge etc. die Zeichen dieser beiden Krankheiten vor. Dieser
Umstand ist auch für die Diagnose werthvoll Sehen wir noch
von der Syphilis, welche bei Kindern freilich nur sehr ausnahmsweise als Syphilom das Gehirn befällt, und den parasitären
Geschwülsten ab, so sind die Ursachen für alle übrigen Geschwülste noch immer durchaus räthselhaft und dunkel, wenngleich in einzelnen Fällen die Entstehung derselben auf ein Trauma
zurückgeführt wird. Tuberculöse Tumoren kommen häufiger bei
Knaben als Mädchen vor, werden vom ersten Lebensjahre bis
zur Pubertät beobachtet, und können, obgleich dafür noch authen-
tische Beweise fehlen, vielleicht schon angeboren sein.

Prognose.

Dieselbe ist im Allgemeinen eine ungünstige, was schon aus
der Thatsache erhellt, dass unter 100 Fällen von Gehirntumoren
94 mal der tuberculöse beobachtet wurde. Ist der Tod nach
kürzerer oder längerer Dauer der Geschwülste überhaupt schon

als sicher anzunehmen, so kann er auch plötzlich herbeigeführt
werden durch Hinzutreten einer acuten Affection des Gehirns
und seiner Häute.

Behandlung.

Sie ist einerseits die der Scrophulose und Tuberculose —
als gegen die Grundkrankheit gerichtete, andererseits eine symptomatisch palliative gegen die verschiedenen durch den Tumor
hervorgerufenen und unterhaltenen Störungen. Bei heftigen Kopfschmerzen sind kalte Umschläge, Eis auf den Kopf oder Deri-
vantien mittelst Sinapismen auf den Nacken, Rücken, die untern
Extremitäten, Opium oder subcutane Injectionen von Morphium
anzuwenden, bei epileptiformen Convulsionen sind das Zincum
oxydatum, Kali bromatum, nasskalte Einwickelungen und Abreibungen des ganzen Körpers zu versuchen, dabei sorge man
stets für tägliche Stuhlentleerung und reiche den Kranken eine
leicht verdauliche, kräftige Nahrung. Geistige Beschäftigung und
Anstrengung sind — wo dieselbe überhaupt noch möglich —
streng zu meiden. Ist der syphilitische Ursprung des Tumor
wahrscheinlich, so werden die antisyphilitischen Mittel am Platze
sein. —

12. Die psychischen Störungen — Geisteskrankheiten.

Sieht man vom Idiotismus in seinen verschiedenen Abstufungen ab, so gehören die Geisteskrankheiten im Kindesalter zu
den seltenen Ausnahmen. Der Grund davon ist nicht weit zu
suchen; alle jene erregenden und deprimirenden Ursachen, welche
in den späteren Jahren mittelbar oder unmittelbar Geisteskrankheiten hervorrufen, sie bleiben der Kindheit und Jugend, dem
Frühlinge des Lebens, noch ferne; die psychischen Stürme und
gewaltigen Leidenschaften, wie Verdruss, Kummer, Enttäuschung,
Fehlschlagen von Hoffnungen, Reue über eigene strafbare Hand-
lungen etc. setzen sich noch nicht fest in das elastische und leicht-
schlagende Herz des Kindes; auch die körperlichen Ursachen, unheilbare Krankheiten des Gehirns und anderer Organe, welche
bei Erwachsenen oft genug geistige Störungen bedingen, ver-
schonen das kindliche Alter in dieser schweren Form oder führen
den Tod früher herbei, ehe dieses schlimmste aller Leiden sich
entwickeln kann.

Diese Thatsache zugestanden, kommen jedoch gewiss jedem

beschäftigten Arzte dann und wann Formen auch bei Kindern vor, welche in diesen Rahmen gehören.

1. Psychische Exaltationszustände (Manie).

Sie kommt vor:

a) als Tobsucht und ist dann gewöhnlich bedingt durch einen acuten oder chronischen Reizungszustand des Gehirnes, kann, was häufiger der Fall ist, nur kurze Zeit andauern, ohne weitere Störungen zu hinterlassen, oder aber auch allmählich sich steigern, um wie bei Erwachsenen endlich in Blödsinn auszuarten. Acute Tobsucht sah ich bei Kindern zwischen dem 6. und 13. Jahre als Prodromalsymptom der Variola, nach Insolation und als Nachkrankheit des Typhus. Die Veranlassungen zur Geisteskrankheit waren hier ungewöhnlich starke, einfache und toxische Hyperämie, und beim Typhus Hydrocephalus internus.

Periodische Tobsucht mit allmählichem Uebergang in Blödsinn beobachtete ich bei einem sechs Jahre alten Knaben, welcher bis zum dritten Jahre geistig vollkommen gesund war. Ich vermuthete als die Ursache eine Hirngeschwulst mit consecutivem Hydrocephalus. Die Mutter des Kindes war eine höchst nervöse zarte Frau. — Die Tobsucht äusserte sich bei diesem Kinde in so heftiger Weise, dass man zur Anwendung der Zwangsjacke und zu stärkern Dosen von Opium greifen musste. Ganz überraschend war die Kraftäusserung, so dass stets mehrere erwachsene Personen erforderlich waren, um den kleinen Patienten zu bewältigen.

Die Manie äussert sich:

b) als Wahnsinn. Einen ausgesprochenen Fall dieser Art beobachtete ich bei einem zwölf Jahre alten Knaben, welcher ohne jede vorausgegangene Veranlassung von der fixen Wahnvorstellung befallen wurde, dass ihn sein eigener Vater umbringen wolle. Der betreffende Knabe war regelmässig entwickelt, mässig gut genährt, sein Kopf seit dem Ausbruche der Geisteskrankheit immer heiss anzufühlen, der Gesichtsausdruck verrieth eine stetige Angst und Unruhe, sein Schlaf war schlecht, der Puls etwas beschleunigt, bei vorherrschender Neigung zur Verstopfung. Sobald er den Vater erblickte, steigerte sich diese Unruhe in auffallender Weise, er suchte durch die Thüre zu entfliehen, fand er diese versperrt, wollte er aus dem Fenster springen, — hielt man ihn zurück, machte er Versuche den Ofen zu demoliren, um auf diesem

Wege zu entkommen etc.; kurz er suchte seinen Plan um jeden
Preis zu verwirklichen. Man brachte ihn aus dem Hause zu Verwandten, allein hier angekommen fand er abermals nicht die gewünschte Ruhe und flehte und drohte so lange, bis er wieder
nach Hause gebracht wurde. Wenn er sich in der Nacht unbe-
wacht glaubte, stand er aus dem Bette auf und näherte sich
rasch dem Fenster, um hinabzuspringen; zu diesem Behufe legte
er auch während der Nacht die Kleider nicht ab und ging vollkommen angekleidet in's Bett. Auf wiederholte Versicherungen
der Eltern war nichts vorgefallen, was dem Vater hätte zur Last
gelegt werden können. Ueber den weiteren Verlauf und Ausgang
dieser Psychose fehlen mir leider die weiteren Berichte.

2. Psychische Depressionszustände.

Als psychische Depressionszustände finden sich bei Kindern
leichtere oder stärkere Grade von Hypochondrie und Melancholie, welche, wenn sie nicht rechtzeitig beachtet und
entsprechend behandelt werden, sich mitunter in die späteren
Lebensperioden forterstrecken. So beobachtet man bei manchen
körperlich sonst gesunden oder schwächlichen anämischen Kindern eine ausgesprochene Neigung, sich gewisse Krankheiten ein-
zubilden, für welche bei wiederholt vorgenommener Untersuchung
nicht der geringste Anhaltspunkt besteht. Die Ursachen dieser
Erscheinung sind oft genug das schlechte Beispiel der Eltern
namentlich hysterischer Mütter, verkehrte Erziehung, wie sie heut-
zutage immer mehr um sich greift, das Lesen die Phantasie übermässig anspannender Bücher, namentlich unmoralischer Romane,
welche sich die Kinder oft mit einer gewissen Schlauheit zu verschaffen wissen, frühzeitige Liebeständeleien, ferner Eitelkeit und
Wichtigthuerei, auch die Furcht bald zu sterben etc. So behandelte ich einen sechsjährigen Knaben, welcher ausser seiner
Schwester keine anderen Spielgenossen hatte. Nachdem diese an
einer Meningitis tuberculosa gestorben, verfiel derselbe in eine
Schwermuth, welche weder durch Zureden noch durch anderweitige Zerstreuung gebannt werden konnte. Der Gedanke, auch
er müsse bald an dieser Krankheit sterben, quälte ihn Tag und
Nacht, er verlor den Appetit, sein Schlaf war unruhig. Befiel ihn
ein einfacher Husten, so erblickte er darin schon den Anfang der
gefürchteten Krankheit, entdeckte er bei seinen täglich vorgenommenen Untersuchungen der Hautoberfläche ein Knötchen oder

ein Bläschen, so hatte er schon einen lebensgefährlichen Ausschlag
u. s. f. — Volle zwei Jahre dauerte dieser Zustand zum grössten
Schmerze der Eltern an, bis er sich endlich nach und nach spurlos
verlor.

Leichtere Formen der Melancholie kommen endlich auch bei
Mädchen in der Entwickelungsperiode zur Beobachtung, und wir
müssen den Grund hiefür jedenfalls nur in dieser physiologischen
Katastrophe suchen.

3. Psychische Schwächezustände.

Diese liefern das grösste Contingent zu den Geisteskrankheiten im Kindesalter, und zwar ist es der Idiotismus, welcher leider häufig genug vorkommt. Der endemische Idiotismus —
als Cretinismus — wie er vorzüglich in hohen Gebirgen auftritt, sei hier nur der Vollständigkeit halber erwähnt. Ich habe
in folgenden Zeilen mehr den sporadischen Idiotismus vor Augen.
— Ich zähle seit zwölf Jahren 140 solcher Kinder, welche theils
leichtere Grade des Idiotismus boten und bis zu einem gewissen
Grade erziehungsfähig oder besser gesagt abrichtbar waren, theils
wieder stark entwickelte Formen des thierischen Blödsinns zeigten
und für die menschliche Gesellschaft verloren blieben. Der Zustand ist in der Regel angeboren und verräth sich schon in der
abweichenden Schädelform (Mikrocephalie — Hydrocephalus) oder
was seltener der Fall ist, er wird in den ersten Lebensjahren erworben. Andere anatomische Grundlagen des Idiotismus bilden
neben der Mikrocephalie und dem Hydrocephalus, rudimentäre Entwickelung des Gehirns mit Asymetrie desselben, Hirnsclerose,
vollständiges Fehlen einzelner Hirntheile etc. Zur bessern Uebersicht füge ich hier folgende fünf Typen des Idiotismus bei, wie
sie Griesinger angenommen:

1. Ganz wohlgebildete Kinder, meist mit freundlichen Zügen,
in der Regel mehr mikrocephal. Die geistige Entwickelung kann
auf der untersten Stufe stehen, oder zu verschiedenen Höhen
vorgeschritten sein, — es sind meist mässig versatile, doch auch
nicht selten apathische Zustände, mit leblosen mehr automatischen
Bewegungen, bisweilen mit Schwäche der unteren Extremitäten.

2. Einfach im Körper- oder Geisteswachsthum weit zurück-
gebliebene Kinder. Die Entwickelung schreitet bis zu einem bestimmten (4.—6.) Lebensjahre vor, um dann vollständig stehen
zu bleiben.

3. Die basilar-synostotische Form des Cretinentypus im engsten Sinne.

4. Der Aztekentypus. Es sind dies Mikrocephalen, die zwar sehr klein bleiben, aber wohl proportionirte, schlanke Körperformen zeigen. Diese Individuen sind sehr lebhaft, alle ihre Bewegungen sind wohl coordinirt, sie sind sehr heiter, leicht erregbar, neugierig aber sehr launenhaft und sehr schwachen Geistes. Gratiolet fand den Schädel sehr klein, die Knochen dick, Synostosen am Schädeldach; die Schädelbasis wenig verknöchert, ganz knorpelig, die Pars petrosa, das Os ethmoideum eher grösser als normal, der Raum für das kleine Gehirn nach allen Richtungen enorm. Das Gehirn kann weniger Windungen zeigen als das des Orang und Chimpanse; das kleine Gehirn ist sehr gross, ebenso das Rückenmark und die Medulla, die Sinnesorgane und ihre Nerven gross.

5. Einzelne Idioten nähern sich in ihrer Physiognomie, ihrem Habitus und ihrem Benehmen einzelnen Thierarten (Aehnlichkeit mit Affen, Schweinen, Schafen).

Es wäre eine Unmöglichkeit alle die mannigfachen Störungen zu zeichnen, wie sie bei idiotischen Kindern wahrgenommen werden. Im allgemeinen möge es genügen hervorzuheben, dass der bekannte idiotische Gesichtsausdruck, sehr spätes Gehen- und Sprechenlernen, oder gänzliche Unmöglichkeit sich mitzutheilen, Stumpfheit der Sinne, Taubheit, mangelnder Sinn für Reinlichkeit, epileptische Krampfanfälle, Lähmungen und eine ungewöhnliche Gefrässigkeit einen ziemlich constanten Symptomencomplex bilden. Manche Eltern sind vollkommen blind für die Geistesschwäche ihrer idiotischen Kinder, erfassen mit den weitgehendsten Hoffnungen jede geringe psychische Regung, und suchen auch für die Taubheit oder das verspätete Sprechen Hilfe, in der Meinung, eine Einspritzung in das Ohr oder das Lösen des Zungenbändchens werde diesen unglücklichen Wesen sichere Heilung bringen.

Die Lebensdauer der Idioten und Cretinen hängt im Wesentlichen von dem Grade des Nervenleidens ab, welches dem Zustande zu Grunde liegt. Als eine oft bestätigte Wahrnehmung muss ich erwähnen, dass die körperliche Widerstandsfähigkeit gegen epidemische und sporadische Krankheiten bei den Idioten viel grösser ist, als bei geistesgesunden Kindern.

Behandlung.

Als erster Grundsatz muss gelten, diese unglücklichen Kinder aus dem elterlichen Hause zu entfernen, und dieselben in einer Idioten- oder Irrenanstalt unterzubringen. Nur hier ist es möglich durch eiserne Consequenz, durch Eingehen auf jede individuelle Fähigkeit und durch Fernhalten aller störenden Einflüsse das möglichst Erreichbare zu bewerkstelligen. — Es kann daher nicht dringend genug betont werden, die noch spärlichen Idiotenanstalten durch neue zu vermehren, um diesen für die Gesellschaft mehr oder weniger verlorenen Kindern im schlimmsten Falle wenigstens ein Asyl zu gewähren, wo sie den Angehörigen nicht sich zur Last fallen.

13. Angeborene Bildungsfehler.

Als solche ist schon früher die Hydrocephalie erwähnt; hieher gehören ferner die mannigfachen Hemmungsbildungen des Gehirns bei Acephalie mit gänzlichem, bei Cyclopie und anderen Monstrositäten mit partiellem Mangel des Gehirns, welche Missbildungen jedoch mehr ein anatomisches, als klinisch-praktisches Interesse haben.

a. Abnorme Kleinheit des Schädels (Mikrocephalie).

Dieselbe kann auf eine doppelte Weise zu Stande kommen. Entweder das Gehirn zeigt in Folge einer primären Ernährungsstörung einen zu geringen Umfang und das Schädelwachsthum schliesst sich dem des Gehirns vollkommen an, wodurch der Schädel abnorm klein bleibt, ohne dass an irgend einer Stelle Synostosen der Schädelknochen entstehen, — oder zweitens die Veränderungen an den Schädelknochen, die Synostosen und die durch sie bedingten Stenosen des Schädels sind die Ursache, und die Verkleinerung des Gehirns erst die Folge und Wirkung derselben. — Vogt bezeichnet die Mikrocephalie als denjenigen Zustand, wo die Kinder mit absolut zu kleinem Kopfe und Gehirn geboren werden, und sucht den Grund derselben keineswegs in der Verwachsung der Schädelnähte, sondern einzig und allein in einer Hemmungsbildung des Gehirns ungefähr aus der zehnten Lebenswoche, die sich durch Verkümmerung der denkenden Theile ausspricht. Nach seinen Beobachtungen zeigt das Gehirn der Mikro-

cephalen die grossen typischen Windungszüge, welche bei manchen
sogar so verwischt sind, dass die vordern Theile fast ganz win-
dungslos und nur als seicht angedeutete Furchen erscheinen, ähnlich wie bei den Affen.

V o g t's Auffassung ist nach meiner Ansicht nur für eine
gewisse Reihe von Mikrocephalen und nicht für alle richtig
und zu einseitig, denn es gibt zweifellos Fälle, wo die Stenosen
des Schädels den letzten Grund der Mikrocephalie abgeben.
(V i r c h o w.)

Was die S y m p t o m e betrifft, so ist der Schädel bei der
charakteristischen Kleinheit in verschiedener Weise missgestaltet,
die Stirn sehr flach, der Gesichtsausdruck mehr oder weniger
blöde, nichtssagend oder selbst thierisch; die geistigen Fähigkeiten
stehen auf einer sehr tiefen Stufe und sind solche typische Mikrocephalen fast nie bildungsfähig; nach V o g t sprechen Mikrocephalen, welche nicht über 500 Cub.-Cm. Gehirnvolumen haben,
auch nicht. Ausser diesen Störungen der psychischen Functionen
treten zeitweise oder andauernd auch Motilitätsstörungen, wie
Muskelzittern, namentlich in den unteren Extremitäten, Contracturen, Convulsionen hinzu. So sah ich heftige Convulsionen wechselnd mit Contracturen bei einem acht Monate alten Mikrocephalen
jedesmal vor dem Durchbruche eines neuen Zahnes auftreten und
stets zwei bis drei Tage neben anderen Symptomen von Hirnreizung
andauern. Leichtere Grade von Mikrocephalie schliessen eine gewisse Bildungsfähigkeit nicht aus.

Den Grund der Mikrocephalie kennen wir nicht. Die Vererbung, sagt V o g t, können wir als nächstliegende nicht annehmen,
die meisten sind von ganz normalen Eltern erzeugt und kommen
neben und zwischen anderen ganz normalen Kindern vor. In
manchen Familien ist eine gewisse Tendenz dazu vorhanden, aber
ebensowenig als bei anderen Missgestaltungen ist dafür in den
Erzeugern der Grund zu suchen. (Jahresbericht des Vereins prakt.
Aerzte in Prag 1869—70.)

b. Encephalocele und Hydroencephalocele —
Hirnbruch.

Als e i n f a c h e r Hirnbruch (E n c e p h a l o c e l e) wird jener
Zustand bezeichnet, wenn durch einen Spalt der Schädelknochen
ein Theil des Gross- oder Kleinhirns hervortritt. Befindet sich
in dem prolabirten Sacke neben Theilen des Gehirns auch noch

eine grössere oder kleinere Menge von Serum, so nennt man die Hernie eine Hydroencephalocele.

Der Hirnbruch ist in der Regel angeboren, kann jedoch auch erworben werden in Folge von Schädelwunden oder von Necrose der Schädelknochen. Einen erworbenen apfelgrossen Hirnbruch beobachtete ich bei einem Kinde in Folge von Necrose des Schläfenbeines. — Der angeborene Hirnbruch hat seinen Sitz vorzugsweise in der Schuppe des Hinterhauptbeines, im Nasentheil des Stirnbeines, den Scheitelbeinen, seitlich an den Schläfebeinen oder in einem der Augenwinkel, kann jedoch an allen, auch kleineren Nähten zum Vorscheine kommen.

Seine Grösse wechselt zwischen der einer Erbse und eines Kindskopfes, jenachdem der prolabirte Gehirntheil und die gleichzeitig vorhandene Wassermenge grösser oder kleiner ist, er ist bald gestielt, bald wieder breit aufsitzend. Die Geschwulst ist von normaler, jedoch oft bedeutend verdünnter und haarloser Haut bedeckt, zeigt gewöhnlich Pulsationen, tritt bei stärkeren Exspirationen, besonders bei heftigem Schreien und Husten merklich hervor, und kann durch Druck mehr oder weniger zurückgebracht werden, was jedoch mit der grössten Umsicht versucht werden muss, da durch diese Manipulation sehr leicht Gehirnzufälle, wie Erbrechen, Convulsionen, Betäubung, tetanische Streckung und Lähmung hervorgerufen werden können. — Grössere Gehirnbrüche könnten verwechselt werden mit dem Cephalohämatom, allein der Sitz, ferner die deutliche Pulsation und die Möglichkeit, durch Compression die Geschwulst zu verkleinern, sowie die dabei eintretenden Gehirnzufälle, werden bald das Leiden erkennen lassen. Kleinere Gehirnhernien lassen eine Verwechselung mit erectilen Geschwülsten zu, und ist in solchen zweifelhaften Fällen eine wiederholte genaue Untersuchung vorzunehmen, ehe man zu einem operativen Einschreiten sich entschliesst.

Die Prognose gestaltet sich fast stets als eine missliche, und wenn auch einzelne Ausnahmsfälle von gelungener spontaner oder auf operativem Wege herbeigeführter Heilung beweisen, dass der Zustand glücklich enden kann, so wird durch diese wenigen Fälle die Regel kaum umgestossen werden.

Nur selten verharren die Gehirnbrüche in ihrer ursprünglichen Grösse, gewöhnlich werden sie mit vorschreitendem Wachsthum der Kinder grösser und führen zu tiefen Störungen der intellectuellen Fähigkeiten. Grössere Gehirnbrüche sind mitunter

gleich im Beginne mit Idiotismus verbunden oder führen denselben
bald herbei.

Behandlung.

Bei kleinen Gehirnbrüchen ist es vielleicht gerechtfertigt, eine
Reposition zu versuchen, treten beunruhigende Hirnerscheinungen
auf, so stehe man davon ab und begnüge sich um den Hirnbruch
vor äusseren in solchen Fällen folgeschweren Insulten zu schützen,
denselben mittelst einer hohlen Metallplatte zu bedecken. Bei
gleichzeitiger Ansammlung von Serum gelingt es mitunter, durch
öfter wiederholte Acupunctur oder Entleerung der Flüssigkeit
mittelst des Explorativtroikarts die Geschwulst zu verkleinern,
ohne dass jedoch der Hirnbruch zur Heilung gelangt. — Vogel
erwähnt eines Präparates aus der anatomischen Sammlung zu
München, wo am Hinterhaupte eines Erwachsenen eine grosehen-
grosse, überall abgerundete Oeffnung sich befindet, aus welcher
bei Lebzeiten ein Hirnbruch hervorgeragt hat. Operative Ein-
griffe werden der grossen Gefährlichkeit halber mit Recht immer
seltener. Ich selbst erinnere mich eines Falls von Gehirnbruch
an dem Nasentheile des Stirnbeines, wo ein operativer Versuch
eine in 36 Stunden tödtende eiterige Meningitis zur Folge hatte.

c. Cephalohämatoma — Thrombus neonatorum — Kopfblutgeschwulst.

Unter dem Namen Cephalohämatom werden im Kindesalter
dreierlei nach ihrem Sitze in verschiedener Weise sich äussernde
Hämorrhagien zusammengefasst. Das eigentliche Cephalohämatoma
(auch C. externum) besteht in einem Blutergusse zwischen dem
Pericranium und Schädelknochen, beim C. spurium s. subaponeu-
roticum findet der Bluterguss über und unter der Galea aponeurotica, endlich beim C. internum an der Innenfläche des Schädeldaches zwischen Dura mater und Knochen statt. Das C. externum
und internum kommen mitunter nebeneinander gleichzeitig zur
Beobachtung.

Die eigentliche Kopfblutgeschwulst (C. externum)
ist eine von normaler Haut bedeckte, taubenei- bis apfelgrosse
flachrundliche, mehr oder weniger elastische, fluctuirende, in der
Regel schmerzlose Geschwulst, welche entweder schon bei der
Geburt oder kurze Zeit darnach bemerkt wird. Dieselbe ist von
einem mit dem Finger deutlich nachweisbaren knöchernen Ringe

umgeben und begrenzt. Ihr Sitz ist gewöhnlich das eine oder
andere Scheitelbein, und zwar häufiger das rechte als das linke,
dann und wann wird es an beiden zugleich angetroffen. (Ritter
sah es bei 70 Kindern 41 mal am rechten, 22 mal am linken und
7 mal an beiden Scheitelbeinen.) Ueberlässt man die Geschwulst
sich selbst, so erfolgt nach und nach in bald kürzerer bald längerer
Zeit Resorption des ergossenen Blutes und Anschmiegen der abge-
hobenen Kopfhaut; nur selten geschieht es, dass der Inhalt sich
in Eiter umwandelt, und entweder die Geschwulst sich in Form
eines Abscesses nach aussen entleert, wie ich in zwei Fällen
beobachtet, oder aber zur Necrose des darunter liegenden Kno-
chens führt. Mit dem allmählichen Schwinden des Inhaltes fühlt
sich bei stärkerem Fingerdrucke die Knochenbasis uneben und
rauh an.

Die Ursache

dieser Kopfblutgeschwulst ist noch nicht vollkommen geklärt. Die
Annahme einer traumatischen Entstehung während und durch den
Geburtsact erweist sich immer mehr und mehr als unzureichend,
abgesehen von der Thatsache, dass Nägele, Meissner u. a.
dieselbe auch bei Steissgeburten fanden. Nach Langenbeck
und Ritter beruht ihr Zustandekommen in erster Reihe auf
einer unvollkommenen Entwickelung und Bildung der äusseren
Knochentafel und wird diese Annahme durch die Sectionsbefunde
wesentlich unterstützt. Auch das Zustandekommen des Knochen-
ringes findet bei dieser Auffassung eine ungezwungene Erklärung.
Die Annahme einer besonderen Dünne und Brüchigkeit der
Knochengefässe harrt noch des anatomischen Beweises. Das C.
externum führt, wenn es allein vorhanden ist, in der Regel durch
Resorption zur Heilung, ist es mit einem Ceph. internum complicirt, fast immer zum Tode. Das Hämatoma subaponeu-
roticum mit dem Blutaustritte zwischen Galea aponeurotica und
Periost stellt sich als eine ohne Zweifel in Folge des Geburtsactes entstandene mehr diffuse nicht fluctuirende und von keinem
Knochenwalle umgebene Geschwulst dar, mit grünlicher oder
bräunlichgelber Verfärbung der Kopfhaut, Resorption macht es
in der Regel bald verschwinden. — Das Cephalohämatoma
internum wurde bereits bei der Pachymeningitis erörtert und
verweise ich auf das betreffende Capitel.

Diagnose.

Das Cephalohämatom unterscheidet sich vom Hirnbruche
durch seinen Sitz, durch das Fehlen der Pulsation und den Umstand, dass es sich beim Schreien und Weinen der Kinder nicht
vergrössert, und nicht reponiren lässt. Das Caput succe-
daneum, die gewöhnliche Kopfgeschwulst, mit welcher das
Cephalohämatom möglicherweise verwechselt werden könnte, ist
nie so scharf begrenzt, kommt an allen Stellen des Kopfes zur
Entwickelung, fluctuirt nicht, sondern zeigt eine durch einfaches
Oedem der Kopfhaut bedingte teigigweiche Consistenz. Noch weniger ist eine Verwechselung desselben mit erectilen Geschwülsten
möglich, indem Sitz und Beschaffenheit der letzteren vor solchem
Irrthume hinreichend schützen.

Behandlung.

Die Behandlung des Cephalohämatoms ist im Laufe der Zeit
zum Frommen der befallenen Kinder immer einfacher geworden.
Geduldiges Zuwarten bringt, je nachdem die Geschwulst grösser
oder kleiner ist, früher oder später vollkommene Zertheilung und
Resorption. Jodtinctur, Jodsalben, Spiritus aromaticus, rother
Wein sind noch immer beliebte Localmittel, während andere
Autoren eine permanente vorsichtige Compression mittelst Metall-
platten oder durch Auftragen von Collodium als eine die Resorption begünstigende Vorkehrung empfehlen. Eröffnung der Geschwulst mittelst Punction oder eines Kreuzschnittes, wie ich sie
in früheren Jahren einige Male geübt, und die von mehreren
Seiten noch sehr warm befürwortet wird, führt nicht so schnell
zur Heilung als man erwarten sollte. Tritt Eiterung ein, so werden Kataplasmen und baldige Eröffnung des Abscesses sich von
selbst gebieten.

B. Krankheiten des Rückenmarkes und seiner Häute.

Wenn auch als eine unläugbare Thatsache feststeht, dass
anatomisch nachweisbare Krankheiten des Rückenmarks und seiner
Häute bei Kindern viel seltener vorkommen, als in den späteren
Altersperioden, so trägt zur grossen Unkenntniss dieser Processe
gewiss auch der Umstand wesentlich bei, dass die Untersuchung
des Rückenmarkes überhaupt nur wenig geübt wird. Es ist dem-

gemäss begreiflich, wenn wir über die Krankheiten dieses Organs uns viel kürzer fassen, als es beim Gehirn der Fall war.

1. Hyperämie des Rückenmarkes und seiner Häute.

Dieselbe ist entweder und wahrscheinlich nur selten eine primäre, häufiger dagegen eine secundäre Erscheinung.

Die anatomischen Veränderungen bestehen wesentlich in einem grössern Blutreichthume dieser Organe, die Meningen sind von strotzend erfüllten, selbst varicös erweiterten Gefässen durchzogen, das Rückenmark erscheint auf frischen Schnitten mehr rosig gefärbt und von zahlreichen, hie und da zerfliessenden Blutpunkten durchsetzt. Diese Veränderungen betreffen das Rückenmark in seiner Totalität oder sind nur als partielle auf gewisse Abschnitte begrenzt.

Leichtere Grade der Hyperämie werden keine am Krankenbette wahrnehmbare Symptome zur Folge haben, stärkere dagegen namentlich bei grosser Ausdehnung bedingen Reizungserscheinungen, welche vorübergehen oder sich zu den Symptomen des Druckes wie Schwäche, Schwere, Lähmungen etc. steigern. Der Symptomencomplex wird oft durch gleichzeitiges Erkranken des Gehirns complicirt.

Die Ursachen

sind noch wenig gekannt, ich sah dieselbe bei Tetanus, Chorea, Rheumatismus, acuten Exanthemen, Caries der Wirbelsäule und Traumen. Bei Neugeborenen wird eine stärkere Hyperämie öfter nachgewiesen, ohne dass die Ursache derselben mit Bestimmtheit zu ermitteln ist.

Die Behandlung

wird, falls die Diagnose vermuthet oder sichergestellt ist, vorzugsweise das ätiologische Moment berücksichtigen, im Uebrigen eine symptomatische sein. Blutentziehungen dürften noch immer ihre Anhänger finden, und wo diese nicht vorgenommen werden, durch Hautreize ersetzt werden.

An die Hyperämie schliesst sich die Hämorrhagie, welche noch viel seltener beobachtet wird, und in ihrem Symptomencomplex noch dunkler ist. Dieselbe tritt vorzugsweise in der oberen Hälfte des Rückenmarkscanales auf, kann jedoch als meningeale Blutung den Spinalcanal seiner ganzen Länge nach einnehmen. — Das letztere wird öfter bei Neugeborenen gleichzeitig mit Hämorrhagien innerhalb der Schädelhöhle gesehen, und dürfte in der Regel durch das Trauma des Geburtsactes herbeigeführt sein. Die Blutungen im Marke zeigen fast stets nur die Form capillärer Extravasate.

Ich beobachtete solche Blutungen in grösserer oder beschränkterer Ausdehnung bei Neugeborenen, im Verlaufe lethaler Chorea und bei Tetanus.

2. Meningitis spinalis — die Entzündung der Rückenmarkshäute.

Als sporadische Krankheit im Kindesalter nicht oft auftretend, erscheint sie als Meningitis cerebrospinalis epidemica mitunter in grosser Häufigkeit. Hier soll nur von der ersteren die Rede sein.

Anatomie.

Die Entzündung betrifft entweder die Dura mater und charakterisirt sich durch stärkere Injection derselben, sowie des umgebenden Zellstoffes, ferner durch ein auf die freie Fläche abgelagertes Exsudat; oder sie befällt die pia mater, welche dann mehr oder weniger injicirt und mit serös fasserstoffigem oder eiterigem Exsudate durchsetzt ist. In manchen Fällen finden sich grosse Mengen Eiter und Serum im Arachnoidealsacke. Das Rückenmark ist manchmal erweicht, besonders an der Oberfläche, in anderen Fällen fand ich dasselbe neben reichlichem Exsudate auffallend derb, gleichmässig hart, fest und blutarm. Nur selten wird durch das zu einer trockenen, käsigen Masse umgewandelte Exsudat, Compression und Atrophie des Rückenmarkes herbeigeführt.

Symptome und Verlauf.

Bei kleinen Kindern wird ausser einer tetanischen Streckung, welche zeitweise von Concussionen in den unteren Extremitäten abgelöst wird, einem kleinen fadenförmigem Pulse, sehr nothdürftigem oberflächlichem Athmen und einem schmerzhaften Wimmern, besonders bei Bewegungen derselben, oft kein anderes Symptom weiter beobachtet, weshalb die Diagnose in diesem Alter meist sehr schwer zu stellen ist. Aeltere Kinder klagen, je nachdem die Entzündung in den oberen oder unteren Abschnitten

des Rückenmarkes oder in der ganzen Ausdehnung desselben ihren
Sitz hat, über stechende Schmerzen in der betreffenden Gegend,
welche bei Bewegung gesteigert werden. Steifheit in den Gliedern, im Nacken, Trismus, grosse Empfindlichkeit, tonische Muskelkrämpfe des Rumpfes und der Extremitäten, bis zum vollständigen Tetanus, unwillkührlicher Abgang von Stuhl und Urin
aussetzende Respiration, kleiner beschleunigter Puls und etwas
gesteigerte Temperatur mit später hinzutretender Cyanose, Pa-
rese, wirkliche Lähmung der oberen oder unteren Extremitäten
bilden den Symptomencomplex, welcher nach dem Sitze und der
Ausdehnung der Entzündung und durch das gleichzeitige Vorhandensein einer Meningitis mehr oder weniger beeinflusst werden
kann.

Die Meningitis spinalis nimmt bei Kindern in der Regel einen
schnellen Verlauf und beträgt die ganze Krankheitsdauer besonders bei Neugeborenen und reichlichem, eiterigem Exsudate oft
nur zwei bis drei Tage: bei älteren Kindern nimmt sie auch zwei
bis drei Wochen in Anspruch. — Im Allgemeinen ist bei dieser
Krankheit, wenn sie erkannt wird, die P r o g n o s e ungünstig.

Aetiologie.

Die Meningitis spinalis ist nicht selten ein von den Wirbeln
fortgeleiteter Process und gesellt sich daher mitunter zur Caries
der Wirbelsäule, oder sie ist die Folge von Traumen. Bei Neugeborenen ist sie gewöhnlich der Ausdruck der Pyämie. Eiterige oder serös albuminöse Meningitis spinalis fand ich bei lethaler
Chorea, im Gefolge des acuten Gelenksrheumatismus und nach
stattgehabter starker Zerrung des Rückenmarkes.

Behandlung.

Blutentziehungen und zwar sowohl allgemeine wie örtliche,
nach dem Verlaufe der Wirbelsäule, werden noch immer häufig
geübt, obgleich der Nutzen derselben wissenschaftlich keinesfalls
erwiesen ist. Man versuche resorbirende Salben mit Jodkali
oder das Unguentum cinereum. Gegen heftige Schmerzen und
tetanische Steifheit des Rumpfes und der Extremitäten reiche
man Opium, oder wo Trismus vorhanden Morphium mittelst sub-
cutaner Injection. Lauwarme Bäder bringen dem Kranken oft
grosse Beruhigung. Bei der pyämischen Form ist innerlich Chinin
zu geben, wenngleich die Aussicht auf Heilung eine höchst geringe genannt werden muss.

3. Meningitis cerebrospinalis epidemica; die epidemische Cerebro-Spinalmeningitis — Genickkrampf.

Ob zwar mehr als eine Wahrscheinlichkeit dafür spricht, dass die epidemische Cerebro-Spinalmeningitis sich den acuten Infectionskrankheiten anschliesst, so will ich diese Krankheit, nachdem ihr Wesen noch nicht zweifellos sichergestellt ist, zu den Krankheiten des Nervensystems zählen. Die Meningitis cerebrospinalis ist laut glaubwürdigen Mittheilungen schon im 16. Jahrhundert beobachtet worden und trat namentlich im 19. Jahrhundert in Frankreich, Holland, Deutschland, Italien, England und Amerika in grösseren und kleineren Epidemien auf. Da mir eigene Beobachtungen über diese Krankheit mangeln, so musste ich die folgenden Mittheilungen den Arbeiten anderer Autoren entlehnen (Rinecker, Niemeyer, Lebert, Ziemssen und Hess)

Anatomie.

Die wesentlichsten Veränderungen finden sich an den Meningen des Hirns und Rückenmarkes. Gewöhnlich ein eiteriges, seltener nur ein serös gallertartiges Exsudat zieht sich über die verdickten und gerötheten Meningen der Schädelbasis, mitunter auch der Hirnconvexität bis hinab zu den tieferen Partien der Pia und Arachnoidea des Rückenmarkes. Der Eiterbeschlag ist an der hinteren Fläche desselben gewöhnlich reichlicher und setzt sich nicht selten bis auf die Corticalschicht des Rückenmarkes fort. Hypostatische Pneumonie, Pleuritis, eiterige Endocarditis, Gelenksentzündung, ausserdem Milztumor, acute fettige Entartung der Leber, Nieren und des Herzmuskels, sowie endlich Schwellung der Peyer'schen Drüsenplaques bilden öftere, doch nicht constante Befunde.

Symptome und Verlauf.

Mehr ausnahmsweise zeigt das Leiden einzelne Vorbotensymptome wie Schmerzen im Kopfe und nach dem Verlaufe der Wirbelsäule, Steifigkeit der Nackenmuskeln, Uebelkeit und wirkliches Erbrechen. In der Regel beginnt die Krankheit mit einem heftigen Schüttelfroste und intensivem Kopfschmerze, welcher sich bald über das Hinterhaupt bis auf den Nacken ausdehnt. Die Kinder geben denselben durch lautes Jammern und Stöhnen, Greifen und Schlagen nach dem Kopfe etc. zu erkennen, mitunter geschieht es wieder, dass besonders bei Kindern in den ersten

Lebensjahren das Bewusstsein augenblicklich verloren geht und nicht wiederkehrt, es sind dies die schlimmsten Fälle. Der Kopf ist meist nach hinten gebeugt, Steifheit des Unterkiefers oder wirklicher Trismus, schmerzhafte Hyperästhesie, Gliederschmerzen, vorübergehende Paresen und wirkliche Lähmungen, epileptiforme Convulsionen und eine tetanische Steifheit des Rückens und der Extremitäten gesellen sich im weiteren Verlaufe dazu. Die Temperatur der Haut ist besonders im Beginne gesteigert und zeigt nicht selten 41° Cels., kann jedoch später wieder sinken, Roseola, Petechien oder Schweisbläschen bedecken nicht selten die Haut, auch Herpes facialis ist eine häufige Erscheinung. Der Puls ist mässig beschleunigt, klein, oft unregelmässig, und gegen das Ende der Krankheit kaum mehr zu tasten. Milztumor wird beobachtet besonders in schweren Fällen, kann jedoch auch fehlen; ebenso schwankend ist das Auftreten von Eiweiss im Urin. Der Stuhl ist in der Regel angehalten, der Durst vermehrt, die Harnmenge geringer. Tritt Genesung ein, so lässt zunächst die Nackenstarre nach, die Convulsionen werden seltener, die Schmerzhaftigkeit in den Gliedern verliert sich, ein ruhiger Schlaf stellt sich ein, der Puls wird kräftiger, die Kinder verlangen zu essen. Seltene Fälle, besonders die zuerst auftretenden, können schon nach 36—48 Stunden lethal endigen, die mittlere Krankheitsdauer beträgt 8—12 Tage, doch kann sich der Verlauf auch auf mehrere Wochen ausdehnen.

Die Diagnose

wird durch die meningitischen Symptome, durch die Störungen seitens des Rückenmarkes, ferner durch das typhoide Fieber und das epidemische Auftreten der Krankheit gesichert.

Die Prognose

gestaltet sich nach den Erfahrungen der meisten Beobachter ungünstig. Die Sterblichkeit ist nach dem jeweiligen Charakter der Epidemie, sowie den verschiedenen Heftigkeitsgraden der einzelnen Fälle verschieden, durchschnittlich beziffert sich dieselbe auf 50—60 Procent.

Die Behandlung

ist nach den abweichenden Auffassungen der einzelnen Autoren noch immer keine übereinstimmende. Von mancher Seite wird eine ausgiebige Antiphlogose als erste und wichtigste Massregel

empfohlen, Blutegel hinter die Ohren, Schröpfköpfe längs der
Wirbelsäule, Eisumschläge auf den Kopf, wiederholte kalte Bäder
oder Uebergiessungen neben Ableitung auf Haut und Darmkanal
durch Vesicantien und Klystire. Andere behaupten wieder, eine
energische Antiphlogose werde nicht gut vertragen (Lebert).
Von symptomatischen Mitteln werden das Opium, das Morphium,
letzteres vielleicht subcutan angewendet — namentlich gegen die
heftigen Schmerzen nicht leicht entbehrt werden können. Auch
Atropin wird in dieser Beziehung gelobt. Im Hinblick auf das
Fieber und den typhoiden Charakter der Krankheit dürfte auch
das Chinin zu versuchen sein; Wunderlich rühmt das Jodkali.
Bei eintretendem Collapsus sind selbstverständlich Reizmittel baldigst zu verabreichen.

4. Neubildungen im Rückenmark und seinen Häuten.

Zu den Neubildungen, welche nur durch sehr spärliche Fälle
in der Literatur vertreten sind, zählen:

a) Neubildung von Bindegewebe mit Sclerose des
Rückenmarkes; sie ist entweder eine partielle, herdweise auftretende, oder auf grössere Strecken des Rückenmarkes ausgedehnt.

Ich sah dieselbe bei einem 8½ Jahre alten, an acuter Chorea
verstorbenen Knaben, wo das Rückenmark namentlich in seiner
oberen Hälfte stark abgerundet, plump, sehr blutarm, fast knorpelartig fest und derb nachgewiesen wurde. Das Krankheitsbild ent-
sprach einer hochgradigen Chorea minor, zu welcher sich in den
letzten Tagen tetanische Streckung hinzugesellte.

b) Tuberkel. Sie finden sich als tuberculöse Infiltration
der Dura mater bei tuberculöser Caries der Wirbelsäule oder als
grössere Knoten, nur sehr ausnahmsweise als Miliartuberkel. Im
Rückenmarke selbst wird Tuberculose höchst selten beobachtet.
Einen in mehrfacher Beziehung interessanten Fall beschreibt
Eisenschütz (Jahrbuch für Kinderheilkunde. 3. Jahrgg. 2. Hft.
1870); derselbe betraf einen 3½ Jahre alten Knaben, bei welchem
neben allgemeiner Tuberculose auch Knoten im Gehirne und ein
erbsengrosser entsprechend dem unteren Ende des Brustmarkes
vorgefunden wurde. Eine über die vordere und hintere Seite des
Stammes ausgebreitete, bis zum achten Brustwirbel reichende Analge-
sie, ferner allgemeines Muskelzittern, besonders bei vorgenommenen Bewegungen des Kranken, ähnlich wie es bei Paralysis

agitans vorkommt, liessen das Leiden schon während des Lebens vermuthen.

Tuberkel im Bereiche des Rückenmarkes finden sich stets nur bei gleichzeitiger Tuberculose anderer Organe und gestattet es der Nachweis derselben im Zusammenhalte mit den spinalen Störungen vielleicht manchmal die Diagnose mit Wahrscheinlichkeit auszusprechen.

c) Sarcom und Carcinom. Dasselbe findet sich noch seltener als die beiden vorgenannten Processe. Einen Fall von Sarcom beobachtete Löschner bei einem vier Jahre fünf Monate alten Knaben, wo ein 12 Centim. breiter und 16 Centim. langer sarcomatöser Tumor, in der linken Brusthälfte sich bis in den Wirbelkanal hineinerstreckte und denselben in der Länge vom vierten bis zehnten Brustwirbel fast vollkommen ausfüllte. Die Rückenmarkshäute waren über demselben straff gespannt, das Rückenmark selbst aber nach vorne gedrängt und stark platt gedrückt. Lähmung der unteren Extremitäten war hier das einzige Symptom, welches ein spinales Leiden vermuthen liess. Der letzte Grund dieser Neubildungen bleibt wohl meist unbekannt.

5. Spina bifida, Hydrorrhachis, Hydromeningocele, Hydromyelocele.

Angeborene abnorme Anhäufung von Serum sowohl im fötalen Kanale des Rückenmarkes als auch im Subarachnoidealsacke bilden das Wesen der Hydrorrhachis Im höchsten Grade derselben ist die Bildung des Rückenmarkes vollständig gehemmt (Amyelie), wobei der Wirbelkanal eine offene Rinne darstellt, in geringerem Grade ist das Rückenmark rudimentär, im niedersten Grade vollkommen entwickelt vorhanden. Sehr selten findet dabei keine Veränderung des Rückgrates statt; häufiger sind einige oder mehrere Wirbelbögen unvollständig entwickelt, wodurch nach dem Grade des Knochendefectes bald eine längere, bald kürzere, enge oder breite Spalte entsteht (Spina bifida). Dieselbe befindet sich häufiger in der Lenden- und Kreuzgegend, seltener am Brust- und Halsabschnitte der Wirbelsäule, ist in der Regel einfach, selten doppelt oder mehrfach vorhanden. Durch diese Lücke prolabirt ein mit Serum gefüllter haselnuss- bis kindskopfgrosser Sack, welcher von der äusseren Hautdecken, der Dura mater und Arachnoidea gebildet wird und mehr oder weniger deut-

6 *

lich fluctuirt. — Tritt gleichzeitig das Rückenmark durch die
Knochenlücke in den Sack, so bildet die Geschwulst eine Hydro-
myelocele, ein dem Hirnbruche ähnlicher Vorgang. Inserirt sich
das Ende des Rückenmarkes an die Wand des Sackes, so entsteht eine nabelförmige, äusserlich deutlich erkennbare Einziehung
(Virchow). Ausnahmsweise ist der Sack durch das zu einer
dünnen Membran ausgespannte Rückenmark in zwei Hälften getheilt (Bednar). Die Berstung dieses Sackes findet entweder
schon im Uterus oder bei der Geburt oder erst später durch
Maceration oder Brand der äusseren Bedeckung statt. Complication mit anderen Missbildungen wie Hydrocephalus, Hemi-
cephalie und Klumpfuss werden öfter beobachtet.

Symptome.

Das wichtigste derselben bildet die oben beschriebene Geschwulst, welche bald breit aufsitzt, bald birnförmig ist und mit
einem dünnen Stiele in den Wirbelkanal übergeht. Beim Betasten
derselben gelingt es oft, die zackigen Enden der rudimentären
Wirbel nachzuweisen, bei stärkerem Drucke auf die Geschwulst
verkleinert sich dieselbe merklich, wobei nicht selten Hirn- und
Rückenmarksymptome, wie Erbrechen, Convulsionen, Contracturen der unteren Extremitäten etc. entstehen. Ist der Sack bei
der Geburt nicht geplatzt, so geschieht dieses in der Regel bald
darauf. Die Haut zeigt tiefe Excoriationen oder erysipelatöse
Entzündung, wird oft brandig und der Tod erfolgt durch Erschöpfung oder unter Hinzutritt einer Entzündung der Rückenmarkshäute oder des Rückenmarkes selbst. Nur ausnahmsweise
kommt es vor, dass die Haut normal bleibt oder sich nach und
nach verdickt und einen bleibenden Schutz für die Geschwulst
gewährt. Unter diesen Umständen wird es auch möglich, dass
die betreffenden Kinder am Leben bleiben, sich entsprechend
entwickeln, ja selbst das Mannesalter erreichen. Ich kenne zwei
Fälle von Spina bifida der Lumbalgegend, von denen das eine
Kind bereits vier Jahre alt ist und trotz der noch immer apfelgrossen, von normaler Haut bedeckten Geschwulst gut gedeiht,
während das andere im zweiten Lebensjahre steht und trotz einer
taubeneigrossen Geschwulst sich gut entwickelt. In beiden Fällen
sind weder Lähmungen der unteren Extremitäten, noch der Blase
oder des Mastdarmes vorhanden.

Behandlung.

So sehr man sich auch bemüht hat, die zwei Hauptindica-
tionen, nämlich die Geschwulst zu verkleinern und den Wirbelkanal zum Verschluss zu bringen, namentlich durch chirurgische
Methoden zu erfüllen, so ist dieses bis jetzt doch noch nicht gelungen. Einige wenige Fälle von Kunstheilung, welche die Literatur bietet, bilden eben seltene Ausnahmen. Die Punction mittelst
des Explorativtroikarts und nachfolgende Injection von verdünnter Jodtinctur (Chassaignac und Braigmand), die
Punctur mittelst Nadeln, die Excision, das Ecrasement (Gigon),
endlich die systematische Compression mittelst Collodium und anderer Druckverbände dürften dann und wann zu einem günstigen
Resultate führen, öfter jedoch den Tod beschleunigen. Das Zweckmässigste ist, die Geschwulst durch eine halbkugelförmige gute
Schutzvorrichtung aus Blech, starkem Leder oder Cautschuk vor
äusseren Insulten zu bewahren und dadurch die Naturheilung
möglichst zu unterstützen.

6. Sensibilitätsneurosen, auch Hyperästhesien.

Folgender gedrängten Zusammenstellung der kindlichen Sen-
sibilitäts-Neurosen liegen neben eigener Erfahrung die Mittheilungen von Valleix, Rillict und Barthez, Henoch,
Romberg und Bohn zu Grunde.

Neuralgia cerebralis, Migraine, Hemicranie.

Dieselbe befällt Kinder zwischen dem neunten bis fünfzehnten
Jahre, häufiger Mädchen als Knaben und wird der Schmerz,
welcher gewöhnlich in der Stirne und am Scheitel seinen Sitz
hat und mehrere Stunden hindurch anhält, nicht selten auch von
Ueblichkeiten, Erbrechen, Lichtscheu und Schwindel begleitet. Bei
einem zehn Jahre alten, gut genährten Knaben sah ich dieselbe
fast alle vier bis sechs Wochen wiederkehren und stets zwei Tage
andauern. Als Ursache konnte höchstens die Erblichkeit bezeichnet werden, da der Vater desselben auch häufig von Migraine
geplagt war. Bei Mädchen mit Zeichen der Anämie und Chlorose in der Periode der Geschlechtsentwickelung dauern die Anfälle der Migraine oder Hemicranie mitunter bis zum Eintritte der
Katamenien. Neuralgia frontalis sah ich auch bei Kindern mit

Ozäua, bei Schnupfen uud bei Masturbation wiederkehren. Angeborene linksseitige Hemicrauie sah Bohu bei einem Mädchen.

Neuralgia occipitalis. — Einen ausgezeichneten Fall dieser Art beobachtete ich an einem neun Jahre alten, äusserst nervösen Mädchen. Die Neuralgie trat durch vierzehn Tage jeden Tag um eine Stunde später auf, dauerte aufangs vier bis sechs Stunden und war besonders iu der Nacht heftig, allmählich nahmen die Schmerzen an Heftigkeit und Dauer ab, die ersten Schmerzparoxismen waren von Erbrechen begleitet. Chinin in grösseren Dosen beseitigte diese nach vierzehn Tagen vollkommen. Milzanschwellung sowie jeder Anhaltspunkt für eine Intermittenserkrankung fehlten.

Neuralgia ciliaris — bildet eine leider nicht seltene Erscheinung bei den serophulösen Augenaffectionen. Stechende Schmerzen in den Augenlidern, mit mehr oder weniger hochgradiger Lichtscheu sind die Symptome derselben. Sie dauert entweder nur durch einige Stunden des Tages oder behauptet eine längere Permanenz. — Behandlung der Serophulose, locale Anwendung des Ung. einereum mit Extr. belladon., öfteres Eintauchen des Kopfes in kaltes Wasser oder Irrigationen auf deuselben bilden die Therapie.

Neuralgie des Trigeminus. Supraorbitale Neuralgie mit deutlichem, typischem Verlaufe wurde unter der Einwirkung des Malariagiftes beobachtet. Derselben geht mitunter ein Frost- oder Hitzestadium voraus und wird der Schmerz durch Druck auf die Mitte des Orbitalrandes gesteigert. Chinin und Tinct. arsen. Fowleri bringen stets Hilfe.

Neuralgia cervicalis begleitet manche Fälle von Typhus im Kindesalter. Ich behandelte ein zehnjähriges Mädchen, welches von der zweiten Woche bis zum Ablaufe des Typhus fast ununterbrochen an einer heftigen Neuralgia cervicalis litt und bei der zartesten Berührung des Halses laut aufschrie. Im Beginne der Meningitis tuberculosa wird dieselbe öfter beobachtet.

Neuralgia brachialis wurde von Valleix bei einem dreizehnjährigen Knaben in Folge von Verbrennungen der letzten Phalanx des Daumens beobachtet. Der in Paroxysmen auftretende Schmerz nahm seinen Ausgangspunkt an dem Daumen uud strahlte nach dem Verlaufe des Nervus medianus aus. Einer sechswöchentlichen Kur mit Ferr. carbon. wich die Neuralgie gänzlich. Eine Neuralgia brachialis, hervorgerufen durch Rheumatismus, brachte Henoeh durch Jodkali innerlich gereicht zur Heilung.

Neuralgie der Intercostalnerven. Dieselbe tritt unter der Einwirkung verschiedener pathologischer Processe auf. Am häufigsten begleitet sie den Herpes zoster dorso pectoralis und besteht manchmal schon einen bis zwei Tage vor der Eruption der Bläschen. Einmal überdauerte bei einem zarten eilfjährigem Mädchen die Neuralgie noch vierzehn Tage den Ablauf des Zoster und stellte sich besonders zur Nachtzeit ein. Caries der Wirbelsäule ruft durch unmittelbare Reizung nicht selten heftige Neuralgie der Intercostalnerven hervor. Bei einem vierzehnjährigen seit acht Jahren mit diesem Uebel behafteten Knaben traten zu wiederholten Malen heftige Schmerzen nach dem Verlaufe des neunten und zehnten Paares der Intercostalnerven auf. Auch Chlorosis, erschwerte Geschlechtsentwickelung und Typhus bedingen bei Kindern derartige Neuralgien.

Neuralgien an den unteren Extremitäten werden theils im Beginne theils im weiteren Verlaufe der Coxitis und bei Caries vertebrarum im Lumbalabschnitte der Wirbelsäule beobachtet. Sitz der Schmerzen sind das Knie, die Ferse oder das Fussgelenk.

Neuralgia ischiadica wurde von Bohn bei einem fünfzehnjährigen Knaben beobachtet. Die Schmerzen sassen im rechten Bein und traten allabendlich zwischen fünf bis sieben Uhr auf, um den grössten Theil der Nacht anzudauern. Am Tage konnten alle Bewegungen mit dem kranken Beine leicht und schmerzlos vollführt werden, auch war die Nervenbahn gegen Druck nirgends empfindlich. Fiebererscheinungen wurden in Abrede gestellt. — Unter den visceralen Neuralgien nimmt wegen ihrer Häufigkeit und Heftigkeit den ersten Platz ein die

Enteralgia, Neuralgia mesenterica, Kolik. Säuglinge, besonders in den ersten Lebensmonaten, werden am häufigsten von ihr befallen. Der Schmerzparoxismus äussert sich durch heftiges, durchdringendes Geschrei, Anziehen der Beine an den Leib, Rückwärtsbeugen des Kopfes, krampfhaft geballte Händchen, prallgespannten Unterleib, stark geröthetes Gesicht, schweissbedeckte Stirne, Zurückwerfen der Brust und lässt gewöhnlich unter Abgang von Gasen durch Mund und After oder unter erfolgender Stuhlentleerung nach Erkältung, Dyspepsie, Gasansammlung, Magen-Darmkatarrhe, Stuhlverhaltung sind die sie bedingenden Störungen. Helminthen, besonders der Ascaris lum-

bricoides, können bei älteren Kindern heftigere oder leichtere
Anfälle von Enteralgie hervorrufen. — Der Sitz derselben ist gewöhnlich die Nabelgegend.

Cardialgie bildet eine nicht häufige Schmerzform im Kindesalter. Sie tritt unabhängig vom Magenleiden auf bei Mädchen
zwischen neun bis vierzehn Jahren als Miterscheinung erschwerter
Geschlechtsentwickelung, und ist als solche oft recht hartnäckig.
Ich sah sie zwei Jahre lang mit geringen Unterbrechungen
andauern und nicht selten von Urticaria begleitet oder mit letzterer alterniren. Auch durch Helminthen, namentlich Tänia
wird sie hervorgerufen. Bei einem blutleeren neun Jahre alten
Knaben beobachtete ich öfter wiederkehrende Cardialgie mit gleichzeitigen besorgnisserregenden Hirnsymptomen; nach achtzehn-
monatlicher Dauer und Behandlung mit Eisen waren sämmtliche
Störungen verschwunden.

Die Neuralgia vesicalis begleitet am häufigsten die
Blasensteine und tritt bald stärker bald gelinder auf. Ich sah
dieselbe ferner im Verlaufe von Blasenkatarrh, nach crupöser
Entzündung der Blase während des Typhus bei einem sechs Jahre
alten Knaben, bei Tuberculose der Blase und bei mit Caries der
Wirbelsäule behafteten Kindern. Wurmreiz und Masturbation
sollen nach Pitha die Neuralgie bewirken.

7. Motilitäts-Neurosen.

a. Eclampsia, Convulsionen, Fraisen, Gichter.

Unter Eclampsie versteht man jene clonischen und tonischen,
bald nur über wenige, bald wieder über zahlreiche willkührliche
Muskeln ausgebreitete Krämpfe, bei welchen das Bewusstsein und
die Sinnesthätigkeit mehr oder minder gestört sind. Der eclamp-
tische Anfall, für sich betrachtet, lässt sich kaum von dem epileptischen unterscheiden und in dieser Auffassung kann man wohl
die Eclampsie als acute Epilepsie oder umgekehrt die Epilepsie
als chronische, häufig wiederkehrende Eclampsie bezeichnen, ohne
in einen logischen Widerspruch zu gerathen. Auf der einen Seite
haben wir eine rasch vorübergehende bald zur Genesung, oder zum
Tode führende Veranlassung, auf der anderen ein chronisches,
von Zeit zu Zeit Erregung bedingendes Moment; und es gibt Fälle
bei Kindern, wo wirklich erst der weitere Verlauf, die Wiederkehr
oder das Ausbleiben der Convulsionen die Bedeutung der letzteren

in's rechte Licht stellt. Dieser Anschauung sucht auch der Ausdruck epileptiforme Convulsionen Rechnung zu tragen.

Ursachen, Symptome und Verlauf.

Alle Convulsionen sind symptomatische und lassen sich dieselben, je nachdem der Herd der Erregung im Centralnervensystem oder in der peripherischen Ausbreitung desselben sitzt, in directe, idiopathische, oder indirecte, symptomatische (sogenannte reflectirte) Convulsionen eintheilen.

Direct erzeugte Convulsionen.

Die Ursachen und Wege, mittelst deren diese Convulsionen zu Stande kommen, sind mannigfaltige und ich will diese zur leichteren Uebersicht je nach ihren verschiedenen anatomischen Grundlagen in folgende Gruppen bringen. Doch sei gleich hier bemerkt, dass oft genug mehrere dieser Ursachen gemeinschaftlich zusammenwirken und dass die Convulsionen nicht immer nur auf eine Veranlassung zurückgeführt werden dürfen; es gibt Convulsionen aus gemischten und mehrfachen Ursachen.

1. **Convulsionen aus arterieller Hyperämie des Gehirns und seiner Häute.**

Diese sehen wir bei Kindern in verschiedenen acuten Krankheiten auftreten, wo durch die gesteigerte Eigenwärme Hyperämie des Gehirns und seiner Häute zu Stande kommt. Hieher gehören ferner die Convulsionen in Folge von Insolation, im Beginne der Meningitis, und zum Theile die Eclampsia zahnender Kinder, wenngleich die letztere ihren Grund auch in einer Reflexerregung haben kann.

2. **Convulsionen aus Stauungshyperämie.**

Als solche beobachten wir sie im Verlaufe der Tussis convulsiva, der lobären, seltener der lobulären Pneumonie, bei pleuritischen Exsudaten, auf der Höhe der Laryngitis crouposa, bei organischen Herzfehlern und bei Stipsis alvi.

3. **Convulsionen aus Anämie.**

Die Blutleere des Gehirnes ist eben so oft ein Krampferreger wie die Hyperämie und zwar besonders als acute allgemeine Anämie des Gehirns nach grossen Säfte- und Blutverlusten, oder als par-

tielle Anämie im Gefolge von Tumoren oder wahrscheinlich als
Ausdruck vasomotorischer Gefässkrämpfe.

4. Convulsionen aus qualitativ verändertem Blute.

In diese ziemlich reichhaltige Gruppe gehören zunächst die
acuten Infectionskrankheiten Scarlatina, Morbilli, Variola, Typhus,
Intermittens, welche nicht selten mit heftigen Convulsionen einsetzen oder im weiteren Verlaufe begleitet sind. Je jünger das
Kind, je intensiver die Erkrankung, desto leichter kommt es
zu Convulsionen. Doch darf auch hier nicht vergessen werden,
dass neben der specifischen — allerdings noch nicht näher definirbaren — Blutveränderung auch die gleichzeitig vorhandene Hyperämie ihren Antheil an den Convulsionen hat. Auf diese Weise
entstehen die Convulsionen bei Urämie, Cholämie, Diphtheritis
und Intoxication mit verschiedenen Medicamenten und Giften
(Kohlensäurevergiftung).

5. Convulsionen bedingt durch Erkrankungen der
Hirnhäute und des Gehirns.

Sie kommen vor bei Meningitis, Hydrocephalus, Hirnödem
Encephalitis, Hirngeschwülsten, intercraniellen Hämorrhagien und
bilden oft genug die Schlussscene dieser genannten Hirnkrankheiten.

6. Convulsionen in Folge krankhafter Veränderungen am Schädelgehäuse.

Hier ist vor allem zu nennen die Rachitis mit und ohne
Craniotabes, der chronische Hydrocephalus und die Mikrocephalie.

Indirect symptomatische oder reflectorische
Convulsionen.

Reizung sensibler Nerven durch mannigfache, oft nur unbe-
deutende Veranlassungen führt bei Kindern nicht selten zu Convulsionen. Zu diesen Reflexreizen zählen Störungen im Verdau-
ungskanale, namentlich bei Säuglingen, Ueberladung des Magens,
Dyspepsie, Darmkatarrh, hartnäckige Stuhlverhaltung, vielleicht
auch Helminthen; Convulsionen der Säuglinge, welche nach heftigen Gemüthsaffecten der Mutter erfolgen und durch unzweifelhafte Beobachtung sichergestellt sind, gehören auch in diese Kategorie. Andere Reflexreize sind übermässig heisse Bäder, Ver-

brennung, Erysipel, Stiche in die Haut, Eiterungen u. s. w. Ich sah bei einem starken, sehr fettreichen Kinde im Verlaufe eines Abscesses in der Halsgegend Eclampsie auftreten, welche nach Eröffnung der Eiterhöhle nicht mehr wiederkehrte. — Auch Otitis, Käfer im äusseren Gehörgange, Entzündungsprocesse anderer Organe, wie Pleuritis, Peritonitis, Pneumonie können einen solchen Refleximpuls abgeben. Gut gekannt sind endlich die Reflexkrämpfe, welche die Dentition begleiten, doch sei man vorsichtig mit dieser Diagnose und beziehe nicht jeden eclamptischen Anfall zahnender Kinder auf Reizung der Trigeminusfasern.

Schliesslich muss unter den Ursachen der Convulsionen noch die hereditäre Anlage betont werden, welche in vielen Fällen scharf nachgewiesen werden kann. Dieselbe besteht in einer geringen Widerstandsfähigkeit des gesammten Nervensystems und lässt sich wohl manchmal, jedoch nicht immer ein greifbarer Grund in dem Constitutionscharakter solcher Individuen und Familien auffinden.

Die Convulsionen treten, je nachdem die eine oder andere der genannten Ursachen zu Grunde liegt, entweder plötzlich ohne jede vorausgehende anderweitige Störung auf, oder werden durch gewisse Vorboten, wie Verstimmung des Kindes, Ungeduld, Weinen, Wimmern, Traurigkeit, oft unterbrochenen Schlaf mit häufigem Aufschrecken oder Auffahren eingeleitet. Als Zeichen baldigen Ausbruches finden sich auch manchmal rasches Wechseln der Gesichtsfarbe, welche bald bleich bald roth, nur auf einer oder auf beiden Wangen bemerkbar ist, ferner das Auftreten einer scharf begrenzten bläulichen Linie um die Lippen und leichte Muskelzuckungen im Gesichte.

Die Zahl der eclamptischen Anfälle ist eine verschiedene, selten kommt es nur zu einem Paroxismus, öfter folgen sich mehrere in längeren oder kürzeren krampffreien Pausen. Die Dauer der einzelnen Anfälle beträgt wenige Minuten bis viele Stunden. — Je länger derselbe, desto bedenklicher wird seine Bedeutung. — Je nachdem der Erregungsherd ein centraler oder peripherischer, ein kleiner umschriebener oder diffuser mit zahlreichen Angriffspunkten ist, werden die Convulsionen bald partielle, bald allgemeine, einmal in verschiedenen, das andere Mal stets in denselben Muskelgruppen wiederkehrende sein.

Behandlung.

Ein genaues Eingehen auf die Causalindication mit besonderer
Berücksichtigung des Gesundheitszustandes vor dem Auftreten der
Convulsionen bilden den wichtigsten Punkt der Behandlung. Doch
ist dieses nicht immer so leicht und bedarf es oft längerer Beobachtung, um den Werth und die Bedeutung der Krämpfe richtig beurtheilen zu können, ja es gibt Fälle, wo wir gar nie zur Kenntniss des
wahren Verhältnisses gelangen. Im Hinblick auf diese Thatsachen
wird es erklärlich, dass für die causale Behandlung oft genug nur eine
symptomatische Platz greifen muss Eine genaue Untersuchung
des Kindes entweder schon während des Anfalles oder nach Been-
digung desselben wird unter allen Umständen dringend geboten
sein, was besonders für die reflectorischen Krämpfe von hohem
Werthe ist. — Entfernung aller beengenden Kleidungs- und
Bettstücke, Zulassen möglichst viel frischer Luft, ist das erste,
was der Arzt zu thun hat. Nachdem das Beibringen von Medicamenten in vielen Fällen durch behindertes oder unmögliches
Schlingen nicht ausführbar ist, so sind es zunächst Ableitungen
auf die Haut und den Darmkanal, zu welchen man greift,
Klystiere mit kaltem Wasser, Essig und bei vorhandener Flatulenz mit Asa fötida, ferner Abreibungen der Haut mit Essig
oder Wasser, Application von Senf- oder Krenteigen auf Rumpf
und Extremitäten, Einschlagen des entkleideten Kindes in nasskalte Leintücher; auch ein warmes Bad beschwichtigt oft rasch
allgemeine Convulsionen namentlich bei zahnenden Kindern. —
Von den übrigen üblichen Mitteln behaupten sich noch immer am
meisten die Zinkpräparate, besonders das Zinc. oxydat., welches
entweder allein oder mit Calomel (Flor. Zinc gr. quatuor, Calomel. gr. duo — Sach. alb. drachmen f. pulv. div. in dos. N.
octo. stdl. 1 Pulv.) angewendet wird. Auch der Arsenik, das
salpetersaure Silber, oder Pulv. Doweri können versucht werden.
Das Kali bromatum (scrupulum bis drachm. semis auf 3 Unzen
aq. 3 – 4stündlich einen Kinderlöffel voll gereicht) hat sich mir
noch wenig bewährt und greife ich immer wieder zum Zink zurück.
Die Digital-Compression der Carotiden, von Bland und Trousseau warm empfohlen, könnte höchstens für Convulsionen aus
activer Hyperämie eine rationelle Indication finden, doch ist der
Nutzen derselben noch sehr zweifelhaft und sprechen meine Erfahrungen nicht zu Gunsten dieser Manipulation. Bei toxämischen Convulsionen, besonders im Verlauf des Febris intermittens, Typhus etc.

ist das Chinin in grossen Dosen (1—2 Gran. p. d.) zu versuchen, wenigstens schien mir dasselbe einigemale bei urämischen Convulsionen gute Dienste geleistet zu haben. Hat man Verdacht auf Würmer, oder sind solche bereits abgegangen, so reiche man Wurmmittel. Gegen Convulsionen, welchen tiefe Gehirnleiden zu Grunde liegen, vermögen wir in der Regel nicht viel.

b. Trismus und Tetanus — Mundsperre und Starrkrampf.

Der Tetanus ist jene Motilitätsneurose, welche sich durch tonischen Muskelkrampf bald nur in einzelnen, bald in sämmtlichen willkührlichen Muskeln äussert. Beschränkt sich dieser Krampf nur auf die Kaumuskel, so bildet er den Trismus. Trismus und Tetanus kommen bei Kindern gewöhnlich neben einander vor. Tetanus ist stets vom Trismus begleitet; Mundsperre wird jedoch auch ohne Starrkrampf beobachtet. Die Krankheit kommt im Allgemeinen nicht oft zur Entwickelung, am häufigsten ist dieses der Fall bei Neugeborenen. Ich sah dieselbe in zwölf Jahren 52mal — darunter waren 40 Neugeborene und 12 ältere Kinder mit reinem Tetanus.

Anatomie.

Die bisherigen Sectionsresultate waren noch nicht im Stande, solche anatomische Störungen sicher zu stellen, welche für das Wesen der Krankheit verwerthbar wären. Blutüberfüllung des Gehirns und Rückenmarkes, der Meningen, der blutreichen inneren Organe und der betheiligten Muskeln, ferner seröse, sulzartige oder blutige Ergüsse in den Arachnoidealsack des Rückenmarkes, wie letztere auch von mir beobachtet wurden, sind wahrscheinlicher Wirkung als Ursache der Krankheit, obzwar ich dieselben unter Umständen doch auch als die letzte Ursache des Tetanus ansehen möchte. Nach Hirschberg bildet die interstitielle Encephalitis eine anatomische Ursache des Trismus neonatorum. Die von Rokitansky und Demme nachgewiesene Bindegewebsentwickelung im Rückenmarke ist keine allen Fällen zukommende Veränderung. Oefter findet man Zeichen von Verletzung oder einen noch nicht vollkommen vernarbten Nabel.

Symptome und Verlauf.

Bei Neugeborenen (Trismus und Tetanus neonatorum) äussert sich die Krankheit in folgender Weise. Am dritten bis achten Tage nach der Geburt tritt, nachdem Vorboten wie Unruhe, Weinen, unterbrochener Schlaf, Gähnen und hastiges Fassen der Brust, welche jedoch bald wieder losgelassen wird, vorausgegangen, mit einem Male die Unmöglichkeit auf, den Mund zu öffnen. Die Gesichtszüge werden markirt, die aneinander gepressten Lippen sind rüsselartig zugespitzt, die Augen fest geschlossen, die Nasenflügel arbeiten oft stürmisch. Allmählich erstreckt sich dieser in Intermissionen auftretende Krampf auch über die Hals- und Rückenmuskel, endlich selbst die Extremitäten, so dass die Kinder ähnlich einer Bildsäule daliegen und emporgehoben werden können. Bei der Unmöglichkeit zu saugen und zu schlingen, magern die Patienten sichtlich ab, die Krampfpausen werden immer seltener und kürzer, die Pulsfrequenz steigt bis auf 140—160 in der Minute, kalter klebriger Schweiss bedeckt die Haut, bis in einigen, höchstens acht Tagen nach dem Auftreten der Krankheit der Tod erfolgt.

Der Tetanus älterer Kinder tritt entweder urplötzlich namentlich mit Mundsperre auf, oder wird von gewissen Prodromalsymptomen, wie Empfindlichkeit und ziehenden Schmerzen im Nacken, vorübergehenden Frostschauern, Halsschmerzen, erschwertem Schlingen und Sprechen eingeleitet. Diesen Störungen folgt bald Trismus und allgemeiner Tetanus. Die Muskeln des Nackens, Rumpfes und der Extremitäten fühlen sich brettartig steif an, jede active oder passive Bewegung derselben ist unmöglich, dabei ist die Sensibilität gesteigert oder unverändert, die Temperatur der Haut in der Regel im weitern Verlaufe der Krankheit gesteigert, sinkt jedoch bei herannahendem Tode oft unter das Normale, der Puls wird frequent, klein, später unregelmässig, ebenso das Athmen oft arythmisch. — In Bezug der Form des Starrkrampfes sah ich am häufigsten den Orthotonus (der Körper ganz gerade gestreckt), seltener den Opisthotonus (Körper nach hinten gebeugt) und am seltensten den Emprosthotonus (nach vorne). — Anfangs wechseln Paroxysmen mit Remissionen, allmählich werden die ersteren permanent oder höchstens von leichten convulsivischen Zuckungen abgelöst. Die Sinnesthätigkeit bleibt meist bis kurz vor dem Tode ungetrübt, Umnebeltsein oder gänzliches Schwinden des Bewusstseins sah ich 15—20 Stunden vor dem Tode eintreten. Der Ausgang ist gewöhnlich in Tod, welcher schon nach wenigen Tagen oder in zwei bis drei Wochen erfolgt. Ausnahmsweise endet die Krankheit in Genesung und darf eine solche gehofft werden, wenn die Remissionen länger und reiner werden, der Schlaf und das Schlingvermögen sich wieder einstellen. Unter den von mir beobachteten 52 Fällen verliefen 45 lethal.

Ursachen.

Die letzte Ursache ist noch räthselhaft. — Nach den Gelegenheitsursachen unterscheidet man auch bei Kindern einen Tetanus traumaticus, rheumaticus, toxicus. Reizung der sensiblen Hautnerven der Körperoberfläche durch verschiedene schädliche äussere Einflüsse und dadurch bewirkter Reflexkrampf der motorischen Fasern ist wohl der häufigste Hergang beim Zustandekommen des Tetanus. — Der Tetanus neonatorum ist bald ein T. traumaticus, bald wieder ein rheumaticus. Die Behauptung von Vogel, der Tetanus der Neugeborenen hänge stets mit dem Vernarbungsprocesse des Nabels zusammen, ist schon längst durch Thatsachen widerlegt. Für einzelne Fälle mag ohne Zweifel der Nabelstumpf der Ausgangspunkt des Leidens sein, und ist es dann ein Tetanus traumaticus; hieher gehören auch die Fälle, welche nach ritueller Beschneidung und Verbrennung (Bohn) auftreten, für andere liegt der Grund wieder in der Einwirkung grosser Kälte auf die zarte Haut der Neugeborenen, ein zu kaltes Bad, Bespritzen mit Wasser bei scheintodt geborenen Kindern, vielleicht auch Zugluft. — An den T. rheumaticus schliesst sich jene Form, welche durch Einwirkung hoher Hitzegrade auf die Haut hervorgerufen wird (Bäder mit 32—35 Grad Reaum.). Ich beobachtete jüngst wieder einen Fall, wo bei einem vierzehn Tage alten Kinde nach einem sehr heissen Bade Trismus und Tetanus auftrat und nach drei Tagen zum Tode führte. Auch die Beobachtungen von Keber in Elbing (Monatsschrift für Geburtskunde 1868), nach welchen eine Hebamme, welche aus Mangel richtiger Schätzung der Temperatur des Badewassers die Kinder zu heiss badete, und im Verlaufe von zwei Jahren unter 380 Geburten 99 Kinder an Trismus verlor, gehören hieher. Dass auch schlechte, verpestete, rauchige Luft in den Wohnstuben die Entstehung des Tetanus begünstige, scheint aus mehreren sichergestellten Beobachtungen hervorzugehen.

Der Trismus und Tetanus älterer Kinder entsteht auf Einwirkung von Traumen verschiedener, mitunter der geringfügigsten Art. Stiche, Einstossen von Glas- oder Holzsplittern in die Hände und Füsse, Anstossen mit dem Fusse an einen spitzen Stein, Fracturen mit Splitterung der Knochen, gewaltsame Zerrung der Wirbelsäule bilden solche Ursachen. Seltener kommt bei Kindern der toxische Tetanus zur Beobachtung. Ich sah einen solchen bei einem mit Epilepsie behafteten zehnjährigen Knaben nach der Darreichung von 1 Gran Atropin erfolgen und nach dreitägiger Dauer wieder verschwinden. Auch der rheumatische Tetanus kommt bei älteren Kindern in Folge von Schlafen auf feuchter, kalter Erde, Baden bei erhitztem Körper etc. dann und wann zur Entwicklung. In den Tropenländern tritt der Tetanus in endemischer und epidemischer Verbreitung auf, während er bei uns nur ein sporadisches Vorkommen zeigt.

Behandlung.

Nach den Erfahrungen der meisten Beobachter gibt es noch kein Specificum gegen diese in jeder Beziehung fürchterliche Krankheit, und beschränkt sich unsere ganze Thätigkeit theils auf eine paliative, theils prophylaktische Behandlung. Nöthige Umsicht bei der ersten diätetischen Behandlung und Pflege der Neugeborenen namentlich mit Rücksicht auf Luft und Bäder, vorsichtiges Gebahren mit dem Nabel und bei dem Acte der rituellen Beschneidung, sowie entsprechende chirurgische Behandlung von Wunden dürfte ohne Zweifel die Zahl der Tetanusfälle beschränken. Von den bei einmal entwickelter Krankheit üblichen Mitteln sind wohl noch immer das Opium — Morphium — Curare — Calabarbohne (Monti) entweder innerlich gereicht oder subcutan angewendet, am meisten zu empfehlen, wenngleich auch sie in der Regel im Stiche lassen. Nasskalte Einwickelungen schienen mir einige Male die Paroxysmen milder und seltener zu gestalten, in anderen Fällen bewirkten sie gerade das Gegentheil und bewährten sich warme Bäder besser. Die schlechtesten Heilresultate liefert der Tetanus neonatorum.

c. Spasmus nutans — Nickkrampf — Salaam convulsion of infancy.

Der Nickkrampf äussert sich entweder nur als einseitiger, vorzugsweise im Bereiche des Nervus accessorius isolirter Krampf — und diess sind die selteneren Fälle, oder aber er tritt als doppelseitiger clonischer Spasmus mit gleichzeitigem Ausbreiten auf andere Nerven auf. Der Spasmus nutans verdient daher nur in den seltensten Fällen — was auch Ebert in seinen diessbezüglichen Mittheilungen betont — den Namen einer selbstständigen Neurose. Der einseitige Nickkrampf charakterisirt sich durch ruckweis

erfolgende, oft ziemlich heftige Zusammenziehungen des Sterno-
cleidomastoideus und Trapezius der einen Seite, wodurch der Kopf
stark nach ab- und rückwärts und die Schulter nach oben gezogen wird. Ich beobachtete zwei Fälle dieser Art; der eine betraf einen neun Jahre alten, sonst gesunden und gut genährten
Knaben, bei welchem das Leiden angeblich nach Einwirkung
starker Zugluft auf den Nacken entstanden sein sollte. Der Krampf
an der linken Seite des Halses war sehr heftig, machte meist nur
kurze Pausen und wurde nach dreiwöchentlicher Dauer durch
Anwendung des kalten Wassers behoben. Der zweite Fall betraf
ein in der Geschlechtsentwickelung stehendes eilf Jahre altes, ungemein leicht erregbares Mädchen. Hier war die rechte Seite die
ergriffene, der Krampf sistirte während des Schlafes vollkommen,
wurde bei jeder Gemüthserregung heftiger und verschwand nach
sechs Wochen auf die Darreichung von Eisen und Zink.

Der doppelseitige oder eigentliche Nickkrampf äussert sich
durch gleichmässige, sich öfter wiederholende krampfhafte Zusammenziehungen beider Kopfnicker. Derselbe bildet die häufigere Form und hat bald eine leichte, bald wieder als das Mitsymptom tiefer anatomischer Störungen im Centralnervensystem eine sehr ernste Bedeutung. Er wird öfter beobachtet bei
Kindern zwischen dem siebenten bis zwanzigsten Lebensmonate,
complicirt sich nicht selten mit spasmotischen Affectionen der
Augenmuskeln (Nystagmus, Nictitatio) und dürfte für eine Reihe
von Fällen wohl mit erschwerter Zahnung und mit Rachitis in
Causalnexus gebracht werden. Auch Helminthiasis und Indigestion hat man als Ursache bezeichnet. Das Bewusstsein ist in den
leichten und vorübergehenden Fällen stets ungetrübt. Anders verhält es sich mit dem Nickkrampfe, welcher das Symptom eines
tiefen und ernsten Nervenleidens bildet. Derselbe erscheint dann
nur selten allein, sondern ist von anderen Nervenstörungen begleitet,
Trübung oder Mangel des Bewusstseins, Convulsionen in anderen Muskelbezirken, stark erweiterte Pupillen etc. treten neben
dem Nickkrampfe auf. Ein Beispiel dieser Art sah ich bei einem
zehnjährigen Mädchen, wo ein Tumor an der unteren Fläche des
Kleinhirns und am Pons den Nickkrampf in sehr heftigem Grade,
und häufigen, oft zwanzigmal an einem Tage erfolgenden minutenlangen Paroxismen bewirkte. Bewusstlosigkeit und Concussionen
der oberen Extremitäten und auch manchmal Lähmungen und
Geistesschwäche treten im weiteren Verlaufe des Uebels hinzu.

Prognose.

Dieselbe ist, je nachdem die Ursache eine vorübergehende entfernbare oder eine tiefe anatomische und nicht behebbare ist, verschieden. Liegt Rachitis, Zahnprocess oder Helminthiasis dem Krampfe zu Grunde, so wird sich die Prognose im Allgemeinen günstig gestalten.

Behandlung.

In leichteren und von einem schweren Hirnleiden unabhängigen Fällen wird das Zinkoxyd, Eisen, der Leberthran und Kali bromicum zu empfehlen sein; ist dagegen der Spasmus nutans Symptom eines centralen Nervenleidens, dann wird wohl keine Therapie etwas ausrichten.

d. Chorea minor, Chorea St. Viti, Ballismus, Veitstanz, Muskelunruhe.

Eine auf alle Fälle zutreffende Definition des Wesens der Chorea ist heute vielleicht noch nicht möglich. — Wir verstehen unter Chorea minor jenen pathologischen Zustand des Centralnervensystems, namentlich des Rückenmarkes, infolge dessen die Isolirung des Willenseinflusses mehr oder weniger gestört oder behoben ist, unwillkührliche Mitbewegungen der willkührlichen Muskeln (combinirte Bewegungen) zu Stande kommen, welche während des Schlafes gewöhnlich aussetzen und wobei das Bewusstsein ungetrübt ist. Die Chorea minor ist eine nicht seltene Kinderkrankheit und habe ich dieselbe im Verlaufe von zehn Jahren 275 mal gesehen.

Anatomie.

Die anatomische Ausbeute über das Wesen und die Veränderungen bei der Chorea minor ist aus dem Grunde, dass die Krankheit fast immer geheilt wird, noch eine sehr spärliche und hat nur einige sich mitunter widersprechende Anhaltspunkte geliefert.

In vier von mir selbst beobachteten Fällen mit lethalem Ausgange wurde einmal Bindegewebswucherung im Rückenmarke, das andere Mal Blutextravasat im Rückenmarkskanal, das dritte Mal seröse Ausschwitzung in demselben als die anatomische Ursache der Krankheit nachgewiesen. Im vierten Falle war das Sectionsresultat ein ganz negatives. Seröse und blutige Ergüsse im Wirbelkanal

haben West und Prichard, Erweichung des Rückenmarkes
Gendron, membranöse Gebilde am Kleinhirn Sömmering,
Hirntuberkel Georget, Verlängerung des Processus odontoideus
und dadurch Druck auf das Rückenmark Froriep beobachtet. —
Embolien im Gehirne wurden neuestens von mehreren Autoren nachgewiesen, besonders in Fällen, wo Chorea mit Herzfehlern complicirt war.

Symptome und Verlauf.

Die Krankheit wird oft durch gewisse Prodromalerscheinungen
wie Müdigkeit, grosse Reizbarkeit, weinerliche Gemüthsstimmung,
Herzklopfen, ungeschicktes Benehmen, Unsicherheit, Grimassen-
schneiden etc. eingeleitet. Seltener dagegen tritt sie wie mit einem
Schlage unter dem Bilde heftiger Muskelunruhe auf. Anfangs
bemerkt man an den Kindern leichte Zuckungen der Gesichtsmuskeln, besonders an den Mundwinkeln, den Achseln und den Händen, öfter auch rasches Hervorstrecken und schnelles Zurückziehen
der Zunge. Mit zunehmender Krankheit gewinnen diese unwill-
kührlichen Muskelbewegungen an Ausdehnung und Heftigkeit,
die Hände sind nicht mehr im Stande Gegenstände zu fassen und
festzuhalten, springen beim Klavierspielen über die Tasten und
vermögen nicht einen Accord anzuschlagen, der Kranke kann
nicht mehr allein essen und führt den Löffel oder die Gabel bald
an die Nase, Augen oder neben dem Gesichte vorbei. Die Arme
werden bald da bald dorthin geworfen und dieses Spiel von den
sonderbarsten Grimassen begleitet. Der Gang wird unsicher und
stolpernd, ein Fuss schlägt den andern oder die Füsse werden
heftig herumgeschleudert, man verlangt vom Kranken die Hand,
und er macht eine ungeschickte Bewegung mit dem Fusse und
dreht sich im Halbkreise herum. — Im heftigeren Grade des
Uebels ist der Kranke nicht mehr im Stande zu gehen und zu
stehen, muss liegen, wird aber auch in der Lage von der Muskelunruhe oft in der peinlichsten Weise gequält; er schlägt mit Händen und Füssen herum, reibt und kratzt sich das Gesicht oder
die Haut des übrigen Körpers wund, so dass an den genannten
Stellen oft tiefe Excoriationen entstehen, stösst sich mit dem Finger
in die Nase, dass sie blutet, schnellt im Bette empor um gleich
darauf wieder sich an die Bettkante anzuschlagen, wälzt sich rechts
und links, zieht die Füsse an den Unterleib und stösst sie gewaltsam von sich, der Rücken ist bald gebogen, bald wieder
krampfhaft gestreckt, ja selbst Opisthotonus kann eintreten und

sich wiederholen. Mit einem Worte lässt sich vielleicht die Unruhe kennzeichnen, wenn man sagt, die Muskeln gehen mit dem
Kranken durch. Diese Störungen verbreiten sich in der Mehrzahl der Fälle über alle willkührlichen Muskeln, seltener ist blos
die eine oder andere Körperhälfte und zwar häufiger die linke
ergriffen, manchmal beschränkt sich die Störung blos auf die Muskeln einer oberen Extremität oder es sind vorzugsweise die Re-
spirationsmuskeln Sitz des Leidens.

Die Theilnahme des inneren Muskelsytemes äussert sich durch
erschwertes oder sprungweises Hervorstrecken der Zunge, durch
rasches abgebrochenes Schlingen, durch behinderte Articulation,
Stottern, unregelmässige Zwerchfellcontractionen. Auch unregelmässige Herzaction wird öfter beobachtet. — Unterbrechung der
Muskelunruhe während des Schlafes tritt häufig in leichteren Graden ein, doch dauern diese unfreiwilligen Bewegungen bei starker
Entwickelung des Leidens auch während der Nacht fort und
schlafen die Kranken gar nicht oder sehr unruhig. Die Sensibilität der Haut zeigt meist keine wesentlichen Veränderungen,
zuweilen nur namentlich bei unilateraler Chorea ist dieselbe vermindert, das Bewusstsein ist stets vorhanden und ungetrübt, dagegen ist die Gemüthsstimmung oft alterirt, die Kinder sind reizbar, weinen ohne Grund, schrecken leicht zusammen, Traurigkeit
und Lachen wechseln mit dem Handumdrehen, die Kinder sind
nicht im Stande, einem geregelten Gedankengange zu folgen, ihre
Ideen überspringen ebenso wie die Muskeln in unzusammenhän-
gender Weise.

Bei den lethal verlaufenden Fällen lässt in den letzten Tagen
des Lebens die Muskelunruhe merklich nach und hört gänzlich
auf, dagegen stellen sich tetanische Streckungen der Extremitäten
oder des Rumpfes, Sehnenhüpfen, leichte Convulsionen und endlich
Sopor ein. Ist neben Chorea gleichzeitig ein Herzfehler vorhanden, so kann der Tod auch durch Folgezustände desselben, Oedem
des Hirns, der Lungen, Hydrothorax, Pericardialerguss etc. herbeigeführt werden. — Geräusche über dem Herzen sind oft nur
durch Anämie bedingt. Der Verlauf der Chorea ist in der Regel
ein protrahirter, die kürzeste Dauer betrug vierzehn Tage, die
längste zwei Jahre vierzehn Wochen, die mittlere Dauer beträgt
vier bis neun Wochen, doch kommen ausnahmsweise Fälle vor,
wo das Leiden das ganze Leben hindurch andauert. Ich kenne
zwei Männer zwischen 50—60 Jahren, welche seit dem achten
Lebensjahre an Chorea leiden.

Nicht selten werden Recidiven der Krankheit beobachtet und kann sich die Chorea nach monate- bis jahrelangen, mitunter regelmässig wiederkehrenden Zwischenräumen zwei-, drei-, vier- bis fünfmal wiederholen. Einzelne Autoren wollen nach Chorea eine wirkliche oder bleibende Geistesschwäche gesehen haben. In drei Fällen sah ich Chorea nach längerer Zeit und fruchtloser Behandlung in Epilepsie ausarten.

Chorea ist meist eine fieberlose Krankheit, bei schnellem und ungünstigem Verlaufe kann jedoch ein hoher Fiebergrad hinzutreten. — Schmerzhafte Empfindung nach dem Verlaufe der Wirbelsäule wird öfter doch nicht constant beobachtet. Intercurrirende acute Krankheiten, wie Scarlatina, Morbilli, Variola, Typhus, Diphtheritis können die Chorea auf die Dauer dieser genannten Krankheiten oder für immer verschwinden machen.

Ursachen.

Die letzte Ursache der Chorea ist eine Spinalreizung, welche durch verschiedene anatomische Vorgänge, wie Anämie, Hyperämie, seröse Ausschwitzungen, Blutextravasate, Neubildungen und organische Veränderungen im Bereiche des Rückenmarkes und seiner häutigen wie knöchernen Umhüllung bedingt und unterhalten wird. Diese Spinalreizung kann a) traumatischen Ursprungs, b) durch Rheumatismus bedingt oder c) die Folge anomaler Wachsthums- und Entwickelungsverhältnisse sein. — Was den Zusammenhang zwischen Chorea und acutem Rheumatismus betrifft, so kann nicht geläugnet werden, dass beide Krankheiten öfter neben und nacheinander auftreten, allein es ist dies nicht immer der Fall, wie Roger behauptet, und darf daher die Chorea nicht in allen Fällen nur als eine Theilerscheinung des Rheumatismus aufgefasst werden. Das Mittelglied dieser beiden Krankheiten scheint die Vorliebe des Rheumatismus für die serösen Häute (bei der Chorea für die Meningen des Rückenmarkes) zu sein. Der Nachweis von Embolien in einigen Fällen berechtigt noch nicht, dieselbe zur Erklärung für alle Fälle von Chorea zu benützen. Am häufigsten ist die Chorea der Ausdruck gewisser Wachsthumsanomalien und Entwickelungsstörungen, wozu der Zahnwechsel, die Geschlechtsentwickelung, rasches Wachsthum, zarte Körperconstitution und allgemeine Anämie gehören. — Eingeweidewürmer werden als Ursache der reflectirten Chorea aufgeführt, mir ist kein derartiger Fall bekannt geworden. Neben den wesentlichen Ursachen müssen erwähnt werden noch gewisse disponirende und erregende Momente, sogenannte Gelegenheitsursachen. Zu ersteren gehört die Altersperiode zwischen dem sechsten bis vierzehnten Lebensjahre (das jüngste Kind war drei, das älteste vierzehn Jahre alt), das weibliche Geschlecht, unter 275 Fällen fand ich 214 Mädchen und 61 Knaben, ferner eine erbliche Anlage und endlich gewisse klimatische Verhältnisse; die grösste Häufigkeit der Erkrankungen fällt in den Monat Januar und Februar.

Als erregende oder Gelegenheitsursachen wirken psychische Affecte. Wenn nach plötzlichem Schrecken, Furcht, Angst, übermässiger Freude etc. bei Kindern die Chorea unmittelbar ausbricht, so muss ein gewisser Reizungszustand des Rückenmarkes schon längere oder kürzere Zeit bestanden haben, und der Gemüthsaffect gibt nur den stärkeren Anstoss ab, dessen es noch bedurfte. Hieher gehören auch gewisse mechanische Einwirkungen, wie Fall, Stoss, Schlag etc., welche theils allein, theils in Gemeinschaft mit den psychischen Erregungen den Ausbruch der Chorea begünstigen.

Auch epidemisches Auftreten der Chorea wird beobachtet und der Grund davon in Imitation gesucht (Bricheteau). Ich selbst sah epidemische Chorea (19 Fälle im Verlaufe von fünf Wochen) im Winter 1870 und glaube als den Grund dieser ungewöhnlichen Häufigkeit die abnorme Witterungsconstitution bezeichnen zu müssen, welche freilich nur eine Gelegenheitsursache sein konnte, da mehrere von den Kindern schon früher an Chorea gelitten. Imitation musste als nicht möglich ausgeschlossen werden.

Prognose.

Dieselbe ist im Allgemeinen eine günstige, nur habe man die Möglichkeit einer Recidive, und wenn diese sich öfter wiederholt, das Vorhandensein eines nicht heilbaren centralen Nervenleidens im Auge. Dass die Genesung bei Knaben schwerer und langsamer zu Stande kommt als bei Mädchen, hat keine allgemeine Giltigkeit.

Behandlung.

So sicher es ist, dass die Chorea nach einer gewissen Dauer und ohne jede Behandlung von selbst wieder heilt, eben so ist es in der Erfahrung begründet, dass das Leiden durch gewisse Mittel leichter gestaltet, erträglicher gemacht und wesentlich abgekürzt werden kann.

Eine scharf ätiologische Behandlung ist in vielen, doch nicht in allen Fällen möglich.

Nachdem die Chorea in der Mehrzahl der Fälle als eine Er- nährungs-, Wachsthums- oder Entwickelungsstörung aufgefasst werden muss, welcher Annahme die nur selten fehlende Anämie entsprechenden Ausdruck verleiht, so werden vor Allem die Eisen- mittel entweder allein oder in Verbindung mit Chinin, mit Zinkoxyd Anwendung finden, wobei selbstverständlich den Er- nährungsverhältnissen Rechnung getragen werden muss. — Nebst diesen Mitteln verdient der Arsen und zwar am besten die Tinc- tura arsen. Fowleri das meiste Vertrauen. Man beginne nach dem Alter des Kindes mit zwei bis drei Tropfen täglich, gebe nach je zwei bis drei Tagen einen Tropfen zu, und steige auf sieben bis acht Tropfen in 24 Stunden. Bei sehr grosser Unruhe, nament- lich während der Nacht, wirkt eine Verbindung der Tinct. ars. Fowleri mit Opium oft überraschend wohlthätig. Das Kali bro- matum von mehreren Seiten sehr gerühmt, bewährte sich mir we- niger gut als die früher genannten Mittel. Ebenso haben das Anilinum sulfuricum, Chloroform, Morphium keine glänzenden Heilerfolge in dieser Krankheit aufzuweisen. Ist die Chorea durch einen noch bestehenden oder eben abgelaufenen Rheumatismus mit oder ohne Herzfehler bedingt, so werden Mittel, welche bei dieser Krankheit üblich sind, wie Chinin, Digitalis, Opium angezeigt sein. Das kalte Wasser bewährt sich in Form von Einwickelungen, Abreibungen, Uebergiessungen oft als gutes Beruhigungsmittel, in einzelnen nicht näher definirbaren Fällen regt es dagegen sicht- lich auf und wirken dann warme Bäder mit oder ohne Schwefel- zusatz viel vortheilhafter. Sind Würmer als die Ursache der Chorea sichergestellt, so hat man von Wurmmitteln Heilung zu erwarten. Die Anwendung der Elektricität, besonders des con- stanten Stromes, soll sich nach neueren Versuchen als heilsam be- währen, ich selbst habe darüber keine eigenen Erfahrungen. Die von englischen und französischen Aerzten empfohlene Heilgym- nastik kann als ein die Kur unterstützendes Mittel mit Vortheil angewendet werden.

Choreakranke Kinder, besonders bei heftiger Muskelunruhe auch während der Nacht, schlafen am sichersten auf einer Matratze, die auf den Zimmerboden gelegt wird; bleiben sie im Bette, so müssen sie von allen Seiten durch Polster gegen eine mögliche Verletzung gesichert werden. Gemüthsaffecte, welcher Art immer, sind strenge zu vermeiden, die Patienten dürfen nicht in zahlreiche bewegte Gesellschaften gebracht, sollen abgeschieden gehalten und sanft behandelt werden. Der Schulbesuch hat zu unterbleiben, dagegen ist der Aufenthalt in frischer Luft zuträglich und zu empfehlen.

e. Chorea magna, Ch. Germanorum, Grosser Veitstanz.

Der grosse Veitstanz ist eine im Allgemeinen sehr seltene und von der Chorea minor wesentlich verschiedene Krankheit. Dieselbe besteht in paroxysmenweise auftretenden Störungen der motorischen Muskelthätigkeit einerseits, sowie der psychischen Functionen andererseits, wobei das Bewusstsein selten fortbesteht, sondern in der Regel zum Theile oder gänzlich aufgehoben ist. Die motorischen Störungen äussern sich durch mannigfache, scheinbar willkührlich vollzogene Bewegungen, welche, obgleich nicht selten äusserst gewagt und gefährlich, doch mit staunenswerther Sicherheit ausgeführt werden; die Kinder klettern, springen, kriechen, schnellen im Bette rasch empor oder tanzen einigemal im Kreise herum, in anderen Fällen kommt es zu epileptiformen Krämpfen und kataleptischer Muskelstarre. Die psychischen Symptome bestehen in Zeichen grosser Exaltation; das Gesicht wird wie verklärt, die Augen leuchten im erhöhten Glanze, die Kranken fangen an lieblich zu singen, zu declamiren, andere predigen oder führen die sonderbarsten Gespräche mit einem nicht vorhandenen Wesen, wieder andere geberden sich sehr ängstlich, von Furcht und Angst gepeinigt oder ahmen selbst Thierlaute nach. Ausbrüche religiöser Schwärmerei oder Gespensterfurcht bilden nicht selten Gegenstände dieser Extasie.

Diese Paroxismen treten meist urplötzlich, seltener von Vorboten psychischer Erregtheit eingeleitet auf, dauern nur einige Minuten, eine viertel bis halbe oder selbst mehrere Stunden, und enden damit, dass die Kranken unter mehrmaligem tiefen Athemholen wie aus einem Traume erwachen, verwundert ihre Umgebung mustern oder in einen bald längeren, bald kürzeren Schlaf versinken. Dabei erinnern sich dieselben an das eben Vorgefallene gar nicht oder nur sehr dunkel. Die Hauttemperatur und Pulsfrequenz steigert sich während der Paroxismen gewöhnlich, um mit dem Ende derselben wieder zu sinken. Auch in der paroxysmenfreien Zwischenzeit lassen die Kranken Zeichen stark nervöser Verfassung mehr oder weniger erkennen.

Das Wesen dieser, sowie der mit ihr verwandten Krankheiten wie Somnambulismus, thierischer Magnetismus etc. ist noch immer

räthselhaft. Wenn man sich jedoch die Thatsachen gegenwärtig
hält, dass die Chorea magna stets ein vorübergehendes heilbares
Leiden ist und gewiss nur selten, wie einige Beobachter mittheilen,
in wirkliche Epilepsie ausartet, dass dieselbe vorzugsweise Individuen zwischen dem zehnten bis sechszehnten Lebensjahre, also
in der Periode der Geschlechtsentwickelung befällt, dass die Mehrzahl der ergriffenen Kinder dem weiblichen Geschlechte ange-
hört, und das Leiden nach dem Eintritt der Katamenien in der
Regel schwindet, so drängt sich die Annahme einer m o t o r i s c h -
p s y c h i s c h e n N e u r o s e, vom sympathischen Nervensystem ausgehend, auf, welche sich, je nachdem den Angriffspunkt die motorischen oder psychischen Centren des Gehirns bilden, in der oben
beschriebenen verschiedenartigen Weise äussert. — Als disponirende
Momente und Gelegenheitsursachen sind die Pubertätszeit, das
weibliche Geschlecht, verkehrte Erziehung, überreizende Lectüre,
schlechtes Beispiel nervöser Mütter, frühzeitige Liebeständeleien,
überspannte klösterliche Umgebung zu nennen.

Ein Fall meiner Beobachtung (mitgetheilt im Jahrbuche für
Kinderheilkunde 2. Heft 1869) betraf ein dreizehn Jahre altes
elternloses zartes Mädchen, welches von einer Tante, die Nonne war,
im Kloster erzogen wurde. Die Paroxysmen dauerten eine viertel
bis halbe Stunde, traten bei Tag und Nacht verschieden oft auf
und bestanden in ihrem ersten Theile in Kundgebung religiöser
Extase mit Visionen, wie Singen geistlicher Lieder, Declamationen,
Gesprächen mit Gott, der heil. Jungfrau und den Engeln, welcher
fast stets kataleptische Erstarrung folgte. Nach sechswöchentlicher
Behandlung mit Eisen und Zink und bleibender Entfernung aus
dem Kloster war das Mädchen hergestellt, nachdem die Krankheit im Ganzen sechs Monate gedauert hatte; bald darauf trat
die Menstruation ein. — Bei Beurtheilung der Krankheit gehe
man stets mit grosser Vorsicht und Misstrauen zu Werke, um
nicht durch Simulation getäuscht zu werden.

Behandlung.

Liegt ein Zusammenhang mit erschwerter oder gestörter Geschlechtsentwickelung vor, so ist Eisen entweder allein oder in
Verbindung mit Zink das entsprechende und sicher heilende Mittel,
kann ein ätiologischer Anhaltspunkt nicht gewonnen werden, dann
sind Zinkpräparate, vielleicht auch Bromkali in steigender Dosis
zu versuchen. Dringend nothwendig ist es, die Kinder aus den
bisherigen Verhältnissen in andere zu bringen; alle Gelegenheits-

ursachen zu beseitigen, ihnen eine mehr practische körperlich
ermüdende als geistige Beschäftigung anzuweisen und Abhärtungskuren mit ihnen vorzunehmen.

f. Chorea electrica.

Die Chorea electrica ist jene Motilitätsneurose, bei welcher
in einzelnen Muskeln und Muskelgruppen heftige ruckweise wie
blitzartig auf einanderfolgende Concussionen eintreten, ähnlich wie
sie bei Einwirkung des galvanischen Stromes hervorgebracht werden. Das Bewusstsein ist dabei nicht gestört, und während des
Schlafes schweigen die Muskelkrämpfe. Diese Zuckungen, welche
mit Vorliebe die oberen und unteren Extremitäten befallen, können mitunter auch durch gewisse Bewegungen willkührlich hervorgerufen werden. So beobachtete ich als eine seltene Erscheinung ein Zwillingspaar von sieben Jahre alten Mädchen, welche
beide an dieser Krankheit litten. Jedesmal, so oft sich die Kinder
auf einen Stuhl setzten, traten augenblicklich die heftigsten elec-
trischen Zuckungen der oberen Extremitäten auf und liessen erst
nach, wenn die Mädchen wieder aufstanden.

Die Krankheit befällt zumeist zarte, anämische Mädchen mit
leicht erregbarem Nervensysteme in der Periode zwischen zweiter
Zahnung und Geschlechtsentwickelung. — Der letzte Grund ist
mit Wahrscheinlichkeit ein Reizungszustand der Nervencentra,
besonders des Rückenmarkes, und kommen die Zuckungen bald
auf directe bald auf reflectorische Weise zu Stande. Die Dauer
beträgt mehrere Wochen bis Monate und endigt die Krankheit
gewöhnlich mit Heilung.

Die Diagnose

wird aus den charakteristischen elektrischen Muskelzuckungen,
welche stets mit einer gewissen Regelmässigkeit und in beiden
Körperhälften symmetrisch erfolgen, gestellt; eine Verwechselung
mit Chorea minor oder Chorea magna ist auch bei nur oberflächlicher Würdigung der Symptome nicht leicht möglich.

Die Behandlung

besteht in Anwendung der Tinctura Fowleri, des Zincum oxydatum oder des Kali bromatum in steigender Dosis; bei gleichzeitiger Anämie müssen Eisenmittel versucht werden. Eine entsprechende diätetisch-hygienische Behandlung der Kinder ist dabei
wichtig.

g. Epilepsie, Fallsucht.

Die Fallsucht ist im Kindesalter keine seltene Krankheit, und oft genug lässt sich die Epilepsie der Erwachsenen bis in die zweite Hälfte der Kindheit zurückführen. Im Prager Kinderspitale kommen nach Löschners Bericht in zehn Jahren durchschnittlich 242 Fälle zur Behandlung oder auf 7000 kranke Kinder entfallen 24 mit Epilepsie.

Anatomie.

Dieselbe hat in den zur Section gebrachten Fällen die mannigfachsten materiellen Veränderungen zu Tage gefördert, aus welchen nur so viel hervorgeht, dass die der Krankheit zu Grunde liegende Ursache nicht immer dieselbe ist. So hat man Mikrocephalie, Hydrocephalie, rudimentäre Entwickelung des Gehirns als Befunde bei angeborener; Tumoren, Abscesse, Hypertrophie und Atrophie, Erweichung, Sclerose des Gehirns, Embolien der Hirngefässe etc. sowie ähnliche Rückenmarkskrankheiten als Ursache der erworbenen Epilepsie nachgewiesen, mitunter lieferte die Section einen ganz negativen Befund. Als seltene Ursache fand ich bei einem zwei Jahre alten Kinde ein Hämatoma internum, dessen Entstehung wahrscheinlich auf eine während der Geburt zu Stande gekommene intrameningeale Apoplexie zurückgeführt werden musste, weil die epilept. Paroxysmen seit dieser Zeit in grösseren oder kleineren Zwischenräumen wiederkehrten.

Symptome und Verlauf.

Die Epilepsie im Kindesalter unterscheidet sich von der der Erwachsenen nicht selten in auffallender Weise schon dadurch, dass die einzelnen Paroxysmen nur leichte Formen annehmen oder selbst nur angedeutet sind, und erst allmählich im Verlaufe von Jahren sich zu jener Heftigkeit steigern. — Als Anfänge der Epilepsie sehen wir demnach oft nur einen leichten Schwindel, oder ein Verzerren und urplötzliches Erblassen des Gesichtes, welches kaum einige Secunden dauert, oder die Kinder sind im Begriffe über das Zimmer zu gehen und mit einem Male befällt sie ein ohnmachtsähnlicher Zustand, so dass sie schnell einen Stützpunkt suchen. Bei andern Kindern fand ich als erstes Symptom der nachfolgenden Epilepsie ein ohne Veranlassung auftretendes convulsivisches Zucken einiger Finger, welches nach ein bis zwei Minuten langer Dauer wieder verschwindet.

Während diese leichteren Initialäusserungen der Krankheit fast stets ohne Vorboten erscheinen, sehen wir den stärkeren und vollkommen ausgebildeten Paroxysmen auch bei Kindern nicht selten gewisse Prodromalsymptome, wie Verstimmung, Traurigkeit, Einsilbigkeit, schläfriges Wesen oder gesteigerte Reizbarkeit, Kopfschmerzen und das Gefühl der Aura epilept. vorausgehen. Dies ist namentlich bei älteren, der Pubertät schon näher stehenden Kindern der Fall. Der epileptische Paroxysmus in seiner ausgebildeten Form äussert sich durch plötzliches Schwinden des Bewusstseins, was oft mit einem gellenden unarticulirten Schreie geschieht, durch ein Niederfallen der Kinder ihrer ganzen Länge nach und nachfolgenden clonischen und tonischen Muskelkrämpfen, wobei die mannigfachsten Combinationen in der Reihenfolge und Ausbreitung derselben beobachtet werden.   Dabei tritt oft Schaum oder blutig gefärbter Schleim aus dem Munde hervor, Urin und Stuhl gehen unwillkührlich ab und nachdem die Krämpfe längere oder kürzere Zeit gedauert, erwachen die Kinder unter mehreren tiefen Inspirationen wie aus einem Traume, blicken umher und haben, um ihr Befinden gefragt von dem Vorgefallenen nicht die geringste Ahnung, oder es stellt sich unmittelbar, an den Anfall anschliessend ein längerer oder kürzerer Schlaf ein.

Heftigkeit und Zahl der Anfälle sind nicht nur in den einzelnen Fällen verschieden, sondern wechseln auch bei einem und demselben Kranken oft in auffallender Weise, ohne dass ein bestimmter Grund nachweisbar ist. Die Paroxysmen treten mit Vorliebe zur Nachtzeit auf und entgehen dadurch oft der Beobachtung. — Ich sah bei einzelnen Kindern bis 40 Anfälle in 24 Stunden, bei anderen wieder nur einen in drei bis sechs Monaten oder selbst nach jahrelanger Pause wiederkehren.

Verwundungen, besonders am Kopfe, Bisswunden der Zunge, Contusionen an anderen Körperstellen bilden nicht selten durch den Anfall hervorgerufene Vorkommnisse. — Der Verlauf der Krankheit ist fast immer ein höchst chronischer, meist mit lebenslänglicher Dauer des Uebels.   Während sich in einzelnen Fällen die geistigen Fähigkeiten der Kinder gut entwickeln, ja sogar ausgezeichnete Leistungen wahrnehmen lassen, gesellen sich in anderen Fällen schon bald Störungen in der psychischen Thätigkeit, selbst Blödsinn und Manie hinzu.

Ursachen.

Wie schon oben angedeutet, ist der letzte Grund der Krankheit nicht für alle Fälle ein und derselbe, für viele bleibt er ganz unklar. — Es ist mehr als wahrscheinlich, dass den meisten Fällen von Epilepsie ein anatomisch nachweisbares Leiden im centralen oder peripherischen Nervensystem zu Grunde liegt, und dass die sogenannte idiopathische Ep. wenigstens im Kindesalter immer seltener werden muss. — Erweiterung der Gefässe am verlängerten Marke (Sehröder v. d. Kolk), acute, besonders spasmodische Anämie des Hirns (Kussmaul und Tenner) sollen die Anfälle vermitteln. Man nimmt dabei an, dass in Folge der rasch sich entwickelnden Hirnanämie, mag dieselbe durch ein Hirnleiden oder auf dem Wege des Reflexes zu Stande kommen, das Bewusstsein einerseits aufgehoben, andererseits dagegen das im Pons gelegene Krampfcentrum angeregt wird und den epileptischen Insultus zur Folge hat. Welche Verhältnisse dabei noch mitwirken, um bei einem Individuum schwache und wenige, bei einem anderen wieder heftige und zahlreiche Anfälle hervorzurufen, kann heute kaum vermuthet werden. — Reflectorische Epilepsie, wie sie bei Narben besonders an der Kopfhaut, bei eingeheilten Fremdkörpern, bei Genitalkrankheiten, Eingeweidewürmern etc. vorkommt, sind im Kindesalter gewiss nur seltene Wahrnehmungen; nach meinen Erfahrungen wenigstens muss ich diese Seltenheit selbst für die Helminthen, welche bei Kindern oft genug als der Grund der Epilepsie angeklagt werden, aufrecht halten, da ich unter so vielen Fällen nicht einen zähle, der durch Würmer bedingt gewesen wäre. — Dagegen lässt sich eine gewisse erbliche Disposition nicht in Abrede stellen, und geht die Krankheit von Eltern auf Kinder über oder aber mit Ueberspringung einer Generation auf die Enkel.

Behandlung.

Man strebe vor Allem, das ursächliche Moment aufzufinden und, wenn überhaupt möglich, zu entfernen. Leider gelingt dieses nur selten. Liegt der Krankheit Helminthiasis oder erschwerte Geschlechtsentwickelung zu Grunde, so werden Wurmmittel und Eisenpräparate angezeigt sein. Werden Tumoren im Gehirne aus gleichzeitigen anderweitigen Symptomen der Scrophulose oder Tuberculose vermuthet, so reiche man Leberthran, Eisenmittel, Jodpräparate, Jodeisen. Bei Abgang eines ursächlichen Anhaltspunktes

ist man, was häufiger der Fall auf die allerdings zahllosen empi-
rischen Mittel angewiesen, welche fast alle ein gleiches Loos theilen
und nach einiger Zeit zweifelhaften Ruhmes in den Antiquitäten-
kasten wandern. Dahin gehören die Zinksalze, das Argentum
nitricum, das Cupr. sulf. ammoniat. und das Atropin. Letzteres
hat mir trotz mehrfacher und lang fortgesetzter Versuche nichts
geleistet, ist übrigens für Kinder ein nicht ungefährliches Präparat. Man beginne mit kleinen Dosen, ich sah schon auf $\frac{1}{70}$ Gran
bei einem zehnjährigen Knaben Tetanus auftreten. Das Kali
bromatum, in jüngster Zeit vielfach gegen die Epilepsie angewendet,
leistet kaum mehr und weniger als die übrigen Mittel. Abschwä-
chung und Verminderung der Paroxysmen beobachtete ich einige
Male, besonders dann, wenn nach grösseren Dosen des Mittels ein
Sättigungsgrad eintritt, allein eine bleibende Heilung verdanke
ich dem Bromkali noch nicht. Ueber Curare, welches von Be-
nedict empfohlen, besitze ich bis jetzt keine eigenen Erfahrungen,
wünsche jedoch sehr, dass ich mich in meinen Erwartungen täusche.
Die auch von anderen Aerzten gemachte Erfahrung, dass jedes
neue Mittel einige Zeit lang auf das Leiden hemmend einwirkt,
kann ich bestätigen und liegt darin die Aufforderung, bei Behandlung solcher Kranken die Mittel öfter zu wechseln.

h. Akinesen. Motorische Paralysen, Lähmungen.

Sämmtliche im Kindesalter vorkommende Lähmungen lassen
sich auch wie bei Erwachsenen auf zwei grosse Entstehungsherde
zurückführen, sie sind bedingt entweder durch Beeinträchtigung
des centralen Nervensystems, des Gehirns und Rückenmarkes oder
durch Störungen und Behinderung der Leitung in den motorischen
Nerven von ihrem centralen Abgange an bis zur peripherischen
Ausbreitung. — Eine streng symptomatische Eintheilung sämmtlicher Lähmungen ist bis heute noch nicht möglich, ich will daher
zur bessern Uebersichtlichkeit dieselben in Gruppen bringen, wie
sie sich am Krankenbette selbst herausgebildet haben:

1. Essentielle Kinderlähmung, spinale Lähmung.

Diese dem Kindesalter fast ausschliesslich zukommende, häufiger beobachtete Lähmung besteht im theilweisen oder vollständigen Verlust des Bewegungsvermögens einzelner oder aller Muskeln in einer, selten beiden oberen oder unteren Extremitäten.
Die Sensibilität und elektrische Contractilität ist dabei unverän-

dert oder in einzelnen Muskeln oder Muskelgruppen abgeschwächt oder ganz aufgehoben. Die Lähmung tritt mitunter, wenn auch selten ohne Prodromalsymptome auf, und entwickelt sich über Nacht ohne jede andere Störung, meistens jedoch kann man an dem Kinde schon einige Tage und Wochen vorher leichte Fieberbewegungen, ein gewisses Unbehagen, Unruhe, besonders bei Nacht, Schlaflosigkeit oder Somnolenz beobachten, die jedoch nach dem Eintreten der Lähmung gewöhnlich wieder verschwinden. Sind Cerebralsymptome vorhanden, so gehen sie gewöhnlich schnell vorüber. Die Motilitätsstörung ist entweder eine nur unvollkommene (Paresis) oder eine vollkommene (Paralysis). Trifft dieselbe einen Arm, so hängt derselbe schlaff herunter und kann nicht gehoben werden, oder die Kinder vollziehen es mit Zuhilfenahme des anderen gesunden Armes, sind blos die Muskeln des Oberarmes gelähmt, wie es mitunter vorkommt, so vermögen die Kinder Gegenstände zu fassen aber nicht mehr emporzuheben; ist eine der unteren Extremitäten gelähmt, so zeigt sich dieses, sobald man einen Versuch macht das Kind aufzustellen, in der Regel merken es die Eltern auch daran, dass die Kinder im Bade oder auf dem Wickeltische den einen Fuss an den Unterleib anziehen, den andern dagegen unbeweglich liegen lassen. Diese Lähmungen verschwinden nur in den seltensten Fällen wieder, nach einigen Autoren (Rilliet und Barthez, Kenedy, West) schon binnen zwei bis acht Tagen; in der Regel bleiben sie stationär und führen zu Atrophie und fettiger Degeneration der Muskeln und zu Contracturen, zu paralytischen Klumpfüssen, Platt- oder Hackenfüssen leichteren oder schwereren Grades. — Dabei ist das übrige Befinden der Kinder meist ein ganz befriedigendes, ihr Wachsthum und die Anbildung schreiten vor, der Schlaf und die Verdauung sind gut, die psychischen Thätigkeiten entwickeln sich in erfreulicher Weise. Der letzte Grund dieser Lähmungen ist ohne Zweifel in materiellen Veränderungen des Rückenmarkes zu suchen, wenngleich dieselben erst in wenigen Fällen (Heine, Vogt) anatomisch nachgewiesen wurden. Meiner Ansicht nach können verschiedene materielle Vorgänge wie Bindegewebsneubildung, Blutergüsse, Entzündungsprocesse im Bereiche des Rückenmarkes diese Lähmung bedingen und unterhalten, wenigstens spricht die Hartnäckigkeit und Unheilbarkeit der meisten dieser Lähmungen für eine solche Ursache. Die Krankheit befällt zumeist Kinder der ersten drei Lebensjahre, nach meiner Beobachtung häufiger Mädchen als Knaben, vielleicht nur zufällig, nachdem

Vogt gerade das umgekehrte Verhältniss aufstellt. Mit dem Dentitionsprocesse ist wohl kaum ein ätiologischer Zusammenhang herzustellen, dagegen fand ich bei mehreren Kindern die Zeichen hochgradiger Rachitis vor.

2. Diphtheritische Lähmung.

Dieselbe stellt sich entweder schon im Verlaufe der Diphtheritis, häufiger erst einige Tage oder selbst Wochen nach Ablauf derselben ein. Sie zeigt sich zumeist als Paralyse des Gaumensegels mit erschwertem Schlingen, undeutlicher näselnder Aussprache, als Lähmung der Stimmbänder, ferner als Accomodationsstörungen der Augen, Doppeltsehen, als Paralyse der Extremitäten, häufiger einer unteren als oberen, der Blase und des Mastdarmes; nur ausnahmsweise werden die Muskeln des Brustkorbes betroffen und bedingen leichtere oder schwerere Grade von Athmungsinsufficienz. Die Lähmung begleitet ebensogut leichte, wie sehr schwere Formen der Diphtheritis, ich beobachtete dieselbe sogar nach Anginen, welche ihrer geringen Störungen wegen ganz übersehen wurden, und wo die Paralyse gewissermassen das erste wahrnehmbare Zeichen der Krankheit bildete. Die diphtheritischen Lähmungen kommen in manchen Epidemien häufiger und in anderen wieder spärlicher zur Beobachtung, sie befallen Säuglinge wie ältere Kinder und werden namentlich durch die Behinderung des Schlingens und Athmens mitunter gefährlich. Im Allgemeinen lassen die diphtheritischen Lähmungen, namentlich die nach dem Ablaufe der Krankheit sich einstellenden, eine gute Prognose zu; ich beobachtete in allen Fällen nach Wochen oder Monaten vollkommene Heilung derselben.

Das Wesen der diphtheritischen Lähmung ist noch räthselhaft und wird, je nachdem man die Diphtheritis als Blutkrankheit auffasst oder nicht, in verschiedener Weise zu erklären gesucht. Ich möchte dieselbe in der Blutalteration suchen.

3. Lähmungen traumatischen Ursprungs.

Verschiedene traumatische Einwirkungen, wie Zerrung, Stoss, Druck, Schlag, Quetschung etc. rufen bei Kindern unvollständige oder vollkommene Paralysen hervor. — Hieher gehören zunächst die Lähmungen im Bereiche des N. facialis und des plexus brachialis, welche bei Neugeborenen durch Zangendruck oder Seitens eines engen Beckens hervorgerufen werden. Eine solche traumatische Lähmung sah ich auch bei einem sechs Jahre alten Mädchen am linken Arme nach einem heftigen Stosse gegen denselben auftreten und vier Wochen lang andauern. Poget beobachtet bei einem siebenjährigen Mädchen nach einem Falle Lähmung eines Armes, die drei Monate lang währte. Hieher müssen ferner jene schmerzhaften Lähmungen gerechnet werden, welche nach roher Zerrung einer oder der anderen oberen Extremität beim Aufheben oder Nachziehen kleiner Kinder entstehen (Chassaignac und Poget). Dieselben sind keine so seltenen Erscheinungen, werden gemeinhin oft als Distorsio oder Contusio behandelt und verschwinden in der Regel schon nach einigen Tagen. Die Ursache kann keine andere sein, als eine Motilitätsstörung in Folge der heftigen Zerrung des Nerven. — Die traumatischen Lähmungen lassen fast stets eine gute Prognose zu und verschwinden oft schon nach einigen Tagen, spätestens wohl nach Wochen.

4. Rheumatische Lähmungen.

Diese sind im Kindesalter wohl nur seltene Vorkommnisse und entstehen in derselben Weise wie bei Erwachsenen.

Einwirkung starker Zugluft bei erhitztem Körper oder rasche Abkühlung durch Niedersetzen auf kalte Steine etc. rufen dann und wann solche Lähmungen hervor. Henoch und Romberg sahen rheumatische Gesichtslähmungen bei Kindern zwischen zwei bis acht Jahren; ich selbst sah eine rheumatische rechtsseitige Facialparalyse bei einem dreijährigen Knaben, welche nach drei Wochen wieder verschwand.

5. Lähmungen aus materiellen Veränderungen im Centralnervensystem und aus Knochenerkrankungen.

Dieselben wurden schon bei den einzelnen Krankheiten des Gehirns und Rückenmarkes erwähnt. Hier möge es genügen hervorzuheben, dass Hemiplegien im Kindesalter häufig durch Tumoren, namentlich tuberculöse Geschwülste im Gehirn bedingt werden, dass Apoplexien und Encephalitis viel seltener als bei Erwachsenen den Lähmungen zu Grunde liegen, dass diese letzteren dann auch meist als Hemiplegien, seltener als Paraplegien sich äussern. Ich beobachtete zwei Fälle von Hemiplegie, wo die Lähmung mitten im besten Wohlbefinden unter Bewusstlosigkeit auftrat, und bei der Section theils frische apoplectische Herde, theils Encephalitis und Atrophie des Gehirns wahrgenommen wurde. In einem Falle von Paraplegie bei einem drei Jahre alten Kinde

wurden im Verlaufe von achtzehn Monaten sämmtliche Lähmungen
wieder rückgängig; bei einem vier Jahre alten mit Herzfehler behafteten Knaben wurde eine linksseitige urplötzlich aufgetretene Hemiplegie mit Verlust des Sprachvermögens nach acht Wochen gänzlich
gut. In diese Kategorie gehören ferner alle Lähmungen, welche
den Hydrocephalus, die Meningitis, Atrophie, Sclerose des Gehirns,
die intrameningeale Apoplexie, ferner die Krankheiten des Rückenmarkes begleiten und unter diesen nur ein Mitsymptom dieser
genannten Processe bilden. Eine seltene Erscheinung ist die von
Löschner beschriebene Lähmung in Folge einer sarcomatösen
Neubildung im Rückenmarke. — Als öftere Erscheinung müssen
hier auch die Faciallähmung bei Caries des Felsenbeines und die
Paralysen im Verlaufe der Wirbelcaries erwähnt werden. Die
erstere ist eine nicht seltene Folge der chronischen Entzündung
im mittleren und inneren Ohre und wird bei scrophulösen, tuberculösen Kindern oder als Nachkrankheit acuter Exantheme, namentlich des Scharlachs beobachtet.

Die Facial-Paralyse bei Caries des Felsenbeines ist fast immer
eine unheilbare; mir selbst ist bis jetzt kein Fall von Besserung
oder Heilung bekannt geworden. Je nachdem die Zerstörung
des fallopischen Kanals und des Facialis nur diesseits oder jenseits des N. petros. superficialis major stattgefunden, wird die
Uvula keine Schiefstellung zeigen oder in den Bereich der Lähmung
gelangen und mit der Spitze nach der gelähmten Seite hin verzogen sein. — Die Lähmungen nach Caries der Wirbelkörper
treffen, je nach dem Sitze des Uebels bald alle Extremitäten,
bald nur die unteren; Lähmung der Blase und des Mastdarms
sind häufig gleichzeitig vorhanden. Auch diese Paralysen sind
oft unheilbare, doch gehört eine Besserung nicht zu den Unmöglichkeiten.

6. Paralysis myo- sclerosica oder die pseudohypertrophische Muskellähmung (Duchenne).

Diese erst seit wenigen Jahren näher gekannte von Duchenne eingehend beschriebene Krankheit bildet eine in der
Klasse der Lähmungen nicht häufige Erscheinung, und sind die folgenden Mittheilungen zumeist Duchenne (Journal für Kinderkrankheiten, Heft 5 und 6, 1868) entnommen. — Das Leiden
charakterisirt sich hauptsächlich durch Schwächung der Bewegungen in den Muskeln der Beine und der Lendengegend, welche
Schwächung nach und nach auf die Arme und zuletzt immer

weiter sich ausdehnt und bis zur Vernichtung aller Bewegungen
sich steigert, ferner durch Zunahme des Volumens einiger betroffenen Muskeln oder was seltener ist, fast aller Muskeln der gelähmten Theile, endlich durch übermässige Entwickelung (Hyperplasie) des interstitiellen Bindegewebes der gelähmten Muskeln
mit reichlicher Production von fibröser Textur oder von Fettkügelchen in einem vorgerückten Stadium.

Die Krankheit beginnt entweder schon bei der Geburt oder
in der ersten Kindheit oder gegen das sechste, siebente bis zehnte
Lebensjahr, und zeigt als Hauptsymptome folgende: Eine von
frühester Kindheit an vorhandene oder später erst auftretende
Schwäche in den Beinen, deren Musculatur jedoch sehr entwickelt
ist, dieser folgt eine ungewöhnlich grosse Volumszunahme der
geschwächten Muskeln, eine sehr starke Ueberbeugung beim Gehen
und Stehen mit sattelartiger Einbiegung der Lumbalgegend und
ein seitliches Wackeln des Rumpfes bei dieser letzten Bewegung;
im weiteren Verlaufe, welcher jedoch Jahre in Anspruch nimmt
und selbst längere Zeit stationär bleiben kann, dehnt sich die
Paralyse auch auf die oberen Gliedmassen bis zur Vernichtung
aller Bewegungen aus, bis endlich Erschöpfung und Tod durch
Phthisis eintritt. Neben diesen Erscheinungen kommen mitunter,
jedoch nicht constant Functionsstörungen des Gehirns in verschiedenen Graden, mühsames und langsames Sprechen und eine gewisse Abstumpfung der Intelligenz und selbst vollkommener Idiotismus zur Beobachtung. D. theilt den ganzen Verlauf in drei
Perioden, deren erste sich durch die Schwäche, die zweite durch
scheinbare Muskelhypertrophie und die dritte durch die pseudohypertrophische Paralyse kennzeichnet.

Ueber das noch räthselhafte Wesen dieser Paralysen äussert
sich D. in folgender Weise Die Pathogenie der pseudohypertrophischen Paralyse ist dunkel, die anatomische Untersuchung
hat weder im Gehirne noch im Rückenmarke irgend eine wahrnehmbare Veränderung erkennen lassen und die zunehmende
Schwäche der Bewegungen ist, bis jetzt wenigstens nicht, davon
herzuleiten. Auch kann diese Schwäche weder der Compression
noch der Dissolution der Muskelfasern durch das überwuchernde
interstitielle Bindegewebe zugeschrieben werden; da die Schwäche
früher da ist als diese Ueberwucherung und nicht in directem
Verhältnisse steht zu der Quantität des überwuchernden Bindegewebes. Ein krankhaft erregter Bildungstrieb im interstitiellen
Bindegewebe, so dass dieses überwuchert, scheint die alleinige
8*

Ursache der Muskelschwäche zu sein. Woher jedoch dieser krankhaft erregte Bildungstrieb rührt, dieses ist ein Problem, welches noch der Lösung bedarf. Die pseudohypertrophische Paralyse ist eine Krankheit des Kindesalters und scheint nach der bis jetzt gewonnenen Erfahrung bei Knaben häufiger vorzukommen als bei Mädchen. Man findet auch mehrere Kinder derselben Familie davon ergriffen und es ist also vielleicht Erblichkeit mit im Spiele.

Die Prognose ist keine gute und sah D. jedesmal, wenn die Krankheit in das Stadium der Hypertrophie gerückt war, tödtlichen Ausgang folgen, im ersten Stadium hält er eine Heilung noch für möglich.

Behandlung.

Gegen die spinale Kinderlähmung, besonders wenn sie noch nicht veraltet ist, sind aromatisch spirituöse Einreibungen wie Spir. camphor., Spir. saponat. oder die von Heine gebrauchte Tra nucis vomicae zu versuchen. Auch innerlich soll sie zu mehreren Tropfen des Tages gereicht, vortheilhaft wirken; ich selbst sah keine günstigen Erfolge davon. Sind keine Symptome der Hirnreizung vorhanden, so verliere man nicht viel Zeit und gehe bald zur Faradisation über und zwar zur Anwendung des constanten Stromes. Vorsicht ist bei Kindern in den ersten Lebensjahren nothwendig, die Sitzungen dürfen besonders im Anfange nicht lange währen (zwei bis fünf Minuten) und nicht täglich vorgenommen werden. Ich lasse neben der Elektricität in den Zwischentagen Bäder mit Franzensbader Eisenmorsalz, welches die in der Franzensbader Moorerde vorhandenen Mineralsalze in concentrirter Form enthält, verabreichen. Ein halbes Pfund dieses Salzes reicht hin auf ein Localbad, ein ganzes Pfund auf ein Vollbad für Kinder. Die Bäder sind am besten morgens zu nehmen, da sie leicht aufregen und den Schlaf stören. Auch die Heilgymnastik mit methodischem Kneten der gelähmten Extremitäten dürfte wenigstens als die Atrophie und Verfettung der Muskeln aufhaltend zu empfehlen sein. Bei Difformitäten und andauernden Paralysen sind entsprechende Apparate zu gebrauchen. — Sind die Kinder mit Rachitis behaftet oder tragen sie die Zeichen der Anämie an sich, so verbinde ich die eben genannten äusseren Mittel auch mit dem innerlichen Gebrauche von Leberthran — Eisen oder Jodeisen etc.

Gegen die diphtheritischen Lähmungen, welche, wie schon oben gezeigt, fast immer glücklich enden, sind neben guter analeptischer Kost und Aufenthalt in frischer Luft vor Allem Chinin und Eisenpräparate anzuwenden, oft genug verschwinden sie ohne jede Behandlung von selbst. Ebenso erfordern die t r a u m a t i s c h e n P a r a l y s e n keine eingreifende Behandlung; einfache spirituöse Einreibungen, aufsaugende Salben und wiederholte lauwarme Bäder leisten in der Regel Alles. Einmal sah ich nach dem Gebrauche der Teplitzer Thermen rasch Heilung erfolgen. Die r h e u m a - t i s c h e n L ä h m u n g e n weichen fast stets der Elektricität.

Liegt der P a r a l y s e e i n e H ä m o r r h a g i e d e s G e h i r n s z u G r u n d e , so verhalte man sich besonders Anfangs mehr in- different, und nur erst dann, wenn alle Gehirnsymptome schweigen, darf man zu einem vorsichtigen Gebrauche der Faradisation schrei- ten. Sind die Lähmungen die Folge eines tiefen Gehirnleidens, so werden sie jeder Behandlung Trotz bieten.

Gegen die p s e u d o h y p e r t r o p h i s c h e P a r a l y s e empfiehlt D u c h e n n e das directe Faradisiren der Muskeln in Verbindung mit der Wasserkur und methodischen Kneten und hält, so lange die Krankheit die erste Periode nicht überschritten, eine Heilung für möglich. In der zweiten Periode richtet keine Behandlung, auch eingreifende Mittel wie Strychnin, Mutterkorn, Jodkalium u. a. etwas aus.

Bei Lähmungen der Blase und des Mastdarmes sorge man stets für rechtzeitige Entleerung mittelst des Katheters und auf- lösender Klystiere.

i. Arthrogryposis, Contractura artuum, essentielle Contracturen.

Als sogenannte essentielle Contracturen bezeichnet man bei Kindern eine gewisse, nicht häufige Form von tonischen schmerz- haften Gliederkrämpfen. Dieselben äussern sich durch krank- hafte Flexionen, seltener Extensionen der Finger-, Zehen-, sowie Arm-, Hand- und Fussgelenke. Die im Metacarpalgelenke stark gebeugten Finger liegen über den nach Innen geschlagenen Daumen in Form einer halben Faustbildung, dabei ist meistens die Hand so gebeugt, dass sie mit dem Vorderarme fast einen rechten Winkel bildet. Die Füsse nehmen gewöhnlich die Stel- lung eines Pes varus an, die Zehen sind bald krampfhaft gestreckt, bald wieder flectirt. Seltener treten neben diesen auch krank- hafte Flexionen im Ellbogen- und Kniegelenke auf. Der Krampf befällt häufiger die oberen als unteren, nicht selten gleichzeitig alle Extremitäten, er tritt urplötzlich auf oder wird von anderen Störungen im Allgemeinbefinden, wie Verstimmung, Weinerlich-

keit, unruhigem schreckhaften Schlaf, Erbrechen, schmerzhaftem
Schreien eingeleitet oder begleitet; seine Dauer beträgt nur einige
Stunden, Tage oder Wochen; typische Remissionen oder selbst
bis wochenlange vollkommene Intermissionen werden dabei beobachtet; auch andere Krampfformen, wie Spasmus glottidis, Convulsionen alterniren mit demselben. Diese tonischen Gliederkrämpfe haben eine doppelte Bedeutung, entweder sie sind reflectorische und bilden dann eine reine Motilitätsneurose oder
sie sind symptomatische und werden bedingt durch ein tiefes,
sich schleichend entwickelndes Gehirnleiden. Die Ursachen der
ersteren Form sind noch wenig gekannt, die Dentition und Erkältung werden als solche bezeichnet. Henoch will auch Li-
thiasis renalis als Ursache gesehen haben; ich selbst fand sie ziemlich oft bei rachitischen Kindern auftreten und möchte diese Krankheit als ein begünstigendes Moment bezeichnen. Die davon befallenen Kinder sind in der Regel schwächliche mit anderen Leiden, namentlich Darmkatarrhen behaftete, doch sah ich den Krampf
auch bei gut genährten Kindern. Das Alter zwischen dem ersten
bis dritten Lebensjahre zeigt die häufigsten Erkrankungen, dieselbe kommt aber auch später zur Entwickelung. Die reflectorischen Gliederkrämpfe sind in der Regel gutartig und verschwinden früher oder später gänzlich. — Anders verhält es sich
mit den symptomatischen, welchen ein centrales Gehirnleiden
zu Grunde liegt. Als solches konnte ich einige Male den inneren
Hydrocephalus nachweisen. So beobachtete ich, um ein Beispiel zu
erwähnen, bei einem $^3/_4$ Jahr alten, mit Rachitis behaftetem Mädchen
seit mehreren Monaten Contracturen der Hände und Füsse, welche
nach Intermissionen von vier bis fünf Wochen wiederkehrten, um
acht bis vierzehn Tage anzudauern. Ausser einer gewissen Unruhe
bei Nacht, etwas erhöhter Temperatur und Appetitverlust während
der Dauer der Contracturen waren keine anderweitigen Störungen
vorhanden, plötzlich gesellten sich heftige Convulsionen und später
Lähmung hinzu und nach zwei Tagen schon erfolgte der Tod.
Die Section wies einen ziemlich hochgradigen Ventricularhydrops
nach. (Pädiat. Mittheilungen von Steiner und Neureutter.)

Behandlung.

Gegen den reflectorischen Gliederkrampf erweisen sich neben
genauer Berücksichtigung des Allgemeinzustandes als hilfreich innerlich die Zinkpräparate, das Opium, bei typischem Auftreten Chinin; äusserlich Anwendung von Chloroform und Ein-

wickelungen der ergriffenen Extremitäten in Watte. — Bei der symptomatischen Form sind alle jene Mittel zu versuchen, welche gegen das vermuthete oder erkannte Hirnleiden erfahrungsgemäss in Anwendung kommen, freilich in der Regel ohne Erfolg.

k. Neurotische Gesichtsatrophie.

Diese nur wenig gekannte, weil nur sehr seltene Krankheit äussert sich dadurch, dass die eine Hälfte des Gesichtes die Zeichen mehr oder weniger vorgeschrittener Atrophie, die andere dagegen, eine vollkommen normale Entwickelung und ein blühendes gesundes Aussehen zeigt. Die Haut der erkrankten Gesichtshälfte ist dünn und gespannt, der Fettpolster geschwunden, die Musculatur dünner, die Knochen zarter und kleiner. Das Auge scheinbar kleiner und tiefer in der Orbita liegend, die Zungenhälfte schmäler, die Haare spärlicher oder vorzeitig ergraut. Sensibilität und Motilität bleiben in der Regel ungestört. Das Leiden beginnt gleichmässig über die ganze Gesichtshälfte ausgebreitet oder als fleckweise vertiefte Stellen, welche allmählich um sich greifend, endlich die ganze Gesichtshälfte einnehmen. Die Atrophie betrifft häufiger das ganze Gebiet eines Nerven, Trigeminus, seltener nur einzelne Aeste desselben. Unter zehn von Gerhardt gesammelten Fällen befanden sich acht Mädchen und zwei Knaben, acht Fälle betrafen Kinder vom ersten bis fünfzehnten Jahre. Das eigentliche Wesen dieser Atrophie ist noch räthselhaft; als theils nachgewiesene, theils vermuthete Ursachen werden genannt Verbrennung der Gesichtshälfte (Hering), ein schlagartiger Anfall (Passy), Halsdrüsenscrophulose, suppurative Angina, Keuchhusten.

Alle bis jetzt angewendeten Mittel waren erfolglos.

Dritter Abschnitt.

Krankheiten der Athmungsorgane.

Asphyxia neonatorum, Scheintod der Neugeborenen.

Der Scheintod der Neugeborenen ist jener Zustand, wenn nach vollendetem Geburtsacte die Athmungsbewegungen ganz fehlen oder nur sehr schwach und in langen Pausen erfolgen, während Herz- und Pulsschlag deutlich vorhanden sind. Die Kinder sind dabei entweder gut genährt, kräftig entwickelt, mit vollen runden Formen, gedunsenem blaurothen Gesichte und dicker, strotzender Nabelschnur (Asphyxia livida oder hyperaemica nach Kilian und Scanzoni) mit schaumigem Schleim vor dem Munde, während die Zunge am Gaumen klebt oder zwischen den Kiefern eingeklemmt ist; oder sie sind schlecht genährt, mit blasser, welker Haut, herabhängenden schlaffen Extremitäten und ungewöhnlich schwachem Herzschlage (Asphyxia pallida oder Scheintod aus Anämie früherer Autoren). Diese Eintheilung sämmtlicher Fälle in die • genannten beiden Klassen lässt sich jedoch keineswegs scharf durchführen.

Die Kinder liegen regungslos da, athmen kaum oder nur sehr mangelhaft und sind in der Regel unempfindlich gegen äussere Reize. Dauert dieser Zustand einige Zeit an, ohne dass eine entsprechende Hilfe geleistet wird, oder die eingeschlagene Hilfeleistung einen Erfolg hat, so tritt unter gänzlichem Aufhören der schwachen Athembewegungen und unter allmählichem Schwinden des vorhandenen Herzschlages der Tod ein.

Der letzte Grund eines jeden Scheintodes ist in Ueberladung des Blutes mit Kohlensäure zu suchen, in Folge welcher die Reizbarkeit des Centrum respiratorium, also des verlängerten Markes allmählich erlischt und das Zustandekommen von ausgiebigen regelmässigen Athembewegungen unmöglich wird. Aus diesem Mangel der Athembewegungen lassen sich alle Erscheinungen, wie sie bei Asphyxie beobachtet werden, ungezwungen erklären und wäre dieser Zustand viel richtiger als Apnoe zu bezeichnen.

Alle Störungen, welche den Zutritt des oxydirten Blutes zum Kinde erschweren oder unmöglich machen, führen zur Asphyxie; dahin gehören: vorzeitige Lösung des Mutterkuchens, Zusammendrückung, Umschlingung oder Zerreissung der Nabelschnur, lang dauernder Druck auf den Schädel oder reichliche intercranielle Blutergüsse im Verlaufe schwerer Geburten.

Behandlung.

Die einzige und wichtigste Aufgabe der Behandlung besteht in der baldmöglichsten Einleitung der Athembewegungen. Um dieses zu erzielen, schreite man, sobald das Kind geboren, zur Unterbindung und Durchschneidung der Nabelschnur, reinige Mund- und Nasenhöhle von dem allenfalls vorhandenen Schleimmassen und suche durch einige Schläge mit der flachen Hand oder durch Auf- und Abschwenken des an den Schultern gefassten, mit dem Rücken nach vorne und oben gekehrten Kindes (Schultze) oder durch Aufpinseln von reizenden Flüssigkeiten auf die Brust, Reflexbewegungen der Inspirationsmuskeln anzuregen. Gelingt es durch diese Mittel nicht, Athembewegungen hervorzurufen, so schreite man, ohne jedoch viel Zeit zu verlieren, zur Anwendung der Faradisation, um durch directe Reizung der Phrenici am Halse Zwerchfellzusammenziehungen zu erzeugen (Duchenne, Ziemssen, Pernice, Weinlechner) oder suche durch Einblasen von Luft mittelst eines in die Trachea eingeführten Katheters den Scheintod zu beseitigen. In manchen, namentlich leichteren Fällen von Asphyxie erwiesen sich die letztgenannten Methoden hilfreich; bei tiefer Asphyxie führen sie wohl nur ausnahmsweise zu einem günstigen Erfolge.

A. Krankheiten der Nasenhöhle.

1. Katarrh, Coryza, Schnupfen.

Der Katarrh der Nasenschleimhaut ist entweder ein acuter oder chronischer, tritt bald als selbstständiges idiopathisches bald wieder als symptomatisches Leiden im Gefolge anderer Krankheiten auf. Schwellung und stärkere Röthung der Nasenschleimhaut mit vermehrter Absonderung eines anfangs klaren, wässerigen, später glasartig schleimigen trüblichen Secretes bilden das anatomische Wesen dieses Leidens. Durch die ätzende Eigenschaft des Secretes werden gar bald auch Röthung, Schwellung und oberfläehliche Excoriationen oder Krustenbildung an den Nasencingängen und der Oberlippe hervorgerufen. Der Katarrh der Nasenhöhle tritt entweder fieberlos auf oder, was namentlich in den ersten Lebensjahren der Fall ist, ein stärkeres oder schwächeres Fieber begleitet denselben. Nicht selten beginnt der Nasenkatarrh mit sehr heftigen, die Umgebung beunruhigenden Allgemeinerscheinungen; grosse Unruhe, schmerzhaftes Weinen, schnuffelndes Athmen, häufig unterbrochener Schlaf, selbst Delirien, eine brennend heisse Haut, eine Pulsfrequenz von 140—160 und beschleunigtes Athmen, zu welchem sich bald häufiges Niesen und Schmerz in der Stirnhöhle und endlich vermehrte Absonderung, der Nase gesellen, bilden unter solchen Umständen den Symptomencomplex. Der Nasenkatarrh bleibt nur selten daselbst beschränkt, meist pflanzt er sich fort durch die Thränenkanäle auf die Conjunctiva und erzeugt einen Katarrh derselben oder auf den Rachen, Kehlkopf und selbst die tieferen Luftwege und bedingt Schlingbeschwerden, Heiserkeit und bellenden Husten oder endlich er wandert durch die Eustachische Ohrtrompete bis in die Paukenhöhle, um Ohrenschmerz, Ohrensausen etc. zu erzeugen. -- Während die Coryza für ältere Kinder ein durchaus ungefährliches Leiden ist, nimmt dieselbe bei Säuglingen eine sehr schwere und ernste Bedeutung an. Der für das Saugen unbedingt nothwendige Athmungsweg durch die Nase wird in Folge der Verengerung derselben undurchgängig, die Kinder machen nur kurze Saugbewegungen, lassen die Brust los und nehmen sie endlich gar nicht mehr, wodurch sie selbstverständlich in der Ernährung sichtlich herabgehen. Neben dem behinderten Saugen stellen sich ferner auch Athembeschwerden und förmliche Stickanfälle ein, ähnlich wie sie beim Spasmus glottidis beobachtet werden. Selbst Erstiekungsgefahr und wirklicher Tod durch Aspiration der an den Gaumen angepressten Zunge nach hinten soll beobachtet worden sein. (Bouchut.) Acute Katarrhe der Nasenhöhle werden leicht chronisch, diess gilt besonders von scrophulösen und mit Syphilis behafteten Kindern. Bei längerer Dauer derselben wird das Secret durch Zersetzung höchst übelriechend, blutig-eiterig, führt zu Geschwüren, zu diphtheritischem Beschlage oder selbst zu Necrose einzelner Knochen innerhalb der Nasenhöhle. — Der intensiv fötide Geruch, welcher sich bei den daran leidenden Kindern augenblicklich zu erkennen gibt, sobald man in ihre Nähe kommt, lässt auf den ulcerös destructiven Charakter des Nasenleidens schliessen. Dieses als Ozaena bezeichnete Uebel ist in der Regel sehr hartnäckig, oft unheilbar und führt früher oder später Verminderung oder vollständigen Verlust des Geruchsinnes herbei.

Erkältungen, sehr heisse Bäder, Einathmen von chemisch und mechanisch verunreinigter Luft, sowie gewisse Allgemeinkrankheiten, namentlich die Masern, bedingen acute Katarrhe der Nasenhöhle, während Scrophulose, Syphilis, Neubildungen und zwar polypöse Wucherungen gerne die chronische Form unterhalten. Hartnäckige und häufig recidivirende Nasenkatarrhe der Säuglinge lassen fast stets einen dyskrasischen Boden vermuthen, selbst wenn auch andere Zeichen desselben noch nicht vorhanden sind.

Behandlung.

Der idiopathische Nasenkatarrh erfordert in der Regel eine mehr nur diätetische Behandlung, man lasse die Kinder nicht an die Luft, stelle eine möglichst gleichmässige Zimmertemperatur her, besonders in den Wintermonaten, wo diese Katarrhe oft in epidemischer Ausbreitung auftreten, verbiete das Baden und sorge dafür, dass bei den Säuglingen die Durchgängigkeit der Nasenhöhle bald hergestellt werde. Zu diesem Zwecke lasse man mehrmals des Tages mittelst eines in laues Wasser getauchten Schwammes die Krusten und Borken an den Nasenöffnungen aufweichen und entfernen, bei welchem Vorgange gewöhnlich einige Tropfen Wassers in die Nase gepresst werden, worauf alsbald mehrmaliges Niesen und Herausbeförderung der halbflüssigen und verhärteten Schleimmassen erfolgt. Mütter und Ammen spritzen zu diesem Behufe einige Tropfen Milch in die Nase ihrer Säuglinge und bestreichen den Nasenrücken mehrmals des Tages mit erwärmten Mandel- und Olivenöl. Ausserdem werden austrocknende Mittel, wie Zinkoxyd, Alumen, Nitras argenti, entweder in Pulverform oder in dünner Auflösung mittelst eines Pinsels in die Nasenhöhle gebracht. Bei chronischer Coryza mit übelriechendem Secrete und Ozaena mache man Einspritzungen mit Kali chloricum, Kali hypermanganicum, wende Schnupfpulver aus Tannin und Alaun an oder ätze energisch mit dem Lapisstifte die Nasenhöhle (Cazenave). Guersant empfiehlt als Schnupfpulver folgende Mischungen: Weissen Präcipitat einen Theil, auf gepulverte Eibischwurzel fünfzehn Theile — oder Calomel zwei Theile auf gepulverte Chinarinde fünfzehn Theile.

Ist die Coryza durch Scrophulose bedingt, so sind neben der örtlichen Behandlung Leberthran, Jod, jodhaltige Mineralwässer, Eisen, Jodeisen anzuwenden; liegt ihr Syphilis zu Grunde, so sind Quecksilber oder Jodkali die entsprechenden inneren Mittel. Ist das Saugen der Säuglinge durch den Nasenkatarrh unmöglich geworden und das Leben derselben gefährdet, so muss Mutteroder Kuhmilch mittelst kleiner Löffel so lange eingeflösst werden, bis das Kind wieder im Stande ist, die Brust zu nehmen.

2. Epistaxis, Rhinnorrhagie, Nasenbluten.

Nasenbluten ist bei Neugeborenen und Säuglingen eine sehr seltene, bei älteren Kindern, namentlich gegen die Pubertät hin, eine nicht ungewöhnliche Erscheinung. Das Blut entleert sich entweder nur in grossen langsam oder rasch aufeinanderfolgenden Tropfen oder im zusammenhängenden Strahle; in der Regel findet die Blutung nur aus einem, ausnahmsweise aus beiden Nasenlöchern statt. Ist die Blutung eine stärkere oder werden die Kinder davon im Liegen überrascht, so gelangt das Blut in den Pharynx und wird dann ausgebrochen oder verschluckt, um mit dem Stuhle wieder abzugehen. Kopfschmerzen, Schwindel, Flimmern vor den Augen, Ohrensausen gehen nicht selten dem Nasenbluten voraus.

Die Ursachen

sind theils örtliche, wie Traumen, Stoss, Schlag, Verletzungen der Schleimhaut mit den Nägeln, Geschwüre, Neubildungen und Erkrankungen der Gefässe oder sie sind allgemeine und dann durch abnorme Druckverhältnisse im Bereiche der Blutbahn bedingt. Zu letzteren gehört das Nasenbluten im Beginne fieberhafter Krankheiten, besonders bei acuten Exanthemen, Typhus, Diphtheritis, parenchymatöser Nephritis, Wechselfieber, bei Herzkrankheiten, bei Keuchhusten, Pneumonie, Pleuritis und Empyem. Als eine länger dauernde Ursache des Nasenblutens wirkt bei Kindern die als Hämophilie bekannte hämorrhagische Diathese (Purpura simplex und hämorrhagica), Anämie, Chlorose und Scrophulose.

Das Nasenbluten hat je nach der ihm zu Grunde liegenden Ursache eine bald leichte, bald wieder sehr ernste Bedeutung;

während es bei acuten Krankheiten durch die ihm folgende Erleichterung nicht selten erwünscht kommt, wird es bei der Purpura und Chlorose mit Recht gefürchtet.

Behandlung.

Ein leichtes Nasenbluten namentlich im Beginne anderer acuter Krankheiten erfordert nur selten ein therapeutisches Eingreifen, ausnahmsweise beobachtete ich bei Nephritis parenchymatosa ein so starkes Nasenbluten, dass ihm rasch gesteuert werden musste; ist die Blutung jedoch reichlicher, erfolgt sie stromweise und tritt sie bei Purpura hämorrhagica, Chlorose, Scrophulose auf, so wende man im ersten Augenblicke kalte Umschläge auf Stirn, Nase und Nacken an, lasse kaltes Wasser einziehen, lege kleine Eisstücke in das blutende Nasenloch und greife, wenn diese Mittel nicht stillen, zur Tamponade, indem man einen mit Alaunpulver bestreuten oder in liquor ferri sesquichlorati getauchten Charpietampon in die Nase so einlegt, dass die Höhle vollkommen verstopft wird. Neben dieser localen Behandlung sind selbstverständlich die Grundursachen zu berücksichtigen und eine ihnen entsprechende Therapie einzuleiten.

3. Neubildungen der Nase und Abscess der Nasenscheidewand.

Von Neubildungen werden bei Kindern fast nur die Polypen und diese nur ausnahmsweise beobachtet. Selten vor dem sechsten Lebensjahre, befallen sie in der Regel schon ältere Kinder.

Folgen wir der üblichen Eintheilung, so sind es entweder Schleimpolypen (wegen ihrer Weichheit und geringen Consistenz auch weiche Polypen genannt) oder aus Bindegewebe bestehende, fibröse oder fibrös-sarcematöse Polypen (wegen ihrer Härte auch Fleisch- oder harte Polypen genannt). Während die ersteren von der Schleimhaut der Nasenhöhle ausgehen und daselbst beschränkt bleiben, wurzeln die fibrösen Polypen im Perichondrium, oft an der Schädelbasis und verzweigen sich durch allmähliges Wachsthum nach verschiedenen Richtungen, bald nach oben gegen den Boden der Augenhöhle, bald nach hinten und unten gegen den Schlund und den Kehlkopf zu oder nach aussen in die Kieferhöhle. Dieselben sind gestielt oder sitzen mit breiter Basis auf.

Symptome.

Die Polypen der Nasenhöhle bedingen, so lange sie nicht eine beträchtliche Grösse erreicht haben, keine besonderen Erscheinungen; ist aber der Tumor so gross, dass er die Nasenhöhle unwegsam macht und über diese hinaus in die angegebenen Richtungen wuchert, so treten mannigfache davon abhängige Störungen auf. Reizung der Nasenschleimhaut, Excoriationen derselben, Blutung, Verlust des Geruchsinnes, näselnde Stimme, Athmen mit offenem Munde, Schwerhörigkeit, erschwertes Schlingen und Kauen, Thränenträufeln, Athembeschwerden, Stickanfälle, Hustenparoxysmen und häufiges Schnauben und Pressen, um Luft zu machen, bilden die Symptomenreihe dieses Uebels. Ich beobachtete im Kinderspitale bei einem sechs Jahre alten Mädchen einen fibrös-sarcomatösen Nasen-Rachenpolypen, welcher, vom Periost des harten Gaumens ausgehend, den Eingang der Choanen verdeckte, sich in die Nasen- und Rachenhöhle als lappige Geschwulst ausbreitete und bis auf den Larynx herabreichte, die Epiglottis auf die Stimmritze herabdrängend. Trotz mehrfach vorgenommener eingreifender Operationen erlag das Mädchen diesem Leiden. Bei der Section fanden sich auch ähnliche Tumoren in den Lungen und den Lymphdrüsen am Halse.

Die Ursache

derselben ist meist unbekannt, auch der öfter bezeichnete chronische Katarrh der Nasenhöhle kann schon deswegen nicht als solche angesehen werden, weil er in manchen Fällen gar nicht vorhanden ist, oder erst secundär hinzutritt.

Die Diagnose

könnte höchstens im Beginne einen Zweifel zulassen, bei deutlich nachweisbarer Geschwulst ist eine Verwechselung mit anderen Krankheiten nicht mehr möglich.

Behandlung.

Möglichst baldige operative Beseitigung der Neubildungen ist der einzige Weg zur Heilung. Das Ausreissen der Polypen ist nur in den sehr seltenen Fällen möglich, wo sie vorn in der Nase erscheinen, nicht zu weit ausgewachsen sind und nur mit einer dünnen Basis aufsitzen. Nur für solche Geschwülste passt das Abreissen mittelst gerader oder krummer Zangen. Sind sie gestielt und ihr Stiel zugänglich, so eignen sie sich für die Unterbindung, welche am besten mittelst der verschiedenen Schlingenschnürer, besonders des Rosenkranzschnürers ausgeführt wird. In Fällen wo der Stiel durch Nase oder Mund für Scheeren zugänglich ist, muss anstatt der Unterbindung die Excision vorgenommen werden (Guersant). Die Entfernung weit verzweigter tiefer Rachengeschwülste erfordert fast immer ein tief eingreifendes, nicht ungefährliches Operationsverfahren und muss, um den Tumor zur Genüge zu entfernen, selbst die Resection des Oberkiefers vorausgeschickt werden (Dupuytren, Robert, Lisfranc, Velpeau u. A.).

Der Abscess der Nasenscheidewand kommt, wenn auch nicht häufig, so doch dann und wann zur Beobachtung. Derselbe entwickelt sich entweder mehr acut oder schleichend, das letztere namentlich bei dyskrasischen Kindern. Untersucht man die Nasenhöhle, so entdeckt man eine grössere oder kleinere flachrundliche Geschwulst, welche fluctuirt und sowohl spontan als bei der leisesten Berührung schmerzhaft ist. Die Nasenscheidewand wird durch den Abscess nach der einen oder anderen Seite verschoben. Neben der Schmerzhaftigkeit macht auch das Athmungshinderniss besonders bei etwas grösseren Abscessen das Leiden zu einem recht lästigen. Wird der Abscess nicht geöffnet, so erfolgt früher oder später spontaner Aufbruch. Bei scrophulösen Kindern ist der Verlauf desselben meist ein chronischer. Einmal beobachtete ich bei einem mit Scrophulose behafteten Kinde in Folge einer chronischen abscedirenden Entzündung der Nasenscheidewand Perforation derselben in der Grösse einer Erbse.

Die **Ursachen**

dieser Abscesse sind Erkältung, Traumen, wie Schlag, Stoss etc. auf die Nase oder Scrophulose.

Die **Diagnose**

hat besonders den Polypen auszuschliessen, in dieser Beziehung erinnere man sich, dass der Abscess unbeweglich ist, fluctuirt und in der Regel besonders der traumatische heftige Schmerzen verursacht.

Die **Behandlung**

besteht anfänglich in Cataplasmen auf die Nase, erweichenden Einspritzungen in die Nasenhöhle und baldiger Eröffnung des

Abscesses, welche mit einem bis zur Spitze umwickelten Bistouri
zu geschehen hat. Bei scrophulöser Grundlage sind vielleicht auch
die gegen dieselbe gerichteten Mittel anzuwenden, und zwar um-
somehr, wenn Verdacht vorhanden ist, dass auch die Knochen bereits ergriffen sind.

B. Kehlkopfkrankheiten.

1. Catarrhus laryngis, Kehlkopfkatarrh und Pseudocroup.

Der kindliche Kehlkopf ist vermöge seiner Enge, Zartheit
und der noch geringen Widerstandsfähigkeit gegen äussere Einflüsse häufigen Erkrankungen unterworfen. Neben dieser mehr
physiologischen Ursache wirkt ausserdem eine gewisse besondere
Neigung einzelner Individuen, Familien und selbst Generationen
begünstigend ein Dies gilt besonders vom Kehlkopfkatarrhe und
man könnte diese Neigung als katarrhalische Disposition bezeichnen.
Dieselbe ist jedoch nicht ausschliessend an scrophulöse, schlecht
genährte, von kranken Eltern abstammende, sondern auch an gut genährte, sonst ganz gesunde Kinder gebunden. Der Kehlkopfkatarrh
tritt häufiger als acuter, seltener als chronischer auf. Der acute
Katarrh des Kehlkopfes ist bald und zwar öfter ein idiopathischer, bald
wieder ein Symptom anderer acuter oder chronischer Krankheiten.
Eine Trennung des acuten Katarrhes vom Pseudocroup, wie sie
neuestens mehrfach versucht wird, ist meiner Ansicht nach nur in
soweit zulässig, als es sich beim Pseudocroup vorzugsweise um
katarrhalische Erkrankung des Kehlkopfeinganges, also der Epiglottis, der ligamenta aryepiglottica, handelt, während beim eigentlichen Katarrh die Kehlkopfhöhle Sitz der Affection ist.

Die anatomischen Veränderungen des acuten Kehlkopfkatarrhes
bestehen in Schwellung und Röthung des Kehldeckels und der
ligamenta aryepiglottica, in streifiger Röthe der Stimmbänder,
Extravasatflecken und oberflächlichen Epithelabschärfungen der
Schleimhaut. Auch die Tonsillen, die Uvula und die hintere Rachenwand tragen fast stets die Zeichen katarrhalischer Erkrankung an
sich und sind geschwellt, stärker roth, die Rachenwand dabei
entweder trocken, mit stark geschwellten Papillen, oder durch
vermehrte Schleimsecretion streifig.

Symptome.

Der Kehlkopfkatarrh tritt meistens urplötzlich, mitten in der
besten Gesundheit auf oder gesellt sich zu einem schon bestehendem

Katarrhe der Nase oder der tieferen Luftwege. Die Kinder, welche dem entsprechend ganz gesund zu Bette gebracht werden oder höchstens einigemale geniesst oder leicht gehüstelt haben, erwachen nach zwei- bis dreistündigem Schlafe mit sehr allarmirenden Symptomen. Ein bellender croupartiger Hustenton, welchem bald ein heiser klingendes, schmerzhaftes Weinen folgt, mühsames und keuchendes Athmen, Angst und Beklemmung mit schnellem Aufrichten im Bette, wenn es Kinder über zwei Jahre betrifft, sind gewöhnlich die Zeichen, womit die Krankheit sich ankündigt. Untersucht man bald nach diesem ersten Stickanfalle, so findet man die Temperatur nur mässig oder gar nicht erhöht, die Haut trocken oder leicht schweissig, besonders am Kopfe, den Puls etwas beschleunigt, das Athmen nicht hörbar oder von einem rauhen Tone begleitet, die Hilfsmuskeln in Thätigkeit, das Gesicht leicht gedunsen, angstvoll, die Augen glotzend. In manchen Fällen lassen sich an den Kindern nach dem Stickanfalle gar keine Störungen wahrnehmen und der Arzt sitzt oft eine halbe Stunde am Krankenbette, bis die Stimme beim Weinen oder Husten den charakteristischen Croupton wahrnehmen lässt.

Nachdem dieser erste Anfall nur kurze Zeit oder mehrere Stunden angedauert, gewinnt das Aussehen der Kinder wieder eine beruhigende Physiognomie, das Athmen erfolgt leicht und regelmässig, die Haut wird schweissig und ein feuchter, rasselnder Husten, — vom Arzte und der Umgebung freudig begrüsst, — stellt sich ein, worauf die Kinder gewöhnlich einschlummern und mehrere Stunden ruhig schlafen, um gewöhnlich wieder mit dem gewissen Croupton zu erwachen. Am Morgen zeigen dieselben ausser einem gewöhnlichen Katarrhe mit feuchtem Schleimhusten oder leichtem, heiseren Nachklange keine anderen Störungen. Manchmal ist die stürmische Scene des Leidens mit diesem einen Anfalle abgeschlossen, häufiger jedoch stellen sich solche Stickparoxysmen auch in der zweiten, dritten und vierten Nacht ein, ich sah Fälle, wo sie durch acht Nächte wiederkehrten und einen echten Croup befürchten liessen. Während der acute Kehlkopfkatarrh in der eben geschilderten Weise (als Pseudocroup) gewöhnlich bei Kindern zwischen dem ersten bis dritten Lebensjahre auftritt, erzeugt er in anderen Fällen und besonders in der späteren Kindesperiode nur eine heisere Stimme, mit dem Gefühle der Trockenheit und des Wundseins in der Kehlkopfgegend, ausserdem einen neckenden, anfangs trockenen, später feuchten Husten mit Auswurf von glasartigen, und eiterigen Schleim-

massen, ohne auffallende Störungen im Allgemeinbefinden und
ohne die oben geschilderten Stickanfälle. Kinder, welche einmal
vom Kehlkopfkatarrhe befallen waren, werden häufig und oft auf
die geringfügigste Ursache wieder von demselben heimgesucht,
mindestens ein bis zwei Mal im Jahre, und dauert diese Disposition bis zum siebenten auch zehnten bis zwölften Jahre, um
welche Zeit sich die Kehlkopfhöhle merklich erweitert und die
frühere Reizbarkeit derselben mehr und mehr sich verliert. Darauf sind alle jene Fälle von sieben bis acht Mal überstandener
und glücklich behandelter Bräune zu beziehen. Ist der acute
Kehlkopfkatarrh beim ersten Stickanfalle nicht immer von wirklicher Bräune zu unterscheiden, so werden doch bald das Fehlen
von croupös-diphtheritischen Massen im Pharynx, die normal sich
verhaltenden Submaxillardrüsen, der Abgang des anhaltenden
Fiebers, die bald eintretende Besserung und der Mangel der
stenotischen Erscheinungen die Krankheit richtig erkennen lassen.
Auch das frühere ein- und mehrmalige Auftreten ähnlicher Symptome spricht zu Gunsten des einfachen Katarrhes. Der Ausgang
des acuten Kehlkopfkatarrhes in Genesung ist die fast ausnahmslose Regel, nur selten geschieht es, dass er in wirkliche, exsudative Laryngitis ausartet und dann die bekannte Schwere und
Gefährlichkeit dieser gefürchteten Krankheit im Verlaufe annimmt.
Nicht selten pflanzt sich derselbe auf die tieferen Luftwege weiter
fort und wird chronisch.

Die Ursachen

desselben sind Erkältung, besonders bei trocken-kaltem Wetter
oder Zugluft, Einathmen verunreinigter Luft und Ueberanstrengung durch heftiges Schreien und Weinen. Als symptomatischer
Process begleitet er gern die Masern, den Keuchhusten, die Geschwüre und Neubildungen des Kehlkopfes, seltener die Blattern,
den Scharlach und Typhus. - Er befällt Kinder aller Altersperioden, am seltensten Säuglinge, doch habe ich ihn auch bei
fünf bis sechs Monate alten Kindern beobachtet.

Behandlung.

Die Behandlung erfordert je nach dem verschiedenen Auftreten des Leidens bald nur diätetische, bald zugleich medicamentöse Massregeln. Beginnt dasselbe mit den Symptomen des Pseudocroup, so reiche man den Kindern fleissig warme Milch, Thee
oder Zuckerwasser, lege um den Hals warme Kataplasmen, einen

in erwärmtes Oel getauchten Leinwandlappen oder einen Priessnitz'schen Umschlag; ist die Respiration merklich beschleunigt und erschwert, oder ist man überhaupt im Zweifel über die Schwere der Erkrankung, so wird ein Brechmittel, wenn auch nicht unumgänglich nothwendig, doch immerhin anzuwenden sein. Eine Mixtura oleosa von 3 Unzen mit 1 Gran Tart. emet., kaffeelöffelweise gereicht, bringt in der Regel bei kleinen Kindern mehrmaliges Erbrechen zu Stande. Auch ableitende Mittel, wie Sinapismen auf die Brust scheinen mitunter zu erleichtern. Gegen den heftigen, quälenden Hustenreiz sind Pulv. Doweri $1/3$ bis $1/2$ Gran pro dosi oder eine Oelmixtur mit Extract. hyoscyami $1/2$ bis 1 Gran anzuwenden; ist der Husten hart und lässt die Lösung lange auf sich warten, so ist der Salmiak 3 bis 6 Gran auf 3 Unzen Decoct. althaeae von gutem Erfolge.

Sollte der Katarrh zu stenotischen Symptomen sich steigern, die Brechmittel erfolglos bleiben und Kohlensäurevergiftung eintreten, was freilich wohl nur selten geschieht, dann schreitet man zur Tracheotomie. Man lasse die Kinder so lange im Bette oder wenigstens zu Hause, namentlich im Winter, bis die letzte Spur der Heiserkeit vollkommen verschwunden ist. Zur Bekämpfung der Disposition, um weiteren Katarrhen vorzubeugen, sind lange fortgesetzte Einathmungen von Salmiak, Alaun, Tannin, tägliche kalte Abreibungen des Halses und bei älteren Kindern besonders häufiges Gurgeln mit kaltem Wasser zu empfehlen. Auch sperre man die Kinder nicht zu ängstlich von der äusseren Luft ab.

Wird der Katarrh chronisch, so sind Inhalationen von Salmiak mit Aq. cerasor. nigr., Selterswasser mit Milch getrunken und bei scrophulöser Grundlage der Leberthran die entsprechenden Mittel.

2. Croup, Laryngitis crouposa s. maligna. Häutige Bräune.

Der Croup ist eine theils sporadisch, theils in epidemischer Verbreitung auftretende Entzündung der Kehlkopfschleimhaut und wegen seiner grossen Gefährlichkeit ein gefürchteter Feind des Kindesalters.

Anatomie.

Dem unter dem Namen des Croup bekannten Krankheitsbilde liegen nicht immer dieselben anatomischen Veränderungen zu Grunde. Am häufigsten finden sich auf der Schleimhaut des Kehl-

9 *

kopfes theils lose, theils fest anhaftende röhrenförmige oder fetzige, das Lumen oft vollständig erfüllende gelblichgraue oder bräunlich gelbe Exsudatmassen (reiner Croup) oder die geschwellte und gelockerte, theils blasse, theils intensiv rothe Schleimhaut ist gleichzeitig von Exsudat durchsetzt und mit ziemlich tiefgreifenden Substanzenverlusten versehen (diphtheritischer Croup), drittens endlich giebt es Fälle, wo die croupösen Membranen ganz fehlen, dagegen eine reichliche Eiterproduction stattfindet (purulenter Croup). Die Epiglottis ist mehr oder weniger injicirt, die untere Fläche mit Exsudat besetzt, in den Morgagnischen Taschen fast stets theils Exsudat, theils Eiter vorhanden. Die Schleimhaut darunter ist meist vom Epithel entblösst, hie und da auch mit Extravasatpunkten gezeichnet, das submucöse Bindegewebe zeigt besonders um die Ligamenta ary- und glossoepiglottica mehr oder weniger starke Schwellung. Es möge gleich hier erwähnt werden, dass diese drei Formen am Krankenbette nicht immer festzustellen sind und gleiche Symptome erzeugen. Neben dem Exsudate in der Kehlkopfhöhle kommen häufig, doch nicht regelmässig solche Ablagerungen auch im Pharynx, der Trachea und den Bronchien zur Beobachtung. — Ich fand in zwei Drittheilen aller Croupfälle den Pharynx mit diphtheritisch croupösem Beschlage versehen. Bei 50 zur Section gekommenen Kindern war 39 mal neben der Laryngitis auch gleichzeitig eine mehr oder weniger ausgebreitete und bis in die Capillarbronchien sich erstreckende croupöse Entzündung in Form von Röhren, Cylindern oder inselförmig aufgelagerten, hie und da bereits eiterig geschmolzenen Fetzen vorhanden. Anderweitige, jedoch nicht immer constante Befunde sind lobuläre nur selten lobäre croupöse Pneumonie, namentlich in den unteren Lappen, Lungengangrän, pleuritische Adhäsionen, Ecchymosirung der Pleura visceralis, Atelectasien, Emphysem, Stauungshyperämie der Meningen und des Gehirns, Hyperplasie und Hyperämie der Lymphdrüsen am Halse, dem Unterkiefer und längs der Trachea; Schwellung der solitären Follikel des Darmkanales, Milztumor, Hyperämie, Katarrh der Nieren, parenchymatöse Nephritis und diphtheritisch beschlagene Hautstellen.

Symptome.

Der Croup beginnt nur selten mit den ihm eigenthümlichen schweren Erscheinungen, gewöhnlich geht ein Katarrh der Nasen-, Rachen- und Kehlkopfhöhle voraus, welcher jedoch von den Angehörigen oft genug übersehen wird und einen oder höchstens wenige Tage andauert. Leichtes Fieber, öfteres Niesen, veränderte Gemüthsstimmung, unterbrochener Schlaf und trockener Husten bestehen gewöhnlich schon, wenn das erste wichtige, den Krankheitsherd näher bezeichnende Symptom, nämlich Heiserkeit der Stimme und trockener bellender Husten auftritt. Dies geschieht gewöhnlich während der Nacht, nachdem die Kinder einige Stunden geschlafen oder gegen Morgen. Von diesem Augenblicke an schwindet die Heiserkeit nicht mehr oder nur auf kurze Zeit, um endlich in vollkommene Stimmlosigkeit überzugehen, so dass die Kinder nur noch lispeln, worauf bald die Zeichen der Stenose mehr und mehr, wenn auch jetzt noch vorübergehend hervortreten. Heftige Hustenanfälle mit blaurothem gedunsenem Gesichte, ängstlich hervorgetriebenen Augen, strangartig geschwellten Venen am Halse und in der Schläfengegend, sowie schweissbedeckte Stirne stellen sich häufiger oder seltener ein und dauern nur einige Sekunden oder mehrere Minuten. Das Athmen wird schwer und mühsam, das Inspirium von einem lauten sägeartigen Geräusche begleitet und oft weithin vernehmbar. Diese Athembeschwerden treten anfangs nur anfallsweise mit dazwischenliegenden Remissionen auf (sogenannte croupöse Stickanfälle), später jedoch wird die Athemnoth eine bleibende, alle Hilfsmuskeln sind in lebhafte Thätigkeit versetzt, die Nasenflügel heben sich stürmisch, Lippen und Wangen werden cyanotisch, die Brustmuskeln arbeiten mit grösster Anstrengung, das Zwerchfell bildet an der Grenze zwischen Brust und Unterleib eine tiefe Furche, die Kinder sind von grosser Unruhe gepeinigt, schnellen im Bette auf, greifen sich an den Hals, verlangen auf den Arm, sich fest an ihre Umgebung anklammernd und gleich darauf wieder in's Bett zurück, beugen den Kopf stark nach rückwärts, versinken momentan in einen schlummerähnlichen Zustand, aus welchem sie jedoch schon nach einigen Minuten wieder aufschrecken. Dieses Stadium des herzergreifendsten Lufthungers geht früher oder später, je nachdem die Krankheit sehr rapid oder langsam verläuft, in das dritte, nämlich das Stadium der Asphyxie über. Nun gesellen sich zu den Symptomen der Stenose auch die Zeichen venöser Stase des Gehirns und der Kohlensäurevergiftung. Die bisher bestandene Unruhe macht einer Hinfälligkeit und Apathie Platz, das Gesicht wird blass mit einem Stich ins Bleigraue, die Augenlider sind matt, halb offen, der Glanz der Augen verliert sich, der Puls wird klein, frequent und aussetzend, die Haut kühl und unempfindlich, das Athmen oberflächlich und frequent, das Be-

wusstsein umflort oder schwindet gänzlich, Schlummersucht, Trismus, Contracturen der oberen Extremitäten, nur selten leichte
Convulsionen bilden die letzte Scene, worauf in der Regel bald
der Tod erfolgt. Nimmt die Krankheit einen günstigen Verlauf,
was freilich nicht oft geschieht, so lassen die Symptome der Stenose allmählich unter Eintritt eines feuchten, weichen Hustens
und leichter werdender Respiration allmählich nach, um sich in
die eines Kehlkopfkatarrhes aufzulösen, welcher nach sechs bis
acht Tagen seinen Abschluss erreicht. Anders verhält sich die
Symptomenreihe beim sogenannten aufsteigendem Croup, wo gewöhnlich erst nach zwölf bis achtzehn Tagen, während welcher
Zeit die Zeichen der croupösen Bronchitis vorhanden sind und
die Kinder sogar herumgehen, die Localisation im Kehlkopfe mit
den oben geschilderten Störungen stattfindet.

Die Untersuchung ergiebt, was zunächst die Mund- und Nasenhöhle betrifft, entweder nur eine leichte Röthung derselben oder
diphtheritisch-croupöse Ablagerungen' an Tonsillen, Uvula und
Racheneingang, in seltenen Fällen fand ich die gesammte Schleimhaut der Mundhöhle und Zunge mit einem croupösen Ueberzuge
versehen, ähnlich wie beim Soor.

Grosse Schwierigkeiten macht, so erwünscht es übrigens für
die exacte Diagnose wäre, die laryngoscopische Untersuchung.
Dieselbe ist bei kleinen Kindern gar nicht, bei grösseren wohl
nur schwer ausführbar, und zwar um so schwieriger, wenn bereits
die Zeichen der Stenose vorhanden. Ziemssen will bei der
Spiegeluntersuchung beobachtet haben, dass die geschwellten und
mit Exsudat überzogenen Stimmbänder unbeweglich standen, nach
vorne unmittelbar mit ihren Rändern an einander liegend, nach
hinten durch eine schmale Spalte von einander getrennt, die an
der hinteren Commissur am breitesten war. — Die physikalische
Untersuchung der Lunge ergiebt nicht immer ein zuverlässiges
Resultat, indem durch das laute und fortgepflanzte Kehlkopfath-
men die Athmungsgeräusche mehr oder weniger gedeckt oder
alterirt werden. Im Allgemeinen dringt weniger Luft in die Lunge
und ist daher das Athmungsgeräusch an und für sich schwach
und zwar um so schwächer, wenn gleichzeitig Bronchitis crouposa
vorhanden ist. Die durch Atelectase, lobuläre und lobäre Entzündung herbeigeführte Verdichtung der Lunge lässt sich mitunter, jedoch nicht immer durch die Auscultation und Percussion
sicherstellen, so lange die Stenose andauert, anders wird es nach
vollendeter Tracheotomie, wo das Hinderniss der Untersuchung

hinwegfällt und das Ergebniss der physikalischen Exploration dem objectiven Befunde entspricht. Bei auf die oberen Luftwege beschränktem Croup ist dann das Athmen scharf oder rauh vesiculär, bei bis in die tiefen Bronchien fortgepflanzter Exsudation rauh oder schwach vesiculär und mitunter von Schnurren begleitet, bei vorhandener Pneumonie deutlich bronchial.

Der Auswurf fehlt im Beginne des Leidens entweder ganz oder besteht in schaumig weissen, etwas schleimhaltigen Massen, später werden oft, doch nicht regelmässig, entweder spontan oder durch den eingeleiteten Brechact croupöse Membranen in verschiedener Form, Grösse und Zahl ausgeworfen. Dieselben haben mitunter eine ausgesprochen röhrige oder selbst dendritisch verzweigte Form und lassen einen Schluss zu auf die Ursprungsstätte. Zwischen und mit diesen croupösen Gebilden werden auch zähschleimige, mit Eiter untermischte Massen ausgehustet oder erbrochen. Die Croupmembranen erzeugen sich jedoch in kurzen Intervallen wieder und es geschieht mitunter, dass in 24 Stunden zwei oder mehr derartige Nachschübe zu Stande kommen. Aushusten oder Erbrechen grösserer Membranstücke verschafft gewöhnlich einige jedoch in der Regel nur kurz dauernde Erleichterung des Zustandes. Die Fieberbewegungen zeigen verschiedene, keineswegs typische Verhältnisse. Während die Temperatur in einem Falle bis 40° und 41° C. steigt, bleibt sie im andern weniger acut und stürmisch verlaufenden blos auf 37,5 bis 38 stehen. Anhaltend hohe Temperaturgrade, besonders wenn sie auch die Tracheotomie überdauern, zeigen stets eine auf die Bronchien und Lunge ausgedehnte Entzündung an und lassen einen schlimmen Ausgang befürchten. Schubweise erfolgende Exsudation bewirkt bald Steigen bald Sinken der Temperatur.

Der Urin macht oft einen dicken Niederschlag, bestehend aus Uraten, oder enthält Spuren oder grössere Mengen von Eiweiss, je nachdem blos ein Katarrh der Harnkanälchen oder eine wirkliche parenchymatöse Nephritis vorhanden ist.

Der Verlauf ist entweder ein sehr acuter und nimmt blos 36 bis 48 Stunden in Anspruch oder ist mehr subacut und dauert 6—8—14—21 Tage, die längste Dauer von zwei bis drei Wochen zeigt der aufsteigende Croup. Als Folgen und Nachkrankheiten, wenn das Leiden glücklich überstanden wird, kommen manchmal vor: chronische Heiserkeit, in Folge von Schwellung oder narbiger Destruction der Schleimhaut, vollständige Stimmlosigkeit und Athemnoth mit Erstickungsanfällen durch narbige Verände-

rung oder complete Verwachsung der Kehlkopfhöhle; bei der diphtheritischen Form Lähmungen, Anämie, Wassersucht.

Ursachen.

Das Kindesalter disponirt sehr zu croupösen Exsudationen des
Larynx, am häufigsten befällt der Croup Kinder zwischen dem
zweiten und siebenten Lebensjahre, Kinder unter zwei Jahren werden
nur selten, Säuglinge fast nie davon ergriffen; Knaben erkranken
häufiger als Mädchen, unter 80 Kindern traf ich 62 Knaben und
18 Mädchen; der reine Croup befällt mit Vorliebe kräftige, gut
genährte, sonst gesunde; der diphtheritische Kinder ohne Rücksicht
auf ihre Constitution; eine gewisse erbliche Disposition, sogenannte entzündlich croupöse Anlage lässt sich nicht ganz in Abrede stellen. Der Croup tritt sporadisch oder epidemisch als idiopathische Krankheit auf in Folge von Erkältungen, namentlich in
den kalten Wintermonaten und bei herrschenden Nord- oder Nord-
ostwinden, kommt aber ebenso gut bei einer Temperatur von
+ 32° Reaumur zur Entwickelung. Als secundärer Process wird
Croup im Verlaufe der Diphtheritis, Masern, Scarlatina, Variola,
der Tussis convulsiva beobachtet. — Der echte Croup befällt die
Kinder in der Regel nur einmal, einzelne wenige Fälle von zwei-
maligem Auftreten desselben ändern an dieser Regel nicht viel. —
Der gewöhnliche Croup ist nach der Ansicht vieler Autoren,
denen ich mich anschliesse, nicht ansteckend, während der diphtheritische Croup zweifellos contagiös ist.

Diagnose.

Es kann nicht geläugnet werden, dass der echte Croup und
Pseudocroup im Anfange nicht gleich mit Sicherheit von einander
zu trennen sind, dagegen sprechen im weiteren Verlaufe anhaltendes und zunehmendes Fieber, öfter und stärker wiederkehrende
Stickanfälle, die Zeichen grosser Unruhe, ausgeworfene croupöse
Membranen und Röhren, angeschwollene Submaxillardrüsen und
der Nachweis croupös diphtheritischer Producte im Pharynx stets
zu Gunsten einer exsudativen Laryngitis. Das Fehlen von Exsudat im Rachen ist kein Beweis gegen die croupöse Natur der
Kehlkopfentzündung.

Prognose.

Dieselbe ist fast immer eine schlimme; Tod ist die Regel,
nur die Tracheotomie vermag das Genesungsverhältniss zu einem

besseren zu gestalten. Im Prager Kinderspitale wurden durch die Operation 34,6 Procent der erkrankten Kinder gerettet. Complication der Laryngitis mit Tracheobronchitis und Pneumonie gestaltet die ohnehin traurige Prognose noch viel schlimmer. Je jünger das Kind, desto weniger Aussicht auf Genesung. Die Bösartigkeit der Krankheit wird durch epidemische Einflüsse nicht selten noch gesteigert.

Behandlung.

Drei Indicationen sind zu erfüllen, wollen wir den Croup erfolgreich behandeln: 1) muss die Krankheit in ihrem specifischen Wesen erstickt, abgekürzt und die Exsudation verhindert, 2) das gesetzte Exsudat entfernt und 3) die drohende Erstickungsgefahr und die Kohlensäurevergiftung behoben werden. Um diesen Anzeigen gerecht zu werden, sind im Verlaufe der Zeit unzählige Mittel versucht angepriesen und wieder verworfen worden, und obzwar jedes Jahr neue bringt, besitzen wir noch keines, welchem wir uns mit Beruhigung anvertrauen könnten.

Beginnt die Krankheit mit einer croupös diphtheritischen Pharyngitis, so wird das Augenmerk zunächst dieser zugewendet werden müssen. Man versuche durch Inhalationen, Ausspritzen, und bei älteren Kindern durch Gurgeln den Process zu localisiren. Von allen neueren Mitteln, die in dieser Richtung Verwendung gefunden, wie Aq. calcis, Acidum lacticum, Kali chloricum, Ferrum sesquichloratum, Flores sulfuris, Nitras argenti, Acidum carbolicum verdient nach meinen diessbezüglichen Erfahrungen die Aq. calcis das meiste Vertrauen. Blutentziehungen und methodische Kaltwasserbehandlung haben keine besseren Erfolge aufzuweisen als die übrigen Methoden; erstere werden mit Recht mehr und mehr unterlassen, die letztere macht wenigstens den Zustand mitunter erträglicher, wenn ein directer günstiger Einfluss auch nicht nachweisbar ist. Durch die herabgesetzte Eigenwärme ist das Wesen der Entzündung noch nicht behoben. Treten die Zeichen der Kehlkopfstenose schärfer hervor, dann bewähren sich noch immer am besten die Brechmittel und sehen wir bei ihrem Gebrauche, namentlich im Beginne eine oft überraschende Besserung des Zustandes, doch können auch sie selbstverständlich exsudative Nachschübe nicht verhindern. Bezüglich der Wahl der Brechmittel muss erwähnt werden, dass die Ipecacuanha zu 1 Scrupel bis ½ Drachme auf 2 Unzen Wasser dem Tart. emet. wegen seiner herzlähmenden Nebenwirkung vorzuziehen

ist. Ich gebe gern Pulver von folgender Mischung: Pulv. rad.
ipecacuanh. gr. XII. tart. stibiati g r a n u m , Sacch. albi d r a c h m.
s e m i s · in dos. s e x. — alle 10 Minuten ein Pulver zu reichen.
Auch Cuprum sulfuricum zu 6—8 gr. auf 2 Unz. Wasser ist
ein sicher wirkendes Brechmittel. Ist ein- bis dreimaliges Erbrechen erfolgt, so setze man die Brechmittel bei Seite und gebe
blos Mandelmilch, Eibischthee etc. als Getränke und mache fleissig
kalte Umschläge auf den Hals oder lasse eine Salbe aus Ungt.
hydrarg., cinc. Ung. digit. purp. aa unc. semis, Extract. belladon.
scrupulum in der Kehlkopfgegend einreiben. — Die Brechmittel
müssen bei jedem neuen Stickanfalle wiederholt und so lange
fortgesetzt werden, als sie überhaupt wirken und eine Erleichterung herbeiführen, was bei eintretender Kohlensäurevergiftung in
der Regel nicht mehr geschieht. Versagen die Brechmittel den
Dienst, entwickelt sich mehr und mehr der Symptomencomplex
der Asphyxie, dann tritt die letzte Indication an den Arzt heran,
nämlich einen neuen Luftweg zu schaffen und dieses thut die
Tracheotomie. Der Luftröhrenschnitt ist kein Heilmittel der Bräune,
sondern verschafft der Natur unter übrigens günstigen Umständen
nur Zeit, den Tod womöglich noch abzuwenden und in dieser
Würdigung wird diese Operation trotz der Anfeindung ihrer Gegner
stets ihren hohen Werth und Nutzen behaupten. Je früher die
Tracheotomie vorgenommen, desto sicherer der Erfolg, doch übereile man sich nicht und warte bis zu dem oben angedeuteten
Zeitpunkte. — Je älter das Kind, je weniger ausgebreitet der
exsudative Process, desto grösser ist die Wahrscheinlichkeit der
Rettung, Kinder unter zwei Jahren, diffuse croupöse Bronchitis,
Bronchopneumonie oder lobäre Pneumonie geben ungünstige Resultate, doch sind auch diese berührten Umstände keine absolute
Gegenanzeige der Tracheotomie. Die im Prager Kinderspitale
operirten 90 Fälle ergaben, wie schon früher erwähnt, ein Hei-
lungsverhältniss von 34,6 Procent. Die zur Operation nöthigen
Instrumente sind ein Bistourie, mehrere Hacken, ein Dilatatoire
und entsprechende Canülen; eine verlässliche Assistenz bei der
Operation und ein geschulter Wärter bei der Nachbehandlung sind
wünschenswerth. Die letztere zerfällt in einen diätetischen, chirurgischen und medicinischen Theil, und hängt von einer gewissen-
haften und exacten Durchführung derselben zum grossen Theile
das Gelingen ab, sowie eine mangelhafte Nachbehandlung die
schon in Aussicht gestellte Rettung des Kindes wieder vereiteln
kann. Fortdauer der Athembeschwerden, der Fiebererregung und

Unruhe auch nach der Operation sind ungünstige Zeichen und rühren von ausgebreiteter Exsudation in den unterhalb der Operationsöffnung gelegenen Luftwegen her. — Wird die Operation von Seite der Angehörigen nicht gestattet, so sind im Stadium der Asphyxie kräftige Reizmittel, wie Wein, Aether, Moschus etc., freilich in der Regel ohne Erfolg, noch zu versuchen.

Der von Loiseau und Bouchut geübte Katheterismus des Larynx durch Einlegen einer Röhre in die Stimmritze (Tubage de la glotte) wird neuestens auch von Weinlechner sowohl zur Einbringung von Medicamenten in die Luftröhre als auch zur Behebung der Stenose warm empfohlen und als der natürliche Vorläufer der Tracheotomie bezeichnet.

3. Kehlkopfgeschwülste.

Pathologische Neubildungen im Kehlkopfe zählen zu den seltenen Erscheinungen im Kindesalter; unter den bis jetzt bekannt gewordenen Fällen nehmen die Papillome als die fast ausschliesslich beobachteten den ersten Platz ein. Ich selbst zähle vier Fälle, welche sämmtlich dem Papilloma angehörten. Hat die Neubildung eine gewisse Grenze erreicht, so stellt sie meist eine weisslichrothe, blumenkohl- oder maulbeerartig zusammengesetzte, mehr oder weniger weiche, zwischen den Fingern zerdrückbare Geschwulst dar, welche sich unter dem Mikroskope als Hypertrophie der Schleimhaut und Bindegewebswucherung erweist. Sitz und Grösse derselben sind verschieden. Die Ränder der vorderen Stimmbandhälfte bilden einen Lieblingssitz, doch können sie sich überall entwickeln. — Schwellung und sammtartige Wulstung der angrenzenden Schleimhautfläche ist eine häufige Folge. — Lobuläre Pneumonie, Atelectase und marginales Emphysem, Croup der Trachea und Bronchien sind andere anatomische Nebenbefunde.

Symptome.

Als erste wahrnehmbare Störung tritt bei so erkrankten Kindern die Heiserkeit auf. Dieselbe ist nach dem Sitze des Leidens bald nur eine vorübergehende und zeitweise verschwindende; bald jedoch eine hartnäckig andauernde, allmählig an Heftigkeit zunehmende, bis sie in vollständige Stimmlosigkeit ausartet, so dass die Kinder nur noch kaum vernehmbare Lippenlaute hervorbringen. Nur bei Geschwülsten, welche lang gestielt

sind und einen von den Stimmbändern entfernten Ursprung haben,
kann die Heiserkeit durch längere Zeit, selbst Monate lang fehlen.
Mit Beginn der Heiserkeit, gewöhnlich aber erst später tritt als
zweites wichtiges Symptom die Athemnoth auf. — Die Kinder
werden allmählig mehr und mehr kurzathmig, ausserdem stellen
sich bald auch deutliche Stickanfälle ein, das letztere geschieht
besonders gerne nach heftiger Anstrengung durch Sprechen oder
Schreien, nach stattgehabten Erkühlungen durch Einathmen kalter
Luft und während des Schlafes wahrscheinlich durch das Liegen
verursacht.

Mit dem Umsichgreifen der Geschwulst nehmen Heiserkeit
und Athemnoth zu, es entwickeln sich bald schneller, bald langsamer, gewöhnlich stetig fortschreitend die Zeichen einer sich
steigernden Laryuxstenose, bis die Kinder ähnlich wie beim Croup
in Folge eines plötzlichen Stickanfalles oder der Kohlensäureintoxication zu Grunde gehen. Fieberzeichen fehlen im Beginne
und weitern Verlaufe der Krankheit, in der Regel erst gegen das
Ende zu wird manchmal etwas Temperatursteigerung und Pulsfrequenz wahrgenommen, kurze Zeit vor dem Tode fand ich zweimal
die cyanotische Haut eher kühl, den Puls sehr leicht unterdrückbar, das Bewusstsein umnebelt. — Der Verlauf ist, insoweit das
erste Auftreten bestimmbar, bald ein schnellerer, bald wieder langsamer, schleichender, und kann wenige oder viele Jahre in Anspruch nehmen. Nach Entfernung der Geschwülste kommt es
leicht zu Recidiven.

Die Entstehungsursachen der Kehlkopfgeschwülste sind noch
dunkel; als angeborenes Leiden selten beobachtet, werden sie öfter
in den spätern Kindesjahren erworben. Knaben sind mehr ausgesetzt als Mädchen; als vermittelnde Ursachen sind Erkältung,
Croup, Keuchhusten, acute Exantheme, besonders Masern aufgeführt, doch müssen alle diese Angaben mit grosser Vorsicht aufgenommen werden.

Die Diagnose

kann seit der Anwendung des Kehlkopfspiegels mit Bestimmtheit
gestellt werden, wenn es sich um ältere Kinder handelt, bei welchen es nach längerer oder kürzerer Vorübung wohl immer gelingt, einen Einblick in den Kehlkopf sich zu verschaffen, schwierig
und unmöglich dagegen ist die Spiegeluntersuchung bei Kindern
unter drei Jahren. Mit grosser Wahrscheinlichkeit darf die Diagnose auch ohne Benutzung des Kehlkopfspiegels ausgesprochen

werden, wenn die oben angeführten Symptome vorhanden sind.
Besonders der sehr chronische, fieberlose Verlauf, die Heiserkeit,
die Athembeschwerden nud nach allmähliger stetiger Steigerung
derselben endlich die Kehlkopfstenose sichern die Diagnose vor
einer Verwechselung mit einfachem chronischem Katarrh, der
übrigens nie in dieser Hartnäckigkeit auftritt, mit Croup und der
Stimmbandlähmung. Am ehesten wäre ein Zweifel zwischen syphilitischer oder tuberculöser Affection und einer Geschwulst des
Kehlkopfes denkbar, doch eine genaue Benützung der Anamnese,
etwaige vorhandene andere Aeusserungen der Syphilis oder Phthi-
sis· und in erster Reihe die Spiegeluntersuchung werden solche
Irrthümer vermeiden lassen.

Prognose.

Folgende in Gerhard's Lehrbuch der Kinderkrankheiten
aufgeführte Ziffern gewähren einen Einblick in die Prognose dieses
Leidens. Von 52 Fällen von Kehlkopfgeschwülsten, die vor dem
fünfzehnten Jahre zur Beobachtung kamen, starben dreissig,
davon sechs nach vollzogener Tracheotomie; geheilt wurden sieben-
zehn, davon vier nach Vornahme des Luftröhrenschnittes, nach
eben dieser Operation wurden zwei theilweise von der Neubildung befreit und gebessert entlassen, auch die drei übrigen werden als gebessert bezeichnet. Von den vier Fällen meiner Beobachtung wurde ein Knabe im Alter von sechs Jahren nach vorgenommener Tracheotomie und nachfolgendem Croup der Trachea
und Bronchien durch operative Entfernung der Geschwulst geheilt und ist bis jetzt vier Jahre darnach kein Anzeichen einer
Recidive vorhanden. Zwei starben, nachdem die Tracheotomie
verweigert wurde, unter Asphyxie und ein Kind wurde ungeheilt
aus der Anstalt zurückgenommen.

Behandlung.

Die operative Entfernung der Neubildungen ist das einzige
heilbringende Verfahren, wenn nicht ein zu geringes Alter oder
andere Hindernisse der Operation im Wege stehen. Um dieses
zu ermöglichen, muss öfter, besonders bei heftigen stenotischen
Erscheinungen, die Tracheotomie vorausgeschickt werden. Kinder
unter drei Jahren sind kaum Objecte einer Operation. Die Einführung der Instrumente durch die Mundhöhle scheint nach den
bisherigen Erfahrungen bessere Resultate zu erzielen als das Verfahren von Brauner, Ehrmann, Burow, Balassa u. A.,

welches darin besteht, dass zuerst der Schildknorpel gespalten, die beiden Hälften auseinandergelegt und auf diesem Wege die Geschwulst entfernt wird. Gestielte Geschwülste lassen sich am leichtesten durch Abdrehen mittelst einer Drahtschlinge entfernen, auf grösseren Flächen ausgebreitete Neubildungen beseitigt B r u n s durch Abkratzen mittelst eines eigenen Schab-Instrumentes. Auch die beste Operationsmethode schliesst die Möglichkeit einer Recidive nicht aus.

4. Spasmus glottidis, Stimmritzenkrampf.

Der Stimmritzenkrampf ist ein dem kindlichen Alter vorzugsweise angehörendes Leiden, und lässt sich diese Thatsache einerseits durch die Zartheit und Enge der kindlichen glottis respiratoria, andererseits durch die leichte Erregbarkeit des Centralnervensystems in diesem Altersabschnitte erklären.

Anatomie.

Trotz des nicht seltenen Vorkommens der Krankheit muss die anatomische Grundlage des Stimmritzenkrampfes noch eine sehr dürftige genannt, dabei ferner nicht vergessen werden, dass in die Aetiologie desselben sich Befunde eingeschlichen haben, welche heute als nicht mehr stichhaltig zurückgewiesen werden müssen. Ich selbst habe in einer Reihe von Sectionen acuten und chronischen Hydrocephalus, Anämie und Hyperämie des Gehirns, mehr oder weniger ausgebildete Schädelrachitis mit und ohne Craniotabes, ferner Rachitis des übrigen Skelettes, endlich verkäste hyperplastische Bronchialdrüsen nachweisen können. Die Thymus war fast stets zum grossen Theile schon resorbirt und konnte in keinem Falle als das erregende Moment des Krampfes beansprucht werden.

Symptome und Verlauf.

Der Stimmritzenkrampf befällt entweder scheinbar gesunde, mit reichlichem Fettpolster ausgestattete oder weniger gut genährte, in beiden Fällen jedoch mehr oder weniger anämische Kinder. Ohne alle Prodromalerscheinungen oder nach einer kurzen, von Schreien begleiteten Unruhe tritt der Krampf gewöhnlich urplötzlich auf. Das Gesicht wird roth oder blauroth, ein blauer Ring umschliesst Ober- und Unterlippe, die Augen treten stark hervor, verrathen grosse Angst oder sind stark nach aufwärts gerollt,

der Kopf wird nach rückwärts gebeugt, die Extremitäten werden
bald lebhaft bewegt, bald hängen sie schlaff herab oder sind krampfhaft gestreckt, die oberen selbst im Zustande leichter Contractur.
Die Hauttemperatur sinkt, namentlich am Rumpfe und an den
unteren Extremitäten, und dabei lässt das Kind, was eigentlich
das Wesen des Anfalls am meisten bezeichnet, indem es qualvoll
ringend nach Luft schnappt — einen krähenden oder pfeifenden,
mehr oder weniger schrillen oder unterdrückten Schrei vernehmen.
Diese stossweise erfolgenden lauten Inspirationen, welchen keine
Exspiration folgt, können nur ein- bis zweimal oder öfter im Zeitraume einiger Secunden bis einer Minute und darüber auftreten.
Das Bewusstsein ist wohl meistens erhalten, doch kann es in rasch
vorübergehender Weise auch theilweise oder ganz schwinden. Ist
der Anfall vorüber, so kommt das Athmen allmählig wieder in
gehörigen Gang und die Kinder zeigen die frühere Physiognomie,
wenn nicht kurze Zeit darauf schon ein zweiter oder dritter
Krampfanfall eintritt.

Die Zahl der Anfälle wechselt in höchst verschiedener Weise
und können in 24 Stunden zwei oder drei selbst bis 60 solcher
erfolgen. In manchen Fällen lässt sich eine stetige Steigerung
und allmählige Abnahme in der Frequenz der Stickanfälle wahrnehmen. Sehr wichtig und namentlich für die Aetiologie der
Krankheit bezeichnend ist, dass der Stimmritzenkrampf nicht
selten, vielleicht in der Hälfte aller Fälle, — einen stärkeren epileptiformen Anfall einleitet oder dass beide Krampfformen alterniren. Bei hydrocephalischen Ergüssen gewinnen endlich die allgemeinen Convulsionen und die Zeichen des stärkeren Hirndruckes
die Oberhand, während der Stimmritzenkrampf allmählig seltener
wird und endlich ganz schweigt.

Die Dauer des Leidens ist eine verschieden lange. In sehr
seltenen Fällen kann der Tod in Folge von Erstickung schon während der ersten Anfälle eintreten, wie ich bei zwei, sechs und beziehungsweise acht Monate alten mit Rachitis behafteten Kindern
beobachtete, welche im Bade plötzlich suffocatorisch zu Grunde
gingen; gewöhnlich dauert die Krankheit einige Wochen oder Monate,
macht oft längere Pausen, um später stärker oder schwächer wieder
zu erscheinen, doch darf als Regel gelten, dass mit zunehmendem
Alter die Disposition und Häufigkeit dieser Krampfform mehr und
mehr erlischt. Bezüglich der Heftigkeit gibt es sehr leichte Formen, welche kaum den Eindruck einer Krankheit machen und
ohne Nachtheil vernachlässigt werden — und zum Unterschiede von

diesen wieder sehr schwere, wodurch das Leben der Kinder ernstlich gefährdet wird, oder wenn dieses nicht geschicht, doch die Entwickelung und Ernährung derselben darunter sehr leidet. Nach den Beobachtungen der meisten Autoren bildet die Genesung den selteneren Ausgang der Krankheit.

Ursachen.

Das Wesen der Krankheit ist eine flüchtige krampfhafte Contraction der Musc. arytenoid., deren Ursprung im Centrum respiratorium also wahrscheinlich in mittelbarer oder unmittelbarer Erregung der Medulla oblongata zu suchen ist. Diese Erregung kommt, wie Henoch angedeutet, auf zweifache Weise zu Stande und zwar entweder central oder auf reflectorischem Wege.

Die erstere Entstehungsweise ist die bei weitem öftere und sind es Ernährungsstörungen der Nervensubstanz selbst, wodurch die Erregung der Medulla oblongata herbeigeführt wird. Anämie, Hyperämie, seröse Ausschwitzungen, besonders bei rachitischen Kindern, liefern einen grossen Theil der Ursachen. Auch ich fand, dass die meisten Kinder die Zeichen der Rachitis an sich trugen, und es muss zwischen dieser Krankheit und dem Spasmus glottidis ein ursächlicher Zusammenhang bestehen, wenn wir auch noch nicht näher sagen können, ob ein näherer oder entfernterer. — Craniotabes wird allerdings öfter neben Stimmritzenkrampf beobachtet, muss ihn aber nicht nothwendig herbeiführen, sowie es Kinder ohne Craniotabes mit Spasmus glottidis gibt. Müssen wir die fehlerhafte Ernährung des Gehirns auch als den wichtigeren Theil bei Entstehung des Stimmritzenkrampfes gelten lassen, so möchte ich als einen vielleicht nicht ganz müssigen Factor doch auch die in den ersten zwei Lebensjahren ungemein leichte physiologische Erregbarkeit des Gehirns überhaupt mit berücksichtigt wissen. Durch reflectorische Erregung der Medulla oblongata entsteht der Spasmus glottidis zumeist bei Katarrhen der Rachenorgane und der ersten Luftwege, bei Eindringen fremder Körper in die letzteren, bei Reizung der Kehlkopfschleimhaut, beim Keuchhusten, bei Verkäsung und Tuberculose der Bronchialdrüsen, bei Ueberanstrengung der Kehlkopfmuskeln durch heftiges Schreien, seltener in Folge des Zahnreizes und bei Reizung der sensiblen Darmnerven durch Darmkatarrhe, Kothanhäufung oder Helminthen. — Vergrösserte Thymus, Offenbleiben der fötalen Kreislaufswege etc. dürfen wohl mit Recht aus der Reihe der Ursachen gestrichen werden.

Als disponirendes Moment muss erwähnt werden das Alter. Unter 226 Fällen meiner Beobachtung standen 174 Kinder im ersten, die übrigen 52 im zweiten und dritten Lebensjahre. Auch das Geschlecht bleibt nach den Erfahrungen der meisten Autoren nicht ohne Einfluss, unter den 226 Kindern befanden sich 150 Knaben und 76 Mädchen. Endlich scheint auch eine gewisse erbliche Anlage das Leiden mitunter zu begünstigen, was uns übrigens nicht wundern darf, da ja die Rachitis — in deren Gefolge der Krampf oft beobachtet wird, sich von Eltern auf die Kinder gerne forterbt.

Behandlung.

Die Behandlung zerfällt in zwei Theile und zwar in Mittel, welche die Grundursache der Krankheit und solche, welche die Krampfanfälle selbst bekämpfen sollen. Zu den ersteren gehören vorzugsweise jene, welche bei Rachitis, Anämie, mangelhafter Entwickelung der Kinder ihre Anzeige finden, also frische Luft, entsprechende kräftige Nahrung, bei frühzeitig entwöhnten Kindern eine Amme, bei Rachitis der Leberthran, Eisen und Chinapräparate, etwas Wein, dabei Bäder mit Steinsalz und Malz oder die künstlichen Seebäder. Dieser Theil bildet den Schwerpunkt der Behandlung. Nicht genug kann ich überdies öfter wiederholte kalte Abreibungen des Kopfes — besonders bei vorhandener Craniotabes empfehlen. Weniger leisten die sogenannten krampfwidrigen Mittel, doch mögen dieselben immerhin noch versucht werden. Das Zincum oxydatum als das häufigst angewendete schien mir in mehreren Fällen gute Dienste geleistet zu haben, $1/3 - 1/2$ gran pro dosi zwei- bis dreimal des Tages angewendet namentlich wenn neben dem Spasmus glottidis anderweitige Convulsionen auftreten. Weniger leistete mir der Moschus, welcher in Salathi einen begeisterten Lobredner gefunden.

Stellt sich der Anfall ein, so entferne man rasch alle Fesseln und mache das Kind frei, hebe den Kopf etwas in die Höhe, spritze mit der Hand kaltes Wasser ins Gesicht, reibe damit die Brust, fächle frische Luft zu oder lege, wenn die Dauer des Anfalles es zulässt, Hautreize auf Brust oder die unteren Extremitäten. Aber oft genug wird, ehe man zum Handeln kommt — der Krampf bereits sein Ende erreicht haben. Warme, mit Federn gefüllte Kopfkissen sind zu entfernen und dafür ein leichter Rosshaar- oder Seegraspolster zu geben.

5. Paralysis glottidis, Stimmbandlähmung.

Die Stimmbandlähmung ist, wenn wir den vorliegenden statisti-
schen Zahlen glauben dürfen, eine im Kindesalter sehr seltene Erscheinung, obzwar man annehmen darf, dass seit der sichern Erkenntniss dieses Leidens die Zahl der Fälle sich mehren wird.

Die Stimmbandlähmung äussert sich durch Störungen in der
Stimmbildung einerseits und der Athembewegungen andererseits.
Die ersteren bestehen in rauher Stimme, Heiserkeit oder vollkommener Stimmlosigkeit, die letzteren in zeitweise auftretenden Athembeschwerden und hartnäckigen, selbst krampfartigen Hustenparoxysmen mit einem schrillen, eigenthümlich vibrirenden, sehep-
perndem Tone, welcher eine entfernte Aehnlichkeit mit dem Crouptone
hat. Je nachdem die zu Grunde liegende Ursache eine mehr
acute oder chronisch wirkende ist, nehmen die Stimmstörungen
bald einen rascheren, bald — und dies ist die Regel, einen chronischen Verlauf. Intermissionen mit reiner, sonorer Stimme unter-
brechen entweder von selbst bei heftigen Gemüthsaffecten oder
Einwirkung äusserer Einflüsse diesen Zustand. Hat die Stimmbandlähmung einige Zeit gedauert, so erfolgt leicht Atrophie und
fettige Degeneration der betreffenden Muskeln. Sitz der Krankheit sind die verschiedensten Kehlkopfmuskeln, die vermittelnden
Nerven der N. vagus und N. recurrens. Gestatten die Kinder
eine Spiegeluntersuchung, so findet man an dem sonst ganz normalen Kehlkopfe mangelhafte und assymmetrische Bewegung der
die Stimme vermittelnden Bänder und Muskeln. Die Spannung
der Stimmbänder wird eine ungleiche und dadurch die Heiserkeit
bedingt. Der Zustand ist meist fieberlos.

Nach den die Lähmung herbeiführenden Ursachen lassen
sich folgende Formen aufstellen.

1. Stimmbandlähmung aus Erkrankung des centralen Nervensystems; sie wird manchmal beobachtet bei raumbeengenden Gehirnkrankheiten, wie Hydrocephalus, Meningitis tuberculosa und
Tumoren und scheint durch Druck auf die Recurrensfasern im
Gehirne zu entstehen.

2. Peripherische Glottislähmung durch Druck auf den Nervus
vagus und recurrens, herbeigeführt durch Vergrösserung der Schilddrüse, oder was häufiger der Fall, durch hyperplastische und
verkäste Lymphdrüsen bei scrophulösen Kindern.

3. Glottislähmung als Folgezustand katarrhalischer oder entzündlicher Kehlkopfaffectionen. Hieher gehören die Fälle von

Stimmbandlähmung nach Kehlkopfkatarrh, nach Diphtheritis und theilweise die von Gerhard auf idiomuskuläre Erkrankung zurückgeführte.

4. Reflectorische Stimmbandlähmung als Zeichen erschwerter Geschlechtsentwickelung und nach Beobachtung einiger Autoren in Folge von Wurmreiz. In zwei von mir beobachteten Fällen intermittirender Aphonie bei eilf und zwölf Jahre alten sehr nervösen Mädchen verschwand das Leiden nach achtzehn-, beziehungsweise zwanzigmonatlicher Dauer mit dem Eintritte der Menses für immer. Kinder zwischen dem zehnten bis vierzehnten Lebensjahre werden am häufigsten, Mädchen öfter als Knaben befallen.

Die Diagnose

wird durch die Spiegeluntersuchung ausser Zweifel gestellt; wo dieselbe nicht zu ermöglichen, sind der intermittirende Charakter der Stimmlosigheit, der Nachweis scrophulös entarteter Drüsen, kurz vorausgegangener Diphtheritis oder einer noch bestehenden Gehirnerkrankung, Schiefstehen des Kehldeckels werthvolle Anhaltspunkte. Einer Verwechselung der Glottislähmung mit einfachem chronischen Katarrh oder Kehlkopfgeschwülsten kann nur eine exacte Spiegeluntersuchung vorbeugen.

Behandlung.

Dieselbe ist eine causale und symptomatische. Liegen der Krankheit scrophulös entartete Drüsen zu Grunde, so sind der Leberthran, Jodeisen, Jodkali, jodhaltige Mineralwässer die entsprechenden Mittel; ist die Glottislähmung Folge der Diphtheritis, so sind Eisen, Chinin, Chinapräparate neben analeptischer Kost zu versuchen; darf als die Ursache erschwerte Geschlechtsentwickelung und allgemeine Anämie angesehen werden, so bekämpfe man das Leiden mit Eisen. Operativ sind vergrösserte Lymphdrüsen am Halse zu entfernen oder wo es nicht gerathen, durch Anwendung von Jodkali und Jodtinctur wenigstens zu verkleinern. Neben diesen der Aetiologie entsprechenden Heilversuchen wird in jüngster Zeit die Heilgymnastik (Bruns) und die Elektrotherapie mehrseitig gerühmt und anempfohlen. Die erstere besteht darin, dass man bei eingelegtem Kehlkopfspiegel die Vocale erst für sich und dann in Verbindung mit einem Consonanten der Reihe nach möglichst laut aussprechen lässt, die letztere in der cutanen Faradisation der Nervi vagi am Halse oder in der directen Anwendung des unterbrochenen oder besser

des constanten Stromes mittelst des Laryngeal-Galvaniser von
Morel Mackenzie. Bei Kindern wird die cutane Faradisation
aus leicht erklärlichen Gründen öfter Anwendung finden müssen
als die directe.

6. Fremde Körper in den Luftwegen.

Fremde Körper gelangen entweder von aussen in die Luftwege, und dies sind die häufigeren Fälle, oder sie stammen aus dem
Organismus selbst. Zu ersteren gehören Bohnen, Erbsen, Glasperlen,
Fruchtsteine, Münzen, Pillen, Zuckerwerk, Knochenstücke, Fischgräten, halbgekautes Fleisch, Nadeln, kleine Nägel, Steinchen,
Knöpfe, Zähne, Charpiekugeln, Schrotkörner etc., zu letzteren
Spulwürmer, Eiter oder Blut aus Hals und Retropharyngealab-
scessen, oder endlich käsige Massen aus scrophulösen Bronchialdrüsen.

Symptome.

Je nachdem der Fremdkörper grösser oder kleiner, fest, fast
weich, schmelzend oder flüssig, eckig oder rundlich, scharfkantig
und spitz oder stumpf und glatt ist, kann er in den Luftwegen
verschiedene mechanische und nutritive Störungen hervorrufen
und unterhalten. Flüssige, leicht schmelzbare und weiche Körper
verursachen in der Regel heftige, krampfhafte Hustenparoxysmen
mit Stickanfällen unter grosser Aufregung der Kinder, welche
Erscheinungen schwinden, sobald die genannten Gegenstände aus
den Luftwegen durch Husten oder Brechen herausbefördert werden. Spitze, scharfkantige Körper setzen sich entweder im Kehlkopfe, in der Trachea oder in einem Bronchus fest und bedingen
neben theilweiser oder gänzlicher Unwegsamkeit der Luftwege in
der Regel starke Reizung, selbst Ulceration der Schleimhaut, zuweilen Abscessbildung und Perforation der Luftwege mit Wanderung der Fremdkörper in entferntere Gegenden. Rundliche
feste, specifisch nicht sehr schwere Körper mit glatter Oberfläche,
werden, ehe sie sich irgendwo festsetzen, gewöhnlich durch den
respiratorischen Luftstrom in der Trachea auf- und abwärts bewegt, was mit einem über der Luftröhre deutlich hörbaren Geräusche geschieht, wobei der Hustenreiz und die Suffocationserscheinungen sich bald steigern, bald wieder schwinden, oder können
durch forcirte Inspiration in einen grossen, häufiger den rechten,
oder in einen Bronchus zweiter Kategorie getrieben werden, wo-

durch das Athmungsgeräusch an der betreffenden Lungenhälfte auffallend abgeschwächt wird. Emphysem selbst mit Ruptur des Lungengewebes, Atelectase, Abscessbildung und Pneumonie bilden die Veränderungen der Lunge, welche bei lethalem Ausgange sich vorfinden. Als interessanten Befund sah ich einmal bei einem wegen Croup tracheotomirten Kinde einen mehrere Zoll langen Spulwurm in der Trachea und dem rechten Bronchus und das den Bronchus unmittelbar umgebende Lungengewebe im Zustande pneumonischer Infiltration.

Wird der Fremdkörper nicht entfernt, so tritt der Tod entweder bald in Folge von Suffocation oder erst später selbst zwei bis drei Wochen noch darnach unter Hinzutritt der oben genannten Lungenkrankheiten ein.

Die Prognose,

welche stets zweifelhaft zu stellen ist, richtet sich überdies nach dem Volumen und der Qualität des eingedrungenen Fremdkörpers, sowie nach dem Alter des Kindes.

Behandlung.

Um den Fremdkörper zu entfernen, suche man zunächst starke Exspirationen hervorzurufen, indem man den Kopf des Kindes rasch nach abwärts richtet und durch Schütteln und Schlagen auf den Rücken Husten hervorruft. Neben diesem Manöver werden gewöhnlich Brech- und Niessmittel angewendet, obgleich dieselben bei spitzen scharfkantigen Gegenständen eher schaden als nützen. Bleiben diese Mittel ohne Erfolg, nimmt dagegen die Suffocation, die Unruhe, Cyanose sichtlich zu, so schreitet man, ohne viel Zeit zu verlieren, zur Tracheotomie, um den Fremdkörper mittelst der Storchschnabelpinzette aufzusuchen und zu entfernen. Wird die Operation nicht erlaubt oder ist es nach Vollendung derselben nicht gelungen, den Fremdkörper aufzufinden, so ist die weitere Behandlung eine den Folgezuständen entsprechende symptomatische.

C. Krankheiten der Trachea.

Die Krankheiten der Trachea sind nur selten primär auf diesen Abschnitt der Luftwege beschränkt, öfter bilden sie eine Theilerscheinung katarrhalischer oder entzündlicher Erkrankung der Respirationsschleimhaut überhaupt. So findet

sich Katarrh, Croup. Diphtheritis der Trachea neben ähnlichen
Processen des Kehlkopfes, der Bronchien und der Lunge. — Ihre
Symptome fallen in der Regel mit denen dieser Organe zusammen und erheischen keine specielle Behandlung. — Ausser diesen
genannten Krankheiten begegnet man selten bei mit Lues behafteten Kindern einer syphilitischen Erkrankung der Trachea
in Form von oberflächlichen oder tiefgreifenden Geschwüren und
mit Zerstörung einzelner Knorpelringe und nachfolgender Steno-
sirung der Trachea, wie Gerhardt und ich an einem zwölf
Jahre alten Knaben beobachtet.

Ausnahmsweise entwickeln sich Polypen auf der Schleimhaut der Trachea und bedingen dann der Stenose ähnliche Symptome. Durch Losreissen des Polypen und Festsetzen desselben
zwischen den Stimmbändern kann, wie Lieutaud gesehen, plötzlicher Erstickungstod eintreten.

Bezüglich der fremden Körper, welche in die Luftröhre
eindringen, verweise ich auf das frühere Kapitel über Fremdkörper in den Luftwegen.

Verdünnung, Usurirung oder vollständige Perforation der Trachealwand in grösserem oder geringerem Umfange wird manchesmal durch hyperplastische, entzündete und
verkäste Lymphdrüsen herbeigeführt. Meistens ist die seitliche
oder hintere Wand der Trachea der Sitz dieser Veränderungen,
und kann es geschehen, dass durch Eindringen abgelöster Drüsen-
stücke in die Trachea, beziehungsweise den Kehlkopf oder die
Bronchien Erstickung oder tödtliche Pneumonie herbeigeführt wird.
Im Prager Kinderspitale sind vier hieher bezügliche Präparate
aufbewahrt, zweimal erfolgte der Tod urplötzlich; die betreffenden
Fälle sind durch Löschner, Steiner und Neureutter veröffentlicht. — Die Durchbruchsöffnungen sind theils rundlich erbsengross, theils länglich, und finden sich dreimal in der unteren
Hälfte der Trachea, rechterseits nahe an der Bifurcation, einmal
am Hauptbronchus.

Ausser den Stenosen durch Veränderungen im Innern der
Trachea werden ferner noch beobachtet Compressionsste-
nosen durch Druck von Aussen. Dieselben werden verursacht
durch Kropf, übermässig vergrösserte Lymphdrüsen, Sarcoma an
der vorderen Halsgegend, wie ich einen ausgezeichneten Fall beobachtet, wo sowohl der Kehlkopf als der obere Theil der Trachea
in Form eines Fagottmundstückes platt gedrückt war, und im

Leben Zeichen hochgradiger Stenose mit Stickanfällen längere Zeit andauerten, bis der Tod erfolgte.

Dass auch eine übermässig grosse Thymus Compression der Trachea bewirken könne, wird von einigen Autoren angenommen.

Als Symptome der Trachealstenose dürfen erschwertes, keuchendes, nicht selten laut hörbares Athmen, welches besonders in der horizontalen Rückenlage stärker hervortritt, Cyanose des Gesichtes und der Schleimhäute, kleiner, selbst aussetzender Puls bei klarer, sonorer Stimme, wenn nicht gleichzeitig der Kehlkopf erkrankt ist, verwerthet werden. Der meist chronische Verlauf und eine gewissenhafte Benützung der Anamnese, sowie der gleichzeitige Nachweis von Syphilis, Scrophulose, Drüsen — Tumoren, Kropfgeschwülsten etc. können die Diagnose erleichtern.

Die Behandlung der Trachealstenosen ist eine vorzugsweise causale und dem jeweiligen Befunde anzupassen.

D. Krankheiten der Schilddrüse.

Die Schilddrüse ist, wenn man vom Kropfe absieht, bei Kindern nur äusserst selten Sitz pathologischer Vorgänge. Zu letzteren gehören die in der Literatur verzeichneten spärlichen Fälle von traumatischer Entzündung derselben, von Tuberculose, wie ich selbst beobachtet, und von Carcinom (Demme).

Kropf, Struma.

Seltener als angeborener, öfter als erworbener Zustand kommt der Kropf bei Kindern nicht in der Häufigkeit vor wie bei Erwachsenen, am meisten noch findet er sich endemisch in Kropfgegenden.

Die anatomische Veränderung besteht entweder und zwar öfter in einer blosen Hyperplasie der physiologischen Drüsenelemente und stellt der Kropf dann eine gleichmässige Geschwulst dar (Struma lymphatica), oder die Vergrösserung besteht in einzelnen verschieden grossen Colloidknoten oder Cysten (Struma cystica). Die Volumszunahme trifft die Schilddrüse in ihrem Ganzen oder nur einen Theil derselben, und bildet dem entsprechend bald

eine gleichmässige symmetrische, bald eine höckerige, den einen
oder den anderen Lappen der Drüse einnehmende Geschwulst.
Verkalkung der Schilddrüse ist wohl nur eine sehr seltene Beobachtung.

Symptome.

Der angeborene Kropf, fast stets lymphatischer Natur, hat
für die damit behafteten Kinder eine sehr ernste Bedeutung, gewöhnlich kommen sie scheintodt zur Welt, athmen schwer und
geräuschvoll und in nicht ausgiebiger Weise, wollen die Brust
nicht nehmen, schreien mit schwacher und heiserer Stimme und
sterben meist schon kurze Zeit nach der Geburt. Werden sie
einige Tage am Leben erhalten, so kommen zu den erwähnten
Symptomen noch die der andauernden Stenose der ersten Luftwege, und findet man bei den Sectionen solcher Kinder Atelectase,
Bronchopneumonie, Oedem der Lunge, hochgradige Stase im
Venensystem und ausserdem Hyperämie und Oedem des Gehirns
(Bednar). — Nur leichtere Grade der angeborenen Kropfge-
schwulst lassen ein Gedeihen des Kindes beobachten. — Ich sah
von einer mit hochgradiger Struma behafteten Mutter ein an
diesem Uebel leidendes Kind zur Welt kommen, welches schon
eine halbe Stunde nach der Geburt asphyctisch verschied. Zwei
Jahre vorher hatte sie ein mit Struma behaftetes Kind geboren,
welches nach fünfzehn Tagen starb. Die Geburt war beide Male
keine schwere. Die übrigen fünf Kinder zeigten keine Spur
dieses Leidens bis auf die älteste Tochter, bei welcher von dem
achten Lebensjahre an die Schilddrüse sich auffallend stark entwickelte.

Als erworbener Zustand entwickelt sich der Kropf gewöhnlich in der Periode zwischen der zweiten Zahnung und der Geschlechtsentwickelung, Mädchen sind häufiger damit behaftet als
Knaben; tritt das Leiden in kropffreien Gegenden auf, so lässt
sich oft genug eine Struma an der Mutter, dem Vater oder den
Grosseltern nachweisen. In Kropfgegenden ist das Leiden eine
häufige Erscheinung. Der erworbene Kropf wird gewöhnlich nur
als Schönheitsfehler lästig, lebensgefährliche Symptome, wie sie bei
angeborener Struma aufgeführt wurden, kommen innerhalb der
Grenzen des Kindesalters wohl nur sehr ausnahmsweise vor. Ich
sah ein Kind von zehn Jahren in Folge eines fast kindskopf-
grossen Kropfes unter den Zeichen der Stenose zu Grunde gehen.

Behandlung.

Bei angeborenem Kropfe sei man vor Allem bemüht, die bei Asphyxie genannten Mittel in Anwendung zu bringen, um einerseits kräftige Athembewegungen hervorzurufen, andererseits eine genügende Ernährung zu ermöglichen. Zur Verkleinerung der Geschwülste sind Jodmittel zu versuchen, doch gehört ein glücklicher Erfolg nicht zu den häufigen Vorkommnissen. Gegen erworbenen Kropf haben sich noch immer am besten die Jodpräparate bewährt: Jodtinctur in Zwischenräumen von zwei bis drei Tagen einzupinseln oder Jodkalisalbe, subcutane Injection von Jodlösung, ausserdem innerlicher Gebrauch von Jodkali und jodhaltigen Mineralwässern (Hall, Kreuznach, Krankenheil, Adelheidquelle) sind die entsprechenden, doch mit Vorsicht anzuwendenden Mittel. Cystenkropf wurde einigemale (Bruns, Demme) durch die Operation der Cystenspaltung mit Anheftung der Wundränder an die getrennte Cystenwandung glücklich beseitigt. Stammen die Kinder aus Kropfgegenden, so empfehle man ihnen einen längeren Wechsel des Aufenthaltsortes.

E. Krankeiten der Bronchien und der Lunge.

1. Bronchialkatarrh, Catarrhus bronchialis acutus, chronicus, Bronchitis catarrh. sicca.

Der Luftröhrenkatarrh bildet bei Kindern neben dem Darmkatarrhe eine der häufigsten Krankheiten. Im Kinderspitale zu Prag kommen auf 9000 jährlicher Patienten durchschnittlich 1300 mit Katarrh der Luftwege. Derselbe ist entweder ein primärer oder secundärer, ein acuter oder chronischer.

Anatomie.

Die Schleimhaut der Bronchien ist entweder punktförmig oder allgemein injicirt, geschwellt, sammtartig gewulstet und mit vermehrter zellenreicher oder schleimig eiteriger Absonderung versehen. Die Bronchien selbst sind bei längerer Dauer des Katarrhs verdickt und cylindrisch, selten sackförmig erweitert. Diese Veränderungen beschränken sich entweder nur auf die oberen Luftröhrenäste mit Einschluss der Trachea (Tracheobronchitis) oder sie steigen tiefer hinab bis in die Capillarbronchien (Bronchitis capillaris), nicht selten greift der Process von den Capillarbronchien auf die von ihnen gespeisten Alveolen über und setzt daselbst reichliche Zellenwucherung mit knotiger Verdickung des Lungengewebes (Katarrhalische Pneumonie), Hypertrophie der Bronchialdrüsen, Atelectase und Emphysem der Lunge, sowie manchmal Entzündung der Pleura bilden andere Folgezustände des Luftröhrenkatarrhes.

Symptome und Verlauf.

Dieselben sind nach dem Alter des Kindes und nach der Ausdehnung des Katarrhes bald nur leichte, schnell vorübergehende, bald wieder sehr ernste und lebensgefährliche. Als das wichtigste Zeichen macht sich der Husten bemerkbar, welcher anfangs hart, trocken, schmerzhaft und bei gewissen Formen, wie vor dem Ausbruche der Masern ungemein neckend und quälend ist, nach einigen Tagen aber weich, feucht und rasselnd wird. Neben dem Husten treten Athembeschwerden auf, welche desto heftiger sind, je ausgebreiteter der Katarrh und je jünger die Kinder sind; man zählt nicht selten 50 — 70 Athemzüge und selbst darüber in der Minute, wobei alle Hilfsmuskeln in Thätigkeit versetzt werden. Betrifft das Leiden Säuglinge, so nehmen sie die Brust gar nicht oder machen nur kurze Züge. Aeltere Kinder klagen über Schmerzen auf der Brust oder im Rücken. Die Palpation ist bei dieser Krankheit von grossem Werthe und ergibt tastbare Rasselgeräusche verschiedener Qualität, am meisten über den abhängigen Lungenpartien. Sind dieselben blos als fortgepflanztes Geräusch durch Schleimansammlung im Kehlkopfe bedingt, so schwinden sie bald nach kräftigem Abhusten. Weniger Aufschluss gibt die Percussion und lässt ausser einem mehr oder weniger tympanitischen Schall keine anderweitigen Veränderungen erkennen. Bei der Auscultation hört man raubes, vesiculäres Athmen, zahlreiche oder spärliche, grob- oder feinblasige Rasselgeräusche, letztere besonders bei Katarrh der Capillarbronchien, ausserdem Schnurren und Pfeifen bei geringer Secretion. Sehr ausgebreitetes und dichtes Rasseln deckt mitunter vollständig das Athmungsgeräusch; Fieberbewegungen können fehlen, nur in leichtem Grade, aber auch in heftiger Weise vorkommen. Das letztere wird öfter bei Säuglingen beobachtet. Ist der Katarrh sehr verbreitet und namentlich ein grosser Theil der Capillarbronchien ergriffen, so bemächtigt sich der Kinder grosse Angst und Unruhe, das Gesicht ist leicht gedunsen, cyanotisch, mit einem Stich in's Bleigraue, die Augen glotzen, reichliche

Schweisse treten auf der Stirne hervor, der Puls ist frequent und klein, die Haut eher kühl anzufühlen, die Urinmenge gering mit Ueberschuss von Harnsäure. Auf dem Höhepunkte der Krankheit treten theils durch Stauungshyperämie, theils durch Kohlensäureintoxication hervorgerufene Hirnerscheinungen hinzu und führen oft rasch den Tod herbei. Der acute Bronchialkatarrh geht leicht über in den chronischen; dies gilt besonders von scrophulösen und rachitischen Kindern, und bietet dann die Untersuchung zu verschiedenen Zeiten verschiedene Veränderungen. Der Husten ist vorherrschend feucht mit reichlicher schleimig-eiteriger oft klumpiger Absonderung der Schleimhaut, und wird nur zeitweise, namentlich während der Nacht, mehr trocken. — Bronchiectasie, Bronchopneumonie und eine gewisse Form von Bronchophthisis sind nicht selten die Complicationen und Folgekrankheiten des chronischen Luftröhrenkatarrhes. — Bei manchen Kindern stellt sich ein äusserst hartnäckiger und ausgebreiteter Luftröhrenkatarrh oft schon in den ersten Wochen oder Monaten nach der Geburt ein und nimmt dann einen chronischen jahrelangen Verlauf mit zeitweise auftretender acuter Verschlimmerung. Solche Kinder athmen meist etwas schwer, lasssen ein lautes Röcheln oder Rasseln vernehmen und werden besonders zur Nachtzeit von starken Hustenanfällen, ähnlich wie sie bei Keuchhusten vorkommen, und mit Erbrechen von klumpigen Schleimmassen endigen, befallen.

Als Bronchitis sicca (trockener Bronchialkatarrh) habe ich bei Kindern zwischen dem ersten bis vierten Jahre einen selten vorkommenden eigenthümlichen Zustand der Bronchialschleimhaut beobachtet, wobei dieselbe und zwar schon vom Beginne der Bifurcation bis hinab in die Bronchiolen durchwegs ungewöhnlich hyperämisch, stark geschwellt, jedoch ohne jedes Secret oder nur mit ganz geringen Spuren desselben sich zeigt. Emphysem, Hyperämie der Lunge, Alveolarcollapsus, Schwellung und Verkäsung der Bronchialdrüsen, ferner Stauungshyperämie und seröse Ausschwitzung im Gehirne, sowie allgemeine Abmagerung und Anämie bilden die weiteren Folgeerscheinungen dieser interessanten Krankheit.

Die Symptome

bestehen in erschwertem mühevollen Athmen, mit zeitweise auftretenden asthmatischen Anfällen, in häufig wiederkehrendem Hustenreiz und wirklichen starken Hustenanfällen; dabei ist der

Husten ein vollkommen trockener und pfeifendes Schleimrasseln
nicht zu vernehmen, Sputa werden nicht aus den Bronchien herausbefördert. Die Percussion ergibt selten vollen, mehr oder weniger
tympanitischen Schall, die Auscultation ein rauhes, vesiculäres
Athmen und trockene Rhonchi, bei vorgeschrittener Krankheit wird
das Athmungsgeräusch schwächer, und Zeichen der Stauungshyperämie, sowie mangelhafter Oxydation des Blutes treten hinzu. Unter
allmähligem Marasmus gehen die so erkrankten Kinder fast immer
nach sechs- bis achtmonatlicher Dauer des Leidens zu Grunde.

Die Ursachen

des Bronchialkatarrhes sind theils solche, welche in primärer Weise
denselben hervorrufen, wie Erkältung, wodurch das Leiden auch
in epidemischer Verbreitung zu Stande kommt, Einathmen von
chemisch und mechanisch verunreinigter Luft, kalte, feuchte
Wohnungen, oder der Katarrh ist ein secundärer, symptomatischer im Verlaufe anderer acuter und chronischer Krankheiten.
Zu diesen gehören die Masern, der Keuchhusten, Rachitis, Scrophulose, Syphilis, Pneumonie, Croup, Typhus, seltener Variola,
Scarlatina. Eine besondere katarrhalische Disposition unabhängig
von Scrophulose und Rachitis bei einzelnen Kindern oder ganzen
Familien ist ausser Zweifel gesetzt und zeigen die häufig wiederkehrenden Bronchialkatarrhe dann eine gewisse Hartnäckigkeit.

Die Prognose

ist in primären leichteren Formen stets eine gute, bei grosser
Ausdehnung des Katarrhes besonders auf die Capillarbronchien
ist dieselbe immer mit Vorsicht zu stellen und dabei vor Allem
das Alter und der übrige Gesundheitszustand des Kindes zu berücksichtigen. — Ausgedehnte Luftröhrenkatarrhe bei kleinen
Säuglingen sind meist lebensgefährlich.

Behandlung.

Leichtere Katarrhe erfordern keine andere Behandlung als
Aufenthalt in gleichmässig temperirten, gut gelüfteten Zimmern
und Darreichung lauwarmer Getränke, wie Flieder- oder Brustthee,
Milch etc. Zur Entfernung des reichlichen Bronchialsecretes
wende man ein Infusum rad. ipecacuanh. e gran. 4—6 ad unc.
quatuor mit Oxymel scillae und Syrup. althaeae, den Salmiak in
einem schleimigen Vehikel oder bei grosser Athemnoth ein Brechmittel an. Sind bereits die Zeichen der Kohlensäureintoxication

vorhanden, so wirken in der Regel die Brechmittel gar nicht
mehr oder nicht ausgiebig genug. Zur Bekämpfung des hartnäckigen Hustenreizes sind Opiate, aqua laurocer., aq. ccrass.
nigr., Extr. Hyoscyami, Belladonna, Extr. canab. indic., Tra opii
benzoica zu versuchen. — Bei fieberhaften Katarrhen leisten Ableitungen auf die Haut oder den Darmkanal oft sehr gute Dienste,
auch Speckeinreibungen oder Einreibungen eines anderen reinen
Fettes auf Brust und Rücken erleichtern in der Regel den Husten.
Ist die Schleimproduction eine sehr reichliche und die Athemnoth
gross, mache man von den narcotischen Mitteln nur einen be-
schränkten und vorsichtigen Gebrauch, und wende dagegen bald
Reizmittel, wie Liquor ammon. anisat., Tra ferri acet. aether.,
flores benzoes oder Wein rechtzeitig an.

Gegen den chronischen Luftröhrenkatarrh und gegen die
Bronchitis sicca sind vor allem die Secretion bethätigende Mittel,
wie Inhalationen einfacher oder mit Medicamenten wie Salmiak,
Kochsalz etc. versetzter Wasserdämpfe, ausserdem Stimulantien
und zeitweise Narcotica zu empfehlen.

Ist der Katarrh durch Scrophulose, Rachitis, Syphilis, Tuberculose bedingt und unterhalten, so müssen ausserdem diese genannten Leiden berücksichtigt werden.

Um häufig wiederkehrenden Luftröhrenkatarrhen vorzubeugen
und die Disposition dazu abzuschwächen, ist eine vernünftig und
allmählig durchgeführte Abhärtungskur das einzige und sicherste
Mittel. Tägliche Abreibungen der Kinder mit anfangs abge-
schreektem, später kaltem Wasser, im Sommer kalte Bäder und
Schwimmen, eine der Jahreszeit entsprechende nicht zu warme
Kleidung und nicht zu ängstliches Absperren der Kinder von der
Luft auch bei weniger schöner Witterung sind die Wege, um
dieses zu erreichen.

2. Keuchhusten, Tussis convulsiva, Pertussis.

Der Keuchhusten ist ein epidemisch contagiöser Bronchialkatarrh mit krampfhaften Hustenanfällen.

Von den anatomischen Veränderungen gehören streng
genommen nur die Zeichen des Katarrhes in den Luftwegen dem
Wesen der Krankheit an, während die übrigen Befunde, wie lobuläre und lobäre Pneumonie, Bronchiectasie, Emphysem, chronische
Bronchoadenitis, Tuberculose der Drüsen und Lungen, Pleuritis,

Pericarditis, Hydrocephalus, Hämorrhagien der Lungen und des Gehirns (Löschner) nur Folgezustände sind.

Symptome und Verlauf.

Die Krankheit lässt sich in drei mehr oder weniger scharf geschiedene Stadien eintheilen.

1. Stadium (katarrhalisches Stadium; St. prodromorum, s. invasionis). Dasselbe beginnt mit katarrhalischen Zeichen der Luftwege; öfteres Niesen, Ausfluss aus der Nase, Thränen und Röthung der Augen, Kitzel im Halse und ein trockener häufig wiederkehrender, neckender Husten, welcher besonders gegen Abend und während der Nacht auftritt, manchmal selbst Heiserkeit und Pseudocroup, ferner leichte abendliche Fieberexacerbation, Eingenommenheit des Kopfes, verstimmtes unruhiges Wesen der Kinder bilden den Symptomencomplex dieses Stadiums, welches nur einige Tage oder bis zwei Wochen dauert. Auscultation und Percussion lassen ausser den Zeichen des Luftröhrenkatarrhes keine anderweitige Störung wahrnehmen.

2. Stadium. (St. convulsionum s. nervosum). Der Husten tritt in scharf abgegrenzten, mehr oder weniger heftigen Paroxysmen auf. Jeder Anfall besteht aus zahlreichen, stossweise erfolgenden, krampfhaften Exspirationen, auf welche eine tiefe laut pfeifende oder krähende Inspiration und endlich, nachdem dieser Hustenact sich noch ein- oder mehreremal in kurzen Pausen wiederholt hat, Auswurf oder Erbrechen von zähen Schleimmassen folgt. Dabei wird das Gesicht blauroth, die Augen treten hervor, sind stärker injicirt, die Halsvenen sind stark gefüllt. Bei manchen Kindern macht sich ein eigenes Vorgefühl, wie Kitzel im Halse, Druck oder Brennen unter dem Sternum, eine gewisse Aengstlichkeit oder schnelleres Athmen bemerkbar. Der einzelne Anfall dauert eine halbe bis drei Minuten, selten darüber, die Zahl derselben schwankt zwischen 12—60 in 24 Stunden. Die Heftigkeit der Anfälle steht zu der Zahl im umgekehrten Verhältnisse; während der Nacht treten sie häufiger auf als am Tage — Gemüthsaffecte, namentlich Aufregung, Zorn, Eigensinn, Lachen, Schreien, hastiges Essen und Trinken, plötzliche Lageveränderungen rufen die Anfälle hervor; sind mehrere keuchhustenkranke Kinder beisammen und fängt eines an zu husten, so folgen bald die andern nach.

Die physikalische Untersuchung lässt in diesem Stadium, wenn die Krankheit nicht complicirt ist, einen diffusen Bronchialkatarrh, Schnurren, Pfeifen, gross- und kleinblasiges Rasseln nachweisen; auscultirt man während des Anfalles, so ist in der Regel fast kein oder nur ein schwaches Athmungsgeräusch wahrzunehmen und der Percussionsschall etwas kürzer, gedämpft und höher, im Momente der Inspiration jedoch wieder voller. Sind Complicationen in der Lunge vorhanden, so entspricht der physikalische Befund denselben. — Das zweite Stadium verläuft fieberlos oder es ist Fieber mit abendlichen Exacerbationen vorhanden.

Die Dauer beträgt drei bis acht Wochen, nur selten noch mehr. Die meisten und wichtigsten Complicationen fallen in dieses Stadium.

3. Stadium. (St. decrementi, chronisch katarrhalisches auch blenorrhoisches Stadium).

Der Husten verliert mehr und mehr den convulsivischen Charakter, die Anfälle werden schwächer und kürzer, die lauten, ziehenden Inspirationen nicht mehr oder nur sehr selten vernommen, Erbrechen und Auswurf von reichlichen gelblich-grünen, klumpigen, schleimig-eiterigen Massen erfolgt leichter. Der Zustand nimmt den Charakter eines gewöhnlichen Bronchialkatarrhes an und schwindet nach zwei bis fünf Wochen gänzlich. Ausnahmsweise treten in diesem Stadium noch kurz dauernde Recidiven mit krampfhaften Paroxysmen auf.

Der Keuchhusten verläuft nicht immer in der eben angedeuteten Weise, Complicationen und Nachkrankheiten verschiedener Art können hinzutreten und denselben mehr oder weniger hartnäckig und gefährlich gestalten. Die Complicationen und Nachkrankheiten sind entweder mechanische, nutritive oder gemischte. Die ersteren treten gewöhnlich im zweiten, die letztern im dritten Stadium auf.

Zu den wichtigsten und häufigsten Complicationen gehören die Bronchitis capillaris, Broncho- und croupöse Pneumonie. Mit dem Auftreten der Lungenentzündung, namentlich der diffusen croupösen, werden die Hustenanfälle seltener und schwächer oder schweigen gänzlich, während das Athmen häufiger und schwerer wird.

Mechanische Complicationen sind interstitielles marginales Emphysem der Lunge, meist vorübergehend und nur selten zu Pneumothorax oder Hautemphysem führend, ferner durch Stauungshyperämie bedingte. Blutungen aus Nase, Mund, Bronchien, Lunge, aus dem Ohre mit Zerreissung des Trommelfells, Extravarate an der Conjunctiva bulbi und dem lockeren Zellgewebe der Augenlider, ferner unwillkührlicher Abgang von Stuhl und Urin, Hernien, Prolapsus des Mastdarmes und der Uretra bei Mädchen, Vergrösserung von Kröpfen und Hypertrophie des Herzens, und das diagnostisch nicht unwichtige Geschwür am Zungenbändchen, welches durch Verletzung desselben seitens der unteren scharfen Schneidezähne während der forcirten Hustenbewegungen zu Stande kommt und bei zahnlosen Kindern noch nicht beobachtet wird. Theils mechanisch, theils nutritiv sind die bei manchen Kindern auftretenden complicirenden Gehirnsymptome, wie Schlafsucht, grosse Unruhe, Convulsionen und Sopor, mitunter wird jeder Anfall von solchen heftigen Znfällen begleitet, und kann es geschehen, dass die Kinder während eines ecclamptischen Anfalles rasch sterben. Als nutritive Complicationen und Nachkrankheiten treten gastrische Störungen, Appetitmangel, Diarrhöe, käsige Bronchoadenitis, acuté und chronische Tuberculose, Anämie, Hydrops und Marasmus hinzu.

Croupöse Laryngitis, Pericarditis und Pleuritis bilden nicht häufige Complicationen. Bei gleichzeitigem Herrschen von Masern verlaufen beide Krankheiten nicht selten neben einander. Kinder, welche den Keuchhusten erst kürzlich überstanden haben, werden leicht wieder von Bronchitis mit keuchhustenähnlichen Paroxysmen befallen.

Ursachen.

Keuchhusten ist ein neurotischer contagiöser Bronchialkatarrh, das ansteckende Princip haftet wahrscheinlich an den mit dem Husten ausgestossenen Epithelien und Eiterkörperchen. Poulat will niedere Organismenkeime in der ausgeathmeten Luft gefunden haben; ich konnte in den mikroskopisch untersuchten Schleimmassen keine entdecken. Die Epidemien treten gerne im Winter und Frühling auf; Kinder von zwei bis sieben Jahren werden am meisten ergriffen, Säuglinge bleiben in der Regel verschont, doch habe ich den Keuchhusten schon bei zwei bis drei Wochen alten Kindern öfter beobachtet. Der Keuchhusten befällt die Kinder nur einmal, zweimaliges Auftreten sind seltenere Ausnahmen. Die Incubation beträgt wahrscheinlich drei bis sieben Tage. Schulen, Pensionate, Kirchen, öffentliche Spielplätze sind Herde der Ansteckung.

Diagnose.

Der cyclische Verlauf, die charakteristischen Hustenanfälle mit den langgezogenen lauten Inspirationen und das epidemische Herrschen der Krankheit machen die Diagnose in der Regel bald möglich. Das Vorhandensein des Geschwüres am Zungenbändchen erleichtert die Diagnose, hat jedoch nicht allgemeine Giltigkeit, da es bei einfacher Bronchitis und als Zeichen der Zahnung auch beobachtet wird. Die spastisch-convulsivischen Hustenanfälle bei chronischer Bronchoadenitis und bei einfacher Bronchitis kleiner Kinder unterscheiden sich durch das Fehlen der Reprise, die scharf begrenzten Paroxysmen, und den nicht cyclischen Verlauf.

Prognose.

Der Keuchhusten an und für sich ist eine nicht gefährliche Krankheit, kann es jedoch werden durch Complicationen und Nachkrankheiten; nicht gleichgiltig ist er im Säuglingsalter, bei scrophulösen, rachitischen und tuberculösen Kindern und wird dann nicht selten die Brücke zum frühen Tode derselben. Die Mortalität schwankt in den einzelnen Epidemien zwischen zwei bis fünfzehn Procent — Löschner fand sie in 700 Fällen zwischen 1 : 27 bis 30 Procent.

Behandlung

Als prophylaktische Massregel ist zunächst die Entfernung der noch nicht keuchhustenkranken Kinder aus der Familie und aus dem Orte der Epidemie geboten. Dies gilt besonders von rachitischen, scrophulösen oder schon lungenkranken Kindern, für welche der Keuchhusten eine viel schlimmere Bedeutung hat. — In diätetischer Beziehung lasse man keuchhustenkranke Kinder öftere und kleinere Mahlzeiten nehmen, die Kost sei eine leicht verdauliche und nahrhafte, für jüngere Kinder ist häufiger Milchgenuss zu empfehlen; Gemüthsaufregungen halte man möglichst ferne und sehe den Kindern während der Krankheit kleine Unarten eher nach. — Ist kein Fieber vorhanden, die Witterung nicht rauh, so schicke man die Kinder, auch im Winter durch einige Stunden in's Freie, da erfahrungsgemäss langer Aufenthalt im Freien, besonders im Sommer, die Zahl und Heftigkeit der Hustenanfälle verringert und abschwächt. — Luftveränderung kürzt die Krankheit in jedem Stadium oft überraschend ab, bewährt jedoch nicht immer diese wohlthätige Wirkung und

bringen auch weite Entfernungen selbst bis an die Meeresküste,
wie ich mich überzeugt, nicht immer die gehoffte Besserung. Ich
sah selbst bei Kindern, wo der Keuchhusten schon zwei bis drei
Wochen ganz geschwunden war, denselben nach der Rückkehr
an den Ort der Epidemie plötzlich wieder auftreten. Ein Specificum gegen die Krankheit besitzen wir nicht, und von den zahlreichen empfohlenen Mitteln verdient die Belladonna allein ($^1/_{10}$—$^1/_6$
—$^1/_2$ gran drei- bis viermal täglich und in allmählig steigender
Dosis) oder in Verbindung mit Chinin (zu $^1/_4$—1 gran pro dos.)
oder Zinkoxyd noch immer das meiste Vertrauen. Man steige
mit der Dosis der Belladonna unter genauer Controle der Kinder
und setze sie bei eintretenden Intoxicationserscheinungen auf einige
Zeit aus. Bei reichlicher Schleimbildung, spärlichem oder fehlendem Erbrechen leistet ein von Zeit zu Zeit gereichtes Brechmittel
oft gute Dienste. Zur leichteren Entfernung des zähen, oft
leimartig anhaftenden Bronchialsecretes sind Ipecacuanha und
besonders kohlensaure Alkalien, wie öfteres Trinken von Sodawasser vortheilhaft. Auch Einathmungen gewöhnlicher Wasserdämpfe (Löschner) oder von Solutionen des Bromkali oder
Bromammonium werden in dieser Beziehung gerühmt. Vom
Chloroform, der Einathmung der Gasreinigungsdämpfe in den
Gasanstalten, oder des Gazeöls zu Hause, dem Anilin-sulfuricum,
der subcutanen Injection mit Morphium und der systematisch
durchgeführten Kaltwasserbehandlung habe ich durchaus keine
in die Augen fallenden Resultate erlebt.

Das Chloralhydrat zu $^1/_2$ gran zwei- bis dreimal täglich in
Wasser oder Syrup gereicht, empfiehlt Adams. Treten Complicationen hinzu, so sind dieselben entsprechend zu behandeln.
Grosse Verlegenheiten und Gefahren bereiten die Blutungen,
welche, wie ich gesehen, mitunter durch jeden Anfall hervorgerufen und ziemlich heftig werden können. In einigen Fällen
solcher profuser Blutungen, wo die Kinder ausserdem jedes Me-
dicament zurückwiesen, hat mir in Eis abgekühlte Milch gute
Dienste geleistet. Im dritten Stadium besonders bei reichlicher
Secretion und Verdacht auf Tuberculose sind Chinin mit Tannin
oder Leberthran zu versuchen.

3. Lungenentzündung, Pneumonia.

Die Lungenentzündung bildet bei Kindern eine ebenso häufige als wichtige Krankheit. Im Prager Kinderspitale (Löschner)

kommen in einem Zeitraume von zehn Jahren durchschnittlich
10,181 Fälle von Pneumonie zur Beobachtung.

Alle Lungenentzündungen des Kindesalters lassen sich nach
ihren anatomischen Veränderungen, nach ihrem klinischen Verlaufe und ihren Ursachen in zwei Hauptformen bringen, die
c r o u p ö s e , l o b ä r e , häufiger primäre und die k a t a r r h a l i s c h e
l o b u l ä r e , auch B r o n c h o p n e u m o n i e genannt, vorzugsweise
secundärer Natur. Diese zeither übliche Eintheilung der Lungenentzündungen verdient ihres praktischen Werthes wegen auch
ferner beibehalten zu werden, wenngleich einige Bedenken dagegen nicht verschwiegen werden dürfen. So ist die lobuläre
Pneumonie unter Umständen keine katarrhalische, sondern croupöse, während die Bronchopneumonie nicht immer eine streng
lobuläre genannt werden darf, und sich auch auf grössere Lungenabschnitte oder ganze Lappen ausdehnt. Endlich wird von jedem
erfahrenen Kinderarzte zugestanden, dass es Fälle giebt, welche
am Krankenbette nur schwer oder gar nicht als die eine oder
die andere Form bezeichnet werden können.

a) Katarrhalische Pneumonie, Bronchopneumonie, lobuläre Pneumonie.

Die a n a t o m i s c h e n V e r ä n d e r u n g e n dieser Form bestehen zunächst, wie schon der Ausdruck lobuläre Pneumonie an-
deutet, in scharf umschriebenen, blaurothen oder dunkelbraun-
rothen mehr oder weniger härtlich anzufühlenden knotigen, meist
unter dem Niveau der lufthaltigen Lunge stehenden und durch
einen in die Bronchien eingeführten Tubus vollkommen, theilweise oder gar nicht aufblasbaren Herden. Diese Verdichtungen kommen in verschiedener Weise zu Stande, am häufigsten findet sich in den hyperämischen Lungenalveolen katarrhalisches Secret, abgestossene Epithelien oder reichliche Zellenwucherung vor, oder die Kern- und Zellenbildung ist gleichzeitig
eine extravesiculäre, endlich findet auch, wenngleich viel seltener,
eine fibrinöse Exsudation in den Alveolen statt. Ausgangspunkt
dieser Veränderungen bilden oft genug atelectatische Lungen-
herde. Diesen Vorgängen entsprechend sind die Schnittflächen
solcher Verdichtungen bald trocken, bald nur wenig feucht, oder
von schaumiger, zuweilen blutig gefärbter Flüssigkeit durchtränkt,
oder das Lungengewebe ist leberähnlich dicht, in Form von
Blättern schneidbar, auf der Schnittfläche deutlich fein oder grob-
körnig. Auch gleichzeitiges Vorkommen dieser verschiedenen Befunde habe ich beobachtet. Die Bronchialschleimhaut zeigt dabei in

verschiedener Ausdehnung häufig bis in die feinsten Capillarbronchien hinein katarrhalische Erkrankung mit schleimig eiterigem Secret und Dilatation derselben.

Als weitere Ausgänge dieser Verdichtungen werden Verflüssigung und Resorption der angehäuften Elemente mit Freiwerden
der Alveolen, ferner Verkäsung, callöse Induration, sehr selten
Gangrän und Abscessbildung beobachtet. Hauptsitz der lobulären
Pneumonie sind die hinteren abhängigen Partien der unteren,
selterer der oberen Lappen, in der Regel sind beide Lungen,
sehr ausnahmsweise nur eine ergriffen. Die Pleura ist dabei un-
betheiligt oder zeigt entsprechend den erkrankten Lungenparthien
zartfädige oder straffere Adhäsionen, nur sehr selten flockiges
Exsudat; Hyperplasie und Verkäsung der Bronchialdrüsen sind
ein fast nie fehlender Befund.

Symptome und Verlauf.

Die Zeichen der Krankheit entwickeln sich bald in etwas
rascher oder selbst stürmischer, bald wieder in schleichender Weise.
Nachdem der Katarrh der Luftwege schon längere oder kürzere
Zeit bestanden, stellen sich bei Kindern grosse Unruhe, weiner-
liches, verdriessliches Wesen und Fieberbewegungen ein, das
Athmen wird schwer, oberflächlich und beschleunigt (60—80
Athemzüge in der Minute). Das Exspirium ist scharf accentuirt
und der früher bestandene feuchte Husten wird trocken, neckend,
schmerzhaft, der Appetit verliert sich, Säuglinge wollen die Brust
nicht nehmen oder machen nur wenige, nicht ausgiebige Züge.
Nur selten werden schleimig eiterige, oder leicht blutig gezeichnete
Sputa ausgeworfen; bei kleinen Kindern findet sich öfter schau-
miges Secret zwischen den Lippen. Die Stimme ist unverändert
oder bei sehr ausgebreiteter Krankheit heiser und klanglos, wimmernd. Das Gesicht anfangs geröthet, wird später bleich oder
selbst cyanotisch, die Kinder nehmen gewöhnlich die Rückenlage
ein. Die Fiebercurve zeigt nicht die Höhe der croupösen Lungenentzündung und ist nicht wie bei dieser durch kritische Tage
ausgezeichnet.

Die Palpation ergibt bei stark verbreitetem Bronchialkatarrh Rasselgeräusche, die Percussion einen tympanitischen und
nur bei grösseren oder zusammenfliessenden lobulären Herden
einen kürzeren, keineswegs jedoch so vollkommen leeren Schall
wie bei der croupösen Pneumonie.

Bei der Auscultation vernimmt man bald ein rauhes,

scharfes, bald wieder abgeschwächtes Vesicularathmen und nebenbei spärliche oder dichte, ungleichblasige Rasselgeräusche, an der Lungenbasis hört man ziemlich constant feinblasiges consonirendes, mitunter ein deutliches Knisterrasseln, Bronchialathmen und Bronchophonie kommt nur bei grösseren Herden und dann nicht in der Stärke und Ausdehnung wie bei der croupösen Lungenentzündung zur Wahrnehmung. — Der Verlauf wickelt sich entweder in kurzer Zeit ab, was besonders bei der aus idiopathischem oder Masernkatarrh hervorgehenden Bronchopneumonie der Fall ist, oder er ist mehr subacut und chronisch von wochen- oder monatelanger Dauer mit Schwankungen zwischen Besserung oder Verschlimmerung, bis endlich eine vollständige Krise eintritt oder Folgezustände, wie Bronchiectasie, Schrumpfung oder Phthisis der Lunge nachkommen.

Bei kleinen, schwächlichen und rachitischen Kindern kann schon nach kurzer Dauer der Krankheit der Tod unter den Zeichen der Athmungsinsufficienz oder der Kohlensäure-Narcose eintreten.

Als Complicationen von Seite des Verdauungs- und Nervensystems werden öfter Diarrhöen mit schleimigen Stuhlentleerungen, Convulsionen, Somnolenz, häufiges Aufschrecken aus dem Schlafe und bei älteren Kindern Delirien beobachtet.

Ursachen.

In der Altersperiode vom sechsten Monate bis zum dritten Lebensjahre wird die Krankheit am häufigsten beobachtet, und zwar verhältnissmässig häufiger als die croupöse Pneumonie. Als vermittelnde Ursachen wirken der primäre, mitunter in epidemischer Verbreitung auftretende Luftröhrenkatarrh, oder was noch häufiger der Fall, die Katarrhe, welche die Masern, den Keuchhusten, die Rachitis, Scrophulose und den Croup begleiten; seltener kommt sie bei Variola, Scarlatina, Typhus etc. zur Entwickelung. Andauernde horizontale Rückenlage begünstigt besonders bei schwächlichen, herabgekommenen Kindern den Ausbruch der Krankheit. In mittelbarer Weise können rascher Temperaturwechsel, unvorsichtiges Gebahren beim Baden, Austragen, unvernünftige Abhärtungskuren, unzureichende Bekleidung Veranlassung zur Entstehung der Bronchopneumonie werden.

Die Diagnose

bietet unter Umständen fast keine, in manchen Fällen wieder grosse Schwierigkeiten, namentlich wenn es sich darum handelt, die katarrhalische von der croupösen Form zu unterscheiden. Die Entwickelung der Krankheit aus einem primären oder symptomatischen Katarrhe der Luftwege, der schleppende Verlauf mit der unsichern, schwankenden Fiebercurve, der Mangel der gesetzmässigen kritischen Tage, das meist doppelseitige Auftreten und die verzögerte Lösung im Zusammenhalte mit dem oben erörterten physikalischen Befunde sprechen in der Regel für das Vorhandensein einer Katarrhalpneumonie, nur ausnahmsweise gibt es Fälle, wo aus schon früher erwähnten Gründen die Diagnose nicht bestimmt ausgesprochen werden kann. Eine Verwechselung der Katarrhalpneumonie mit tuberculöser Phthise ist selbst bei kritischer Würdigung aller Symptome nicht immer zu vermeiden.

Die Prognose

ist nach den Erfahrungen aller Kinderärzte eine sehr unsichere und desto schlimmer, je jünger das Kind und je mehr es in der Ernährung herabgekommen ist. — Nach meiner Beobachtung sterben zwei Drittel der erkrankten Kinder, wobei ich nicht unerwähnt lassen will, dass die Spitalsstatistik bei weitem ungünstiger ausfällt als die der Stadtpraxis. Vogel verlor die Hälfte, Valleix 127 von 128, Ziemssen 36 von 98 Kindern. Die Dauer der Krankheit wechselt von zwei Wochen bis zu mehreren Monaten. Sehr beschleunigte oder auffallend verlangsamte ungleichförmige Respiration, plötzliches Aufhören des früher intensiven Hustens, Blauwerden der Hände und Füsse bei Sinken der Temperatur und Convulsionen sind untrügliche Zeichen eines schlimmen Ausganges oder des nahen Todes.

Behandlung.

Die Erfahrung, dass die Katarrhalpneumonie gewöhnlich aus einem Bronchialkatarrhe hervorgeht, fordert uns dringend auf, bei Säuglingen und Kindern im zweiten und dritten Lebensjahre jeden Katarrh ernster zu berücksichtigen. In prophylactischer Beziehung finden somit alle jene Massregeln Anwendung, welche beim Luftröhrenkatarrhe empfohlen wurden. Bei grosser Schleimanhäufung in den Bronchien sind Expectorantien wie Ipecacuanha, Oxymel scillae, Kermes, bei grosser Athemnoth und Suffocationserschei-

nungen Brechmittel zu reichen. Gegen den quälenden Hustenreiz dürfen narcotische Mittel, wie Syrup. diacod., Tra opii benzoica
oder simplex zu 2—4 Tropfen in mehrstündlichen Zeiträumen,
Pulv. Doweri zu $\frac{1}{3}$—$\frac{1}{2}$ gran pro dosi, das Extractum cannabis
indic. zu $\frac{1}{6}$—$\frac{1}{4}$—$\frac{1}{2}$ gran, Extractum hyoscyam., Belladonn. Lac-
tuariam etc. jedoch in vorsichtiger sparsamer Weise versucht wer-
den. Weit besser bewähren sich die Reizmittel, wie Tinct. ferr. acet.
aether., Liquor ammonii anisat., Benzoe oder Wein, von welchen
ich in der Regel schon frühzeitig und nicht erst bei eintretendem
Collapsus Gebrauch mache; überhaupt halte man als Regel fest
bei der Katarrhalpneumonie alle schwächenden, die organische
Energie herabsetzenden Mittel möglichst zu vermeiden und lieber
durch entsprechende Diät und Tonica die Kräfte zu heben. Die
von mehreren Seiten empfohlenen kalten Umschläge auf die Brust
dürfen nur mit Berücksichtigung des Fiebergrades und besonders
des Ernährungszustandes der Kinder Anwendung finden, nicht
selten beobachtete ich bei Gebrauch derselben eine auffallende
Verschlimmerung des Zustandes. Oefteres Wechseln der Lage ist
nothwendig; als antifebriles Mittel ist Chinin zu reichen.

b) Croupöse Pneumonie.

Anatomisch betrachtet, zeigt die acute lobäre oder croupöse Pneumonie der Kinder ähnlich wie bei Erwachsenen folgende
Veränderungen des Lungengewebes.

Im ersten Stadium der Krankheit — der entzündlichen
Anschoppung ist das Gewebe der ergriffenen Lunge durch
Hyperämie oder Stase blutreich, dunkelroth, geschwellt, fester
und luftarm, wird im zweiten Stadium, der rothen Hepatisation, durch Ablagerung eines fibrinhaltigen Exsudates in den
Alveolen und die nächst gelegenen kleinen Bronchien allmählig
luftleer, dicht, derb, umfangreicher, braunroth mit meist gleichmässig feinkörniger Schnittfläche. Im weiteren Verlaufe geht die
dunkelbraunrothe Farbe durch Druck seitens des Exsudates und
reichliche Zellenbildung allmählig in die gelbe, das Stadium der
gelben und schliesslich in die graulichgelbe Farbe über —
graue Hepatisation. — Bei massenhafter Zellenbildung zerfallen dieselben in eine rahmartige Flüssigkeit, wodurch die Lunge
mit Eiter infiltrirt wird (Stadium der eiterigen Infiltration). Ist
ein grosser Theil der Lunge ergriffen, so zeigt die auffallend
vergrösserte Lunge im Stadium der Hepatisation an ihrer Costal-
fläche nicht selten deutliche Rippeneindrücke.

Sowohl im Stadium der rothen wie gelben Hepatisation kann der verflüssigte Alveoleninhalt durch Aufsaugung und Aushusten entfernt und die Lunge wieder zum früheren normalen Verhalten zurückgeführt werden. Geschieht dieses nicht, tritt die Lösung nicht ein, so kommt es im weiteren Verlaufe zu Verkäsung, Vereiterung, selten Gangrän und ausnahmsweise zur Induration oder Cirrhose des Lungengewebes. In der Regel finden sich mehrere der genannten Stadien neben einander.

Ausser der Veränderung in der Lunge werden als nähere oder entferntere Folgezustände noch angetroffen Katarrh der Bronchien, Hyperämie oder Oedem der nicht entzündeten Lunge, Pleuritis, Pericarditis, Stauungshyperämie im Gehirne, der Leber und den Nieren, seltener Meningitis oder Nephritis.

Die croupöse Pneumonie befällt häufiger die rechte als die linke, öfter die unteren als die oberen Lappen, doch sind rechtsseitige Spitzenpneumonien bei Kindern keine seltene Erscheinung.

Symptome und Verlauf.

Die Krankheit tritt besonders bei primären Formen, in der Regel plötzlich auf. In vielen Fällen, doch nicht immer, namentlich bei schon älteren Kindern beginnt das Leiden mit einem deutlichen Schüttelfroste oder dem Gefühle von Frösteln, mit Erbrechen, seltener mit einem eclamptischen Anfalle. Diesen Initialsymptomen folgen bald febrile und respiratorische Störungen, die Kinder werden unruhig, ihr Schlaf ist nicht anhaltend, durch lebhafte, ängstliche Träume und Aufschrecken öfter unterbrochen. Die Temperatur hebt sich bis auf 40°, selbst 41° Cels., der Puls ist frequent, 140—160 in der Minute, dabei voll und gross. Das Athmen ist auffallend beschleunigt, mehr oberflächlich, die Inspiration kurz, unterbrochen, schmerzhaft, die Exspiration deutlich hörbar, mit Stöhnen verbunden. Die Nasenflügel heben und senken sich stürmisch, das Geschrei der Kinder ist nicht laut, kürzer oder besteht nur in Stöhnen und Wimmern.

Der Husten ist meist trocken, häufig und schmerzhaft, bei gleichzeitiger Bronchitis auch feucht, bei kleinen Kindern fehlt derselbe oft gänzlich. Auswurf kommt bei Kindern unter sechs Jahren fast nie vor, bei älteren Kindern ist er mehr oder weniger mit Blut gemischt, später selbst rostfarbig.

Wichtig und entscheidend sind die Zeichen der physikalischen

Untersuchung. Sie sind in den einzelnen Stadien der Krankheit folgende:

Stadium der entzündlichen Anschoppung. Die Mensuration gibt die normalen Zahlen, die Palpation mitunter etwas verstärkten Pectoralfremitus, die Percussion einen auffallend tympanitischen oder schon etwas kürzeren, mässig gedämpften Schall. Die Auscultation lässt in der Regel feinblasiges Rasseln, Knistern und ein unbestimmtes, abgeschwächtes Athmungsgeräusch vernehmen; verminderter Luftgehalt und klebrige Beschaffenheit der Alveolen sind der Grund davon.

Stadium der Hepatisation (rothe und gelbe). Die Mensuration zeigt bei grosser Ausdehnung der Entzündung eine Zunahme des Brustumfanges, entsprechend der kranken Seite, der Percussionsschall ist gedämpft, leer und zwar um so deutlicher, je ausgebreiteter die hepatisirten Stellen sind und je näher sie der Brustwand liegen. Centrale, vom Lungenhilus ausgehende und erst allmählig an die Oberfläche vordringende Hepatisation verursacht erst einige Tage später die Dämpfung. Liegen kleine Zellen lufthaltigen Gewebes zwischen verdichteten, so gelangt öfter das Geräusch des gesprungenen Topfes zur Beobachtung. Die Auscultation lässt lautes, helles, dem Ohre nahegerücktes Bronchialathmen entweder mit oder ohne klingende Rasselgeräusche und starke Bronchophonie hören.

Stadium der Lösung. Der verstärkte Pectoralfremitus weicht dem normalen Verhalten, der gedämpfte Percussionsschall geht rascher oder allmählig in den tympanitischen oder mässig gedämpften und endlich in den hellen vollen über; das Bronchialathmen und die Bronchophonie schwinden, feinblasige mehr oder weniger dichte Rasselgeräusche treten auf, zu denen sich auch grobblasige gesellen, bis das Athmen wieder vollkommen normal geworden ist.

Als seltene Erscheinung fand ich einige Male, dass die Lösung mit vollständiger Resorption erfolgt, ohne dass Rasselgeräusche vernommen werden. Das Bronchialathmen geht im Verlaufe von zwei bis fünf Tagen in das vesiculäre über ohne Zeichen von Rasseln.

Charakteristisch ist bei der croupösen Pneumonie das Verhalten der Körperwärme. Dieselbe steigt vom Augenblicke der Erkrankung an in ziemlich rascher Weise und erreicht schon in den ersten Tagen die Höhe von 40—41⁰ Cels., auf welcher sie mit geringen Schwankungen bis zum Eintritt der Lösung verharrt. Nach drei, fünf bis sieben Tagen oder auch später beginnt die Körperwärme zu sinken und mit ihr, wenn die Krise eine complete ist, auch der Puls und die Respirationsfrequenz. Dieser typische Gang der Temperatur erleidet eine Abweichung in jenen Fällen, wo die Entzündung, nachdem im früher ergriffenen Lungenabschnitte die Hepatisation noch vorhanden oder die Lösung bereits begonnen, die Entzündung sich in einem oder mehreren Nachschüben auf die anderen Lappen ausbreitet (Intermittirende, remittirende, saccadirte Pneumonie). Die Temperaturcurve wird unter solchen Umständen eine schwankende.

Die Pulsfrequenz entspricht in der Regel den Temperaturcurven und erreicht die Höhe von 130—160, bei kleinen Kindern auch noch darüber. Nur selten bleibt der Puls tiefer stehen, während die Eigenwärme sich merklich hebt.

Mitunter zeigt sich am zweiten bis fünften Tage ein über grosse Hautstrecken, namentlich des Rumpfes, ausgebreitetes intensives Stauungserythem, welches im Zusammenhalte mit dem hohen Fiebergrade leicht einen Scharlach vortäuschen kann. Der flüchtige Charakter und der Mangel der Abschuppung lassen das Erythem bald erkennen. Herpes facialis und zwar gewöhnlich an den Lippen, seltener auf der Stirne, Wange oder den Ohren, begleitet oft die Pneumonie der Kinder. Der Urin, in geringer Menge gelassen, zeigt einen Ueberschuss an Harnstoff und Harnsäure, dagegen einen Ausfall von Chloriden; auch Albumen kommt als vorübergehender Befund vor.

Eine nur dem Kindesalter eigenthümliche und vom gewöhnlichen Verlaufe abweichende Form bildet die unter schweren Hirnsymptomen auftretende und verlaufende croupöse Lungentzündung, von Rilliet und Barthez als Gehirnpneumonie beschrieben. Das Krankheitsbild passt in Folge der heftigen Gehirnsymptome mehr auf eine Meningitis als Pneumonie und haben die obengenannten Autoren, je nach dem Vorherrschen der Convulsionen oder Delirien eine eeclamptische und meningeale unterschieden. Die Spitzen- und centrale Pneumonie der Kinder zeigt oft diese Abweichung. Die Ursachen der Gehirnsymptome im Verlaufe der Pneumonie sind nicht immer dieselben, oft genug wirken mehrere gleichzeitig zusammen. Als solche sind zu nennen die vorherrschende Disposition des kindlichen Gehirnes im Allgemeinen bei Entzündungsprocessen anderer Organe in sympathischer Weise Theil zu nehmen, die Hyperämie des Gehirns aus gesteigerter Eigenwärme, die Stauungshyperämie der Meningen und des Gehirns, das gleichzeitige Vorkommen einer eiterigen Otitis, toxische Einwirkung des Blutes auf das Centralnervensystem, oder endlich die Gehirnsymptome sind reflectorische oder in seltenen Fällen von einer complicirenden Meningitis abhängig.

Sehstörungen oder vorübergehende Blindheit, wie sie in seltenen Ausnahmen von croupöser Pneumonie vorkommen, sind auf Hirnanämie und arterielle Anämie der Retina (G r ä f e , H e n o c h) zu beziehen.

Die vollständige K r i s e als Uebergang zur Genesung erfolgt gewöhnlich unter entschiedenem Sinken der Temperatur, der Puls- und Athemfrequenz, die Haut wird feucht oder ein stärkerer Schweiss tritt ein. Der Husten wird häufiger, locker und schmerzlos, Schlaf und Appetit kehren zurück, die Diurese wird reichlicher.

Als C o m p l i c a t i o n e n der croupösen Pneumonie sind zu nennen die P l e u r i t i s , und zwar treten beide Processe entweder gleichzeitig auf oder die Pleuritis gesellt sich erst hinzu (Pleuropneumonie). Heftige stechende Brustschmerzen, kurze oberflächliche Athemzüge und ein trockener, neckender, schmerzhafter Husten sind Zeichen der gleichzeitigen Pleuritis. Andere Complicationen sind der D a r m k a t a r r h , P e r i c a r d i t i s , B r o n c h i t i s , M e n i n g i t i s , e i t e r i g e O t i t i s i n t e r n a u n d l e i c h t e r I c t e r u s in Folge von Stauungshyperämie in der Leber, wie ich einige Male bei Säuglingen beobachtet.

Der V e r l a u f der Krankheit ist ein typischer, die Dauer beträgt durchschnittlich fünf bis zehn Tage, ist überhaupt eine kürzere als bei Erwachsenen.

Der häufigste A u s g a n g ist der in Genesung und kann dieselbe, wie ich mich überzeugt, schon im Stadium der entzündlichen Anschoppung erfolgen. Der Ausgang in Verkäsung des Infiltrates, Induration, Gangrän oder Abscessbildung ist im Kindesalter ein nicht häufiger. Ausbleiben der Lösung, Fortdauer des Fiebers, reichlicher, schleimiger, eiteriger oder brandig riechender, jauchiger Auswurf, Einsinken des Brustkorbes sind die entsprechenden klinischen Anhaltspunkte. Der Tod wird bedingt bei sehr ausgebreiteter, stürmisch entstandener Hepatisation durch Erstickung, durch Oedem in den freigebliebenen Lungenparthien, durch seröse Ausschwitzung im Gehirne und andere complicirende Krankheiten.

Ursachen.

Croupöse Pneumonie kommt schon angeboren vor, die erworbene ist in der Regel eine primäre, seltener eine secundäre, tritt mitunter in epidemischer Verbreitung, häufiger sporadisch auf; die primäre Pneumonie wird hervorgerufen durch gewisse Witterungsverhältnisse, durch Einathmen schlechter, verdorbener Luft oder Aufenthalt in kalten, feuchten Wohnungen. Knaben werden häufiger ergriffen als Mädchen; unter 1000 Fällen fand ich 610 Knaben und 390 Mädchen. Einmal überstandene Pneumonie hinterlässt gerne die Neigung zu weiteren Lungenentzündungen, bei manchen Kindern wiederholt sich dieselbe bis zum vollendeten Zahnwechsel drei-, vier- bis fünfmal. Sowohl gesunde und kräftige, wie schwächliche und kranke Kinder werden von Pneumonie befallen. Als secundäre Krankheit wird Pneumonie beobachtet im Verlaufe von Croup, der acuten Exantheme, bei Typhus, Rachitis, Pyämie, Rheumatismus, Hirnkrankheiten, Wechselfieber und Sklerem der Neugeborenen, als metastatische durch Embolien in der Lungenarterie.

Diagnose.

Der Schwerpunkt derselben beruht in der physikalischen Untersuchung und zwar bei Kindern um so mehr, als der Auswurf und die subjectiven Symptome fehlen und nur theilweise zu errathen sind. Pleuritis unterscheidet sich von der Pneumonie durch stärkeren Schmerz, kurzen neckenden Husten, Unbeweglichkeit der leidenden Seite bei der Respiration, abgeschwächten Stimmfremitus, vermehrte Resistenz bei der Percussion, tiefen Stand des Zwerchfelles, Verdrängung des Herzens und das pleuritische Reibungsgeräusch, ein bei Kindern nicht häufiges Vorkommniss. Die Unterschiede der croupösen und Katarrhalpneumonie sind schon bei der letzten erwähnt. Eine Verwechselung der sogenannten Gehirnpneumonie mit Meningitis ist in den ersten Tagen der Krankheit leicht möglich, die hohe Temperatur, der typische Verlauf und vor Allem die physikalischen Symptome lassen die Pneumonie bald erkennen. Der meist fieberlose Verlauf der Atelectase und der bei letzterer abgeschwächte Pectoralfremitus lassen eine Verwechselung derselben mit Pneumonie vermeiden.

Die Prognose

ist im Allgemeinen günstiger als bei Erwachsenen. Je älter und kräftiger das Kind, je weniger ausgedehnt die Entzündung, je regelmässiger der Verlauf und je geringer die Complicationen, desto besser gestaltet sich die Prognose. Primäre Pneumonien lassen eine bessere Prognose zu als secundäre. Das Sterblichkeitsverhältniss ist von verschiedenen Autoren verschieden angesetzt und schwankt zwischen 4—25 Procent, nach meinen Erfahrungen beträgt dasselbe im Durchschnitt 5—8 Procent.

Behandlung.

Dieselbe ist eine vorzugsweise diätetisch - symptomatische. Strenge Ruhe, gleichmässige Zimmertemperatur von 14—16° R., öfter gereichtes Getränke von Wasser, Limonade, Gersten- oder Haferschleim reichen in leichten Fällen hin. Im Stadium der entzündlichen Anschoppung werden mit unzweifelhaftem Nutzen und Erleichterung Hautreize, wie Sinapismen, Krenteige etc. angewendet, Blutentziehungen können ohne Nachtheil für die Kinder unterlassen werden. Um das Fieber herabzusetzen, sind Digitalis, Chinin, Nitrum, Kali aert. solut. und die Tra veratri üblich. Digitalis und Veratrin bedingen leicht Verdauungsstörungen und toxische Nebenwirkungen. Das beste und einfachste Mittel in dieser Richtung sind öfter gewechselte kalte Umschläge. Gegen den schmerzhaften und quälenden Husten bringen die Narcotica, Aqua lauroc., Aq. cerass. nigr., Opium, Pulv. Doweri, Extract. hyoseyami oder Belladonna gewöhnlich Erleichterung. Im Stadium der Lösung sind Expectorantien, am besten die Ipecacuanha allein oder mit einigen Tropfen Liquor ammon. anisat. anzuwenden. Bei schwächlichen, herabgekommenen Kindern, sehr ausgebreiteter Hepatisation und Zeichen des Collapsus greife man bald zu Reizmitteln und wende Wein, Rumwasser, Tra ferri acet. aether, Flores Benzoes oder Liquor ammon. anis. an, ich sah von rechtzeitig gebrauchten Reizmitteln bei Pneumonie kleiner Kinder oft eine an's Wunderbare grenzende Wirkung und vertraue ihnen bei Behandlung der Lungenentzündung am meisten. Nimmt die Pneumonie den Ausgang in Induration oder Verkäsung, so verschafft man den Kindern, wo es möglich, einen Aufenthalt in gesunder milder Luft, jeder Katarrh muss sorgfältig verhütet, der bereits ausgebrochene erist genommen werden. Leberthran ist solchen Kindern zu empfehlen. Abscessbildung und Gangrän erheischt eine diesen Ausgängen entsprechende Behandlung.

4. Lungenemphysem.

Das Lungenemphysem, jener pathologische Zustand, wobei die Lungenbläschen durch Verlust der Elasticität und Contractilität sich erweitern, atrophiren und unter Schwund der Zwischenwände zu grösseren Blasen zusammenfliessen, kommt unter der schweren Form, wie es bei Erwachsenen beobachtet wird (als substantives Emphysem) im Kindesalter nur selten vor, dagegen gehören geringere und schnell vorübergehende Grade dieses Uebels bei Kindern zu den häufigen Vorkommnissen.

Anatomisch unterscheidet man das vesieuläre und interlobuläre Emphysem. Bei ersterem sind die Lungenalveolen stark gedunsen, mit theils einzeln stehenden, theils gruppirten erbsen- bis haselnussgrossen, sehr dünnwandigen Blasen an der Oberfläche. Das Gewebe ist blutarm, nur selten pigmentirt, die Bläschen atrophisch, die Gefässe verödet. Sitz des Emphysems sind meist die Spitze und vorderen Ränder der Lunge.

Das interlobuläre Emphysem oder Austritt der Luft in das interstitielle Zellgewebe kommt durch Zerreissung von Lungenbläschen zu Stande. Es erscheinen an der Oberfläche theils blasige, theils streifige Luftmassen, die abgehobene Pleura reisst in seltenen Fällen ein und die Luft dringt in den Thorax oder der Austritt derselben erfolgt in das die Bronchien umgebende Bindegewebe, in das Mediastinum antieum und von da aus in das Zellgewebe des Halses und der Haut (Emphys. eutaneum).

Die letzte Ursache des Emphysems sind längere Zeit sich wiederholende foreirte In- und Exspirationsbewegungen und wahrscheinlich gleichzeitige Ernährungsstörung der Alveolenwandungen. Zur Entstehung des Emphysems führen somit bei Kindern vor allem Bronchitis catarrhalis oder Bronchitis sicca, katarrhalische und croupöse Pneumonie, Croup, Keuchhusten und Tuberculose, Störuma, Fremdkörper in den Luftwegen, auch Compression einzelner Theile oder einer ganzen Lunge ruft in den noch athmungsfähigen Lungenparthien Emphysem hervor dasselbe kommt ferner zu Stande durch Dispnoe in der Agone durch hochgradige Verkrümmung der Wirbelsäule und Ver-

schiebung des Brustkorbes. Ob durch Lufteinblasen bei asphyk-
tischen Neugeborenen Emphysem hervorgerufen wird, dürfte noch
immer zu bezweifeln sein. Die auch von mir bestätigte Thatsache, dass Emphysem in manchen Familien erblich vorkomme,
scheint in der Erblichkeit der katarrhalischen Disposition ihren
Grund zu haben. — Auch als angeborener Zustand wurde Emphysem von H e c k e r u. A. beobachtet.

Symptome und Verlauf.

Geringe Grade von Lungenemphysem machen keine klinisch
wahrnehmbaren Erscheinungen, bei längerer Dauer und stärkerer
Entwickelung des Leidens werden folgende Symptome als mehr
oder weniger constant sich nachweisen lassen. — Der Brustkorb
ist merklich erweitert, ohne jedoch die ausgesprochene Fassform
der Erwachsenen zu erreichen, das Zwerchfell steht tief, das
Athmen ist erschwert, die peripneumonische Furche vorhanden,
die Dämpfung des Herzens geringer, der Spitzenstoss schwach,
der Arterienpuls klein, die Hautvenen besonders an der Brust-
fläche überfüllt und erweitert, das Gesicht leicht gedunsen, Hautfarbe bleich oder cyanotisch. Die physikalische Untersuchung
lässt bei der Percussion meist einen hellen, vollen, dabei tympanitischen Schall, bei der Auscultation schwaches Vesicularathmen
und bei vorhandenem Katarrh der Luftwege Rasselgeräusche,
Pfeifen, Schnurren vernehmen. — Diese Zeichen können jedoch
durch die Symptome der primären Krankheit mehr oder weniger
gedeckt und alterirt werden.

Da das Emphysem bei Kindern nur sehr ausnahmsweise
stationär wird, so sind selbstverständlich die Folgen und Complicationen desselben wie Stauungshyperämie in der Leber, Milz
und den Nieren, Hypertrophie des Herzens gar nicht oder nur
in geringem Grade vorhanden; dagegen entwickelt sich bei Kindern oft schon früh Stauungshyperämie im Gehirn mit lebensgefährlichen Zufällen.

Emphysem wird bei Kindern meistens und bald wieder rückgängig. Dies sehen wir am deutlichsten beim Keuchhusten, bei
welchem es wohl nur sehr selten fehlt. Der Tod erfolgt fast nie
durch das Emphysem selbst, sondern durch die zu Grunde liegende
primitive Krankheit.

Die Prognose

ist bei Kindern im Allgemeinen günstiger als bei Erwachsenen, doch werden dabei stets die Krankheitsursachen, die Ausbreitung des Emphysems, die secundären und complicirenden Krankheiten sowie das Alter der Kinder zu berücksichtigen sein.

Behandlung.

Auf das Emphysem selbst kann die Behandlung nur einen sehr geringen und keineswegs unmittelbaren Einfluss nehmen. Dieselbe muss zunächst gegen die das Emphysem bedingenden primitiven Krankheiten oder Folgeübel gerichtet sein. Liegt dem Emphysem Keuchhusten zu Grunde, so werden die Mittel versucht, welche bei dieser Krankheit erfahrungsgemäss lindernd einwirken, wird es durch chronischen Luftröhrenkatarrh unterhalten, so sind Erkältungen, namentlich bei trockener kalter Winterluft sorgfältig zu vermeiden und Mittel anzuwenden, welche den Katarrh begrenzen; ist eine Struma die Ursache, so müssen die Jodpräparate versucht werden. Gegen Athembeschwerden besonders geschwächter Kinder empfehlen sich Wein, Liquor. ammonii anisat., Benzoe, kräftige Diät und zeitweise wiederholte Hautreize. Auch Einathmungen gewöhnlicher Wasserdämpfe oder medicamentöser Stoffe, wie Salmiak, Terpentin etc. verschaffen mitunter vorübergehende Erleichterung. Einathmung comprimirter Luft und die Elektricität scheinen den gehegten Erwartungen nicht zu entsprechen; die von mehreren Seiten empfohlene Nux vomica und das Strychnin lassen in der Regel im Stiche. — Winteraufenthalt in einem südlichen klimatischen Kurorte und die Seeluft sind, wo es die Verhältnisse gestatten, zu empfehlen.

5. Atelectasis pulmonum.

Atelectase ist jener nicht entzündliche Zustand der Lunge, wenn dieselbe in ihrer Gänze oder in einzelnen scharf umschriebenen Herden luftleer geblieben oder geworden ist, und in Folge dessen die Alveolen collabiren. Die Atelectase ist entweder eine angeborene — gewissermassen Fortdauer des fötalen Zustandes — oder eine erworbene.

Anatomie.

Die Veränderungen betreffen entweder grössere Abschnitte oder nur kleine Herde der Lunge; sie finden sich mit Vorliebe an

den hinteren unteren Abschnitten der untern Lungenlappen und an
den freien Lungenrändern. Dunklere, braunrothe, bläulichrothe
oder stahlblaue, unter dem Niveau der lufthaltigen Lunge stehende
Inseln oder häufiger mehrere Zoll lange Streifen bilden die schon
von aussen wahrnehmbare Veränderung. Atelectatische Lungen
fühlen sich schlaff und weich an, sinken, in's Wasser gebracht,
leicht unter, lassen sich mittelst Lufteinblasen wieder ausdehnen
und zeigen auf der gleichmässigen, nicht kernigen Schnittfläche
etwas blutige, seröse luftfreie Flüssigkeit. Bei länger andauern-
dem Collapsus und stärkerer Hyperämie und Oedem nehmen die
atelectatischen Lungeninseln eine etwas derbere Consistenz an,
ähnlich dem Muskelfleische oder werden selbst durch hinzutretende
Wucherungen des interstitiellen Bindegewebes härtlich, dicht. In
den Bronchien atelectatischer Lungen wurden auch Meconium
und Haare gefunden.

Symptome und Verlauf.

Die Zeichen der Atelectase äussern sich zunächst in Störungen der Respiration und Circulation. Kinder mit angeborener
Atelectase kommen oft scheintodt zur Welt; das Athmen geht
schwer und in unzureichender Weise von statten, die Elevationen
des Brustkorbes sind beschleunigt, seicht und unregelmässig, an
der Grenze zwischen Brust und Unterleib zeigt sich eine starke
Einziehung (peripneumonische Furche), die Kinder schreien nicht
laut, lassen nur schwache wimmernde Töne vernehmen, an die
Brust gelegt, saugen sie nur schwach oder gar nicht, schlafen
viel; ihr Gesicht ist mehr oder weniger cyanotisch und blass, die
Hauttemperatur niedrig, der Puls klein. Unter Zunahme dieser
Beschwerden und Hinzutreten von Convulsionen erfolgt einige
oder wenige Tage nach der Geburt der Tod, wenn es nicht gelingt, die Respiration kräftig zu gestalten; im letzteren Falle schwinden die Erscheinungen der Athmungsinsufficienz und mangel-
haften Oxydation des Blutes immer mehr und mehr, so dass das
Kind nach wochen- oder selbst monatelanger Dauer der Atelectase
in den vollkommen normalen Zustand gelangt.

Die Symptome der erworbenen und angeborenen Atelectase
bestehen in Athmungsinsufficienz und Störungen des Kreislaufes,
welche je nach dem Alter des Kindes, nach der Ausbreitung und
nach der mehr acuten oder schleichenden Entwickelung des Processes verschiedene Grade der Heftigkeit annehmen. Fieber-

bewegungen fehlen in der Regel, wenn nicht eine andere Complication solche bedingt.

Die physikalische Untersuchung liefert bei sehr geringer und
spärlicher Entwickelung der Atelectase kaum wesentliche, bei
ausgebreiteter Erkrankung der Lunge jedoch deutlich wahrnehmbare Zeichen. Die Mensuration ergibt weniger bei Neugeborenen,
wohl aber bei wochen- oder monatealten Kindern entweder einen
geringen Umfang des ganzen Brustkorbes bei doppelseitiger gleich-
gradiger Atelectase, oder nur der einen Hälfte, wenn eine Lunge
überwiegend atelectatisch ist.

Die Percussion wird nur bei ausgebreiteten und mehr oberflächlich gelagerten luftleeren Inseln einen kurzen, gedämpften
Schall ergeben, kleine zerstreute und nach Innen gelagerte Stellen
lassen sich mittelst der Percussion nicht entdecken. Ebenso bleibt
die Auscultation bei geringer Entwickelung des Zustandes resultatlos, ausgebreitete Atelectase bedingt ein schwaches vesiculäres,
bei Neugeborenen oft kaum vernehmbares Athmen, bei gleichzeitigem Katarrhe der Luftwege sind ausserdem diesem zukommenden Rasselgeräusche und zeitweise auftretender Husten vorhanden. Verstopfung grösserer Bronchien erzeugt abgeschwächten
Stimmfremitus, welcher nach Freiwerden der ersteren wieder verschwindet. Blutüberfüllung und Oedem der freigebliebenen Lunge,
kleiner frequenter Puls, verstärkter Herzstoss und breitere Herzdämpfung, Cyanose und Oedem der Haut, passive Hyperämie und
Oedem des Gehirns, Thrombose der Hirnsinus, Albuminurie und
längeres Offenbleiben der fötalen Kreislaufswege sind mehr oder
weniger constante Folgen der Atelectase auf dem Gebiete der
Circulation.

Die Ursachen

der Atelectase können verschieden sein. Angeborene Schwäche,
Asphyxie und Ansammlung von Schleim oder Fruchtwasser in
den gröberen und feineren Bronchien bedingt die angeborene gewissermassen primäre Atelectase; die Ursachen der erworbenen
Atelectase lassen sich sämmtlich auf drei Bedingungen zurückführen, nämlich 1) Verstopfung der Bronchien, 2) Schwäche der
respiratorischen Muskulatur und 3) Compression der Lunge.

In dieser angedeuteten Weise führen bei jüngeren und älteren
Kindern Bronchialkatarrh, namentlich der chronische, Eindringen
von Fremdkörpern in die Luftwege, Neubildungen der Lunge,
Exsudate, Luftansammlungen und Geschwülste im Pleurasacke

Herzhypertrophie, mässige Pericardialexsudate, schwächende Krankheiten, wie Typhus, Cholera, chronische Darmkatarrhe, lang andauernde horizontale Rückenlage, Diformitäten und Rachitis des Brustkorbes, Hochstand des Zwerchfelles durch Ansammlung von Gas oder Flüssigkeiten im Unterleibe, schneller oder langsamer, partielle oder ausgebreitete Atelectase herbei.

Die Prognose

richtet sich nach der, jedem einzelnen Falle zu Grunde liegenden Ursache, nach der Möglichkeit, dieselbe entfernen zu können und nach der Ausdehnung des Uebels selbst. Ausgebreitete Atelectase neugeborener Kinder ist jedoch stets ein ernster Zustand.

Behandlung.

Dieselbe ist stets und vorzüglich eine ursächliche. Bei angeborener Atelectase wird es sich zunächst darum handeln, einerseits die Luftwege frei zu machen, andererseits die Kräfte zu heben und den Athmungsprocess in Gang zu bringen. Ein Brechmittel, am besten ein Infus. ipecacuanh. mit Oxymel scillae, ferner Exsitantien, wie Wein, Liquor ammon. anis., die Tra ferri acet. aeth. tropfenweise gereicht, Hautreize, bestehend in Essigabreibungen, Senfteigen, Reiben und Bürsten der Haut, abwechselnd warme und kalte Bäder und vielleicht die Elektricität sind die entsprechenden Mittel. Bildet der chronische Bronchialkatarrh die Grundlage des Uebels, so sind Expectorantien, schleimauflösende Inhalationen etc. anzuwenden, bei Rachitis der Leberthran, Eisen zu reichen; schwächliche, herabgekommene Kinder verlangen vor Allem eine kräftigende Diät, ausserdem Chinin und andere Tonica. — Zu vermeiden sind alle die Lungenthätigkeit herabsetzenden Mittel wie Narcotica, selbst wenn der Luftröhrenkatarrh durch quälende Hustenanfälle dazu auffordert.

6. Lungenphthise, Phthisis pulmonalis.

Der Ausdruck Phthisis bezeichnet keine selbstständige Krankheit der Lunge, sondern nur den Ausgang gewisser pathologischer Processe, und darf daher auch in diesem Sinne als klinische Diagnose nicht verwerthet werden. Die Lungenphthise entsteht entweder aus Tuberculose oder aus chronischer lobulärer und lobärer Pneumonie, endlich aus chronischer Bronchitis, und sind demnach diesen anatomischen Ursachen zu Folge eine tuberculöse, eine pneumonische und bronchitische Phthisis zu unterscheiden. Was das Ueberwiegen der einen oder anderen dieser Formen im Kindesalter betrifft, so fand ich in 52 genau verzeichneten Fällen sechszehnmal die reine aus Pneumonie und Bronchitis hervorgegangene, achtzehnmal die tuberculöse und achtzehnmal die gemischte Form, d. h. chronische Pneumonie und Knötchenbildung nebeneinander, ohne dass immer mit Bestimmtheit entschieden werden konnte, welche die primäre und welche die sesundäre Veränderung.

Phthisis aus Tuberculose.

Die Tuberkeln, jene durch Wucherung von Zellen in den äusseren Wandungen der Capillargefässe, der Lymphgefässe oder im interstitiellem Zellgewebe entstehenden Knötchen oder Lymphome, sei es nun auf entzündlichem oder neoplastischem Wege, was noch nicht ganz entschieden, kommen in der Lunge entweder als Miliartuberkel oder als grössere graue und gelbe Knoten zur Beobachtung. Cavernenbildung, Verödung, bei Kindern nur sehr selten Verkreidung bilden weitere Metamorphosen. Sie kommen häufiger in beiden, selten nur in einer Lunge vor, die rechte Lunge und die oberen Lappen sind öfter Sitz derselben als die linke und die unteren Lappen. Tuberkel finden sich ausserdem gewöhnlich gleichzeitig an den serösen Häuten und den parenchymatösen Organen des Unterleibes, ferner im Darmkanal und Kehlkopfe vor. Als fast ausnahmslose Regel gilt, dass neben den Miliartuberkeln der Lunge ein oder mehrere ältere käsige oder eiternde Krankheitsherde aufgefunden werden, am häufigsten in den Bronchialdrüsen, in den Lungen oder in einem anderen entfernt gelegenen Organe, wie es der Serophulose zukommt. Nur in seltenen Ausnahmsfällen ist als die Ursache und Infectionsherd der Tuberkeln kein Herd aufzufinden und die Tuberculose eine idiopathische. — Andere anatomische Befunde bilden Veränderungen nicht tuberculöser Natur, wie Pneumonie, Oedem und Lungenemphysem, Bronchialkatarrh, pleuritische Adhäsionen, Fettleber, Speckmilz, fettige und amyloide Entartung der Niere, Hydropsien.

Symptome und Verlauf.

Die Krankheit tritt entweder sehr acut und unter stürmischen Symptomen oder mehr schleichend und in chronischer Weise mit anfänglich scheinbar sehr leichten Störungen auf, selbst eine kürzere oder längere Latenz kann nicht in Abrede gestellt werden.

Oefter wiederkehrende hartnäckige Katarrhe mit vorherrschend trockenem, bei Tag und Nacht auftretenden Husten, Fieberbewegungen mit schwankender Curve und zeitweisen, vollständigen Remissionen, eine allmählige, meist entschieden fortschreitende Abmagerung mit Blass- und Welkwerden der Haut und eine gesteigerte Athemfrequenz (50–60 selbst 80 Respirationen in der Minute) sind die wichtigeren Zeichen. Die Handteller und Fusssohlen fühlen sich oft brennend heiss an, der Schlaf ist unruhig und von schreckhaften Träumen begleitet, der Stuhl meist normal und nur bei gleichzeitigem Katarrh und Tuberculose des Darmes diarrhoisch; allgemeine Hyperästhesie der Hautdecken wird öfter beobachtet. Ist der Verlauf mehr chronisch, so sinken die Kräfte in langsamer Weise, oder es tritt selbst zeitweiser Stillstand des Leidens ein, Abmagerung bis zum Skelette mit faltiger, schlaffer Haut, quälender Husten mit oder ohne Auswurf, Delirien, Decubitus, Oedeme und Hämorrhagien der Hautdecken gesellen sich im weiteren Verlaufe hinzu. Durch complicirende Meningitis, Peritonitis u. a. wird der Symptomencomplex mehr oder weniger verändert.

Die physikalische Untersuchung ergibt nicht immer scharf zutreffende Zeichen. Bei der Miliartuberculose entsprechen dieselben bald nur einem verbreiteten Katarrhe, oder einer capillären Bronchitis und nur bei grösseren Tuberkelknoten der Bronchopneumonie, bei Hohlraumbildung wird das cavernöse Athmen und der tympanitisch gedämpfte Schall zu verwerthen sein.

Der Tod erfolgt durch Allgemeinwerden der Tuberculose, durch Hinzukommen einer secundären Pneumonie, einer Meningitis, Peritonitis, vorzugsweise aber durch die hochgradige Erschöpfung.

Die Ursachen

finden sich bei der Tuberculose als Allgemeinleiden aufgeführt.

Die Diagnose

der miliaren Form stüzt sich zunächst auf die Schwere der allgemeinen Erkrankung im Zusammenhalte mit dem ganz negativen oder geringen physikalischen Befunde der Brustorgane; bei grösseren tuberculösen Herden und Cavernen auf den Nachweis derselben. Eine Verwechselung der acuten Miliartuberculose mit

Typhus wird durch das nicht typische Verhalten der Fiebersymptome, das Fehlen des Exanthems und eines sich unter der
Hand entwickelnden Milztumors, sowie durch den weiteren Verlauf in den meisten Fällen vermeiden lassen.

Prognose.

Miliartuberkel der Lunge führt in der Regel zum Tode, obgleich die Möglichkeit einer Heilung unter Induration und Verkalkung der Knötchen nicht in Abrede gestellt werden kann.
Allgemeine Tuberculose vieler Organe ist fast immer tödtlich.

Die Behandlung

der tuberculösen Lungenphthise fällt theils mit der der Tuberculose im Allgemeinen, theils mit der später bei Pneumophthisis
zu erwähnenden zusammen.

Phthisis aus chronischer Pneumonie und Bronchitis.

Chronische Pneumonie und zwar sowohl die in kleinen umschriebenen Herden auftretende (chronische disseminirte und Katarrhalpneumonie) als auch die diffuse führen unter theils ver-
erbten, theils erworbenen Einflüssen zur Lungenphthisis.
Die anatomischen Veränderungen stets entzündlichen Ursprunges bestehen theils in zerstreuten, spärlichen, theils in zahlreichen, meist über beide Lungen ausgebreiteten gelblichen oder
selbst schwefelgelben trockenen Knoten oder inselförmig einge-
lagerten Platten, in deren Umgebung sich nicht selten mehr oder
weniger miliare Knötchen jüngeren Datums befinden. Geht die
Phthise aus einer nicht zur Lösung gelangten diffusen, croupösen
Pneumonie hervor, so sind die Herde grössere, betreffen einen
ganzen Lappen oder einen grösseren Theil desselben und befallen
mit Vorliebe die oberen Lappen. In anderen Fällen bleibt die
chronische Pneumonie nicht auf dieser Stufe der Entwickelung
stehen, sondern in den gelben Herden entsteht ausser der Ver-
schrumpfung und dem Zerfall der Zellen auch noch Erweichung
und Verflüssigung dieser Massen und durch Umsichgreifen der ent-
zündlich-ulcerösen Processe Hohlräume verschiedener Grösse, d. i.
Cavernen. Durch Zusammenfliessen mehrerer kleiner Höhlen entstehen grössere unregelmässige mit zottigen, fetzigen Wandungen
versehene Cavernen. Bronchiectasien, schwielige Verdichtung, Ver-
schrumpfung und narbige Einziehung des Lungengewebes bilden
nicht seltene Befunde. Dringen die Cavernen bis zur Pleura

vor, was bei Kindern eben nicht oft geschieht, so kann Durchbruch derselben und Pneumothorax erfolgen. Die Pleura betheiligt
sich fast immer in Form von festen Adhärenzen oder schwarten-
artiger Verdichtung derselben. Consecutive Einziehung der Brustwand wird nur bei älteren Kindern beobachtet.

Symptome und Verlauf.

Die Krankheitszeichen dieser Form der Lungensphthise
knüpfen an die chronische Pneumonie oder Bronchitis und bieten
somit im Beginne des Leidens die diesen Processen entsprechenden
functionellen und physikalischen Symptome. Eine lang dauernde
entweder gar nicht oder nur unvollständig zur Lösung gelangende
pneumonische Infiltration mit deutlichen Consonanzerscheinungen
oder nicht nachweisbare lobuläre käsige Herde, welche allmählig
zahlreicher werdend mit hartnäckigem Katarrh einhergehen,
trockener, quälender, mitunter selbst krampfartiger Husten, nicht
entsprechende Entwickelung der Kinder, im Gegentheil Abnahme
des Körpergewichtes, blasse, trockene, welke und sich abschil-
fernde Haut, geringe Fiebersymptome mit schwankender Curve,
ernstes, trauriges Wesen der Kinder, sind bald verdächtige, auf
Lungenphthisis zu beziehende Symptome und zwar um so sicherer,
wenn Scrophulose und Tuberculose in der Familie erblich oder
die Lymphdrüsen solcher Kinder bereits ältere Krankheitsherde
entdecken lassen. Geht die Phthisis mit eiteriger Schmelzung des
Infiltrates und des Lungengewebes (Cavernenbildung) einher oder
ist die Hohlraumbildung eine bronchiectatische, so beobachtet man
neben den Zeichen der allmählig vorschreitenden Consumption
mehr oder weniger reichlichen, schleimig-eiterigen, selten grau-
gelben, klumpigen Auswurf mit Zerfallsproducten, welche dann
und wann blutig gezeichnet sind. Das Athmen ist selbst bei zahlreichen und grossen Cavernen in der Regel nicht erschwert und
beschleunigt, und wird es gewöhnlich erst unter Hinzutreten frischer
Pneumonie. Blutspeien in grösserem Massstabe, wie es bei Erwachsenen vorkommt ist bei Kindern eine seltene, von mir jedoch
schon bei dreijährigen Kindern gesehene Erscheinung. Cavernöses
Bronchialathmen, grossblasige Rasselgeräusche, tympanitisch gedämpfter Percussionsschall treten unter solchen Umständen auf,
müssen jedoch bei Kindern, wenn sie nicht schon einen perma-
nenten hohen Grad erreicht haben, mit Vorsicht verwerthet werden. Unter anfangs unsicheren, später jedoch regelmässig wiederkehrenden Fiebererscheinungen mit vorausgehendem Froste und

nachfolgendem Schweisse gesellt sich gerne Wassersucht als Ausdruck allgemeiner Anämie und Circulationsstörung oder was häufiger der Fall durch gleichzeitige amyloide Nierenentartung ein; auf der Haut treten mitunter zahlreiche hämorrhagische Punkte oder Flecken auf und bei Darmgeschwüren hartnäckige Diarrhöen mit schleimig eiterig-blutigen Stuhlentleerungen, bei gleichzeitigen Kehlkopfgeschwüren Heiserkeit oder Stimmlosigkeit.

Der Tod erfolgt entweder durch die Lungenaffection selbst oder unter Hinzutreten einer tuberculösen Meningitis, Peritonitis oder allgemein verbreiteter Infectionsgranulose; im letzteren Falle steigern sich die febrilen Symptome in erheblicher Weise und dauern bis zum Tode an.

Ursachen.

Als Ursache dieser Form der Phthise sind erbliche Zustände, wie Scrophulose, Tuberculose und Syphilis der Eltern, oder Scrophulose der Kinder, Aufenthalt in feuchter, schlechter Luft, neugebauten und nicht vollkommen ausgetrockneten Häusern, ein Klima mit schnellen Temperaturschwankungen und reichlichen Niederschlägen, Keuchhusten und Masern zu nennen.

Prognose.

Chronische Pneumonie mit Ausgang in Phthisis ist unter allen Umständen eine bedenkliche Krankheit, schliesst jedoch die Möglichkeit eines längeren Stillstandes oder selbst einer vollständigen Heilung nicht aus; das letztere gilt auch noch von der Hohlraumbildung, besonders wenn dieselbe aus chronischer Bronchitis hervorgeht. Günstige äussere Verhältnisse, gute Verdauung, seltenes und mässiges Fieber gestalten die Prognose besser.

Die Behandlung

zerfällt in die prophylactische, diätetische und eigentlich medicamentöse. Kinder von lungenkranken Müttern müssen wo möglich eine Amme erhalten oder von der Mutter nur kurze Zeit genährt werden. In Fabriken, besonders wo Staubtheilchen die Luft schädlich machen, sollen Kinder keine oder nur kurze Beschäftigung finden. Die Entwickelungsperiode von Kindern, wo Verdacht auf Tuberculose oder chronische Pneumonie besteht, ist sorgfältig zu überwachen, und sind überhaupt Katarrhe, Masern, Keuchhusten als gefährliche Feinde möglichst fern zu halten; da die Ansteckung kaum mehr bezweifelt werden kann, ist auch

in dieser Beziehung alle Vorsicht nöthig. Einen wichtigen Theil
der Therapie bildet eine reizlose nahrhafte Kost, Milch, Fleisch,
kräftige Fleischbrühe, Eier, Eichelkaffee, Bier, verdünnter alter
Wein müssen in zweckdienlicher Weise gereicht werden. Liegt
der Appetit darnieder, so sind Chinin, Chinaextract und andere
bittere Mittel oder kleine Quantitäten von Malagawein zu versuchen, für regelmässige Stuhlentleerung ist zu sorgen. Was die
medicamentöse Behandlung betrifft, so hat dieselbe vor Allem den
causalen Indicationen zu entsprechen. Liegt Scrophulose zu
Grunde, so sind Jodpräparate, Jodeisen, vor Allem der Leberthran zu empfehlen, wenn derselbe vertragen wird und keine
Diarrhöe besteht. Sind die Kinder sehr anämisch und fieberlos,
so ist Eisen allein, oder in Verbindung mit Chinin, der Eisensyrup, der Chinaeisensyrup das geeignete Mittel Gegen heftigen
Hustenseiz bringen Opiate allein oder in Verbindung mit Chinin,
die Tra opii benzoic. zu 4—6 Tropfen täglich, die Belladonna zu
$1/_{10}$—$1/_4$ gran pro dosi drei bis viermal des Tages gereicht, das
Extr. hyoscyami oder Cannabis indic. Erleichterung. — Sehr gute
Wirkung sah ich oft von einer Verbindung von Chinin. sulf. gran.
duo, Pulv. fol. dig. p. gr sex, Extract. opii granum Sacch.
drachmam in dos. duodecim, drei- bis vierstündlich 1 Pulver
gereicht. Auch Brustthee mit Milch gemischt kann gereicht werden. Gegen reichlichen Auswurf werden Tannin und Balsamica,
namentlich Terpentinöl versucht, bei heftigem Husten mit schwie-
rigen Auswurf ist Liquor. ammon. anisat. das geeignete Mittel.
Fieber wird durch grössere Dosen Chinin bekämpft. Die In-
halationstherapie mit Anwendung der zeither üblichen Mittel stösst
bei Kindern einerseits oft auf Widerstand, hat mir übrigens bis jetzt
keine wesentlichen Dienste geleistet. Bei der gewöhnlich langen
Dauer der Krankheit wird sie als eine Abwechselung in der Behandlung immer ihren Platz finden können. Die Brustschmerzen
werden durch Speckeinreibungen oder zeitweise wiederholte Hautreize gemildert. — Tritt Hämoptoe auf, so gebrauche man die
Hoemostatica, das Secale cornutum, den Alaun, Liquor ferri sesquichlorati. Kalte Umschläge und Anwendung von Eisblasen dürfen
nur für schwere Fälle aufgespart werden. Die Complicationen
der chronischen Pneumonie mit Tuberculose in der Lunge und
anderen Organen finden Erledigung bei der Therapie der Tuberculose als Allgemeinkrankheit.

7. Lungenbrand, Gangraena pulmonum.

Lungenbrand wird im Kindesalter nicht häufig beobachtet
(von mir 40 mal).

Anatomisch charakterisirt sich der Lungenbrand durch
einen oder mehrere, grössere oder kleinere, scharf umschriebene
oder diffuse allmählig in das normale Gewebe übergehende Mor-
tificationsherde, wobei das Lungengewebe dunkelbraun, schwärz-
lich oder dunkelgrün verfärbt, morsch, leicht zerreisslich und von
missfarbiger, übelriechender Flüssigkeit durchtränkt oder in erbsen-
bis wallnussgrosse ebenso beschaffene Höhlen umgewandelt ist.
Die mikroskopische Untersuchung der Brandmassen zeigt neben
Bruchstücken der Alveolen auch häufig Inosteasinkrystalle. Die
Brandherde kommen öfter in der Tiefe als an der Peripherie
der Lunge vor, in letzterem Falle ist die Pleura gewöhnlich getrübt, missfarbig, erweicht oder selbst perforirt und es entsteht
ein Pneumothorax mit jauchigem Exsudat.

Lungengangrän ist bei Kindern stets ein s e c u n d ä r e r P r o -
c e s s. Der letzte Grund beruht in Compression oder Verstopfung
der Lungenarterienzweige und dadurch bedingter aufgehobener Ernährung eines bestimmten Lungenabschnittes oder in Stagnation
einer der Zersetzung leicht fähigen Substanz z. B. in Cavernen.
Diese Bedingung wird herbeigeführt theils durch locale, theils
allgemeine Ursachen. Zu den localen gehören lobuläre und lobäre
Pneumonie, Lungenphthisis, Bronchitis, Embolien der Lungen-
arterien, Lungenapoplexie, vielleicht auch die marantische Thrombose und fremde Körper in den Luftwegen. Als allgemeine Ursachen bedingen Lungengangrän verschiedene die Kräfte herabsetzende und die Säfte entmischende Krankheiten wie Typhus,
Masern, Blattern, Scharlach, Diphtheritis, chronischer Darmkatarrh, chronische Pneumonie, Scrophulose, Malariasiechthum etc.
Knaben werden häufiger befallen als Mädchen. Der Lungenbrand
kommt schon bei drei bis vier Monate alten Kinder zur Beobachtung.

Symptome und Verlauf.

Nachdem die als Ursachen aufgeführten Krankheiten längere
oder kürzere Zeit bestanden, treten die Zeichen des Lungen-
brandes mehr oder weniger scharf hervor. Die Kinder werden
apathisch, ihr Blick ist matt und trübe, die Kräfte sinken, die
Haut wird erdfahl, graulich, der Puls klein und frequent. Als

das wichtigste Symptom macht sich ein äusserst unangenehmer, aashafter Geruch der ausgeathmeten Luft bemerkbar, welcher nicht aus der Mund-, Rachen- oder Nasenhöhle, sondern aus der Lunge stammt. — Sputa fehlen dabei entweder gänzlich, oder wo sie vorkommen, sind sie eiterig-schleimig, missfärbig, übelriechend mit Spuren oder grösseren Mengen von Blut versetzt. Der mikroskopische Befund derselben zeigt verfettete Eiterkörperchen, Epithelien, Fetttröpfchen, Fettsäurekrystalle, Blutkörperchen, elastische Fasern und Bruchstücke von Alveolen.

Die physikalische Untersuchung der Lunge ergibt entweder ein nur negatives Resultat oder wo ausgeprägte Krankheitsprocesse in den Lungen vorhanden, diesen zutreffende Symptome. Entwickelt sich in Folge brandiger Perforation der Pleura ein Pneumothorax, so finden sich ausserdem die Zeichen desselben vor.

Ausgang in Genesung ist äusserst selten, unter 40 Fällen meiner Beobachtung endeten zwei Fälle von Lungenbrand im Verlauf des Typhus günstig. Der Tod tritt entweder schon nach zwei bis drei, selten erst nach acht bis zehn Tagen ein.

Die Diagnose

bietet in der Regel keine grossen Schwierigkeiten; besonders massgebende Zeichen sind der Collapsus der Kranken, die erdfahle oder graue Hautfarbe, der brandige Fötor des Athems und der Sputa sowie der oben mitgetheilte mikroskopische Befund der letzteren — im Zusammenhalte mit der Anamnese und den anderen functionellen und physikalischen Krankheitszeichen, nachdem Brandherde in der Mund-, Nasen- und Rachenhöhle ausgeschlossen sind.

Die Behandlung

muss vor Allem darauf gerichtet sein, die Kräfte zu heben und zu erhalten Reine, oft erneuerte Luft, Verdampfung von Infectionsmitteln zur Unterdrückung des Brandgeruches und eine kräftige, leicht verdauliche Nahrung, Fleischbrühe, Eier, Milch, Bier, Wein bilden die wichtigsten diätetischen Massregeln. Von Medicamenten empfehlen sich Chinin, Chinaextract, das Kali chloricum und die Mineralsäuren. Ich gebe gern eine Verbindung des Extract. chinae mit Kali chloricum. Als direkt auf den Brandherd günstig wirkende Mittel haben sich mitunter das Oleum terebinthinae, das Kreosat, der Kampher und das Chlor bewährt; am besten scheint das Oleum terebinthinae in Form von Einathmungen oder innerlich gereicht zu 10—12 Tropfen in einer Mixtura gummosa von 3 Unzen zu wirken.

8. Pleuritis.

Die Pleuritis als idiopathische ausgedehnte mit scharf ausgesprochenen Symptomen verlaufende Krankheit kommt im Kindesalter seltener zur Beobachtung als bei Erwachsenen Dagegen gehören secundäre, partielle, im Leben nicht diagnosticirbare entzündliche Veränderungen an der Pleura auch bei Kindern zu den häufigen Erscheinungen.

Anatomie.

Die ausgedehnte Pleuritis ist häufiger eine einseitige, selten eine doppelseitige, die linke Brusthäfte wird öfter ergriffen als die rechte. Ausgedehnte Pleuritis sitzt gewöhnlich am unteren, hinteren und seitlichen Theile der Brust; dio partielle beschränkte kann auch interlobulär, mediastinal und nur selten diaphragmatisch sein. Die Pleuritis ist entweder eine parenchymatöse oder eine exsudative, wobei das Exsudat die Form von Flocken, Häuten oder Bindegewebsadhäsionen annimmt oder einen freien Erguss bildet. Doch kommen auch mehrere dieser Formen nebeneinander gleichzeitig vor. Die Pseudomembranen haften entweder nur locker oder durch hineingehende Gefässe inniger an der Pleura, werden später durch wuchernde Hohlkolben dicker und bilden schliesslich liniendicke Schwarten. Der flüssige Erguss, welcher nur wenige Unzen oder selbst zwei bis drei Pfund beträgt, besteht aus Serum mit mehr oder weniger zahlreichen, faserstoffigen Flocken, oder ist ein eiteriger, nur sehr ausnahmsweise ein hämorrhagischer. Durch reichliche Ergüsse, besonders wenn sie längere Zeit bestehen, wird die Lunge nach hinten und oben zurückgedrängt, luftarm, luft- und blutleer, verödet und bei nicht mehr möglicher Ausdehnung theilweise oder gänzlich zu einem lederartigen Gewebe umgewandelt, während die gesund gebliebene Lunge hypertrophirt und chronischen Katarrh mit Erweiterung der Bronchien zeigt. Durch Adhärenzen und faserstoffige Verlöthungen werden pleuritische Ergüsse öfter abgekapselt und bilden dann sogenannte abgesackte Exsudate. In Folge massenhaften Exsudates wird die Brustwand ausgedehnt, die Zwischenrippenräume hervorgewölbt, das Zwerchfell nach abwärts und wenn das Exsudat linksseitig ist, das Herz nach rechts verdrängt.

Erfolgt die Resorption des Exsudates bald, so kehren diese Verhältnisse zur Norm zurück; geht die Resorption nur sehr langsam vor
sich, dehnt sich die Lunge gar nicht oder nur unvollständig wieder
aus, so sinkt die Brustwand ein, es entsteht das Rétrécissement
thoracique mit compensirender Scoliose der Lendenwirbelsäule.
Eiterige Exsudate (Empyema) sowohl freie wie abgesackte können
resorbirt werden oder führen nach längerem Bestande zur Perforation der Brustwand, zum Durchbruch in die Lunge und
Bronchien, sehr selten in den Oesophagus (wie ich bei einem zehnjährigen Mädchen beobachtet) oder in die Bauchhöhle.

Partielle Pleuritis findet sich neben lobärer und lobulärer
Pneumonie, Tuberculose, Bronchitis, und führt in der Regel zur
Bildung von Pseudomembranen und Adhäsionen.

Neben Pleuritis besteht nicht selten Peri- und Endocarditis,
Pneumonie und Meningitis etc.

Symptome und Verlauf.

Die Krankheit tritt entweder sehr acut auf mit hochfieber-
haften Symptomen oder mehr schleichend mit chronischem Verlauf. Initialer Frost oder leichtes Frösteln, Erbrechen, mehr oder
weniger stechende Schmerzen in der erkrankten Seite und bei
Säuglingen grosse Unruhe, schmerzhaftes Verziehen der Gesichtszüge, selbst ecclamptische Anfälle mit Sopor, bei älteren Kindern
Delirien, bilden die Zeichen beginnender Pleuritis; doch können
dieselben auch fehlen und erst die functionellen und physikalischen
Störungen die Art und den Sitz des Leidens kundgeben. Mit
der weiteren Entwickelung der Pleuritis stellt sich ein kurzer,
trockener, schmerzhafter Husten ein, die Athmungsbewegungen
werden frequent (40—70 in der Minute) kurz, oberflächlich,
schmerzhaft, mit grosser Aengstlichkeit vollzogen. Die Kinder
nehmen eine möglichst ruhige Lage an, am meisten auf der kranken
Seite oder am Rücken, seltener auf der gesunden Seite. Säuglinge nehmen die Brust gar nicht oder machen nur wenige und
kurze Züge. Die Haut ist bleich, gelblich, bei grossen Exsudaten
cyanotisch. Ist das Exsudat sehr massenhaft oder ein doppelsei-
tiges und hat dasselbe sich schnell entwickelt, so kann die Dispnoe
mit starker Betheiligung der respiratorischen Hilfsmuskeln und
die Cyanose einen ungewöhnlich hohen Grad erreichen. Die
febrilen Symptome sind in der Regel mehr oder weniger scharf
ausgesprochen, die Temperatur beträgt 40—44° C., die Pulsfrequenz 120—140, bei kleinen Kindern bis 180, die Fieber-

schwankungen zeigen keine regelmässige Curve, obzwar nächtliche Exacerbationen häufig beobachtet werden; eiterige Exsudate verlaufen mit anhaltend hohem Fieber. Die physikalisch nachweisbaren Veränderungen sind beschleunigte, flache Respiration mit verminderter Excursion der kranken Brusthälfte, Verstrichen- und Vorgewölbtsein der Zwischenrippenräume, abgeschwächter Stimmfremitus, anfangs tympanitisch gedämpfter, später vollkommen leerer Schall mit brettartiger Resistenz beim Percutiren, schwächeres oder ganz fehlendes Respirationsgeräusch oder Bronchialathmen, das dem Ohre fern zu liegen scheint und nie den lauten Charakter wie bei der croupösen Pneumonie hat. An der Uebergangstelle des Exsudates in die normale Lunge hört man in der Regel ein stärkeres selbst amphorisches Bronchialathmen. Reibegeräusche werden bei Kindern nur ausnahmsweise und undeutlich vernommen; gleichzeitiger Katarrh der Luftwege bedingt Rasseln, Pfeifen, Schnurren; gleichzeitige Pneumonie macht die Consonanzerscheinungen schärfer hervortreten. Partielle pleuritische Exsudata entziehen sich meist der klinischen Diagnose oder bedingen keine mit voller Sicherheit verwerthbaren Symptome. — Pleuritis mit chronischem Verlaufe lässt die oben angedeuteten physikalischen Zeichen monate- selbst jahrelang beobachten. Solche Kinder erholen sich nur selten vollkommen, leiden häufig an trockenem Husten, Kurzathmigkeit, Herzklopfen und Nasenbluten, ihre Gesichtsfarbe ist blass oder wachsartig durchsichtig, welche nur dann und wann von einem flüchtigem Roth angehaucht wird, jeder Lungenkatarrh nimmt einen schweren Verlauf an, nächtliche, nicht regelmässige Fiebercxacerbationen und Schweisse während des Schlafes kommen vor. Nach Resorption grösserer Exsudate entwickeln sich gerne Difformitäten des Brustkorbes, durch Einsinken und Einziehen der kranken Hälfte, wobei die Rippen mehr aneinander rücken und Scoliose der Wirbelsäule entsteht. Durchbricht das Exsudat die Brustwand, so erfolgt mit der Entleerung eines grossen Theils des Eiters auffallende Besserung, doch bleiben gewöhnlich lange eiternde Brustfisteln zurück, bricht es in einen Bronchus durch, so wird der Eiter unter Brechneigung ausgehustet, findet die Perforation in den Oesophagus statt, so werden die Exsudatmassen erbrochen oder gehen mit dem Stuhle reichlich ab, wie ich in einem Falle gesehen.

Der Verlauf der Pleuritis ist entweder acut mit baldiger Resorption des Exsudates und Heilung in ein bis zwei

Wochen, oder chronisch mit Ausgang in vollständige oder unvollständige Heilung. Massenhafte, rasch gesetzte, eiterige Exsudate,
besonders pyämisch infectiöse führen meist zum Tode, bei Perforation kann noch Heilung, selbst nach zwei- bis dreijähriger
Dauer der Krankheit erfolgen.

Von Complicationen der Pleuritis sind Pneumonie, Bronchitis, Pericarditis, Darmkatarrh, Tuberculose, Meningitis die wichtigsten.

Die Ursachen

der idiopathischen Pleuritis sind nicht immer nachzuweisen; ein-
zelnen Fällen liegt Erkältung oder ein Trauma zu Grunde; als
Veranlassung secundärer Rippenfellentzündung sind hervorzu-
heben croupöse und Catarrhalpneumonie, hämorrhagischer Infaret,
Tuberculose, Lungenbrand, Herzkrankheiten, Pyämie, Scarlatina,
Variola, Morbilli, Morbus Brigthii, Verbrennung, Syphilis haere-
ditaria, Abscesse der Brusthöhle bei Caries der Wirbelsäule,
Brand des rechten Leberlappens mit Durchbruch des Zwerchfelles
(Löschner), Echinococcussack der Leber (Gerhardt); Pleuritis
mit hämorrhagischem Exsudate kommt vor bei Purpura und aus-
nahmsweise im Verlaufe acuter Exantheme mit hämorrhagischem
Charakter.

Pleuritis tritt in jeder Periode des Kindesalters auf; doch sind
die primären Formen in den ersten Kinderjahren viel seltener als
später, beide Geschlechter werden in gleicher Häufigkeit ergriffen.

Diagnose.

Pleuritis mit reichlichem Exsudate wird bei genauer Untersuchung und richtiger Würdigung der physikalischen Zeichen
der Brust in den meisten Fällen leicht erkannt, die umschriebene
parenchymatöse Form dagegen entzieht sich gewöhnlich unserer
Erkenntniss. Diffuse Pleuritis mit mässigem Exsudate kann bei
Kindern leicht als Pneumonie gedeutet werden, und zwar um so
leichter, wenn die Pleuritis neben croupöser Pneumonie (Pleuropneumonie) verläuft. Pleuritische Transsudate (Hydrothorax) unterscheiden sich durch das wechselnde Niveau beim Wechseln der
Lage des Kranken, durch das in der Regel beiderseitige Auftreten,
den Verlauf und die Ursachen desselben.

Die Prognose

ist im Allgemeinen im Kindesalter etwas günstiger als in den
späteren Jahren, massgebend sind die Form der Entzündung, das
Alter der Kinder und die zu Grunde liegende Ursache; primäre
Formen lassen eine bessere Prognose zu, secundäre besonders
pyämisch-infectiöse, eiterige und von Tuberculose abhängige sind
auch bei Kindern gefährliche meist lethal verlaufende Krankheiten.

Behandlung.

Ruhe, beschränkte, milde Diät und fieberherabsetzende Mittel,
wie Digitalis mit Nitrum, Kali aceticum sind im Beginne der
Krankheit anzuwenden, gegen heftige, stechende Schmerzen sind
öfter wiederholte Sinapismen oder kalte Umschläge hilfreich, bei
schmerzhaftem, quälenden Husten kleine Dosen von pulv. Doweri,
Opium, Extract. cannabis ind., Aq. lauroc. neben den früher genannten Medicamenten. Bei hohen Fiebergraden und vermutheten
eiterigen Exsudaten muss Chinin zu $\frac{1}{2}$ · 1 gran pro dosi zwei-
bis dreistündlich versucht werden. Stürmisch abgesetzte massenhafte Exudationen mit Suffocationserscheinungen machen die baldige Thoracentese nothwendig. Bei chronisch verlaufender Pleuritis sind Chinin, Chinapräparate, Eisen, Jodeisen, im Sommer
Molkenkuren und der Gebrauch der alkalischen Säuerlinge neben
milder, reiner Luft und passender Diät die entsprechenden Mittel. —
Ist es zur Bildung eines Empyems gekommen, so leitet die Natur
oft genug durch spontane Eröffnung nach aussen oder innen die
Heilung desselben ein, nehmen die Symptome einen beunruhigenden Charakter an, so ist die Thoracentese vorzunehmen und durch
Jodinjection in die Pleurahöhle der eiterige Erguss allmählig zu
beschränken.

Vierter Abschnitt.

Krankheiten der Circulationsorgane und des Lymphapparates.

Allgemeine und physiologische Vorbemerkungen.

Sämmtliche Störungen am Herzen, seiner Umhüllung und den grossen Gefässen lassen sich in a n g e b o r e n e und e r w o r - b e n e theilen. Die allmählige Entstehung des Herzens während des Fötallebens aus einem einfachen Cylinder, die Entwickelung desselben zu einem Höhlensystem mit Scheidewänden und Gefäss- mündungen geht nicht immer mit Regelmässigkeit und Gleich- mässigkeit vor sich; es unterlaufen mangelhafte und fehlerhafte Vorgänge und führen zu Bildungsfehlern mannigfacher Art, welche entweder eine vollständige Lebensunfähigkeit bedingen, das Leben und die Gesundheit der Kinder mehr oder weniger beeinträch- tigen oder endlich blos Formfehler ohne Nachtheil für die nor- male Entwickelung der Kinder bilden. Den Uebergang der an- geborenen zu den erworbenen Herzanomalien vermitteln gewisser- massen fortdauernde fötale Kreislaufswege, welche unter normalem Zustandekommen des Lungenkreislaufes in der Regel als über- flüssig aufhören, nämlich das Offenbleiben des Ductus Botalli und des Foramen ovale. — Nicht alle Anomalien haben ein klinisches, viele nur ein anatomisches Interesse; so sind die Acardia, der Mangel des Herzens, die Dupplicität und Ectopie, abnorme Gestalt und Grösse des Herzens nur selten oder nie Gegenstand klinischer Beobachtung; wichtiger sind schon das Offenbleiben des Foramen ovale, des Ductus Botalli, die Communication der Herzventrikel und Vorhöfe, die angeborene Stenose der Pulmonalarterie und Aorta.

Ein häufiges Vorkommen im Kindesalter ist auch die Hypertrophie des Herzens ohne Klappenfehler, besonders bei länger andauernden Circulations- und Respirationshindernissen, so z. B. bei Rachitis, chronischem Bronchialkatarrhe, Bronchopneumonie, Tuberculose, Typhus etc. — Myocarditis und fettige Degeneration des Herzfleisches bilden, seitdem man genauer untersucht, auch bei Kindern keine ungewöhnliche Erscheinung. — In diagnostischer Beziehung macht sich die Regel bemerkbar, dass bis zum vierten Lebensjahre die Herzleiden mit diagnosticirbaren Symptomen zumeist angeboren sind, und dass erst von diesem Zeitpunkte an die erworbenen vorkommen, weil die Hauptursache derselben, nämlich Rheumatismus, nur selten Kinder unter vier Jahren befällt.

1. Offenbleiben des Foramen ovale.

Kommt die Schliessung des eirunden Loches nicht in den ersten Wochen des Lebens zu Stande, was in Defecten des Schliessapparates, in relativ zu grosser Oeffnung, zu kleiner ungenügend deckender Klappe und starkem Strömen des Blutes während der Fötalzeit und anderen noch nicht hinreichend klaren Bedingungen seinen Grund hat, so wird es mehrere Jahre oder das ganze Leben hindurch als Oeffnung fortbestehen. Gleichzeitig finden sich neben diesem manchmal auch Persistenz des Ductus Botalli und Communication der Herzventrikel. — Das Offenbleiben des Foramen ovale macht keine klinisch wahrnehmbaren Symptome, und entzieht sich, wenn es als einzige Anomalie besteht, stets der Diagnose während des Lebens. Einige wenige Fälle, wie z. B. der von Foster, welche unter ungewöhnlichen Verhältnissen verlaufen, können nur als seltene Ausnahmen betrachtet und verwerthet werden.

2. Offenbleiben des Ductus Botalli.

Der Ductus Botalli, jener zur Abkürzung des fötalen Kreislaufes nothwendige Kanal, verliert mit dem Beginne der Athmung seine Bestimmung und obliterirt nach und nach, so dass er mit Ende des dritten Lebensmonates gewöhnlich einen geschlossenen Strang darstellt. In Folge von Lungenkrankheiten, namentlich Atelectase und anderer unbekannter Störungen kann der Ductus Botalli offen bleiben, ja sogar noch weiter werden.

Geringe Grade des Uebels machen keine klinischen Zeichen, bei höheren Graden stellen sich einige Zeit nach der Geburt Störungen ein, welche unter Umständen, jedoch immer nur mit Wahrscheinlichkeit das Uebel vermuthen lassen. Herzklopfen, Athemnoth, leichtere Grade von Cyanose, Blutungen aus Nase und Lungen, Hypertrophie des Herzens und ein am Ursprunge der Pulmonalarterie hörbares, jedoch keineswegs constantes systolisches Blasegeräusch bilden den Symptomencomplex dieser Circulationsstörung. Trifft mit dem Offenbleiben des Ductus Botalli auch offenes Foramen ovale und septum ventriculorum zusammen, so werden die Symptome noch complicirter und, mit Vorsicht zu deuten sein. — Das Leben kann mit diesem Uebel viele Jahre bestehen.

3. Communication der Herzventrikel.

Zu Ende des zweiten oder Anfang des dritten Fötalmonates ist das Septum ventriculorum gewöhnlich soweit entwickelt, dass eine vollständige Trennung beider Ventrikel zu Stande kommt. Hemmungsbildung im Gewebe des Septum oder auch abnorme Druckverhältnisse des Blutes verhindern unter Umständen diesen vollkommenen Abschluss des Septum, woraus eine Communication beider Ventrikel durch eine grössere oder kleinere Oeffnung nothwendig erfolgt. Diese Oeffnung betrifft in der Mehrzahl der Fälle die Pars membranacea, kann jedoch auch in der Mitte und an anderen Stellen des Septum vorkommen. Ob eine destructive Myo-Endocarditis ein bereits bestandenes Septum wieder eröffnen könne, möchte ich wenigstens für das Kindesalter als noch nicht ausgemacht halten, und sind die Fälle von Communication beider Herzventrikel wohl durchaus auf Hemmungsbildung zurückzuführen.

Hypertrophie des Herzens, secundäre Endocarditis in einem oder beiden Ventrikeln mit Auflagerungen an den Mitral- und Tricuspidalklappen, Offenbleiben des Foramen ovale, Ductus Botalli, gänzliches Fehlen des letzteren, Stenose der Pulmonalarterie, abnorme Insertion der grossen Gefässe wurden neben der Communication der Herzventrikel gleichzeitig beobachtet.

Die klinisch wahrnehmbaren Symptome sind theils in Folge Zusammentreffens mehrerer Anomalien an einem Herzen, theils durch mangelhafte Untersuchung der bis jetzt bekannt gewordenen Fälle noch nicht so weit geklärt, dass die Diagnose mit Bestimmtheit gestellt werden kann. Als mehr oder weniger constante Symptome fand ich Zunahme der Herzdämpfung, namentlich im Breitendurchmesser, stärkeren Herzstoss zwischen fünfter und sechster Rippe, Accentuirung des zweiten Pulmonaltones, ein tastbares systolisches Schwirren und bei der Auscultation ein systolisches Geräusch am deutlichsten gegen die Herzspitze, welches bei gleichzeitigen Klappenfehlern ungemein stark, laut und über die ganze Herzgegend verbreitet war, so dass die Herztöne vollkommen gedeckt waren.

Cyanose leichteren oder höheren Grades kommt vor, kann jedoch auch fehlen, wenn man bedenkt, dass die Cyanose als Ueberfüllung der Körpervenen und Verlangsamung des Capillarkreislaufes an der Peripherie nur dort zu Stande kommt, wo die Entleerung des venösen Systemes im rechten Herzen beschränkt oder unmöglich geworden ist. Herzklopfen, Husten, Kurzathmigkeit, Neigung zu Blutungen, Oedeme und allgemeine Wassersucht sind andere aus dem Uebel entspringende Störungen.

Kinder, welche mit diesem Uebel behaftet sind, erreichen selten das siebente Lebensjahr; theils die Folgen der Klappenfehler, theils Hydropsien beenden in der Regel bald das nur sieche Leben.

Die Behandlung

ist die der Herzfehler überhaupt und eine vorzugsweise diätetisch-symptomatische

4. Angeborene Stenose der Lungenarterie.

Verhältnissmässig häufiger vorkommend als die übrigen angeborenen Herzfehler, bietet diese Anomalie anatomisch verschiedene Grade der Verengerung bis zum vollständigen Verschlusse der Lungenarterie. Die Stenose betrifft entweder und zwar häufiger die Lungenarterie selbst oder ihren Conus und lässt sich in der Mehrzahl der Fälle auf fötale Endocarditis oder Myocarditis zurückführen. Je nach dem Grade der Stenose finden sich als mehr oder weniger nothwendige Folgen auch noch Offenbleiben des Foramen ovale, des Ductus Botalli und des Septum ventriculorum, ausserdem stets Hypertrophie des Herzens.

Der Symptomencomplex nimmt nach dem Grade und den gleichzeitigen anderen Anomalien des Herzens verschiedene Formen an. Ein constantes und zunächst in die Augen springendes

Symptom ist die Blausucht, welche, gewöhnlich schon bei der
Geburt vorhanden, mit dem weiteren Leben sehr intensiv werden
kann. Vergrösserte Herzdämpfung, ausgebreiteter Spitzenstoss, ein
tastbares Schwirren und ein am Lungenarterienursprunge am
stärksten hörbares systolisches Geräusch bilden die physikalischen,
Neigung zu Blutungen, mangelhafte Entwickelung der Kinder,
oberflächliche und schwache Respiration, Husten, Stickanfälle,
kühle Haut, Schwindel und Ohnmacht die functionellen Störungen
des Uebels; Kreislaufstörungen mit Rückstauung im Gehirn,
Leber, Milz und Nieren sind Folgezustände; Tuberculose der
Lunge, besonders der linken, bildet eine öfter beobachtete Complication. Die Diagnose lässt sich aus den vorhandenen Symptomen nicht immer mit Sicherheit stellen, diess gilt besonders von
den complicirten Fällen.

Die Prognose

ist immer sehr bedenklich und zwar um so schlimmer, je hochgradiger die Blausucht ist. Hinzutretende Tuberculose und parenchymatöse Nephritis machen die Prognose noch schlimmer.
Die Kinder gehen schon nach der Geburt asphyctisch zu Grunde
oder erliegen noch vor der zweiten Zahnung ihrem Leiden, nur
sehr ausnahmsweise erreichen sie ein späteres Alter; ich sah ein
Mädchen sechszehn Jahre alt werden und war dabei die Blausucht eine ungemein starke.

Behandlung.

Grösste Ruhe, Vermeidung aller körperlichen Anstrengungen
und Erkältungen, eine nahrhafte, milde Diät, oder bei hinzutretenden Complicationen eine entsprechende symptomatische Behandlung bilden die Grundzüge der Prophylaxis und Therapie.

5. Angeborene Tricuspidalstenose.

Seltener vorkommend als die Stenose der Pulmonalarterie
charakterisirt sich dieser Zustand durch vollständigen Verschluss
des Ostiums mittelst muskulöser oder membraniger Scheidewände
zwischen rechtem Vorhof und Ventrikel oder durch bedeutende
Verengerung desselben. — Fötale Endocarditis oder excessive
Entwickelung von Muskelsubstanz sind die Ursachen. Entsprechend dem Grade der Verengerung bleibt der rechte Ventrikel
mehr oder weniger oft auffallend verkümmert; Offenbleiben des

Foramen ovale, des Ductus Botalli und Communication der Herzventrikel sind gleichzeitige durch das Uebel bedingte Anomalien des Herzens. — Unter den Symptomen im Leben sind zunächst die Blausucht, ein häufiger, trockener Husten, Athembeschwerden, zeitweise Stickanfälle, Blutungen, wassersüchtige Anschwellungen zu nennen.

Die physikalische Untersuchung zeigt eine nach unten und links ausgedehnte Herzdämpfung, ein systolisches, weit verbreitetes und am unteren Theil des Brustbeines am stärksten wahrnehmbares Geräusch, welches jedoch nach einigen Beobachtungen auch fehlen kann. Die Diagnose ist weder leicht, noch immer mit Sicherheit zu stellen; mit Vorsicht zu benützende Anhaltspunkte sind: die fehlende Dämpfung des rechten Herzens und die Localität des stärksten Geräusches.

Die damit behafteten Kinder sterben in der Regel früh.

6. Angeborene Aortenstenose.

Dieselbe besteht wie die Tricuspidalstenose entweder nur in einer angeborenen Enge der Aorta, selten des gesammten Aortensystemes, oder in einem vollständigen Verschlusse der Aorta. Fötale Entzündung an den Klappen, an der Innenwand der Aorta, oder Stehenbleiben der Aorta auf der ursprünglichen Enge sind die vermittelnden Ursachen. In Fällen vollständigen Verschlusses der Aorta dauert das Leben nie lang und werden als für die Diagnose nur selten mit zutreffender Sicherheit verwendbare Zeichen die Blausucht, heftige Stickanfälle, schlummersüchtiges Wesen und Blutungen genannt.

7. Herzbeutelentzündung, Pericarditis.

Die Entzündung des Herzbeutels in grösserer Ausdehnung ist bei Kindern eine nicht häufige Krankheit; dagegen unterlaufen partielle umschriebene Formen, wie man es aus den öfter beobachteten fleckartigen Ueberresten schliessen muss, nicht selten.

Anatomie.

Als erstes Zeichen der Entzündung stellt sich Hyperämie, Verdickung und rauhe Oberfläche des Peri- und Epicardiums ein, die Entzündungsproducte selbst sind entweder plastische, wuchernde, mit netzförmig-papillären (Cor villosum), oder faltenartig-membranöse Auflagerungen, oder der Erguss ist ein flüssiger, serös-faserstoffiger, eiteriger, selten blutig gefärbter. Als Ausgang chronischer Pericarditis kommen auch käsige, 2—4 ''' dicke, zwischen Epi- und Pericardium gelagerte mörtelartige Massen vor, oder neben dem Exsudate finden sich Tuberkelknötchen. Particlle Adhärenzen, in seltenen Fällen complete Verwachsung, Hypertrophie, Erweiterung, Entzündung und Verfettung des Herzens bilden mehr oder weniger constante Folgezustände.

Symptome und Verlauf.

Je nach der Ausbreitung der Entzündung und der Qualität des Exsudates sind die Symptome deutlicher oder weniger scharf ausgesprochen. Aeltere Kinder klagen über Druck und Schmerz in der Herzgegend oder Magengrube; Herzklopfen und Dyspnoë sind öfter vorhanden, können jedoch auch fehlen. Die Fiebererscheinungen erreichen in der Regel keinen hohen Grad, wenn sie nicht durch eine andere Grundkrankheit oder Complication bedingt werden; der Puls bewegt sich zwischen 120—140, ist gewöhnlich klein, unregelmässig; Cyanose, Oedeme, verminderte Diurese, ängstliches, leicht gedunsenes, bleiches oder cyanotisches Gesicht und undulirende Bewegungen an den Jugularvenen, Delirien und besonders eine namenlose Unruhe der Patienten bilden die übrigen Zeichen. — Die wichtigsten und für die Diagnose entscheidenden Momente sind: die charakteristische Dämpfung des Herzens in Form eines abgestumpften Dreieckes, mit nach unten gerichteter Basis, oder ein schabendes, knatterndes, feilendes oder nur weich anstreifendes Reibegeräusch. Das Reibegeräusch ist bei Kindern viel seltener und nicht so laut zu vernehmen, wie bei Erwachsenen, und entspricht stets einer fibrinösen Ausschwitzung; dasselbe kann auch zuweilen getastet werden, ist meist sehr eng begrenzt, am deutlichsten an der Herzbasis oder Herzspitze und ist weder systolisch noch diastolisch, sondern mehr continuirlich.

Alle diese genannten Symptome sind jedoch bei Kindern nicht durchwegs constant, fehlen bei geringen Exsudaten oft gänzlich oder sind kaum angedeutet, wodurch die Diagnose der Herzbeutelentzündung im Kindesalter sehr erschwert, oft unmöglich gemacht wird.

Der Ausgang in Genesung ist bei kleinen umschriebenen Entzündungsherden der gewöhnliche, reichliche, besonders eiterige Exsudate führen fast immer zum Tode, welcher nicht selten unerwartet bald eintritt. — Treten Adhärenzen oder complete Ver-

wachsung des Herzbeutels mit dem Herzen ein, so bleiben mannigfache Circulationsstörungen längere Zeit oder für immer zurück.
Als Complicationen werden Endo- und Myocarditis besonders
im Verlaufe des acuten Rheumatismus öfter beobachtet.

Ursachen.

Der acute Gelenksrheumatismus mit oder ohne Endocarditis
und Klappenfehler, diesem zunächst Pleuritis, Pneumonie, acute
Exantheme, namentlich Scarlatina und Variola, Nephritis parenchymatosa, ferner Tuberculose, Pyämie, Purpura hämorrhagica
sind die Krankheiten, in deren Verlauf Pericarditis beobachtet
wird. Bei Neugeborenen geben gewöhnlich septisch-pyämische
Processe, besonders vom Nabel ausgehend, und Tuberculose
(F. Weber) Veranlassung zu eiteriger, jauchiger Pericarditis,
und ist dieselbe dann zumeist mit Pleuritis, Meningitis und Peritoneitis ähnlichen Charakters complicirt. Auch im Fötalleben
dürfte sie schon vorkommen (Billard). — Primitive Pericarditis
ist, wie überhaupt, auch im Kindesalter eine gewiss nur seltene
Erscheinung.

Behandlung.

Acute Pericarditis mit deutlichem oder wenigstens wahrscheinlich plastisch-flüssigem Exsudate erfordert leicht antiphlogistische
Mittel. — Kalte Umschläge, Sinapismen oder Vesicantien auf die
Herzgegend, ein Infus. fol. digit. purp. aus 4 — 6 gr. auf 4 Unz.
mit Kali acetic. solut. — Aq. lauroceras. aa drachm. semis.,
Syrup. simpl. unc. semis. Erfolgt die Resorption nur langsam,
so sind die Diuretica, Abführmittel und Jodkalisalben in der Herzgegend zu versuchen. — Bei eintretender Herzschwäche mit kleinem aussetzenden Pulse, grosser Athemnoth und Hinfälligkeit
müssen Reizmittel, wie Wein, Liquor ammon. anisat., Moschus
angewendet werden. Bei eiterig-pyämischer Form greife man
zum Chinin, zu Chinapräparaten, jedoch ohne Aussicht auf
Erfolg, lethaler Ausgang ist hier die ausnahmslose Regel

8. Herzbeutelwassersucht, Hydropericardium.

Die Herzbeutelwassersucht ist fast stets ein secundärer Process oder eine Theilerscheinung allgemeiner Wassersucht mit ähnlichen Ergüssen im Pleura- und Bauchfellsacke. Im Verlaufe von
Herzfehlern wird sie bei Kindern nicht so häufig beobachtet, wie

in den späteren Altersperioden; die häufigste Veranlassung ist die parenchymatöse Nephritis, Searlatina, ferner allgemeine Wassersucht nach chronischer Enteritis, Tuberculose, amyloider Entartung der Unterleibsorgane, Purpura, Keuchhusten.

Anatomisch charakterisirt sich das Hydroperieardium durch eine grössere oder geringere, zwei bis sechs Unzen betragende Menge hellgelber klarer Flüssigkeit, welche die chemische Zusammensetzung der übrigen serösen Ergüsse bietet. Leichte seröse Infiltration des Pericardium und Verfettung der Herzmuskulatur werden nebenbei angetroffen.

Symptome und Verlauf.

Geringe Ergüsse machen keine Symptome und entziehen sich der Diagnose, grössere, wenigstens einige Unzen betragende Ansammlungen erzeugen der Pericarditis ähnliche Störungen. Die Kinder sind mehr oder weniger unruhig, von Athembeschwerden — und zwar um so mehr, wenn gleichzeitig Ergüsse in Pleura- und Peritonealsack vorhanden sind — geplagt, nehmen fast stets die halbsitzende Lage ein, die Haut ist bleich, cyanotisch, eher kühl als heiss, ödematös, der Puls klein, frequent, unregelmässig, die Jugularvenen schwellen an. Die Herzgegend ist leicht vorgewölbt, der Herzstoss ist abgeschwächt oder gar nicht zu fühlen, die Percussion zeigt eine deutliche Zunahme der Herzdämpfung, die Auscultation lässt dumpfe, schwache Herztöne, jedoch nie ein Reibegeräusch vernehmen, Nasenbluten, Kopfschmerz, Erbrechen, Brechreiz wird öfter, besonders bei gleichzeitigem Herzfehler beobachtet.

Die Herzbeutelwassersucht kann, wenngleich selten, durch Resorption den Ausgang in Genesung nehmen, häufiger endet sie lethal und wird der Tod durch sie allein oder durch gleichzeitige andere Ergüsse herbeigeführt.

Die Behandlung

muss theils gegen die Grundkrankheit, theils gegen das Uebel selbst gerichtet sein. Diuretica, wie Digitalis, Kali acet. sol., Juniperus sind in erster Reihe zu versuchen, auch Ableitungen auf den Darm und die Haut erweisen sich mitunter recht heilsam. Ist die Athemnoth sehr gross, so sind Reizmittel, wie Wein, Rumwasser, Liquor ammon. anisat. etc. angezeigt; die Punktion des Herzbeutels hat sich noch wenig eingebürgert.

9. Endocarditis und Klappenfehler.

Die Endocarditis ist entweder eine fötale und hat die schon
früher aufgeführten angeborenen Herzanomalien zur Folge, oder
sie wird erworben ähnlich wie bei Erwachsenen.

Anatomie.

Das Endocardium, welches keine einfache Membran darstellt,
sondern aus denselben Schichten besteht, wie die Gefässe, zeigt
im Kindesalter fast stets die Zeichen plastisch-productiver, wohl
nur sehr ausnahmsweise eiterig-ulceröser Entzündung. Die Entzündung betrifft entweder das Höhlenendocardium oder den
Klappenapparat, öfter beide zugleich, kann jedoch auch tiefer
greifen und Myocarditis bedingen. Entzündung am Höhlenendocardium lässt Verdickung und Trübung desselben und durch
Schrumpfung und Verwachsung der Papillarmuskeln und Sehnenfäden auch bei sonst freigebliebenen Klappen Insufficienz zurück;
Entzündung der Klappensegel macht dieselben fester, starrer;
bindegewebige Vegetationen und Auflagerungen von Faserstoff-
gerinnungen erzeugen an den Klappen zottige, papilläre Wucherungen und Rauhigkeiten, wodurch im weiteren Verlaufe die verschieden gearteten Herzfehler, wie Insuffizienz, Stenose, Hypertrophie und Zerreissung der Sehnenfäden entstehen. Werden
einzelne Fetzen und geronnene Theile von den Klappen losge-
rissen und mit dem Blutstrome fortgeschwemmt, so entstehen Embolien und metastatische Entzündungsherde in der Milz, Nieren,
Hirnarterien, selten in den Lungen. — Fötale Endocarditis befällt
häufiger das rechte Herz, namentlich am Ostium der Lungenarterie, erworbene tritt öfter im linken Herzen und zwar mit
Vorliebe an der Mitralis auf.

Symptome und Verlauf.

Im Allgemeinen darf gesagt werden, dass Endocarditis und
Klappenfehler im kindlichen Alter ganz dieselben Symptome bewirken, wie im späteren Alter, dass jedoch die Diagnose derselben grössere Schwierigkeiten bereitet. Endocarditis mit Frei-
bleiben des Klappenapparates bedingt keine physikalischen und
nur unsichere functionelle Symptome, bleibt somit oft latent.
Affectionen der Papillarmuskeln und Sehnenfäden führen gewöhnlich erst später zu Herzfehlern, dagegen bewirkt die Klappen-
endocarditis stets deutliche, physikalisch nachweisbare Störungen.

Endocarditis beherrscht bei Kindern vorzugsweise das linke Herz und hier besonders die Mitralis. Insufficienz, als die häufigere Form, wird erkannt aus einem systolischen, zwischen Herzspitze und Basis am deutlichsten wahrnehmbaren und in die Carotiden nicht fortgepflanzten blasenden Geräusche, verstärkten zweiten Pulmonalton, Erweiterung des rechten Herzens und verstärkten ausgebreiteten Herzstosse.

Stenose am linken Ostium venosum, eine bei Kindern nur seltene Localisation der Endocarditis bedingt ein diastolisches Geräusch. Für Endocarditis der Aortenklappen ist vergrösserte Längsdämpfung des Herzens und ein diastolisches, an der Herzbasis am stärksten wahrnehmbares oder Doppelgeräusch charakteristisch. — Viel seltener ist das rechte Herz Sitz der erworbenen Endocarditis und Klappenfehler, während von der fötalen Form gerade das Umgekehrte gilt. Diagnostisch wichtig sind die hochgradigen venösen Stauungen. Combinirte Klappenkrankheiten des rechten und linken Herzens werden überhaupt nur selten und dann mehr bei angeborenen Formen beobachtet, ihre Diagnose ist stets sehr unsicher.

Als functionelle Symptome der Endocarditis machen sich bemerkbar leichteres oder stärkeres Fieber, ein Gefühl von Angst und Unruhe, Druck oder Schmerz in der Herzgegend, vorübergehende Athembeschwerden mit zeitweise auftretender hochgradiger Dispnoë, trockenes Hüsteln, Cyanose, Nasenbluten, unruhiger, öfter von Delirien begleiteter Schlaf. Durch embolische Fortschwemmung können im Gehirne capilläre Herdapoplexien und Encephalitis, in der Lunge umschriebene Pneumonie entstehen. Morbus Brightii, Anschwellung der Leber und Milz, Haut- und Höhlenhydrops, welche sich bei Erwachsenen den Herzfehlern gewöhnlich anschliessen, kommen im Kindesalter weder in dieser Heftigkeit noch Häufigkeit vor. Eine öfter beobachtete Complication der Endocarditis bildet die Chorea minor und liegt der Grund davon wahrscheinlich in einer gleichzeitigen Localisirung des acuten Rheumatismus an den Meningen des Rückenmarkes.

Ursachen.

Endocarditis und Klappenkrankheiten können, wie schon früher erörtert, angeboren sein; erworben werden sie am häufigsten durch acuten Rheumatismus, in seltenen Ausnahmefällen auch durch acute Exantheme, namentlich Scharlach, Pleuritis, Pneu-

monie. Angeborene wie erworbene Herzfehler disponiren zu öfter
wiederkehrender frischer Endocarditis.

Prognose.

Endocarditis als acuter Process betrachtet, ist weniger gefährlich, wird es jedoch durch die Folgezustände und Complicationen,
besonders kann hinzutretende Pericarditis in zwei bis vier Tagen
den Tod herbeiführen. Vorhandene Klappenfehler machen die
Prognose · immer bedenklich, wenngleich nicht geläugnet werden
kann, wie auch ich zweimal beobachtet, dass eine Compensation
des Klappenfehlers eine ursprünglich schlimme Prognose günstiger
gestaltet.

Behandlung.

Keine wie immer geartete Behandlung des acuten Rheumatismus vermag das Hinzutreten der Endocarditis mit Sicherheit zu verhüten. Frische Endocarditis erfordert strengste Ruhe
der Kranken, kühlende säuerliche Getränke, kalte Umschläge oder
Hautreize auf die Herzgegend und innerlich ein Infus. digit.
e gr. 4—6 ad unc. quatuor, Syrup. simpl. unc. semis mit Aqua
lauroc. drachm. semis; bei stürmischem Verlaufe ist Chinin zu
$^1/_2$—1 gr. pro dosi zu versuchen. — Kinder mit Herzfehlern
müssen sorgfältig vor jeder Erkältung und insoweit es überhaupt möglich, vor frischen rheumatischen Erkrankungen geschützt
werden.

10. Gefässgeschwülste, Angiome (Teleangiectasie, cavernöse Blutgeschwulst).

Anomaler Gefäss- und Blutreichthum in Form von Flecken
oder Geschwülsten mit dem Charakter der Schwellbarkeit bilden
das anatomische Wesen der Gefässgeschwülste. Sie kommen nur
durch Neubildung von Gefässen zu Stande und lassen sich in
zwei Arten eintheilen.

a. Das lappige Angiom (Teleangiectasie — einfaches
Angiom nach Virchow) enthält ausser Bindegewebe und Fett
eine grosse Anzahl neugebildeter Blutgefässe mit kleinlappigem
Bau, sitzt im Corium oder nahe demselben im Unterhautbinde-
gewebe, äussert sich in Form von kleineren oder grösseren hell-
rothen oder bläulich-rothen Flecken oder Geschwülsten, welche
entweder stationär bleiben oder in der Peripherie sich vergrössern,

beim Schreien und Pressen der Kinder anschwellen und dunkler gefärbt erscheinen, beim Fingerdruck dagegen mehr oder weniger erblassen und verschwinden. Tiefer sitzende Gefässgeschwülste bilden knotige bis ganseigrosse weich-elastische Geschwülste mit bläulichem Durchscheinen oder vollkommen normalem Verhalten der Haut. Arterielle, lappige Angiome sind heller gefärbt, wärmer und pulsiren; venöse sind dunkelblauroth und zeigen keine Pulsationen. Sie sind fast immer angeboren und kommen am häufigsten im Gesichte, am behaarten Kopftheile, jedoch auch an anderen Stellen der Haut vor. Hieher gehören die umschriebenen oder ausgebreiteten Mutter- oder Feuermäler (Naevus vasculosus). Das lappige Angiom verschwindet durch Naturheilung, durch Vereiterung, Atrophie und Brand nach Entzündung. Die Blutung aus demselben ist keine gefährliche.

b. Das cavernöse Angiom. Ein bindegewebiges Stroma und zahlreiche blutführende, unter einander communicirende Hohlräume bilden die anatomische Grundlage dieser bei Kindern selten vorkommenden Angiome. Sie sind entweder umschrieben oder diffus, sitzen im Unterhautzellgewebe oder noch tiefer, selbst unter den Fascien, werden im Gesichte, am Halse, den Extremitäten, am Rumpfe, Knochen und an inneren Organen, z. B. der Leber, beobachtet. Sie bilden verschieden grosse, bald abgekapselte, umschriebene, bald ausgedehnte elastisch-weiche, fluctuirende oder mehr derbe, häufig schmerzhafte Geschwülste mit unveränderter oder bläulich-rother, mehr oder weniger verdünnter Haut. Durch Bersten führen sie öfter eine lebensgefährliche Blutung herbei.

Das lappige und cavernöse Angiom können beim tieferen Sitze des ersteren leicht mit einander verwechselt werden. Als leitende Punkte für die Diagnose gelten die Umstände, dass das lappige Angiom viel rascher wächst, als das umschriebene cavernöse, dass ersteres meist angeboren ist und bei Kindern zur Beobachtung kommt, während das cavernöse an kein Alter gebunden ist, dass das lappige höchst selten, das cavernöse sehr oft schmerzhaft ist, und dass eine cavernöse Venengeschwulst durch Fingerdruck leichter entleert werden kann, als ein lappiges Angiom (Heitzmann). — Dass Angiome mit Lipomen, Cystenbildungen, Gehirnbrüchen und Drüsengeschwülsten verwechselt werden können, haben auch tüchtige Chirurgen bewiesen.

Behandlung.

Naturheilung kommt vor, wenngleich oft erst nach längerer
Zeit. Rascher wachsende Angiome, besonders wenn wichtige
Organe beim Weiterschreiten derselben ergriffen werden, machen
jedoch bald eine Zerstörung oder Entfernung der Geschwulst
nothwendig. — Für Flecken und Angiome mit geringer Ausdehnung reicht nicht selten die Vaccination, die Aetzung mit rauchen-
der Salpetersäure oder mit Chromsäure (besonders zu empfehlen),
oder ätzende Pflaster (Emplast. diachyl. drachm. 2, Tart. emet.
gr. 18 Zeissl) aus; grössere Angiome erfordern kräftige Aetzpasten (Wiener Aetzpasta), die Galvanocaustik; die Exstirpation
mit dem Messer ist allerdings für das lappige Angiom das schnellste
und sicherste Mittel, kann jedoch durch Hinzutritt eines Ery-
sipels auch bei kleinen Geschwülsten lebensgefährlich werden. —
Cavernöse Geschwülste suche man wegen der heftigen Blutung
statt mit dem Messer lieber mittelst der galvanocaustischen Glüh-
schlinge zu entfernen, oder durch Anwendung des Glüheisens,
des Haarseiles, der Galvanopunktur oder durch Injection von
verdünntem Liquor ferri sesquichlorati zu zerstören.

11. Entzündung der Lymphdrüsen, Lymphadenitis.

Die Erkrankungen der Lymphdrüsen bilden im Kindesalter
eine ebenso häufige wie wichtige Erscheinung. Ueberwiegend
chronischer, seltener acuter Natur ist die Entzündung derselben
eine in der Regel secundäre, nur ausnahmsweise primäre.
In anatomischer Beziehung lassen sich zunächst unterscheiden die acute und chronische Entzündung und als
weitere Folgen derselben die Resorption, Eiterung, Ver-
schrumpfung, Verkäsung, Tuberculisirung, Verkreidung, Hypertrophie, amyloide und sarcomatöse Degeneration des Drüsenparenchyms.
Einfach entzündete Drüsen sind mehr oder weniger vergrössert, verhärtet, geröthet, serös infiltrirt und können in diesem
Stadium durch Zertheilung wieder rückgebildet werden; kommt
es zur Eiterung, so bilden sich kleinere oder grössere, nur einfache, oder mehrfache getrennte Abscesse, wobei das umgebende
Bindegewebe in den Entzündungsherd einbegriffen ist. Die Verkäsung ist entweder als Folgezustand einer chronischen Entzündung oder aus tuberculösen Miliarknoten hervorgegangen, betrifft

die Drüse in ihrer Totalität oder nur partiell, nimmt ihren Ausgangspunkt häufiger im Centrum, seltener peripherisch und führt unter Umständen zur Erweichung und Hohlraumbildung in den Drüsen, so dass letztere auf dem Durchschnitt einer kernbefreiten Haselnuss nicht unähnlich sind. — Käsiger Zerfall und Eiterung bedingen Abscesse und Geschwüre mit Abstossung des necrotisch gewordenen Infiltrates. Die Hypertrophie betrifft entweder die Lymphfollikel oder vornehmlich das Bindegewebe der Drüsen; die letzteren werden dementsprechend grösser, tauben- bis hühnereigross, härtlich, selbst knorpelartig fest (sarcomatöse Degeneration) und zeigen auf den Schnittflächen ein gleichmässiges, gallertartiges mattgelbes oder fibrinöses Aussehen — Combination mehrerer der genannten anatomischen Vorgänge ist nichts Seltenes und finden sich bei einem und demselben Kinde mitunter gleichzeitig Hyperplasie, Vereiterung und Verkäsung der Drüsen vor. — Bezüglich der Frequenz der Erkrankungen stehen oben an die Lymphdrüsen des Halses, ihnen folgen die Bronchial- und dann die Mesenterialdrüsen.

Symptome und Verlauf.

Die Symptome gestalten sich, je nach der anatomischen Form, nach dem Sitze und der Ausdehnung des Leidens und der individuellen Körperbeschaffenheit in verschiedener Weise. Acute Entzündung der Drüsen verläuft entweder fieberlos oder unter mehr oder weniger hohen Fiebererscheinungen. Bei manchen, namentlich leicht erregbaren Kindern sehen wir im Beginne einer sehr acuten Lymphdrüsenentzündung nicht selten die höchsten Fiebergrade, einen Puls von 160—180, eine Temperatur von 41° Cels., grosse Aufregung und von Delirien unterbrochenen Schlaf.

Die Drüsen selbst zeigen stets eine Volumszunahme und es entstehen durch Confluenz mehrerer erkrankter Drüsen oft ansehnliche bis faustgrosse Geschwülste. Je nachdem das umgebende Bindegewebe an der Entzündung Theil nimmt, was bei der acuten Form fast regelmässig geschieht, oder nicht, sind die Geschwülste mehr oder weniger beweglich, verschiebbar, oder unbeweglich fixirt. Bei acuter Entzündung sind die Drüsen schmerzhaft, bei chronischer ganz schmerzlos oder nur wenig empfindlich bei Berührung. Hyperplastische indurirte Drüsen fühlen sich hart und fest, in Eiterung begriffene nachgiebig weich, später fluctuirend an. Durchbruch einer eiternden oder im käsigen Zerfalle begriffenen Drüse bewirkt nicht selten chronische, hartnäckige Geschwüre, Fistelgänge und entstellende, aufgeworfene Narben. Durch Druck seitens der vergrösserten Drüsengeschwülste auf die benachbarten Blutgefässe entstehen mannigfache functionelle Störungen; so entwickelt sich durch Druck auf die grossen Halsgefässe Anämie und venöse Stase des Gehirns und in Folge dieser Schwindel, Schlafsucht, Ohnmachten, Motilitätsstörungen, wie epileptiforme Convulsionen. — Anschwellung der Axillar- und Jugulardrüsen bewirkt durch Druck auf die benachbarten Nerven das Gefühl von Taubsein und Ameisenkriechen in den Extremitäten.

Klinisch wichtig ist der Symptomencomplex der chronischen Bronchoadenitis und Tuberculose der Bronchialdrüsen.

Je voluminöser die Geschwülste sind — und mitunter findet man hühnerei- bis faustgrosse Convolute längs der Trachea und am Hilus der Lunge — desto deutlicher und hochgradiger sind die functionellen Störungen. Durch Druck auf die Gefässe entstehen Circulationsstörungen, wie arterielle Anämie oder Stauungshyperämie im venösen Gefässantheile, die Hautvenen am Thorax, an den Schläfen und an der Stirne sind zu ansehnlichen Strängen erweitert, Thromben in den Jugularvenen, in der Vena anonyma entwickeln sich, nur selten kommt es wohl zu einer wirklichen Compression der Gefässe selbst. — Compression des angrenzenden Lungengewebes sah ich öfter, doch sollen auch Druckerscheinungen an der Trachea, den Bronchien und dem Oesophagus vorkommen. Durch Druck auf den Nervus vagus entsteht ein eigenthümlicher krampfartiger, periodisch auftretender Husten (periodischer Nachthusten), Verdünnung. Usurirung und Durchbruch der Trachea wird dann und wann beobachtet und ist dieser Vorgang bereits bei den Krankheiten der Trachea erwähnt. Als physikalische Zeichen grosser Drüsengeschwülste an der Trachea und den Bronchien sind neben einer mitunter deutlichen umschriebenen Percussionsdämpfung, entsprechend der Bifurcation der Trachea, ein unbestimmtes Inspirium mit einem scharfen, hauchenden, dem Bronchialathmen ähnlichen Exspirium zu erwähnen und für eine wahrscheinliche oder sichere Diagnose zu benutzen.

Einen charakteristischen Symptomencomplex bewirken auch die Geschwülste der Mesenterialdrüsen (Tabes meseraica). — Dieselben finden bei den Krankheiten des Darmcanals ihre Erledigung.

Als die schlimmste und weitaus gefährlichste

F o l g e käsig veränderter und tuberculöser Lymphdrüsen, besonders
der Bronchial- und Mesenterialdrüsen ist die Tuberculose durch
Selbstinfection aus denselben zu fürchten. Tuberculöse Meningitis, Peritonitis und allgemeine Miliartuberculose nimmt oft genug
durch Resorption und Aufnahme solcher Gewebstheile ins Blut
den Ausgangspunkt von so erkrankten Drüsen.

Als seltenere Folgen und Complicationen multipler Drüsenerkrankungen mit gleichzeitiger Betheiligung der Milz ist die
Pseudoleucämie und Leucämie zu erwähnen.

Die D a u e r der Anschwellung entspricht gewöhnlich der sie
bedingenden Ursache und der Individualität des Kindes. Bei
gesunden, wohlgenährten Kindern wickeln sich die Drüsenkrank-
heiten schneller und leichter ab, als bei herabgekommenen, schwächlichen, scrophulösen, tuberculösen und mit Lues behafteten.

Ursachen.

Drüsenerkrankungen sind in den seltensten Fällen p r i m ä r e ,
meistens entstehen sie in s e c u n d ä r e r Weise. Veranlassende Ursachen der letzteren sind mannigfaltiger Art und können in verschiedenen Krankheitsherden wurzeln. Hautkrankheiten, besonders
chronische, wie Eczem, Impetigo, Prurigo, Furunculosis, Pemphigus,
Favus etc. bedingen Anschwellung der benachbarten Lymphdrüsen,
so besonders der Hals- und Nackendrüsen bei Eczema capillitii.
Stomatitis und Angina in ihren verschiedenen Formen führen zu
Anschwellung der correspondirenden Unterkieferdrüsen. Affection
der Bronchialschleimhaut und der Lunge zu Bronchoadenitis, Krankheiten des Darmkanales zu Mesenterialdrüsenanschwellung. —
Multiple Drüsenerkrankungen begleiten acute wie chronische allgemeine Ernährungsstörungen und Blutkrankheiten, z. B. Scarlatina, Variola, Syphilis, ganz besonders die Scrophulose.

Behandlung.

Dieselbe betrifft einerseits die U r s a c h e , andererseits die
D r ü s e n selbst. Gewisse Drüsenanschwellungen verschwinden
schon auf die Entfernung des sie bedingenden Reizes hin, andere
sind hartnäckiger und überdauern längere oder kürzere Zeit das
ätiologische Moment. Liegt dem Uebel Scrophulose zu Grunde,
so sind Leberthran, Jod, Jodeisen, Milchkuren und der Gebrauch
von jod- und bromhaltigen Mineralwässern, wie Hall, Krankenheil,
Kreuznach etc. angezeigt. Wurzelt das Uebel in Syphilis, so
sind Jodkali und die Merkurialien die entsprechenden inneren

Mittel. Bedingen chronische Exantheme Drüsengeschwülste, so müssen diese nach den entsprechenden Vorschriften behandelt werden; liegen Darmkrankheiten zu Grunde, so ist eine baldige und gründliche Heilung derselben einzuleiten. Für acut entzündete Drüsen sind öfter gewechselte kalte Umschläge das erste und beste Mittel. Um die Zertheilung zu unterstützen, werden Einreibungen mit erwärmtem Oele, Jod- und Mercurialsalben angewendet. Neigt die Drüse zu eiteriger Schmelzung, so werden Cataplasmen aufgelegt. Bei zweifelhaftem Verhalten der Drüsengeschwülste versuche man Jodtinctur in Verbindung mit Tinctura gallarum aa part. aeq. oder ein Pflaster aus Emplast. de melilot. Emplast. diachyl. comp. aa part. aeq. Isolirt stehende Drüsen schwinden öfter auf Anwendung einer länger wirkenden Compression mittelst einer Pelotte. Indurirte Drüsen, welche dem Jod und den Mercurialien hartnäckig widerstehen, müssen operativ entfernt werden, was jedoch bei zahlreichen in der Halsgegend gelegenen und bis auf die grossen Gefässe sich hineinerstreckenden Tumoren nicht gefahrlos ist. Injection von Jodtinctur oder einer Auflösung von Jodkali in das Drüsenparenchym selbst bewirkt öfter Zertheilung oder eiterige Schmelzung der Drüsen. Fluctuirende Drüsenabscesse werden mittelst eines Einschnittes oder der Anlegung eines fadenförmigen Haarseiles eröffnet; dass die letztere Methode grössere und entstellende Narben verhütet, kann ich nicht bestätigen. Vorhandene Fistelgänge sind zu spalten, atonische Drüsengeschwüre mit blasser ödematöser Granulation werden mit dem Lapisstifte geätzt oder mit Calomelpulver bestreut. Bei vermutheten oder nachgewiesenen inneren Drüsentumoren sind neben Jod- Eisen- Chinin- oder Chinapräparaten vor Allem eine entsprechende mehr stickstoffhaltige Nahrung, Milchkost und Aufenthalt in guter, besonders Waldluft zu empfehlen.

12. Anaemia lymphatica, Pseudoleucaemia, Adenie.

Die Pseudoleucaemia, zuerst von Hodgkin beobachtet und beschrieben, ist eine nicht gar seltene Krankheit. Die wichtigsten und diagnostisch werthvollen Symptome bilden zunächst eine in die Augen springende, ungemein stark entwickelte, fast durchsichtige Blässe der Haut und Anschwellung der äusseren wie inneren Lymphdrüsen; in manchen Fällen ist auch die Leber und Milz (anämischer Milztumor) stark geschwellt. Die damit behafteten Kinder zeigen alle functionellen Störungen hochgradiger

Anämie, matt und hinfällig, ertragen sie durchaus keine körperliche Anstrengung, leiden an Herzklopfen, Neigung zu Blutungen, Athemnoth und öfter an Oedem der Extremitäten. Bei einem eilfjährigen Mädchen sah ich das Leiden unter mehrere Wochen andauernden typhoiden Symptomen beginnen, welchen erst später die multiplen Lymphdrüsenanschwellungen folgten; die letzteren behaupteten sich mit Schwankungen zwischen Besserung und Verschlimmerung durch zwei Jahre, ehe vollkommene Heilung eintrat. Das Blut zeigt keine oder nur vorübergehende geringe Vermehrung der weissen Blutkörperchen und die hyperplastischen Lymphdrüsen eine Neubildung von zahlreichen Bindegewebselementen. Im Harne findet sich mitunter, jedoch nicht regelmässig durch Alkohol fällbares (peptonähnliches) Eiweiss. Der Verlauf schwankt zwischen einigen Monaten und Jahren. Der Ausgang in Tod durch allgemeine Erschöpfung ist die Regel; Heilung, wie ich sie in dem oben citirten Falle beobachtet, erfolgt nur ausnahmsweise.

Verwechslungen des Leidens sind möglich mit der wirklichen Leucämie, Scrophulose und Sarcose der Lymphdrüsen; die erstere unterscheidet sich durch die mikroskopische Untersuchung des Blutes.

Die Ursachen sind noch dunkel, Rachitis und chronischen Darmkatarrh sah ich einigemale als wahrscheinliche Veranlassung. Die Behandlung besteht in der Anwendung von Eisen, Chinin, Leberthran neben guter frischer Luft, Landaufenthalt und einer entsprechenden nahrhaften Kost. — Jodmittel sind mit Vorsicht und nur in Verbindung mit den erstgenannten Präparaten zu versuchen.

Fünfter Abschnitt.

Krankheiten der Verdauungswerkzeuge.

Allgemeine und physiologische Vorbemerkungen.
Ernährung der Kinder.

Eine naturgemässe, quantitativ und qualitativ entsprechende Ernährung im ersten Lebensjahre ist die wichtigste Bedingung für das gute Gedeihen, für eine normale An- und Fortbildung des kindlichen Körpers. Störungen und Fehler in der einen oder anderen Richtung führen zu den verderblichsten Folgen und darf in denseben nach den täglichen Erfahrungen die hohe Sterblichkeitsziffer der Kinder im ersten Lebensjahre zum grossen Theile gesucht werden.

Die beste und sicherste Nahrung für ein Kind ist stets die Milch der eigenen Mutter, und sollte sich keine Frau, welche die zum Stillen nothwendigen Eigenschaften besitzt, dieser hohen und schönen Pflicht entziehen. Die Milch einer gesunden Frau enthält nach den Untersuchungen von Becquerel und Vernois in 1000 Theilen:

Wasser	889,80	Procent
Zucker	43,64	„
Käsestoff	39,24	„
Butter	26,66	„
Salze	1,38	„
feste Bestandtheile	110,92	„

Das specifische Gewicht beträgt durchschnittlich 1,032. — Frische Frauenmilch ist bläulich, weiss oder rein weiss, von schwach süsslichem etwas fadem Geschmacke und alkalischer Reaction. Langes Stehen der Milch und Krankeiten der Mutter machen die

Milch schwach sauer. Beim Sauerwerden der Frauenmilch scheidet sich das Casein in Form von kleinen Klümpchen oder losen Flocken aus, während diess bei der Kuhmilch in grossen und selbst zusammenhängenden Klumpen geschieht. — Gegen das Ende der Schwangerschaft und in den ersten Tagen des Stillens weicht die chemische und physikalische Beschaffenheit der Milch von der späteren wesentlich ab, sie ist mehr gelblich, reicher an festen Bestandtheilen, namentlich an Fett und Salzen und lässt unter dem Mikroskope Colostrumkörperchen erkennen. Während die sogenannten Milchkügelchen, welche nichts anderes sind als verfettete Epithelialzellen der Brustdrüsenelemente (Körnchenzellen), einen Durchmesser von 0,0012 bis 0,0020 Linien haben, betragen die Colostrumkörperchen (Körnchenkugeln) 0,006—0,023 Linien (Henle). Das Colustrum verleiht der Milch eine leicht abführende Eigenschaft und dient dazu, die Entleerung des Meconium zu erleichtern.

Quantität und Qualität der Milch können durch gewisse Verhältnisse vorübergehende oder bleibende Störungen erleiden und das Stillen verbieten.

Durch Gemüthsaffecte der Frauen (Schrecken, Zorn, Angst, Schmerzen etc.) wird die Milch dünner, ärmer an Zucker, molkenartig und kann beim Kinde heftige Zufälle, wie Erbrechen, Durchfälle, selbst Convulsionen hervorrufen.

Je mehr Zeit seit der Entbindung der Frau verflossen, desto geringer wird das Quantum des Milchzuckers.

Eintretende Menstruation macht die Milch sparsamer mit Ueberwiegen der festen Bestandtheile und ruft bei Säuglingen meistens, doch nicht immer durch diese chemische Veränderung bald leichtere, bald schwerere Verdauungsstörungen hervor. Ueberdauern diese letzteren die Zeit der Menstruation nicht, so hat man keinen Grund, das Weiterstillen zu verbieten. Wenn diess jedoch nicht der Fall und die Ernährung des Kindes eine nicht befriegende ist, dann muss bald ein Wechsel in der Nahrung eintreten.

Neue Schwangerschaft während der Lactation macht die Milch gewöhnlich, doch nicht immer sparsamer mit Wiedererscheinen von Colostrumkörperchen. Verbietet sich das Weiterstillen wegen Versiechen der Milch nicht schon von selbst, so muss dasselbe im Interesse der Mutter, des Säuglings und der neuen Frucht untersagt werden. Mässiger Coitus nimmt keinen direct schädlichen Einfluss auf die Beschaffenheit der Milch.

Während nun viele Mütter zum Wohle ihrer Kinder das
Säuglingsgeschäft selbst besorgen, so gibt es wieder Mütter, und
die Zahl derselben nimmt unter den gegenwärtigen socialen und
Culturverhältnissen leider täglich zu, welche nicht stillen k ö n n e n,
d ü r f e n oder w o l l e n. Angeborene geringe Entwickelung der
Brustdrüse und demzufolge geringe Milchabsonderung, Krankheiten,
wie Entzündung, Eiterung, Verhärtung, krebsige Entartung der
Brust machen das Stillen unmöglich. Kleine, plattgedrückte, ein-
gezogene Brustwurzen, oder wunde, rissige, blutende, sehr schmerzhafte Brustwarzen können oft durch wochenlange Vorbereitungen,
durch Hervorziehen, Waschungen etc. nicht so weit gebracht
werden, dass die Mutter stillen kann. Gewisse Lebens- und Er-
werbsverhältnisse vertragen sich schwer oder gar nicht mit einer
regelmässigen Erfüllung dieser Mutterpflicht. Nur selten liegt die
Ursache des unmöglichen Stillens im Kinde selbst. Bildungsfehler, wie Wolfsrachen, doppelte Hasenscharte etc. sind solche
Ursachen. — Mütter mit Tuberculose, Scrophulose, Gicht, chronischen hartnäckigen Hautausschlägen und Epilepsie dürfen nicht
stillen. Vorübergehende acute Krankheiten wie Typhus, Dysenterie,
Pneumonie, acute Exantheme, Rheumatismus etc. verbieten nicht
absolut das Stillen. Ich liess öfter von typhus- und ruhrkranken
Müttern ohne Nachtheil für das Kind das Säugungsgeschäft weiter
besorgen. Verliert sich die Milch unter dem Einflusse solcher
Krankheiten zum grossen Theile oder gänzlich, dann verbietet es
sich von selbst.

Endlich gibt es Mütter, zur Schande derselben sei es gesagt,
welche aus Bequemlichkeit, Genusssucht, Eitelkeit und anderen
tadelnswerthen Gründen sich dem Säugungsgeschäfte entziehen,
obzwar sie alle Eigenschaften dazu besitzen.

Auch das W a n n und W i e des Stillens ist nicht gleichgültig
und wird in dieser Beziehung gar vielfach gesündigt. Ein gesundes Kind soll bei hinreichender und qualitativ zusagender
Milch in den ersten Tagen, so lange der Magen grössere Nah-
rungsmengen noch nicht aufnehmen kann, öfter an die Brust gelegt werden, allmählich aber, und zwar je früher desto besser
muss dieses mit einer gewissen Regelmässigkeit geschehen, und
zwar durchschnittlich alle zwei Stunden am Tage und alle drei bis
vier Stunden während der Nacht. Man betrachte und benütze die
Brust nicht als Beruhigungsmittel schreiender Kinder, ausser das
Kind schreit wegen Hunger, und suche den wahren Grund der Unruhe auf. Unmittelbar nach stattgehabten Gemüthsaffecten, nach

erhitzenden körperlichen Anstrengungen darf die Brust aus schon früher ·erwähnten Gründen nicht gereicht werden. — Die Säugende verwende beim Stillen b e i d e B r ü s t e mit einer gewissen wiederkehrenden Regelmässigkeit. — Die Frage, w i e l a n g e ein Kind zu stillen sei, hängt von mannigfachen Umständen und Zufällen der Stillenden wie Säuglinge ab und lässt sich kaum eine für alle Fälle bindende Regel aufstellen. Im Allgemeinen ist es rathsam, wenn anders es die Verhältnisse gestatten, das Stillen bis zum Beginne der Zahnung oder bis zum vollendeten Erscheinen der ersten Zahngruppe fortzusetzen, also durchschnittlich bis zum neunten oder zehnten Lebensmonate. Schwächliche und rachitische Kinder lasse man länger an der Brust, als sonst gesunde, normal sich entwickelnde.

Das Absetzen des Kindes geschehe nicht frühzeitig, nicht plötzlich, nicht während des Hervortretens einer Zahngruppe und wenn möglich nicht im Hochsommer. Die Vorbereitung, welche einige Wochen oder Monate in Anspruch nimmt, besteht in der Darreichung einer Beikost, womit schon im dritten bis fünften Lebensmonate begonnen werden darf. Was die zu wählende Beikost betrifft, so lässt sich eben nicht im Voraus bestimmen, welche dem Kinde am besten zusagt, und muss oft erst durch Versuche sichergestellt werden. Eingekochte Fleischsuppe, ein Zwiebaek- Mehl- oder Griesbrei (Mus) in Milch gekocht werden von den meisten Kindern gern genommen und gut vertragen. Gewisse acute Krankheiten der Säugenden wie der Säuglinge machen mitunter ein plötzliches Abstillen nöthig, was nur selten ohne Nachtheil für das Kind geschieht, meist dagegen lebensgefährliche oder schnell tödtende Krankheiten zur Folge hat.

Kann, darf oder will die eigene Mutter nicht stillen, dann ist das beste Ersatzmittel eine A m m e. Das Wort Amme schliesst so viel Gutes und Schlimmes in sich, dass bei der Wahl einer solchen die grösste Vor- und Umsicht nothwendig ist. Die moralische Seite des Ammenwesens überhaupt zu beleuchten, kann hier nicht der Platz sein; der Nutzen derselben in den meisten Fällen verscheucht jedoch jedes Bedenken und lässt uns ohne Widerstreben ein Mittel ergreifen, wodurch ein Menschenleben erhalten werden kann. — Ein gute und brauchbare Amme soll folgende Eigenschaften haben.

a) Sie muss körperlich vollkommen gesund, nicht mit übertragbaren Krankheiten behaftet sein und nicht allzu fettreiche, derbe, elastische, mässig strotzende Brüste mit gehörig vorsprin-

genden, nicht wunden Brustwarzen haben. Besonders sind bei
der Untersuchung die Gesichtsfarbe, das Zahnfleisch, die Zähne,
der Hals, die Lymphdrüsen und Genitalien sorgfältig zu besichtigen und zu prüfen. Das beste Alter ist die Periode zwischen
20—30 Jahren. Weiber von schlankem Körperbau geben in der
Regel bessere Ammen als üppig gebaute, fettreiche. Ob sie dunkel,
oder blondhaarig ist, macht in der Hauptsache keinen wichtigen
Unterschied. Ammen vom Lande sind jenen aus grossen Städten;
Ammen, welche schon Kinder gestillt, Erstgebärenden vorzuziehen.

b) Die Quantität und Qualität der Milch muss eine
entsprechende sein. Der nur relativ, jedoch nie absolut sicherste
Massstab zur Beurtheilung einer Ammenmilch in diesen beiden Richtungen ist die Besichtigung des eigenen Kindes, was, wenn über-
haupt möglich, nie zu unterlassen ist. Der Nachweis eines grossen
Milchreichthums bietet mehr Garantie für die Güte einer Amme
als die chemisch-optische Milchprobe. Bezüglich des Alters der
Milch ist es erforderlich, dass die Niederkunft der Mutter und
der zu wählenden Amme nicht zu weit auseinander liegen. Die
Ammenmilch sei eher um drei bis sechs Wochen älter als jünger.
Am besten ersichtlich jedoch wird die relativ gute oder schlechte
Beschaffenheit der Milch aus dem Gedeihen des Kindes, nament-
lich aus dem Verhalten der Verdauung.

c) Eine gute Amme soll ein ruhiges Temperament und
einen sanften Charakter besitzen. Wenn man jedoch bedenkt, aus welcher Klasse der Bevölkerung dieselben gewöhnlich
hervorgehen, so wird man, wenn das Kind sonst gut gedeiht, in
diesem Punkte weniger kritisch sein dürfen. — Ich habe schon
manche sonst herrschsüchtige und gebieterische Frau bewundert,
wie sie ihrem Kinde zu Liebe einer Amme gegenüber sich zu be-
meistern weiss. — Die bekannte Gewissenlosigkeit der Ammen
und noch mehr der Ammenzubringer und Ammenvermietherinnen
gebietet es, um Täuschungen und betrügerischen Vorspiegelungen
auszuweichen, bei der Wahl einer Amme mit dem rücksichts-
losesten Misstrauen vorzugehen; wo die Kinder nicht beigebracht
werden können, lasse man sich, um das Alter der Milch genau
zu erfahren, glaubwürdige Documente, wie Taufscheine, Geburts-
scheine, Auszüge aus den Matriken etc. vorlegen und glaube nie
unbedingt den Aussagen der Amme selbst.

Für alle jene Fälle, wo die Mutter nicht stillen kann und
darf, oder wo eine gute Amme nicht zur Verfügung steht, bleibt
nur ein Ausweg offen, nämlich die künstliche Ernährung.

Die Wichtigkeit dieser Frage gab von jeher zu mannigfachen Versuchen Anlass, um ein Mittel zu finden, welches die Frauenmilch ersetzen könnte. Während dieses früher in mehr empirischer Weise geschah, gibt man diesem Streben gegenwärtig eine mehr wissenschaftliche Basis, und ist in dieser Beziehung besonders v. Liebig fruchtbringend gewesen. — Die künstliche Ernährung oder Auffütterung, sie mag nun mit welchem Nahrungsmittel immer geschehen, erfordert, falls sie gelingen soll, eine scrupulöse Gewissenhaftigkeit und die grösste Sorgfalt.

Unzweifelhaft das beste Ersatzmittel für die Frauenmilch bleibt noch immer die reine unverfälschte Thiermilch, und von dieser wieder wegen ihrer grossen Verbreitung und bequemen Beischaffung die Kuhmilch. Die Milch der Eselin und der Ziege steht in ihrer chemischen Zusammensetzung der Frauenmilch allerdings näher; ihre geringe Verbreitung macht jedoch eine allgemeine Verwendung nicht durchführbar.

Die Kuhmilch besitzt im Ganzen eine der Frauenmilch ähnliche Beschaffenheit, sie enthält weniger Wasser, Butter, Zucker und freies Alkali, dagegen mehr Casein und Salze, reagirt weniger alkalisch, säuert sehr leicht und scheidet, wie schon früher bemerkt, das Casein in grösseren gallertartigen, selbst zusammenhängenden Klumpen aus, die als schwerer lösbar die Verdauung der Kinder mehr oder weniger belästigen und stören. Dieses Verhältniss erleidet jedoch durch den Gesundheitszustand und die Fütterung der Kühe mannigfache, mitunter nicht unerhebliche Schwankungen und verdient desswegen eine vom Lande bezogene reine Kuhmilch stets den Vorzug. Der grosse Werth der Kuhmilch als bestes Ersatzmittel der Frauenmilch wird jedoch namentlich in grossen Städten bedeutend geschmälert und herabgesetzt durch die mannigfachen Fälschungen und zwar oft genug mit Stoffen, welche durch ihre schädlichen Wirkungen die Ernährung und Gesundheit der Kinder stark beeinträchtigen und gefährden. Eine strenge sanitätspolizeiliche Beaufsichtigung des Milchhandels könnte dieses strafbare und gewissenlose Treiben allerdings bedeutend beschränken. — Um der Säuerung der Kuhmilch, besonders im Sommer zu begegnen, ist es rathsam, durch Zusatz von Natrum bicarbonicum zu neutralisiren. — Die Kuhmilch werde in den ersten Lebensmonaten mit Wasser verdünnt, anfangs gebe man $^2/_3$ Milch, $^1/_3$ Wasser, vom zweiten Lebensmonate angefangen $^3/_4$ Milch und $^1/_4$ Wasser, im vierten Monat kann reine unverdünnte Milch gereicht werden. Die Milch muss dem Kinde warm

(28—30° Reaum.) gegeben werden. Die Darreichung geschieht am besten in Saugflaschen, welche mit einem warzenförmigen Mundstücke aus Guttapercha oder decalcinirtem Elfenbein versehen sind; die in jüngerer Zeit gebrauchten mit einem halbfusslangen elastischen Ansatzschlauche versehenen Saugflaschen verdienen ihrer Bequemlichkeit wegen besondere Empfehlung. Dass Saugflasche und Mundstück immer rein gehalten werden müssen, versteht sich von selbst.

Die Darreichung der künstlichen Nahrung muss auch in regelmässigen Zeitabschnitten erfolgen und dieselbe womöglich jedes Mal frisch bereitet sein. Dies gilt besonders von den später zu erwähnenden anderen Surrogaten der Milch.

Die leichte Zersetzbarkeit, besonders aber die häufigen und schädlichen Verfälschungen der Kuhmilch liessen auf Mittel sinnen, welche diesem immer mehr fühlbar gewordenen Uebelstande vorbauen sollten. Die Früchte dieses Strebens sind zunächst die eingedickte (condensirte) Kuhmilch und die Liebig'sche Suppe für Säuglinge.

Von der condensirten Milch kommen zwei Präparate im Verkaufe vor, das eine von der amerikanischen Gesellschaft Anglo Sviss-Condensed Milk-Company zu Cham in der Schweiz bereitete und das andere von der Deutsch-schweizerischen Milchextract-Gesellschaft in Vevey (Schweiz) und Kempten (Baiern) hergestellte. Muss man die condensirte Milch auch als ein werthvolles Präparat, besonders für die künstlich aufzuziehenden Kinder bezeichnen und empfehlen, so wird sie die frische, reine Kuhmilch doch nie ersetzen und verhält sich zu dieser wie eine getrocknete Blume zur lebenden und blühenden.

Liebig's Suppe für Säuglinge, das Resultat wissenschaftlicher Berechnung, soll die Frauenmilch besonders dadurch nachahmen und ersetzen, dass die plastischen (stickstoffhaltigen) und wärmebildenden (stickstofffreien, respiratorischen) Stoffe darin in einem zutreffenden Verhältnisse vorhanden sind. Um die Bereitung zu erleichtern, sind Extractformen der Liebig'schen Suppe von Ed. Löfflund, Roth und Braun, J. Paul Liebe u. A. entstanden.

Die Liebig'sche Suppe ist nach meinen ziemlich zahlreichen Versuchen im Allgemeinen ein leicht verdauliches, angenehm schmeckendes Nahrungsmittel für Säuglinge, welches bei der künstlichen Auffütterung alle Berücksichtigung verdient, sie theilt jedoch auch die Nachtheile aller Surrogate, d. h. wird von manchen

Kindern nicht genommen und vertragen, erzeugt Erbrechen und Durchfall und ist an die Bedingung reiner unverfälschter Milch gebunden.

Andere Milchsurrogate, welche als Ersatzmittel für Frauenmilch oder als Beikost gebraucht werden, sind die verschiedenen Kaffee-, die Breisorten und die Fleischbrühe.

Zu den ersteren gehören der Eichelkaffee, die Cacaobohnen, der Löschner'sche Kinderkaffee (von Tschinkel Söhne in Lobositz fabriksmässig hergestellt), der Gerstenkaffee und der gewöhnliche Moccakaffee. Die sogenannten Breiarten aus Weizen- Roggen- Reis- und Kartoffelmehl, Kindergries, Arrowroot, Zwieback (Wafflers Kinderzwieback aus Nürnberg verdient Empfehlung), Weissbrod mit Milch, Wasser oder Fleischbrühe bereitet finden häufige Anwendung.

Zur Bereitung der Fleischbrühe bedient man sich des Rind- oder Hühnerfleisches, anfangs ohne Zusatz von Salz und Gemüse, selbst mit Zucker versetzt und etwas verdünnt. Dieselbe wird je nach Umständen mit Milch oder mit Reis, feinem Gries, Sago, Hafergrütze, Gerste oder Eigelb vermischt. Auch das Bier eignet sich im rohen oder besser im abgekochten Zustande und mit Zucker noch etwas versüsst als gutes Surrogat der Milch und wird bei Kindern mit schwacher Verdauung oft besser vertragen als Milch und Fleischbrühe.

Gegen den Gebrauch des sogenannten Zummels, Zulpes, Schnullers oder Sauglappens als Nähr- und Beruhigungsmittel kleiner Kinder soll jeder Arzt mit aller Strenge ankämpfen. In manchen Fällen wird' man, ehe man das richtig zusagende Nahrungsmittel trifft, mehrere andere der Reihe nach versuchen müssen.

Als Controle des Gelingens der künstlichen Ernährung kann nur das Gedeihen des Kindes im Allgemeinen bei normalem Vonstattengehen aller Functionen gelten. Sind schon mehrere Zähne vorhanden, so kann man den Kindern bereits etwas Fleisch reichen, und zwar zunächst in feingeschnittener oder gewiegter Form (sog. Haché). Zweijährigen und älteren Kindern darf es schon gestattet werden, am Tische der Eltern Theil zu nehmen, wenn eine gewisse Auswahl der Speissen getroffen wird, mit Entfernung aller schwer verdaulichen, stark gewürzten, sehr fetten, erhitzenden und reizenden Speisen. Zu tadeln ist die in neuerer Zeit immer allgemeiner werdende Sitte, die Kinder fast ausschliesslich nur mit Fleischspeisen zu nähren und ihnen solche auch zum Abendbrode zu reichen. Zu letzterem eignet sich viel zweckmässiger eine kräftige Suppe, Gemüse, leichte Mehlspeisen, Obst etc. Selbst der als Grund dafür hervorgehobene anämische Charakter der jetzigen Generation ist nicht stichhaltig für diese Methode. Das beste Getränk für Kinder ist reines Wasser, in Ermangelung desselben gewähre ich den Kindern, besonders schwächlichen, gern gut ausgegohrenes Bier in kleinen Quantitäten.

A. Mund- und Rachenhöhle.

1. Verengerung der Mundspalte, Mikrostomie.

Der Zustand ist theils angeboren, theils erworben. Manche Kinder kommen schon mit einem unverhältnissmässig kleinen Munde oder vollständig verwachsenen Lippen (Atresia oris) zur Welt, bei anderen entsteht die Verkleinerung und Verengerung der Mundspalte in Folge von diphtheritisch-croupösen oder syphilitischen Geschwüren und gangränösen Processen (Noma), oder auch nach Verbrennung an den Lippen. Durch die Contraction der Narben nimmt das Uebel, sich selbst überlassen, allmählich zu.

In prophylaktischer Beziehung ist es wichtig, Geschwürsprocesse an den Lippen mit der grössten Aufmerksamkeit zu behandeln, um partielle oder vollständige Verwachsung derselben zu verhüten. Angeborene oder erworbene Mikrostomie kann nur auf operativem Wege und zwar am besten durch die Cheiloplastik nach Diffenbach behoben werden. Nicht selten gehen die Kinder trotz der Operation atrophisch zu Grunde.

2. Labium leporinum, Pallatum fissum, Hasenscharte, Wolfsrachen.

Unter den Missbildungen der Mundhöhle sind diese bei den genannten Spaltbildungen die wichtigsten. Die Lippenspalte ist entweder eine einfache, seitlich von der Mittellinie gelegene und mit einem der Nasenlöcher correspondirende, oder eine doppelte, zu beiden Seiten der Mittellinie gelegene Spalte, zwischen welchen sich ein bald hoher und breiter, bald wieder schmaler und kleiner Lappen befindet. Mitunter ist die Lippe mit dem Zahnfleische innig verwachsen. Setzt sich die

Lippenspalte auch auf den Kiefer und Gaumen fort, so entsteht die unter dem Namen Wolfsrachen bekannte complicirte Spaltbildung. Die Kieferspaltung beginnt zwischen dem äusseren Schneide- und Eckzahne und geht entweder nur auf einer oder beiden Seiten verschieden weit nach hinten. Die Gaumenspalte ist bald eine nur schmale in der Breite von $1/2 - 1$ Linie, bald eine weit klaffende ausgedehnte, und gestattet dann einen vollständigen Einblick in die Choanen. Die Spaltung setzt sich oft, doch nicht immer, auch auf den weichen Gaumen fort. Der Zwischenkieferknochen ist entweder ungewöhnlich gross und dick und befindet sich als mehr oder weniger umgestülpter Knoten unterhalb der Nase, oder er ist im Wachsthum zurückgeblieben und stellt eine einfache Kieferspalte dar.

Die Folgen und functionellen Störungen sind nach dem Grade und der Ausdehnung des Uebels verschieden. Die wichtigste unter diesen ist das erschwerte oder unmögliche Saugen. Während Kinder mit Hasenscharte die Brustwarze statt zwischen den Lippen mit dem Kiefer fassen und das Saugen doch noch ermöglichen, vermögen sie dieses bei vorhandenem Wolfsrachen durchaus nicht und müssen mit dem Löffel und der Flasche gefüttert werden. Magen-Darmkatarrhe und Atrophie führen öfter einen baldigen Tod herbei. Kinder mit Hasenscharte und Wolfsrachen leiden ferner, wenn sie am Leben erhalten bleiben, an undeutlicher und mühsamer Sprache, da die Lippen- und Gaumenlaute höchst unvollkommen zu Stande kommen. — Werden die Kinder vor dem Erscheinen der ersten Zähne nicht oder ohne günstigen Erfolg operirt, so nimmt die Entstellung des Gesichtes durch Schiefstellung der Zähne einen noch höheren Grad an.

Die Ursache dieses Uebels ist ein Bildungshemmniss während des Fötallebens; eine gewisse Erblichkeit in manchen Familien kann nicht in Abrede gestellt werden.

Behandlung.

Das einzige, wenn auch nicht immer erfolgreiche Mittel ist die Operation. Ueber den Zeitpunkt der vorzunehmenden Operation gehen die Ansichten der Chirurgen etwas auseinander. Aus mehrfachen Gründen ist es rathsam, die Operation der Hasenscharte vor Ablauf der ersten vier bis sechs Wochen nicht vorzunehmen. Für die doppelte Hasenscharte gilt dasselbe, nur mit dem Unterschiede, dass man beide Seiten nicht auf einmal, son-

dern in Zwischenräumen von drei bis vier Wochen operirt, weil
bei diesem Vorgehen mehr Aussicht auf einen glücklichen Erfolg
besteht. Bei gleichzeitigem Wolfsrachen thut man gut, in den
ersten Lebensmonaten zunächst die Lippenspalten zu operiren,
um erst später eine Vereinigung der Gaumenspalte zu versuchen.
Erfahrungsgemäss verkleinern sich im Laufe der Jahre auch weite
Gaumenspalten immer mehr und mehr, wesshalb man mit der
Operation derselben lieber etwas zuwartet, besonders wenn die
Kinder in befriedigender Weise gedeihen. Ist blos der weiche
Gaumen gespalten, so kommt man mit der Naht aus, für Spal-
tungen des harten Gaumens empfehlen sich passend angefertigte
Obturatoren oder die operative Vereinigung, wenngleich alle Er-
fahrungen darin übereinkommen, dass diese Operation mehr Miss-
erfolge als gelungene Heilungen aufzuweisen hat. Die einzelnen
Operationsmethoden selbst sind in chirurgischen Werken er-
sichtlich.

3. Ranula, Froschgeschwulst.

Als Froschgeschwulst wird jene C y s t e n b i l d u n g im Unterkieferwinkel, namentlich in der Unterzungengegend bezeichnet,
welche in der Mehrzahl der Fälle nichts anderes ist, als eine
h y d r o p i s c h e A u s d e h n u n g des an der äusseren Seite des
Musc. genioglossus gelegenen Schleimbeutels (F l e i s c h m a n n). —
Nicht alle Fälle der Ranula lassen sich jedoch auf diesen Ursprung zurückführen und ist dieselbe gewiss auch manchmal eine
R e t e n t i o n s g e s c h w u l s t des Ausführungsganges der Sublin-
gualdrüse oder dieser selbst. Die Geschwulst ist erbsen- bis wall-
nussgross, rundlich, weich, elastisch, durchscheinend und fluctuirend
und wächst sehr langsam, ihr Inhalt ist gewöhnlich von etwas
zäher, dünnflüssiger, glasiger, blassgelber Beschaffenheit und enthält neben Wasser Albuminate, namentlich Natronalbuminate,
seltener ist der Inhalt breiig, dem der Atherome ähnlich, in welchem Falle die Geschwulst weniger durchscheinend ist und nicht
fluctuirt. — Die Zunge wird durch die allmählich an Grösse zunehmende Cyste mehr und mehr gehoben, an den harten Gaumen
angedrückt, das Athmen, Schlingen, Saugen sind behindert und
erschwert, die Sprache wird undeutlich, hochgradige Entwickelung des Uebels führt selbst zu Stickanfällen.

Die Prognose

ist nicht ungünstig, mitunter erfolgt Naturheilung durch spontane Entzündung und Vereiterung der Cyste, in der Regel bleibt sie, zu einer gewissen Grösse gediehen, stationär.

Behandlung.

Gründliche Entfernung des Uebels kann nur die Operation schaffen. Von den bis jetzt geübten und empfohlenen Operationsmethoden bewährt sich noch immer die Excission eines Theiles der Cystenwand und nachfolgende Cauterisation mit Lapis infernalis oder mit in Liquor ferri sesquichlorati getauchter Charpie oder Spaltung der Cyste und Ausschälung des Balges, wo dies möglich, am besten; durch Einlegen eines aus drei bis vier seidenen Fäden starken Haarseiles wurden Heilungen der Ranula mehrfach erzielt von Phisick, Longier, P. M. Guersant u. A. Einfache Punction und Entleerung der Cyste ist nicht zuverlässig, weil sich in der Regel der Balg schon nach kurzer Zeit wieder füllt und ausdehnt.

4. Anchyloglottis. Abnorme Kürze und Anheftung des Zungenbändchens.

Bei Neugeborenen, und zwar öfter bei Knaben als Mädchen findet sich nicht selten (unter 70,000 Kindern 725 Mal) das Zungenbändchen kurz und weit vorne an der Zungenspitze angeheftet, was in seltenen hochgradigen Fällen eine Verschmelzung der Zunge mit dem Grunde der Mundhöhle bewirkt. Das Vorstrecken der Zunge und Saugen ist mehr oder weniger behindert. Ist das Frenulum zu kurz, so ist es mittelst eines Scheerenschlages zu trennen, was, so einfach auch die Sache ist, doch mit der nöthigen Vorsicht geschehen muss. Ich beobachtete zwei Fälle, wo die Kinder in Folge zu tiefen Einschneidens des Zungenbändchens an Verblutung starben. Die Ursache des verspäteten Sprechens bei manchen drei bis vier Jahre alten Kindern wird von den Laien fälschlich in zu kurzem Zungenbändchen gesucht, der Grund liegt entweder, wenn nicht Taubstummheit besteht, in einem chronischen Wasserkopf oder in gestörter oder langsamer Entwickelung einzelner Hirntheile, vielleicht der Sylvischen Furche.

5. Katarrh der Mundhöhle. Stomatitis catarrhalis s. simplex. St. erythematosa

Hyperämie der Mundschleimhaut (Erythem) und als höherer Grad katarrhalische Entzündung derselben ist eine ungemein häufige, öfter secundäre, seltener primäre Krankheitserscheinung im Kindesalter. Die anatomischen Verhältnisse bestehen beim einfachen Erythem nur in dunkler, bald fleckiger, inselförmig umschriebener, bald wieder über grössere Flächen ausgedehnter gleichmässiger Röthung der Mundschleimhaut, bei der katarrhalischen Entzündung ist die Schleimhaut ausserdem stärker geschwollen, sammtartig gelockert, die Papillae clavatae und filiformes der Zunge geschwellt, mehr oder weniger dunkel injicirt, ihres Epithels beraubt, die Schleimdrüsen der Lippen und der Wangenschleimhaut ragen als weissgraue oder gelbliche, durchscheinende Knötchen hervor und geben beim Drucke ein Tröpfchen Schleim ab.

Neben den geschwellten Schleimdrüsen erheben sich dann und wann wenige oder mehrere, dem Herpes ähnliche, zarte Bläschen, welche leicht platzen und gelblich beschlagene, sich rasch überhäutende Erosionen zurücklassen. Reichliche Desquamation des Zungenepithels, vermehrte Secretion einer sauer reagirenden, bald dünnflüssigen, bald zähen, fadenziehenden, Mundwinkel und Kinn röthenden und arodirenden Flüssigkeit, erhöhte Temperatur und Schmerz der Mundhöhle bilden die übrigen Symptome dieser Affection. Weder das Secret noch die seichten katarrhalischen Geschwüre verbreiten jemals einen besonderen auffallenden Geruch. Säuglinge nehmen nicht gern die Brust, dagegen mit Vorliebe kalte Getränke und sträuben sich gegen jede Berührung und Untersuchung der Mundhöhle.

Ursache und Ausgangspunkt der katarrhalischen Stomatitis sind die Zahnung, zu heisse, scharfe, stark reizende Speisen und Getränke, cariöse Zahnspitzen, Unreinlichkeit, gewisse Medicamente, wie Quecksilber, Jod, Antimon, Arsen und endlich fieberhafte Krankheiten, unter diesen namentlich die acuten Exantheme, Typhus, Morbus Brightii etc. Als Vorläufer und erstes Stadium findet sich der Katarrh der Mundhöhle auch bei anderen entzündlichen und ulcerösen Krankheiten der Mundschleimhaut. In gewisser Beziehung müssen hieher auch die fleckige Röthe bei Masern und das Erythem bei Scharlach gerechnet werden.

Die Behandlung

hat zunächst die Ursache aufzusuchen und zu entfernen. Sorg-
fältige Reinigung der Mundhöhle, Entfernung des Sauglappens,
Durchbruch eines oder mehrerer Zähne, Ausziehen eines cariösen
Zahnes genügen oft allein, um die katarrhalische Stomatitis verschwinden zu machen. Wohl nur selten sind Mundwässer oder ein
Pinselsaft aus Borax, Kali chloricum etc. nothwendig. Das Touchiren der katarrhalischen Geschwüre mit dem Höllensteinstifte
ist sehr schmerzhaft und kürzt die Krankheitsdauer kaum wesentlich ab. Bei reichlicher Secretion der Mundhöhle, namentlich
zahnender Kinder, ist es rathsam, die Brust durch sogenannte
Geiferlätzchen aus Wachsleinwand oder Kautschuk vor Durchnässung und Erkältung zu schützen.

6. Aphthen der Mundhöhle, Stomatitis aphthosa.

Umschriebene Entzündung in Form von flachen, im Niveau der
gesunden Schleimhaut liegenden oder leicht vorspringenden, gelblichen, gelblich-weissen, roth umsäumten Flecken mit Ablagerung
von fibrös zelligen Massen zwischen Epithelschicht und Corium
bilden das anatomische Wesen derselben; die Entzündungsflecken
sind vorherrschend rundlich, stecknadel- bis erbsengross oder
länglich, selbst streifig und sitzen an der Schleimhaut der Lippen,
der Wange, der Zunge, des Gaumens, des Zahnfleisches oder selbst
an den Tonsillen. Ihre Zahl ist eine verschieden grosse, bald
sind deren nur zwei bis drei, bald wieder mehrere, besonders
an den Zungenrändern und den Tonsillen vorhanden. Im weiteren
sich gewöhnlich rasch abwickelnden Verlaufe sehen wir diese
gelben Exsudatherde bei erhaltener Epitheldecke unter Bersten
und Abschürfung derselben ohne Hinterlassung eines Geschwüres
und ohne Narbenbildung wieder schwinden; nur selten und zwar
bei etwas tieferem Eindringen des Exsudates in die oberen Corium-
schichten bleiben seichte, schnellvernarbende Substanzverluste
zurück (Aphthöses Geschwür). — Mitunter erfolgt die Exsudation in Nachschüben; vermehrtes, sauer reagirendes Mundsecret
und Schmerzhaftigkeit, besonders beim Einführen der Nahrung
und Getränke fehlen fast nie. Der Vorgang ist fieberlos oder
fieberhaft, mitunter erreicht das die Exsudation begleitende Fieber
einen ungewöhnlich hohen Grad mit Zeichen grosser Aufregung. —
Die Aphthen sind seltener eine idiopathische Affection, und treten

als solche in epidemischer Verbreitung auf, häufiger sind sie eine
secundäre, symptomatische und begleiten die Dentition, den Magenkatarrh, die acuten Infectionskrankheiten, wie Morbilli, Variola,
Scarlatina, den Typhus, die Diphtheritis, Pneumonie, den Keuchhusten etc. — Complication mit Soor und Stomatitis ulcerosa ist
nicht gar selten. Kinder vom sechsten bis dreissigsten Lebensmonate liefern das grösste Contingent.

Die Diagnose

macht keine Schwierigkeiten, wenn die Krankheit im vorderen
Abschnitte der Mundhöhle sitzt, im Rachen, namentlich auf
der Höhe und der inneren Fläche der Tonsillen wird sie oft
und leicht mit folliculärer Tonsillitis oder Diphtheritis verwechselt. Das Fehlen der Suppuration einerseits, sowie der Necrose andererseits sprechen für die in Rede stehende Affection.

Behandlung.

Die Stomatitis aphthosa heilt stets in einigen Tagen, nur
selten und bei öfteren Nachschüben beträgt die Dauer zehn bis
vierzehn Tage, kann jedoch in längeren Pausen auch wochenlang
sich hinziehen. Alle bis jetzt angewendeten Mittel nehmen keinen
directen Einfluss auf den Verlauf des Uebels. Aqua calcis, Kali
chloricum und adstringirende Mundwässer aus Alumen, Zincum etc.
können gebraucht werden. Das Touchiren mit Nitras argenti
macht den Process kaum schneller verlaufen und könnte höchstens
bei mehr chronischem Charakter versucht werden. Ist starkes
Fieber und Stipsis vorhanden, so sind antiphlogistische, kühlende,
leicht auflösende Mittel angezeigt.

Als Anhang zu dieser Form der Stomatitis sind noch die
von Bednar beschriebenen sogenannten Aphthen der Neugeborenen zu erwähnen. Dieselben kommen, und zwar stets
nur zwei an Zahl, zu beiden Seiten der Raphe am Gaumen vor,
stellen linsen- bis silbergroschengrosse schmutzig gelbliche oder
grauliche, wenig erhabene Flecken dar, welche sich in der Regel
in oberflächliche oder tiefer greifende rundliche Geschwüre umwandeln, jedoch auch auf dem Wege der Resorption verschwinden
können. Complication mit Soor habe ich einige Male bei schwächlichen Kindern beobachtet. Sie kommt nur bei Säuglingen in
den ersten Lebenswochen vor und macht das Saugen schmerzhaft. — Aq. calcis, Kali chloricum, Borax sind die entsprechenden Mittel.

7. Croupöse Entzündung der Mundhöhlenschleimhaut, Stomatitis und Angina crouposa.

Auf der stark gerötheten und geschwellten freien Fläche der Schleimhaut der Mund- und Rachenhöhle entstehen häutige, fibrinös zellige Massen, welche sich ohne Zerstörung der Schleimhaut nach kurzer Zeit wieder abstossen oder abziehen lassen. Die Exsudation erschöpft sich mit einmaliger Auflagerung der membranösen Gebilde, oder wiederholt sich in oft rasch folgenden Nachschüben. Sitz der Membranen ist gewöhnlich der weiche Gaumen, die Tonsillen, Uvula, seltener die Zunge, Lippen, Wangen und der harte Gaumen. In einzelnen hochgradigen Fällen ist die gesammte Schleimhaut der Mund- und Rachenhöhle mit solchen häutigen Gebilden bedeckt. Laryngitis und Bronchitis crouposa, Pneumonie und Diphtheritis bilden gewöhnliche Complicationen dieser Affection.

Schmerz, Schling- und Athembeschwerden, stärkeres und schwächeres Fieber, grosse Unruhe, sind begleitende Symptome, zu denen sich bei gleichzeitigem Larynxcroup die durch letzteren erzeugten Symptome gesellen.

Croupöse Stomatitis ist entweder ein idiopathisches oder ein secundäres Leiden und begleitet gerne die acuten Exantheme, die Masern, den Scharlach, seltener die Variola, den Typhus etc.

Die Diagnose

hat namentlich die rein croupösen, membranigen, frei aufgelagerten Producte von den diphtheritischen zu trennen.

Die Behandlung

fällt mit der der Diphtheritis zusammen.

8. Diphtheritische Entzündung, Halsbräune, Rachenbräune (Angina diphtheritica, Diphtherie).

Diphtheritis des Rachens hat je nach ihrem Auftreten und Verlaufe eine verschiedene Bedeutung, ist bald ein allgemeines sich den acuten Infectionskrankheiten anreihendes und als solches meist epidemisch auftretendes Leiden, bald nur wieder eine reine Localkrankheit, tritt entweder primär auf oder begleitet als secundäre, symptomatische Affection andere acute und chronische Krankheiten. Anatomisch betrachtet lässt sich die Diphtheritis

vom Croup nicht scharf trennen, beide Formen kommen häufig
genug neben einander vor und scheint die Qualität und der Sitz des
Exsudates, sowie die Dignität des anatomischen Substrates dabei
massgebend zu sein. Der jeweilige Symptomencomplex macht es
wünschenswerth, beide Formen klinisch zu trennen.

Auf hyperämischer, leicht geschwellter Schleimhaut entwickeln
sich kleine Punkte oder rundliche, durch rasche Vermehrung und
Vergrösserung confluirende Flecken von weisslicher, weissgelblicher
oder stark gelber Farbe, welche als das Product einer fasserstof-
figen parenchymatösen Entzündung durch Compression der Capillargefässe zu Necrose der oberflächlichen oder tieferen Partien des
Schleimhautgewebes führen und sich später als trockner Schorf
oder durch Eiterung sequestrirte Fetzen ablösen. Nach der Abstossung erscheint die Schleimhaut stark geröthet, gelockert,
leicht blutend und mit seichteren oder tieferen Substanzverlusten
besetzt. Reichliche Bildung von Eiterkörperchen auf der Schleimhautschichte oder selbst im submucösen Gewebe führt in manchen
hochgradigen Fällen zu eiterig-jauchigem oder selbst brandigem
Zerfalle der Weichtheile (brandig jauchige Halsbräune) mit nachfolgender narbiger Verziehung der ergriffenen Theile, durch
stärkere Beimischung von Blut werden die Placques und se-
questrirten Massen bräunlich-schwärzlich verfärbt. Zwischen den
diphtheritischen Placques zeigen sich öfter Ecchymosen.

Sitz der Diphtheritis ist am meisten der Rachen und hier
besonders die Tonsillen, die Uvula, das Gaumensegel, die hintere
Rachenwand und die Choanen. Vom Rachen aus verbreitet sich
die Krankheit durch Wanderung in die Nasenhöhle, den Kehlkopf, die Trachea, den Magen; auch die Schleimhaut der Genitalien bei Mädchen, die Conjunctiva, sowie wunde Stellen der
Haut sind öfter Sitz diphtheritischer Placques.

Symptome und Verlauf.

Die Rachendiphtheritis stellt bald eine leichte, gutartige und
vorzugsweise localisirte, bald wieder eine sehr schwere, complicirte und von schlimmen Folgen begleitete Krankheit dar. — Im
ersteren Falle sehen wir bei Kindern ohne oder unter geringen
Fiebersymptomen, bei etwas gestörtem unruhigen Schlafe, leichtem
Kopfschmerze, mattem Gesichtsausdrucke und dem Gefühle eines
brennenden Schmerzes im Halse, besonders beim Schlingen auf
der einen oder beiden Mandeln weisslich-graue, allmählich confluirende Flecken oder einen dünnen Anflug entstehen, welche

allmählich mit der Schleimhaut verschorfend, sich nach zwei bis
drei Tagen ablösen und ein hyperämisches, leicht blutendes Geschwür hinterlassen. Unter Entfieberung der Kranken und
Schwinden der subjectiven Störungen vernarben diese Substanzverluste schnell, die correspondirenden Lymphdrüsen sind kaum
oder nur wenig angeschwollen und binnen vier, höchstens sieben
bis acht Tagen hat sich der ganze Krankheitsverlauf glücklich
abgewickelt. Ausnahmsweise wird diese leichte Form von sehr
stürmischen Allgemeinsymptomen — wie hohes Fieber, furibunde
Delirien, Erbrechen, grosse Unruhe — eingeleitet, welche jedoch
mit dem Erscheinen der diphtheritischen Placques schon am zweiten,
spätestens dritten Tage wieder schwinden und den weiteren gutartigen Verlauf nicht weiter stören. — Die allgemeinen und
localen Störungen können bei der leichten Form selbst so geringfügig sein, dass die Kinder weder das Bett noch das Zimmer
hüten, sondern sich nur leicht unwohl fühlen und dabei herumgehen.

Wesentlich anders gestaltet sich die schwere Form der
Rachendiphtheritis und führen einerseits die allmähliche Ausdehnung und Wanderung des diphtheritischen Processes auf andere lebenswichtige Organe, andrerseits die septische Blutveränderung grosse Gefahr für die ergriffenen Kinder herbei. Die
Krankheit beginnt mit geringen, unscheinbaren Initialsymptomen,
wie bei der leichten Form, oder der Symptomencomplex ist gleich
im Beginne ein schwerer. Erbrechen, heftiger Kopfschmerz, allgemeine Abgeschlagenheit, Frostschauer mit nachfolgendem starken
Fieber, Delirien selbst furibunder Art, Convulsionen oder krampfhaftes Zucken, Stuhlverhaltung und Appetitlosigkeit treten gleichzeitig oder in rascher Reihenfolge auf. Die Schlundorgane anfangs
nur intensiv geröthet und trocken, lassen schon bald die diphtheritischen Plaques erkennen, welche anfangs nur isolirt, bald grössere
Dimensionen annehmen und die gesammte Rachenhöhle betreffen.
Schmerzen beim Schlucken, erschwertes Schlingen mit Zurücktreten der Speisen und Getränke durch Mund und Nase, undeutliche näselnde Sprache, reichliche Secretion zäher, leimartig an-
haftender und die Kranken belästigender Schleimmassen, und eine
oft peinliche Unruhe der Kranken begleiten das Stadium der
diphtheritischen Veränderungen. — Bei Verjauchung und brandigem Zerfalle der infiltrirten Theile nimmt der Athem einen
höchst widerlichen, selbst aashaften Geruch an.

Die Anschwellung der im Bereiche des Krank-
heitsherdes gelegenen Lymphdrüsen ist gewöhnlich eine

doppel- seltener einseitige, und beruht in leichteren Fällen in einer
einfachen hyperplastischen Schwellung, bei jauchig-eiterigem Zerfalle aber in einer durch Aufnahme infectiöser Stoffe hervorgerufenen Adenitis, welche zur Vereiterung führen, und der Ausgangspunkt weiterer allgemeiner septischer Diphtherie werden kann. Der
H a r n gewöhnlich spärlicher abgesondert, enthält öfter, jedoch
keineswegs constant E i w e i s s; B l u t, F a s e r s t o f f - und E p i t h e l-
c y l i n d e r als Zeichen einer parenchymatösen Nephritis mit urämischen Erscheinungen werden dann und wann besonders in gewissen Epidemien beobachtet.

Betheiligung der N a s e n h ö h l e am diphtheritischen Processe erzeugt Nasenbluten, eiterig - jauchigen, den Naseneingang
aufätzenden Ausfluss und fetzige, der Nasenschleimhaut anhaftende
diphtheritische Placques. Auch die B i n d e h a u t d e r u n t e r e n
A u g e n l i d e r und d a s G e h ö r o r g a n betheiligen sich dann
und wann an dem diphtheritischen Processe; Schmerzen im Ohre
und eiteriger Ausfluss, welchen ich öfter beobachtete, sind die
Zeichen dieser Complication.

Greift das Leiden auf d e n K e h l k o p f über, was selten gleich
im Beginne der Krankheit, sondern gewöhnlich erst einige Tage
darnach geschieht, so treten die bekannten Symptome der exsudativen Laryngitis hinzu. Trockener, bellender Husten darf
jedoch nicht ausnahmslos auf Diphtheritis des Larynx bezogen
werden, und hat seinen Grund manchmal blos in katarrhalischer
Schwellung der Kehlkopfschleimhaut. In seltenen Fällen gehen
die Zeichen der Larynxstenose von Glottisödem aus. Erstreckt
sich der diphtheritische Process auf O e s o p h a g u s und M a g e n,
so können unter Umständen am Krankenbette alle diesbezüg-
lichen Symptome fehlen, häufiger jedoch wird oftmaliges, hartnäckiges Erbrechen, unlöschbarer Durst und rascher Collapsus
der Gesichtszüge beobachtet.

Auf der H a u t diphtheritisch erkrankter Kinder finden sich
besonders im Beginne des Leidens öfter flüchtige, ausgebreitete,
dem Scharlach ähnliche E r y t h e m e, seltener kommt es zur Bildung pemphigoider Blasen oder hämorrhagischer Flecken.

Ausnahmsweise sieht man Fälle von D i p h t h e r i a s i n e
d i p h t h e r a, d. h. blos Röthung der Fauces ohne nachweisbare
Placques, jedoch mit Fieber und den Symptomen tiefer nervöser
Depression. In Familien, wo mehrere Glieder von der Diphtheritis heimgesucht waren, beobachtete ich dergleichen Fälle
einigemale.

Die diphtheritische Septicämie charakterisirt sich durch
Frostanfälle, Temperatursteigerung, kleinen schwachen Puls, bleiche
gelbliche oder erdfahle Gesichtsfarbe, matte, tiefliegende Augen,
apathisches, vollkommen gleichgiltiges Wesen der Kinder, gänzlichen Appetitverlust und öfteres Nasenbluten. — Diese Zeichen
der septischen Diphtheritis treten manchesmal schon im Entstehen
der Krankheit auf, haben stets eine schlimme Bedeutung und
kann ·der Tod in der kürzesten Zeit erfolgen.   Häufiger jedoch
wird die Septicämie erst einige oder mehrere Tage nach dem
Beginne des Leidens auf dem Wege der Resorption seitens der
Halsdrüsen und der diphtheritischen Rachenaffection vermittelt.
Gefühl von Frösteln oder stärkere Frostanfälle, entzündliche,
schmerzhafte Anschwellung der correspondirenden Lymphdrüsen,
plötzliches Schwinden des ·Appetits und die oben beschriebene
charakteristische Hautfarbe lassen gewöhnlich den Zeitpunkt der
stattgefundenen Resorptionsinfection mit Sicherheit bestimmen.

Als nicht seltene Folgezustände der Diphtheritis sind
zu erwähnen die Anämie und die diphtheritischen Lähmungen.

Gegen das Ende oder nach Ablauf des diphtheritischen Processes entwickelt sich mitunter das Bild der toxischen Anämie
mit auffallender wachsartiger Blässe der Haut, schwachem, be-
schleunigten Pulse, allgemeiner Mattigkeit und gedrückter Gemüthsstimmung, welche einige Wochen andauert, um allmählich
in vollkommene Genesung überzugehen oder aber unter Hinzutreten von Krampfanfällen und Schwinden des Bewusstseins den
Tod plötzlich herbeiführt.

Die diphtheritische Lähmung tritt gegen das Ende
oder nach Ablauf der Krankheit auf und entwickelt sich gewöhnlich mehr schleichend.   Ihre Entstehungsweise kann heute nur vermuthet werden, wahrscheinlich ist die diphtheritische Blutalteration
in ihren verschiedenen Angriffspunkten auf das centrale oder peri-
phere Nervensystem das vermittelnde Glied; nach Buhl sollen
diphtheritische Infiltrate in den Nervenscheiden der Grund sein.
Der Sitz diphtheritischer Lähmungen sind zunächst der Rachen,
das Auge und die Extremitäten, namentlich die unteren, seltener
werden die Muskeln des Rumpfes, Kehlkopfes, der Blase und des
Mastdarmes befallen.   Die Lähmungen kommen vereinzelt oder
combinirt vor, sind nur unvollständige mit kraftlosen Bewegungen und abgeschwächter Sensibilität oder vollständige
und von Anästhesie begleitet.   Nach dem jeweiligen Sitze werden

folgende Lähmungsformen beobachtet. Gaumensegel und
Schlundmuskel: Behindertes Sehlingen, Fehlschlucken mit erschwerter Expectoration des Genossenen, sowie Articulationsstö-
rungen mit näselnder unverständlicher Sprache und unvollständigem
Gelingen solcher Acte, welche den Verschluss der Rachenhöhle
voraussetzen, wie Pfeifen, Blasen, Gurgeln etc. — Sehorgane:
Accomodationsparesen des Nervus oculomotorius, seltener des N.
abducens mit den Erscheinungen von Schielen, Doppeltsehen, un-
klarem Sehen, Flimmern vor den Augen. An den Augen selbst
werden keine objectiv wahrnehmbaren Veränderungen nachgewiesen. Kehlkopf: Lähmung der Kehlkopfmuskeln äussert
sich in klangloser Stimme, gänzlicher Aphonie, in der Unmöglichkeit zu expectoriren und kräftig zu husten. Bei Paralyse der
vom N. laryngeus superior versorgten Epiglottismuskeln wird der
Kehldeckel unbeweglich gegen die Zunge zurückgelehnt, wodurch
bei gleichzeitiger Anästhesie der Kehlkopfschleimhaut plötzlicher
Erstickungstod eintreten kann. Die laryngoskopische Untersuchung ergibt Klaffen der Stimm- und Taschenbänder.

Die Lähmungsformen der Extremitäten, Respirations-
muskel, der Blase und des Mastdarmes sind schon durch
ihren Sitz näher bezeichnet.

Auch psychische Störungen, wie Ideenverwirrung und
schliesslich Blödsinn, will man nach Diphtheritis beobachtet
haben (Ehrle, Foville etc.).

                    Ursachen.

Die Diphtheritis ist entweder nur eine Localkrankheit und
kann als solche verlaufen, oder durch Resorption infectiös-fauliger
Stoffe erst zur secundären Blutzersetzung führen, oder sie ist gleich
im Beginne ein Allgemeinleiden, eine primäre Bluterkrankung,
ähnlich den Infectionskrankheiten. Der anatomische Ausdruck
ist eine parenchymatös eroupöse Entzündung der
Schleimhäute mit nachfolgender Necrose derselben,
also ein maligner Croup. Der Nachweis von pflanzlichen
Parasiten in den diphtheritischen Producten oder im Blute
solcher Kranken (Hueter, Hallier, Letzerich) berechtigt
noch nicht, dieselben als das eigentliche Agens der Krankheit
aufzufassen; die Pilze sind wahrscheinlicher nur eine secundäre,
nicht wesentliche Beigabe. — Diphtheritis erscheint primär und
als solche mitunter in epidemischer Verbreitung, oder sie gesellt
sich als secundäres Leiden zu anderen acuten und chronischen

Krankheiten; dies gilt besonders von Scharlach, Masern, Blattern, Typhus, Keuchhusten, Scrophulose und allen chronisch erschöpfenden Krankheiten bei Kindern. Langer Aufenthalt in stark belegten Kinderspitälern kann unzweifelhaft secundäre Diphtheritis hervorrufen. Auch zu secundärer Diphtheritis gesellen sich Lähmungen, wenngleich weniger ausgebreitet, wie bei der primären, epidemischen. Diphtheritis befällt Kinder aller Altersklassen, seltener Säuglinge; gewisse Individuen und Familien werden leichter ergriffen und schwerer heimgesucht; chronischer Reizzustand der Rachenorgane macht für das Leiden empfänglicher. Ich sah in jüngster Zeit einen Fall von secundärer Scharlachdiphtheritis mit Septicämie und Ausgang in Tod, wo die diphtheritischen Placques und die Necrose nur auf der linken stark hypertrophischen Tonsille auftraten und verliefen, während die rechte einige Tage vorher zum grossen Theile ausgeschnittene Mandel gänzlich verschont blieb.

Sowohl die sporadische wie die epidemische Diphtheritis ist ansteckend; der Weg der Uebertragung und der Träger des Contagiums sind noch unklar; längerer Verkehr mit Diphtheritiskranken reicht hin, um die Infection zu ermöglichen. Diphtheritis befällt wohlhabende, in glänzenden Verhältnissen lebende Kinder ebenso, wie die Kinder in der elenden, kalten Hütte des Bettlers. Einmaliges Ueberstehen der Krankheit schützt nicht gegen Wiederkehr derselben; ich habe zwei Mädchen behandelt, welche zwei Jahre nach einander von der epidemischen Diphtheritis ergriffen wurden. Die Incubationsdauer wird von den einzelnen Autoren verschieden angegeben; meinen Beobachtungen zufolge kann sie zwei bis sechzehn Tage dauern, Trendelenburg's Impfungen an Kaninchen ergaben eine Incubationsdauer von zwei bis drei Tagen.

Diagnose.

So leicht die Diagnose der deutlich entwickelten Fälle von diphtheritischer Erkrankung ist, so dürften Verwechselungen derselben mit anderen leichten Schlundaffectionen gewiss nicht zu den Seltenheiten zählen. Am leichtesten können die Angina crouposa (Flächencroup), die aphthosa, die Tonsillitis folliculosa und die Angina phlegmonosa, wohl nur schwer der Soor und Syphilis mit echter Diphtheritis verwechselt werden. Eine genaue Würdigung der diphtheritischen Placques und ihres Verhaltens zu der Schleimhaut, sowie die mikroskopische Untersuchung des Beschlages werden solche Irrungen vermeiden lassen. Reiner Croup erzeugt freie, aufgelagerte Membranen, der diphtheritische dagegen ist

ein parenchymatöser mit Neerobiose. — Bei starker Entwickelung
der Allgemeinerscheinungen und geringen Localsymptomen wird
die rechtzeitige Inspection der Rachenhöhle die Diagnose sicherstellen. In Zeiten wo Diphtheritis epidemisch herrscht, mache es
sich der Arzt zur Aufgabe, bei jedem wie immer erkrankten Kinde
den Hals zu besichtigen. Diphtheritische Lähmung einer der
unteren Extremitäten hat schon zur Verwechselung mit beginnender Coxitis Veranlassung gegeben, Anamnese und der weitere
Verlauf geben Aufschluss.

Prognose.

Dieselbe ist immer sehr bedenklich, auch geringe locale Veränderungen bürgen keineswegs für einen glücklichen Krankheitsverlauf. Die Grösse der Gefahr wächst mit der Ausdehnung
der diphtheritischen Producte; dies gilt besonders vom Uebergreifen auf den Kehlkopf, bei welcher Complication durchschnittlich $^4/_5 — ^3/_4$ der ergriffenen Kinder sterben. Gastritis diphthe-
ritica, Pneumonie, Lungengangrän, Morbus Brightii und vor Allem
die Zeichen diphtheritischer Blutzersetzung gestalten die Vorhersage fast immer schlimm. Je jünger das Kind, desto gefährlicher
die Krankheit. Das Mortalitätsverhältniss schwankt nach dem
jeweiligen Charakter der Epidemie und nach dem Alter der ergriffenen Kinder zwischen 30—60 Procent. Wiederholte Nachschübe und entzündliche Adenitis am Halse sind bedenkliche
Zeichen. Die diphtheritischen Lähmungen lassen im Allgemeinen
eine bessere Prognose zu, als die Diphtheritis selbst; die meisten
von mir beobachteten Fälle endigten in Heilung.

Behandlung.

In prophylaktischer Beziehung ist es wichtig und dringend
geboten, wo es die Verhältnisse gestatten, die gesunden Kinder
möglichst bald zu entfernen, bei stärkeren Epidemien selbst rathsam, den Ort der Epidemie zu verlassen. — Die eigentliche
Behandlung der einmal ausgebrochenen Diphtheritis ist je nach
dem Charakter des Leidens entweder nur eine örtliche oder
neben der örtlichen eine zugleich gegen die allgemeinen
Störungen gerichtete. Unter den örtlichen Mitteln, welche
den Zweck haben, die Exsudation und Necrose zu begrenzen
und die Aufsaugung der fauligen Stoffe zu verhüten, nimmt
nach meinen Erfahrungen die Aq. ealcis den ersten Platz ein.
Dieselbe wird entweder unverdünnt oder mit zwei bis vier

Theilen Aq. dest. verdünnt (nach K ü c h e n m e i s t e r wird die
Lösungsfähigkeit des Mittels durch eine entsprechende Verdünnung erhöht) als Gurgelwasser, häufiger in Form von Einspritzungen oder Inhalationen mittelst des Zerstäubungsapparates angewendet und zwar, je nach der Heftigkeit des Falles in zwei-
bis dreistündlichen Pausen. In ähnlicher Weise, jedoch weniger
zuverlässig, wirkt die von A. W e b e r in Darmstadt empfohlene
M i l c h s ä u r e (Acidum lacticum) zu 15—20 Tropfen auf 1 Unze
Aq. dest. mittelst des Pulverisateurs stündlich inhalirt. Dasselbe
lässt sich zum Theile auch vom F e r r u m s e s q u i c h l o r a t u m s o -
l u t u m zu 1 Scrupel bis ¹/₂ Drachme auf 2 Unzen Aq. dest. mittelst
eines Charpiepinsels drei- bis viermal in 24 Stunden auf die Rachenorgane aufgetragen und vom S p i r i t u s v i n i (ein Theil Wasser
und zwei Theile rectificirter Weingeist zu Gurgelungen und Be-
pinselung der Rachenorgane) behaupten. Der S c h w e f e l von
B a r b o s a u. A. warm empfohlen, und zwar in Form von Insuf-
flation feingepulverter Schwefelblumen, verdient keineswegs den
Ruhm eines Specificums bei der Diphtheritis. Als Antiphlogisti-
cum sind gleich vom Beginne das Eis, und zwar als kleine Pillen
in minutenlangen Zwischenräumen zu reichen, kleineren oder
eigensinnigen Kindern gebe man Fruchteis oder blos Eiswasser
kaffelöffelweise eingeflösst. Als antiseptische desinficirende Mittel,
besonders bei rascher Zersetzung der diphtheritisch erkrankten
Gewebe empfiehlt sich der örtliche Gebrauch des K a l i c h l o r i -
c u m (Kali chlorici d r a c h. d u a s, Aq. font. dest., u n c. s e x bis
o c t o als Gurgelwasser oder zum Einspritzen in die Rachenhöhle,
das übermangansaure Kali 10—15 gr. auf 1 Pfd., das Chlorwasser 2—3 Drachmen auf 6—8 Unzen Wasser und die Carbolsäure 1—2 gr. auf 1 Unze Wasser. — Energisches Aetzen der
diphtheritischen Placques mit Höllenstein, Salzsäure, Chromsäure,
Jodtinctur, sowie Inhalationen mit Brom haben nur zweifelhafte Erfolge aufzuweisen und werden mit Recht mehr und mehr verlassen.

Zum i n n e r l i c h e n G e b r a u c h e empfehlen sich erfahrungs-
weise noch immer am meisten Chinin, das Kali chloricum, und
bei den Zeichen allgemeiner Depression und septischer Diphtheritis Wein, Rumwasser, Branntwein.

Gegen Blutungen aus der Nase ist der Liquor ferri sesquichlor. anzuwenden.

Gesellt sich zur Rachenbräune Laryngitis, so sind neben den
früher genannten innerlichen und örtlichen Mitteln Emetica zu
reichen, bleiben diese erfolglos, so schreite man zur Tracheotomie.

Die zurückgebliebenen Lähmungen verschwinden oft von
selbst; zur Erzielung einer schnelleren Heilung können China-
und Eisenpräparate neben kräftiger Kost und frischer Luft versucht werden.

Hochgradige, complicirte Fälle von Diphtheritis, namentlich
in schlimmen Epidemien, trotzen allen bis jetzt bekannten Mitteln
und Heilbestrebungen, und raffen schonungslos oft alle Kinder
einer Familie in wenigen Tagen dahin.

9. Mundfäule. Stomatitis ulcerosa. Stomacace.

Die Stomatitis ulcerosa, eine bei Kindern nicht seltene Affection der Mundhöhle, ist anatomisch betrachtet eine p a r e n c h y m a -
töse Gingivitis mit ulceröser Schmelzung und Zer-
fall des Zahnfleisches. Als erstes Zeichen derselben bemerkt man öfter eine allgemeine, seltener eine nur umschriebene,
inselförmige stärkere Röthung und Schwellung der Mundschleimhaut, ihr folgen bald Veränderungen am Zahnfleische, welche
darin bestehen, dass dasselbe namentlich an dem freien Rande
kolbig anschwillt, zwischen den Zähnen wulstige Brücken bildet
und dabei so brüchig mürbe wird, dass es bei der geringsten Berührung blutet. Gleichzeitig entfärbt sich der freie Zahnfleisch-
saum gelblich oder graulich gelb, das Gewebe erweicht und verwandelt sich in eine breiig schmelzende Masse, welche allmählig
weiter fressend eine immer tiefer und breiter werdende Geschwürsfläche hervorruft. Die dadurch entblössten Zähne sind gelockert,
wackeln und fallen leicht aus ihren Alveolen, das Kauen wird
schmerzhaft, steigert die Blutung des Zahnfleisches und wird von
den Kindern ängstlich gemieden. Vermehrte Absonderung der
Mundflüssigkeit und ein für diese Form besonders charakteristischer eigenthümlich fauliger Geruch des Athems, welcher sich
nicht selten schon auf Distanz bemerkbar macht, stellen sich
gewöhnlich schon mit Beginne des Leidens ein. Anschwellung der
Submaxillar- und Halsdrüsen und manchesmal auch der betroffenen Gesichtshälfte sind gewöhnliche Begleiter. Die Stomatitis
ulcerosa beschränkt sich nur selten auf die Gingiven; in der Regel
greift der Process bald auf die mit dem geschwürigen Zahnfleische
in Berührung stehende Lippen- und Wangenschleimhaut über, es
bilden sich blaurothe Anschwellungen mit Absetzung eines grau-
gelben Exsudates und durch rasch nachfolgende Schmelzung desselben längliche, zackige, nicht selten mit Zahneindrücken ver-

sehene Substanzverluste, bald wieder pflanzt er sich vom inneren
Zahnfleische her auf die Zunge fort, wodurch Ränder und Spitze
derselben, den Zahneindrücken entsprechend ein kerbig geschwü-
riges Aussehen erhalten. Seltener beobachtet man Tiefergreifen
der Entzündung bis auf die Beinhaut der Kiefer mit langsam sich
entwickelnder Necrosirung der Kieferknochen, wobei grössere oder
kleinere Segmente manchmal selbst die ganze Hälfte derselben
abgestossen werden. Ausnahmsweise geht die Stomacace und
zwar nur bei schlecht genährten entkräfteten Kindern in wirklichen Brand über (Noma). In sehr extremen Fällen entleert sich
aus dem immer offen gehaltenen Munde viel blutig gefärbte, höchst
übelriechende Flüssigkeit. Sitz der Stomatitis ulcerosa ist ursprünglich nur der Kiefer, häufiger der Unter- als Oberkiefer.
Die Betheiligung des Gesammtorganismus ist meist eine nur geringe
und wo Fieber vorhanden, hat dieses seinen Grund gewöhnlich
in einem anderen complicirenden Uebel. Der Verlauf ist bald
ein sehr acuter, bald chronischer mit längerem Stationärbleiben des
Uebels auf einer gewissen Stufe.

Ursachen.

Dieselben sind theils locale, theils allgemeine, in der Gesammt-
ernährung der Kinder begründete. Stomacace entwickelt sich nie
auf zahnlosem Kiefer, dagegen habe ich sie schon bei sieben bis
acht Monate alten Kindern, wo erst zwei Zähne vorhanden waren,
beobachtet. Die Altersperiode vom dritten bis achten Lebensjahre liefert die meisten Erkrankungen. Chronisch-hyperämisches,
schlaffes, weiches Zahnfleisch disponirt mehr als gesundes, rosen-
rothes, straffes. Sieche, blasse, scrophulöse und rachitische Kinder
sind dem Uebel leicht ausgesetzt. Mittelbar begünstigen schlechte
·häusliche Verhältnisse, verdorbene, unzureichende Nahrung, feuchte
kalte Wohnung und Unreinlichkeit die Entstehung derselben; auch
in überfüllten, schlecht gelüfteten Kinderspitälern, Pensionaten
wird sie öfter beobachtet. In der Reconvalescenz nach schweren
Krankheiten, namentlich Typhus, Masern, Scharlach, Variola,
Dysenterie etc. tritt sie gerne auf. Auch erschwerte Dentition
zählt zu den veranlassenden Momenten. Die Stomatitis nach länger
fortgesetztem Gebrauche des Mercurs und der Bleipräparate, sowie die durch Phosphorvergiftung und beim Scorbut auftretende
müssen hier eingereiht werden.
Die Stomatitis ulcerosa ist nicht contagiös, tritt jedoch unter

den früher aufgeführten schädlichen Verhältnissen manchmal in endemischer Heftigkeit auf.

Die Behandlung

besteht in einer causalen gegen die Grundursache gerichteten, wohin namentlich die tonischen roborirenden Mittel, Verbesserung schlechter häuslicher Verhältnisse gehören, und in einer das Uebel direct betreffenden. In letzter Beziehung besitzen wir im Kali chloricum ein höchst werthvolles Specificum, welches alle anderen Mittel entbehrlich macht. Dasselbe wird local in Form von Mundwässern und Pinselsäften, gleichzeitig auch mit Vortheil innerlich angewendet. Bei hinzutretender Necrose sind neben grosser Reinhaltung der Mundhöhle, Cataplasmen, bei Ausartung in Noma die diesem Ausgange zusagenden Mittel, meist jedoch ohne Erfolg angezeigt.

10. Gangrän des Mundes, Wangenbrand, Noma.

Als Noma wird eine dem Kindesalter vorzugsweise zukommende, glücklicher Weise nicht sehr häufige Form brandiger Zerstörung bezeichnet. Der ganz unlogisch gebrauchte Ausdruck Wasserkrebs wird mit Recht mehr und mehr verlassen.

Der Anfangs- und Ausgangspunkt des Leidens ist nicht immer ein und derselbe. In der Mehrzahl der Fälle bildet sich an einer Stelle der Mundhöhle, gewöhnlich der Wangengegend, seltener der Ober- und Unterlippe, ein gelbliches linsen- bis erbsengrosses Bläschen, welches bald platzt und sich in einen missfarbigen, rasch zunehmenden Brandfleck verwandelt. In anderen Fällen beginnt die Noma ohne initiale Brandblase mit einer härtlichen knotigen Anschwellung in den Weichtheilen der Wange, welche rasch necrotisch schmilzt und nach Durchbrechung der Schleimhaut ihren weiteren brandigen destructiven Verlauf nimmt. Seltener knüpft der Wangenbrand an eine Stomatitis ulcerosa oder nur sehr ausnahmsweise an ein Geschwür der äusseren Haut an. Ob nun auf diesem oder jenem Wege entstanden, dehnt sich das Geschwür in die Breite und Tiefe schnell aus, die Wange, Lippe und das Kinn schwillt ödematös an, die Haut ist gespannt, fettig glänzend und zeigt entsprechend den Geschwüren einen dunkellividen, allmählich ins Schwärzliche übergehenden Fleck, welcher an Ausdehnung allmählich zunimmt, und von der gesunden Nachbarschaft scharf abgegrenzt ist oder durch eine mehr verwaschene Zone in dieselbe übergeht. Nicht selten geschieht es, dass die Kinder schon in diesem Stadium der Krankheit zu Grunde gehen. Stösst sich jedoch der Brandschorf ab oder erweicht er bis zur vollständigen Perforation der ergriffenen Gebilde, so entstehen mehr oder weniger bedeutende und entstellende Substanzverluste: Wangen, Lippen, Nase, selbst bis zur Augen- und Ohrengegend hin werden zerstört. Die schmutzig gelblichen oder bräunlich schwarzen, selbst necrotischen Gesichtsknochen liegen frei zu Tage, die Zähne fallen leicht aus und aus den halb geöffneten Lippen ergiesst sich eine höcht übelriechende Jauche.

Der Sitz der Noma ist am häufigsten die Wange und zwar öfter die linke als rechte, die Ober- oder die Unterlippe, seltener das Kinn, die weiblichen Genitalien und die Ohrgegend. In der Regel einfach, kann sie auch doppelseitig oder mehrfach auftreten. Ich beobachtete eine doppelseitige Noma der Ohrgegend mit thalergrossem beiderseits symmetrisch vorschreitendem Brandgeschwüre.

Die Allgemeinerscheinungen sind anfangs sehr gering oder können selbst ganz fehlen, Schmerzen werden fast nie geklagt, die Kinder behalten einen merkwürdig guten Appetit, verlangen zu spielen, und da die Gefässe schon frühzeitig thrombosiren, so kommt es, trotz der unverhältnissmässig grossen Zerstörungen nur sehr ausnahmsweise zu Blutungen. Mitunter geschieht es auch, dass die Patienten schon mit Beginn des Brandes sehr hinfällig, theilnamslos, stark entkräftet sind, jede Nahrung zurückweisen, auch stärkeres Fieber mit Delirien wird beobachtet. Im weiteren Verlaufe stellen sich erschöpfende Diarrhöen, sichtliche Abmagerung, rascher Verfall der Kräfte mit kleinem frequenten Pulse und kühler ödematöser Haut ein. Als Complicationen fand ich Bronchopneumonie, Lungengangrän, hämorrhagische Erosionen im Magen, jauchige Dysenterie, secundären Hydrocephalus und Thrombose der Hirnsinus (Löschner). — Die Krankheit führt meist nach drei- bis vierzehntägiger Dauer zum Tode; neigt sie sich zur Genesung, so stösst sich das Brandige los, ehe es nach aussen zur Bildung eines Brandschorfes gekommen ist, oder der Process heilt mit Hinterlassung grosser entstellender Substanzverluste und strahlig zusammenlaufender Narben.

Ursachen.

Vorzugsweise innerhalb der ersten sechs Lebensjahre und häufiger bei Mädchen als Knaben auftretend, ist die Noma immer ein secundäres Leiden, entwickelt sich zumeist bei armen, in

schlechten häuslichen Verhältnissen lebenden, seltener bei Kindern
der wohlhabenden Klasse. Die Veranlassungen dazu sind der Häufigkeit nach geordnet die Masern, der Typhus, chronische Darmkatarrhe, Stomatitis ulcerosa, Scarlatina, Variola, Bronchopneumonie, Tuberculose, Intermittens, Keuchhusten, Scrophulose und
grosse Dosen von Quecksilber. Der Frühling und Herbst scheint
das Zustandekommen zu begünstigen. Die Krankheit ist nicht
contagiös, die Rücksicht für die Gesunden erfordert es jedoch, so
erkrankte Kinder zu separiren.

Prognose.

Sie ist sehr ungünstig, Heilung gehört zu den seltenen Ausnahmen, von 102 Fällen meiner Beobachtung wurden vier Kinder
geheilt, bei letzteren war der Brand dreimal nach Typhus, einmal
nach Scarlatina, dreimal im Gesichte, einmal an den Genitalien
aufgetreten.

Behandlung.

Im Ganzen ist dieselbe eine höchst undankbare. Im Beginne
des Leidens sind die Geschwüre mit concentrirter Salzsäure,
Schwefelsäure oder Höllenstein energisch zu ätzen, bildet sich eine
scharfe Demarcationslinie, so ist der Brandschorf mittels der
Scheere abzutragen. Geschwüre der Mundhöhle müssen oft mit
einer starken Solution von Kali chloricum (2—3 Drachmen auf
8 Unzen Wasser) Kali hypermanganic. oder Chlorkalk ausge-
spritzt und mit in diese Flüssigkeit eingetauchter Charpie belegt
werden. Zur Milderung des üblen Geruches dienen die eben genannten Mittel oder Creosot (Löschner), zu 1—2. Scrupel auf
1 Pfd. Wasser; Mittel wie Campher, Carbolsäure und andere
mehrfach angerühmte leisten in der Regel nichts. Kräftige Kost,
Eier, Fleisch, Wein, Bier, möglichst viel frische Luft, grosse Reinlichkeit und gleichzeitige Berücksichtigung des Grundübels, sowie
der Complicationen bilden die weitere Therapie.

Die bei Ausgang in Heilung zurückbleibenden Substanzverluste sind durch eine plastische Operation, so viel es geht, zu verbessern.

11. Soor. Schwämmchen. Mehlmund, Stomatomykosis.

Der Stoor ist jene bei Säuglingen nicht seltene Veränderung
der Mundhöhle, welche durch Entwicklung pflanzlicher Parasiten

zu Stande kommt. Auf dunkel gerötheter, gewöhnlich mehr
trockener Schleimhaut schiessen anfänglich weissliche Punkte auf,
welche an Zahl und Umfang mehr oder weniger rasch wachsend
sich entweder zu einem dünnen inselförmig begrenzten Anfluge
oder zu dicklichen membranartig aufgelagerten, hie und da selbst
hügelartig aufgeschichteten filzigen Massen vergrössern und ausbreiten. Diese weisslichen, gelblich weissen, bei mit Gelbsucht
behafteten Kindern selbst stark gelb gefärbten Massen, welche
geronnener Milch nicht unähnlich sind, finden sich zumeist an
den Lippen, der Wange, am Gaumen, der Zunge und den Uebergangsfalten der Schleimhaut; in hochgradigen Fällen erstrecken
sich dieselben über den Racheneingang bis zur Epiglottis, auf die
Schleimhaut des Oesophagus und selbst des Magens (von mir
einige Male beobachtet).

Letztere Beobachtung widerlegt die Behauptung R e u b o l d's,
dass der Soorpilz nur auf Pflasterepithel gedeiht. Die Beobachtung von Z e n k e r, welcher im Gehirne eines mit Soor behafteten
Kindes Soorpilze entdeckte, steht bis jetzt vereinzelt da. Die
Soorgebilde lassen sich, je nachdem sie mit dem Mutterboden durch
Hineinwuchern von Pilzfäden in die Gefässe der oberen Schleimhautschichte (E. W a g n e r) mehr oder weniger zusammenhängen,
schwer oder leicht abheben.

Das charakteristische Wesen beruht in dem Vorhandensein
des S o o r p i l z e s (Oidium albicans), welcher von B e r g, G r u b y
und R o b i n entdeckt und näher untersucht, mit Epithelien zusammen die oben beschriebenen, weisslichen, filzigen Massen bildet. Unter dem Mikroskope findet man zahlreiche, ungleich ge-
gliederte, mit seitlichen Aesten und Knospen versehene Pilzfäden,
zwischen welchen rundliche oder ovale Konidien gelagert sind;
auch zahlreiche Fäden von Lepthotrix buccalis finden sich manchmal (Q u i n q u a n d, H a u s m a n n) vor.

Kurze Zeit vor oder gleichzeitig mit dem Erscheinen der
Soormassen tritt stärkere Röthung, schmerzhafte Empfindlichkeit
der Mundhöhle mit häufigem Loslassen der Brust und meistens,
doch nicht immer eine stark ausgesprochene saure Reaction des
Mundhöhlensecretes, manchesmal auch ein stark säuerlicher Geruch aus dem Munde auf. Reichliche dicke Soormassen im Rachen
und Oesophagus machen das Schlingen schwer, in extremen Fällen selbst unmöglich, die Kinder wimmern oder schreien mit heiserer belegter Stimme. Soor des Magens rief in den von mir beobachteten Fällen wiederholtes Erbrechen hervor; ob durch Ver-

schlucken von Soormassen Diarrhöe bedingt wird, ist noch nicht
erwiesen.

Häufige doch nicht constante Complicationen des Soor sind
acute und chronische Magen- und Darmkatarrhe, besonders bei
künstlich aufgefütterten Kindern, Stomatitis aphthosa und namentlich die von B e d n a r beschriebenen Gaumenaphthen. Der Soor
dauert in der Regel besonders bei gesunden, rein gehaltenen Kindern nicht lange und zählt nur nach Tagen, bei sehr atrophischen,
schlecht gepflegten Kindern erstreckt sich seine Dauer auf Wochen,
selbst Monate.

U r s a c h e n.

Die Entstehungsweise des Soor ist noch immer nicht ganz
aufgeklärt. Die Mehrheit der Autoren vereinigt sich in der Annahme, dass der Soor durch Bildung von Milchsäure aus der zersetzten Nahrung hervorgerufen werde. B e r g , R i t t e r u. A.
theilen in Folge ihrer Beobachtungen über die Reaction der Mundflüssigkeit diese Ansicht nicht, auch ich muss gestehen, dass ich
in vielen Fällen die Reaction nicht sauer fand; H a u s m a n n erklärt die Entstehung des Soors durch unmittelbare Uebertragung
des Pilzes aus den Geburtstheilen der Mutter, in welchen sich
seinen Untersuchungen zufolge häufig (in zehn Procent aller Fälle)
ein dem Soor morphologisch und klinisch ganz ähnlicher Pilz
vorfinden soll. Vorherrschend bei atrophischen, mit Verdauungsstörungen behafteten Kindern kommt der Soor auch bei sonst
ganz gesunden, kräftigen und rein gehaltenen Kindern vor. Mittelst soorkranker Brustwarzen, durch Löffel, Sauglappen etc. wird
er auf andere Kinder übertragen. Später findet sich Soor bei
typhuskranken, scrophulösen, cachectischen Kindern; bei einem
mit Caries der Wirbelsäule behafteten Knaben kehrte das Leiden
nach monatelangen Pausen immer wieder und befiel zumeist die
klebrig trockene, intensiv rothe Zungenfläche.

B e h a n d l u n g.

Neben grosser Reinlichkeit und Berücksichtigung allgemeiner
Ernährungsstörungen sind die aqua calcis (in schwacher Verdünnung) und der Borax (1 Scrupel bis $\frac{1}{2}$ Drachme auf eine Unze
aq. destill.) mehrmals des Tages damit die Mundhöhle mittelst
eines grobmaschigen Leinwandläppchens ausgewaschen, sicher
und schnell wirkende Mittel. Soorbehaftete Brustwarzen müssen
gleichzeitig damit behandelt werden.

12. Zahnung und Zahnbeschwerden.

Die Zahnung geht wie alle physiologischen Entwicklungsvorgänge oft genug ohne oder mit sehr unbedeutenden flüchtigen Störungen vor sich, in anderen Fällen wieder geschieht dieses unter schweren und selbst lebensgefährlichen Zufällen. Es gibt pathologische Vorgänge, welche mit dem Zahnungsprocesse im innigsten causalen Zusammenhange stehen, dieselben sind jedoch immer mit Vorsicht und kritischer Auswahl als solche zu deuten; nicht jede Krankheit, welche in die Periode des Zahnens fällt, darf als Zahnbeschwerde aufgefasst werden.

Das Erscheinen der zwanzig Milchzähne (erste Dentition) geschieht nicht in ununterbrochener Reihenfolge, sondern gruppenweise mit dazwischenliegenden wochen- oder monatelangen Zahnpausen.

Im 5.—7. Monate erscheinen nach einander die zwei mittleren unteren Schneidezähne.

Im 9.—11. Monate die vier oberen Schneidezähne und zwar zuerst die mittleren und dann die zwei seitlichen.

Im 13.—15. Monate die vier ersten Backenzähne und die zwei unteren seitlichen Schneidezähne.

Im 18.—20. Monate die Eckzähne und zwar häufiger zuerst die oberen (Augenzähne) und dann die unteren.

Im 26.—30. Monate die vier zweiten Backenzähne.

Abweichungen von dieser Norm werden öfter beobachtet; zuweilen bringen Kinder einen oder mehrere Zähne schon mit auf die Welt, oder dieselben erscheinen ungewöhnlich bald (im zweiten bis dritten Monate) oder die Reihenfolge ist eine andere. Bei manchen Kindern oder allen Kindern gewisser Familien erscheinen die oberen Schneidezähne zuerst, ein oder der andere Backen- oder Augenzahn vor dem Vorhandensein sämmtlicher Schneidezähne etc. Diese Störungen haben keine Bedeutung; auffallend spätes Zahnen hat seinen Grund gewöhnlich in Ernährungsstörungen und zwar am häufigsten in der Rachitis. Ich sah ein hochgradig rachitisches Kind, wo die ersten Zähne im vierten Lebensjahre erschienen.

Mit dem Erscheinen des dritten Backenzahnes, gewöhnlich im fünften bis sechsten Lebensjahre, beginnt die zweite Zahnung; die Milchzähne fallen in derselben Reihenfolge, wie sie erschienen, wieder aus und machen den bleibenden Zähnen Platz (Zahnwechsel); der fünfte und letzte Backenzahn, auch

Weisheitszahn genannt, lässt oft lange auf sich warten und erscheint erst im zwanzigsten bis vierundzwanzigsten Lebensjahre.

Die Störungen, welche die Zahnentwicklung begleiten, sind örtliche, allgemeine und sympathisch-reflectorische; die wichtigsten derselben sind folgende:

Stomatitis und zwar häufiger die katarrhalische, seltener die aphthöse und ulceröse; Schmerzhaftigkeit, Röthe oder vermehrte Secretion der Mundhöhle, erschwertes Saugen, sowie das Bedürfniss, auf harte Gegenstände zu beissen, sind die Zeichen derselben.

Hand in Hand mit der Stomatitis gehen Anschwellungen der Submaxillar- und Halsdrüsen, welche nur selten Ausgang in Eiterung nehmen.

Das Dentitionsgeschwür, ein an der Insertion des Frenulum linguae nach dem Erscheinen der ersten unteren Schneidezähne sich entwickelndes, bis linsengrosses, roth umsäumtes und mit graugelber Basis versehenes Geschwürchen, welches nach acht- bis vierzehntägiger Dauer wieder von selbst verschwindet, wird nicht oft beobachtet und darf nicht verwechselt werden mit dem rein traumatischen Keuchhustengeschwüre an derselben Stelle.

Febrile Symptome, mit erhöhter Hautwärme am Kopfe, vermehrter Pulsfrequenz und flüchtiger Röthung der einen oder anderen Wange, sind häufige Begleiter der Zahnung; das Fieber ist, wie alle Zahnbeschwerden in der Regel flüchtig, und hat keinen typischen Charakter.

Nervenstörungen. Unruhiger von häufigem Aufschrecken unterbrochener Schlaf, schmerzhaftes Weinen, Muskelunruhe, leichte Zuckungen einzelner Gesichtsmuskeln und der Extremitäten, oder wirkliche ecclamptische Anfälle werden bei zahnenden Kindern in wechselnder Häufigkeit und Heftigkeit beobachtet.

Diarrhöe. Eine häufige, fast dürfte man sagen, regelmässige Erscheinung; dieselbe ist entweder eine von der Mundhöhle auf die Darmschleimhaut fortgepflanzte Affection oder als Reflexneurose aufzufassen. Leichte, schnell vorübergehende Diarrhöe bedarf keiner Behandlung; andauernde, vermehrte und was weit wichtiger qualitativ veränderte Stuhlentleerungen mit deutlichen und nachhaltigen Störungen im Allgemeinbefinden der Kinder, sind rechtzeitig mit allen zu Gebote stehenden Mitteln zu bekämpfen. Dabei ist nicht zu vergessen, dass die Diarrhöe zahnender Kinder ihren Grund auch in anderen wichtigen Ursachen haben und eine Vernachlässigung derselben leicht zu der ernsten Form der Follikularenteritis führen kann.

Husten. Bei manchen, jedoch nicht allen Kindern ist der Zahndurchbruch von mehr oder weniger heftigem Husten begleitet (Zahnhusten der Laien). Derselbe ist theils ein einfach katarrhalischer mit den physikalischen Zeichen desselben, oder er ist ein krampfhafter, reflectorisch erzeugter, neckender, ohne Veränderung der Respirationsschleimhaut und ohne jede auscultatorische Abweichung.

Hauteruptionen. Einzelne Kinder oder alle Kinder mancher Familien werden kurz vor dem Durchbruche der Zähne, oder während desselben von gewissen sehr flüchtigen Hauteruptionen befallen, welche nicht selten mit jeder neuen Zahngruppe sich wiederholen. — Bald als umschriebene Erytheme oder als Urticaria, seltener als Lichen oder Eczem sich äussernd scheinen diese Störungen fast ausnahmslos als vasomotorische Neurosen gedeutet werden zu müssen.

Abweichungen in der Diurese. Diese äussern sich entweder in Incontinentia urinae bei sonst reinlichen und in dieser Beziehung gut gewöhnten Kindern, oder in sehr häufigem, mitunter alle zehn bis fünfzehn Minuten wiederkehrendem Absetzen eines ganz wasserklaren specifisch leichten Harnes, oder in krampfhaftem, ungewöhnlich langem Verhalten des Urins in der Blase. Als Reiz, Schwäche und Krampfzustand wahrscheinlich meist reflectorischer Natur auftretend, dauern diese Störungen gewöhnlich nur kurze Zeit (zwei bis drei Tage), um dann spurlos zu verschwinden oder mit dem Eintreten einer neuen Zahngruppe wiederzukehren.

Augenkatarrh. Ich habe leichtere und schwere Formen von Augenkatarrh zu wiederholten Malen bei Kindern mit der Zahnung auftreten und verschwinden gesehen, so dass ein ätiologischer Zusammenhang dieser beiden Processe unter Umständen angenommen werden muss. Dies gilt besonders von dem Durchbruch der oberen Spitzzähne (Augenzähne).

Man vergesse bei Wahrnehmung der oben aufgeführten Störungen jedoch nicht, dass in die Dentitionsperiode auch das physiologische Wachsthum des Gehirns, der Beginn der Rachitis, das Entwöhnen von der Brust etc. fallen, und es gehört ohne Zweifel oft ein grosser Scharfblick, eine feine Combinationsgabe und Freisein von jeder skeptischen Selbstüberschätzung dazu, um in dieser Beziehung stets das Richtige zu treffen.

Behandlung.

Im Allgemeinen empfiehlt sich bei den Zahnbeschwerden ein exspectativ symptomatisches Vorgehen mit genauer Ueberwachung der Diät, Vermeiden jeder Aufregung und Schädlichkeit, besonders mittelst der meist so beliebten lärmenden Spielsachen. Leichte Diarrhöe erfordert keine; häufige, wässerige, schleimige und von Erbrechen begleitete Stuhlentleerungen jedoch eine rechtzeitige Behandlung mit den entsprechenden Mitteln. Stipsis werde durch Klystiere oder ein leichtes Laxans behoben. Gegen grosse Unruhe, Schlaflosigkeit und nervöse Störungen erweisen sich öfter wiederholte lauwarme Bäder als heilsam; auch Ableitungen auf die Haut durch Auflegen von Essig-, Senf- oder Krenteigen auf die Waden oder Fusssohlen bringen Erleichterung. Convulsionen sind mit Zinkoxyd (Zinci oxyd. gr. quatuor, Calomel. pulv. gr. duo., Sach. scrup. in dos. octo, zweistündlich 1 Pulver) zu bekämpfen. Heftiger Krampfhusten bietet wie der Husten schwangerer Frauen und bleichsüchtiger Mädchen gewöhnlich jeder Behandlung Trotz, verschwindet aber nach dem Erscheinen einer Zahngruppe von selbst. Das eine Zeit lang so beliebte Einschneiden des Zahnfleisches wird heute wohl nur selten mehr und gewiss ohne besonderen Erfolg geübt.

13. Mandelentzündung. Tonsillitis, Angina tonsillarum.

Ausser der schon früher besprochenen aphthösen und croupös-diphtheritischen Entzündung der Mandeln gibt es noch eine einfache Tonsillitis mit umschriebener, auf die Follikel beschränkter (Angina follicularis) oder ausgebreiteter, das Parenchym der Tonsillen in ihrer Gesammtheit treffender Entzündung (Angina phlegmonosa).

Symptome und Verlauf.

Gewisse Initialsymptome, wie Frost, Fieber, Erbrechen, Nasenbluten, Niesen und bei kleinen Kindern selbst heftige Hirnzufälle gehen dem Leiden voraus oder können auch fehlen. Schon bald klagen die Kranken über ein Gefühl von Brennen und Trockenheit im Halse, das Schlingen wird schwer und schmerzhaft, vermehrte Secretion der Mundhöhlenflüssigkeit, eine undeutliche, näselnde Sprache, Ohrensausen, Schwerhörigkeit, flüchtige Schmerzen im Ohre stellen sich ein. In höheren Graden der

Entzündung, besonders wenn beide Tonsillen ergriffen sind, nehmen diese Symptome eine ungewöhnliche Heftigkeit an, die Kinder sind sehr unruhig, aufgeregt, wollen nicht liegen, athmen schwer, werden selbst von Stickanfällen heimgesucht, greifen an den Hals, als wollten sie ein Hinderniss entfernen; die genommene Flüssigkeit kommt durch die Nase zurück, und schon von Aussen lassen sich auf einer oder zu beiden Seiten des Unterkiefers schmerzhafte Drüsengeschwülste fühlen.

Untersucht man die Rachenhöhle, so findet man bei der follikulären Tonsillitis auf einer oder beiden, etwas geschwellten und mehr gerötheten Mandel hanfkorngrosse, gelbliche, scharf umschriebene, den Follikeln entsprechende Entzündungsherde, welche mit Eiterung, Berstung und narbiger Verödung der Follikel endet, und bei öfterer Wiederholung der Mandeloberfläche ein uneben höckeriges Aussehen verleiht. In seltenen Fällen entarten die Entzündungsproducte zu härtlichen Concrementen, welche sich gewöhnlich beim Husten, Niesen oder kräftigen Ausathmen lostrennen und ausgeworfen werden.

Bei der phlegmonösen Tonsillitis sind die Mandeln intensiv oder selbst dunkel geröthet, stärker geschwollen, fast bis zur Berührung einander genähert und dadurch der Isthmus faucium auf eine schmale Spalte verengt. Nach drei bis vier Tagen schwellen die vergrösserten Mandeln unter Nachlass der allgemeinen und localen Störungen schneller oder langsamer wieder ab oder die Anschwellung behauptet sich auf einer gewissen Höhe, geht in Induration über und wird chronisch. Selten geht bei Kindern die Entzündung in Eiterung über, Schmerzen, Schling- und Athembeschwerden erreichen einen ungewöhnlich hohen Grad, dauern länger und es bildet sich in der einen oder anderen nur sehr ausnahmsweise in beiden Tonsillen ein Abscess, welcher gewöhnlich spontan unter Brechen oder Husten aufbricht und mit Blut untermischten Eiter entleert. Auch bei drei Wochen alten Kindern sah ich schon abscedirende Tonsillitis.

Die acute Mandelentzündung dauert je nach der Form derselben nur wenige Tage bis zwei Wochen, einmal überstanden kehrt sie leicht wieder und geht gerne in die chronische Form mit Induration über.

Ursachen.

Mehr dem späteren Kindesalter eigen, kommt Mandelentzündung doch auch schon bei Säuglingen vor, sie befällt beide

Geschlechter gleich häufig. Eine gewisse individuelle wie häreditäre Familienanlage ist durch zahlreiche Beobachtungen erwiesen. Sie ist bald eine idiopathische, durch Erkältung, rasche Temperatursprünge bedingte und tritt als solche selbst in epidemischer Verbreitung auf, bald eine secundär symptomatische und begleitet Scharlach, Variola, Scrophulose, Keuchhusten etc.

Behandlung.

Leichte Formen der Tonsillitis gehen ohne jede Behandlung schnell und glücklich vorüber. Beginnt das Leiden unter schweren Symptomen, so versuche man eine Abortivkur durch Bepinseln der Mandeln mit einer starken Höllensteinlösung (1 Drachme bis 4 Scrupel auf 1 Unz. Wasser) — oder mit etwas verdünntem Liquor ferri sesquichlorat. Der Höllensteinstift ist bei Kindern, namentlich jüngeren zu meiden. Die sonst viel gebrauchten Gurgelwässer finden gar nicht oder nur mangelhaft Anwendung, weil die Kinder zum Gurgeln noch nicht geschickt genug sind. Treffen sie es, so sind: Aqua calcis, Alaun, Kali chloric., verdünnter Liquor ferri sesquichlor. und Salmiak in Wasser oder einem schleimigen Vehikel die besten Gargarismen. Oeleinreibungen, Auflegen einer Speckschwarte oder was sehr zu empfehlen ist, eine nasskalte, gut ausgepresste Cravatte um den Hals erleichtern den Zustand oft bedeutend. Bei eiternder Tonsillitis sind erweichende Pflaster, wie Empl. de meliloto, Empl. diachyl. comp., aa part. aequales an der entsprechenden Seite des Halses, oder öfter gewechselte leichte Cataplasmen anzuwenden. Scarification der stark geschwellten und blutreichen Tonsillen wird bei Kindern fast immer zu umgehen sein. Fleissiges Schlucken von Eispillen bringt namentlich im ersten Stadium starker Mandelentzündung grosse Erleichterung. Gegen heftiges Fieber, Stipsis und Convulsionen sind die entsprechenden Mittel zu reichen.

14. Hypertrophie der Tonsillen.

Hypertrophische Mandeln leichteren oder schwereren Grades kommen bei Kindern häufig vor. Dieselben stellen mässige, mehr oder weniger gelappte, dunkelrothe, von erweiterten Gefässen durchzogene, bisweilen blassgrauliche bis taubeneigrosse Geschwülste dar, welche nach innen vorspringen und sich oft bis zur Berührung nähern, das Gaumensegel nach vorn drängen oder sich mehr zwischen die Gaumenbogen einsenken und selbst gegen den Pharynx herabsteigen. Je nachdem das Bindegewebe oder die Lymphfollikel stärker entwickelt sind, ist die Consistenz eine feste, härtliche oder fest-weiche, leicht zerreissliche.

Die functionellen Störungen sind theils örtlich mechanische, theils allgemeine nutritive. Verkleinerung des Racheneinganges, behindertes Schlingen, erschwertes, meist mit offenem Munde vollzogenes Athmen, lautes Schnarchen und selbst asthmatische Anfälle während des Schlafes, Ohrensausen, Schwerhörigkeit, näselnde belegte Stimme, Nasenbluten und bei hohen Graden des Uebels ein gedunsenes, Angst verrathendes Gesicht, mangelhafte Entwicklung der Brustmuskulatur, enger schmaler Brustkorb (pectus carinatum), bleiches oder cyanotisches Aussehen bilden den Symptomencomplex hypertrophischer Mandeln.

Leichtere Formen, besonders wenn nur eine Tonsille stärker hypertrophisch ist, bedingen nur geringe oder gar keine derartigen Störungen. Die mit Mandelhypertrophie behafteten Kinder werden häufig von acuten Anginen heimgesucht.

Das Uebel wird oft, namentlich gegen die Pubertätsjahre zu von selbst rückgängig oder es bleibt stationär mit allmähliger Steigerung der oben aufgeführten Symptome. Die Mandelhypertrophie ist nicht selten schon angeboren, namentlich bei scrophulösen oder von syphilitischen Eltern abstammenden Kindern, oder sie wird durch acute und häufig recidivirende Halsentzündungen, durch Angina bei Scarlatina, Diphtheritis etc. erworben.

Die Behandlung

hat den Zweck, die Hypertrophie der Mandeln zu beseitigen und zu beschränken. Von den zahlreichen Methoden sind je nach dem Grade des Uebels folgende zu empfehlen oder zu versuchen. Basirt das Uebel auf Scrophulose, so ist der innere Gebrauch von Leberthran, Eisen, Jodeisen längere Zeit fortgesetzt hilfreich. Von den örtlichen Mitteln sind Adstringentien und Aetzmittel, wie Alaun, Höllenstein, Jodtinctur, Betupfen der Mandeln mit Pasta londinensis (Aetzkalk und kaustisches Natron nach Morell Mackenzie), Einreiben von pulv. Jodkali in die Mandeloberfläche oder Einimpfen von Chromsäurekrystallen (Lewin) in die Lacunen der Mandeln — zu nennen. Auch die äusserliche Application der Jodtinctur oder Jodkalisalbe auf die am Unterkieferwinkel tastbaren Mandelgeschwülste hat mir mehrere Male gute Dienste geleistet. Wo jedoch die Symptome auf eine schnelle Entfernung des Uebels dringen, bleibt die Excision der einen oder beider

Mandeln das einzige und beste Mittel; die Operation ist, je jünger das Kind, desto nutzbringender und wird am besten mit dem einfachen oder modificirten Fahnestock'schen Instrumente ausgeführt. In Ermangelung des letzteren bedient man sich zum Ausschneiden einer Hakenpincette und der gebogenen Scheere oder des Knopfbistouris. Guersant hat schon achtzehn Monate alte Kinder mit gutem Erfolge operirt. Man übereile sich jedoch nicht mit der Operation und beschränke dieselbe nur auf die höchsten und gefährlichen Grade des Uebels; Naturheilbestrebungen und Anwendung örtlicher wie innerlicher Mittel bringen, wenngleich oft nur langsam und allmählich, die gewünschte Hilfe. Um den häufigen acuten Anginen zu begegnen, kann ich, namentlich für ältere Kinder, nicht genug täglich mehrmals wiederholtes Gurgeln mit gewöhnlichem kalten Wasser und Anlegen einer in Wasser getauchten Halscravatte empfehlen.

15. Retropharyngealabscess.

Eiteransammlung an der hinteren und seitlichen Rachenwand in Form eines grösseren oder kleineren, flachen, birnförmigen oder ovalen, rundlichen, tauben- bis hühnereigrossen Abscesses bildet das anatomische Wesen dieser nicht häufigen Krankheit. Der R. ist selten ein idiopathischer, durch Entzündung des pharyngealen Bindegewebes oder durch Vereiterung der retropharyngealen Lymphdrüsen entstandener, häufiger steht er mit Halswirbelcaries im Zusammenhange oder entwickelt sich im Verlaufe pyämischer Processe. Als Veranlassungen will man auch längeres Verweilen von Fremdkörpern im Racheneingange, sowie diphtheritische und syphilitische Pharyngitis beobachtet haben. Scrophulöse, tuberculöse und rachitische Kinder sind dem Uebel mehr ausgesetzt.

Symptome.

Im Beginne des Leidens, welcher bald fieberlos, bald unter leichten Fiebererscheinungen stattfindet, sind ein allmählich sich steigernder Schmerz im Halse, Schlingbeschwerden, Steifheit des Halses die wichtigsten Zeichen. Untersucht man die Rachenhöhle, so findet man eine intensive Röthung und merkliche Raumverengerung derselben. Mit der allmählichen Bildung und Vergrösserung des Abscesses nehmen die Störungen einen höheren Grad an. Aengstlich beobachtete Steifheit des Halses mit Rückwärts-

beugen des Kopfes, grössere Schlingbeschwerden und Schmerzen,
Fehlschlucken, laut hörbares, schnarchendes oder zischendes Athmen, stetig zunehmende Athemnoth mit zeitweise auftretenden
Stickanfällen, öfter ein trockener, in krampfhaften Paroxysmen
sich einstellender Husten, näselnde, gedämpfte Stimme und die
Unmöglichkeit die Kiefer zu öffnen, werden weiters beobachtet.
Auf dem Höhepunkte der Krankheit und namentlich bei etwas
grösseren Abscessen ist das Schlucken ganz unmöglich, die Athemnoth, Angst und Unruhe der Kinder eine peinliche, die Sprache
ganz unverständlich. Ist der Einblick in die Mundhöhle gestattet,
so findet man in diesem Stadium eine rundliche, längliche, prall gespannte und auf der Höhe der Wölbung blassgelblich gefärbte
Geschwulst, welche den Rachenraum nach allen Richtungen mehr
oder weniger beengt oder ganz ausfüllt und bei der Berührung
mit dem eingeführten Finger deutlich fluctuirt. Ist der Retro-
pharyngealabscess das Symptom einer Halswirbelvereiterung, so
machen sich an den schmerzhaften Halswirbeln auch noch bald
die charakteristische Auftreibung oder wirkliche Knickung und
Störungen in den vom ergriffenen Rückenmarke innervirten
Muskelgebieten bemerkbar.

Der Verlauf des idiopathischen R. ist mehr acut oder subacut,
der des secundären mehr chronisch. Der Abscess bricht entweder spontan auf mit plötzlichem Nachlass aller schmerzhaften
und beängstigenden Symptome, oder muss, wenn dieses nicht
bald genug geschieht und der Zustand des Kindes ein gefahr-
drohender wird, geöffnet werden. Dies geschieht am besten mit
einem bis zur Spitze mit Heftpflaster umwickelten Bistouri. Bei
gleichzeitiger Caries der Wirbelsäule beeile man sich nicht mit
der Operation, da Blosslegen des Knochenherdes den schlimmen
Ausgang sichtlich beschleunigt. Nur sehr ausnahmsweise geschieht
es, dass beim spontanen Durchbruch des Abscesses, durch Eitererguss in den Kehlkopf Erstickungstod herbeigeführt wird, oder
dass der Abscess den Rückenmarkskanal durchbricht; auch Senken
desselben in den Mittelfellraum oder nach dem Pleurasacke hin
wurde beobachtet

Die Prognose

gestaltet sich beim idiopathischen R weit besser als beim secundären, letzterer führt fast immer zum Tode.

Die Behandlung

muss sich im Beginne des Uebels, wo die Diagnose gewöhnlich
noch zweifelhaft ist, auf die Anwendung von kalten Umschlägen
auf den Hals, Darreichen von Eispillen und Ruhe beschränken,
ist der Abscess gebildet, so schreite man, namentlich bei idiopathischen, unter den oben genannten Cautelen zur Eröffnung
desselben, sollte sich der Abscesssack wieder füllen, was mitunter
geschieht, so muss eine zweite oder selbst dritte Punction vorgenommen werden.

16. Ohrspeicheldrüsenentzündung, Parotitis.

Die Parotitis ist entweder eine idiopathische und als solche
meist epidemisch (Ziegenpeter, Mumps, Tölpelkrankheit), oder sie
ist eine secundäre, auch metastatische im Verlaufe von Typhus,
Scarlatina, Morbillen, Diphtheritis, Pocken, Serophulose, seltener
in Folge von Traumen oder Erkältung auftretend.

Die Entzündung ist häufiger eine acute, das Exsudat, welches
im Ganzen seltener Neigung zur Suppuration zeigt, ist theils in
das interstitielle, die Drüsenbläschen einschliessende, theils und
zwar in gewissen Formen vorherrschend in das die Drüse umgebende Zellgewebe (Periparotitis) eingelagert.

Symptome und Verlauf.

Unter Vorausgehen gewisser Initialsymptome, wie Frost,
Hitze, allgemeiner Mattigkeit, Kopfweh, Erbrechen, Delirien, bei
jüngeren Kindern selbst Convulsionen oder auch ohne diese Störungen beginnt das Leiden mit einem allmählich an Heftigkeit zunehmenden, bald brennenden, bald drückenden Schmerz und Anschwellung in der einen Wangen- und Ohrgegend; die Geschwulst
ist am härtesten entsprechend der Ohrspeicheldrüse, nimmt allmählich an Grösse und Umfang zu, das Gesicht wird entstellt
mit tölpelhaftem Ausdrucke, das Oeffnen des Mundes schmerzhaft,
erschwert endlich fast unmöglich, die Sprache unverständlich,
das Schlingen behindert. Gleichzeitige und nachfolgende Betheiligung eines Hodens an der Entzündung wird bei Kindern fast
nie beobachtet. Die Parotitis ist eine einseitige und zwar häufiger links, oder eine doppelseitige, indem wenige Tage nach dem
Erkranken der einen auch die andere Drüse an der Entzündung
Theil nimmt. — Der Verlauf der idiopathischen epidemischen

Parotitis dauert gewöhnlich acht bis vierzehn Tage, fast immer mit Ausgang in Zertheilung, während die secundäre nicht selten durch eiterigen Zerfall zur Abscessbildung führt, welcher sich direct nach aussen oder in den äusseren Gehörgang öffnet. Durch Uebergang der acuten Entzündung in die chronische kommt Hypertrophie und Induration der Ohrspeicheldrüse zu Stande. Ausnahmsweise beobachtet man auch Balggeschwülste, fibroide und interstitielle Fettentwickelung (Adiposis parotidea) gewiss nur selten aber bösartige Neubildungen in der Parotis bei Kindern. Durch Druck der chronisch-indurirten Ohrspeicheldrüse oder in Folge der Eiterung kann vorübergehende oder unheilbare Lähmung des betreffenden N. facialis zu Stande kommen. Angina tonsillaris und Pharyngitis bildet unter Umständen den Ausgangspunkt oder eine hinzutretende Complication der Krankheit. Einige Aehnlichkeiten, welche die epidemische Parotitis mit dem acuten Exanthemen gemein hat, nämlich eine gewisse Incubationsdauer, der cyclische Verlauf, das nur einmalige Befallenwerden und die allerdings noch nicht sicher gestellte Contagiosität versetzen die epidemische Parotitis zu den acuten Infectionskrankheiten.

Die Behandlung

ist eine diätetisch symptomatische; Ruhe, Abhalten äusserer Schädlichkeiten, eine dem allgemeinen Befinden entsprechende Diät, öfter wiederholte Oeleinreibungen und Bedecken der Geschwulst mit Watte, resorbirende Salben, wie Ung. hydrarg. ciner. mit Chloroform und Opium in Verbindung, Ungt. digital. mit Kali hydrojod. und Extract. opii, Bepinselungen mit Jodtinctur, bei Suppuration warme Cataplasmen und baldiges Eröffnen des Abscesses sind die entsprechenden Massregeln. Heftiges Fieber erfordert Antiphlogistica, grosse Unruhe und Schmerzhaftigkeit Opiate, für Stuhlentleerung ist zu sorgen.

B. Krankheiten des Oesophagus.

Der Oesophagus ist überhaupt und bei Kindern insbesondere nicht oft Sitz von Krankheiten und die Diagnose derselben nur selten möglich. Sie lassen sich in angeborene und erworbene trennen.

Von den ersteren wurde am häufigsten beobachtet:

1) Die augeborene Halsfistel. Einseitig oder doppelt
vorkommend, bildet dieselbe eiuen sehr engen, meist nur für eine
feine Sonde durchgängigeu Kanal, dessen äussere Oeffnung sich
seitlich am Halse ½ - ¾ Zoll über uud hinter dem Schlüsselbein-
gelenke in Form eiues feinen, wallartig umgrenzten Grübchens
befindet und welcher nach innen im Pharyux oder etwas tiefer
im Oesophagus müudet oder au einer dieser Stellen blind endigt.
Beim Kauen und Schlingen entleert sieh aus derselben ein schleim-
artig zähes, selten eiterartiges Secret, tiefes Sondiren ruft Hustenanfälle hervor.   Sie beruht auf Offeubleiben der zweiten oder
dritten Kiemenspalte aus früher fötaler Periode, kommt in manchen
Familien hereditär vor und ist fast immer unheilbar. Die bis
jetzt vorgenommenen Heilversuche mittelst der Cauterisation
blieben stets erfolglos.

2) Seltener sind die Missbildungen des Oesophagus, wie
blinde Endigung im Pharynx oder in der Nähe der Cardia, Ein-
mündung desselbeu in die Trachea, Defectbildung oder vollständiges Fehlen des Oesophagus, Redueirung der Wandungen auf
einen mehr oder weniger dünnen Strang, Theilung des Mittel-
stückes des Oesophagus in zwei Aeste, welche oben uud unten
in einen Kanal sich vereinigen u. a. Fast alle genannten Bildungsfehler bedingen einen frühen Tod der damit behafteten Kinder.

Als erworbene Leiden wiederholen sieh im Oesophagus zunächst dieselben Veränderungen, wie sie an andereu Schleimhäuten vorkomuen, es finden sich Hyperämien, Katarrhe,
Entzündung, Ulceratiouen.

Die Hyperämie ist nach dem Grade und der Ausbreitung eine
verschiedene, die Röthe kaum merklich gesteigert oder tief dunkel,
bald uur einzelne Abschnitte, bald wieder die gesammte Schleimhaut betreffend.   Stecknadelkopf- bis linsengrosse Ecchymosen
finden sich mitunter gleichzeitig vor.   Die Hyperämie sieht man
im Verlaufe verschiedener acuter und chronischer Krankheiten,
besonders der Verdauungsorgane und der Infectiouskrankheiten,
und ist wohl nur selten eine primäre.

Katarrh. — Derselbe ist meist ein desquamativer mit
verdicktem weisslichen Epithele und stark vorspringenden Längsfalten.   Die geschwellte, mehr oder weniger injicirte Schleimhaut
sondert reichliches, eiterig-schleimiges Secret ab. — Seichte Substanzverluste, welche in seltenen Fällen den Follikeln entsprechen,
werden dann und waun als Folgen des Katarrhes beobachtet.

Die Entzündung des Oesophagus ist entweder eine croupös-

diphtheritische, phlegmonöse oder wird durch den Genuss ätzender
Substanzen, sowie durch Eindringen von mechanisch wirkenden
Fremdkörpern, Nadeln, Fischgräten, Knochenstücken etc. hervorgerufen. Das croupös-diphtheritische Exsudat findet sich in
inselförmiger oder grösserer Ausbreitung vor, öfter sah ich dasselbe bei Diphtheritis und acuten Exanthemen, namentlich Scharlach auf den stärker vorspringenden Längsfalten in Form von
halblinienbreiten Streifen die ganze Länge des Oesophagus bis
zur Cardia, zweimal selbst bis in den Magen hinein durchziehen.

Nach Entzündungen durch ätzende Säuren und Alkalien, besonders nach dem Genusse von Laugenessenz, entstehen nicht
selten tiefgreifende Zerstörungen der Schleimhaut und durch Vernarbung derselben Stricturen, welche allmählich zunehmend,
einen hohen und lebensgefährlichen Grad erreichen können.
Gangrän bildet einen seltenen Ausgang der Entzündung.

Die Symptome

der Oesophagitis sind in hochgradigen Fällen scharf ausgesprochen
und lassen im Zusammenhalte mit der Anamnese die Diagnose
leicht stellen, dies gilt besonders von den Entzündungen, welche
durch den Genuss ätzender Substanzen und Einbringen von Fremdkörpern entstanden; weniger zuverlässlich ist der Symptomencomplex bei Croup und Diphtheritis des Oesophagus. Mehr oder
weniger heftiger brennender oder stechender Schmerz nach dem
Verlaufe des Oesophagus, nicht selten von den Kindern zwischen
den Schulterblättern oder in der Magengrube deutlich angegeben,
auffallende Steigerung dieses Schmerzes bei Versuchen, Flüssigkeiten zu schlucken, quälender Durst, der aus Furcht vor neuem
Schmerze nicht gestillt werden kann, und ein leidender schmerzhaft verzogener Gesichtsausdruck begleiten die Oesophagitis.
Schwere Grade der Oesophagitis führen entweder allein oder
durch andere Complicationen den Tod herbei, leichtere Formen
heilen ohne Nachtheil oder mit Hinterlassung der oben erwähnten
höchst lästigen und gefahrvollen Stricturen.

Die Behandlung

ist zunächst eine causale. Sind ätzende Substanzen verschluckt
worden, so reiche man unverzüglich die entsprechenden Anditota,
eingedrungene spitze Fremdkörper suche man, was übrigens nicht
so leicht ist, entweder zu extrahiren oder in den Magen hinab
zu stossen; schleimige einölende Mittel in Verbindung mit Opiaten

zur Stillung des Schmerzes, öfter gereichte Eispillen gegen den
quälenden Durst und bei zurückbleibenden Stricturen consequent
durchgeführte Erweiterung derselben mittelst eingeführter Schlund-
sonden oder Bougies bilden den weiteren Theil der Therapie.
An die Entzündung reiht sich ferner die Eruption von
Pusteln im Verlaufe von Variola.

Retroösophageale Abscesse entwickeln sich in ganz
ähnlicher Weise wie die retropharyngealen, kommen jedoch seltener
vor als die letzteren. Sie werden schon bei ganz jungen, nur
einige Wochen alten Kindern, nach Rilliet und Barthez häufiger in den ersten vier Lebensjahren beobachtet. Die Symptome
dieser Abscesse sind nach der Grösse und dem Sitze derselben
mannigfach schwankende: Schling- und Athembeschwerden, unmittelbares Erbrechen nach dem Genusse von Nahrungsmitteln,
Schmerzen, besonders beim Schlingen, schrille, leicht zitternde
Stimme bei hohem Sitze des Uebels, sind die hauptsächlichsten.
Perforation und trichterförmige, divertikelartige Einziehung des
Oesophagus im Verlaufe der Wirbelcaries wurde im Prager Kinderspitale bei einem neunjährigen Mädchen beobachtet (Löschner
und Lambl). Unter solchen Umständen kann es geschehen,
dass Knochenstückchen in den Oesophagus gerathen und ausgebrochen werden oder durch den Stuhl abgehen.

Der Verlauf dieser Abscesse führt entweder zur Perforation
mit Heilung oder die Kinder gehen allmählich marastisch zu
Grunde, letzteres ist bei retroösophagealen Abscessen in Folge
von Wirbelcaries die Regel.

Verengerung der Speiseröhre ist bei Kindern eine
seltene Erscheinung, weil die Ursachen derselben die Neubildungen
im Kindesalter eben noch nicht vorkommen. Häufige Verengerung durch Narbenschrumpfung in Folge der Einwirkung scharfer
ätzender Stoffe wurde von Keller in 46 Fällen beobachtet. Die
häufigste Form bildet die Compressionsstenose, veranlasst durch
pleuritische und pericardiale Exsudate und durch benachbarte
Lymphdrüsentumoren. Fleissiges Einlegen der Sonde kann bei
Stricturen durch Narbenschrumpfung hilfreich wirken.

Divertikel der Speiseröhre wird als angeborener und
erworbener Zustand, wenngleich nicht oft bei Kindern gesehen.
Der angeborene wurde in Verbindung mit Fistula colli congenita
und blinder Endigung der Speiseröhre beobachtet; der erworbene
entsteht mitunter durch Anlöthung schrumpfender Lymphdrüsen,
namentlich der an der Bifurcation der Trachea gelegenen. Die

Erweiterung betrifft gewöhnlich die hintere Wand, so dass diese Divertikel seitlich von der Wirbelsäule liegen. Sie sind wohl nur selten im Leben diagnosticirbar. Störungen des Schlingactes, Herauswürgen von Speisen und ein zeitweise sich geltend machender Widerstand beim Sondiren sind werthvolle Anhaltspunkte für die Diagnose dieses Uebels.

Soor des Oesophagus. Soor der Mund- und Rachenhöhle pflanzt sich mitunter auch auf den Oesophagus fort und erscheint hier in Form von Inseln, längeren Streifen oder in seltenen Ausnahmsfällen selbst als solide, das Lumen der Speiseröhre fast vollkommen ausfüllende Cylinder (Rienecker). Schlingbeschwerden und gestörte Ernährung sind die dadurch herbeigeführten Folgen, und kann auf diese Art ausgebreiteter Soor des Oesophagus den Tod bedingen. Neben der Aqua calcis, dem Borax etc. sind Brechmittel angezeigt, um die Soormassen leichter zu entfernen.

C. Magen- und Darmkrankheiten.

1. Dyspepsie.

Die Dyspepsie als Ausdruck verminderter, erschwerter oder aufgehobener Magenverdauung ist entweder eine primär functionelle Störung, oder hat die Bedeutung eines Symptomes, welches aus mannigfachen anatomisch nachweisbaren Ursachen in secundärer Weise entsteht.

Verminderter Appetit, reichliche Gasentwickelung im Magen- und Darmkanal mit schmerzhafter Auftreibung des Unterleibes, Aufstossen, Erbrechen, Unruhe und öfter unterbrochener Schlaf, periodische, namentlich nach jeweiliger Nahrungsaufnahme sich einstellende Enteralgien (Colikschmerzen), welche nach Abgang von Gasen oder Stuhl wieder nachlassen, bei grösseren Kindern das Gefühl von Völle, Schwere oder drückendem Schmerze in der Magengegend bilden die mehr oder weniger constanten Symptome der Dyspepsie. Der Stuhl ist dabei entweder angehalten, hart oder vermehrt, von grünlichgelber, grüner Farbe, säuerlichem Geruche und gehackter, käsig klumpiger Beschaffenheit. Dyspepsie führt, wenn sie nicht bald behoben wird, zu Magen-Darmkatarrh, Soor bildet eine nicht seltene Complication derselben.

Ursachen

der Dyspepsie sind alle jene Veranlassungen, welche die Verdauung verzögern oder ungenügend gestalten. Hieher gehören Fehler in der Menge und Beschaffenheit der Nahrung, zu häufiges, unregelmässiges Anlegen an die Brust, nicht entsprechende Muttermilch, relativ zu alte und zu junge Milch der Amme, Menstruation, neue Schwangerschaft während der Lactationsperiode, heftige Gemüthsaffecte, Diätfehler, weit vorgerücktes Alter der Säugenden

Weit häufiger noch als diese führt die künstliche Auffütterung und die Entwöhnung Dyspepsie herbei. Bei älteren Kindern wird sie dadurch hervorgerufen, dass sie entweder schwer verdauliche Speisen in grossen Quantitäten geniessen oder die mannigfaltigsten Dinge rasch nacheinander oder gleichzeitig zu sich nehmen. Die Ursache der Dyspepsie liegt ferner in quantitativen und qualitativen Anomalien der Verdauungsflüssigkeiten, wodurch die einerseits coagulirende und andererseits lösende Eigenschaft derselben mehr oder weniger beinträchtigt oder aufgehoben wird; ein solches unzweifelhaft oft wiederkehrendes Moment ist ein zu starker Säuregehalt des Magensaftes. Endlich gibt es auch bei Kindern, wenngleich selten eine durch veränderten Nerveneinfluss und anatomische Veränderungen der Verdauungsorgane bedingte Dyspepsie; alle fieberhaften, sowie die Krankheiten des Nervensystems verlaufen mit solcher nervöser Dyspepsie. Am häufigsten im Säuglingsalter vorkommend wird sie in allen Perioden des Kindesalters beobachtet, und bildet namentlich bei ersteren ihrer in den gesammten Ernährungsgang tief eingreifenden Folgen wegen eine nicht gleichgiltige Störung.

Behandlung.

Diese muss vor Allem eine causale sein, in vielen Fällen genügt es, durch Beseitigung der Ursache auf einfach diätetischem Wege die Dyspepsie zu beheben. Es gelten in dieser Beziehung alle bei der Ernährung der Kinder aufgeführten Massregeln, um aus den dort bezeichneten Ernährungsweisen diejenige herauszufinden, welche jedem speciellen Falle zusagt. Dyspepsie nach dem Entwöhnen, besonders wenn dasselbe unvorbereitet oder frühzeitig stattfand, wird durch neuerliches Anlegen an die Brust einer Amme oder einer sogenannten Nährfrau oft binnen 24 Stun-

den wieder behoben, wenn der Versuch nicht an dem Umstande
scheitert, dass die Kinder die Brust nicht mehr nehmen wollen.
Ich habe Kinder gesehen, welche schon drei Tage nach dem Entwöhnen nicht mehr dahin · gebracht werden konnten, die Brust
zu nehmen und wieder andere, welche zehn Wochen darnach dieselbe wieder gierig fassten und tranken. Dyspepsie aus Ueberladung des Magens mit schwer verdaulichen unzweckmässigen
Nahrungsmitteln, was besonders bei künstlich aufgefütterten Kindern der Fall ist, erfordert zunächst Beschränkung und zweck-
entsprechende Regulirung der Diät. Bei Ueberschuss von Magen-
säure sind Magnesia und Soda bicarbon. sowie Pulvis lapid.
cancror. die entsprechenden Mittel. Pepsin zu $\frac{1}{2}-1$ gr. pro dosi
drei bis vier Mal des Tags allein oder in Verbindung mit kleinen
Gaben Chinin ($\frac{1}{20}-\frac{1}{10}$ gr.) gereicht, hat mir keine auffällig
guten Dienste geleistet. Dyspepsie älterer Kinder aus Diätfehlern
wird mitunter am schnellsten durch ein rechtzeitiges Brechmittel
und strenge Diät behoben. Auch das Calomel zu $\frac{1}{8}-\frac{1}{4}$ gr.
pro dosi täglich drei bis viermal gegeben, erweist sich bei Dyspepsie öfter heilsam. Gegen Kolikschmerzen aus Dyspepsie
wirkt eine Verbindung von Aqua foeniculi unc. duas. Sod.
bicarbon. gr. 6—10, Syrup. diacod. dr 2—3 beruhigend, ist gleichzeitig Stuhlverhaltung vorhanden, so ist Hydromel infantum, Aqua
foeniculi aa unciam Aqua lauroceras. gutt. 10., oder ein Kly-
stier und ein warmes mit Kamillenaufguss versetztes Bad angezeigt und hilfreich.

2. Magenkatarrh, Catarrhus ventriculi.

Magenkatarrh tritt bei Kindern als acuter und chronischer,
häufiger unter der ersteren Form auf.

Die anatomischen Veränderungen, welche nicht immer in
einem geraden Verhältnisse zu den Symptomen am Krankenbette
stehen, äussern sich bei dem acuten Magenkatarrhe in vermehrter
Injectionsröthe, welche jedoch nicht wesentlich verschieden ist
von der durch Digestion hervorgerufenen physiologischen Hyperämie, in Ecchymosen, Schwellung und Lockerung der Schleimhaut, in vermehrter Secretion von Schleim oder schleimig-eiterigen
zuweilen bräunlich gefärbten Massen. Durch Schwellung der
Magendrüsen erhält die verdickte Schleimhaut ein unebenes,
höckeriges Aussehen (Mammelonirung) und ist beim chronischen
Katarrh ausserdem grauröthlich oder schiefergrau gefärbt. Die

Dimensionen der Magenhöhle sind entweder die normalen oder durch Gasanhäufung vergrössert.

Symptome.

Auftreibung des Magens durch Gasansammlung, gesteigerte Empfindlichkeit, oder wirklicher von älteren Kindern als Druck bezeichneter Schmerz, der sowohl spontan oder bei stärkerer Berührung der Magengegend und nach dem Genusse von Speise und Trank auftritt, Erbrechen von unveränderten oder in der Gährung begriffenen Speiseresten und graulichen oder gallig gefärbten Schleimmassen, verringerter oder gänzlich geschwundener Appetit, häufiges Aufstossen, gelbliche oder gelblich-weiss belegte Zunge, übler, säuerlicher Geruch aus dem Munde, verstimmtes, trauriges Wesen und Eingenommenheit älterer, Unruhe, Missbehagen, somnolenter Zustand jüngerer Kinder, geringes oder selbst heftiges Fieber und bei längerer Dauer des Uebels Abmagerung bilden die Zeichen des Magenkatarrhes. Der Stuhl ist entweder angehalten oder diarrhoisch, der Durst vermehrt und ein ausgesprochenes Verlangen für kalte säuerliche Getränke vorhanden. Acute und chronische Follikularverschwärung, Darmkatarrh, Icterus catarrhalis, Stomatitis aphthosa und Soor sind öftere Folgen und Complicationen; Pylorusstenose wird fast nie beobachtet.

Die Ursachen

des M. sind neben den bei der Dyspepsie aufgeführten Veranlassungen Erkältung, verschluckte Fremdkörper, wie Kupfermünzen, und Bleikugeln, Spulwürmer, gewisse chemisch reizende giftige Stoffe, wie Tartarus emeticus, Cup. sulfur., Ipecacuanh. etc. Der secundäre Magenkatarrh ist zumeist Folge oder Theilerscheinung einer acuten oder chronischen Krankheit. Er kommt vor bei acuten Exanthemen, Erysipelas, Pneumonie, Typhus, Gehirnleiden, Morbus Brightii, Tuberculose, Rachitis, Syphilis.

Alle Perioden des Kindesalters werden heimgesucht, gegen die Pubertät hin werden acute Katarrhe etwas seltener, die chronischen dagegen häufiger.

Diagnose.

Eine Verwechselung des acuten Magenkatarrhes mit beginnender Meningitis tuberculosa, welcher man noch öfter begegnet, wird durch genaue Würdigung der Art und Weise des Erbrechens, sowie der charakterischen Gehirnsymptome unmöglich, ebenso könnte der Typhus höchstens einige Tage lang als solcher gedeutet werden; dagegen kann der Magenkatarrh leicht verwechselt werden mit der Tympanitis ventriculi, wie sie öfter bei Mädchen, seltener bei Knaben in der Pubertätsperiode als rein nervöse Störung beobachtet wird. Der Magen ist dabei wie ein Luftpolster aufgebläht, und ist auch dieser Zustand ein gewöhnlich sehr hartnäckiger, viele Monate selbst Jahre dauernder.

Im Allgemeinen ist der Magenkatarrh mehr durch Regelung der Diät als durch Medicamente zu bekämpfen und fällt die Behandlung desselben mit der bei der Dyspepsie aufgeführten zusammen. Man erhebe und prüfe alle Verhältnisse, den Gesundheitszustand und das Alter der Mutter oder Amme, das quantitative und qualitative Verhalten der Milch, die Art und Weise, wie dieselbe gereicht wird, ob neben der Muttermilch noch eine andere Nahrung gegeben wird, und welcher der Vorgang bei der künstlichen Auffütterung, das Alter des Kindes, die Nahrung der Säugenden etc. Bei Katarrh aus Erkältung sind schweisstreibende Mittel, aus Indigestion ein Brechmittel angezeigt. Gegen das Erbrechen und die profuse Schleimsecretion sind das Magist. Bismuthi zu $\frac{1}{4}$—$\frac{1}{2}$ gran pro dosi zwei bis drei Mal des Tages gereicht, der Höllenstein in Lösung von $\frac{1}{2}$—1 gran auf 2—3 Unzen, die salinisch-kohlensäurehaltigen Arzneien und Getränke, gegen den Schmerz, namentlich bei gleichzeitiger Diarrhöe Opiate anzuwenden. Bei Magenkatarrh mit Stipsis ist Rheum in Pulverform oder als Tinctur ein oft rasch wirkendes Mittel. Speisen und Getränke sind mehr kühl zu reichen.

3. Croupös-diphtheritische Entzündung des Magens (Gastritis crouposa-diphtheritica).

Diese wird fast nie als idiopathischer Process, sondern stets im Gefolge anderer Krankheiten beobachtet und zwar am häufigsten als Complication bei Scharlach, seltener Masern, Variola, Typhus, oder sie bildet eine Theilerscheinung der epidemischen Rachendiphtherie, auch nach dem Gebrauche von Tart. emetic. und Cupr. sulf. will man sie beobachtet haben. Das Exsudat tritt gewöhnlich in umschriebenen Inseln auf, ist selten über die ganze Schleimhaut verbreitet und dann am reichlichsten auf der Höhe der Schleimhautfalten. Zerstörung durch Necrose kommt der diphtheritischen Form zu.

Die Symptome,

welche jedoch nicht immer so scharf ausgeprägt sind, dass sie eine sichere Diagnose gestatten, bestehen in hartnäckigem Erbrechen mit Nachweis von croupösen Fetzen im Erbrochenen, welche jedoch auch aus Rachen und Luftwegen stammen können, in heftigem, öfter geradezu unlöschbarem Durste, Schmerz und Auftreibung der Magengegend. Das Gesicht ist verfallen, bleich, erdfahl, der Puls klein, leicht unterdrückbar, die Hauttemperatur gesunken, die Kinder bald unruhig, bald auffallend traurig, hinfällig oder selbst somnolent. Diese Krankheitsäusserungen können allerdings durch den Symptomencomplex der zu Grunde liegenden Hauptkrankheit mehr oder weniger verwischt werden.

Die Behandlung

ist eine symptomatische und besteht im Darreichen von Eis und kohlensäurehaltigem Wasser, kalten Umschlägen auf die Magengegend und gegen den Schmerz in Opiaten, Morphium. — Einige Male beruhigten warme Bäder in auffälliger Weise.

4. Rundes, perforirendes Magengeschwür (Ulcus ventriculi rotundum s. perforans).

Eine im Kindesalter höchst seltene Erscheinung wurde es von Billard, Spiegelberg, Hecker, Gunz, Binz u. A. besonders an Neugeborenen beobachtet, scheint seinen Grund in Fettentartung der Arterien zu haben und erzeugt jenen unter dem Namen Melaena neonatorum beschriebenen Symptomencomplex. Heftiges Erbrechen, Blutungen aus Magen- und Darmkanal, grosse Unruhe, Schmerzensäusserungen und Collapsus begleiten diese immer lethal verlaufende Krankheit. In einzelnen Fällen will man auch diese Symptome vermisst haben. Kalte Umschläge auf die Magengegend, Eisenchlorid, Eispillen und Wein bilden die Therapie.

5. Hämorrhagische Erosionen der Magenschleimhaut.

Im Verlaufe verschiedener mit veränderter Blutmischung, verringerter Resistenzfähigkeit der Gefässwandungen und Kreislaufsstörungen (Embolie, Thrombose) einhergehenden Krankheiten beobachtet, stellen die hämorrhagischen Erosionen oberflächliche, rundliche und streifige Substanzverluste mit dunkelrother, erweichter, blutender Basis oder bräunlichen Schorfen dar, welche vereinzelt oder zahlreicher vorkommen und sich meist nur auf die Schleimhaut beschränken.

Bluterbrechen, Pyrosis, Uebelichkeiten, Aufstossen, Appetitmangel, grosser Durst und Schmerzen in der Magengegend waren die von mir beobachteten Symptome, doch können sie auch fehlen. Die hämorrhagischen Erosionen sind in seltenen Fällen eine primäre, auf die Schleimhaut des Magens beschränkte noch räthselhafte Krankheit, meist bilden sie eine Complication der acuten Exantheme, Purpura haemorrhagica, Tuberculose, Pneumonie, Lebercirrhose, Fettleber, Pylephlebitis, des Typhus, Noma und der acuten Fettdegeneration.

Behandlung.

Neben Berücksichtigung des Grundleidens sind Eispillen, Liquor ferri sesquichlorati, Alumen, Opium und Magist. Bismuthi die entsprechenden Mittel.

6. Folliculäre und tuberculöse Geschwüre im Magen.

Die einfachen folliculären Geschwüre im Magen kommen selten und fast immer nur bei mit chronischem Follicularkatarrh des Dickdarms behafteten Kindern vor und stellen linsengrosse, kreisrunde, mit glatter Basis und leicht gewulsteten Rändern versehene Substanzverluste dar. Ihr Sitz ist zunächst der Fundus, seltener die hintere Fläche des Magens, ihre Zahl eine geringe, ich selbst sah die Ziffer von vier nie überschritten. — Die geringen und ganz fehlenden Symptome dieser Geschwüre machen eine bestimmte Therapie unmöglich.

Das tuberculöse Magengeschwür, bei Kindern verhältnissmässig häufiger als bei Erwachsenen, findet seine Erledigung beim Capitel Tuberculose, worauf ich hiermit verweise.

7. Magenerweichung, Gastromalacie.

Jener Zustand, wo grössere oder kleinere Abschnitte der Magenwandungen, namentlich im Fundusabschnitte in eine breiigweiche, sulzartige, gelockerte, halb durchsichtige, sehr leicht zerreissliche oder bis zur Perforation zerstörte und nach dem jeweiligen Blutgehalte der Schleimhaut graulich, grünlich oder

schwarzbraun verfärbte Masse umgewandelt werden, ist in der
Mehrzahl der Fälle, jedoch nicht immer ein postmortaler Process, eine cadaveröse, auf Selbstverdauung des Magens beruhende
Veränderung. Der stets sauer reagirende Mageninhalt, das Fehlen
einer scharfen Begrenzung der erweichten Stellen, sowie der Abgang aller congestiven und entzündlichen Zeichen werden mit Recht
als Beweise für die Leichenerscheinung aufgeführt. Dessenungeachtet bestimmen mich meine Erfahrungen, wenigstens für einzelne
Fälle anzunehmen, dass die Magenerweichung schon während
des Lebens eingeleitet, vorbereitet oder herbeigeführt werden
kann. Häufiges und hartnäckiges Erbrechen, grosser Durst, verfallener Gesichtsausdruck, kleiner beschleunigter Puls, kühle Haut,
grosse Aufregung, Unruhe, Schlaflosigkeit und meistens gleichzeitig Durchfall sind die im Leben wahrgenommenen Krankheitsäusserungen. Während die Mehrzahl der unter diesen Erscheinungen erkrankten Kinder binnen wenigen Tagen stirbt, ist ein
Ausgang in Heilung doch nicht ganz in Abrede zu stellen. Die
veranlassenden Momente scheinen mir bald im Magen, namentlich herbeigeführt durch Fehler in der Ernährung, bald im Centralnervensystem zu liegen, das öftere Zusammentreffen der Magenerweichung mit Meningitis, Hydrocephalus und Fettdegeneration
des Gehirns sprechen wenigstens dafür.

Die Behandlung,

wo eine solche erforderlich, fällt mit der der Magengeschwüre in
allen Punkten zusammen; gegen das häufige Erbrechen sind Eispillen, in Eis abgekühlte Milch, Alkalien, wie das Natron bicarbonicum, bei hereinbrechendem Collapsus Wein, warme mit Senfmehl versetzte Bäder die entsprechenden Mittel.

8. Darmkatarrh.

Der Darmkatarrh im Kindesalter nimmt je nach den Ursachen,
dem Verlaufe, den Folgen und anatomischen Veränderungen
mannigfache Grade und Uebergänge an. Zur besseren Uebersicht derselben trenne ich ihn in drei klinisch scharf ausgesprochene Formen. Der Begriff Diarrhöe geht nicht vollkommen
im Darmkatarrhe auf und ist die symptomatische Bedeutung derselben schon bei der Krankenuntersuchung hinreichend besprochen.

a) Acuter Magendarmkatarrh, Gastroenteritis choleriformis, Cholera nostras, Cholera infantum.

Die anatomischen Veränderungen, welche der Magen und Dünndarm, nur selten auch das Colon ascendens betreffen, bestehen in Injection, Schwellung, vermehrter Secretion und bei sehr rapid verlaufenden Fällen in reichlicher Epithelabstossung über grosse Strecken oder den gesammten Dünndarm; auch Ecchymosen finden sich mitunter vor. Acute Anschwellung der Mesenterialdrüsen, hochgradige Anämie sämmtlicher Organe, namentlich des Gehirns, Fettdegeneration und seröse Ausschwitzung des letzteren, Hyperämie der Nieren und in seltenen Fällen parenchymatöse Nephritis bilden die übrigen anatomisch wahrnehmbaren Zeichen.

Symptome und Verlauf.

Die Krankheit beginnt mit Erbrechen und Durchfall, welche gleichzeitig oder bald nacheinander auftreten, Getränk und Nahrung werden kaum genommen, wieder erbrochen, die Zahl der Entleerungen beläuft sich in 24 Stunden auf zehn bis fünfzehn, selbst dreissig bis vierzig, erfolgen mit grosser Vehemenz, wie aus einer Spritze, bestehen anfangs noch aus aufgelösten Kothmassen, werden allmählig dünn und gleichen endlich einer geruchlosen, reiswasserähnlichen Flüssigkeit; letztere Beschaffenheit zeigen auch die erbrochenen Massen. Ganz fehlende oder geringe Fiebererregung, allmähliges oder rasches Sinken der Temperatur, tief liegende halonirte Augen, cyanotische Schleimhäute, wachsartig, teigig anzufühlende Fettpolster, eingezogener Unterleib, unlöschbarer Durst, trockene, kühle Zunge, verminderte Diurese, unregelmässiges und aussetzendes Athmen, anfangs grosse Unruhe mit Schreien und Wimmern, leichten convulsivischen Zuckungen, später umnebeltes Bewusstsein, Somnolenz und Contracturen, Einsinken der noch offenen Fontanelle und rasche erfolgende Abmagerung vervollständigen den Symptomencomplex der Krankheit. Die als Hydrocephaloid zusammengefassten Hirnerscheinungen haben ihren Grund in acuter Anämie, Verfettung und seröser Ausschwitzung des Gehirns und sind gewiss nur ausnahmsweise urämischer Natur (Kjelberg).

Der Verlauf ist meist ein sehr acuter, die Dauer schwankt zwischen 48 Stunden und einigen Tagen, der Ausgang in Genesung erfolgt unter Wiederkehr gallig gefärbter, fäculent riechen-

der Stühle und Aufhören des Erbrechens, Warmwerden der
Haut, kräftigem Pulse und ruhigem mehrstündigen Schlafe. Der
Tod tritt in Folge der Gehirncomplicationen oder durch Er-
schöpfung ein. Mitunter geht dieser Darmkatarrh aus dem acuten
Stadium ins chronische über und spinnt sich einige Wochen fort.
Die Krankheit tritt fast immer primär in Folge unzweckmässiger
Ernährung, häufig unmittelbar nach dem Entwöhnen oder unter
dem Einflusse gewisser Witterungsverhältnisse, besonders im
Hochsommer auf, nur selten bildet sie eine secundäre oder com-
plicirende Erscheinung im Verlaufe der acuten Exantheme, der
Bronchopneumonie etc.

Die Prognose

ist immer eine zweifelhafte, doch auch bei schweren Formen nicht
ganz hoffnungslose; rascher Collapsus und hinzutretende Gehirnsymptome haben eine schlimme Vorbedeutung.

Behandlung.

Der Arzt handle frühzeitig und kräftig, unthätiges Zuwarten
straft sich nirgends mehr als hier. Ist das Kind zu früh oder
eben abgestillt, so gebe man ihm wieder die Brust der Mutter
oder einer Amme, will das Kind nicht mehr saugen, so wird die
ausgepumpte Milch mittelst des Löffels eingeflösst, bestand die
Nahrung in Kuhmilch, so werde dieselbe ganz ausgesetzt und
dünne Fleischbrühe mit Reis, Gerstenschleim oder Hafergrütze
gemischt gereicht. Erbricht das Kind auch diese, so versuche
man die anderen Surrogate der Muttermilch, Liebig'sche Suppe,
Eichelkaffee, Cacao, Gerstenkaffee und vor Allem geschabtes
rohes, in Rothwein getränktes Fleisch, zu kleinen Portionen drei-
bis vierstündlich gegeben. Als Getränke dürfen nur Salepabkochung (eine Messerspitze auf ein Seidel Wasser), Reiswasser
(ein Kaffeelöffel voll schwach nicht braun gerösteter und klein
gestossener Reis wird auf ein Seidel Wasser gekocht) oder abge-
kochtes Bier, dagegen kein Wasser, keine Milch gereicht werden.
Sinkt der Puls, treten Zeichen des beginnenden Collapsus ein,
so greife man unverzüglich zu Reizmitteln; warme Bäder (29 bis
30° Reaum.), am besten mit Zusatz von Senfmehl; Rothwein,
Rumwasser von Stunde zu Stunde ½ Kaffeelöffel gereicht, starker
schwarzer Kaffee mit einigen Tropfen Rum leisten dann gute
Dienste und retten schon verloren geglaubte Kinder. Von Medicamenten selbst erwarte man nicht viel Hilfe; zu versuchen sind

Magist. Bismuth. allein oder in Verbindung mit Pulv. Doweri oder Opium, ein Decoct. Salep e gr. decem ad unc. tres mit Elix. acid. Halleri gutt. 8. und Syrup diacod. unc. semis oder statt des Elix. Halleri mit Alumen 6 - 8 gr. Gegen die acute Anämie ist die Tra ferri acet. aether. oder Tra nervinotonica Bestuchef. zu 1—2 Tropfen zwei- bis dreistündlich angezeigt und mitunter von gutem Erfolge. Acetas plumbi, Tannin, Nitras argenti werden schwer vertragen und haben sich mir bei dieser Form des Darmkatarrhes nie bewährt.

b) Acuter Darmkatarrh.

Die anatomischen Merkmale sind folgende: Die Schleimhaut des in der Regel geblähten, seltener contrahirten Darmkanals zeigt neben Schwellung und Auflockerung bald eine gleichmässig diffuse, bald umschriebene streifige oder punktförmige Injection. Die Epithelzellen sind aufgequollen, mehr rundlich, schleimig, erweicht und in grösserer oder geringerer Menge abgestossen; die Peyer'schen Placques wie die solitären Follikel sind geschwellt, erstere dabei meist dunkelroth injicirt, letztere als grauliche oder weissliche, stecknadelkopfgrosse, hie' und da vom Centrum aus dehiscirte Knötchen wahrnehmbar. Seröse Durchfeuchtung des submucösen Zellgewebes wird manchesmal im Colon descendens und Rectum angetroffen. Der Darminhalt ist in den einzelnen Fällen ein verschiedener, dünn, zähflüssig oder selbst wässerig, mit Schleimklümpchen oder fadenziehenden Massen durchsetzt, von grünlicher, gelbbräunlicher, hellgelber Farbe oder farblos, selten findet sich dünnschleimiger oder schleimig-eiteriger Inhalt. Die Mesenterialdrüsen sind meist unverändert, zuweilen röthlich-grau und leicht geschwellt.

Symptome und Verlauf.

Der acute Darmkatarrh setzt nicht immer gleich mit Diarrhöe ein, öfter, namentlich bei Kindern im zweiten Lebensjahre gehen Initialsymptome, wie Dyspepsie, Kolikschmerzen, Unruhe, selbst Stuhlverhaltung voraus und können einige Tage andauern, ehe das wichtigste Zeichen, die Diarrhöe, eintritt. Die Stuhlentleerungen bieten, was Zahl, Consistenz und Farbennuance betrifft, grosse Mannigfaltigkeit dar. Anfangs noch normal, jedoch an Zahl vermehrt, werden dieselben mit zunehmender Häufigkeit dünner, hellgelb, grünlichgelb oder dunkelgrün, grasartig, säuerlich riechend, sind dünnbreiig, gehackten Eiern ähnlich und bestehen

zum Theile aus lose zusammenhängenden Föcalmassen und zum
Theile aus einer bräunlichen, dünnen Flüssigkeit, oder die Entleerungen sind vorherrschend wässrig, blassgelblich, selbst farblos
und ohne allen Geruch, oder endlich sie enthalten neben halbweichen Föcalmassen glasartig sulzigen oder fadenziehenden
Schleim in grösserer oder geringerer Menge. Beim acuten Dünn-
darmkatarrhe finden sich im Stuhle mitunter auch Spuren oder
grössere Mengen Blut Je ausgebreiteter der Katarrh und je
mehr Flüssigkeit das Kind zu sich nimmt, desto zahlreicher und
flüssiger sind die Entleerungen, der saure Geruch und die stark
saure Reaction macht sich am meisten an den grünen, froschlaich-
artigen Entleerungen bemerkbar. Meteorismus begleitet den
acuten Darmkatarrh nicht constant, am ehesten noch bei Kindern
unter zwei Jahren, kollernde und gurrende Geräusche (Borbo-
rygmi) hört und tastet man bei stark seröser Diarrhöe. Schmerz
tritt gewöhnlich paroxysmenweise und zwar kurz vor Abgang des
Stuhles und bald nach eingenommener Nahrung auf. Bei sehr
rapidem Verlaufe und raschem Collapsus fehlt der Schmerz gewöhnlich, der Appetit schwindet oder behauptet sich auch öfter,
der Durst ist constant vermehrt, Erbrechen ist nicht regelmässig
vorhanden, Trockenheit der Lippen und Mundschleimhaut und
weisslich belegte Zunge sind häufige, Stomatitis aphthosa und
Soor öftere Begleiter. Durch häufige und stark saure Entleerungen entstehen leicht Erythem, Intertrigo und Excoriationen
um den After und die Genitalien, der acute Dickdarmkatarrh
ist mitunter von Mastdarmvorfall gefolgt. Die Fiebererscheinungen
erreichen, wenn sie vorhanden, keine hohen Grade, subjective
Symptome fehlen gänzlich oder entziehen sich meistens der Beobachtung.

Der Ausgang des primären acuten Darmkatarrhes in Genesung ist desto häufiger, je älter das Kind; jüngere Kinder, namentlich Säuglinge, erliegen demselben oft schnell. Uebergang in den
chronischen wird öfter, besonders bei nicht entfernbarer Ursache
beobachtet.

Ursachen

Der acute Darmkatarrh ist ein primärer oder secundärer,
befällt am häufigsten Kinder in den ersten zwei Lebensjahren,
Knaben und Mädchen gleich häufig. Die Ursachen sind zumeist
quantitative und qualitative Fehler der Ernährungsvorgänge und
sind zum grossen Theile die schon bei der Dyspepsie und dem

acuten Magendarmkatarrhe aufgeführten. Ausser diesen bewirken ihn mittel- oder unmittelbar die Dentition, Erkältung,
Durchnässung der Füsse, Helminthen etc. Als Complication und
secundäres Leiden findet sich der Darmkatarrh bei Typhus,
Lungenkrankheiten, acuten Exanthemen, Morbus Brightii, Rachitis, Verbrennung, Herzfehler, fettiger und amyloider Entartung
der Leber, cariösen Gelenks- und chronischen Hautkrankheiten.
Der acute Darmkatarrh werde nie leicht genommen oder gar
vernachlässigt, wie es besonders bei zahnenden Kindern leider
noch zu oft geschieht. Unter den Folgen sind der chronische
Darmkatarrh, Abmagerung, Anämie, seröse Ausschwitzung im
Gehirne, Interealatio der Hinterhauptsschuppe, seltener des Stirnbeines und marantische Thrombose die wichtigsten.

       Behandlung.

    Eine erfolgreiche Behandlung ist nur möglich bei gründlicher
Würdigung und Behebung der verschiedenen ätiologischen Momente. Jeder einzelne Fall verlangt seine eigene Therapie. Er-
nährungsweise der Kinder Mutter und Amme, Wohnung, Pflege,
Entwickelungsvorgänge erheischen die grösste Aufmerksamkeit des Arztes. Von Medicamenten sind vor Allen die Opiate
als Syrup. diacod., die Tra opii simpl. zu 1—4 Tropfen de die —
Pulvis Doweri zu $^1/_4$—$^1/_2$ gran pro dosi allein oder in Verbindung mit Tannin $^1/_2$—1 gran p. dosi, ein Salepdecoct mit Elix.
acid. Halleri oder Alumen, Nitras argenti, Lignum cam-
pechiense, Tra Catechu, das Magisterium Bismuth. zu geben.
Bei saurer Beschaffenheit der Darmentleerungen sind säuretilgende
Mittel, wie Pulv. lapid. cancr. — Magnesia carbon., aqua calcis
mit einem aromatischen Wasser zu versuchen. Als Getränk empfehlen sich Salep- oder Reiswasser, Hafergrütze, Mandelmilch
— nur kein Wasser und keine Kuhmilch. Warme Bäder bei
Darmkatarrh aus Erkältung unterstützen sehr die Kur. Beim
Dickdarmkatarrh leisten Stärkemehl — oder Salepklystiere mit
zwei bis vier Tropfen Opiumtinctur oft schnelle und sichere Hilfe.

  c) **Chronischer Darmkatarrh und Follicularverschwärung. Cat. intesti-
     nalis chron. Enteritis follicularis, Tabes meseraica.**

    Je nach dem vorzugsweisen Sitze, der Dauer und den Ur-
sachen des chronischen Darmkatarrhes können die anatomischen Veränderungen verschieden gestaltige sein. Auf-
geblähtes Darmrohr, blutleere, ungemein blasse, atrophische, oft

bis zum Durchscheinen verdünnte, leicht zerreissliche Darmwand
mit Verschwinden der Falten, Verkürzung der Zotten und fettiger,
anyloider Pigmententartung der Epithelien und Zotten (Lambl
und Weber), sowie geschwellte, dehiscirte oder amyloid entartete
Follikel charakterisiren den chronischen Dünndarmkatarrh, welcher
sich meistens bei Kindern unter zwei Jahren zeigt.

Geringere Grade der Aufblähung, verdiekte, serös infiltrirte
Darmhäute, schmutzig rothe, schiefergraue, gewulstete, verdickte
Schleimhaut und plumpe Faltenbildung neben constanter Veränderung des Follikelapparates bilden die Zeichen des chronischen Dickdarmkatarrhes. Die Follikel sind anfangs geschwellt,
von einem hyperämischen, später schiefergrauen Gefässkranze,
umgeben, persistiren als solche in Form von weisslichen oder
graugeblichen, hanfkorn- bis linsengrossen Knötchen, oder atrophiren und hinterlassen seichte grau halonirte Vertiefungen;
andere, namentlich die solitären Drüsen, verschwären und verwandeln sich in hanfkorn- bis linsengrosse öfter confluirende
Geschwüre, oder verharren längere Zeit als eitererfüllte kleine
Abscesschen der Darmschleimhaut, welche beim starken Spannen
der letzteren bersten. Auch Verkäsung der geschwellten Follikel
mit nachfolgender Geschwürsbildung (scrophulöse Darmgeschwüre
nach Niemeyer) wird beobachtet.

Ausnahmslos betheiligen sich an diesen Veränderungen die
Mesenterialdrüsen in Form geschwellter, verschieden grosser
oder käsig degenerirter Tumoren.

Terminale Dysenterie — Hämorrhagien der Darmschleimhaut und äusseren Bedeckungen — Mastdarmblennorrhöe, chronischer meist anämischer Milztumor, vergrösserte dunkelrothe
oder blasse fettreiche Leber, amyloide Entartung der Leber, Milz
und Nieren, sowie allgemeine Anämie und Thrombosen der
grösseren Venen, namentlich der Hirnsinus bilden andere, mehr
oder weniger constante Veränderungen.

Symptome und Verlauf.

Aehnlich wie beim acuten bildet auch beim chronischen
Darmkatarrh die Diarrhöe das wichtigste Symptom, doch
sind die Entleerungen nicht so häufig und nicht so erschöpfend
wie beim acuten. Bräunlich, grünlich, dunkelgrün, graulichgelb
oder hefenartig weisslich sind dieselben bald dünn oder dicklich
breiig, bald mehr flüssig mit weisslichen krümligen Beimengungen
oder sie sind vorherrschend schleimig, klumpig und verbreiten

einen sehr üblen, später stets penetrant aashaften Geruch. Schmerz und Kollern im Unterleib geht gewöhnlich voraus, es erfolgen in der Regel mehrere Entleerungen in kurzen Pausen, um dann stundenlang wieder zu schweigen, oder es wechseln noch normale Stühle mit den krankhaft veränderten. Hat der Darmkatarrh bereits zur G e s c h w ü r s b i l d u n g geführt (Enteritis folliculosa), so zeigen die Entleerungen neben glasartigem Schleime auch Eiter oder bestehen fast nur aus solchem (Blennorrhöe des Dickdarmes) und Blut in Form von Streifen, Pünktchen oder Klümpchen, dabei ist der Unterleib namentlich über dem Colon descendens ungemein schmerzhaft. Auch halb- und unverdaute Speisereste sind den Entleerungen öfter beigemischt (lienterische Form des Darmkatarrhs). Der Meteorismus bei dem chronischen Darmkatarrh ist hochgradig (Froschbauch), die Bauchdecken sind straff, trommelartig gespannt und lassen manchmal die stark ausgeprägten, gaserfüllten Darmwindungen unterscheiden. Nicht selten finden sich bei weit vorgeschrittenen Fällen auf der Bauchhaut kleine plattgedrückte Knötchen und zwischen diesen härtliche, dünne Stränge, welche nichts anderes sind als hyperplastische Lymphdrüschen und oblitirirte Lympfgefässe. Dann und wann lässt sich die trockne gerunzelte Haut in einige Zeit anhaltenden Falten erheben.

Als unmittelbare Folgen des chronischen Darmkatarrhs stellen sich der Reihe nach ein: allgemeine Abmagerung, greisenhaftes, faltiges Gesicht mit tiefliegenden Augen, schlaffe, fettlose, in Falten herabhängende Haut, Einschiebung des Hinterhauptbeines unter die Seitenwandbeine und Einsinken der Fontanellen in Folge von Atrophie des Gehirns, verschiedene Formen der Stomatitis, Anschwellung der Mesenterialdrüsen zu knolligen bis faustgrossen Tumoren, welche jedoch der stark gespannten Hautdecken wegen nur selten tastbar sind. Die gesammte An- und Fortbildung ist eine mangelhafte. Die Muskeln sind dünner und schlaff, die Knochen klein und zart, die Haut und Schleimhaut blass, später gesellen sich Oedem und Blutaustretungen, besonders am Unterleibe und der Streckfläche der unteren Extremitäten hinzu. Vorfall des Mastdarmes, Schwäche, Lähmung der Sphincteren mit Incontinentia alvi, Intertrigo um den After und die Genitalien mit Excoriationen und diphtheritisch beschlagenen, selbst brandigen Geschwüren, Follicular - Dermatitis, Decubitus, Dysenterie, Hydrocephalus und die bei den anatomischen Veränderungen aufgezählten Organerkrankungen bilden weitere mehr oder weniger constante Folgezustände des chronischen Darmkatarrhes.

Der Appetit ist nur zuweilen und vorübergehend vermindert, oft sogar sehr gut und vertilgen die Kinder trotz der täglich zunehmenden Abmagerung unverhältnissmässig grosse Mengen von Nahrung, der Durst steigert sich nicht zu solcher Höhe wie beim acuten Darmkatarrh.

Der Ausgang ist seltener in Genesung, namentlich bei Kindern in den ersten zwei Lebensjahren, die Enteritis folliculosa führt fast ausnahmslos zum Tode.

Als Ursachen gelten fast alle beim acuten Darmkatarrh aufgezählten Veranlassungen; mit Recht gefürchtet sind vernachlässigte Diarrhöen zahnender und eben abgestillter Kinder (Diarrhoea ablactatorum), sowie der chronische Darmkatarrh künstlich aufgefütterter Kinder.

Behandlung.

Beim chronischen Darmkatarrhe sind neben eingehender Würdigung der zu Grunde liegenden Ursachen und neben entsprechend eingeleiteter Diät Opium, Pulv. Doweri, Magist. Bismuth., Tannin, Acetas plumbi, Alumen entweder für sich allein oder in Verbindung, ferner die Tra ferri muriatici, Tra catechu, Decoct. ligni Campechiens., das Argent. nitr. etc. anzuwenden. Der hartnäckige und bösartige Charakter der Krankheit macht einen Wechsel dieser Mittel gewöhnlich nothwendig. Kleine Klystiere aus Stärkemehl oder Salep mit Zusatz von Opium, Nitras argenti, Alumen, Acet. plumbi etc. unterstützen wesentlich die Kur, wenn dieselben durch Ulceration im Mastdarm nicht gleich wieder herausgedrückt werden. Rohes geschabtes Fleisch mit Wein leistet selbst in desperaten Fällen oft überraschend gute Dienste. Das Getränke muss beschränkt werden und lasse ich den Kindern statt dessen öfter ein Gemisch von Aq. font. mit Elix. acid. Halleri — jedoch nur löffelweise reichen. Die Behandlung durch Entziehung aller Getränke leistet oft mehr als alle Medicamente zusammengenommen.

Gegen incontinentia alvi erweisen sich kalte Sitzbäder, Kaltwasserklystiere und der innerliche Gebrauch des Extract. nucis vomic. (zu $\frac{1}{4}-\frac{1}{2}-1$ gr. pr. dosi zwei- bis dreimal des Tages) hilfreich.

9. Ruhr, Dysenterie.

Dieselbe tritt bei Kindern sporadisch, endemisch oder epidemisch auf, und ist bald ein idiopathisches, bald ein secundäres und complicirendes Leiden.

Anatomie.

Sitz der Entzündung ist der Dick- und Mastdarm. Das Exsudat besteht in aufgelagerten Pseudomembranen oder in diphtheritischen Einlagerungen, welche nach der Heftigkeit des Falles verschiedene Grade der Ausdehnung zeigen und sich leicht abziehen lassen oder fest an der Schleimhaut haften, und nach ihrem Abstossen seichtere oder tiefere, unregelmässig zackige, buchtige, oft sehr ausgebreitete, nur selten missfärbige oder gar brandige Geschwüre hinterlassen. Die Schleimhaut ist stark geröthet, höckerig geschwollen, erweicht und bei diffuser Eiterung selbst abgelöst. Schwellung und Exulceration der solitären Follikel, Injection des correspondirenden Peritoneums und allgemeine Anämie bilden den weiteren Befund. Perforation dysenterischer Geschwüre und narbige Verengerung des Darmrohres sind bei Kindern gewiss nur Ausnahmserscheinungen.

Symptome und Verlauf.

Die Krankheit tritt entweder, wenn sie primär ist, sehr acut auf oder es gehen ihr längere oder kürzere Zeit gastrische Störungen voraus. Uebelkeit, Erbrechen, mässiges, öfter auch intensives Fieber und Schmerzen leiten die Krankheit gewöhnlich ein. Die wesentlichsten und für die Diagnose werthvollsten Veränderungen bieten jedoch die Darmausleerungen. Quantitativ gering, desto häufiger an Zahl (8—12 selbst 40—50 in 24 Stunden) sind dieselben anfangs mehr schleimig, klumpig oder flockig, werden aber bald blutig. Das Blut ist in Form von Streifen oder Klümpchen beigemengt, oder der Stuhl ist gleichmässig roth, bis chocoladebräunlich gefärbt, die Stühle werden unter heftigem Tenesmus abgesetzt, letzterer quält die Kinder auch oft, ohne dass eine Entleerung nachfolgt. In den Ausleerungen, welche Anfangs noch föcal riechen, später geruchlos sind und bei Geschwürsbildung faulig oder höchst penetrant riechen, findet man viel Schleim, Epithelien, Blutkörperchen, Eiterzellen, Speisereste, Vibrionen und Trippelphosphate. Der Urin enthält mitunter Eiweiss. — Unruhiger von häufigen Schmerzen unterbrochener Schlaf, schmerz-

haft verfallene Gesichtszüge, trockene, bräunlich oder graulich
weiss belegte Zunge, quälender Durst, grosse Muskelschwäche,
bei kleinen Kindern Wimmern, Convulsionen oder soporöses
Dahinliegen, bei älteren Delirien, icterische Färbung der Haut,
Mastdarmvorfall bilden den übrigen Symptomencomplex.

Geht die Krankheit in Genesung über, was öfters im Laufe
der zweiten Woche geschieht, so schwindet der Tenesmus, die
Ausleerungen werden seltener, die gallige Färbung derselben kehrt
zurück, Blut, Schleim und Eiter verlieren sich, Schweiss, Schlaf
und Appetit stellen sich ein. Der tödtliche Ausgang erfolgt oft
überraschend bald unter rapider Steigerung der schweren Symptome. Recidiven werden öfter beobachtet und nicht selten bleibt
eine wochen- monate- selbst jahrelange Neigung zu acuten Darmkatarrhen zurück.

Seltener sporadisch tritt die Ruhr öfter epidemisch auf;
schlechte, unzureichende, verdorbene Nahrung, besonders aber
Erkältung und Durchnässung des Körpers, besonders der Füsse,
scheinen den Ausbruch wesentlich zu begünstigen. Als secundäre
Krankheit mit acutem oder chronischem Verlaufe unter dem Bilde
der Darmdiphtheritis wird die Krankheit bei chronischem Darmkatarrh, Darmtuberculose, Typhus, Scharlach, Masern, Blattern,
Cholera, bei marastischen Kindern und unter dem Einflusse eines
langen Spitalsaufenthaltes beobachtet. Für die Ansteckungsfähig-
keit sprechen einzelne Erfahrungen, als ausgemacht darf sie
jedoch noch nicht angesehen werden.

Behandlung

Herrscht die Krankheit epidemisch, so berücksichtige man
jede Diarrhöe vom Beginne an, schicke die Kinder ins Bett, bei
strenger Diät. Als Getränke, welche mehr lauwarm zu reichen
sind, empfehlen sich Reiswasser, Salepabkochung oder Mandel-
emulsion. Säuglingen gebe man ausser der Mutterbrust keine
andere Nahrung. Was die medicamentöse Behandlung betrifft,
so wird mit Nutzen zuerst ein leichtes Abführmittel wie Ricinusöl
oder ein salinisches Laxans oder Calomel verabreicht und erst
dann vom Opium Gebrauch gemacht. Die Tra opii zu 2—4
Tropfen in einem Decoct. Salep von 3 Unzen mit Alumen oder
Elix. Halleri, oder wo es der Tenesmus gestattet, kleine Klystiere
mit Opium (3—6 Tropfen) wirken heilsam und schmerzstillend.
Argent. nitr. Tannin, Acetas plumbi sind, wo die ersteren
Mittel nicht ausreichen, zu versuchen. Bei bösartiger oder selbst

brandiger Ruhr haben mir Klystiere mit Kali chloricum einige
Male vortreffliche Dienste geleistet. Warme Breiumschläge und
Bäder stillen die heftigen Unterleibsschmerzen, auch nasskalte
Bauchbinden durch zwei bis drei Stunden lang liegen gelassen,
wirken ungemein beruhigend. Bei Collpasus greife man bald
zum Wein, Moschus, Campher. Zur Herabstimmung der Disposition nach einmal überstandener Ruhr sind Gräfenberger Bauchbinden und eine entsprechende Diät mit Vermeidung aller Schädlichkeiten das beste Mittel.

10. Stuhlträgheit. Verstopfung, Obstructio alvi, Koprostase.

Ein bei Kindern, namentlich künstlich aufgefütterten, nicht
gar seltenes Uebel. Die Stuhlentleerungen erfolgen nur einmal
in 24 Stunden oder selbst erst in zwei bis drei Tagen unter
grosser Anstrengung und fast nur mit Nachhilfe. Das Entleerte
besteht aus harten, trockenen, licht gefärbten und dem Ziegen-
oder Hundskothe ähnlichen Massen. Der Unterleib ist entweder
meteoristisch aufgetrieben und gespannt, häufiger weich und lässt
bei der Untersuchung zahlreiche oder spärliche, rundliche oder
länglich knollige, härtliche Massen namentlich nach dem Verlaufe
des Colon transversum und descendens nachweisen. Appetitverlust, kolikartige Schmerzen, unruhiger Schlaf, Kopfschmerzen,
aufgeregtes Wesen, Delirien, bei kleinen Kindern selbst Convulsionen; ferner Verletzung, Reizung und Vorfall des Mastdarms
mit Abgang von Blut und Schleim, Aufstossen mit saurem Geruche, Erbrechen und leichte oder stärkere Fieberanfälle bilden
den Symptomencomplex, welcher nach einigen ausgiebigen Entleerungen rasch wieder verschwindet. Bei hartnäckiger Koprostase finden oft tägliche, jedoch ungenügende und nur aus dünnen,
regenwurmähnlichen Kothsäulchen bestehende Entleerungen statt,
während die trockenen harten Kothmassen liegen bleiben. Ursachen
der Stuhlträgheit und Verstopfung sind mangelhafter und sehr
zäher Darmschleim, ausschliesslicher und reichlicher Genuss sehr
caseinreicher Milch und aller amylumhaltigen Speisen, Mangel an
Getränken, die adstringirenden Nahrungsstoffe und Medicamente
wie Blei, Opium etc.; geringe peristaltische Bewegung und Lähmung des Darmrohres im Verlaufe von Hirn- und Nervenkrank-
heiten, endlich auch mechanische Hindernisse, wie Hernien, Intussusceptionen, Verwachsungen nach Peritoneitis, zusammengeballte

Spulwürmer, Fruchtkerne, wohl nur selten Neubildungen und narbige Stricturen.

Behandlung.

Neben Beseitigung der Ursache, zweckmässiger Regulirung der bis dahin fehlerhaften Diät, reichlichem Wassertrinken und öfterem Genuss von abgekochtem und rohem Obst bilden zunächst Abführmittel, Klystiere und lauwarme Bäder die einzuschlagende Therapie. Tra Rhei aquosa oder vinosa Darelli, Calomel, aq. laxat. Vienn., Bitterwasser oder bis zur vollen Wirkung wiederholte Klystiere mit Seifenwasser oder gewöhnlichem kalten Wasser sind zu reichen. Liegen feste Kothmassen unbeweglich im Afterausgange, so müssen dieselben, sollen Klystiere wirksam sein, erst mechanisch mittelst des Fingers, Spatels oder einem anderen Instrumente entfernt werden. Gegen habituelle Stuhlträgheit älterer Kinder haben mir Turnen, Schwimmen und methodische Anwendung kaltfeuchter Leibbinden gute Dienste geleistet.

11. Darmverengerung. Darmverschliessung.

Verengerung und Verschliessung des Darmcanales werden bei Kindern überhaupt nur selten und zwar als angeborener oder erworbener Zustand beobachtet. Am häufigsten ist der After verschlossen (Atresia ani), indem das Ende des Darmes die ihm entgegenwachsende Hauteinstülpung nicht erreicht, oder die letztere fehlt ganz. Fötale Peritonitis, angeborene wandständige Geschwüre des Darmcanales und Ulcerationsprocesse während der Fötalzeit sind andere beobachtete Ursachen. — Erworben wird die Verengerung und Verschliessung des Darmes durch Ueberreste früherer Bauchfellentzündung, Knickung und Achsendrehung des Darmes, durch Fremdkörper wie Obstkerne, zahlreiche Ascariden, veraltete eingetrocknete Kothmassen oder Neubildung. (Alveolarkrebs des Dickdarmes bei einem neunjährigem Knaben von mir beobachtet.)

Symptome und Verlauf.

Kein oder nur sehr geringer Abgang von Meconium, fehlende Stuhlentleerungen, aufgetriebener Unterleib, hartnäckiges, gewöhnlich bis zum Tode dauerndes Erbrechen und Collapsus wird bei angeborener Stenose und Atresie des Darmcanales beobachtet.

Aehnlich ist der Symptomencomplex der erworbenen Form. Die Auftreibung des Unterleibes ist desto vollständiger, je tiefer die Einschnürungsstelle liegt. Oefter wiederkehrende, meist sehr heftige Schmerzparoxysmen und Erbrechen von Schleim, später selbst von Kothmassen, Delirien, Convulsionen und endlich Sopor entwickeln sich der Reihe nach, bis der Tod durch Erschöpfung oder unter Hinzutritt einer Bauchfellentzündung erfolgt.

Die Behandlung

bleibt meistens auf Versuche beschränkt. Starke Abführmittel, metallisches Quecksilber, Lufteinblasen (Gedicke) bei Verdacht auf Würmer Santonin, und im schlimmsten Falle die Enterotomie sind die einzuschlagenden Massregeln. Die Behandlung der Atresia ani ist eine rein chirurgische. In jenen Fällen, wo es nicht gelingt, vom After aus den Mastdarm zu erreichen, bleibt nichts übrig, als den Darm in der Lenden- oder Leistengegend zu eröffnen und einen künstlichen After herzustellen.

12. Darmeinschiebung. Invagination, Intussusceptio.

Invagination oder Einstülpung eines Darmstückes in ein anderes wird im Kindesalter unter zwei Formen beobachtet. In den meisten Fällen entsteht sie erst in Agone, zeigt keine Reaction, und lässt sich leicht lösen. Solche ein bis vier Zoll lange, öfter mehrfache Intussusceptionen findet man gewöhnlich im Dünndarme und zwar bei Kindern, welche mit einem Hirnleiden oder Darmkatarrhe behaftet waren. Sie sind nie Gegenstand klinischer Beobachtung und Behandlung.

Wichtiger und prognostisch ernster dagegen sind jene Fälle von Invagination, welche bei Säuglingen oder älteren Kindern unter heftigen Symptomen einsetzen und verlaufen. Die meisten Darmeinschiebungen sind absteigende, kommen fast nur im Dickdarme vor und nehmen ihren Ursprung gewöhnlich in der Ileocöcalklappe. Die Ursachen derselben sind noch nicht völlig klar; das wahrscheinlichste ist ein Missverhältniss in der Weite und Beweglichkeit zweier aneinander grenzender Darmstücke und wurden gewaltsame Einwirkung auf den Unterleib, Quetschung, Verstopfung oder länger anhaltender Durchfall als besondere Veranlassungen beobachtet. Oedem, dunkelrothe Schwellung des invaginirten Darmstückes und Mesenteriums, Entzündung des Bauchfellüberzuges am ein- und austretenden Darmstücke mit

Adhärenzen und gelblich grauen Schorfen an denselben sind
weitere anatomische Folgen. Die Krankheit bedingt ähnliche
Störungen, wie sie der Darmverengerung und Darmverschlies-
sung überhaupt zukommen, und treten dieselben desto acuter
und hochgradiger auf, je vollständiger die Invaginationsstenose.
Wiederholtes Erbrechen von Speiseresten, Galle, Schleimmassen,
und gegen das Ende des Uebels selbst Kotherbrechen, colikartige
Leibschmerzen, Verstopfung, diarrhöische Stuhlentleerungen, constant jedoch Blut in demselben, verfallener Gesichtsausdruck,
rasche Abmagerung, kleiner fadenförmiger Puls, gesunkene Hauttemperatur, gasgeblähter Unterleib werden beobachtet. Mitunter
gelingt es, die Invagination als eine cylindrische, härtlich glatte
und bewegliche Geschwulst in der Gegend der rechten Darm-
beingrube oder entsprechend dem Colon transversum zu tasten,
wobei jedoch die Verwechselung mit einer Kothsäule leicht möglich, oder das eingeschobene Stück ist mittelst des in den Mastdarm eingeführten Fingers zu fühlen, nur selten ragt das Intus-
susceptum aus dem After hervor. In der Regel erfolgt nach
drei bis sechs Tagen der Tod. Heilung durch Anlöthung, brandige Abstossung und Entleerung des eingeschobenen Stückes
bilden seltene Ausnahmen. Ich beobachtete dieselbe bei einem
vier Jahre alten Knaben, wo sich nach zehn Tagen ein drei Zoll
langes Stück Dickdarm abstiess und vollständige Heilung erfolgte.

Behandlung.

Mit Recht verlässt man die Anwendung drastischer Abführmittel — man versuche wiederholte und reichliche Einspritzungen
von Wasser, Eiswasserklystiere oder Eintreibung von Luft, lasse
strengste Ruhe und Diät beobachten und reiche Opium bis zur
Narcose (Pfeufer). Ist die Einschiebung im Mastdarm, so versuche man dieselbe mittelst der hoch hinaufgeschobenen Schlund-
sonde zu reponiren. Als letztes Mittel kann noch der Bauch-
schnitt vorgenommen werden.

13. Mastdarmvorfall. Prolapsus ani.

Der Mastdarmvorfall besteht entweder und zwar häufiger
in einer Umstülpung der unteren Schleimhautfalten, in dem Hervortreten der Sphincteren und untersten Mastdarmportion in
Form einer rundlichen oder cylindrischen, blass- oder dunkelrothen,
glänzenden, leicht blutenden Geschwulst mit centraler Oeffnung,

oder er stellt eine wahre Invagination dar, wobei die obere Mast-
darmpartie in seltenen Fällen, wie ich bei einem drei Jahre
alten Knaben einmal beobachtet, auch ein Stück des Colon descendens, als ein mehr denn Fuss langes Darmstück aus dem
After hervortritt. Bei längerer Dauer des Zustandes kommt es
zu croupös-diphtheritischer Entzündung, Verschwärung oder selbst
Gangrän der Schleimhaut. Zur Invagination tritt mitunter lethal
verlaufende eiterige Peritonitis.

Der Mastdarmvorfall wird am häufigsten zwischen dem ersten
bis dritten Lebensjahre beobachtet. Als veranlassende Ursachen
sind zu nennen Erschlaffung des Rectums nach Darmkatarrh,
Dysenterie, hartnäckige Stipsis, Mastdarmpolypen, Steinkrankheit,
Keuchhusten und allgemeine Schwächlichkeit der Kinder.

Die Behandlung

besteht neben Berücksichtigung der causalen Momente, wie Diarrhöe, Stipsis etc. zunächst in der Reposition, welche am besten
in der Bauchlage mit erhöhtem Steisse und abducirten Schenkeln
vorgenommen wird. Um starkes Pressen zu vermeiden, lasse
man den Stuhl im Liegen absetzen oder stelle das Nachtgeschirr
auf einen Schemmel, damit die Füsse den Boden nicht berühren.
Kaltwasser- und Eiswasserklystiere, in hartnäckigen Fällen, besonders bei atrophischen Kindern, Kauterisation mit dem Lapisstifte oder Glüheisen, punktförmige Kauterisation in der Umgebung des Afters nach P. M. Guersant, sowie die Excision
einiger Schleimhautfalten bilden die weitere Therapie.

Die Invagination des Colons in den Mastdarm ist ein seltenes
aber nicht ungefährliches Leiden, Zurückdrängen des prolabirten
Darmstückes mittelst der Finger oder mit Hilfe einer elastischen,
mit olivenförmigem Ende versehenen Sonde und Zurückhalten
desselben durch eine entsprechende Bandage führt mitunter, jedoch
nicht zuverlässig Heilung herbei.

14. Mastdarmpolypen.

Sie werden nur selten und zwar mehr bei älteren Kindern
beobachtet, der Polyp, welcher meist in der Nähe des Afters,
selten höher oben sitzt, stellt eine gestielte, härtlich weiche, leicht
blutende haselnuss- bis kirschengrosse Geschwulst dar, welche
besonders beim Stuhlgange Zwang, kolikartige Schmerzen und
leichte Blutungen aus dem Mastdarm hervorruft.

Dann und wann, bei langgestielten Polypen fast nach jedem
Stuhlgang, erscheint derselbe vor dem After, um sich nach dem
Aufhören des Zwanges schnell wieder zurückzuziehen. Charakteristisch, jedoch nur bei etwas härteren Polypen vorhanden, ist eine
Furche am Koth, mittelst des Fingers ist die Geschwulst öfter
zu tasten. Lang dauernde Blutung macht die Kinder anämisch.
Die Ursachen sind die der Schleimhautpolypen überhaupt; chronischer Dickdarmkatarrh und habituelle Stuhlverstopfung scheinen
die Entstehung derselben zu begünstigen.

Behandlung.

Spontane Heilung erfolgt nicht selten durch allmähliche Verdünnung und endliche Losreisung des Stieles. Will man den
Polypen entfernen, was bei stärkeren Blutungen und Schmerzen
geschehen muss, so wird die prolabirte Geschwulst einfach abge-
kneipt oder abgebunden. Nicht hervortretende Polypen sind
innerhalb des Rectums abzudrehen oder abzuschneiden, worauf
einige Kaltwasser- oder Eiswasserklystiere verabfolgt werden.

15. Leistenbruch, Hernia inguinalis.

Leistenbrüche kommen bei Kindern nicht selten und zwar
häufiger bei Knaben als bei Mädchen vor; sie sind angeboren
oder erworben, äussere oder innere. Bei dem angeborenen
Leistenbruche (Hernia congenita) bildet der offen gebliebene
Scheidenkanal den Bruchsack, die vorgefallene Eingeweide berühren unmittelbar die freie Fläche des Hodens oder umhüllen
denselben gänzlich (Hernia cong. testicularis); oder der Processus
vaginalis ist über dem Hoden verschlossen und nur an der Bruch-
öffnung noch offen (Hernia cong. funicularis). Beim Mädchen
dringen die Darmschlingen in die grosse Schamlippe. Mitunter
findet sich neben dem offenen Scheidenfortsatze noch ein zweiter
Bruchsack.

Der angeborene Leistenbruch ist selten schon bei der Geburt
vorhanden, sondern entwickelt sich gewöhnlich erst später in Folge
von Schreien, Husten und Stuhldrang.

Der erworbene Leistenbruch (Hernia ing. aequisita) kommt
auch bei Kindern unter ähnlichen Veranlassungen zur Entwickelung wie bei Erwachsenen, und zeigt dieselben anatomischen
Verhältnisse.

Der Bruchinhalt besteht zumeist aus Dünndarmschlingen,

seltener findet man Netz- oder Dickdarmstücke, auch der Wurm-
fortsatz und bei kleinen Mädchen selbst ein Ovarium wurden
schon gefunden. Der Leistenbruch ist häufiger ein einfacher als
ein doppelter.

Die Symptome

sind bei Kindern mehr locale, selten allgemeine. Mitunter zeigen
Kinder mit Brüchen gar keine Beschwerden, öfter leiden sie an
Koliken; Einklemmungen sind ausserordentlich selten, ich selbst
habe dieselben unter mehreren Hunderten von Leistenbrüchen
nur dreimal gesehen. In Ausnahmsfällen wurde jedoch auch schon
bei Kindern wie bei Erwachsenen eine sogenannte Kotheinklem-
mung beobachtet. Härte und Spannung der Bruchgeschwulst,
aufgetriebener schmerzhafter Unterleib, Aufstossen und Erbrechen,
von Mageninhalt oder später von Föcalmassen, Stuhlverhaltung,
verfallener, schmerzhafter Gesichtsausdruck bilden auch bei Kindern Symptome der Einklemmung.

Bezüglich der Diagnose halte man sich gegenwärtig, dass eine
Leistenhernie bei Kindern verwechselt werden könne mit einer
Hydrocele, einer Cyste des Samenstranges, einem im Leistenkanal
stecken gebliebenen Hoden und bei Mädchen mit einem herab-
steigenden Eierstocke. Bei Combination mehrerer dieser genannten Processe ist alle Aufmerksamkeit erforderlich, um den
Zustand richtig zu erkennen; so kommt neben einer Hernie mitunter eine Cyste des Samenstranges vor, oder neben einem herab-
steigenden Hoden befindet sich gleichzeitig ein Leistenbruch u. A.

Behandlung.

So wenig es geläugnet werden kann, dass Leistenbrüche bei
Kindern ohne alles ärztliche Hinzuthun oft nach sechs, acht bis
zwölf Monaten von selbst heilen, dass häufige Verunreinigungen
des Bruchbandes mit Stuhl und Urin ein grosser Uebelstand sind,
dass endlich Intertrigo und Exeoriationen bei der Zartheit der
Haut sich bald und leicht einstellen und das fernere Tragen des
Bruchbandes unmöglich machen, so halte ich es doch für zweckmässig und wichtig, selbst ganz jungen Kindern ein passendes
Bruchband zu geben. Man überwache bei mit Brüchen behafteten
Kindern die Ernährung, die täglichen Ausleerungen und halte,
insoweit es geschehen darf, jede grössere Aufregung und Unruhe
verbunden mit Schreien, Husten etc., fern Tritt Einklemmung auf, so versuche man im warmen Bade oder während der

Chloroformnarcose die Reposition, welche fast stets gelingen wird.
Ist sie unmöglich,. so schreite man sofort zur Operation. Ist neben
unvollständigem Desscensus des Hodens ein Bruch vorhanden,
und kann man den Bruch durch ein besonders construirtes Bruchband nicht zurückhalten, so rathen Guersant und Marjolin
lieber die Hernie sammt dem Hoden zu reponiren und zurück-
zuhalten.

16. Thierische Darmparasiten, Wurmkrankheit, Helminthiasis.

Eingeweidewürmer werden von Kindern oft lange Zeit und
in ansehnlicher Menge beherbergt, ohne sich durch Symptome
zu verrathen; im Allgemeinen ist jedoch ihr Vorhandensein nicht
so gleichgiltig wie noch vielfach angenommen wird, und kommen
örtliche, allgemeine und reflectorische Wurmsymptome zur Beobachtung. Die früher oft nur vermuthete Wurmkrankheit erhielt
durch den mikroskopischen Nachweis der Eier im Kothe einen
sehr werthvollen diagnostischen Behelf. Interessant und auch
von mir mehrfach bestätiget ist die Thatsache, dass Eingeweidewürmer in manchen Jahren häufiger vorkommen; ähnliches sah
ich auch von der Scabies und scheint das bessere Gedeihen dieser
Parasiten von gewissen, ausser dem Menschen gelegenen Einflüssen
abhängig zu sein.
Die wichtigsten bei Kindern beobachteten Darmparasiten
sind folgende:

a) Der Spulwurm, Ascaris lumbricoides.

Der Ordnung der Nematoden angehörend, ist er der häufigste Parasit bei Kindern. Das Männchen 25 Ctm., das Weibchen
bis 40 Ctm. lang (Leuckart), hat er einen drehrunden, gelb-
rothen Körper, am Kopfende sitzen drei dicht an einander gelagerte Lippen, welche zusammen einen stumpfen knopfartigen
Körper darstellen. Die Lippenränder sind gezähnt, das Hinterleibs-
ende des Männchen ist stärker gekrümmt, die Geschlechtsöffnung
liegt beim Männchen seitlich am Hinterende, beim Weibchen in
der Mitte der Bauchfläche. Die Eierproduction ist eine ungemein
reichliche; die Eier messen nach Leuckart 0,05—0,065 Mm. im
längeren und 0,043 Mm. im kürzeren Durchmesser und sind
meistens mit einer gallertartigen besonderen Eiweissschicht umgeben. Er bewohnt den Dünndarm, ist entweder nur in wenigen
oder in zahlreichen, bis Hundert zählenden Exemplaren vorhan-

den. Röthung und Schwellung der Schleimhaut mit vermehrter Secretion fand ich öfter entsprechend dem Sitze der Wurmcolonie. Dass Spulwürmer den Darm durchbohren, ist kaum zu vertheidigen, dagegen wandern sie gerne und gelangen durch die Gallenwege selbst bis in die Lebersubstanz, in den Magen, die Nasenhöhle, den Larynx, die Trachea, bis in die Bronchien. — Unter dem Einflusse gewisser acuter Krankheiten, Nahrungsmittel und Medicamente gehen dieselben durch den After ab.

Symptome.

Störungen in der Verdauung, bald Diarrhöe, bald Stuhlverstopfung, stärkerer oder mangelnder Appetit mit Vorliebe für stärkemehlhaltige Speisen, Brod, Kuchen, Zuckerwerk etc., aufgeblähter Unterleib, kneipende, nagende, meist paroxismenartig auftretende Schmerzen in der Nabelgegend, blasse, erdfahle, häufig wechselnde Gesichtsfarbe, blau geränderte, matte, wässerige Augen, Jucken in der Nase, unruhiger Schlaf mit Aufschreien und Zähneknirschen, sowie wiederholtes Erbrechen und ein säuerlich fader Geruch aus dem Munde gelten als Zeichen für das Vorhandensein von Spulwürmern, genügen jedoch für eine bestimmte Diagnose nicht. Wandern die Würmer in den After und die Geschlechtstheile, so erzeugen sie daselbst heftiges Jucken, im Magen bewirken sie Uebelichkeit und Erbrechen, in der Leber Gelbsucht oder wirkliche Entzündung (Hepatitis verminosa). In einem Falle sah ich die Gelbsucht durch mehrere Wochen in wechselnder Intensität andauern, bei der Section fand sich ein ziemlich langer Spulwurm in den Gallenwegen. Im Kehlkopfe und den Bronchien erzeugt er Stickanfälle oder tödtliche Pneumonie. Viele in einen Knäuel zusammengeballte Spulwürmer bedingen selbst Darmververschliessung. Dass Spulwürmer neben Kopfschmerz auch Krämpfe, wie Ecclampsie, Chorea oder gar Epilepsie bedingen und unterhalten, wird mehrfach versichert, ich selbst habe nicht einen einzigen beweiskräftigen Fall beobachtet und möchte zu grosser Vorsicht in dieser Beziehung auffordern.

Die Diagnose

lässt sich erst dann mit Bestimmtheit aussprechen, wenn Würmer abgehen oder ihre Eier mikroskopisch nachgewiesen sind.

Behandlung.

In zweifelhaften Fällen reiche man dem Kinde täglich etwas sauren weissen Wein, sind Würmer vorhanden, so zeigt sich gewöhnlich bald einer derselben. Das sicherste Mittel zur Abtreibung der Spulwürmer ist die Santonsäure zu 1—2 gran pro dosi, zwei- bis dreimal des Tages gereicht, am besten in Verbindung mit Calomel oder Chinin. In Form von Wurmpastillen, Backwerk etc. wird sie Kindern leicht beigebracht, nur ist die Dosirung des Mittels eine unsichere. Flores Cinae zu 10 gr. bis 1 Scrupel in Milch gekocht, Knoblauchsuppen oder Klystiere sind bekannte, mitunter .ganz gute Mittel. Die beim Santoningebrauche nicht selten auftretende und die Umgebung beunruhigende Erscheinung der Chromatopsie (Farbensehen) ist ungefährlich und bald vorübergehend.

b) Der Madenwurm, Pfriemenschwanz, Oxyuris vermicularis.

Kleine 4 Mm. (Männchen) bis 10 Mm. (Weibchen) lange, weisse, drehrunde Würmchen mit etwas verdicktem, blasenartigen Mundende und einem pfriemenförmig gekrümmtem Schwanzende beim Weibchen. Die Eier werden in ungeheurer Zahl gelegt (nach Leuckardt beherbergt ein trächtiges Weibchen 10- bis 12,000) und sind länglich oval, an 0,052 Mm. lang und nahezu halb so breit.

Der Madenwurm bewohnt vorzugsweise das Rectum, wird jedoch auch höher oben im Dickdarm getroffen. Neben ihm finden sich nicht selten auch Ascaris lumbricoides und Trichocephalus.

Die Symptome

sind zumeist nur örtliche; ein höchst lästiges Jucken in der Umgebung des Afters und in diesem selbst, welches unter Zeichen nervöser Aufregung und grosser Unruhe besonders Abends auftritt und den ersten Schlaf stört; durch Einwandern in die Scheide Jucken, Vulvitis catarrhalis, Leucorrhöe und Masturbation durch Eindringen unter die Vorhaut Erectionen und Balanitis; ferner öfter auftretender Stuhlzwang und Harndrang bilden den gewöhnlichen Symptomencomplex. Dauern diese Störungen längere Zeit an, so kann auch die Ernährung der Kinder darunter leiden.

Der Madenwurm kommt fast nie bei Säuglingen, sondern immer bei ältern Kindern zur Beobachtung.

Behandlung.

Kalte Sitzbäder, Klystiere mit kaltem Wasser oder Knoblauch-
abkochung, Einführung von Styrax oder grauer Salbe in den
Mastdarm reichen gewöhnlich hin. In hartnäckigen Fällen wird
die Kur durch innerliche Anwendung von Santonin und Calomel
wesentlich unterstützt.

c) Bandwurm, Taenia.

Im Kindesalter werden beobachtet:

Die Taenia solium, Kettenwurm, ein 15—30 Fuss langer,
weissgelblicher Wurm, bestehend aus zahlreichen, kürbiskern-
förmigen, aneinander gereihten Gliedern. Der Kopf ist klein,
hat vier Saugwarzen, einen Rüssel und Hakenkranz. Die ausgebildeten Glieder haben am Rande eine Hervorragung mit der
Mündung für die Scheide und den Penis, und zwar sitzt dieselbe
alternirend am rechten und linken Rande. Die Taenia solium entsteht aus der Finne des Schweines.

Die Taenia mediocanellata, von der ersteren dadurch
unterschieden, dass der mit vier starken Saugnäpfen versehene
Kopf keinen Hakenkranz besitzt. Die hinteren Glieder sind
ausserordentlich breit und dick und gehen spontan ab. Die Ge-
schlechtsmündungen sind seitlich und alterniren unregelmässig.
Er entwickelt sich aus der Finne des Rindfleisches.

Botriocephalus latus. Seine Glider, welche breiter
als lang, liegen dachziegelförmig über einander; der Kopf hat
keine Saugnäpfe und Häkchen, sondern zwei spaltförmige Saug-
gruben. Die Geschlechtsöffnung befindet sich nicht seitlich, sondern in der Mitte der Glieder.

Nur sehr selten wurde bis jetzt bei Kindern auch die Taenia
elliptica (Katzenbandwurm) beobachtet.

Symptome.

Der Bandwurm macht mitunter gar keine Erscheinungen
und wird erst durch das Abgehen einzelner Stücke oder den
mikroskopischen Nachweis der Eier erkannt. Oefter dagegen
finden sich Krankheitsäusserungen, wie Störungen des Appetites,
bald Heisshunger, bald gänzlicher Appetitmangel, häufige, meist
vorübergehende, kolikartige Schmerzen in der Nabelgegend ohne
Durchfall, das Gefühl von Druck, Brennen oder Nagen im Unterleibe, Jucken in der Nase und am After, Ekel und Brechreiz,

namentlich am Morgen im nüchternen Zustande, Kopfschmerz, Ohrensausen, Ohnmachtsanwandlungen, unruhiger Schlaf, Zähneknirschen, auch Nervenzufälle wie Chorea, Ecclampsie und Epilepsie soll er bedingen und unterhalten können.

Ich habe bei einem $1\frac{1}{2}$ und einem 2 Jahre alten, mit Taenia behafteten Kinde einmal tuberculöse Meningitis, das andere Mal chronischen Hydrocephalus gefunden und bin in der Deutung der Nervensymptome bei vorhandenem Bandwurm vorsichtig.

Alle die aufgeführten Zeichen werden jedoch für die Diagnose erst durch den Abgang einzelner Glieder oder den Nachweiss der Eier beweiskräftig.　　　　　　　　—

Behandlung.

Als Bandwurmmittel haben sich folgende mehr oder weniger bewährt, geläugnet darf jedoch nicht werden, dass in manchen Fällen das Uebel sehr hartnäckig ist und allen Heilversuchen widersteht.

Der · K u s s o (flores Brayerae anthelm.) werden zu 1—2 Drachmen auf 1 Unze Honig am Morgen nüchtern theelöffelweise genommen; die K a m a l a zu $\frac{1}{2}$—1 Drachme in 2 Unzen Aq. menthae auf dreimal geleert. Die Granatwurzelrinde wird zu $\frac{1}{2}$—1 Unze während zwölf Stunden in 1 Pfund Wasser macerirt, dann auf $\frac{1}{2}$ Pfund eingekocht, und jede halbe Stunde ein Drittel davon getrunken. Auch das E x t r a c t. f i l i c. m a r i s leistet mitunter gute Dienste. Ich verbinde gerne Pulvis. Kamalae 1 Drachme mit Extract. filic. maris 1 Scrupel auf 3 Unzen aq. menthae. Man darf jedem Kinde, auch jüngeren, Bandwurmmittel ohne Bedenken reichen; besondere Vorbereitungskuren sind nicht nöthig, dagegen lasse man jedem der genannten Mittel bald ein kräftiges Laxans nachfolgen.

d) Peitschenwurm, Trichocephalus dispar.

Er stammt aus der Klasse der Nemotoden und kommt nicht häufig zur Beobachtung. Seine Länge beträgt $1\frac{1}{2}$—2 Linien, sein Vordertheil ist haarförmig dünn, das hintere Drittel dicker und beim Männchen spiralig gewunden. Sein Sitz ist der Dickdarm und zwar vorzugsweise der Blinddarm, wo er inmitten von Schleim- und Eitermassen im Verlaufe chronischer Darmkrankheiten gefunden, bei oberflächlicher Untersuchung jedoch leicht übersehen wird. Er bedingt weder anatomische Veränderungen, noch klinische Symptome und ist somit kein Gegenstand der Therapie.

D. Krankheiten des Bauchfelles.

1. Bauchfellentzündung, Peritoneitis.

Die Bauchfellentzündung tritt ähnlich wie bei Erwachsenen als acute und chronische, als allgemeine und partielle, als idiopathische und secundäre oder metastatische auf.

Anatomie.

Bei der acuten allgemeinen Peritoneitis kommt neben stärkerer Injection der Gefässe des subperitonealen Gewebes oder des Peritoneums, neben fleckiger oder ausgebreiteter Röthung, Ecchymosirung, Verdickung und Trübung desselben ein sehr massenhafter, aus hellem oder durch beigemischten Eiter grünlichgelbem Serum und zahlreichen Faserstoffgerinseln bestehenden Exsudat vor oder der Eiter bildet die vorwiegende Masse der Bauchhöhlenflüssigkeit. Das Exsudat überzieht die Oberfläche des Bauchfelles, wird aber auch im Becken und zwischen den Falten des Gekröses reichlich getroffen. Unter Umständen ist das Exsudat ein jauchiges oder hämorrhagisches. Die acute partielle Peritoneitis hat oft Bindegewebsneubildung und Adhäsionen von Netz- und Darmtheilen zu Folge, seltener führt sie zu umschriebenen Eiterherden (Peritonealabscesse). Die chronische Peritoneitis ist theils eine partielle, theils eine allgemeine und bedingt als erstere entweder nur fadige Adhäsionen, pseudomembranöse Ueberzüge oder abgesackte Abscesse, welche nach verschiedenen Richtungen durch die Bauchwand, den Darmcanal und die Harnblase perforiren, — als allgemeine ein massenhaftes, seröses, faserstoffiges oder in Form von dicken pseudomembranösen Lagen angesammeltes Exsudat. Verhältnissmässig häufig ist die chronische Peritoneitis eine tuberculöse. Chronische Peritonealexsudate können, wenngleich selten, auch verfetten, verkreiden oder verkäsen. Ascites bildet eine öftere Folge chronischer Peritoneitis.

Symptome und Verlauf.

Im Allgemeinen steht die Heftigkeit der Symptome in einem graden Verhältnisse zu der Ausdehnung der Entzündung und Qualität des Exsudates. Je acuter der Verlauf, je ausgebreiteter die Peritoneitis, desto heftiger sind die Krankheitszeichen. Den Beginn macht gewöhnlich ein- oder mehrmaliges Erbrechen von gallig grünlichen Schleimmassen und bei älteren Kindern ein

Frostanfall. Das wichtigste und nie fehlende Zeichen ist jedoch
der Schmerz; bei allgemeiner Peritoneitis über den ganzen
Unterleib verbreitet, bei umschriebener auf eine circumscripte
Stelle beschränkt, ist derselbe gewöhnlich äusserst heftig, schnei-
dend, stechend, reissend, steigert sich bei Druck, Husten, Athembewegung, Erbrechen, bei Abgang von Gasen und Stuhlentleerung
und schwindet erst gegen das Ende der Krankheit. Das Fieber
erreicht meist einen hohen Grad, kann jedoch auch gänzlich
fehlen. Bei ausgebreiteter Peritoneitis und acuten Peritonealab-
scessen ist die Haut sehr heiss, erst mit eintretendem Collapsus
werden die Extremitäten kühl, der Puls beträgt 140—180 Schläge,
der Durst ist gesteigert, der Appetit liegt gänzlich darnieder,
Säuglinge wollen die Brust nicht mehr nehmen. Das bleiche,
öfter erdfahle Gesicht ist schmerzlich verzogen, die Kranken
nehmen fast immer eine unbewegliche Rückenlage ein mit leicht
gestreckten oder im Knie gebeugten unteren Extremitäten, jede
Bewegung wird ängstlich vermieden; aus diesem Grunde ist die
Respiration auch eine beschleunigte, sehr oberflächliche und wird
fast nur von den Brustmuskeln ausgeführt. Als charakteristische
physikalische Zeichen am Unterleibe selbst stellen sich mehr oder
weniger meteoristische Auftreibung, umschriebene Härte, gedämpfter Percussionsschall, bei grösseren flüssigen Ergüssen das
Gefühl von Fluctuation und bei überwiegend faserstoffigen Exsudaten im Beginne an der oberen Hälfte des Unterleibes dann
und wann auch ein respiratorisches Reibegeräusch ein. — Stuhlverstopfung oder öftere seröse Entleerungen, belegte, trockene
Zunge, bitterlich pappiger Geschmack, Schluchzen, schmerzhafte
Retention des Harnes bei Uebergreifen der Entzündung auf die
Blasengegend, Ekel oder andauernder Brechreiz, Delirien oder
bei Säuglingen und jungen Kindern auch Convulsionen, bilden
die übrigen mehr oder weniger constanten Symptome. Bei rasch
verlaufender secundärer Peritoneitis der Säuglinge sind die Krankheitszeichen mitunter nur sehr gering und beschränken sich fast
ausschliesslich auf Schmerz und die Auftreibung des Unterleibes.

Neigt die Krankheit zur Genesung, so wird der Unterleib
weicher, die Schmerzen lassen nach und schwinden gänzlich, der
Puls wird langsamer und voller, die eingefallenen spitzen Gesichts-
züge werden freundlicher, Appetit und Schlaf kehren zurück.
Eiterig-jauchige, namentlich umschriebene Exsudate können nach
Perforation und Entleerung der Flüssigkeit mit vollkommener
Heilung verlaufen. Solche glückliche Ausgänge beobachtete ich

einige Male nach Perforation der Bauchwand in der Nabelgegend, nachdem sich dieselbe kuppelartig vorgewölbt hatte, in einem anderen Falle erfolgte die Perforation in der linken Leistengegend mit gleichzeitiger Durchbohrung des Darmes und einer chronischen Kothfistel. Nimmt die Krankheit einen chronischen Verlauf an, so lässt die Schmerzhaftigkeit etwas nach, kehrt jedoch in paroxismenartigen Anfällen öfter zurück; die Kranken fiebern des Abends leicht, erbrechen öfter, Stuhlverstopfung wechselt mit Diarrhöe, die Kinder magern ab, die Haut ist spröde, trocken, schilfert sich ab, bis endlich in der Regel der Tod durch Erschöpfung oder hinzutretende acute Peritoneitis erfolgt.

Ursachen.

Die Peritoneitis entsteht schon intrauterin in Folge von Syphilis oder septischer Infection der Mutter, oder sie tritt in den ersten Lebenswochen auf, bedingt durch Entzündung, Vereiterung oder Gangrän des Nabels, durch Atresia ani, oder sie ist eine pyämisch metastatische bei Puerperalprocessen der Mutter. In den späteren Jahren begleitet sie als secundäre metastatische Form nicht selten die acuten Exantheme, die Nephritis parenchymatosa, Koprostasie, Verbrennungen, Invagination, Srophulose, Nierenkrebs, Leberscirrhose, Dysenterie etc. Idiopathische Peritoneitis in Folge von Erkältung, Traumen, besonders nach Operationen z. B. Steinschnitt etc. oder aus anderen nicht bekannten Ursachen ist bei Kindern nicht häufig, doch beobachtete ich dieselbe zu gewissen Zeiten öfter, als gewöhnlich angenommen wird und zwar betrafen die Fälle meist Knaben zwischen sechs bis zehn Jahren. Perforative Peritoneitis in Folge von tuberculösen oder typhösen Darmgeschwüren ist im Kindesalter eine seltene Erscheinung.

Diagnose.

Der fieberhafte Charakter, das Erbrechen und der Collapsus, vor Allem aber der Schmerz im Unterleibe und der physikalische Nachweis des Exsudates sichern dieselbe. Verwechselungen mit Ascites werden durch gewissenhafte Benützung der Anamnese, sowie der diesem zu Grunde liegenden ätiologischen Momente vermieden. Abgesackte Peritonealexsudate können mit einfachen Abscessen der Bauchdecken verwechselt werden. Zur Bestimmung der Qualität des Exsudates ist es wichtig neben den physikalischen Zeichen und den dasselbe begleitenden Symptomen besonders zu

erheben, ob die Krankheit idiopathisch, secundär oder metasta-
tisch sich entwickelt hat.

Prognose.

Dieselbe ist für alle Formen eine höchst bedenkliche und
wird die Peritoneitis der Kinder mit Recht als eine sehr gefährliche Krankheit gefürchtet. Der Tod kann frühzeitig, selbst nach
48 Stunden eintreten, dies gilt besonders von der Bauchfellentzündung Neugeborener und Säuglinge und von der septischen
älterer Kinder. Die idiopathische acute Peritoneitis dauert durchschnittlich 8—21 Tage, die chronische monate- selbst jahrelang
mit zeitweise hinzutretenden acuten Exacerbationen. Die beste
Prognose ergeben primäre partielle Entzündungen mit gutartigem
Exsudate.

Behandlung.

Absolute Ruhe, strenge Diät und im Beginne die antiphlogistischen schmerzstillenden Mittel bilden den Schwerpunkt der
Behandlung. Man bedecke den Unterleib mit in Eis oder kaltes
Brunnenwasser getauchten Compressen, welche nach der Heftigkeit des Fiebers und Schmerzes öfter oder seltener zu wechseln
sind. Ich eröffne die Behandlung, namentlich wo die Stuhlentleerungen nicht ausgiebig sind, mit einem Purgans (Calomel.
1 gr. p. dosi zwei- bis dreimal gereicht). Ist Stuhl erfolgt, greife
man bald zum Opium ($\frac{1}{2}$—1 gran Extract. opii in einer Mixtur.
oleos. 3—4 Unz.); den heftigen Durst und das Erbrechen lindern fleissig geschluckte Eisstückchen. Für Kranke, welche die
Kälte nicht vertragen, empfehlen sich warme Bäder und leichte
den Unterleib nicht beschwerende Cataplasmen, solche müssen
auch gereicht werden, wenn sich abgesackte Eiterherde bilden.
Ist das Exsudat massenhaft und lassen die Schmerzen etwas
nach, so lasse man Jod- und Mercurialsalben auf die Bauchdecken
einreiben. Der Kräftezustand werde stets berücksichtigt und bei
dem ersten Zeichen von Sinken der Kräfte Wein, Rumwasser,
Chinin, kräftige Bouillon in ausgiebiger Weise gereicht, das
letztere gilt namentlich von der septischen Form der Bauchfellentzündung.

2. Tuberculöse Peritonitis und Tuberculose des Peritoneums.

Tuberculöse Peritonitis und Tuberculose des Peritoneums sind nicht seltene Krankheiten bei Kindern. Ich habe sie unter 800 Fällen von Tuberculose 92 mal getroffen.

In Bezug auf Anatomie wiederholen sich auch hier die mannigfachen Aeusserungen der Tuberculose überhaupt; mitunter nur beschränkt auf jene Stellen des Darmkanales, wo tuberculöse, scrophulöse Geschwüre sitzen, ist sie in anderen Fällen über einen grossen Theil oder das gesammte Peritoneum ausgebreitet. Acute und chronische Hyperämie, zahlreiche eben wahrnehmbare graue Knötchen, knotige oder bandartige, mehr oder weniger pigmentirte Infiltrate, lockere oder feste Adhäsionen zwischen den einzelnen Darmschlingen und ausserdem geringe oder massenhafte Ausscheidung von serös eitriger oder sehr selten blutig jauchiger Flüssigkeit sind die wichtigsten derselben. Abscessbildung mit Perforation durch den Nabel sah ich zweimal. Das Netz bildet öfter einen geschrumpften, von gelben käsigen Infiltraten reich durchsetzten, in der Oberbauchgegend quer verlaufenden Strang. Constant finden sich tuberculöse und verkäste Mesenterialdrüsen und Tuberculose anderer Organe.

Symptome.

Im Allgemeinen finden sich bei so erkrankten Kindern die Zeichen der Tuberculose und Scrophulose und bietet die Peritonitis zumeist nur eine später hinzutretende Theilerscheinung dieser Leiden. In acuten Fällen sehr stürmisch, in chronischen schleichend sich einstellend sind zunächst Fieber, Leibschmerzen und Auftreibung des Unterleibes die wichtigsten Symptome. Der Schmerz äussert sich bald nur als eine gesteigerte Empfindlichkeit beim Drucke auf den Unterleib, bald ist er ein heftiger, kolikartig sich wiederholender, der Unterleib ist ungleichmässig aufgetrieben, wölbt sich kugelig vor oder ist nur mässig meteoristisch gespannt, die Bauchdecken sind von Venennetzen durchzogen. Ein matter Percussionsschall, namentlich in der unteren Bauchhälfte, ferner deutliche Fluctuation bei gleichzeitigem flüssigem Ergusse, der öftere Nachweis des tuberculös infiltrirten und geschrumpften Netzes in Form einer quer unter dem Magen verlaufenden Geschwulst mit kurzem Percussionsschalle, Verstopfung, wechselnd mit hartnäckiger Diarrhöe, Dysurie, colliquative Schweisse, bei Druck auf die grossen Gefässe Oedem der unteren

Extremitäten und Venenthrombosen vervollständigen den Symptomencomplex der Krankheit. Die geschwollenen Mesenterialdrüsen sind nur bei weichen, erschlafften Bauchdecken, oder wenn
sie zu ungewöhnlich grossen Geschwülsten vergrössert, mittelst
der Palpation zu tasten. In einzelnen Fällen, namentlich bei
kleinen Kindern ist die tuberculöse Peritoneitis von so geringen
Erscheinungen begleitet, dass sie sich der Diagnose vollkommen
entzieht. Die Dauer der Krankheit beträgt bei acutem Verlaufe
gewöhnlich nur wenige Tage, bei chronischem dagegen mehrere
Wochen, Monate oder selbst Jahre mit Schwankungen zwischen
Stillstand und acuten Exacerbationen.

Die Ursachen

sind dieselben, wie die der Scrophulose und Tuberculose. Kinder
zwischen vier bis zehn Jahren werden am häufigsten ergriffen,
doch tritt das Leiden auch schon bei Säuglingen und in den
ersten Lebensjahren auf; Knaben werden häufiger als Mädchen
befallen.

Die Prognose

ist in der Regel ungünstig und zwar desto mehr, je acuter und
schmerzhafter der Verlauf und je ausgebreiteter die Tuberculose
überhaupt, Heilungen sind sehr seltene Ausnahmen.

Behandlung.

Als Prophylaxis sind alle jene Mittel angezeigt, welche bei
Tuberculose und Scrophulose überhaupt Anwendung finden; man
hüte sich, schwächende, herabsetzende Mittel zu gebrauchen. Am
meisten empfehlen sich Jodeisen zu 6—10 gr. auf 2—3 Unz.
Syrup, Chinin mit Pulv. Doweri, oder Opium, namentlich wenn
Diarrhöe vorhanden ist, Leberthran bei Fehlen der Diarrhöe; den
Schmerz bekämpft man mit Opiaten innerlich, mittelst Klystieren oder in Form von Salben, durch warme Tücher, Umschläge oder zeitweise gereichte Bäder. Bei hochgradigem Ascites
versuche man Diuretica und Diaphoretica; die in den äussersten
Fällen vorgenommene Punction kann selbstverständlich nur vorübergehende Erleichterung gewähren.

3. Bauchwassersucht. Ascites.

Der Ascites oder die Ansammlung von klarer, dem Blutserum ähnlicher eiweisshaltiger weingelber Flüssigkeit in der Bauchfellhöhle in der Menge einiger Unzen bis zu mehreren Pfunden ist niemals eine primäre Erkrankung, sondern stets nur Theilerscheinung eines allgemeinen Hydrops oder das Symptom einer andern localen Krankheit. Dem entsprechend finden sich neben dem Ascites noch andere Formen der Wassersucht oder der Ascites besteht allein.

Als vermittelnde Ursachen wirken Hydrämie in Folge von Nephritis parenchymatosa acuta et chronica, namentlich bei Scharlach oder anderen allgemeinen Ernährungsstörungen; venöse Blutstauung, hervorgerufen durch Herz- und Lungenkrankheiten (Herzfehler, Tuberculose, Atelectase, Emphysem der Lunge), Erkrankungen des Bauchfells (chronische Peritoneitis und Tuberculose des Bauchfells), Krankheiten der Leber und Pfortader (Amyloide und Fettleber, Pylephlebitis, Cirrhose), sowie Geschwülste des Unterleibes, besonders häufig geschwollene Lymphdrüsen.

Symptome.

Dieselben sind von der grösseren oder geringeren Menge der angesammelten Flüssigkeit abhängig. Geringe Ergüsse ändern Form und Umfang des Abdomen gar nicht oder in kaum merkbarer Weise; reichliche oder sehr massenhafte Serumansammlungen dagegen bedingen Auftreibung und kugelige Vorwölbung des Unterleibes, deutliche Fluctuation und bei der Percussion eine Dämpfung, welche in der Rückenlage an den unteren seitlichen Theilen der Bauchwand, in den Seitenlagen aber auf jener Seite des Unterleibes auftritt, auf welcher der Kranke liegt. Ausdehnung der Hautvenen, Stuhlverhaltung oder Diarrhöe, Harndrang, erschwertes Athmen, auch Hinaufgedrängtsein des Zwerchfells, sowie das Gefühl von Schwere und Spannung im Unterleibe sind die übrigen begleitenden Symptome. Der Urin wird in kleinen Mengen gelassen, ist öfter stark pigmentirt und enthält bei Nephritis Eiweiss, Blut und Fibrincylinder.

Diagnose.

Dieselbe stützt sich vorzugsweise auf die Beweglichkeit der Flüssigkeitsdämpfung bei den verschiedenen Lagenveränderungen

der Kinder und auf den gleichzeitigen anderweitigen Befund.
Eine Verwechselung könnte höchstens mit Peritoneitis stattfinden,
für letztere sprechen Fieberbewegungen, grosse Empfindlichkeit
und Schmerzhaftigkeit des Unterleibes, sowie der Nachweis des
Exsudates.

Prognose.

Dieselbe ist nach der jedem einzelnen Falle zu Grunde liegenden Ursache eine verschiedene, im Allgemeinen jedoch eine
schlimme, wenn auch vollkommene Heilung nicht zu den Unmöglichkeiten gehört.

Die Behandlung

muss eine vorzugsweise causale und auf die Entfernung der den
Ascites bedingenden Zustände gerichtete sein. Als symptomatische
Mittel finden die Diuretica (nur beim acuten Morbus Brightii zu
meiden), Diaphoretica und Purgantia Anwendung, namentlich sah
ich von letzteren einige Male kaum mehr gehoffte Erfolge. Digitalis, Scilla, Kali acet. solut., alkalische Säuerlinge, warme
Bäder, Spiritusdampfbäder, Oeleinreibungen der Haut und bei
sehr massenhaftem, die Respiration ernstlich bedrohenden Ergusse
die Punction bringen vorübergehende Erleichterung oder wirkliche Heilung.

E. Krankheiten der Leber.

Krankheiten der Leber kommen, wenn man von der Fettleber absieht, im Kindesalter nicht so häufig und verhältnissmässig nicht unter so schweren Formen vor wie bei Erwachsenen.
Unter 40,000 kranken Kindern fand ich 425 Fälle von selbstständigen Leberleiden. Der Icterus catarrhalis und neonatorum sind darunter am häufigsten vertreten, ihnen zunächst
stehen die Fett- und Speckleber, nur ausnahmsweise wird die
syphilitische Leberentzündung, die Lebercirrhose,
die Hepatitis parenchymatosa und Tuberculose der
Leber beobachtet; der Leberkrebs ist dem Kindesalter fast
ganz fremd; Echinococcus ein seltener Gast.

1. Gelbsucht. Icterus.

Man unterscheidet bei Kindern zur leichteren Uebersicht den
Icterus neonatorum und die Gelbsucht des späteren Kindesalters.

Aetiologie und Pathogenese des Icterus neonatorum.

Die Gelbsucht der Neugeborenen 'ist keine selbstständige,
sondern nur Symptom anderer Krankheiten und entspricht nicht
immer einem und demselben, sondern verschiedenen aetiologischen
Momenten; sie ist bald nur ein sehr leichtes, rasch vorübergehendes, bald wieder ein sehr schweres, lebensgefährliches Leiden.

Die leichteste Form des Icterus neonatorum ist jene Ueber-
gangsstufe des physiologischen Röthungsprocesses
der Haut, wie sie bei manchen, namentlich frühgeborenen
Kindern in der ersten Woche des Lebens auftritt. Harn und
Conjunctiva bleiben unverändert, der Stuhl ist gallig gefärbt.

In einer anderen Reihe von Fällen hat der Icterus neonatorum ganz die Bedeutung eines katarrhalischen und wird
hervorgerufen durch katarrhalische Erkrankung des Ductus chole-
dochus in Folge von zu heissen oder zu kühlen Bädern, von
Reizung durch Meconium etc., oder er ist mechanisch bedingt theils durch Unwegsamkeit oder gänzlichen Verschluss der
gröberen Gallenausführungsgänge, theils durch Compression der
feineren Gallenwege bei Lebercongestion. Hierher gehört auch
der Icterus im Verlaufe der acuten Fettentartung der Neugeborenen. Angeborener Mangel des Ductus hepaticus
oder cysticus ist wohl nur sehr selten Ursache des Icterus
neonatorum. Endlich ist der Icterus der Neugeborenen nicht
selten ein hämatogener, ein Bluticterus, und als solcher zumeist pyämischen Ursprunges; gewöhnlich in Folge von Umbili-
calphlebitis oder Arteriitis.

Aetiologie und Pathogenese des Icterus im späteren Kindesalter.

Derselbe ist gewöhnlich die Folge eines gastroduodenalen
Katarrhes, hervorgerufen durch Erkältung, oder Diätfehler, tritt
zumeist sporadisch, nach einzelnen Beobachtern (Rehn) auch
zuweilen epidemisch auf. Als andere Veranlassungen beobachtet
man Eindringen von Spulwürmern in den gemeinsamen Gallen-
gang und Compression des letzteren durch hyperplastische und
verkäste Lymphdrüsen. Koprostase, Hepatitis parenchymatosa,

Phosphorvergiftung, Pylephlebitis (L ö s c h n e r) sind nicht häufige
Ursaehen des Icterus.

S y m p t o m e.

Mehr oder weniger gelbe bis dunkelbraungelbe Färbung der
Haut und sichtbaren Schleimhäute mit dem Gefühle von Jucken
in ersterer, Anwesenheit sämmtlicher Gallenbestandtheile, besonders der Gallensäuren im Harne und Blut, thonartig weisse ge-
ruchlose Föcalmassen, angeschwollene, mehr oder weniger empfindliche oder stärker schmerzhafte Leber, verlangsamter Puls,
Widerwillen gegen Nahrung, namentlich Fleischspeisen, vermehrter Durst, Verlangen säuerlicher, recht kalter Getränke,
Abmagerung, unruhiger schreckhafter Schlaf, Schwere und Mattigkeit der Glieder, in schweren Formen Hirnerscheinungen, wie
Delirien, Tobsucht, Convulsionen oder soporöses Dahinliegen, sowie Blutungen, bei Neugeborenen besonders Nabelblutungen, bilden
den Symptomencomplex, welcher nach den einzelnen Fällen verschiedene Formabweichungen annimmt.

In dem dunkel- bis schwarzgrünen Urin lässt sich der
G a l l e n f a r b s t o f f durch Zusatz von Salpetersäure, welche etwas
salpetrige Säure enthält, nachweisen, man sieht dabei einen
Farbenwechsel durch Grün, Blau, Violett, Roth bis endlich ins
Schmutziggelbe eintreten. Die Gallensäuren sind nur selten in
grösserer Menge im icterischen Harne vorhanden und lassen sich
durch die P e t t e n k o f e r 'sche Probe mittelst Schwefelsäure und
Zuckerlösung erkennen.

Beim hämatogenen Icterus fehlen die Gallensäuren gänzlich,
der Harn ist nicht so intensiv dunkel, die Fäces dagegen sind
gallig gefärbt.

P r o g n o s e.

Dieselbe ist beim einfachen katarrhalischen Icterus, sowohl
bei neugeborenen wie älteren Kindern, fast immer eine gute; bei
tieferen Leberkrankheiten dagegen, nicht entfernbaren mechanischen Hindernissen und beim hämatogenen, pyämischen Icterus
stets eine schlimme.

B e h a n d l u n g.

Leichte Formen von Icterus heilen binnen zwei bis vier
Wochen von selbst und bedarf es höchstens wiederholter warmer
Bäder und wo kein Durchfall vorhanden, mild abführender

Mittel (Hydromel infantum, Tra rhei aquos., Soda bicarbonic.)
neben zweckmässig geregelter Diät. Als wirksam befunden empfehlen sich die Citronensäure (Frerichs), das Chlorwasser
und alkalische Mineralwässer, namentlich Karlsbader Mühlbrunn
zu ein bis zwei Becher täglich getrunken. Gegen andauernden
Magenkatarrh verordne man Eis, Brausepulver, Seidlitzpulver,
Biliner Pastillen etc. Die schweren Formen des Icterus trotzen
gewöhnlich jeder Therapie und kann versuchsweise Chinin angewendet werden.

2. Fettleber. Fettinfiltration der Leber.

Das Wesen derselben bildet eine abnorm gesteigerte Fett-
ablagerung in den Leberzellen, wobei jedoch die Membranen der
letzteren erhalten bleiben. Volumsvergrösserung der Leber nach
allen Richtungen mit fetter, glänzender Oberfläche, abgerundeten
oder leicht zugeschärften Rändern, teigiges Anfühlen, blassgelbe,
mehr gleichmässige Schnittfläche mit dunkleren, bräunlich rothen
Flecken auf derselben und bei der mikroskopischen Untersuchung
Körnchen, Tröpfchen oder grosser Tropfen Fett in den Zellen
bilden den anatomischen Befund.

Ursachen.

Die Fettinfiltration hat nicht immer eine pathologische Bedeutung, sie ist oft nur eine physiologische und zugleich transi-
torische. Veranlassungen sind unzweckmässige Diät, namentlich
sehr fettreiche und wie es bei armen Leuten der Fall an Kohlen-
hydraten sehr reiche Nahrung, mangelhafter Stoffwechsel in Folge
unzureichender Bewegung, andere besonders chronische und mit
Abzehrung verlaufende Krankheiten, wie Tuberculose, Scrophulose,
Caries, Darmkatarrh, Rachitis, Syphilis und noch unbekannte
Momente.

Die Symptome

und Folgen der Fettleber können bei leichten, namentlich den
transitorischen Formen ganz fehlen und wo sie vorhanden, erreichen sie selten die Höhe wie bei Erwachsenen. Die Vergrösserung der Leber, mit glatter Oberfläche und weicher Beschaffenheit, durch Compression der Lebercapillarien Störungen im Pfort-
aderkreislaufe und daraus hervorgehende Verdauungsanomalien,
wie Magen-Darmkatarrhe und Störungen in der Fortleitung der

Galle etc. kommen nur hochgradigen Fällen von Fettinfiltration zu.

Die Diagonose

wird aus dem Verhalten der Leber, den zu Grunde liegenden ursächlichen Momenten, dem Fehlen des Icterus, Milztumors und Ascites gebildet.

Die Behandlung

ist eine vorherrschend causale, diätetische.

3. Fettdegeneration und Atrophie der Leber.

Die Fettdegeneration der Leber kommt bei Kindern verhältnissmässig weit seltener vor als die Fettinfiltration. Sie entspricht nicht immer einer bestimmten Krankheitsform, sondern kann ätiologisch sehr verschiedener Natur sein. Das Drüsenparenchym der Leber ist der primäre und hauptsächliche Sitz der fettigen Degeneration; letztere betrifft in der Regel das ganze Organ, seltener nur einzelne Theile der Leber.

Die Fettdegeneration findet sich ohne besondere, im Leben wahrgenommene Symptome im Verlaufe hochfieberhafter Krankheiten, dahin gehören besonders die acuten Exantheme, Scarlatina, Variola, Morbilli, die Pyämie, der Typhus, oder sie ist eine Folge allgemeiner chronischer Consumptionskrankheiten, wie der Scrophulose, Tuberculose, Rachitis, sie kann ferner eine Theilerscheinung der allgemeinen Fettdegeneration Neugeborener sein und kommt endlich bei Arsen- und Phosphorvergiftungen zur Entwickelung.

Als selbstständigen und bis jetzt noch räthselhaften Process fand ich die Fettdegeneration der Leber als Ausgang der allgemeinen parenchymatösen Hepatitis mit gleichzeitiger Fettdegeneration der Nieren, des Herzens und des Gehirns. Erbrechen, hochgradiger Icterus, dunkler Urin mit viel Gallenfarbstoff und Gallensäuren, Manie, Convulsionen, tetanische Streckung, Blutaustretung auf die Haut und die Schleimhäute bildeten die Symptome der sehr acut verlaufenden lethalen Krankheit. Weder im Urine noch in der etwas verkleinerten, doch nicht matschig erweichten Leber war Leucin und Tyrosin aufzufinden, dagegen fanden sich in beiden zahlreiche Fettkugeln vor.

Die sogenannte gelbe Leberatrophie, ein der ebenbeschriebenen Form sehr nahestehender Vorgang mit reichlicher Ausscheidung von Leucin und Tyrosin durch den Urin, verkleinerter, welker, matscher, intensiv gelbgefärbter Leber, heftigen Gehirnerscheinungen und raschem, ungünstigem Verlaufe wurde nur höchst selten im Kindesalter beobachtet (Löschner).

Der Verlauf der beiden letztgenannten Formen ist nach den bisherigen allerdings noch sehr spärlichen Erfahrungen stets ein ungünstiger; die Behandlung eine rein symptomatische ohne Aussicht auf Erfolg.

4. Speckleber, Wachsleber, Amyloidentartung der Leber.

Seltener als die Fettleber vorkommend charakterisirt sich die Speckleber durch bedeutende Volumszunahme (bei einem dreizehnjährigen Knaben beobachtete ich eine 7 Pfund 21 Loth schwere).. Härte und Consistenz der Leber mit abgerundeten stumpfen Rändern, graugeblicher, grauröthlicher oder blassbrauner Färbung, glatter, wachsartig glänzender Schnittfläche und wenig blasser zähflüssiger Galle. Bei der mikroskopischen Untersuchung findet man die feineren Gefässe und mehr oder weniger auch die Leberacini in eine homogene, farblose, durchscheinende Masse umgewandelt, welche mit Jod und Schwefelsäure behandelt, eine violette oder rothe Färbung geben. Nur selten beschränkt sich die amyloide Veränderung auf die Leber allein, gewöhnlich betheiligen sich dann auch Milz, Nieren, Darmschleimhaut, die Lymphdrüsen und Schilddrüse.

Die Krankheit besteht, wenn gleich seltener, für sich allein, ohne dass ein Grund dafür aufgefunden werden kann, in der Regel jedoch wird sie veranlasst durch Tuberculose, Scrophulose (Caries), chronische Eczeme, Syphilis, Rachitis, Intermittens und namentlich chronische Eiterungen verschiedener Organe. Am häufigsten zwischen fünf bis vierzehn Jahren beobachtet, sah ich sie auch schon bei fünf Wochen alten Kindern. Knaben werden häufiger ergriffen als Mädchen.

Der amyloide Process ist stets ein chronischer; der Unterleib ist stark aufgetrieben, die Hautvenen daselbst erweitert, die Leber lässt sich sowohl durch die Palpation wie Percussion als eine harte, bis in die Unterbauchgegend herabreichende, mit glatter Oberfläche und stumpfen Rändern versehene Geschwulst nachweisen. Als Folgezustände stellen sich Abmagerung, Anämie, Hydrämie ein, Ascites oder allgemeiner Hydrops gesellt sich nur

bei gleichzeitiger Niereuerkrankung hinzu. Der Appetit geht nur
selten ganz verloren mit Abneigung gegen Fleischspeisen; wenig
gefärbte, penetrant riechende Stuhlentleerungen begleiten fast
constant die Speckleber.

Die Diagnose

gründet sich auf die Gegenwart einer bedeutenden langsam und
schmerzlos erfolgenden Volumszunahme der Leber im Zusammenhalte mit Milztumoren, Albuminurie und einem diesen Vorgang
begünstigenden Grundleiden. Eine Verwechselung wäre höchstens
mit der Fettleber möglich.

Die Prognose

ist fast stets eine ungünstige. Der Tod wird nach monate-
oder jahrelanger Dauer durch Erschöpfung, Brightische Wassersucht, Follicularenteritis oder Pneumonie herbeigeführt; eine scheinbare Heilung oder Besserung kann erzielt werden durch Beseitigung der Folgezustände

Die Behandlung

hat vor Allem das constitutionelle oder Grundleiden ins Auge zu
fassen. Neben leicht verdaulicher, kräftiger Kost, Aufenthalt in
reiner Luft ist das Rheum in Verbindung mit Alkalien und kleinen
Dosen Chinin, das Jodeisen, die Thermen von Karlsbad und
Marienbad zu versuchen. Zur Beseitigung des Hydrops werden
Diuretica, Diaphoretica, und wenn diese erfolglos bleiben, Abführmittel gereicht.

5. Syphilitische Leberentzündung.

Die syphilitische Leberentzündung wird viel häufiger bei
Neugeborenen und Säuglingen, nur selten bei älteren Kindern beobachtet; sie betrifft entweder grössere Abschnitte der
Leber (allgemeine) oder ist nur auf einzelne Herde beschränkt
(partielle). Im ersteren Falle ist die Leber merklich grösser, ihr
Gewebe härtlich elastisch, blass, feuersteinartig glänzend (Gubler),
mit einer reichlichen Wucherung des interstitiellen Bindegewebes
des Leberparenchyms; bei der partiellen Hepatitis finden sich
zwischen normalen auch inselförmige, härtliche oder schwielig-
narbige, gelbliche Stellen vor, oder die Bindegewebsneubildung
tritt in Form von scharf umschriebenen haselnuss- bis wallnuss-

grossen Knoten mit derber äusserer Schicht (syphilitische Gummata) auf. Perihepatitis mit Bindegewebswucherung der Leberkapsel, namentlich über den ergriffenen Leberpartien, ist ein nicht seltener Befund.

Symptome.

Leichtere Grade und partielles Auftreten des Uebels entziehen sich der Diagnose, bei höheren Graden ist die Leber grösser härter, bei Compression der Gallengänge und Gefässe mitunter Icterus, ferner Ecchymosen auf der Haut und Ascites vorhanden. Durch das gleichzeitige Vorkommen anderer Zeichen der angeerbten Syphilis auf der Haut und den Schleimhäuten wird die Diagnose wesentlich erleichtert.

Die Prognose ist in der Regel eine schlimme, die Behandlung die der Syphilis überhaupt.

6. Cirrhose der Leber.

Eine bei Kindern sehr seltene Krankheit und beruht in einer Wucherung des interstitiellen Bindegewebes mit anfänglicher Schwellung (1. Stadium) und nachfolgender Verkleinerung (2. Stadium) der Leber. Die Leberkapsel ist meist milchig getrübt, die Leberoberfläche zeigt zahlreiche, kleinkerbige Einsenkungen, die Farbe ist hellgelbbraun, bei gleichzeitiger Pigmentinfiltration dunkelgrünlich, bronceartig. Die Consistenz der Leber ist derb, ihre Ränder stumpf und auf den Schnittflächen die Lebersubstanz von schwieligen, graurothen, aus jungem Bindegewebe bestehenden Balken durchzogen.

Als gleichzeitige anderweitige anatomische Befunde beobachtete ich Milztumor (constant vorhanden), chronischen Magendarmkatarrh, Nephritis parenchymatosa, Verfettung und Hypertrophie des Herzens, lobuläre Pneumonie, Lungenödem, eiterige Meningitis und Gehirnödem.

Die Ursachen

der Krankheit sind noch dunkel, die Fälle meiner Beobachtung fallen zwischen das sechste und zwölfte Lebensjahr und betreffen mehr Knaben als Mädchen (3:1). Weber fand sie schon bei einem Neugeborenen.

sind dieselben wie bei Erwachsenen, ebenso die Prognose und Behandlung, letztere gewöhnlich erfolglos.

F. Krankheiten der Milz.

1. Acute Anschwellung. Acuter Milztumor.

Der acute Milztumor begleitet neben dem Typhus und Wechselfieber im Kindesalter sowohl allgemeine acute Erkrankungen, namentlich die acuten Infectionskrankheiten, wie Scharlach, Blattern, Masern, Diphtheritis, die Purpura, Pyämie, als auch locale Entzündungsprocesse, besonders Croup, Pneumonie, die interstitielle und parenchymatöse Hepatitis, das Erysipel etc.

Die Anschwellung ist eine mässige, erreicht nie den hohen Grad wie beim chronischen Tumor, das Gewebe ist blutreich, brüchig, mürbe, die Kapsel gespannt, letztere beim regressiven acuten Milztumor runzlig, das Gewebe schlaff, welk, rostfarbig und pulpaarm.

2. Chronische Anschwellung. Chronischer Milztumor.

Derselbe besteht entweder nur in einfacher Hyperplasie aller Elemente oder in gleichzeitiger Texturveränderung; besonders häufig wird die amyloide Entartung als Sago - und Speckmilz beobachtet. Die Vergrösserung ist öfter eine beträchtliche und füllt die Milz nicht selten einen grossen Theil und selbst die Hälfte der Bauchhöhle aus. Sie bildet eine harte, glatte, schmerzlose Geschwulst mit derber, blutarmer oder pigmentirter, bei der amyloiden Entartung wachsartig glänzender Schnittfläche. Fettleber habe ich öfter neben dem chronischen Milztumor beobachtet.

Von den Krankheiten, welche zu chronischen Milztumoren führen, sind die wichtigsten die Rachitis, der chronische Darmkatarrh (unter 100 Fällen 42 mal), die Tuberculose, Scrophulose, Caries, Herzfehler, Syphilis.

3. Milzentzündung. Splenitis.

Eine im Ganzen sehr seltene Erscheinung tritt die Milzentzündung fast nie primär, sondern als secundäres, metasta-

.

tisches Leiden auf. Die Entzündungsherde sind gewöhnlich scharf
umschrieben, keilförmig ins Milzgewebe eindringend, anfangs
dunkelroth, später gelbbraun bis hellgelb und brüchig mürbe,
nur ausnahmsweise führt die Entzündung zur Bildung von hasel-
nuss- bis eigrossen Abscessen, wie ich beobachtet habe.

Milzentzündung entsteht gewöhnlich auf dem Wege der Em-
bolie durch Einwanderung losgerissener Exsudatstückchen oder
Klappenauflagerungen bei Herzfehlern, oder eingeschwemmter
Eiterpartikelchen bei Pyämie.

Acute Anschwellung der Milz, mehr oder weniger heftiger,
besonders durch Druck gesteigerter Schmerz in der Milzgegend
und bei Eiterung Frostschauer oder Schüttelfrost bilden die einzig
wahrnehmbaren Symptome.

An die Entzündung schliessen sich noch an die s y p h i -
l i s c h e N e u b i l d u n g in Form von erbsen- bis bohnengrossen,
bald trocken, bald speckig aussehenden, weisslichgrauen Knoten;
die L y m p h o m e, erbsen- bis kirschkerngrosse, rundlich-flache,
weissgraue Neubildungen bei Leucämie und Pseudoleucämie, und
endlich weit öfter als die beiden genannten die T u b e r c u l o s e
der Milz mit spärlicher oder reichlicher Absetzung von grauen
miliaren Knötchen oder grösseren knotigen Infiltraten theils am Pe-
ritonealüberzuge, theils im Gewebe der Milz selbst.

4. Wandernde Milz.

Eine solche beobachtete ich bei einem zwei Jahre alten,
rachitischen, mit chronischer Enteritis follicularis und Bronchopneumonie behafteten Kinde; die Milz war bald in der linken
Unterbauchgegend, bald zwischen Nabel und Schamberg zu tasten,
konnte mit Leichtigkeit an ihren ursprünglichen normalen Platz
zurückgebracht werden, verblieb daselbst jedoch nicht lange, sondern stieg bald wieder herab. Ausser etwas Schmerzhaftigkeit
beim Zurückdrängen der Milz waren keine anderen Störungen
vorhanden.

Sechster Abschnitt.

Krankheiten der Harn- und Geschlechtsorgane.

1. Bildungsfehler der Nieren.

Dieselben haben zumeist nur anatomisches Interesse, bieten im Leben nur wenig oder gar keine Erscheinungen und sind somit nur ausnahmsweise Gegenstand klinischer Beobachtungen. Als die auch von mir mehrfach beobachteten sind zu nennen: der Mangel einer Niere, wobei die vorhandene verhältnissmässig grösser ist, ein Umstand, welcher, wie ich gesehen, bei Nierenerkrankungen ernsterer Natur, z. B. der parenchymatösen Nephritis, nicht gleichgiltig ist; ferner die Hufeisenniere, eine Verschmelzung zweier Nieren zu einer, gewöhnlich in der Medianlinie der Wirbelsäule gelagerten, in einem Falle, wo dieselbe unmittelbar über dem Promontorium lagerte, konnte ich sie im Leben diagnosticiren. Abnorme Kleinheit einer Niere, während die andere normal gross ist, sowie kleinere, unwichtige Abweichungen in der Gestalt werden dann und wann beobachtet.

2. Hyperämie und Anämie der Nieren.

Hyperämie für sich allein kommt häufiger vor als Anämie; sie ist eine arterielle oder venöse; eine allgemeine oder partielle. Bei der arteriellen Hyperämie sind die noduli injicirt, bei der venösen ist mehr die Corticalsubstanz Sitz der Hyperämie. Veranlassung zur Hyperämie der Nieren geben zunächst alle Krankheiten, welche Circulationsstörungen bedingen, Herzfehler, Lungenleiden, wie Keuchhusten, Bronchopneumonie, croupöse Pneumonie, pleuritische Exsudate, Phthisis pulmonum, Croup, ferner die acuten Exantheme, der Typhus, die Cholera, Tetanus, Chorea, Convulsionen und endlich verminderte Herzenergie bei atrophischen, anämischen Kindern.

Die Anämie ist entweder der Ausdruck allgemeiner Anämie oder durch Circulationsstörung bedingt, oder sie ist die Folge parenchymatöser Erkrankung der Nieren.

3. Hämorrhagie der Nieren und Hämaturie.

Bei Kindern nicht selten, treten die Hämorrhagien der Nieren fast immer unter der Form von verschieden grossen Ecchymosen und nicht als Apoplexia renalis auf; das Nierenparenchym ist dabei in der Regel erkrankt.

Hämorrhagie der Nieren und Hämaturie kommt in den intensivsten Formen vor bei Purpura und Variola haemorrhagica, Scarlatina, Croup, Pneumonie, Scrophulose, Tuberculose, chronischen Exanthemen wie Eczem und Pemphigus, auch plötzlich gesteigerter Blutdruck durch forcirte und anstrengende Körperbewegung kann sie hervorrufen.

4. Parenchymatöse Nierenentzündung. Nephritis albuminosa s. diffusa. Morbus Brightii.

Die diffuse Nierenentzündung kommt bei Kindern häufiger vor als man gewöhnlich annimmt, ist öfter eine acute (bei Mädchen häufiger) als eine chronische (bei Knaben häufiger), in der überwiegenden Mehrzahl eine secundäre, nur sehr ausnahmsweise eine primäre Erkrankung (unter 324 Fällen blos sechs mal) und kann je nach der zu Grunde liegenden Ursache verschiedene Grade der Intensität und Ausdehnung annehmen.

Anatomie des Morbus Brightii (im engeren Sinne): a) Stadium der Hyperämie. Die Nieren sind blutreich, geschwellt, die Consistenz des Parenchyms ist verringert, die Epithelien in den geraden und gewundenen Harnkanälchen sind noch unverändert oder nur leicht getrübt; die Malpighischen Knäuel etwas vergrössert und stark bluterfüllt.

b) Stadium der Exsudation. Die Nieren sind bedeutend grösser, ihre Oberfläche ist blass, graugelb, die Kapsel leicht abziehbar, auf der Schnittfläche die Rindensubstanz auffallend vermehrt, die Pyramiden dunkler gefärbt oder allmählig

in das blasse Gelb der Corticalis übergehend. In das Epithel der
erweiterten Harnkanälchen und der Malpighischen Kapseln findet
eine Exsudation statt mit Ablagerung einer feinkörnigen trüben
Masse und Bindegewebswucherung um die blutarmen Glomeruli.

c) Stadium des fettigen Zerfalles und der
Atrophie. Das Volumen der Nieren nimmt wieder ab, die
Oberfläche ist uneben höckerig, die Kapsel schwer ablösbar, auf
grauem Grunde hie und da gelbliche Flecken, der Inhalt der
Epithelien, später auch der Zellenmembran, verwandeln sich in
Fettkörnchen und zerfallen in einen formlosen, emulsiven Detritus.

Andere mit dem Morbus Brightii im innigen Zusammenhang
stehende oder mittelbar hervorgerufene anatomische Befunde sind:
Katarrh des Nierenbeckens, Entzündungen der serösen Häute,
wie Pleuritis, Pericarditis, Peritonitis, ferner Pneumonie, Bronchitis, amyloide Degeneration der Milz und Leber, Cirrhose der
Leber, Verfettung und Hypertrophie des Herzens, Hydropsien
leichteren sowie schweren Grades, wenige Male nur fand ich
parenchymatöse Blutaustretungen in ansehnlicher Quantität auf der
Schleimhaut des Magens und Darmkanales.

Symptome und Verlauf.

Die acute Nephritis parenchymatosa, welche, wie schon erwähnt, nur sehr ausnahmsweise idiopathisch auftritt, sondern in
der Regel an einer acuten oder chronischen Krankheit anknüpft,
beginnt gewöhnlich unter Störungen im Allgemeinbefinden. Das
Gefühl von Frost, bei älteren Kindern ein ausgesprochener Frostanfall, auffallende Blässe im Gesichte, Ueblichkeiten, öfteres Erbrechen, Appetitverlust, unruhiger Schlaf, Mattigkeit, leichte
Fiebererscheinungen (Puls von 112—120), Nasenbluten, Schmerzen
in der Nierengegend sind mehr oder weniger constant vorhanden,
wenn das wichtigste Symptom der Krankheit, nämlich die veränderte Urinbeschaffenheit auftritt. Die Kinder haben häufig
Drang zum Harnlassen, aber die abgesetzten Quantitäten sind
gering, der Harn ist trübroth, bierbraun, mitunter selbst kaffee-
satzähnlich, lässt beim Kochen grössere oder kleinere Mengen von
Eiweiss, und unter dem Mikroskope Blut, hyaline- und Epithelcylinder und verdickte Epithelzellen nachweisen. Das specifische
Gewicht ist normal oder merklich erhöht, die Reaction sauer.
Menge und Intensität dieser Veränderungen entsprechen dem
blos partiellen oder totalen Ergriffensein nur einer oder gewöhnlich beider Nieren. Früher oder später gesellt sich zu diesen

Störungen das zweite, charakteristische Symptom der Krankheit, der Hydrops. Vom leichter Oedem an den Lidern und den Knöcheln bis zum hochgradigsten allgemeinen Haut- und Höhlenhydrops werden mannigfache Abstufungen und Combinationen beobachtet. In 50 Fällen von Hydropsien fand ich Hauthydrops 40 mal, Ascites 26 mal, Hydrothorax 20 mal, Oedem des Gehirns und der Meningen 15 mal, Lungenödem 10 mal, Hydropericardium 8 mal und Glottisödem 2 mal. Der Hydrops kann auch vollkommen fehlen und die Nephritis unter den schwersten Symptomen günstig oder lethal verlaufen. Der Hydrops entwickelt sich entweder sehr stürmisch und von heftigen nervösen Erscheinungen begleitet, oder er tritt in schleichender und langsam vorschreitender Weise auf. Die dritte Gruppe der den Morbus Brightii gewöhnlich begleitenden Symptome bilden endlich die durch Retention von Harnbestandtheilen im Blute entstehenden urämischen Erscheinungen.

Dieselben äussern sich als Hirnreiz und Hirndruck, Kopfschmerz, der sich bei der Nacht steigert, Erbrechen, Abspannung und Hinfälligkeit, partielle, häufiger allgemeine Convulsionen, welche stunden- selbst tagelang andauern und in Pausen gerne wiederkehren, Zähneknirschen, Delirien, Sopor und comatöser Zustand, Störungen des Sehvermögens, wie vollständige Blindheit, die Empfindung als wäre ein Nebel oder Flor vor den Augen, Hemeralopie. Unter diesen Erscheinungen tritt der Tod oft urplötzlich ein, oder die urämischen Symptome und der Hydrops schwinden, während die Harnmenge zunimmt, Schweiss und ruhiger Schlaf sich einstellt.

Seltener geht die Krankheit in diesem Stadium in die chronische Form über. Das Fieber lässt nach, der Urin wird allerdings in grösserer Menge entleert, allein der Eiweissgehalt dauert fort, unter dem Mikroskope finden sich granuläre, fettig entartete Epithelien und der Hydrops macht Schwankungen zwischen mehr und weniger.

Der Morbus Brightii kann aber auch gleich vom Beginne als chronischer auftreten und entgeht als solcher leicht der Beobachtung. Die Harnmenge ist unter solchen Umständen nie so gering, wie beim acuten Morbus Brightii, der Harn ist mehr blassgelb, specifisch leichter, enthält viel Albumen und mit Fettkörnchen durchsetzte Epithelien und Cylinder. Die Symptome des chronischen Morbus Brightii sind hochgradige Anämie, Hydrops, Verdauungsanomalien, wie Appetitmangel, Ekel vor

Fleischspeisen, Erbrechen, Magenbeschwerden und hartnäckige
Diarrhöe (Urämische Dysenterie nach Treitz), Athembeschwerden,
retardirter Puls, Kopfschmerzen, Sehstörungen und Herzklopfen
aus Hypertrophie des Herzens. Zum chronischen Morbus Brightii
treten in seinem monate- bis jahrelangen Verlaufe dann und wann
ohne Veranlassung oder unter dem Einflusse gewisser Schädlichkeiten acute Exacerbationen mit dem Krankheitsbilde und der
ganzen Gefährlichkeit der acuten parenchymatösen Nephritis.

Die Dauer der Krankheit beträgt nur wenige Tage bis drei
Wochen beim acuten, mehrere Wochen, Monate oder Jahre beim
chronischen Morbus Brightii.

Ursachen.

Parenchymatöse Nephritis befällt Kinder aller Altersperioden
und kommt ebenso gut bei acht bis zehn Wochen wie vierzehn
Jahre alten Kindern vor; am häufigsten sah ich sie zwischen dem
zweiten bis zehnten Lebensjahre.

Knaben und Mädchen werden gleich häufig ergriffen. Nur
sehr selten ist sie ein idiopathisches Leiden durch Traumen, wie
Stoss, Schlag, Fall oder Erkältung herbeigeführt, in der Regel ist
sie eine Complication oder Folge anderer acuter wie chronischer
Krankheiten. Am häufigsten begleitet sie die acuten Exantheme,
und unter diesen besonders den Scharlach, weniger Variola und
Masern, ferner die Scrophulose, Tuberculose, langdauernde Eiterungen, chronische Hautausschläge und Darmkatarrhe, Intermittens, Rachitis, Syphilis, Typhus etc.

Die Diagnose

gründet sich zumeist auf die veränderte Urinbeschaffenheit, wobei man nicht vergesse, dass zum Begriffe der Nephritis
diffusa der Nachweis der hyalinen Cylinder gehört, einfache
Epithelcylinder gehören dem Katarrhe der Harnkanälchen an.
Die Wichtigkeit der täglichen und rechtzeitigen Harnunter-
suchung bei Krankheiten wo Morbus Brightii zu fürchten, kann
nicht dringend genug empfohlen werden.

Prognose.

Dieselbe ist immer zweifelhaft, gestaltet sich beim acuten
Morbus Brightii etwas besser, als beim chronischen, doch werden
bei letzterem öfter monate- selbst jahrelange Pausen bei relativ
gutem Befinden beobachtet. Die muthmassliche Ausbreitung,

Complicationen und ätiologischen Momente der Krankheit sind
bei der Vorhersage stets zu berücksichtigen. Frühere Krankheiten im Bereiche der Respirations - und Circulationsorgane
(Herzfehler, alte pleuritische Exsudate mit Verwachsung der
Lunge) machen die Prognose ungünstig.

Behandlung.

Dieselbe ist einerseits gegen die Ursache gerichtet, also eine
causale, andererseits das Nierenleiden berücksichtigend, symptomatische. Beim acuten Morbus Brightii finden Anwendung leicht
antiphlogistische Mittel, wie nasskalte Einwickelungen des Unterleibes in Form der Bauchbinde, Senfteige auf die Nierengegend
und innerlich Säuren, wie Acidum phosphoricum, Limonaden oder
eine einfache Oelmixtur; streng zu meiden sind im ersten Stadium die Diuretica, weil sie mehr schaden als nützen. Nimmt
der Blutgehalt des Harnes ab, dann mache man Gebrauch von
der Digitalis, dem Kali aceticum solutum ($1/_2 - 1$ Drachme auf
3 Unzen Infus. digit.) vom Juniperus etc., als Getränk empfehlen
sich alkalische Säuerlinge, Selters- und Sodawasser. Die Hydropsien bekämpfe man mit schweisstreibenden und Abführmitteln
und wo es der Urin gestattet, mit Diureticis. Warme Bäder oder
Spiritusbäder unterstützen wesentlich die Kur. Gegen die urä-,
mischen Erscheinungen haben mir noch immer Chinin (zu 2 bis
3 gran pro dosi drei- bis viermal täglich gereicht) und nasskalte
Einwickelungen des ganzen Körpers die besten Dienste geleistet;
Frerichs empfiehlt flores Benzoës, Osborne grosse Dosen
Calomel; das Erbrechen stille man mit Eispillen. Bei der chronischen Form versuche man Tannin mit Pulv. fol. digital., warme
Bäder und mache den Kindern in prophylaktischer Beziehung
grosse Vorsicht gegen Schädlichkeiten zur Pflicht. Die Kost sei
eine leicht verdauliche, dabei kräftige, Milch, Eier, Fleischbrühe,
weiche Braten etc.

5. Nephritis simplex und metastatica.

Die Nephritis simplex befällt selten nur eine, gewöhnlich
beide Nieren; der Sitz der Erkrankung ist fast stets die Corticalis und die Entzündung selbst eine umschriebene, begrenzt auftretende in Form kleiner Eiterherde von der Grösse eines Steck-
nadelkopfes bis einer Bohne und noch darüber.

Die Nephritis metastatica entweder nur in einer oder

beiden Nieren auftretend, kennzeichnet sich durch scharf umschriebene, in das Nierenparenchym keilförmig eingetragene Herde
in Form von gelblichen, harten oder vom Centrum aus erweichten
Knoten, oder führt wie die Nephritis simplex zur Eiterbildung.

Beide Formen der Nierenentzündung werden bei Kindern
aller Altersperioden getroffen (am häufigsten fand ich sie im zweiten
Jahre); ihre Entzündung verdanken sie entweder der Harnstauung
in Folge von Blasensteinen, Missbildung am Penis (Hypospadie)
oder einer anderen mit Eiterung und Verjauchung einhergehenden
Krankheit. Ich sah dieselben bei Psoitis, Periostitis, Caries, Peritonitis, Endocarditis, Tuberculose, Scarlatina, Diphtheritis, Variola.

Die Diagnose
ist während des Lebens gar nicht oder höchstens vermuthungs-
weise zu stellen.

6. Nierentuberculose.

Tuberkel finden sich in den Nieren als Theilerscheinung allgemeiner Tuberculose. Häufiger secundär als kleine, gelbe
oder graue, in die Rindensubstanz und Pyramiden zerstreute oder
gruppirte Knötchen; als primäres Leiden dagegen nur sehr
selten (von mir viermal gesehen) und dann lediglich auf die
Urogenitalapparate: Nieren, Harnleiter, Harnblase und Hoden
beschränkt. Im letzteren Falle ist die betreffende Niere (gewöhnlich nur eine) merklich oder bedeutend vergrössert, das Nierenbecken ausgedehnt, das Parenchym in eine gelbe, käsige Masse
umgewandelt, erweicht und von hanfkorngrossen, gelbgrauen
Knötchen durchsetzt.

Die secundäre, miliare Nierentuberculose bedingt keine am
Krankenbette wahrnehmbaren Symptome, die primäre ist nur in
hochgradigen und jenen Fällen diagnosticirbar, wo neben Schmerz
und Auftreibung entsprechend der befallenen Niere zerfallene
Tuberkelmassen durch den Urin fortgeschwemmt und mikroskopisch nachgewiesen werden. In zwei Fällen primärer Nierentuberculose waren früher einzelne, jedoch schon zum Abschluss
gelangte und vernarbte scrophulöse Herde an den Extremitäten
noch zu entdecken

Der Verlauf ist ein protrahirter, die Prognose eine
schlimme und die Behandlung eine symptomatische.

7. Nierenkrebs.

Im Allgemeinen eine seltene Krankheit, wird sie auch bei Kindern nicht häufig getroffen; im Prager Kinderspitale kam sie unter 100,000 Kindern viermal zur Beobachtung. Nur sehr selten werden beide Nieren, gewöhnlich nur eine, häufiger die linke ergriffen, in den von mir beobachteten Fällen waren einmal beide einmal die rechte, zweimal die linke Niere Sitz des Uebels. Die Form der Neubildung war in den meisten zur Kenntniss gelangten Fällen der **Markschwamm**, nur selten der **Fungus haematodes**. In der Mehrzahl der Fälle ist das Leiden ein primäres, ohne dass eine Ursache aufzufinden ist, oder es entsteht in secundärer Weise als Fortsetzung des Krebses von den Nebennieren, den benachbarten Lymphdrüsen aus, oder nach operativer Entfernung anderer Krebstumoren.

In den vier Fällen meiner Beobachtung war der Krebs zweimal ein rein primärer, einmal von den Mesenterialdrüsen ausgegangen und einmal Theilerscheinung allgemeiner Carcinose nach Exstirpation eines krebsig entarteten Auges.

Bezüglich des Alters ist zu erwähnen, dass Bednar Nierenkrebs bei einem viermonatlichen, Möhl bei einem neun Monate alten Kinde gesehen, die vier von mir beobachteten Fälle standen zwischen dem dritten bis fünften Lebensjahre.

S y m p t o m e.

Der Beginn des Leidens gibt sich mitunter, jedoch n i c h t i m m e r durch Schmerzen in der Nierengegend und Störungen in der Harnentleerung kund: häufiger Drang oder erschwertes Harnen, Blut und Eiweiss im Urine wurden beobachtet, können jedoch auch gänzlich fehlen, namentlich dann, wenn die Neubildung schon einen hohen Grad erreicht und das Nierenparenchym mehr weniger verdrängt und atrophirt hat. Das wichtigste Symptom ist eine gewöhnlich unebene, höckerige, knollige, unbewegliche, oft bis kindskopfgrosse Geschwulst, welche zwischen falschen Rippen und dem Darmbeinkamme bis an die Wirbelsäule einer- und mehr oder weniger weit in die Bauchhöhle andererseits reicht, und wenn sie rechtsseitig auftritt die Leber, bei linksseitiger Entwickelung die Milz nach oben verdrängt. Der Unterleib dehnt sich gewöhnlich in asymmetrischer Weise aus, die Kinder verfallen mehr und mehr der Cachexie mit gelblichweisser, wachsartiger Haut und gehen nach monate- oder jahrelanger Dauer des Uebels

zumeist au Erschöpfung zu Grunde. Beim secundären Nierenkrebs mit allgemeiner Carcinose ist der Verlauf gewöhnlich ein
kürzerer.

Diagnose.

Die harte, knollige, nicht verschiebbare Geschwulst in der
Nierengegend, zeitweise auftretende Hämaturie und Eiweissharnen,
sowie die Krebscachexie sichern gewöhnlich die Diagnose. Eine
Verwechselung mit den noch selteneren Eierstockgeschwülsten
und angeborenen Cysten des Peritoneums dürfte wohl nicht oft
unterlaufen.

Die Behandlung

ist symptomatisch und mehr nur darauf berechnet, die Kräfte zu
heben und die Schmerzen zu lindern.

8. Cystenniere, Hydronephrosis.

Dieselbe ist eine angeborene oder erworbene, kann im ersten
Falle ein grosses Geburtshinderniss abgeben und zeigt mannigfache Formen der Entwickelung. Von eben wahrnehmbaren
linsen- und bohnengrossen, mehr oder weniger untereinander communicirenden, glattwandigen, mit wässerigem Inhalte erfüllten
Höhlen in der Tubular- oder Pyramidensubstanz bis zur Bildung
von umfangreichen, eigrossen Blasen mit Atrophie der Nieren-
substanz werden mannigfache Gradunterschiede getroffen. Erweiterung der Nierenbecken, Uretheren und Blase bilden den
gewöhnlichen Nebenbefund.

Die Ursache.

der Hydronephrose können alle Momente abgeben, wodurch der
Abfluss des Urins aus den Nierenkelchen, Nierenbecken oder den
Uretheren mechanisch erschwert oder ganz aufgehoben wird. Bei
einem $3\frac{1}{2}$ Jahre alten Knaben fand ich als Ursache einen dicken
Wulst am Blasenorificium des linken Urethers; der letztere war
zur Weite einer Dünndarmschlinge ausgedehnt. Einen seltenen
Fall congenitaler Hydronephrose, wo die wiederholte Punction
mittelst des Troicarts bleibende Heilung brachte, zeigte mir im
Jahre 1864 Hillier im Londoner Kinderspitale.

9. Nierenconcremente, Nierensteine.

Die Concrementbildung in den Nieren wird bei Kindern unter zwei ätiologisch nicht trennbaren Formen beobachtet und zwar als h a r n s a u r e r I n f a r c t d e r N e u g e b o r e n e n und als grössere, stecknadelkopf-, erbsen- bis kirschkerngrosse N i e r e n - s t e i n e.

Der H a r n s ä u r e i n f a r c t findet sich in den Leichen inner- halb der ersten drei Lebenswochen verstorbener Kinder ziemlich regelmässig vor und stellt eine scharf markirte, orangefarbene oder goldgelbe Streifung der Pyramiden dar. Unter dem Mikro- kope erkennt man in diesem röthlichgelben Pulver Harnsäure, krystallinische Salze, welche zwischen Epithelien der geraden Harnkanälchen gelagert sind. Der Infarct verdankt seine Ent- stehung wahrscheinlich, wie V i r c h o w u. A. annehmen, dem mit der Geburt beginnenden, längere oder kürzere Zeit noch un- genügenden Respirationsprocesse. Durch geregelte und aus- giebige Respiration sowie durch grössere Wasserzufuhr mittelst der Nahrung werden diese Infarcte wieder gelöst und mittelst des Harns weggespült, wobei sie dann in den Windeln als röth- liche Körnchen aufgefunden werden, oder der Infarct bleibt theil- weise haften und führt zur Bildung grösserer Concremente in Form von Nierensteinen.

Im späteren Kindesalter entwickeln sich N i e r e n s t e i n e unter dem Einflusse gewisser erblicher und endemischer Verhält- nisse, im Verlaufe von Krankheiten, wo die Wasserabsonderung durch die Nieren mehr oder weniger vermindert wird, wie z. B. bei chronischen Darmkatarrhen und bei alkalischer Zersetzung des Harnes schon innerhalb der Nieren.

Harnconcremente der Nieren, namentlich der Harnsäure- infarct bewirken während des Lebens keine oder nur undeutliche Symptome; in einzelnen Fällen, namentlich bei Kindern vom dritten Lebensjahre angefangen, lassen öfterer Harndrang, Schmerzen und Schreien beim Uriniren oder selbst Reflexkrämpfe beim Durchgang durch den Urether sowie der öftere Abgang von Gries das Uebel vermuthen. Gelangen die Steine in die Blase, so bleiben sie hier liegen und vergrössern sich, oder werden in die Harnröhre getrieben, um unter heftigen Schmerzen sich spontan zu entwickeln, oder müssen, wenn sie auf halbem Wege stecken bleiben und sich einkeilen, herausbefördert werden. Ka-

tarrhalische oder eiterige Pyelitis mit Geschwürsbildung im Nierenbecken bildet eine öftere Folge der Nierensteine.

Behandlung.

Reichliches Getränk, namentlich alkalische Wässer, wie
Soda-, Selterswasser etc., eine entsprechende vorherrschend vegetabilische Kost und bei heftigen Schmerzen lauwarme Bäder bilden
den Schwerpunkt der Behandlung.

10. Wandernde, dislocirte Niere.

Eine äusserst seltene Erscheinung und von mir erst dreimal
beobachtet bei einem sechs- und zehnjährigen Mädchen und einem
neunjährigen Knaben. Immer war es die rechte Niere, welche im Verlaufe von $1\frac{1}{2}$—3 Jahren tiefer in die rechte Unterbauchgegend
herabstieg, um dann über die Medianlinie in die linke Unterbauchgegend zu wandern, woselbst sie als bohnenförmiger, härtlich-
fester, glatt anzufühlender, schmerzloser und leicht beweglicher
Tumor zu tasten war. Zeitweises Erbrechen, Ueblichkeiten, Kopfschmerzen, Appetitverlust, kolikartige Schmerzen und zweimal
hinzutretende partielle Peritonitis mit vierzehntägiger Dauer waren
die von mir beobachteten Symptome.

Permanentes Tragen einer eng anschliessenden Bauchbinde
und lauwarme Bäder machen den Zustand leichter. Turnen,
Schwimmen und anstrengende Körperübungen werden nicht gut
vertragen und sind sorgfältig zu meiden.

11. Bildungsfehler der Harnblase.

Unter ihnen hat zumeist praktische Bedeutung die Harn-
blasenspalte (Fissura vesicae urinar. nach Meckel, Ectopia
vesicae urin. s. Inversio) und wird bei Knaben und Mädchen gleich häufig beobachtet. Der Nabel steht tiefer, die
Schambeinfuge ist nicht geschlossen und zwischen Nabel und
Schamgegend befindet sich ein rundlicher, flachkugeliger, dunkelrother Tumor, dessen Oberfläche aus Schleimhautmasse besteht,
auf welcher sich die Urethermündungen befinden und welcher bei
näherer Untersuchung als die hintere Harnblasenwand erkannt
wird. Rudimentäre Entwickelung der Geschlechtsorgane ist gewöhnlich gleichzeitig vorhanden. Die von mir beobachteten Fälle
betrafen meist schwächliche Kinder, welche frühzeitig starben,

nur einmal blieb das Kind am Leben und entwickelte sich gut. Die Schleimhautfläche überhäutete sich von den Rändern aus allmählig, wurde in der oberen Hälfte mehr trocken, narben- artig, in der unteren dagegen behauptete sich in Folge des immer- während aus den Uretheren tropfenweise abfliessenden Harnes der Charakter der Schleimhaut mit zeitweise auftretenden Excoriationen und tieferen Geschwüren.

Eine gründliche Behandlung und Heilung dieses Uebels ist kaum möglich; man verhüte vor Allem insoweit es möglich, durch die grösste Reinlichkeit und öfteres Bestreichen der Schleim- haut mit Glycerin und Zinkoxyd die Excoriationen. Bei älteren Kindern kann man versuchen, durch verschiedene mehr oder weniger sinnreich angefertigte Apparate aus Silber oder Kaut- schuk das Unangenehme und Lästige des Zustandes zu mildern.

12. Blasenkatarrh, Blasenentzündung, Cystitis.

Oefter unter der Form der einfachen, katarrhalischen nur selten der croupös-diphtheritischen bildet die Blasen- entzündung im Kindesalter keine häufige Erscheinung. Sie wird veranlasst durch Traumen, Blasensteine, Fremdkörper, durch chemisch reizende Substanzen (Canthariden, Balsamica), durch Fortleitung entzündlicher Processe, durch Erkältung und im Ver- laufe anderer acuter, namentlich der Infectionskrankheiten.

Bei der einfachen Cystitis ist die Blasenschleimhaut gewöhnlich stärker injicirt, geschwellt, die Secretion vermehrt, bei der chronischen Form ist die Schleimhaut schiefergrau, mit Schleim und Eiter bedeckt, auch Excoriationen oder tiefere Sub- stanzverluste werden mitunter getroffen Perforation der Blase gehört gewiss zu den grössten Seltenheiten.

Bei der croupös-diphtheritischen Cystitis wird ein faserstoffig-zelliges Exsudat entweder in Form von membra- nigen Inseln oder Streifen abgesetzt oder infiltrirte Pacques nach- gewiesen.

Symptome.

Je nachdem die Entzündung acut oder mehr schleichend auftritt, gestalten sich die Symptome stürmisch oder geringer- gradig, Fieber, Schmerzhaftigkeit der Symphyse und in der Peri- näalgegend, ein fortwährender Harndrang bei schmerzhafter, nur tropfenweise erfolgender Entleerung eines lebhaft rothen,

trüblichen oder selbst blutigen Urins sind die wichtigsten Störungen. Bei der chronischen Cystitis ist der Urin immer trübe,
reagirt neutral oder schwach alkalisch und enthält eine reichliche
Menge von Schleim und Eiterzellen, welche nach dem Erkalten
des Urins als geléeartiges Sediment zu Boden fallen.

Bei der croupös-diphtheritischen Cystitis gehen, nachdem
mehrere Tage hindurch die lebhaftesten Schmerzen in der Blasengegend mit Ischurie, Fieber und Erbrechen gedauert, kleinere
Fetzen oder selbst grössere Stücke von Membranen unter heftigem Drängen ab. Bei einem sechs Jahre alten Knaben sah ich
in der dritten Woche des Typhus unter den Symptomen einer
Cystitis zahlreiche häutige Gebilde mittelst des Urins abgehen.

Der Verlauf ist nach der zu Grunde liegenden Ursache
bald ein rascher gutartiger, bald ein chronischer, hartnäckiger und
gefahrvoller, in letzter Beziehung sind namentlich die durch
Blasensteine unterhaltenen Entzündungen zu fürchten.

Behandlung.

Den Schwerpunkt derselben bildet die Entfernung der Ursache. Liegt ein Stein zu Grunde, so schreite man bald zur
Entfernung desselben, vorhandene Blasenpflaster sind zu beseitigen,
scharfe Diuretica auszusetzen. Gegen die örtlichen Schmerzen
empfehlen sich warme Bäder, warme Cataplasmen auf die Blasengegend, innerlich Opiate, allein oder in Verbindung mit Calomel
($^{1}/_{2}$—1 gran pro dosi), bei eroupöser Cystitis lauwarme Injectionen
mit Kali chloricum und Aq. cerassor. nigrorum; bei chronischem
Blasenkatarrh Tannin, sowohl innerlich als in Form von Injectionen. Ist Harnverhaltung vorhanden, so werde der Katheter
öfter angelegt.

13. Tuberculose und Phthisis der Harnblase.

Tuberculose der Harnblasenschleimhaut begleitet gewöhnlich
die Tuberculose der Harn- und Geschlechtsorgane und kommt
wohl zumeist, doch nicht ausschliessend beim männlichen Geschlechte vor. Graue, eben wahrnehmbare Knötchen in der
oberflächlichen Schleimhautschichte, ferner graugelbe bis linsengrosse käsige Knoten, Lenticulargeschwüre und grössere, unregelmässig buchtige, mitunter die gesammte Blasenschleimhaut über-
ziehende, mit aufgeworfenen Rändern versehene Substanzverluste
gelbliche oder hellbraune bis drei Linien haltende käsige, vielfach

zerklüftete Massen (Phthisis), Hypertrophie und Dilatation der Blase bilden die anatomischen Veränderungen dieses Uebels.

Der Symptomencomplex ist der der chronischen Cystitis, in einem Falle ging durch mehrere Wochen Incontinentia urinae voraus, ehe die anderen schweren Symptome sich einstellten.

Die Diagnose

gründet sich bei gleichzeitiger Tuberculose anderer Herde auf diese; bei blos auf den Urogenitalapparat beschränkter Tuberculose auf die örtlichen Störungen.

Die Prognose

ist stets ungünstig.

Die Behandlung

ist eine symptomatische und zumeist schmerzstillende. Opiate, Morphium innerlich, als subcutane Injection oder mittelst Klystiere beigebracht, leichtverdauliche, kräftige Kost und milde schleim'ge Getränke bilden den Schwerpunkt der Behandlung.

14. Blasensteine, Lithiasis.

Blasensteine kommen bei Kindern verhältnissmässig häufig zur Beobachtung und zwar in überwiegender Mehrzahl bei Knaben. Im Allgemeinen lässt sich sagen, dass die Blasensteine bezüglich ihrer chemischen und physikalischen Beschaffenheit, ihrer Pathogenese und Symptomatologie im Kindesalter dieselben Verhältnisse annehmen wie bei Erwachsenen. Die Steine selbst sind entweder Urate, die grössten, von bräunlicher Farbe, meist brüchig, mit glatter Oberfläche, oder Phosphate, weiss, fest und spröde, oder endlich Oxalate von dunkelbrauner Farbe, grobdrusiger, ausnahmsweise selbst vielstacheliger Oberfläche. Gewöhnlich ist nur ein Stein vorhanden, doch können auch deren zwei und noch mehr gleichzeitig in der Blase vorkommen.

Die Ursachen

der Steinkrankheit sind zum Theile schon bei den Nierensteinen erwähnt. Erblichkeit, besonders schlechte, unzweckmässige. Ernährung und der Harnsäureinfarct sind öftere Veranlassungen.

Symptome.

Empfindlichkeit und mehr oder weniger heftige Schmerzen in der Blasengegend, Steigerung der Schmerzen bei Bewegungen und forcirter Erschütterung des Körpers, wie Laufen, Springen, Fahren etc.; und Verschwinden derselben in der ruhigen Rückenlage, plötzlich unterbrochener Harnstrahl beim Uriniren, schmerzhaftes Drängen nach Entleerung des Urins, Erectionen, Ziehen und Zerren am Penis, Retention und Incontinenz des Urins, Blutharnen, Katarrh der Harnorgane und vor Allem der Nachweis des Steines mittelst Sonde oder Katheter vervollständigen die Symptomengruppe der Steinkrankheit.

Zeitweises oder continuirliches Fieber, Appetitverlust, Schlaflosigkeit, Abmagerung und andere entzündliche Vorgänge im Bereiche und der Umgebung der Blase und Nieren sind öfter beobachtete, die Prognose mehr oder weniger ungünstig gestaltende Mitsymptome und Folgen.

Der Verlauf der Steinkrankheit ist immer chronisch; dreimal sah ich kleine bis kirschkerngrosse Steine durch die Harnröhre abgehen; auch Ulcerationen, Perforation der Blase und Abgang des Steines durch Mastdarm und Scheide wurde schon beobachtet.

Behandlung.

Ist das Vorhandensein eines Steines sichergestellt, was nicht immer bei der ersten Untersuchung gelingt — so ist die Operation das einzige und bald zu ergreifende Mittel. Der Steinschnitt ergibt bei Kindern eine relativ bessere Prognose als im späteren Alter und ist nach den Erfahrungen der meisten Chirurgen im Kindesalter der Lithotritie da vorzuziehen, wo sehr voluminöse Steine und entzündliche Complicationen des Harnapparates vorhanden sind.

Guersant verlor von 100 durch den Schnitt operirten Kindern vierzehn, acht an unmittelbaren Folgen der Operation, sechs an intercurrenten Krankheiten; bei der von ihm vierzigmal ausgeführten Lithotritie verlor er sieben Operirte. Bei Harngries und Disposition zu Harnniederschlägen, wie ich sie bei einigen Kindern im Alter von zehn bis zwölf Jahren gesehen, sind die Mineralwässer von Karlsbad und Vichy mit Nutzen zu gebrauchen.

15. Das nächtliche Bettpissen. Enuresis, Incontinentia urinae.

Der unwillkührliche Harnabgang bildet entweder nur ein Symptom anderer Leiden, und wird als solches bei blöden und schwachsinnigen Kindern, ferner im Verlaufe von Hirn-, Blasen- oder anderen schweren Krankheiten beobachtet, in diesen Fällen erfolgt der Abgang bei Tag und Nacht; oder er ist ein mehr selbstständiges, essentielles Leiden und die Incontinenz ist nur eine nächtliche.

Die unwillkührliche Entleerung erfolgt gewöhnlich nur einmal des Nachts und zwar fast immer in den ersten drei Stunden des Schlafes.

Die Ursache

dieses ebenso lästigen, wie hartnäckigen Uebels ist zumeist eine Anästhesie der sensiblen Nerven der Blase, in Folge welcher der Reiz des angesammelten Urins wohl noch auf die motorischen Bahnen übergeleitet wird, aber nicht stark genug ist, um zum Bewusstsein zu gelangen, und dies um so weniger, wenn der Schlaf sehr tief ist. Die Anästhesie ist bald der Ausdruck allgemeiner Schwäche, weshalb die Enuresis vorzugsweise bei scrophulösen und rachitischen Kindern, jedoch nicht ausschliesslich vorkommt, oder sie ist eine blos locale und auf die Blase beschränkt, ohne dass wir eine bestimmte Ursache dafür auffinden können. Atonie und Schwäche des Schliessmuskels wurde von einigen Autoren, Neurose des Blasenhalses von Bretonneau und Trousseau als die Ursache bezeichnet

Erblichkeit des Uebels und Vorkommen desselben bei den meisten oder allen Kindern derselben Familie habe ich einige Male getroffen. Die Enuresis träger, vernachlässigter und unreiner Kinder ist kein krankhafter Zustand und kann durch Strenge und Anhalten zur Reinlichkeit allein beseitigt werden.

Prognose.

Das nächtliche Bettpissen ist wohl kein gefährliches, aber im höchsten Grade unangenehmes und sowohl für die betreffenden Kinder als deren Umgebung recht lästiges Uebel. Die Zeit bringt gewöhnlich Heilung und zwar sind es die physiologischen Wendepunkte des Zahnwechsels und noch mehr der Pubertätsenwickelung, welche günstig auf den Zustand einwirken, in einzelnen Fällen erstreckt er sich auch noch in das spätere Alter. Intercurrirende

Krankheiten, wie Typhus, acute Exantheme etc. bringen das
Uebel auf kürzere oder längere Zeit zum Schweigen, heilen es
jedoch nicht.

Behandlung.

Beruht das Uebel blos auf Unreinlichkeit, Nachlässigkeit,
übler Gewohnheit, so ist Strenge und Strafe das entsprechende
Mittel, ist es dagegen der Ausdruck eines krankhaften Zustandes,
so suche man zunächst die Ursache auf, um derselben die entsprechenden Mittel entgegenhalten zu können. Bei Scrophulose
und Rachitis mache man Gebrauch von Jodeisen, Eisen, Leberthran, bei Anämie von Eisen und Chinin, örtlich wird die Kur
unterstützt durch kalte Sitzbäder oder aromatische Bäder; auch
das längere Zeit fortgesetzte weilenweise Einlegen des Katheters
hat sich mir hilfreich erwiesen. Von Medicamenten selbst habe ich
dies mehrseitig gerühmte Belladonna (zu $1/_{10} - 1/_{2}$ gran pro dosi
zweimal des Tages) und das Extractum unc. vomic. (zu $1/_{30}$ bis
$1/_{20} - 1/_{8}$ gran p. d. zwei- bis dreimal täglich) vielfach versucht,
jedoch nicht immer mit Erfolg. Rathsam ist es, die Kinder in
den ersten Stunden des Schlafes zu wecken und ihr Bedürfniss
verrichten zu lassen, dies muss jedoch einige Zeit hindurch geschehen, was immerhin viel Geduld in Anspruch nimmt; auch
gewähre man ihnen am Abende nur trockene consistente Nahrung und keine Flüssigkeiten.

Alle mechanischen Vorrichtungen, um den Blasenhals und
den Penis zu comprimiren, sie mögen noch so sinnreich erdacht
und angefertigt sein, sind als zwecklose Quälerei zu verwerfen.

16. Hypospadie und Epispadie.

Die Hypospadie ist jener Bildungsfehler des Harnröhren-
kanales, wo sich die Mündung desselben nicht am Ende, sondern an der unteren Fläche des Penis befindet. Die Oeffnung
sitzt entweder an der Basis der Eichel und das sind die häufigeren
und leichteren Fälle, oder sie befindet sich an der Wurzel des
Penis, oder am Perinäum hinter dem Hodensack. In sehr hochgradigen Fällen ist nicht nur die Harnröhre, sondern auch Hodensack und Damm gespalten und die Blase mündet unmittelbar in
die Spalte.

Die Epispadie charakterisirt sich durch das Vorhandensein
der Harnröhrenöffnung auf der Dorsalfläche des Penis. Die

Spalte beschränkt sich entweder nur auf die Eichel oder ist über den ganzen Penis ausgedehnt; beim höchsten Grade des Uebels ist gleichzeitig Ectopie der Blase vorhanden. Epispadie kommt seltener vor als Hypospadie.

Behandlung.

Zur Behebung dieser beiden Uebel hat man verschiedene Operationen versucht. Gerdy, Nelaton, Bichard, Guersant u. A. bemühten sich, auf chirurgischem Wege die anomale Oeffnung und Spalte zu schliessen und eine normale Mündung herzustellen; ihre Resultate waren jedoch fast durchweg ungünstige.

17. Angeborene Phimosis.

Unter den angeborenen Bildungsfehlern der häufigste und besteht in einer so bedeutenden Verengerung der Vorhaut, dass sie nicht bis zur Blosslegung der Harnröhrenmündung über die Eichel zurückgebracht werden kann; die Vorhaut ist dabei sehr lang, oder kurz und eng.

In vielen Fällen, doch nicht immer erweitert sich diese enge Vorhaut mit der vorschreitenden Entwickelung der Kinder allmählig und das Uebel schwindet von selbst. Ist die Vorhaut sehr lang und die Oeffnung eng, so ist das Uriniren schmerzhaft, öfter ganz unmöglich, und die vermehrte Secretion und Anhäufung von Urin zwischen Eichel und Vorhaut führt zu Balanitis, Ulcerationen und selbst Verwachsung der inneren Vorhautfläche mit der Eichel.

Behandlung.

Leichtere Grade des Uebels schwinden mit der Zeit von selbst, bei beträchtlicher Phimosis dagegen mit den oben angedeuteten Folgen ist es rathsam, dieselbe auf operativem Wege möglichst bald zu beseitigen. Von den Operationsmethoden wird, je nachdem die Vorhaut sehr lang oder kürzer ist, die Circumcision (Beschneidung) oder blos die Incision nöthig.

18. Entzündung der Vorhaut. Balanoposthitis.

Entzündung der Schleimhaut der Eichel und der Vorhaut tritt unter dem Gefühle von Jucken, brennendem oder stechendem

Schmerze auf, welcher sieh bei stärkerer Reibung des Gliedes und namentlich während und nach der Urinentleerung in empfindlicher Weise steigert. Die Vorhaut, sowie der ganze vordere Theil des Penis ist geschwellt, geröthet, empfindlich, zwischen Vorhaut und Eichel sind mehr oder weniger dicke Lagen von Smegma oder dünner, grünlich gelber, ranzig riechender Eiter angesammelt. Die ödematöse Schwellung bedingt Phimose (e r - w o r b e n e P h i m o s e) und bei höheren Graden derselben kommt es leicht zu Excoriationen der einander zugekehrten Schleimhautflächen mit partieller oder vollständiger Verwachsung derselben; auch Abscessbildung und Gangrän der Vorhaut wurde bei vernachlässigten Fällen beobachtet.

Die   U r s a c h e n

der Balanoposthitis sind verschiedene: Anhäufung von Smegma praeputii, Unreinlichkeit, Reibung, Ziehen und Kneipen an der Vorhaut, besonders durch Masturbation, andere traumatische Insulte, eingewanderte Würmer, Eczeme der Genitalien etc.

Die   P r o g n o s e

gestaltet sich immer günstig.

B e h a n d l u n g.

Das Uebel heilt bei Reinhalten, öfterem Baden und Waschen mit verdünnter Aq. Goulardi in der Regel bald. Ist die Geschwulst stark, so wende man erst Umschläge von kaltem Wasser oder Aq. Goulardi an, ehe man daran geht, die Vorhaut zurückzustreifen und das angesammelte und zersetzte Secret zu entfernen, womit das Wichtigste der Behandlung geschehen ist Bei starker Phimosis suche man durch Einlegen keilförmiger Stücke von Pressschwamm die Vorhaut zu erweitern, führt dies nicht zum Ziele, so schreite man zur Spaltung des Praeputiums. Zur Verhütung der Verwachsung bei tiefen Excoriationen ist es nothwendig, auf die Eichel stets in Aq. Goulardi, Oel oder eine dünne Lapislösung getauchte Läppchen aufzulegen.

19.   Paraphimose.

Wird ein relativ enges Praeputium gewaltsam über die Eichel gezogen, wie es manche Knaben absichtlich oder unabsichtlich öfter thun und die Eichel in der Rinne hinter der corona glandis abgeschnürt, so entsteht die Paraphimose. Eine ähnliche Einschnürung der Eichel kommt auch mittelst Anlegen von Bindfäden, Metalldrähten oder über die Eichel geschobenen Ringen zu Stande.

Die wulstig geschwellte, ödematöse Vorhaut, die blaurothe unförmliche Eichel und beide begrenzt durch die strangförmige Einklemmungsstelle verleihen dem Gliede eine ungewöhnliche, fremdartige, Kinder und Eltern erschreckende Form.

Erschwertes, schmerzhaftes Harnen, Verschwärung am Einklemmungsringe, namentlich wenn derselbe durch einen Faden oder Metalldraht hervorgerufen, selbst tiefere Geschwüre, Necrose und Brand bilden wenngleich seltene Folgen und Ausgänge des Uebels. Ich sah zweimal nach Einschnürung mittelst Zwirnfäden und längerer Verheimlichung der Krankheit grössere Defecte der Vorhaut nachfolgen.

Behandlung.

Dieselbe ist namentlich bei frischer Paraphimose eine ebenso einfache, wie sicher hilfreiche, und besteht in der Reposition. Man umfasst den ödematösen Wulst hinter der Krone mit beiden Zeige- und Mittelfingern und zieht ihn, während die Daumen auf die Eichel einen Gegendruck ausüben, allmählich und so lange vorwärts, bis die Vorhaut über die Corona glandis herübergleitet, womit der schmerzhafte Act beendet ist. Ist die Paraphimose schon veraltet, die Vorhaut und Eichel stark geschwollen, so müssen, ehe man zur Reposition schreitet, durch einige Zeit kalte Umschläge oder adstringirende Wässer auf das Glied angewendet werden. Nur in seltenen Fällen, wo die Reposition wegen heftiger Einschnürung des Ringes nicht möglich wäre, muss dieselbe durch einen Schnitt behoben werden; ebenso müssen die Fäden, Metalldrähte oder Ringe, wo solche vorhanden, zunächst durchschnitten und entfernt werden.

20. Selbstbefleckung, Onanie, Masturbatio.

Knaben rufen durch verschiedene Manipulationen am Penis, namentlich Ziehen, Reiben, Kneten in der Hohlhand schon frühzeitig Erectionen und wollüstige Empfindungen mit Erguss einer schleimartigen Flüssigkeit hervor. Mädchen, welche diesem Laster weit weniger ergeben sind, erregen das Wollustgefühl durch Reizen der Clitoris mittelst der Finger oder anderer länglicher

Gegenstände z. B. Bleistifte, Wachslichter etc., welche sie in die
Vagina einführen oder dadurch, dass sie die Oberschenkel fest
und innig an einander pressen und reiben.

Die Folgen dieser frühzeitigen geschlechtlichen Aufregungen,
wenn sie längere Zeit fortgesetzt werden, äussern sich gewöhnlich, doch nicht immer in der Abnahme der körperlichen wie
geistigen Widerstandsfähigkeit, die dem Kindesalter eigene Lebens-
frische schwindet, die Haut wird bleich und welk, die Muskulatur erschlafft, die Kinder ermüden sehr bald, bekommen einen
unsicheren Gang, der Gesichtsausdruck zeigt etwas mannbar
Alterndes und Apathie, der Blick ist matt, wässerig und aus-
weichend, unstet, die Augen sind holonirt, besonders die unteren
Augenlider bleigrau oder bräunlich verfärbt, die Nasenlöcher
erweitern sich, nur der Penis wird unverhältnissmässig stark und
lang, seine Vorhaut leicht beweglich. Bei länger onanirenden
Mädchen ist die Schamspalte klaffend, die Clitoris geschwellt
und geröthet, die Nymphen sind flügelförmig entwickelt, manchmal das Hymen eingerissen.

Was das Alter betrifft, in welchem dieses Laster gepflegt
wird, habe ich mich öfter überzeugt, dass der erste Anfang oft
schon bei ganz kleinen ein- bis zweijährigen Kindern beobachtet
wird. Bei Kindern nämlich, welche nach dem Abstillen an Fingern, Wäsch- oder Bettzipfeln saugen und zummeln, geschieht
dies nicht selten unter gleichzeitigen Erectionen, stärkerer Röthung
des Gesichtes, ungewöhnlich erhöhtem Glanze der Augen und
schliesslichem Ausbruch von Schweiss. Derlei Erregungen finden
am häufigsten während des Einschlafens oder kurz vor dem Erwachen der Kinder statt. Dass diese geschlechtlichen Empfindungen auch schon bei Brustkindern vorkommen, wie Marjolin
behauptet, kann ich nicht bestätigen.

Die häufigste Ursache ist Verführung durch andere mit
diesem Laster schon vertraute Kinder, dies ist besonders der
Fall in Pensionaten und Instituten, weniger bei Kindern, welche
in der Familie bleiben; durch moralisch verkommene Kinder-
mädchen; auch Anhäufung von Smegma praeputii, Einwandern
des Oxyuris vermicularis unter die Vorhaut und chronische Exantheme, namentlich Eczeme an den Genitalien können den Anstoss
dazu liefern. Als begünstigende Momente wirken schwere und
warme Federbetten, zu nahrhafte, besonders Fleischkost am
Abend, unmoralische, die Phantasie erhitzende und aufregende
Lectüre, unsittliche Bilder etc.

Die Behandlung

ist eine schwierige, erfordert viel Aufmerksamkeit und Geduld und besteht zumeist in der strengsten Ueberwachung der diesem Laster ergebenen Kinder. Moralische Vorstellungen, lebhaftes Ausmalen der traurigen Folgen etc. haben meist gar keinen oder nur vorübergehenden Erfolg, die beste Massregel liegt nach meiner Erfahrung darin, dass man den Kindern das Onaniren durch strenge Ueberwachung bei Tag und Nacht erschwert oder durch kleine Operationen schmerzhaft macht. Ihr Bett bestehe aus einer hart gepolsterten Matratze und einer leichten, wollenen Decke, die Hände dürfen während des Schlafes nicht unter der Decke bleiben, müssen die Kinder den Abtritt aufsuchen, so sorge man dafür, dass sie nicht lange daselbst verweilen. Notorische Onanisten müssen unverzüglich aus den Anstalten entfernt werden, um nicht andere Kinder in das Laster einzuweihen. Um das Onaniren schmerzhaft zu gestalten, kann man, wie Johnson vorgeschlagen, bei Knaben die Beschneidung, bei Mädchen öftere Cauterisation der Schamlippen und der inneren Fläche der Scheide oder nach Gros kleine Einschnitte in die Clitoris vornehmen. Das Nähen auf den in neuester Zeit so beliebt gewordenen Nähmaschinen scheint mir für jüngere Mädchen in dieser Beziehung nicht gleichgiltig zu sein, wenigstens lassen mehrseitige von Frauen gemachte Aeusserungen darauf schliessen.

21. Cryptorchie.

Während bei neugeborenen Knaben die Hoden in der Regel sich an ihrer normalen Stelle, im Hodensacke, befinden, geschieht es gar nicht selten, dass der eine oder beide Hoden in der Bauchhöhle zurückbleiben, um später, mitunter erst in der Pubertätsperiode oder gar nicht an ihren normalen Platz zu gelangen (temporäre oder bleibende Cryptorchie). Die in der Bauchhöhle zurückbleibenden Hoden werden gewöhnlich atrophisch und verödet gefunden. Cryptorchie bedingt keine pathologischen Erscheinungen und hat keineswegs Impotenz zur Folge.

Bezüglich der Diagnose wäre zu erwähnen, dass der im Herabsteigen begriffene Hode sehr leicht mit einer angeschwollenen Lymphdrüse oder einer Hernie verwechselt werden kann, und dass man mit grosser Vorsicht zu Werke gehen muss, wenn

es sich darum handelt, Massregeln gegen das Eine oder Andere
zu treffen.

Auch abnormer Descensus in das Perinäum und die innere
Schenkelseite wurde schon beobachtet.

Von einer Behandlung kann selbstverständlich keine
Rede sein.

Als ungewöhnliche Erscheinung beobachtete ich einmal bei
einem fünfjährigen Knaben einen dreifachen Hoden, von
denen der eine im rechten, die beiden anderen im linken Scrotum
sich befanden; der dritte über dem zweiten gelagerte war etwas
kleiner.

22. Wasserbruch. Hydrocele.

Die Hydrocele, eine abnorme Ansammlung von Serum in
der Scheidenhaut des Hodens ist im Kindesalter ein ziemlich
häufiges Leiden (im Prager Kinderspitale in zehn Jahren 230
mal beobachtet), tritt nur sehr selten acut, in der Regel chronisch auf, ist entweder angeboren oder erworben und betrifft entweder die Scheidenhaut des Hodens oder die des
Samenstranges.

a. Hydrocele der Scheidenhaut des Hodens.

Der Hodensack ist entsprechend der einen, häufiger linken
oder in beiden Hälften zu einer ovalen oder birnförmigen, mehr
oder weniger prall gespannten, glatten, tauben- bis hühnereigrossen,
gegen den Leistenring zu gewöhnlich deutlich abgegrenzten Geschwulst umgewandelt, welche elastisch deutlich fluctuirend, bei
Verdunkelung mittelst der vorgehaltenen Hand durchscheinbar
ist und bei der Percussion einen gedämpften leeren Schall gibt.
Der Hode befindet sich am häufigsten an der hinteren Wand,
selten unten oder in der Mitte der Geschwulst. Der Inhalt der
Geschwulst ist eine dünne, klare, weingelbe Flüssigkeit, welche
Albuminate, verfettete Zellen, mitunter auch Blut und Chole-
stearintafeln enthält.

Je nachdem bei der Hydrocele congenita der mit der Bauchhöhle communicirende Kanal vollständig geschlossen, theilweise
oder ganz offen ist, kann der Inhalt der Geschwulst beim Fingerdrucke in die Bauchhöhle gar nicht, zum Theile oder ganz entleert werden.

Die angeborene Hydrocele ist öfter mit einer Hernie combinirt, für welche der Schleimhautkanal den Bruchsack bildet.

Diagnose.

Die oben angeführten Merkmale sichern die Diagnose der
Hydrocele tunicae vaginalis; eine Verwechselung könnte höchstens
mit einem Leistenbruche stattfinden, und dies um so leichter,
wenn bei offenem Vaginalkanal neben der Hydrocele gleichzeitig
eine Hernie vorhanden ist. Man beachte in solchen zweifelhaften
Fällen genau die Art und Weise, wie die Geschwulst verschwindet, ob langsam oder plötzlich, ob mit oder ohne gurrendes Geräusch, ferner auf den Percussionsschall und die Durchscheinbar-
keit, endlich auf das Verhalten der Geschwulst zum Hoden, der
beim Leistenbruch gewöhnlich isolirt, bei der Hydrocele congenita
in der Höhle selbst enthalten ist.

Behandlung.

Bei Neugeborenen und Kindern in den ersten Lebensjahren
heilt die Hydrocele meistens spontan, und es bleibt dem Arzte
nichts zu thun übrig, als die gewöhnlich etwas langsam vor sich
gehende Resorption zu unterstützen durch aromatische Umschläge
und resorbirende Einreibungen. Ich wende gerne eine Salbe
aus Ungtum digit. purp. unc. semis, Kali jodati scrupulum
an und lasse das Scrotum mit Watta umhüllen. Hat man es mit
ungeduldigen Eltern zu thun, so nehme man die Acupunctur
vor, indem man sich den Wasserbruch mit der linken Hand spannt
und mit der Nadel mehrere Stiche in denselben führt. In hartnäckigen Fällen, namentlich bei erworbener Hydrocele älterer
Kinder empfiehlt sich die Radicaloperation, nämlich die Punction
mittelst Troicars und nachfolgender Injection einer reizenden
Flüssigkeit z. B. warmen rothen Wein, Solutionen von Jod (Jod.
pur. scrupulum, Kali jodati scrup. duos, Aq. font. destill
unc. quatuor). Bei der Punction gehe man dem Hoden und
vorhandenen erweiterten Hautvenen aus dem Wege.

Bei mit der Bauchhöhle communicirenden Hydrocelen ist
jedes eingreifende Verfahren zu unterlassen, weil sich die Entzündung leicht auf den Peritonealsack fortpflanzen kann. Als
Palliativmittel wäre höchstens die Punction zu versuchen.

b) Wasserbruch des Samenstranges, Hydrocele funculi spermatici.

Bleibt der Samenstrang in der Art offen, dass die beiden
Enden am Hoden und Leistenringe abgeschlossen, das dazwischen
liegende Stück jedoch offen ist und sammelt sich in diesem abgegrenzten Hohlraume Serum an, so haben wir die Hydrocele
funiculi spermatici. Sie stellt eine bohnen- bis taubeneigrosse
oft länglichspindelförmige, prallgespannte, durchscheinende, längs
des Samenstranges sitzende Geschwulst dar, welche dem hinab-
gezogenen Hoden folgt und nach losgelassenem Hoden wieder
gegen den Leistenring hinaufsteigt Gewöhnlich ist nur eine,
dann und wann jedoch sind auch mehrere solcher Cysten vorhanden.

Behandlung.

Durch die Punction mit nachfolgender Injection von Jodtinctur oder Alcohol wird immer Heilung erzielt. Guersant
empfiehlt auch das Durchziehen eines kleinen Haarseiles, ähnlich
wie bei Abscessen.

23. Vulvovaginitis.

Von den Krankheiten der weiblichen Genitalien im Kindesalter die häufigste und wichtigste, tritt die Vulgovaginitis unter
folgenden anatomischen Formen auf: a) die katarrhalische
s. erythematöse, b) die phlegmonöse, c) die croupös-
diphtheritische, d) die gangränöse, e) die syphilitische und f) die exanthematische. Da die beiden letztgenannten Formen bei den entsprechenden Kapiteln der Syphilis,
der acuten Exantheme und chronischen Hautkrankheiten ihre
Erledigung finden, so wird hier nur von den vier ersten Formen
die Rede sein.

**a) Katarrh der Genitalschleimhaut, Vulgovaginitis catarrhalis, Fluor
albus.**

Stärkere Röthung, Schwellung und vermehrte Secretion einer
bald dickflüssigen, hellgelben, grünlichgelben, bald dünnschlei-
migen Flüssigkeit der Vulvovaginalschleimhaut bildet das wichtigste Symptom des Uebels. Schmerz, das Gefühl von Jucken
und Brennen, besonders während und nach der Harnentleerung,
ein ängstlicher, kurzschrittiger Gang mit gespreizten Füssen,

Excoriationen an der Schleimhaut, mitunter leichtes Fieber und nur selten Anschwellung der benachbarten Lymphdrüsen sind die übrigen Krankheitsäusserungen.

Die Ursachen

sind mannigfacher Art und wurzeln theils im Organismus selbst, theils bestehen sie in äusseren Einflüssen. Unreinlichkeit, Anhäufung zersetzten Talg- und Schleimdrüsensecretes, mechanische Reizungen durch Einführen fremder Körper (Wachslichter, Bleistifte, Glasperlen, Bohnen, Haarnadeln etc.) in die Vagina. durch eingewanderte Springwürmer oder durch Stuprum violentum sind derlei Veranlassungen. Die Bedeutung eines constitutionellen Schleimhautkatarrhes hat die Vulvovaginitis bei scrophulösen, tuberculösen, anämischen Mädchen oder im Verlaufe des Typhus. Auch Tripperinfection und Onanie zählen zu den Ursachen. Sie kommt ebenso bei erst einige Wochen wie mehrere Jahre alten Kindern vor.

Der Verlauf wickelt sich je nach der zu Grunde liegenden Ursache binnen zwei bis drei Wochen ab, kann aber auch ein sehr chronischer, monate- selbst jahrelanger sein mit Schwankungen zwischen Besserung und Verschlimmerung; das letztere gilt besonders von den Katarrhen scrophulöser und anämischer Mädchen

Die Behandlung

muss vorzugsweise eine ursächliche sein, und weicht das Uebel nach Entfernung der Ursache oft genug bei einfacher Reinlichkeit. Kindern mit Vulvovaginitis catarrh., namentlich wenn dieselbe schon längere Zeit dauert, verbiete man vor Allem jede besonders anstrengende Bewegung und lasse sie absolute Ruhe beobachten. Sind die Zeichen acuter Reizung vorhanden, so sind Umschläge mit kaltem oder Bleiwasser, kalte Sitzbäder das beste Mittel. Zur Beschränkung und Beseitigung des Ausflusses eignen sich Waschungen, Fomentationen und Injectionen mit Lösungen von Alaun, Zincum sulfuricum, Tannin am besten. Liegt ein Allgemeinleiden, wie Scrophulose, Anämie etc. zu Grunde, so muss dasselbe berücksichtiget und mit den entsprechenden Mitteln behandelt werden. Das Auffinden fremder Körper und Würmer, besonders wenn dieselben tiefer eingedrungen und die äusseren Genitalien stark verschwollen sind, macht mitunter einige Schwierigkeit.

b) Vulvovaginitis phlegmonosa.

Das Leiden tritt in der Regel viel acuter auf, als die erstere
Form; unter Frösteln, oder einem ausgesprochenen Frostschauer
mit nachfolgender Hitze, heftigen, anfangs brennend-stechenden,
später klopfenden Schmerzen schwillt die eine Hälfte der Genitalien an, die Haut röthet, spannt und wölbt sich vor und früher
oder später entdeckt man eine weichere, fluctuirende Stelle, welche
sich selbst überlassen aufbricht und mehr oder weniger Eiter
entleert. In seltenen Fällen kommt es nicht zur Eiterung, sondern die härtliche Entzündungsgeschwulst verliert sich allmählich
wieder durch Zertheilung oder wird chronisch und kann als
solche monatelang fortbestehen.

Ursachen.

Traumen, Erkältung, Unreinlichkeit, vernachlässigte Hautausschläge an den Genitalien oder Vulvovaginitis catarrhalis,
namentlich bei scrophulösen Mädchen sind die gewöhnlichen Veranlassungen.

Behandlung.

Strengste Ruhe, im Beginne örtliche Antiphlogistica, besonders kalte Umschläge, bei eintretender Suppuration warme Cataplasmen und rechtzeitige Eröffnung des Abscesses bilden die
ebenso einfache wie erfolgreiche Behandlung. Bei Uebergang in
die chronische Form und gleichzeitiger Scrophulose sind Leberthran, Jodeisen, jodhaltige Mineralwässer innerlich, local eine
Salbe aus Jodkali oder Jodtinctur die entsprechenden Mittel.

c) Vulvovaginitis diphtheritica.

Dieselbe ist entweder und zwar häufiger das Mitsymptom
einer Allgemeinerkrankung, namentlich der Diphtheritis, der
acuten Infectionskrankheiten, wie Scharlach, Masern, Blattern,
Typhus etc., oder sie hat die Bedeutung eines blos localen Uebels
und tritt primär auf oder entwickelt sich auf der schon anderweitig erkrankten Schleimhaut der Schamlippen. An der Innenfläche der letzteren finden sich kleinere, inselförmig umschriebene,
hie und da confluirende oder über die gesammte Schleimhaut
ausgedehnte croupös-diphtheritische Exsudatherde, welche ver-
schorfen, seichtere oder tiefere, leicht blutende und gelblich belegte
Substanzverluste hinterlassen. Durch Granulationsbildung ver-

schwinden dieselben wieder, können jedoch unter ungünstigen Einflüssen selbst brandig werden; auch theilweise oder vollständige Verwachsung der einander zugekehrten Schleimhautflächen sah ich einige Male nachfolgen. Die correspondirenden Lymphdrüsen schwellen dabei stets an, nicht selten greifen die Schleimhautgeschwüre auf die Haut der äusseren Genitalien und des Perineums über. Fieber, Appetitverlust, Abmagerung mit gelblichweisser, trockener Haut begleiten den Process. Die Krankheit befällt Säuglinge und ältere Mädchen gleich häufig.

Die Prognose

ist nicht immer günstig, besonders dann nicht, wenn die Diphtheritis der Genitalien der Ausdruck einer allgemeinen Diathese ist. Sie richtet sich nach der Ursache, dem Charakter des Uebels, der Individualität und den Verhältnissen der befallenen Kinder. Spitalsaufenthalt wirkt nicht vortheilhaft ein.

Behandlung.

Dieselbe ist entweder eine blos örtliche oder zugleich allgemeine. Im Beginne Kali chloricum in starker Lösung oder Aq. calcis, später Cauterisationen mit Lapis, Acidum muriaticum und bei Tendenz zum Brande Spiritus camphoratus oder eine Salbe aus Chlorkalk mit Campher sind neben der grössten Reinlichkeit die besten örtlichen Mittel. Gegen das Allgemeinleiden müssen roborirende und zersetzungswidrige Mittel angewendet werden wie China mit Kali chloricum, Chinin, Mineralsäuren, Wein, frische Luft. Um Verwachsungen der Genitalöffnung vorzubeugen, sind Charpiebäuschchen oder Leinwandläppchen fleissig einzulegen.

d) Vulvovaginitis gangraenosa, Brand der Genitalien.

Die gangränöse Vulvovaginitis bildet meistens nur eine Ausgangsform der früher genannten entzündlichen Genitalaffectionen, und kommt fast nur bei herabgekommenen geschwächten Kindern und im Verlaufe oder in der Reconvalescenz nach schweren erschöpfenden Krankheiten zur Entwickelung. Zu letzteren gehören der Typhus, die Diphtheritis, die Masern, der Scharlach, Pocken, chronische Darmkatarrhe, Tuberculose etc.

An der Schleimhaut der Schamlippen, welche gewöhnlich schon mit Geschwüren oder Exsudatplacques besetzt war, bilden sich schmutziggelbliche, schwarzbraune, endlich tiefschwarze, feuchte,

weiche Schorfe, welche in der Breite und Tiefe sich ausbreitend, mitunter zu beträchtlichen Substanzverlusten führen. Mehr oder weniger starkes Fieber, erschöpfende Diarrhöen, Brandherde anderer
Organe, besonders gerne Noma des Gesichtes und andere mit der
Grundkrankheit zusammenhängende Complicationen begleiten das
Uebel, welches fast immer zum Tode führt. Nur ausnahmsweise
geschieht es, dass sich der Brandschorf begrenzt und nach Ab-
stossung der gangränösen Theile das Geschwür sich reinigt und
endlich unter Besserung des Allgemeinbefindens mit oder ohne
Substanzverlust vernarbt So sah ich bei einem dreijährigen
Mädchen im Verlaufe des Typhus Gangrän der Genitalien in
Genesung endigen, jedoch mit Defect der ganzen linken grossen
Schamlippe.

Die gangränöse Vulvovaginitis betrifft zumeist Kinder zwischen
dem zweiten bis sechsten Lebensjahre, doch habe ich sie auch
schon bei drei Monate alten Säuglingen beobachtet.

Die Behandlung

besteht in einer allgemeinen und örtlichen; in ersterer Beziehung
sind die tonischen, roborirenden und antiphlogistischen Mittel
neben kräftiger, leichtverdaulicher Nahrung am Platze; local
eignen sich zur Begrenzung des Brandes und Anregung des
Heiltriebes zunächst Cauterisationen mit Mineralsäuren, Höllenstein oder dem Glüheisen; ferner Campher als Spiritus camphoratus oder Campherpasta, Chlorkalk, Kali hypermanganicum,
Kali chloricum, Liquor ferri muriatici und vor Allem die grösste
Reinlichkeit.

24. Anschwellnng und Entzündnng der Brustdrüse, Intu-
mescentia mammarum et Mastitis.

Bei Neugeborenen beiderlei Geschlechtes und zwar sowohl
gut entwickelten und kräftig gebauten wie schwächlichen und
zarten Kindern wird nicht selten eine schmerzhafte Anschwellung
der einen oder beider Brüste mit gleichzeitiger Entleerung einer
milchähnlichen oder molkigen Flüssigkeit beobachtet. Diese Anschwellung dauert ein bis zwei Wochen und verschwindet gewöhnlich von selbst Einige Male wurden neben Anschwellung
der Brüste auch Vaginalblutungen gesehen, von denen man jedoch
nicht weiss, ob sie zu den ersteren in einen Causalnexus standen
oder nicht.

Es kann aber auch geschehen, dass sich diese einfache Anschwellung entweder ohne bekannte Veranlassung oder durch
traumatische Insulte, wohin besonders die tadelnswerthe Gewohnheit der Hebammen gehört, die Brustdrüsen auszudrücken, zur
Entzündung steigert, wobei unter heftigen, sich allmählich steigernden Schmerzen die Brustdrüse bedeutend anschwillt, die
Haut sich spannt und röthet und entweder unter Zertheilung
wieder verschwindet, zur Abscessbildung führt oder eine chronische Induration der Drüse hinterlässt. Fieber, Unruhe, selbst
Convulsionen begleiten diese Entzündung, nur sehr ausnahmsweise bedingt diese Mastitis ein mehr oder weniger ausgebreitetes
Erysipel.

In der Regel ist der Verlauf ein gefahrloser, gutartiger, als
üble Folge der Abscessbildung wäre die Schrumpfung der Brustwarze und Drüse und dadurch bedingte spätere Unmöglichkeit
zu stillen, zu erwähnen.

In späteren Jahren wird bei in der Pubertätsperiode stehenden Mädchen eine mitunter recht schmerzhafte Anschwellung der
einen oder beider Brustdrüsen beobachtet, was jedoch nur kurze
Zeit dauert und mit der physiologischen Entwickelung der Brustdrüse im Zusammenhange steht.

Behandlung.

Die einfache Anschwellung erfordert keine eigentliche Behandlung; Auflegen von Fettläppchen und Watta macht sie gewöhnlich bald verschwinden. Zeigt die Drüse Tendenz zur Eiterung, so werde dieselbe durch warme Cataplasmen, oder weil
dieses bei Neugeborenen etwas umständlich ist, durch Auflegen
eines Pflasters (Emplast. de melilot.; Empl. diachyl. comp. a a
drachmam) befördert. Bei deutlicher Fluctuation kann man
den Abscess eröffnen, wobei man möglichst weit von der Brustwarze einzustechen hat. Gegen die chronische Induration der
Drüse sind Jodmittel, Tra jodinae, Jodkalisalben die entsprechenden Mittel.

Anhang.

Krankheiten des Nabels.

Die Bildung des Nabels während des Fötallebens steht im innigsten Zusammenhange mit der Entwickelung der Bauchwandungen, des Darmes und der Bildung des Nabelstranges, und können Störungen in diesen angedeuteten Richtungen mannigfache Anomalien, zumeist Hemmungsbildungen zur Folge haben. Ist das Kind geboren, die Nabelschnur durchschnitten, so wird dem an dem Unterleibe des Kindes zurückbleibenden Reste derselben durch den Eintritt der Respiration und Ablenkung des venösen Blutstromes nach den Lungen die Nahrung entzogen und er verfällt der Obliteration und Necrose. Die Zeit des Abfalles richtet sich nach der Beschaffenheit der Nabelschnur und der Constitution des Kindes, so zwar, dass eine dünnere und bei kräftigen Kindern relativ weniger Zeit braucht, als eine dickere, sulzreichere, und bei schwächlichen, zarten Kindern; im Allgemeinen geschieht dies zwischen dem dritten bis zehnten Tage.

Soll die Involution des Nabels regelmässig vor sich gehen, so schlage man den etwas zusammengerollten Nabelstumpf in ein feines Leiwandläppchen ein und befestige ihn mittelst der Nabelbinde seitlich. Beim Wechsel der Wäsche, Baden etc. sei man vorsichtig, um nicht durch unzartes Berühren oder Misshandlung des Nabels ein vorzeitiges Abfallen desselben herbeizuführen.

Sämmtliche Störungen und krankhaften Zustände des Nabels lassen sich, wie Wrany in seiner gediegenen Arbeit über die Pathologie des Nabels (Jahrbuch für Physiologie und Pathologie des Kindesalters, Prag 1868) gethan, in Anomalien der Nabelbildung, der Nabelvernarbung und der Nabelnarbe unterscheiden. Als praktische wichtig sind folgende zu verzeichnen.

1. Bauchspalte, fissura abdominalis.

Unter den Hemmungsbildungen, welche in eingehender Weise von Förster (Missbildungen des Menschen, Jena 1865) bearbeitet und da nachzusehen sind, bildet die Bauchspalte jene Missbildung, welche auf mangelhafter Schliessung der Bauchwand beruht. Die Bauchspalte ist eine vollständige in jenen Fällen, in welchen die ganze vordere Körperseite vom Manubrium sterni bis zur Schamfuge gespalten ist, oder sie bildet niedere Grade, indem sich die Spaltung von der Brust nur bis zum Nabel erstreckt oder einzig und allein auf den Bauch beschränkt. Die Spaltung liegt meist in der Medianlinie, seltener nach der Seite hin. Die Bauchspalte combinirt sich mit Eventration, Ectopie der Blase, Cloakenbildung, Spina bifida und anderen Defecten. Sie schliesst die Lebensfähigkeit gewöhnlich aus.

2. Die Nabelspalte, der Nabelschnurbruch, Hernia funiculi umbilicalis.

Mangelhafte Schliessung der Bauchwände am Nabel und eine verschieden grosse Geschwulst daselbst, an welche sich der Nabelstrang ansetzt, bildet das Wesen des Nabelschnurbruches. Der Bruchsack wird vom Amnion und peritoneum parietale gebildet, den Inhalt der Geschwulst bildet in extremen Fällen ein grosser Theil des Darmkanales und selbst ein Theil der Leber nebst Magen und Milz, bei geringeren Graden des Uebels nur ein Theil oder selbst nur eine Schlinge des Dünndarmes

Höhere Grade des Nabelschnurbruches schliessen die Lebensfähigkeit aus, bei leichteren ist die Erhaltung des Lebens möglich, diffuse Peritonitis bedingt beim Vernarbungsprocesse öfter den Tod.

Nicht zu verwechseln ist der Nabelschnurbruch mit dem gewöhnlichen Nabelbruche, welcher stets bei schon völlig gebildetem und geschlossenem Nabel entsteht.

3. Die Harnblasenspalte, Bauchblasenspalte

wurde bereits bei den Krankheiten der Harnblase erörtert.

4. Der Amnionnabel.

Aeusserst selten beobachtet, charakterisirt sich derselbe nach Widerhofer durch eine abnorm breite Insertion der Nabelschnurscheide an der Bauchwand und einem dieser Ausdehnung entsprechenden Defecte der Bauchhaut. Der Amnionnabel beeinträchtigt das Leben und Gedeihen der Kinder nicht.

5. Nabelschwamm, Fungus umbilici, Sarcomphalus.

Nach Abfall der Nabelschnur ist der Nabel nicht immer in normaler Weise vernarbt, sondern unter dem Einflusse störender localer Ursachen geschieht es mitunter, dass sich zwischen dem vierten bis vierzehnten Tage das Granulationsgewebe in Form einer gestielten oder breit aufsitzenden erbsen- bis himbeergrossen, schwammigen Geschwulst in excessiver Weise vorwölbt, die angrenzende Bauchhaut verhält sich dabei entweder normal oder der Nabelwall ist geröthet und excoriirt. Sich selbst überlassen schrumpft diese Geschwulst dann und wann, wenn gleich erst nach längerer Dauer, oder sie behauptet sich in ihrer ursprünglichen Grösse. Ich habe einige Fälle beobachtet, wo dieser Granulationsstumpf selbst nach wiederholter Abtragung wiederkehrte und bis ins vierte Lebensjahr hinein andauerte.

Die Behandlung

besteht im Abschneiden des Stumpfes mittelst der Cooper'schen Scheere oder im Abbinden und nachfolgender Cauterisation mittelst Höllenstein oder Liquor ferri sesquichlorati. Die dabei unterlaufende Blutung ist meistens eine nur geringe. Leichtere Grade des Uebels weichen dem einfachen Touchiren.

6. Entzündung des Nabels, Omphalitis.

Die Nabelwunde wird unter Einwirkung verschiedener schädlicher Momente, wie z. B. durch mechanische oder chemische Insulte, Unreinlichkeit, durch directe Infection, Aufenthalt der Kinder in verdorbener, mit faulenden Stoffen verunreinigter Luft und namentlich bei pyämischen und septicämischen Infectionszuständen der Neugeborenen, mitunter Sitz und Ausgangspunkt entzündlich destructiver Zufälle. Die Nabelwunde nimmt den Charakter einer Geschwürsfläche an, zeigt entweder nur einfache Verschwärung, oder bedeckt sich mit croupösen Auflagerungen und diphtheritischen Schorfen, secernirt Eiter oder blutig missfarbige Jauche. Die Umgebung des Nabels nimmt daran Theil und es entwickelt sich nach der Heftigkeit des Falles blos ein Erythem oder ein Erysipel, welches seltener fixirt bleibt, gewöhnlich dagegen weiter wandert, in den höchsten Graden selbst eine tiefe, phlegmonöse Entzündung. Eiterige Peritonitis, Perforation der Bauchwand, Gangrän derselben, Nabelblutung, Pneumonie,

Pleuritisches Exsudat, Icterus, Sclerem und Thrombose der Nabelgefässe bilden mehr oder weniger constante Complicationen und
Folgeübel.

Der Verlauf ist fieberhaft, Erbrechen, Diarrhöe, aufgetriebener schmerzhafter Unterleib, grosse Unruhe, erschwertes,
schnelles Athmen, schmerzhaftes Wimmern, Convulsionen, sowie
die Zeichen der Pyämie überhaupt sind die begleitenden Symptome.

Prognose.

Nur selten nimmt die Krankheit einen günstigen Verlauf, in
der Regel führt sie unter den oben angeführten Folgen und Complicationen zum Tode.

Behandlung.

Vor Allem erheischt die Nabelwunde die grösste Aufmerksamkeit und Reinlichkeit; bei einfacher Ulceration werde man
Kali chloricum, bei jauchigem Secrete Chlorkalk mit Campher
an; gegen das Erysipel sind Aq. calcis mit Ol. olivar. oder Aq.
Goulardi mit Olei hyoscyam. aa part. äquales oder Umschläge
mit kaltem Wasser, bei Abscessbildung Cataplasmen die geeigneten
Mittel. Innerlich ist besonders bei ausgesprochener Pyämie Chinin
zu $^1/_3$—$^1/_2$—1 gran p. dosi zwei- bis dreistündlich, bei Collapsus
Wein zu verabreichen. Nimmt das Kind die Brust nicht, so
muss die Milch mittelst des Löffels eingeflösst werden.

7. Thrombose und Entzündung der Nabelgefässe.

Die Thrombosen der Nabelgefässe haben eine bald physiologische, bald pathologische Bedeutung, sind in seltenen Fällen
schon congenitalen Ursprunges, häufiger im Verlaufe der Nabel-
involution erworben. Die Ursachen der pathologischen Thrombosen sind noch nicht vollkommen klar. Thrombosen kommen
öfter in den Nabelarterien, als in den Venen vor. (Wrany fand
bei 120 Säuglingen 24 mal Thrombose der Arterien und blos
3 mal Thrombose der Vene.) Die Thrombose setzt sich mitunter
noch weiter fort, und können einerseits von der Vene aus die
Gerinnungen in die feineren Leberäste der Pfortader oder durch
den Ductus venosus in die untere Hohlvene, anderseits von
den Nabelarterien aus bis unter den Blasenscheitel und selbst in
die Beckenhöhle hinabreichen.

Die weiteren Metamorphosen des Pfropfes, wie Zerfall, Vereiterung und Verjauchung führen zu Phlebitis und Arteriitis mit
Schwellung und Infiltration des umgebenden Gewebes und durch
Weitergreifen der entzündlichen Affectionen, durch Eiter und
Jaucheresorption, sowie durch Verschwemmung erweichter Throm-
bosenmasse zu mannigfachen Folgen und Complicationen, ähnlich
wie sie schon bei der Omphalitis aufgeführt wurden. Dieselben
können jedoch auch bei der Thrombose der Nabelgefässe der
Ausdruck eines pyämischen Allgemeinleidens sein.

Die Behandlung

ist dieselbe wie bei der Omphalitis.

8. Brand des Nabels.

Alle entzündlichen und ulcerösen Nabelaffectionen, namentlich die Omphalitis, können unter ungünstigen äusseren Verhältnissen, so besonders in schlecht gehaltenen überfüllten Gebär-
und Findelanstalten, ferner bei schwächlichen anderweitig kranken,
ausnahmsweise auch bei kräftigen Kindern zum Brande führen.
Die wunden Nabelstellen werden missfarbig, verwandeln sich in
graubraune, zunderartige Schorfe, welche in die Tiefe und Breite
fortschreitend die Grösse eines Thalers bis Handtellers erreichen.
Partielle, häufiger allgemeine Peritoneitis mit Anlöthung einzelner
Darmstücke, in seltenen Fällen sogar Darmperforation und Entleerung von Föcalmassen durch die brandig erweichten und zer-
fallenen Bauchdecken werden im weiteren Verlaufe beobachtet.

Der Ausgang in Tod ist die Regel, nur sehr ausnahmsweise
erfolgt Heilung.

Die Behandlung

ist die der Brandprocesse überhaupt, local empfehlen sich Kali
hypermanganicum, Chlorwasser, Campher, Carbolsäure; besondere
Berücksichtigung verdient die Ernährung und Aufrechthaltung
der gesunkenen Kräfte; in letzter Beziehung gebe man kleine
Quantitäten eines guten Weines. Gegen die durch Peritoneitis
bedingten Schmerzen werden Opiate gereicht.

9. Die Nabelblutung, Omphalorrhagia.

Die Nabelblutung stammt entweder aus den Nabelarterien und hat dann ihren Grund im schlechter, unzweckmässiger Behandlung des Nabels, Lockerung der Ligatur, in ulceröser oder brandiger Zerstörung des Nabels, sowie Zerfall des Pfropfes bei Thrombose der Nabelarterie.

Oder die Blutung ist eine sogenannte parenchymatöse, auch idiopathische, diese findet aus der Nabelgrube statt und zwar Tropfen auf Tropfen, lässt sich gewöhnlich nicht stillen und gehen die Kinder unter den Symptomen·acuter Anämie und Erschöpfung zu Grunde. Die parenchymatöse Nabelblutung ist, wie Buhl aufgestellt hat und neuestens mehrfach bestätigt wurde, in der Mehrzahl der Fälle eine Theilerscheinung der acuten Fettdegeneration der Neugeborenen, und finden sich bei der Leichenuntersuchung solcher· Fälle gleichzeitig auch andere, grössere und kleinere Hämorrhagien an den allgemeinen Decken, den serösen und Schleimhäuten, sowie in einzelnen inneren parenchymatösen Organen. Dann und wann scheint diese freiwillige Nabelblutung allerdings schon die erste Aeusserung der sogenannten hämorrhagischen Diathese (Hämophilie) oder durch Resorption von Gallenstoffen, namentlich bei Bildungsfehlern der Gallenwege bedingt zu sein.

Behandlung.

Blutungen, welche aus den Nabelarterien stammen, lassen sich bei mangelhafter Besorgung des Nabels durch eine neuerliche Unterbindung und Aetzung mit Höllenstein etc. stillen, bedenklich dagegen sind die arteriellen Blutungen bei tiefer Verschwärung und Brand des Nabels. Die parenchymatösen Blutungen trotzen erfahrungsgemäss jeder auch noch so eingreifenden Behandlung, die stärksten Cauterisationen mit Liquor ferri sesquichlorati, Lapis, Glüheisen etc. richten nichts aus. Zu versuchen wäre in jedem vorkommenden Falle immerhin die von Dubois empfohlene Ligatur en masse, indem man zwei Hasenscharten-nadeln übers Kreuz unter der Haut an der Basis des Nabels durchführt und sie dann mit Fäden in Form von Achtertouren mehrfach umwickelt. Hill will einen Fall dadurch geheilt haben, dass er auf den Nabel Gypsbrei goss, und die entstehenden Risse immer wieder damit ausfüllte.

22*

10. Nabelbruch, Hernia umbilicalis.

Der Nabelbruch, Nabelringbruch, nicht zu verwechseln mit dem Nabelschnurbruch, dessen schon früher gedacht
wurde, entsteht in den ersten Lebensmonaten, nachdem der Nabel
bereits geschlossen war, durch das Vordrängen eines Bruchsackes
durch den Nabelring. Die Nabelhernien der Kinder sind hasel-
nuss- bis apfelgross, rundlich oder kegelförmig; ihr Inhalt meist
eine Dünndarmschlinge, nur selten ein Stück Netz.

Geringere Resistenz der dem Nabelringe entsprechenden
Bauchfellpartie, grosse Ausdehnung des Unterleibes und forcirtes
Wirken der Bauchpresse beim Schreien, Husten, Erbrechen etc.
sind die Veranlassungen. Eine gewisse erbliche Anlage fand ich
darin, dass in manchen Familien, wo der Vater damit behaftet
war, auch alle Kinder, in einem Falle sämmtliche vier Knaben
Nabelbrüche hatten.

Die Nabelbrüche werden fast nie eingeklemmt, heilen gewöhnlich spontan und zwar um so früher, wenn eine zweckmässige Bandage mit gut passender Pelotte benützt wird. Am
besten eignet sich ein Charpieknopf, welcher in den Nabelring
gelegt und durch ein Stückchen Kork oder Pappe mittelst Zir-
kelbinden befestigt wird. Die Heftpflasterstreifen, welche sonst
recht zweckmässig sind, weil sie den Unterleib weniger belästigen,
haben dass Missliche, dass sie leicht Eczem hervorrufen. Unter
den zahlreichen und verschieden construirten Nabelbruchbändern
habe ich noch keines gefunden, welches sich ganz bewährt hätte
und empfohlen werden könnte.

Siebenter Abschnitt.

Allgemeine Ernährungsstörungen.

1. Rachitis, Englische Krankheit, doppelte Glieder, Knochenweichheit.

Die Rachitis ist jene ausschliesslich dem Kindesalter zukommende Krankheit, welche sich vorzugsweise durch Ernährungs- und Wachsthumsanomalien des Skelettes äussert. Die Rachitis ist ein sehr verbreitetes Leiden, im Prager Kinderspitale entfallen auf 10,000 kranke Kinder 864 Fälle von Rachitis. Der anatomisch-pathogenetische Vorgang der Krankheit beruht darin, dass das osteoide Gewebe der Knochen allerdings auch, wie bei anderen gesunden Kindern und zwar sowohl von der Beinhaut aus, als auch durch Wucherung und Metamorphosirung des Knorpelgewebes (Epiphysen und Naht-knorpel) fortwächst, dass jedoch die Kalksalze in ungenügender Menge abgelagert werden, woraus jene Knochenweichheit resultirt, die man Rachitis nennt.

Rachitische Knochen sind reicher an Wasser, Fett, auch etwas an Kohlensäure, dagegen auffallend arm an Kalksalzen, der Gehalt der letzteren sinkt von 63% bei normaler Entwickelung bis auf 20%, während der Wassergehalt um $\frac{1}{3}$ und selbst auf das Doppelte steigt. Die leimgebende Grundsubstanz behauptet sich unverändert. Rachitische Knochen sind demgemäss specifisch leichter, weicher, elastisch, biegsam und brüchig. Die mikroskopischen Veränderungen bestehen nach den eingehenden Untersuchungen von Kölliker, Virchow und H. Müller in einer auffälligen Verbreiterung der spongoiden Schichte, einer reichlichen Wucherung der Knorpelzellen in der präparatorischen Knorpelschichte, in mangelhafter oder gänzlich mangelnder Ver-

kalkung der Knochen- und Knorpelsubstanz und unregelmässigem
Vorschreiten der Markraumbildung bei vermindertem Zerfall des
Knorpelgewebes.

Eine ähnliche Wucherung und Verdickung wie im Knorpel
findet auch im Perioste statt, unter welchem statt compacter
Substanz nur lockere, aber sehr gefässreiche Schichten anschiessen.

Den Veränderungen am Skelette gehen gewöhnlich, jedoch
nicht immer, gewisse Störungen im Allgemeinbefinden voraus,
welche man füglich als Prodromen bezeichnen kann. Sie bestehen
in Zeichen von Dyspepsie, Magen- und Darmkatarrhen, Bronchial-
katarrhen, grosser Unruhe, Empfindlichkeit oder wirklicher
Schmerzhaftigkeit beim Berühren und Anfassen, Schlaffwerden
des Fettpolsters, Muskelschwäche, Abmagerung, Blässe der Haut,
vermehrter Ausscheidung phosphorsaurer Erden im Harne und
dauern längere oder kürzere Zeit, ehe die rachitischen Anomalien
am Knochengerüste auftreten. In seltenen Fällen fehlen diese
genannten Symptome und das Knochenleiden tritt unmittelbar auf.

Die rachitischen Skelettanomalien äussern sich
durch Abweichungen in Textur, Zusammensetzung und
Form der Knochen.

Das Längenwachsthum des ganzen Körpers ist gestört und
bleiben rachitische Kinder daher verhältnissmässig kleiner als
andere Altersgenossen. Bezüglich der rachitischen Veränderungen
an den einzelnen Skelettabschnitten gilt Folgendes.

Schädel. Derselbe ist entweder schon absolut grösser oder
erscheint es nur im Verhältnisse zu der geringeren Körperlänge
und Kleinheit des Gesichtes; die Form desselben ist meist die
im geraden Durchmesser verlängerte (Dolichocephalus) mit stark
prominirenden Stirn- und Scheitelhöckern; bei ungleichem Vor-
rücken der Ossification und gleichzeitigem Hydrocephalus wird
der Schädel asymmetrisch und scoliotisch. Die Fontanellen schliessen sich weit später und bleiben letztere nicht selten bis zum
vierten selbst sechsten Jahre offen. Die Nahtverbindungen erfolgen langsamer, sind öfter sattelförmig vertieft. In einer Reihe
von Fällen, jedoch nicht immer und für den Begriff der Rachitis
nothwendig, zeigt der Schädel namentlich an der Hinterhauptsschuppe und den Seitenwandbeinen beim Befühlen weiche, leicht
eindrückbare, pergamentartige, biegsame, in der Nähe der Nähte
inselförmig eingestreute Stellen (Elsaessers Craniotabes). Hat
man Gelegenheit, einen solchen Schädel der Section zu unter-
ziehen, so stechen diese mit einer dünnen oder fast schwindenden

diploetischen Lage versehenen Inseln bei durchscheinendem Lichte grell ab, gegen den übrigen Schädelknochen, welcher im Gegensatze zu diesen dünnen auch wieder Partien von beträchtlicher Hypertrophie und reichlicher Entwickelung der Diploe erkennen lässt, letztere finden sich zumeist am Stirnbeine.

Als eine Theilerscheinung verminderter Kalkablagerung am Schädel ist ferner die verspätete Zahnung rachitischer Kinder hier zu erwähnen. Der Durchbruch der ersten Zähne erfolgt durchschnittlich erst im vierzehnten bis sechzehnten Monate oder noch später; ich behandelte ein hochgradig rachitisches Kind, welches schon vier Jahre alt. war und noch keinen Zahn hatte; ausnahmsweise erscheinen sie jedoch auch frühzeitig, sind aber dann, wie die Zähne rachitischer Kinder überhaupt, klein, mangelhaft, zerbröckeln wegen Mangel an Schmelz leicht und fallen bald aus.

Thorax. Der Brustkorb erleidet nach dem jeweiligen Grade des Uebels schwere oder leichtere Veränderungen. Dieselben betreffen sowohl die Rippen wie die Wirbelsäule und bedingen im Vereine die charakteristischen Formen des rachitischen Brustkorbes. Die Knochenknorpelenden schwellen knotig an und bilden zu beiden Seiten des Brustkorbes zwei regelmässige Reihen von Knöpfen (rachitischer Rosenkranz); der Brustkorb erscheint relativ kürzer, an den Flanken eingesunken oder selbst sattelartig gebogen, daher der Querdurchmesser verkleinert, der gerade aber vergrössert ist. Wölbt sich das Sternum stärker nach vorne, während die Rippenknorpel sich hinter demselben mehr oder weniger eingebogen anlegen, so entsteht die Hühnerbrust (Pectus carinatum). Denkt man sich einen horizontalen Querdurchschnitt dieser Thoraxform, so gleicht er einer Birne, deren Stielende gegen das Sternum zu gerichtet ist.

An der Wirbelsäule entstehen mannigfache kypho-scoliotische Verkrümmungen; die häufigste und frühzeitigste ist die Kyphose der letzten Brust- und ersten Lendenwirbel, und wird besonders bedingt durch frühzeitiges Aufsetzen der Kinder, während durch unzweckmässiges Tragen immer auf demselben Arme die Scoliosen vorzugsweise begünstigt werden. Die meisten in den ersten vier Lebensjahren entstandenen Wirbelsäuleverkrümmungen wurzeln, wenn man von den durch Caries der Wirbelsäule herbeigeführten absieht, in der Rachitis. Die Schulterblätter sind gewöhnlich plump und unförmlich, die Schlüsselbeine oft winklig geknickt und dabei verdickt, die Rippen nicht selten infractionirt. Alle

diese Veränderungen zusammen verleihen, namentlich bei höheren
Graden, dem rachitischen Thorax eine von der normalen vollständig abweichende, asymmetrische, oft ganz verschobene Form
mit Verkleinerung des Brustraumes. Auch die Athembewegung
ist in der Art abweichend, dass im Acte der Inspiration die
unteren Seitentheile des Thorax einsinken (Flankenschlagen
rachitischer Kinder).

B e c k e n. Das rachitische Becken, welches seine wichtigste
Bedeutung erst dann erlangt, wenn es ein Geburtshinderniss ab-
gibt, beruht theils auf der abnormen und ungleichen Periost- und
Knorpelwucherung, namentlich an den Rändern der Beckenknochen,
auf dem behinderten Wachsthum und mangelhafter Ossification,
welche zusammengenommen aber erst ihren Höhepunkt erreichen,
wenn die Kinder zu gehen anfangen.

E x t r e m i t ä t e n. An denselben machen sich zunächst Anschwellungen der Epiphysen am Hand- und Fussgelenke, in
hochgradigen Fällen auch an den Phalanxgelenken der Finger
und Zehen bemerkbar. Verkrümmungen der unteren Extremitäten in Form der Säbelbeine und X-Füsse, der Vorderarme in
mehr oder weniger schwacher Bogenform, ferner vereinzelte oder
mehrfache winklige Knickungen häufiger an den Oberarmen und
Oberschenkeln als den Vorderarmen in Folge von Infractionen
werden beobachtet. Verkrümmungen und Infractionen entstehen
oft schon durch einfachen Muskelzug, werden jedoch bei frühzeitiger Belastung der schwachen Extremitäten mit dem Gewichte
des Körpers beim Stehen, Gehen, Rutschen etc. ungemein begünstigt. Die rachitische Erkrankung des Skelettes führt nothwendiger Weise zu mannigfachen Störungen in der Function desselben, sowie der anderen von ihm abhängigen Organe.

Der r a c h i t i s c h e S c h ä d e l begünstigt durch seine Weichheit, Nachgiebigkeit und späten Verschluss das Wachsthum des
Gehirnes, Hyperämie, Hypertrophie und seröse Ausschwitzungen
desselben, weshalb Hydrocephalus leichteren und schwereren
Grades sich gerne zur Rachitis gesellt. Durch den Druck auf
das weiche Hinterhaupt wird der Schädelinhalt merklich compri-
mirt, das Kleinhirn, und mittelbar das verlängerte Mark davon
getroffen und als klinische Aeusserung Spasmus glottidis, oder
andere allgemeine Krampfformen bedingt. Rachitische Kinder
sind geistig sehr geweckt, altklug, aber auch reizbar, aufgeregt,
unruhig. Profuse Kopfschweisse, welche mitunter das erste
Zeichen der Schädelrachitis bilden und nach meiner Erfahrung

im Verlaufe derselben nie fehlen, ob Cranitabes vorhanden oder nicht, so wie das häufige Wetzen und Bohren mit dem Kopfe im Kissen und dadurch bedingter spärlicher Haarwuchs sind constante Symptome.

Der rachitische Thorax in Verbindung mit den schwachen Athemmuskeln bedingt und unterhält häufige, hartnäckige respiratorische Katarrhe, Bronchopneumonie, Atelectase, Kurzathmigkeit, asthmatische Anfälle, Hypertrophie des Herzens, Hyperplasie und Verkäsung der Bronchialdrüsen, sowie Cyanose.

Der Unterleib ist gewöhnlich stark aufgetrieben (Froschbauch) und steht zu dem kurzen, engen Brustkorb, sowie zu den meist mageren, schlaffen Extremitäten in einem grellen Missverhältnisse. Fast constant ist die Milz angeschwollen, nicht selten um das drei- bis vierfache hart, sie sowie die gleichfalls vergrösserte Leber und Nieren können bei hohen Graden des Uebels amyloid entarten. Darmkatarrhe begleiten oft die Rachitis.

Rachitische Kinder lernen spät gehen, ihr Gang ist ein sehwerfälliger, unsicherer, wackelnder (Entengang) und ermüden dieselben sehr leicht. Ich habe einen Knaben gesehen, welcher erst im sechsten Jahre zu gehen anfing. Ein charakteristisches und fast nie fehlendes Zeichen sind die Schmerzen rachitischer Knochen. Häufig und intensiv im Beginne der Krankheit, äussern sich dieselben besonders beim Aufnehmen und Anfassen der Kinder; ob diese Schmerzen in dem hyperämischen Perioste entstehen, wie Trousseau angenommen, oder einen anderen Grund haben, lässt sich weder behaupten noch widerlegen. Die Kopf- und allgemeinen Schweisse haben gewöhnlich reichliche Eruption von Sudamina zur Folge und sind Stirne, Hals, Rumpf und Beugeseite der Extremitäten oft dicht damit besäet.

Der Verlauf gestaltet sich in doppelter Weise. In der Regel ist er ein chronischer, mindestens monate oder jahrelanger; in sehr seltenen Fällen ist er ein acuter, und muss die acute Rachitis als eine von der gewöhnlichen klinisch abweichende Form festgehalten werden. Ich habe diese acute Form unter mehreren Tausenden von rachitischen Kindern höchstens zehn mal in scharf ausgeprägter Weise beobachtet. Das Leiden beginnt gewöhnlich im vierten bis neunten Monate, bei den bis dahin scheinbar gesunder und blühend aussehenden Kindern entweder noch während der Säugungsperiode oder bald nach dem Entwöhnen damit, dass sie den Appetit verlieren, sehr wenig

und unruhig schlafen, viel jammern oder schmerzhaft aufschreien,
dabei fiebern (130—136 Pulse), unter zeitweisem Erbrechen und
Durchfalle ungewöhnlich rasch abmagern, sich nicht mehr aufstellen oder sitzen wollen, sondern am liebsten liegen, mit den
Händen und Füssen nicht mehr spielen, wie es sonst gesunde
Kinder gerne thun und was besonders wichtig, beim Berühren
oder stärkeren Anfassen heftig schreien. Gleichzeitig bemerkt
man an der einen oder anderen Extremität, am meisten dem
Oberschenkel periostcale Anschwellung, welche im Zusammenhalte mit der ängstlichen Unbeweglichkeit und Schmerzhaftigkeit
der Extremität den Eindruck einer traumatischen Affection macht.
Nachdem diese Symptome zwei bis drei Wochen gedauert, schwinden sie eben so rasch, wie sie gekommen, die Kinder werden
wieder munter, ihr Aussehen bessert sich, der Schlaf und Appetit
stellt sich ein und sie fangen an die ergriffenen Extremitäten
wieder von selbst und ohne Schmerzensäusserung zu heben und
zu bewegen. Zweimal sah ich die acute Rachitis bei mit Lues
behafteten Kindern im vierten Monate auftreten und nach kurzer
Zeit tödtlich endigen.

Die chronische Rachitis beginnt entweder schon in der
sechsten bis achten Woche oder erst mit beginnender Zahnung
und schliesst in der Regel mit dem vierten bis fünften Jahre,
nur selten später ab, während die Folgen der Rachitis, namentlich am Skelette, allerdings öfter das ganze Leben hindurch andauern. Unter 864 genau aufgezeichneten Fällen waren zur Zeit,
als sie in die Behandlung traten 346 Kinder noch nicht ein Jahr,
368 Kinder ein Jahr, 112 Kinder zwei Jahre, 24 Kinder drei Jahre
und 14 Kinder vier Jahre alt. Die rachitischen Veränderungen erfolgen nicht immer in einer gewissen regelmässigen Reihenfolge,
wie Guerin behauptet, von unten nach aufwärts, sondern in
verschiedener Weise, oft macht der Schädel den Anfang.

Mit dem Eintritt der Heilung bemerkt man zunächst, dass
die Knochenbildung erfreuliche Fortschritte macht; die Nähte
und Fontanellen schliessen sich, die Zähne erscheinen. Die
Epiphysen und Rippenknorpel schwellen ab, das Aussehen der
Kinder wird kräftiger und blühend, die Muskelschwäche schwindet,
die Verdauung hebt sich, die Kinder fangen von selbst an, sich
aufzustellen, wagen einige Schritte, bis sie vollkommen sicher
gehen. Das Missverhältniss der einzelnen Organabschnitte gleicht
sich in mehr harmonischer Weise aus, doch bleiben die Kinder
auch dann gewöhnlich klein. Die früher dünnen, weichen und

1. Rachitis, Englische Krankheit, doppelte Glieder, Knochenweichheit. 347

leichten Knochen werden mit vollendeter Heilung ungewöhnlich dicht, hart und compact.

Ursachen.

Die Rachitis ist selten schon angeboren, ein interessantes Präparat fötaler Rachitis befindet sich im Prager Kinderspitale (Ritter, Lambl). Die letzte Ursache der Rachitis ist bis heute noch ein undurchdringliches Dunkel, was wir darüber wissen, beschränkt sich auf die begünstigenden und Gelegenheitsursachen. Unter diesen nimmt die erbliche Anlage den ersten Platz ein und findet man bei genauer Würdigung derselben oft genug, dass die Eltern rachitischer Kinder in der Jugend selbst rachitisch waren oder in den späteren Jahren die Zeichen anderer pathologischer Zustände, wie Tuberculose, Syphilis, des frühzeitigen Marasmus, hochgradiger Anämie an sich tragen, oder im Alter bereits weit vorgerückt sind, diess gilt besonders von den Müttern. Neben der erblichen Disposition sind es äussere Schädlichkeiten, besonders unpassende Nahrung, feuchte, kalte, finstere, schlecht ventilirte Wohnungen, Unreinlichkeit, welche Rachitis begünstigen. Von den Krankheiten der Kinder ist es die hereditäre Syphilis, auf welcher oft unmittelbar die Rachitis sich entwickelt. Die Rachitis ist nicht ausschliesslich eine Krankheit der armen Volksklasse und kommt eben so gut in den reichsten und wohlhabendsten Familien vor, nur dass sie bei letzteren günstiger verläuft. Was das Geschlecht betrifft, so fand ich allerdings das männliche überwiegend (unter 864 Kindern 500 Knaben und 364 Mädchen); doch beweisen die Ziffern anderer Aerzte wieder das Gegentheil.

Der Ausgang in vollkommene Genesung mit theilweisem oder vollständigem Verschwinden der rachitischen Verkrümmungen wird oft beobachtet; doch kann die Rachitis mittelbar oder unmittelbar das Leben ernstlich gefährden oder selbst einen lethalen Ausgang herbeiführen. Mit Recht gefürchtet werden bei rachitischen Kindern die capilläre Bronchitis, Bronchopneumonie, ausgebreitete Atelectase, Tuberculose, die serösen Ausschwitzungen in Meningen und Gehirn, der Spasmus glottidis, allgemeine Convulsionen, die chronische Enteritis follicularis und allgemeine hochgradige Anämie. Rachitische Kinder besitzen eine geringe Resistenzfähigkeit gegen andere acute und chronische, in keiner Beziehung zur Rachitis stehende Krankheiten. Je jünger das Kind, je hochgradiger und ausgebreiteter das Leiden

desto ernster ist es zu nehmen. Die Prognose hat alle diese
Verhältnisse gründlieh zu berücksichtigen.

Behandlung.

Dieselbe zerfällt in eine ursächliche und symptomatische und ist für beide Richtungen eine diätetische und
medicamentöse. Zur causalen gehört zunächst schon eine
gewisse Prophylaxis, welche sich dem Gesundheitszustande der
Eltern, namentlich der Mutter während der Schwangerschaft zu-
zuwenden hat. Schwächliche, herabgekommene, anämische und
Mütter, welche in ihrer Jugend rachitisch oder scrophulös waren,
müssen, in so weit es die Verhältnisse gestatten, durch zweckmässige diätetische Massregeln und roborirende Mittel, wie Eisen,
Chinin etc. gekräftiget werden. Ist der Gesundheitszustand der
Mutter nach der Geburt kein befriedigender, so nehme man
eine Amme; ist dieses nicht möglich, so wähle man zur Nahrung
des Kindes ein zweckmässiges Surrogat der Frauenmilch, wie wir
sie bei der Ernährung der Kinder bereits aufgeführt haben. Schon
abgestillten Kindern reiche man eine leicht verdauliche Nahrung,
die vorzugsweise, doch nicht ausschliesslich aus Milchspeisen zu
bestehen hat; leichte Fleischsorten, mässig genossen, rohes Fleisch,
Eier, etwas Bier, kleine Quantitäten eines guten Weines sind
in zweckmässiger Weise damit zu verbinden. Aufenthalt in
frischer, guter Luft, besonders Waldluft im Sommer, trockene,
sonnige Wohnung und grösstmöglichste Reinlichkeit sind nothwendige Bedingungen der Prophylaxis und Behandlung. Rachitische Kinder lege man nicht auf Federbetten; Matratzen und
Polster aus Rosshaar und Seegras entsprechen besser.

Von den eigentlichen Medicamenten verdienen der Leberthran und das Eisen das meiste Vertrauen, ersterer kann zu
$^1/_2$ bis ganzen Kinderlöffel auch schon den Säuglingen gereicht
werden, vorausgesetzt, dass er kein Erbrechen oder Durchfall
hervorruft. Das Eisen gibt man als Ferrum lactieum, pomatum,
sacharatum, Pyrophosphas ferri als Tra nervin. tonica Bestuchef. und
als Eisensyrup. Ist die Verdauung eine schwache oder liegt sie
ganz darnieder, so verbinde man das Eisen mit Chinin und kleinen
Dosen Rheum (Ferr. carb. sacchar. drachm. semis Pulv. rad.
rhei. chin. serupulum, Sach. albi drachm. duas m. f. pulv.
S. dreimal des Tages eine Messerspitze voll zu geben.

Die symptomatische Behandlung hat die schon aufgeführten leichten oder schweren Complicationen und Folgen zu

bekämpfen und kommen die bei Darmkatarrh, Bronchitis,
Bronchopneumonie, Atelectase, Spasmus glottidis, Ecclampsia erwähnten Mittel in Betracht Gegen die grosse Unruhe der Kinder, besonders während der Nacht, habe ich, wie auch andere
Autoren, wiederholte Abwaschungen mit anfangs abgeschrecktem,
später kaltem Wasser als heilsam erprobt. Rachitische Kinder
lasse ich nicht oft baden, zwei- höchstens dreimal in der Woche,
die Temperatur des Bades sei 24—26, später selbst 20—21° R.
Als Zusatz zum Bade sind Malz, Fichten- und Kiefernadelextract,
Hopfen, aromatische Kräuter, Steinsalz, Franzensbader Eisenmoorsalz oder die künstlichen Seebäder zu empfehlen, die Muskelschwäche erfordert spirituös-aromatische Einreibungen (Spiritus
aromat., Sp. formicarum, Sp. vini rectif.). Die grösste Vorsicht
erheischt die Ueberwachung der rachitischen Kinder beim Auf-
rechttragen, Steh- und Gehversuchen, und können durch vernünf-
tiges Zuwarten und zweckmässiges Gebahren manche Verkrümmungen verhütet werden. Vorhandene Verkrümmungen und Infractionen werden durch eine zweckmässige chirurgische oder
orthopädische Behandlung möglichst gebessert oder gänzlich behoben. Die rachitischen Knochenschmerzen lassen sich durch
Application feuchtkalter Compressen mildern.

2. Scrophulose.

Die Scrophulose ist jene dem kindlichen und jugendlichen
Alter anhaftende Constitutionsanomalie, welche sich durch grosse
Vulnerabilität, durch Tendenz zu Hyperplasie und multiplen,
chronisch-successiven dabei sehr hartnäckigen Entzündungen der
Gewebe charakterisirt. Der Sitz der Scrophulose ist vorzugs-
weise, ursprünglich vielleicht ausschliesslich das Lymphge-
fässsystem und bilden möglicher Weise Abweichungen in der
Structur und Function der Lymphbahnen gewissermassen den
localen, greifbaren Ausdruck der zu Grunde liegenden allgemeinen
Ernährungsstörung.

Die Scrophulose ist eine leider sehr verbreitete Krankheit,
im Prager Kinderspitale kommen auf 10,000 kranke Kinder 1192
Fälle von Scrophulose.

Dem oben Gesagten zufolge treffen bei der Scrophulose verschiedene anatomische Befunde zusammen, einfache Zellenwucherung (Hyperplasie), Entzündung, eiterige Schmelzung,
Ulceration, moleculärer Zerfall (Verkäsung) und Induration.

Neben ihnen finden sich oft genug auch die Zeichen der Tuberculose, über deren Beziehung zur Scrophulose wir später sprechen.

Das anatomische Wesen der Scrophulose besteht keineswegs
allein in der Bildung käsiger Herde, und ist der Begriff Scrophulose und Disposition zu käsigen Processen nicht identisch,
wenngleich nicht geläugnet werden kann, dass die scrophulöse
Disposition eine grosse Neigung zur Tyrosis der Entzündungsproducte in sich schliesst.

Der sogenannte scrophulöse Habitus, d. h. die Summe
mehrerer, scharfausgesprochener äusserlicher Localisationen dieser
Krankheit wird wohl öfter, jedoch nicht mit unfehlbarer Regelmässigkeit beobachtet. Man unterscheidet als das Ergebniss zahlreicher
Erfahrungen einen torpiden scrophulösen Habitus mit
pastösen, gedunsenen, plumpen Körperformen, reichlicher Fett-
bildung, aufgeworfenen Lippen, dicker, birnförmiger Nase, wachsartig bleicher Haut, geringer körperlicher Kraft und träger
geistiger Thätigkeit, und einen erethischen Habitus mit
feinem, gracilen Körperbau, zarter, scharfer Gesichtsbildung,
schönen Augen mit bläulicher Sclera und langen Wimpern, blon-
den Haaren, feiner, weisser, fast durchsichtiger Haut, schwacher
Musculatur und grosser geistiger Erregbarkeit. Haben diese
beiden Formen auch keine absolute Giltigkeit, so ist ihnen in
praktischer Richtung ein relativer Werth doch nicht ganz abzu-
sprechen.

Die scrophulösen Erkrankungen lassen allerdings keine, nur
ihnen zukommende specifische histologische Elemente und Veränderungen auffinden, allein gewisse Eigenthümlichkeiten, wie
das multiple Auftreten, der chronisch-schleppende Verlauf der
einzelnen Herde, die häufigen Recidiven und das hartnäckige
Verhalten gegen die Heilmittel, verleihen der Krankheit das Gepräge einer selbstständigen Constitutionsanomalie.

Die durch Scrophulose bedingten Localerkrankungen
äussern sich zunächst in den Lymphdrüsen, der Haut, der
Schleimhaut, den Knochen und Gelenken, und haben,
wenn sie vereinzelt auftreten, mitunter die Bedeutung einer anfänglich scheinbar nur localen Erkrankung, hervorgerufen durch
die gewöhnlichen Krankheitsursachen, bis erst im weiteren Verlaufe der scrophulöse Charakter hervortritt.

Was die Frequenz der einzelnen Localaffectionen betrifft,
so fand ich in den früher angezogenen 1192 Fällen als Sitz der
Scrophulose:

die Lymphdrüsen . . . . 972 mal
die Haut . . . . 684 „
die Schleimhäute und Sinnesorgane 622 „
die Knochen . . . . 588 „
die Gelenke . . . . 312 „

Lymphdrüsen.

In vielen Fällen ist die Lymphdrüsenaffection eine s e c u n -
d ä r e und lässt sich auf die Wurzelgebiete der in dieselbe mün-
denden Lymphgefässe zurückführen, so auf die Haut, die Schleimhäute, Knochen und Gelenke; doch kann sie auch eine selbstständige, nicht von einem Herde, sondern einzig und allein von
der scrophulösen Diathese abhängig sein.

A n a t o m i s c h lassen sich mehrfache Formen und Ausgänge
unterscheiden. Die Drüsen sind entweder nur einfach geschwellt
durch Vermehrung der Lymphzellen oder Anhäufung derselben
in den Follikeln (H y p e r p l a s i e), oder sie befinden sich im
Zustande der E n t z ü n d u n g, welche seltener eine a c u t e, häufiger dagegen eine c h r o n i s c h e ist mit Ausgang in Resorption,
partielle oder totale Vereiterung, käsigen Zerfall (Tyrosis), amyloide Degeneration, bindegewebige Hypertrophie (Induratio), oder
selten sarcomatöse Degeneration. Die geschwellten und entzündeten Drüsen stellen erbsen- tauben- bis hühnereigrosse,
isolirte, perlschnurartig an einander gereihte oder zu grösseren
Convoluten verschmolzene, glatte, leicht oder wenig bewegliche,
schmerzlose, empfindliche oder schmerzhafte Tumoren dar. Bei
entzündlicher Affection ist gewöhnlich auch das die Drüse umgebende Bindegewebe entzündlich infiltrirt, schmilzt leicht eiterig
und bedingt mit der ulcerirenden Drüse Abscesse, Fistelgänge,
chronische, torpide Geschwüre mit mangelhafter Secretion eines
dünnen Eiters, unterminirten Rändern, brückenartig überspannten
Hautsträngen und Hinterlassung erhabener, leistenartig vorsprin-
gender Narben. Bei schlechter Pflege und in Spitälern werden
solche Geschwüre öfter brandig.

Die Symptome der inneren Drüsenerkrankung sind bereits
bei der Bronchoadenitis und Tabes meseraica erwähnt. Zahlreiche Lymphdrüsengeschwülste führen bei längerer Dauer zu
Leukocythose.

Die scrophulösen Lymphdrüsen kommen nach aussen am
häufigsten am Halse, in der Nackengegend, in der Leiste, seltener

Achselgegend, innerhalb der Körperhöhlen vorzugsweise am
Lungenhilus, zwischen den Lungenlappen und im Mesenterium vor.
Nicht jede Drüsenanschwellung bei Kindern darf als scro-
phulöse Erscheinung gedeutet werden, indem Anschwellung der
Cervical-, Occipital- und Auriculardrüsen auch in Folge von
Dentition, Stomatitis, Angina und chronischen Hautkrankheiten
am Kopfe gar nicht selten vorkommen und mit Scrophulose in
gar keinen Zusammenhang gebracht werden können und dürfen.

Haut- und Unterhautzellgewebe.

Die Haut ist ein von der Scrophulose bevorzugtes Organ,
und werden besonders die Formen der chronischen Dermatitis in
mannigfacher Combination mit einander getroffen. Lieblingssitz
derselben ist die Haut des behaarten Kopfes, Gesichtes, namentlich hinter den Ohren, um die Nase und Augen, ferner die
Beugeflächen der Extremitäten und die Genitalien, können jedoch
überall auftreten. Am häufigsten beobachtet wird das Eczem
in seinen verschiedenen Formen, ferner Impetigo, die beiden
oft genug nebeneinander; etwas seltener die grösseren Blasen
und Pusteln wie Ecthyma, Rupia und Pemphigus; von
den Knötchenformen, besonders Lichen, vorzugsweise an den
Extremitäten, etwas seltener am Rumpfe auftretend, von den
Ulcerationen die Dermatitis follicularis und der Lupus,
welcher bei scrophulösen Kindern in allen seinen gewöhnlichen
Formen sich äussert und meistens an der Nase, seltener an der
Wange, den Lippen, den Fingern und übrigen Körpertheilen sich
festsetzt und bei höheren Graden des Uebels entstellende Zerstörungen der Organe herbeiführt. Durch die chronischen Eiterungs-
herde angeregt, zeigen sich bei scrophulösen Kindern von Zeit
zu Zeit auch acute Formen, zu diesen gehören fixer oder
Wanderrothlauf, unter dessen Einfluss die lange Zeit bestehenden chronischen Hautausschläge und Ophthalmien oft überraschend schnell verschwinden, ferner flüchtige Erytheme
und Urticaria. Nicht jeder chronische und hartnäckige Ausschlag im Kindesalter darf als scrophulös bezeichnet werden.
Dieselben treten gewöhnlich, wie die scrophulösen Affectionen
überhaupt, erst vom dritten Lebensjahre an auf, doch bildet mitunter das als Kopfgrind und Milchborke bekannte Eczem der
Säuglinge schon das erste Glied der Hautscrophulose.
Die scrophulöse Entzündung des Unterhautzellgewebes äussert sich bald in Form von haselnuss- bis taubenei-

grossen, umschriebenen Entzündungsherden mit äusserst schleppender Schmelzung des Infiltrates. Diese von früheren Autoren als Scrophulophymata beschriebenen halbweichen Knoten sitzen zumeist in den Weichtheilen des Gesichtes, Gesässes, an Hand- und Fussrücken und verschwinden oft genug nach monate- oder jahrelanger Dauer durch Resorption oder verwandeln sich in Abscesse. Häufiger führt die subcutane Bindegewebsentzündung zur Bildung grösserer Abscesse, sogenannter kalter Abscesse mit flockigem, dünnen, missfärbigen Eiter. Sie entwickeln sich an allen Körperstellen, besonders gerne zwischen den Muskeln der oberen und unteren Extremitäten und verhalten sich wie alle scrophulösen Producte äusserst torpid und hartnäckig.

Auch die durch seröse Infiltration verdickte Oberlippe, die birnförmig angeschwollene Nase und die chronische Schwellung der Schamlippen bei scrophulösen Mädchen reiht sich diesen Erscheinungen an.

Schleimhäute und Sinnesorgane.

Unter den Schleimhäuten sind zumeist die der Sinnesorgane Sitz scrophulöser Katarrhe und Entzündungen.

Am Auge, dem häufigst befallenen, sind es namentlich die chronische Entzündung der Meibom'schen Drüsen (Blepharoadenitis), die Hordeola mit Ausfallen der Cilien, Verdickung der Lidränder (Tylosis), die Conjunctivitis, das Aufschiessen einzelner oder mehrerer Pusteln auf der Conjunctiva und Hornhaut, das scrophulöse Gefässbändchen, die zurückbleibenden dünnen, florähnlichen oder dichteren, centralen oder peripherisch gelagerten Trübungen der Hornhaut (Maculae corneae), nur selten eine parenchymatöse Keratitis mit Ulceration, Perforation, Synechie und Staphylombildung, welche unter dem Einflusse der Scrophulose beobachtet werden. Alle scrophulösen Augenentzündungen verlaufen mit mehr oder weniger hochgradiger Lichtscheu und Thränenträufeln. Die Photophobie ist mitunter eine monatelang andauernde und zwingt die armen Kinder, das vom Lichte abgekehrte Gesicht in die Hände oder Bettkissen zu verbergen und zu vergraben, wobei sich durch das Reiben und Bohren einerseits und durch das ätzende Secret andererseits in der Umgebung der Augen Erytheme, Excoriationen und Krusten bilden.

Auf der Nasenschleimhaut localisirt sich die Scrophulose als chronischer Katarrh mit reichlicher Secretion einer serös-purulenten Flüssigkeit, mit Röthung und Excoriation des

Naseneinganges und kolbiger Auftreibung der Nase. Durch die
Schwellung der Nasenschleimhaut sowie durch die gewöhnlich
vorhandenen Krusten wird das Athemholen solcher Kinder sehr
erschwert und oft von lautem Schnufeln begleitet. Bei sehr
chronischem, hartnäckigen Verlaufe steigert sich der Katarrh auch
zur Ozaena scrophulosa mit Ausfluss eines höchst übelriechenden
blutig eiterigen Secretes und zeitweiser Abstossung necrotischer
Knochenstückchen. Perforation des Septum narium, des harten
Gaumens, necrotische Zerstörung der Nasenknochen und Form-
veränderungen der Nase bilden weitere, doch nicht sehr häufige
Ausgänge. Durch Fortpflanzung der Entzündung bis zum Sieb-
bein wird, wenngleich nur selten, eiterige Meningitis herbeigeführt.

Ohren. Die Ohrenentzündung scrophulöser Kinder ist entweder eine nur äussere und zwar seltener phlegmonöse mit Bildung bohnengrosser Furunkel im äusseren Gehörgange, häufiger
dagegen eine katarrhalische mit schleimig eiterigem Ausfluss,
Schwellung, Lockerung und Röthung des Trommelfelles. In hochgradigen Fällen gesellt sich zu dieser Form Entzündung des
Trommelfelles mit Trübung und selbst Perforation desselben,
wobei sich die Otitis nach innen fortpflanzt. Die Otitis interna
entsteht aber auch als solche ohne gleichzeitige oder vorausgehende Affection des äusseren Gehörganges und hat bald nur
die Bedeutung eines Katarrhes, bald die einer Entzündung oder
Periostitis mit Zerstörung, Lostrennung und bei vorhandener
Perforation des Trommelfelles Ausstossung der Gehörknöchelchen.
In einem Falle gingen mit dem Eiter alle drei Gehörknöchelchen
wie präparirt ab. Aeusserst fötide, eiterig-jauchige oder blutige Secretion begleitet die Entzündung des Mittelohres und Labyrinthes,
hört wochen- selbst monatelang auf, um auf Einwirkung gewisser
Schädlichkeiten oder ohne Veranlassung wiederzukehren. Vorübergehende oder bleibende Schwerhörigkeit selbst gänzliche Taubheit, Lähmung des Nervus facialis gewöhnlich ein- selten doppelseitig, Necrose des processus mastoideus, Dislocation der Auricula
nach vorne, Thrombose der Hirnsinus, Meningitis tuberculosa
oder purulenta, sowie manchmal Encephalitis mit Abscessbildung
der dem kranken Ohre entsprechenden Kleinhirnhemisphäre sind
weitere mehr oder weniger ernste und lebensgefährliche Folgen
der Otitis interna.

Was die anderen Schleimhäute betrifft, so kommen bei
scrophulösen Kindern Katarrhe des Rachencinganges, ge-

wöhnlich gepaart mit Hypertrophie der Tonsillen, der Luftwege, des Darmcanales und der Vagina öfter vor, und
müssen, wenn auch nicht immer, so doch in der Mehrzahl der
Fälle mit dem Allgemeinleiden in ursächlichen Zusammenhang
gebracht werden; dies gilt besonders von den hartnäckigen, öfter
wiederkehrenden Katarrhen. Ob die bei scrophulös-tuberculösen
Kindern öfter nachgewiesenen Geschwüre des Darmcanales als
scrophulöse oder tuberculöse oder endlich gemischte zu bezeichnen
sind, muss bei dem heutigen Standpunkte der Wissenschaft wohl
noch der jeweiligen subjectiven Auffassung anheim gestellt bleiben.

Knochen.

Knochenkrankheiten bilden eine reiche und wichtige Klasse
in den Aeusserungen der Scrophulose. Sie nehmen ihren Ausgangspunkt theils von der Beinhaut (Periostitis), theils vom
Knochengewebe (Osteitis) oder endlich vom Knochen-
marke (Osteomyelitis).

Auch hier trifft man die den Scropheln im Allgemeinen zukommenden anatomischen Veränderungen der Hyperplasie, Entzündung, Eiterung und Zerstörung oder Absterben der ergriffenen
Knochen (Caries und Necrosis). Am häufigsten befallen werden
die Gliedmassen, und zwar sowohl an ihren Epiphysen mit
überwiegender Caries, als an den Diaphysen mit Necrose und Se-
questerbildung. Hand- und Fusswurzelgelenke, sowie Metacarpal-
und Metatarsalknochen sind häufig Sitz scrophulöser Entzündung,
ebenso die Phalangen der Finger und Zehen. Eine nicht häufige,
aber für Scrophulose characteristische Form ist die sogenannte
Spina ventosa, die Bildung von Knochenabscessen in Folge
chronischer Osteitis interna oder Osteomyelitis. Die ergriffenen
Knochenabschnitte, häufiger die den Metacarpalknochen angrenzenden Phalangen zeigen spindelförmige, rundlich-kugelige oder
auch unförmliche Auftreibung mit höckeriger, hie und da von
Eiteröffnungen durchbrochener Oberfläche und zeitweise auftretenden heftigen Schmerzen. Periosteale Abscesse am Sternum und
Rippen mit nachfolgender Caries oder Necrose kommen etwas
seltener vor. Von den Schädelknochen werden das Felsenbein,
das Jochbein, der Unterkiefer, nur ausnahmsweise das Schädeldach selbst ergriffen; im letzteren Falle habe ich nach Exfoliation
grösserer oder kleinerer Knochenstücke Prolapsus und Erweichung des Gehirns, sowie citerige Meningitis mit stets lethalem
Ausgange beobachtet.

Als eine gewissermassen berüchtigte Localisation der Scrophulose ist die Erkrankung der Wirbelknochen (Spondylitis,
Spondylarthrocace) bekannt. Sie befällt häufiger die Brust-,
seltener die Hals- und Lendenwirbel, nur ausnahmsweise den
Kreuzbeinknochen. Die Entzündung und Eiterung begrenzt sich
nicht immer an dem ursprünglichen Herde, sondern es kommt in
der Regel zur Bildung von Senkungsabscessen, welche an verschiedenen Stellen, am Halse, hinter dem Pharynx, am Rücken,
in der Leistengegend und selbst am Oberschenkel zum Vorschein
kommen. Die durch Caries gesetzten, öfter beträchtlichen Zerstörungen der Wirbelkörper und Gelenke bedingen Knickungen
(meist kyphotische) und Verkrümmungen der Wirbelsäule und
in Folge dieser mannigfache Difformitäten des Thorax und gesammten Skelettes, welche durch ihre nachtheilige Rückwirkung
auf den Athmungs- und Circulationsprocess äusserst störend sind.
Als Symptome des im Beginne nicht immer leicht erkennbaren
Leidens sind heftige örtliche Schmerzen, die besonders zur Nachts-
zeit exacerbiren, zeitweises Fieber, Appetitverlust, unruhiger
Schlaf, Abmagerung, Ermüdung selbst bei geringer Anstrengung,
Gürtelschmerz um den Hals, Brust und Bauch, und worauf besonders grosses diagnostisches Gewicht zu legen ist, ängstliche,
schwere und schmerzhafte Beweglichkeit des Kopfes und Rumpfes
zu nennen. Bei Weitergreifen der Krankheit auf die Rückenmarkshäute oder das Mark selbst treten Paresen, Paralysen der
Extremitäten, der Blase und des Mastdarmes hinzu. Im Verlaufe des Uebels kommt es, wie bei den scrophulösen Knochen-
und Gelenksleiden überhaupt, leicht zu tiefen Störungen des Allgemeinbefindens und zu hectisch-marastischen Zuständen, welche
gewöhnlich zum Tode führen. Dieses Wirbelleiden entsteht gewöhnlich spontan, wenngleich nicht geläugnet werden kann, dass
durch traumatische Insulte, wie Stoss, Fall, Schlag etc. bei vorhandener scrophulöser Disposition mitunter die nächste Gelegenheitsursache geliefert wird.

Gelenke.

Auch die Gelenke sind häufig Sitz scrophulöser Erkrankungen. Anatomisch treten sie als einfach eiterige oder als
fungöse Entzündung (Tumor albus) auf und nehmen ihren Ausgangspunkt häufiger von der Synovialmembran als von den Gelenksenden der Knochen, dann und wann von beiden zugleich.
Vereiterung, Verjauchung, Caries der das Gelenk consti-

tuirenden Gewebe, Durchbruch der Gelenkskapsel, Eitererguss in
das periarticulare Zellgewebe und Abscessbildung daselbst, Vor-
dringen der letzteren bis zur Haut und Durchbruch derselben, Bildung von Hohlgängen und Gelenkfisteln, Subluxationen und Luxa-
tion der zerstörten Knochenenden, namentlich in Kugelgelenken,
Verödung der Gelenkhöhle und Bildung neuer Gelenke in den umgebenden callös verdichteten Weichtheilen und bei Ausgang in
Heilung Granulationsbildung an der Innenfläche des Gelenkes
mit loser oder inniger Anchylose bilden die wichtigsten anatomischen Vorgänge der scrophulösen Gelenksentzündungen.

Die Gelenkskrankheiten beginnen und verlaufen entweder
acut oder chronisch und bedingen je nach ihrem Sitze, der Dauer
und den Complicationen mannigfache Symptomencomplexe. Der
Ausgang ist häufig ungünstig, Pyämie, Morbus Brightii und Tuberculose sind die drei den lethalen Ausgang vermittelnden Processe.

Bei der Hüftgelenksentzündung (Coxitis, Coxalgie, frei-
williges Hinken) der relativ häufigsten Form der Gelenkserkran-
kungen ist der Schmerz gewöhnlich das erste und wichtigste
Symptom, zuerst im Knie, später in der Hüfte gefühlt, steigert
sich derselbe bei allen Bewegungsversuchen, kann jedoch auch
fehlen, wie ich bei sehr schleichenden Fällen beobachtet, wobei
das Nachschleppen eines Fusses oder leichtes Hinken den Anfang
des Leidens bildete. Frostschauer, wechselnd mit Hitze, später
anhaltendes Fieber, Abmagerung und bleiches Aussehen, Unmöglichkeit zu gehen oder nur unter heftigem Schmerze sind subjective Störungen. Das wichtigste objective Symptom bildet die
veränderte Haltung der Extremität und im weiteren Verlaufe
auch des Beckens und der Wirbelsäule. Die betreffende Hinter-
backe flacht sich ab, die Gesässfalte ist verstrichen, der Schenkel
häufiger abducirt, seltener adducirt, leicht nach aussen, seltener
nach innen rotirt und gegen den Bauch angezogen. Das Becken
neigt sich der kranken Seite zu und es entwickeln sich Com-
pensationskrümmungen, in Folge welcher die kranke Extremität
scheinbar verlängert ist. Cariöse Erweichung und Resorption des Gelenkkopfes bedingt immer eine absolute Verkürzung der leidenden Extremität.

Bei der Kniegelenksentzündung (Gonitis, Tumor albus
genu) gestalten sich die Symptome, jenachdem die Eiterbildung
oder fungöse Wucherung vorherrscht, mehr oder weniger stürmisch Heftige oder leichtere Schmerzen, veränderte Form, gestörte Function des Gelenkes, später Geschwürsbildung, Fisteln,

Anchylose und Subluxation der Tibia nach hinten und aussen bei
im Knie gebeugter Extremität sind die charakteristischen Zeichen.
     In ähnlicher Weise nur seltener erkranken auch Hand-,
Ellbogen- Schulter- und Fingergelenke; auch bei
ihnen wiederholen sich dieselben anatomischen Vorgänge, während die subjectiven Symptome, objectiven Befunde und functionellen Störungen dem jeweiligen Sitze des Uebels entsprechen.

     Verlauf und Ausgang der Serophulose überhaupt.

     Im Allgemeinen gilt als Regel, dass der Verlauf aller sero-
phulösen Leiden ein schleppender und langwieriger ist, dass, je
zahlreicher die Localisationen, desto mehr auch das Allgemeinbefinden leidet, dass Recidiven an den schon früher ergriffenen
Organen leicht wiederkehren und neue Entzündungsherde von
Zeit zu Zeit auftauchen. Serophulose endigt in der Mehrzahl
der Fälle, besonders wenn die entsprechenden Mittel in Anwendung kommen, in vollständige Genesung und Kräftigung der
Kinder oder mit Hinterlassung einer schwächlichen, zarten Constitution. Heilung ist früher und sicherer zu erwarten, wenn die
serophulösen Krankheitsherde mehr nach aussen gelagert sind
(Haut, Sinnesorgane, äussere Drüsen). Dagegen drohen bei Localisation an den inneren Drüsen, am Knochen, im Darmcanale
etc. dem Organismus mannigfache und ernste Gefahren.
     Am meisten zu fürchten ist die Tuberculose. Das Ver-
hältniss derselben zur Serophulose ist trotz der äusserst werthvollen Experimentalforschungen der Jüngstzeit (Buhl, Waldenburg, Cohnheim, Fränkel, Lebert, Wyss u. A.) noch
immer nicht endgiltig geklärt und spruchreif, und hat die Behauptung einzelner dieser Autoren, dass die Scrophulose zur
Tuberculose sich verhalte, wie Ursache und Wirkung oder mit
anderen Worten, dass die Tuberculose auf serophulösem Boden
durch Selbstinfection, durch Resorption von den käsigen und
Eiterherden aus zu Stande kommt, so bestechend auch die Auffassung ist, nur eine relative, keineswegs aber allgemeine Giltigkeit.
Wer Gelegenheit hat, tausende Fälle von Serophulose zu beobachten,
wird zu der Annahme gedrängt, dass Serophulose und Tuberculose
wenn auch nicht identisch, so doch in ihren ätiologischen Ausgängen, anatomischer Form und klinischer Bedeutung nahe gelegene, innig verwandte Krankheiten sind, welche neben einander
und nach einander vorkommen können, jedoch nicht müssen.
Wäre die Selbstinfection durch embolische Einwanderung wirklich

die einzig vermittelnde Brücke dieser beiden Krankheiten, so müsste nach meiner Anschauung die Tuberculose bei scrophulösen Kindern viel häufiger vorkommen, als dies der Fall ist. Ich erinnere beispielsweise nur an die grossen tiefgreifenden Ulcerationen und mitunter zahlreichen Abscesse im Verlaufe der Wirbelcaries, und doch gehört Tuberculose bei solchen Kindern zu den seltensten Ausnahmen, obgleich alle Bedingungen zur Resorption hier in der günstigsten Weise geboten sind, während ich wieder in anderen Fällen tuberculöse Meningitis beobachtete, ohne dass im ganzen übrigen Organismus auch nur die geringste Spur eines käsigen oder Eiterherdes aufgefunden werden konnte. Die Annahme eines früheren, wieder verschwundenen Herdes ist doch zu theoretisch, als dass sie für eine ernste Forschung verwerthet werden dürfte.

Andere Gefahren für scrophulöse Kinder bestehen in der amyloiden Degeneration der Unterleibsdrüsen, der Leber, Milz und Nieren, und werden namentlich die letzteren durch Hinzutreten einer parenchymatösen Nephritis und Hydrops stets lebensgefährlich. Die amyloide Entartung kommt namentlich unter dem Einflusse langdauernder Eiterung, bei Knochen- und Gelenksscrophulose leicht zur Entwickelung.

Dass Pyämie und ein allgemeines hectisches Siechthum den Tod öfter herbeiführt, wurde bereits erwähnt.

Ursachen.

Scrophulose befällt Kinder aller Altersklassen mit Ausnahme der Säuglinge, bei welchen jedoch, wie schon erwähnt, hartnäckiger Schnupfen, Bronchialkatarrhe und Eczeme manchmal schon die leisen Anfänge des Leidens bekunden. Knaben und Mädchen erkranken annäherungsweise gleich häufig (unter 1192 Fällen befanden sich 584 Knaben, 608 Mädchen). Was die Jahreszeit betrifft, so fallen die höchsten Ziffern auf April, Mai, März, Februar, Juni, September, die geringsten auf December, November, October, Januar. In der relativ grössten Reihe von Fällen, namentlich unter günstigen hygienischen Verhältnissen ist die Krankeit, oder richtiger gesagt, die Krankheitsanlage ererbt, und zwar übertragen von scrophulösen, tuberculösen, syphilitischen, im Alter weit vorgerückten, geschwächten, marastischen, spät verheiratheten und nahe mit einander verwandten Eltern. Neben der erblichen Uebertragung der Krankheitsanlage erzeugen sie ferner fehlerhafte Nahrung, nament-

lich bei künstlich aufgefütterten Kindern, so der unmässige und
fast ausschliessliche Genuss von stärkmehlhaltigen Nahrungsmitteln, wie Brod, Kuchen, Kartoffeln, Hülsenfrüchten, sowie Aufenthalt in finsteren, kalten, feuchten mit abgesperrter, verbrauchter
und verpesteter Luft erfüllten, noch nicht gehörig ausgetrockneten neuen Wohnungen. Scrophulose ist vorherrschend, doch
nicht ausschliessend eine Krankheit der Armen in grossen Städten
und Fabriken. Gewisse Gelegenheitsursachen bringen das latente
Leiden zum Ausbruch, dahin gehört die Vaccination, Erkältung,
die Masern, der Keuchhusten und andere acute Krankheiten,
nach deren Ablauf die Scrophulose anscheinend frisch oder in
neuen Nachschüben auftritt.

Diagnose.

Dieselbe ist bei scharf ausgesprochener Krankheit mit multiplen Localisationen eine sehr leichte, unter Umständen jedoch
namentlich im Beginne und bei nur vereinzelten Krankheitsherden
mitunter schwierige und mit der grössten Vorsicht auszusprechen.
Sie stützt sich zumeist auf den gesammten Symptomencomplex
mit Benützung der früheren und vorhandenen Störungen, der
Anamnese, des Gesundheitszustandes der Eltern, der häuslichen
Verhältnisse und auf den Verlauf. Die einzelnen scrophulösen
Herde haben, wie schon bemerkt, weder anatomisch-specifische,
noch klinisch-pathognomonische Charaktere.

Behandlung.

Verbesserung der Constitution und Ernährung
einerseits und locale Behandlung der einzelnen Krankheitsherde andererseits bilden die zwei nothwendigen Bedingungen einer
rationellen und erfolgreichen Therapie. Die allgemeine Behandlung hat daher die gesammten hygienischen Verhältnisse genau
zu prüfen und zu verbessern. Kindern von tuberculösen, scrophulösen und schwächlichen Müttern gebe man eine Amme und
lasse sie zehn bis zwölf Monate an der Brust; schon abgestillten
und älteren Kindern reiche man eine gemischte animale und
vegetabilische Kost; die erstere ausschliesslich, wie sie neuestens
von vielen Aerzten empfohlen wird, ist keineswegs zweckmässig.
Die Nahrung bestehe in guter kräftiger Suppe, Milch, weissem
Fleische, Eiern, frischem Gemüse, Obst, als Getränk eignet sich
bei noch jüngeren Kindern Milch, die Kaffeesorten, namentlich
Eichelkaffee, für ältere Kinder Bier, verdünnte Weine. Aufent-

halt in reiner frischer Luft, namentlich in geschützten Wald-
gegenden, am Meere, viel Bewegung im Freien, Turnen, Schwimmen, Flussbäder unterstützen wesentlich die Kur.

Von den Medicamenten selbst sind der Leberthran, das
Jod und Eisen diejenigen, welche die meisten Heilerfolge aufzuweisen haben. Das Oleum jecoris asclli wird, selbstverständlich bei guter Verdauung zu ein bis zwei Kaffeelöffel jüngeren,
zu ein bis zwei Esslöffel älteren Kindern gereicht. Ein Schluck
schwarzer Kaffee nachgetrunken, oder ein Stückchen trockener
Chocolade nachgegessen, vertilgt am schnellsten den unangenehmen
Geschmack und Geruch desselben. Der Leberthran muss, soll
er etwas nützen, wie alle Mittel bei Scrophulose, längere Zeit,
monate- selbst jahrelang fort gebraucht, in den Sommermonaten
jedoch ausgesetzt werden. Das Jod wird am besten als Jodeisen zu 6—8 Gran auf 2—3 Unzen Zuckerwasser in 24 Stunden zu verbrauchen, oder als Syrup. ferri jodat. zu 1 Drachme
bis 2 Scrupel auf 3 Unzen aq. font. destill., oder endlich in der
Verbindung als Jodkali zu 6—10 Gran täglich gereicht. Im
Sommer kann man statt der ebenerwähnten Jodpräparate von
jod- und bromhältigen Mineralwässern an Ort und Stelle selbst,
oder wo dies nicht möglich, zu Hause oder während eines Land-
aufenthalts sowohl äusserlich wie innerlich Gebrauch machen
(Hall, Kreuznach, Krankenheil, die Adelheidsquelle). Innerlich
gebe man Kindern die trinkbaren Jodquellen nur löffelweise (zwei
bis höchstens sechs Löffel täglich) und überwache dabei immer
die Verdauung.

Bei hochgradig anämischen, schwächlichen, zarten Kindern
schicke ich, ehe Jodmittel angewendet werden, erst Eisenpräparate voraus. Ferrum lacticum, carb. saccharat., Pyrophosphas ferri (zu $\frac{1}{4}$—1 Gran p. dosi zwei- bis dreimal des Tags)
Eisensaccharat. Als rationelles Volksmittel, namentlich für die
ärmere Bevölkerung behaupten sich noch immer mit Recht die
Wallnussblätter, sowohl als Thee getrunken, als auch äusserlich in Form von Bädern oder als Localmittel frisch applicirt.

Zur Allgemeinbehandlung gehören theilweise auch die Bäder,
sie bestehen entweder in den oben genannten natürlichen jod-
und bromhaltigen Mineralwässern, in natürlichen oder künstlichen
Seebädern, Salz- und Mutterlaugen- Kiefer- und Fichtennadel-
bädern; auch Franzensbader Eisenmoorerde und Eisenmoorsalz
habe ich mit Nutzen angewendet.

Localbehandlung.

Drüsen. Gegen Drüsenanschwellungen sind Jodtinctur,
Jodkalisalbe oder Injection von Jodpräparaten in die Drüsen-
substanz zu gebrauchen, bei isolirten grösseren Drüsen kann man
die permanente Compression mittelst einer Pelotte versuchen und
wo alle die früheren Mittel nichts fruchten, zur operativen Entfernung greifen. Bei Neigung zur Abscessbildung sind das Emplast. de meliloto mit Emplast. diachyl. und zeitweise Cataplasmen
zu geben, man übereile sich nicht mit der Eröffnung der Abscesse, durch geduldiges Zuwarten und den nachträglichen Gebrauch resorbirender Mittel erspart man den Kranken oft eine
entstellende Narbe, was bei Mädchen immerhin hoch anzuschlagen.
Geschwüre sind stets zu reinigen, mit Emplast. mercuriale zu
belegen, mit Lapis zu ätzen, bei Neigung zu Necrose oder Brand
sind Chlorkalk, Campherspiritus, Carbolsäure die entsprechenden
Mittel.

Augen. Bei scrophulösen Augenentzündungen sperre man
Luft und Licht nicht zu ängstlich ab, gegen die pustulöse Conjunctivitis und Keratitis ist Calomelpulver, mittelst eines Pinsels
einstauben, das beste Mittel, bei parenchymatöser und ulceröser
Keratitis Landanum, Atropineinträufelungen und Ungtum cinereum
mit Atropin oder Extract. bellad. in die Umgebung des Auges
eingeblasen; auch Vesicantien hinter den Ohren wirken öfter
recht wohlthätig. Zur Bekämpfung der gewöhnlich sehr hartnäckigen und lästigen Photophobie sind örtlich Belladonna,
Atropin und innerlich milde Narcotica anzuwenden; in einigen
verzweifelten Fällen griff ich mit Nutzen zu dem allerdings etwas
heroischen Mittel, die Kinder kopfüber in eiskaltes Wasser ein-
zutauchen. Gegen die chronische Blepharitis wirken rothe und
weisse Präcipitalsalbe am besten. Hornhauttrübungen weichen
länger fortgesetztem Einstauben von Calomelpulver.

Ohren. Bei Otitis externa und interna sind vor Allem rei-
nigende Einspritzungen mit lauem Wasser, Eibischthee oder Milch
vorsichtig ausgeführt das Wichtigste; neben ihnen werden Adstringentien, wie Alaun, Zincum sulfuricum, Tannin und bei sehr
übelriechender Secretion Kali chloricum entweder nur tropfenweise oder mittelst der Spritze angewendet.

Bei Verdickung der Gewebe des äusseren Gehörganges und
des Trommelfelles wird Jodtinctur eingeträufelt, gegen die Schwerhörigkeit Jodkalisalbe hinter den Ohren eingerieben; heftige

Schmerzen, besonders wenn der chronische Ohrenfluss plötzlich aufhört, werden durch warme Cataplasmen aufs Ohr, durch ins Ohr geleitete warme Kamillendämpfe und Einträufeln von Opiumtinctur gemildert; auch Einreibungen von Glycerin. d r a c h m. d u a s, Chloroform. p. d r a c h m. s e m i s um das Ohr beschwichtigen dieselben.

Die Katarrhe der übrigen Schleimhäute werden wie die gewöhnlichen nicht serophulösen behandelt.

H a u t. Gegen Eezema rubrum kaltes Wasser oder Aq. Goulardi bis die Haut etwas erblasst ist; worauf man zu den Salben greift; gegen Eczema squamos. Theer (Picis liquidae Axung. porcinae aa u n c. s e m i s); bei stärkerer Krustenbildung der weisse Praecipitat ($^1/_2$ Drachme auf $^1/_2$ Unz. Fett) allein, oder in Verbindung mit Zinc. oxydatum oder Magist. bismuthi; Eezema an den Uebergangsfalten der Haut, wie an der Leiste, um die Genitalien, am Halse, in der Achselhöhle etc. weichen am schnellsten Streupulvern aus Calomel, Zincum und Amylum; bei hartnäckigen Eczemen der Extremitäten und heftigem Kratzen der Kinder bewährt sich die Heftpflastereinwieklung nach H e b r a. Gegen Lichen und trockene Eczeme erweisen sich der rothe Präcipitat, die Schmierseife, Schwefelsalbe, die Solutio Vlemingx modificat. heilsam. Bei Lupus ist energisch zu ätzen mit Lapis, Chlorzink- und anderen Aetzpasten; leichtere Formen weichen dem Emplast. mercuriale und der Jodtinctur.

Die kalten Abscesse sind durch Injection von Jodtinctur und nach Aufbruch derselben durch Compressivverbände mittelst Heftpflasterstreifen zu beseitigen.

Für K n o c h e n - und G e l e n k s a f f e c t i o n e n gelten die allgemeinen chirurgisch-orthopädischen Vorschriften. Bei Coxitis ist absolute Ruhe und eine zweekentsprechende Lagerung der ergriffenen Extremität das Erste und Wichtigste. Um dieses zu erreichen, sind Contentivverbände mit Kleister oder Gyps, der G u e r s a n t'sche Immobilisationsapparat, die B o n n e t'sche Drahthose und bei ausgesprochener Caries der Gelenksenden die permanente Distraction die entsprechenden Hilfsmittel.

Im ersten Stadium der Krankheit und im weiteren Verlaufe bei heftigen Schmerzen leistet das kalte Wasser als Umschlag oder Einwickelung recht gute Dienste. Bei vorhandener Subluxation ist die Reposition in der Chloroformnarcose zu versuchen. Zurückbleibende Muskelcontracturen und Anchylosen bei Coxitis Gonitis und anderen Gelenksaffectionen werden durch gewalt-

same oder allmähliche Streckung oder Infraction behoben. Ist
die Eiterung eine erschöpfende, die Caries der Gelenksknochen
eine weit vorgeschrittene und der Patient sehr herabgekommen,
so sind die Resection und Amputation jedoch zu einer Zeit vorzunehmen, so lange noch kein ernstes Lungenleiden (Tuberculose
oder Phthisis) vorhanden. Entzündung und Caries der Wirbelknochen erfordert ruhige Körperlage (abwechselnd am Rücken
und Bauche) und Anwendung kalter Umschläge, bei grosser
Schmerzhaftigkeit und Unruhe während der Nacht Opiate, Morphium, Chloralhydrat etc. Senkungsabscesse sind möglichst lange
zu schonen und höchstens dann zu eröffnen, wenn sie durch
Compression wichtige Lebensfunctionen bedrohen (Retropharyn-
gealabscesse).

3. Tuberculose.

Unter Tuberculose verstehen wir heute jene Ernährungsstörung, zu Folge welcher sich auf dem Wege von Neubildung
zahlreiche eben wahrnehmbare bis grieskorngrosse Knötchen
(Tuberkel) entwickeln.

Jeder Tuberkel besteht in seinem jungen Zustande aus einer
Anhäufung von durchscheinenden, äusserst zarten, weichen und
meist einkernigen Rundzellen, die ihren Ausgangspunkt nach der
Uebereinstimmung mehrfacher Untersuchungen von den Wänden
der capillären arteriellen Gefässe nehmen. Wird der Tuberkel
älter, so zerfällt er durch fettige Umwandlung der Zellen vom
Centrum aus in eine käsige, breiartige Masse (Zelldetritus), wobei
die graue Farbe desselben gewöhnlich in die gelbe übergeht.
Die Tuberkel sitzen bald isolirt, bald in Gruppen neben einander,
oder sie fliessen zu einer Masse zusammen und stellen dann
grössere gelbe Knoten oder diffuse Infiltrationen dar. Der Tuberkel
geht bei längerem Bestehen verschiedene Veränderungen ein;
wird der Zellendetritus resorbirt, so kann der Tuberkel schwinden
mit narbenähnlicher Schrumpfung des Mutterbodens, oder es
lagern sich Kalksalze in denselben ab, und die Tuberkelmasse
verkreidet. Beide diese Prozesse werden im Kindesalter nicht
gar häufig beobachtet; oder endlich der Zerfall der Tuberkelmasse zieht den Zerfall des Mutterbodens nach sich und es entstehen in der Lunge Cavernen (Phthisis tubere.), auf der Schleimhaut aber Geschwüre. Die Umgebung der tuberculösen Herde
verhält sich dabei entweder indifferent, oder die Localreizung

führt Hyperämie, selbst faser-stoffig-eiterige Entzündung (Meningitis tub., Pneumonie) herbei. Nicht selten greift der tuberculöse Prozess allmälig auf das Nachbargewebe über, ein Vorgang, der bei Kindern in dem Weiterschreiten der Tuberculose von den Bronchialdrüsen auf das angrenzende Lungengewebe öfter beobachtet wird, ob zwar auch das Umgekehrte der Fall sein kann. Die Vermittelung dieses Weitergreifens geschieht höchst wahrscheinlich, wie auch B u h l und V i r c h o w schon angedeutet, durch die Lymphbahnen.

Die Tuberkeln entwickeln sich entweder p r i m ä r und bald nur in einem einzigen Organe, wie z. B. den Drüsen, der Lunge, den Meningen, Larynx und Urogenitalsystem, bald in mehreren gleichzeitig, oder aber, was häufiger der Fall ist, sie treten in secundärer allgemeiner Verbreitung auf (Tub. universalis). Andere pathologisch-anatomische Befunde bei tuberculösen Kindern bilden Hydrocephalus, acute und chronische Darmkatarrhe, Dysenterie, Fettleber, amyloide Entartung der Leber, Milz und Nieren. Was die Organerkrankung bei Tuberculose im Kindesalter betrifft, so fanden N e u r e u t t e r und i c h (Pädiatrische Mittheilungen aus dem Franz-Joseph-Kinderspitale) in 302 Sektionsbefunden dieselbe 42mal nur in einem Organe, 48mal in zwei Organen, 62mal in drei Organen, 47mal in vier Organen, 42mal in fünf Organen, 28mal in sechs Organen, 20mal in sieben Organen, 6mal in acht Organen, 5mal in neun Organen, 2mal in zehn Organen.

Die grösste Ziffer fällt auf die Bronchialdrüsen 275mal, die kleinste auf den Magen (viermal), die Lunge war 175mal ergriffen.

Die Tuberculose entwickelt sich und verläuft entweder a c u t und dann gewöhnlich mit Ablagerung in mehreren Organen, oder der Verlauf ist c h r o n i s c h und beschränkt sich auf wenige oder selbst auch nur ein einziges Organ.

Die S y m p t o m e n g r u p p e der Tuberculose nimmt auch bei Kindern nach dem Sitze, dem Verlaufe, der Zahl der Herde und den Complicationen des Uebels ein vielgestaltiges Bild an. Nachdem die Tuberculose der Drüsen, Lunge, Meningen, des Gehirns, Bauchfelles und der Harnwege schon bei den betreffenden Organen erwähnt wurde, erübrigt hier nur noch die M a g e n - und D a r m t u b e r c u l o s e.

Die M a g e n t u b e r c u l o s e bildet ein seltenes Vorkommniss (von mir achtmal beobachtet) und finden sich auf der Schleimhaut des von Gas geblähten Magens einzelne oder mehrere bis

kreuzergrosse rundliche Substanzverluste, deren Ränder gewulstet,
unregelmässig zackig und unterminirt erscheinen, und deren Basis
theils graugelblich, theils schmutzigroth gefärbt ist. Die Serosa
ist den Geschwüren entsprechend dunkelroth und mit eben wahrnehmbaren graulichen Knötchen besetzt.

Die Diagnose

stützt sich auf häufig wiederkehrende Schmerzen, in der aufgetriebenen und bei Berührung sehr empfindlichen Magengegend,
auf öfteres Aufstossen und Erbrechen der genossenen Nahrungsmittel und zähey blutig punktirter oder gestriemter Schleimmassen,
vor Allem aber auf den gleichzeitigen Nachweis eines oder
mehrerer tuberculöser Herde in anderen Organen.

Tuberculose des Darmkanales kommt nach meinen
Beobachtungen ungefähr bei $\frac{1}{3}$ der tuberculös kranken Kinder
vor; ist zumeist Theilerscheinung allgemeiner Tuberculose, nur
selten bildet sie bei Kindern das vorwaltende Leiden. Sie tritt
wie in den übrigen Organen theils unter der Form grauer den
solitären und Peyer'schen Drüsen entsprechenden Knötchen,
theils als tuberculöse Infiltration auf mit nachfolgenden rundlichen, isolirt stehenden oder confluirenden und zumeist nach der
Querachse des Darmes sich ausbreitenden Geschwüren (Gürtel-
geschwüre), in deren härtlichen, verdickten Rändern sich gleichfalls graue miliare Knötchen entwickeln. Der häufigste Sitz ist
der Dünndarm (unter 302 Fällen von Tuberculose 71mal),
seltener der Dickdarm. Constant finden sich die Mesenterialdrüsen geschwellt, verkäst oder von Tuberkelknötchen
durchsetzt.

Die tuberculöse Darmphthisis äussert sich vorzugsweise durch Störungen in der Verdauung, welche im geraden
Verhältnisse stehen zur Zahl und Ausdehnung der Darmgeschwüre. Hartnäckiger, langdauernder, immer wiederkehrender
Durchfall, welcher sich besonders gerne in den ersten Morgenstunden einstellt (Diarrhoea nocturna), mit bald breiigen, bald
wässerigen, dunkelbraunen, gelblichen, graulich hefenartigen, blutig
gezeichneten und dabei äusserst übel riechenden Entleerungen
und der gleichzeitige Nachweis anderer tuberculöser Herde bei
stetig zunehmender Abmagerung der Kinder ermöglichen die
Diagnose der Krankheit. Es ist rathsam, dieselbe immer mit
der grössten Vorsicht zu stellen, da neben hochgradiger Drüsen-
und Lungentuberculose langdauernde Diarrhöe nicht nothwendiger

Weise durch Darmtuberculose, sondern nur durch einfache Follicularverschwärung bedingt sein kann.

Ursachen.

Die Tuberculose des Kindesalters ist in seltenen Ausnahmsfällen schon eine foetale und angeborene, häufiger eine ererbte oder erworbene; sie befällt mehr Kinder der zweiten und dritten Altersperiode als Säuglinge; doch habe ich sie schon bei acht Wochen alten Kindern beobachtet. Knaben und Mädchen erkranken annähernd gleich häufig. Die wichtigste Rolle in der Aetiologie spielt ähnlich wie bei Scrophulose die Erblichkeit. Eltern, welche mit Scrophulose, Phthisis oder Tuberculose behaftet, im Alter schon vorgerückt, durch Krankheiten und Ausschweifungen geschwächt und herabgekommen sind, erzeugen Kinder mit tuberculöser Anlage. Erworben wird die Krankheit durch schlechte, häusliche Verhältnisse, wie sie schon bei der Scrophulose auseinander gesetzt wurden, und vorzugsweise durch die Scrophulose selbst, wenngleich das Wie noch nicht erwiesen ist. Dass käsige und Eiterherde im Organismus, namentlich dem kindlichen, nicht gleichgiltig sind, braucht keines Beweises, dass jedoch von diesen Herden aus durch embolische Einschwemmung miliare Knötchen sich sehr leicht entwickeln können, wie Waldenburg u. A. zufolge ihrer Impfversuche an Thieren behaupten, ist noch lange nicht über allen Zweifel erhaben; im Gegentheile lassen sich gewichtige Stimmen vernehmen, welche diese Theorie stark in Zweifel ziehen. So erklärt Virchow, er habe bei Thieren nie wirkliche Tuberkel gesehen, und Klebs, dass käsige Massen für sich allein miliare Tuberkel nicht erzeugen können. Meine eigene Ansicht über diesen Punkt habe ich bereits bei der Scrophulose niedergelegt.

Gewisse Krankheiten, wie Masern, Keuchhusten, Pneumonie, pleuritische Exsudate, lang dauernde Darmkatarrhe bringen unmittelbar oder mittelbar den latenten Keim der Tuberculose mehr oder weniger rasch zur Entwickelung, und sind in dieser Beziehung besonders die zwei ersten der genannten Krankheiten sehr zu fürchten.

Behandlung.

Sie zerfällt in die Präventivbehandlung einerseits und in die der bereits entwickelten oder vermutheten Tuberculose andererseits. Heirathen unter Tuberculösen sollen, insoweit es

dem ärztlichen Einflusse überhaupt zugänglich, möglichst beschränkt werden; tuberculöse Mütter lasse man nicht stillen, sondern übergebe das Kind einer Amme. Die scrophulösen Affectionen müssen nach den früher angegebenen Regeln bekämpft
werden, um das Hinzutreten der Tuberculose zu verhindern.
Kinder tuberculöser Familien sind sorgfältig vor Masern, Keuchhusten, Lungenkatarrhen und Pneumonien zu hüten.

Ist das tuberculöse Leiden bereits entwickelt, dann ist vor
Allem eine zweckmässige Hygieine das Wichtigste. Nahrhafte,
leicht verdauliche Kost, Fleisch, Eier, Milch, nebenbei etwas
Bier, kleine Quantitäten eines alten Weines, frische, milde Luft,
nicht allzukühle und luftige Kleidung, Vermeidung von Erkältungen und wo es die Verhältnisse gestatten, Winteraufenthalt
in einem wärmeren Klima sind die Grundzüge der allgemeinen
Behandlung.

Von den eigentlichen Medicamenten sind das Oleum jecor.
aselli, wo es vertragen wird, ferner Molkenkuren und die alca-
lischen Säuerlinge noch die am meisten gebräuchlichen, sind
jedoch nur selten im Stande, das Uebel zu beheben; ein tem-
porärer Stillstand mit Zunehmen des Körpergewichtes und besserem
Aussehen des Kranken ist in der Regel das Höchste, was wir
erwarten dürfen. Was die Behandlung der einzelnen tuberculösen
Organerkrankungen betrifft, so ist dieselbe eine rein symptomatische und zum Theile schon bei den betreffenden Kapiteln
erwähnt.

Gegen die Fiebersteigerungen erweisen sich Chinin
und Digitalis für sich öder in Verbindung, gegen den heftigen
Hustenreiz Opiate, Extracthyoscyami Belladonna, bei stocken-
dem Auswurf Sulphur. aurat. antim., Salmiak hilfreich, die
Durchfälle tuberculöser Kinder bekämpft man mit Opium,
Acet. plumbi, Tannin, bei Magentuberculose erleichtert
Opium, Morphium, kalte Milch, Buttermilch, gegen die hec-
tischen Schweisse sind Speckeinreibungen, Chinin, Tannin
zu versuchen.

4. Blutfleckenkrankheit. Purpura.

Sämmtliche Fälle von Blutfleckenkrankheit lassen sich zur
leichteren klinischen Verwerthung nach dem Vorgange von Rilliet und Barthez in zwei ihrem Wesen nach allerdings nicht
scharf geschiedene Gruppen bringen.

a. Purpura simplex, Hautecchymosen ohne Blutung aus den Schleimhäuten, und

b. Purpura hämorrhagica, Morbus maculosos Werlhofii, mit gleichzeitigen Blutungen aus den Schleimhäuten.

Die Purpura simplex mit Blutaustretungen in die Haut und zuweilen das Unterhautzellgewebe charakterisirt sich durch linsengrosse, wein- bis dunkelschwarzrothe unter dem Fingerdrucke nicht verschwindende Flecken (Purpura) durch punktförmige (Petechien) oder striemenförmige (Vibices) Hämorrhagien; oder endlich die Hauthämorrhagie ist eine diffuse, über grössere Flächen ausgedehnte (Ecchymosen).

Die Blutaustretungen beschränken sich entweder nur auf einzelne Theile, wie Extremitäten, Gelenke, Unterleib, oder sie nehmen den grössten Theil der Hautoberfläche ein; die Blutung erfolgt auf einmal oder schubweise.

Bei der Purpura hämorrhagica, der eigentlichen Blutfleckenkrankheit, finden neben den Haut- auch Schleimhauthämorrhagien statt.

Die Blutflecken der Haut treten mit grosser Unregelmässigkeit bald hier, bald dort und gewöhnlich in Nachschüben auf, nur sehr selten kommt es zu einer wirklichen Hämorrhagie aus der Haut, wobei das Blut in Form von Tropfen aus derselben hervorsickert. Ich habe zwei solche Fälle bei einem vier und fünf Jahre alten Mädchen beobachtet, beide Male drang das Blut an Stirn- und Schläfegegend ziemlich reichlich hervor. Der Frequenz nach reihen sich die Schleimhautblutungen folgender Weise:

Epistaxis, Nasenbluten, mitunter das erste Symptom, und oft sehr bedeutend, selbst stundenlang andauernd.

Stomatorrhagie, Blutungen aus der Mund- und Rachenhöhle; an der Mundschleimhaut und am gelockerten Zahnfleische sitzen gewöhnlich punktförmige oder fleckige Ecchymosen, dann und wann kommt das Blut auch aus den Tonsillen (Ferris).

Enterorrhagia, Darmblutungen, ziemlich häufig; den Stuhlentleerungen sind nur kleine Quantitäten Blut beigemischt oder dieselben bestehen zum grösseren Theile aus schwarzbraunen chocoladeartigen Massen. Hämorrhagische Erosionen, tiefere Geschwüre und selbst brandiges Abstossen der Darmschleimhaut in Folge der Blutungen habe ich beobachtet. Heftige kolikartige Schmerzen gehen gewöhnlich den Entleerungen voraus.

Hämatemesis, Bluterbrechen, ist seltener als die vorigen; Schmerzen in der Magengegend und Erbrechen von blutig ge-

striemten Schleimmassen oder Speiseresten, seltener von grösseren
Quantitäten von Blut sind die begleitenden Symptome. An der
Leiche finden sich auf der Magenschleimhaut zahlreiche oder
spärliche punkt- striemenförmige oder fleckige Hämorrhagien.
Hämaturie, Blutharnen, in ⅓ aller Fälle von mir be-
obachtet, ist mitunter beträchtlich.

Hämoptysis, Bluthusten, bildet bei der Purpura hämorrhagica interessanter Weise eine äusserst seltene Erscheinung,
ebenso der hämoptoische Infarkt.

Ecchymosen an der Conjunctiva werden dann und wann,
Blutungen aus Augen und Ohren habe ich nur einmal beobachtet.

In hochgradigen Fällen finden sich bei der Section ausser
den genannten auch noch andere Blutaustretungen, wie im Gehirne, den serösen Häuten etc.

Eine besondere Form der Purpura hämarrhagica hat Schön-
lein als Peliosis rheumatica bezeichnet. Die Blutflecken
treten in solchen Fällen an den Fuss- Knie- und Elbogengelenken
auf, die Gelenke selbst sind geschwollen, sehr schmerzhaft und
die Haut auch auf weitere Strecken ödematös. Die Peliosis rheumatica verläuft bald ohne, bald mit Schleimhautblutungen und
bildet eigentlich keine selbstständige Form.

Symptome und Verlauf.

Die Blutfleckenkrankheit verläuft meist fieberlos, nur selten
fieberhaft, die Kinder klagen, ehe die Hämorrhagien auftreten,
gewöhnlich schon einige Tage über das Gefühl allgemeiner Mattigkeit und Schwere in den Füssen. Unruhe, schlechter Schlaf,
Appetitverlust, und bei reichlicher Blutung blasses Gesicht, wachsartig durchscheinende kühle Haut, kleiner unregelmässiger Puls,
Schwindel und Ohnmachten, nur selten Convulsionen und schliesslich Hydropsien sind die weiteren Symptome. Die Krankheit
dauert oft nur einige Tage, kann sich jedoch besonders unter
immer wieder auftauchenden neuen Nachschüben auch viele Wochen
hinauserstrecken.

Ursachen.

Zum Theile noch dunkel können die Veranlassungen und
letzten Ursachen verschiedene sein, und ist die Purpura bald ein
primäres, bald ein secundäres Leiden. Eine angeborene
hämorrhagische Diathese mit abnormer Brüchigkeit der Capillar-

wandungen wird bei den sogenannten Bluterfamilien (Haemophilie) beobachtet. Acute Fettdegeneration der Neugeborenen bedingt ähnliche Symptome. Die erst später sich entwickelnde Purpura simplex oder haemorrhagica hat ihren Grund, wie man annehmen muss, in Capillarwandbrüchigkeit, Alteration des Blutes und Störungen des Kreislaufes und tritt entweder primär auf oder secundär im Verlaufe verschiedener Krankheiten. Zu letzteren gehören Tuberculose, Scrophulose, chronische Darmkatarrhe, Typhus, Masern, Blattern, Scharlach, Pyämie, Septicämie, Leucämie, Icterus, Nephritis parenchymatosa, Pemphigus, Keuchhusten, Herzfehler, Syphilis etc.

B o h n fasst, und wie ich glaube mit Recht, die Purpuraflecken als Folge capillärer Embolien der Haut auf, wenigstens dürfte diese Deutung für eine Reihe von Fällen die richtige sein.

Ein in der letzteren Zeit von mir beobachteter Fall spricht sehr zu Gunsten dieser Annahme. Bei einem mit scrophulöser Caries behafteten Knaben traten mit einem Male an dem rechten Unterschenkel unter heftigen Schmerzen ausgebreitete Ecchymosen mit tief blaurother Färbung der Haut auf, einige Tage darnach grenzten sich auf der etwas blässer gewordenen Fläche linsengrosse dunkelschwarze Flecken ab, welche sich im weiteren Verlaufe in folliculäre, kraterförmige Geschwüre verwandelten und als solche äusserst hartnäckig waren. Auch äussere Verhältnisse, schlechte, feuchte, kalte Wohnungen, unreine Luft, ungenügende Kleidung, unzweckmässige, mangelhafte, verdorbene Nahrung begünstigen den Ausbruch der Krankheit.

Purpura simplex secund. wird bei Kindern aller Altersklassen, auch schon bei Säuglingen beobachtet; während die Purpura haemorrhagica erst bei Kindern zwischen vier bis zwölf Jahren auftritt. Mädchen werden etwas häufiger als Knaben befallen; im Frühjahre und Herbste, besonders bei nasskalter Witterung zeigt sich das Leiden öfter, habituelle Bluter erkranken fast jedes Jahr ein- oder zweimal, mit eintretender Menstruation sah ich zweimal die Diathese für immer schwinden.

Prognose.

Primäre Purpura simplex endigt gewöhnlich günstig, secundäre Purpura simplex hat meistens eine schlimme Bedeutung; die Purpura haemorrhagica ist unter allen Umständen eine schwere Krankheit; doch kann selbst in verzweifelten Fällen und wie ich gesehen, bei Gangrän der Darmschleimhaut und all-

gemeinen Schleimhautblutungen unter günstigen äusseren Verhältnissen noch Heilung erfolgen.

Behandlung.

Ruhe, Aufenthalt in trockenen, fleissig ventilirten Zimmern,
kräftige, leicht verdauliche Kost, namentlich Fleisch, frisches
grünes Gemüse, säuerliche Fruchtsäfte, Wein, Bier, Essig-
waschungen der Haut und innerlich China, Mineralsäuren und
das von Henoch empfohlene Ergotin; bei Schleimhautblutungen
Eisenchlorid, Eispillen, Klystiere mit Essig und Eiswasser, bei
stärkeren Blutungen der Nasenhöhle die Tamponade, bilden die
wichtigsten Grundzüge der Therapie.

5. Rheumatismus.

Aus der Gruppe jener Krankheiten, welche sich in dem
gangbaren Begriffe Rheumatismus vereinen, kommt im Kindesalter fast nur der acute Gelenksrheumatismus vor.

Im Allgemeinen unterscheidet sich der acute Gelenksrheumatismus der Kinder nicht wesentlich von dem des späteren
Alters, erreicht jedoch nur selten die Heftigkeit und Hartnäckigkeit wie bei Erwachsenen.

Symptome und Verlauf.

Die Krankheit beginnt gewöhnlich, doch nicht immer mit
Fieber, Frösteln, grosser Unruhe und Schlaflosigkeit, mitunter
bilden die örtlichen Erscheinungen in den Gelenken den Anfang
der Krankheit. Das wesentlichste und wichtigste der Krankheitszeichen bilden die Anschwellungen der grösseren Gelenke, namentlich Knie- Fuss- Hand- und Ellbogengelenk, in der
Regel sind mehrere der genannten Gelenke zugleich ergriffen. Als
zweites charakteristisches Symptom ist der Schmerz zu nennen,
der besonders bei Druck und Bewegung der erkrankten Extremitäten sich steigert, und die Kinder bestimmt, eine ängstliche
Ruhe zu beobachten. Die Haut der geschwollenen Gelenke ist
leicht und vorübergehend geröthet oder normal gefärbt. Rheumatische Gelenksanschwellung mit Eiterbildung gehört bei Kindern zu den seltensten Ausnahmen (von mir zweimal beobachtet)
gewöhnlich schwellen die Gelenke früher oder später wieder ab.
Rasches Ueberspringen der Krankheit von einem Gelenke auf

andere, von einer Extremität auf die zweite kommt bei Kindern
oft vor.

Das Fieber ist bald stärker, bald schwächer, hat keinen
typischen Charakter, sondern zeigt grosse Schwankungen und
Unregelmässigkeiten. Die Haut ist zu Schweissen geneigt, doch
sind die Schweisse bei Kindern nicht so reichlich wie bei Erwachsenen und Miliaria daher seltener, der Urin ist spärlicher,
dunkel pigmentirt, sedimentirt und enthält viel Harnstoff und
harnsaure Salze.

Von den Complicationen bildet auch bei Kindern die
Endo- und Pericarditis die häufigste und wichtigste (nach
meiner Beobachtung in drei Fünftel aller Fälle), seltener betheiligen
sich die Pleura und die Meningen des Rückenmarkes
mit dem Bilde der Chorea minor. Fast alle erworbenen Herzfehler
des Kindesalters lassen sich auf Rheumatismus zurückführen.
Peri-Endocarditis tritt entweder gleich im Beginne der Krankheit als eine Theilerscheinung des Rheumatismus auf oder gesellt
sich erst später hinzu. Fortdauerndes oder frisch auftretendes
Fieber ohne neue Gelenksanschwellung, grosse Unruhe, Aengstlichkeit, Erbrechen und Delirien lassen immer auf eine Localisation am Herzen schliessen, welche durch die physikalische
Untersuchung sichergestellt wird. Ueber das Verhältniss des
acuten Rheumatismus zur Chorea habe ich schon bei der letztgenannten Krankheit meine Ueberzeugung ausgesprochen.

Leichtere und nicht complicirte Formen des Rheumatismus
verlaufen in zehn bis vierzehn Tagen, während die mit Peri-
Endocarditis und Herzfehlern complicirten Fälle längere Zeit
in Anspruch nehmen. Wechsel zwischen Besserung und Verschlimmerung kennzeichnen den Verlauf der hartnäckigen Formen und befreit in der Regel erst der Tod solche sieche Kinder
von ihrem unheilbaren Leiden.

Der Rheumatismus ist keine Krankheit des ersten Kindesalters, in der Regel wird sie erst vom fünften Lebensjahre an
beobachtet, wenngleich vereinzelte Fälle auch schon im ersten
und zweiten Lebensjahre vorkommen.

Die Ursachen

des Rheumatismus sind noch nicht hinreichend bekannt, gewiss
ist nur, dass die Krankheit von Temperaturwechsel und Barometer-
schwankungen sehr abhängig ist und die sogenannten Erkältungen in der Aetiologie eine wichtige Rolle spielen. Vererbung

des Uebels von Eltern auf Kinder konnte ich oftmals sicherstellen; in einer Familie, wo die Mutter mit Rheumatismus und
Herzfehler behaftet war, zeigten von zwölf Kindern eilf die
genannte Krankheit und wurden nicht über zwanzig Jahre alt.

Die Diagnose

macht keine Schwierigkeiten; das schwankende Fieber, die
schmerzhaften Anschwellungen der Gelenke, das Ueberspringen
der Krankheitserscheinungen, die Neigung zum Schweisse und
das Verhalten des Urins sowie die Complicationen lassen eine
Verwechselung mit anderen Krankheiten und Gelenkaffectionen
nicht leicht zu.

Behandlung.

Ein Specificum besitzen wir nicht, die Behandlung kann nur
eine symptomatische sein. Gegen das Fieber sind Chinin
und Digitalis, letztere besonders bei Complicationen am Herzen
die entsprechenden Mittel, bei grosser Unruhe und Schlaflosigkeit
die Opiate kaum zu entbehren; auch Chinin mit Belladonna erweisen sich öfter heilsam. Oertlich bewähren sich die Kaltwasser-
umschläge am besten, werden sie nicht vertragen, oder steigern
sich gar unter ihrem Gebrauche die Schmerzen, so sind Einwickelungen mit Watte, Werg und Einreibungen von Oel mit Chloroform oder Ungtum digitalis mit Kali jodat. und Extract belladon.
das Beste, namentlich hat mir letztere Verbindung schon recht
gute Dienste geleistet. Zurückbleibende Herzfehler machen grosse
Vorsicht und ein streng vorgeschriebenes diätetisches Verhalten
nothwendig.

Achter Abschnitt.

Infectionskrankheiten.

1. Scharlach, Scarlatina.

Der Scharlach ist jene acute, contagiöse, allgemeine Infections-krankheit, welche sich durch ein scharlachrothes Flächenexanthem, durch katarrhalisch-entzündliche Affection der Schlingorgane und der Nieren charakterisirt.

Anatomischer Befund.

Die Veränderungen, welche an den Leichen Scharlachkranker vorgefunden werden, sind entweder durch den Scharlachprocess selbst oder durch Complicationen und Nachkrankheiten desselben bedingt, und werden, um Wiederholungen zu vermeiden, zum grossen Theile bei der Symptomatologie und dem Verlaufe der Krankheit ihren Platz finden. Das Blut ist gewöhnlich dunkel, heidelbeerartig, dünnflüssig, arm an Fibrin, die Nieren immer im Zustande acut katarrhalischer oder entzündlicher Veränderung, die Milz geschwollen, die Lymphdrüsen und Darmfollikel ge-schwellt (intumescirt) oder es finden sich lymphatische Neubil-dungen (Lymphome) in der Leber, Milz, den Nieren und beson-ders im Darmkanale (Wagner); ziemlich constant finden sich bei Scharlachleichen als die Wirkungen hoher Temperaturen acute Fettentartung der Leber, des Herzfleisches, der Muskeln, des Gehirnes etc.

Symptome und Verlauf.

Incubation. Dieselbe dauert zwei bis zehn Tage; die Angesteckten befinden sich ganz wohl oder haben höchstens das Gefühl von Mattigkeit.

Dasselbe charakterisirt sich durch febrile Symptome, Frösteln abwechselnd mit Hitze, welche rasch ansteigen (Puls bis 160, Hauttemperatur bis 41, 5 ⁰ Cels.), Eingenommenheit des Kopfes, Kopfschmerzen, allgemeine Abgeschlagenheit, Brechneigung oder wiederholtes Erbrechen grünlicher Schleimmassen, Nasenbluten, zu denen sich sehr bald Brennen im Halse, Schlingbeschwerden, Röthung und Schwellung der Tonsillen, sowie des Racheneinganges gesellen. Eine diffuse, feinpunktirte Röthe am weichen Gaumen entwickelt sich in der Regel schon vor dem Auftreten der Angina. In manchen Epidemien beginnt der Scharlach mit sehr heftigem Brechdurchfall und Collapsus.

In schweren Fällen werden als Vorläufer auch Delirien, Convulsionen oder comatöser Zustand beobachtet. Das Prodromalstadium dauert nur wenige Stunden bis höchstens zwei Tage und kann selbst ganz fehlen, wobei die Krankheit gleich mit dem Erscheinen des Exanthems beginnt. Nach dem Grade der Krankheit überhaupt sind auch die Vorläufersymptome leichter und schwerer.

Stadium eruptionis et floritionis.

Unter rascher Steigerung der Fiebercurve erscheint das Exanthem und zwar zunächst am Halse und dem oberen Theile der Brust in Form von feinpunktirter verwaschen begrenzter Röthe auf merklich geschwollener Haut. Diese Röthe, welche dem Fingerdrucke weicht, um dann von der Peripherie zum Centrum zurückzukehren, breitet sich an Intensität zunehmend, allmählich nach dem unteren Theile der Brust, dem Rücken, Unterleib und den Extremitäten aus An den Gelenksgegenden erscheint die Röthe gewöhnlich sehr frühzeitig, im Gesichte kommt sie nicht regelmässig vor. Gleichzeitig mit dem Ausbruche des Exanthems steigern sich die anginösen Beschwerden. Die Zunge wird durch Schwellung der Papillen rauh, trocken, intensiv roth (Himbeerzunge). Die Körperwärme behauptet sich während dieser Zeit mit geringen Remissionen, die nicht immer auf den Morgen, sondern öfter in die Abendstunden fallen, auf der Höhe von 41,5—42⁰ Cels.; abgestossene Epithelien und Eiweiss sind in diesem Stadium oft schon im Urine nachweisbar. Das Allgemeinbefinden der Kinder leidet mehr oder weniger, in vielen Fällen, namentlich bei Sommerepidemien klagen die Patienten über

heftiges Jucken in der Haut. Unter Abfall der Körperwärme,
Sinken der Pulsfrequenz, Schwinden der Schlingbeschwerden
wird das Exanthem, nachdem es zwei bis drei Tage in voller
Blüthe gestanden, allmählich blässer mit einem Stich ins Gelb-
liche oder Gelbbräunliche, um endlich ganz zu verschwinden.
Dauer des zweiten Stadiums drei bis acht Tage.

Stadium desquamationis.

Unter stetiger Abnahme der febrilen sowie allgemeinen Störungen tritt an die Stelle der Hautröthe eine Ablösung, der Epidermis, welche an den zuerst ergriffenen Hautparthien beginnt.
Dieses geschieht in Form von grossen Lamellen (Desquamatio
membranacea) oder von kleinen, mehlstaubähnlichen Schüppchen
(Desquamatio furfuracea), in sehr hochgradigen Fällen lassen sich
von Fingern und Zehen handschuhfingerartige Ueberzüge ab-
streifen; auch Ablösen der ganzen Fusssohlen als liniendicke,
lederartige Platten und Losstossen der Nägel habe ich beobachtet. Ablösen der tieferen Epidermisschichten mit Bloslegen der
blutenden Cutis, wie nach hochgradigen Verbrennungen sah ich
zweimal. Schweisse stellen sich ein und halten an, der Urin
fliesst reichlicher, das Epitheldesquamat in demselben mehrt
sich, Schlaf und Appetit stellen sich ein. Die Dauer des Des-
quamationsstadiums beträgt acht bis zwanzig Tage; doch kann
die Abschuppung eine sehr geringe sein oder in seltenen Fällen
ganz vermisst werden.

Die vorstehende Schilderung bietet das Bild und den Verlauf des einfachen, gutartigen Scharlach. Anomalien
im Verlaufe, Complicationen und Nachkrankheiten
können dieses Verhältniss wesentlich anders gestalten.

Das Exanthem selbst ist nicht immer gleichmässig über
die Haut ausgebreitet (Scarlatina laevigata), sondern tritt öfter in
getrennt stehenden fleckenartigen Flächen auf (Scarlatina variegata), oder die Exsudation findet in Form von kleinen Knötchen
statt (Scarlatina papulosa). Die Epidermis erhebt sich in Form
zahlreicher kleiner Bläschen (Scarlatina miliaris) oder grösserer
Blasen (Scarlatina bullosa s. pemphigoidea), wie ich sie einige
Male im Gesichte gesehen. Das Exanthem erscheint nur zu bestimmten Stunden mit deutlich intermittirendem Typus (Scarlatina
intermittens) oder kann ganz fehlen (Scarlatina sine exanthemate).
Neben der Hautröthe erscheinen Hämorrhagien (Scarlatina haemorrhagica s. petechialis), oder dann und wann auch Urticaria.

Als sehr seltene und noch räthselhafte Erscheinung beobachtete
ich mitten in den Scharlachflächen scharf umschriebene, inselförmige, milchweisse Stellen, viel blässer als die normale Haut
und erkläre ich mir das Zustandekommen derselben durch tempo-
rären Krampf der Capillararterien.

Die Angina ist nicht immer eine einfach katarrhalische, sondern steigert sich öfter zur parenchymatösen
Tonsillitis fast nie mit Ausgang in Eiterung, grossen Schling-
und Athembeschwerden, schnarchendem Geräusche und belegter,
näselnder Stimme; oder sie wird namentlich in gewissen Epidemien und unter dem Einflusse individueller Eigenthümlichkeit
eine exsudative eroupös-diphtheritische mit Neigung
zu Necrose und raschem brandigen Zerfalle. Diese Entzündung
und Schorfbildung erstreckt sich von den Tonsillen, wo sie zuerst
und vorzugsweise sich entwickelt, auch auf die Uvula, den
weichen Gaumen und den Racheneingang fort. Neben den
Fauces ist in solchen Fällen fast immer auch die Nasenhöhle
ergriffen mit Bildung von Exsudatplacques und Secretion einer
gelblichen, übelriechenden und die Haut des Naseneinganges
aufätzenden scharfen Flüssigkeit. Durch Fortpflanzung nach unten
treten croupös-diphtheritische Laryngitis, Oesophagitis, Gastritis, durch Weiterkriechen in die Tuba Eustachii
und das innere Gehör Otitis interna hinzu mit Perforation des
Trommelfelles, Otorrhoe und zeitweiliger oder lebenslänglicher
Schwerhörigkeit oder Taubheit.

Hand in Hand mit der Angina scarlatinosa gehend und
durch sie bedingt oder als Metastase aufzufassen sind die Anschwellungen der Submaxillardrüsen und des Hals-
zellgewebes, welche auf einer oder beiden Seiten des Halses,
am Unterkieferwinkel grössere oder kleinere härtliche Geschwülste
darstellen mit Ausgang in Eiterung oder selbst Gangrän.
Eitersenkung nach abwärts und bei Durchbruch des Abscesses
nach innen Eröffnung grösserer Blutgefässe am Halse mit lethaler
Blutung bilden seltenere Folgen dieser Vereiterung. Diphtheritische Septicämie vermittelt durch Resorption necrotischer
Detritusmassen oder Pyämie sind gefährliche und den Tod fast
ausnahmslos herbeiführende Vorgänge.

Diphtheritis der Conjunctiva und des Bulbus mit
Panophthalmitis und rapider Erblindung sah ich nur wenige Male;
dagegen etwas öfter die diphtheritische und brandige
Vulvovaginitis.

Als dritter Herd des Scharlachprocesses können die Nieren den Verlauf und Ausgang der Krankheit in wesentlicher Weise beeinflussen. Die bei jedem Scharlachkranken vorhandene Hyperämie der Nieren und der fast nie fehlende Katarrh der Harnkanälchen steigern sich und zwar unabhängig von äusseren Einflüssen, wie Erkältung, Luftzug, Wechseln der Wäsche, Baden der Kinder, kalte Umschläge etc. zum Croup der Harnkanälchen und zur Nephritis parenchymatosa (Morbus Brightii). Zu den begünstigenden Momenten gehört ohne Zweifel auch die durch reichliche Epithelanschoppung bewirkte mechanische Undurchgängigkeit der Harnröhrchen. Der Beginn der Nephritis scarlatinosa fällt in der Regel zwischen den 13. bis 21. Tag der Krankheit, führt zu Wassersucht, zu Urämie und allen jenen Complicationen, wie sie bei dem Kapitel der Nierenkrankheiten ausführlich beschrieben wurden.

Erbrechen, Frostschauer, Kopfschmerz, neue Fiebersteigerung, Schmerzen in der Nierengegend, verminderte Absonderung eines dunkel- bis braunrothen, bluthaltigen, trüblichen Urins mit vermehrtem specifischen Gewichte und einem Sedimente, das aus reichlichen Epithelien, Blutkörperchen und Cylindern besteht und der im weiteren Verlaufe sich hinzugesellende Haut- und Höhlenhydrops, der jedoch auch fehlen kann, bilden die unzweifelhaften Symptome der Nephritis parenchymatosa.

Die Nephritis scarlatinosa steht in keinem directen Verhältnisse zu der Schwere des Scharlachs, namentlich der Intensität des Ausschlages und gesellt sich eben so oft zu scheinbar leichten, wie gleich im Beginne sehr schweren Fällen.

Das Procentverhältniss des Morbus Brightii zum Scharlach überhaupt ist nach dem jeweiligen Charakter der Epidemie und der Individualität ein verschiedenes und schwankt zwischen fünf und siebenzig Procent.

In seltenen Fällen wird Hydrops ohne Nierenerkrankung beobachtet. Freriehs will diese Scharlachwassersucht auf Lähmung der Hautnerven in Folge von Erkältung während der Abschuppung zurückführen.

Eine schwere Form und vom gewöhnlichen Verlaufe abweichende Anomalie bilden jene Fälle von Scharlach, wo die Kinder ohne Prodromalerscheinungen gewöhnlich urplötzlich unter heftigen Symptomen eines Typhus oder einer Meningitis erkranken. Erbrechen, Bewusstlosigkeit, lebhafte Delirien, Muskelzittern, Convulsionen, Coma, eine ungewöhnlich hohe und

ununterbrochen andauernde Temperatur, ein fliegender, sehr frequenter Puls und gewöhnlich ein sehr reichliches, dunkelrothes
Exanthem .vervollständigen den Symptomencomplex dieser Form.
In sehr rapiden Fällen sterben die Kinder schon nach 36—48
Stunden, noch ehe das Exanthem zum Vorscheine kommt. Gewöhnlich im Beginne einer Epidemie vorkommend, befällt diese
Anomalie meist die kräftigsten und blühendsten Kinder. Die
hohe Temperatur einerseits und die specifische Blutintoxication
andererseits bedingen wohl die grosse Gefährlichkeit und den
meist lethalen Ausgang solcher Fälle. Bei der Section konnte
ich ausser Hyperämie des Gehirns, der Meningen und Nieren
und acuter Fettdegeneration der früher genannten Organe keine
andereren Veränderungen nachweisen.

Andere mehr oder weniger häufige und vom Scharlachpro-
cesse abhängige Complicationen sind: Croupöse Bronchitis,
Pneumonie, Pleuritis und Pericarditis, letztere öfter mit Eiterbildung, Endocarditis, Meningitis, Lungenbrand.

Eine seltene und nur in gewissen Epidemien beobachtete
Complication ist die Arthritis scarlatinosa. Entweder schon
im Stadium floritionis, häufiger erst während der Desquamation
auftretend, befällt sie vorzugsweise das Knie- und Ellbogen-,
seltener Hüft- Fuss- und Schultergelenk, ist äusserst schmerzhaft,
führt in der Regel zur Eiterung und Pyämie, oder wenn die
Kinder am Leben bleiben, zu Caries, Muskelcontractur etc. Seltener noch tritt Periostitis, Ostitis und Necrose einzelner Knochen
hinzu; so sah ich totale Necrose einer Oberkieferhälfte etc.

Scharlach complicirt sich auch mit anderen acuten Exanthemen, besonders gerne mit Varicella, Masern, so dass die
Symptome beider Krankheiten neben einander verlaufen. Neuestens wurden solche unzweifelhafte Beobachtungen von Monti,
Thomas, mir u. A. beigebracht. Der Verlauf ist gewöhnlich
ein schwerer.

Als Folgekrankheiten sind zu erwähnen: Chronische
Nephritis, Hypertrophie der Tonsillen, Ozäna, Krankheiten des
Gehörorganes, Noma des Gesichtes und der Genitalien.

Ursachen.

Scharlach ist eine contagiöse, gewöhnlich in epidemischer
Verbreitung auftretende Krankheit; das Scharlachcontagium ist
uns noch nicht bekannt; die von Hallier u. A. im Blute nachgewiesenen pflanzlichen Keime (Mikroeoecus) dürfen noch keines-

wegs als das Wesen der Krankheit und als der Träger des
Contagiums angesehen werden; sie scheinen nach meiner Auffassung eher Gährungs- und Zersetzungsprodukte der Krankheit
zu sein. Eine gewisse individuelle Disposition ist nothwendige
Vorbedingung. Dass der Scharlach durch Mittelpersonen übertragbar und das Contagium auch an Möbelstücken, Betten etc.
und zwar längere Zeit hindurch haftet, möchte ich bezweifeln.
Kinder vom zweiten Lebensjahre an werden am häufigsten, Säuglinge seltener ergriffen, doch habe ich schon öfter acht bis zwölf
Wochen alte Säuglinge am Scharlach behandelt. Zweimaliges
Auftreten des Scharlach gehört zu den Seltenheiten.

Diagnose.

Das hohe andauernde Fieber, die Angina, der flächenartig
ausgebreitete, feinpunktirte Ausschlag, die nachfolgende Abschuppung in grösseren Lamellen und der Befund des Harnes sowie
das Herrschen einer Epidemie machen das Erkennen der Krankheit nicht schwer. Verwechselungen sind möglich mit Erythem
bei primärer Diphtheritis, bei Jodismus, sowie mit dem Stauungserythem schreiender Kinder. Einer Verwechselung mit Masern
wird durch die den letzteren zukommenden Vorboten und durch
das fleckenweise Auftreten des Exanthems vorgebeugt; schwierig
ist die Diagnose bei sehr flüchtigem, geringen Exantheme und
bei Complication mit anderen acuten Ausschlägen.

Prognose.

Auch der leichteste Scharlach ist eine schwere und heim-
tückische Krankheit; man stelle die Prognose immer zweifelhaft,
mache sie bei sonst gutartigem, nicht complicirten Verlaufe immer
von dem Verhalten des Urins abhängig und spreche sich vor
Ablauf der dritten Woche nie mit Bestimmtheit aus. Intensive,
scarlatinöse Blutvergiftung, diphtheritisch-eiterige Entzündungen
und Morbus Brightii sind schlimme Complicationen.

Behandlung.

Das einzig zuverlässige Prophylacticum ist die Isolirung der
Gesunden von den Kranken. Ein Specificum gegen die Krankheit besitzen wir nicht. Leichte Fälle erheischen blos eine einfach
diätetische Behandlung und ist der Arzt der beste, welcher die
Natur am wenigsten stört; eine gleichmässige Temperatur von
13 - 15 " Reaumur, vorsichtiges tägliches Lüften, nicht zu warme

und beschwerende Betten, tägliches Wechseln der Leib- und
Bettwäsche werden bei vernünftigen Eltern kaum auf Widerstand stossen. Bei ängstlichen Eltern und den im Behandeln
von Ausschlagkranken selbst von Aerzten noch gestützten Vor-
urtheilen wird man sich in dieser Richtung oft zu sinnlosen Con-
cessionen herbeilassen müssen. Zum Getränke reiche man frisches
Wasser, Limonade, Fruchtsäfte, zur Nahrung Milch und Fleischbrühe. So lange die Abschuppung dauert, sind die Kranken im
Bette oder wenigstens im Zimmer zu belassen. Schwere und
complicirte Fälle müssen symptomatisch behandelt werden.
Gegen die hohe Eigenwärme sind Abreibungen mit kaltem Wasser,
kalte Bäder, Einwickelungen und Begiessungen — wo sie gestattet werden — unstreitig das Beste; auch die von S e h n e e-
m a n n empfohlenen Speckeinreibungen lindern die enorme Hautwärme, leisten aber sonst weiter nichts. Von Medikamenten sind
die Mineralsäuren, Acidum muriat., Elix. acid. Halleri, die Digitalis, Chinin die gebräuchlichsten.

Bei Morbus Brightii sind, so lange der Urin sehr spärlich und
stark bluthaltig, alle auf die Nieren direct einwirkenden Mittel
zu vermeiden; man reiche einfach Säuren, erst wenn das Blut
schwindet, greife man zu den diuretischen Medikamenten, wie
Digitalis, Juniperus, Kali acticum etc. und empfehle reichliches
Trinken von Soda- und Selterswasser oder alkalischen Säuer-
lingen. Gegen die Hydropsien bewähren sich lauwarme Bäder,
auch zweimal täglich, die Diaphoretica, Diuretica und bei drohender Gefahr drastische Abführmittel; gegen urämische Zufälle
versuche man Chinin in grösseren Dosen (2—3 gran pro dosi drei-
bis viermal des Tages), kalte Begiessungen, Einwickelungen; bei
drohendem Collapsus Wein, Campher, Moschus, heisse Bäder mit
Zusatz von Senfmehl. Complicationen, wie Diphtheritis, Croup,
Pneumonie, Pleuritis, Peri-Endocarditis, Noma etc sind nach den
bei den betreffenden Krankheiten aufgestellten Regeln zu behandeln. Als n i e zu verabsäumende Pflicht möchte ich jedem
Arzte im eigenen und im Interesse der Kranken dringend
ans Herz legen, den Urin möglichst oft und gleich vom Beginne der Krankheit an zu untersuchen, und den Kranken
erst dann als gesund zu erklären und zu entlassen, wenn nach
Ablauf von mindestens drei Wochen kein Nierenleiden zu constatiren ist. So lange die Abschuppung dauert, was mitunter auch
bis in die sechste Woche hineinreicht, ist die Krankheit ansteckend, die allgemeine Regel, jeder Scharlachkranke müsse

sechs Wochen im Bette bleiben, wird vielfache Ausnahmen ohne
Nachtheil für die Kinder erleiden können.

2. Masern, Morbilli.

Mit dem Namen Masern wird jene acute, contagiöse allgemeine Infectionskrankheit bezeichnet, bei welcher auf der Haut
getrennt stehende rothe Flecken und Knötchen auftreten und die
von Katarrh der Respirationsschleimhaut begleitet ist.

Anatomischer Befund.

Auf der Haut der an Masern verstorbenen Kinder finden
sich ausser livider Marmorirung derselben, feiner Abschilferung
der Epidermis in seltenen Fällen auch Hämorrhagien. Die Respirationsorgane sind katarrhalisch-entzündlich verändert, öfter
Sitz croupös-diphtheritischer Exsudate. Fleckige Röthung der
Schleimhaut der Mundhöhle, des Larynx, der Bronchien und
einige Male in exquisiter Weise durch den gesammten Dünndarm beobachtete ich bei im Stadium floritionis verstorbenen
Kindern und dürfte als Exanthem früherer Autoren bezeichnet
werden. Das Blut ist dünnflüssig, dunkel, arm an Fibrin.

Auch bei Masern finden, jedoch seltener und nicht in
dem hohen Grade wie bei Scharlach acute Fettdegeneration und
Lymphombildung in einzelnen drüsigen Organen statt. Ausserdem bedingen noch die später zu erwähnenden Complicationen
gewisse pathologische Veränderungen.

Incubation. Dieselbe dauert gewöhnlich acht bis zehn
Tage und ist das Allgemeinbefinden dabei ganz ungetrübt oder es
zeigen sich schon zeitweise Frostgefühl und fliegende Hitzen.

Stadium prodromorum.

Im Beginne stellen sich gewöhnlich leichtere wiederholte
Schüttelfröste mit Temperatursteigerung auf ein erstes binnen
12—24 Stunden erreichtes Maximum ein, welchem jedoch wieder
Remissionen gewöhnlich am Morgen folgen. Das Gefühl von Abgeschlagenheit, Kopf- und Stirnschmerz, herumziehende Gelenk-
schmerzen, öfterer Wechsel der Gesichtsfarbe, Appetitverlust, unruhiger Schlaf und katarrhalische Erscheinungen der Nasenschleimhaut, der Bindehaut des Auges und der oberen Luftwege
gesellen sich bald hinzu. Häufiges Niesen, vermehrte Secretion
aus der Nase, Nasenbluten, Lichtscheu, Brennen und Drücken in
den geschwollenen und gerötheten Augen, vermehrte Thränen-

absonderung, trockener, die Kranken ununterbrochen neckender
öfter leicht belegter oder selbst croupartiger Husten, Heiserkeit,
Schlingbeschwerden, Delirien oder comatöser Zustand und ein
bis zwei Tage vor Ausbruch des Exanthems fleckige oder streifige Röthung am weichen Gaumen sind die weiteren wichtigen
Symptome dieses Stadiums, welches drei bis vierzehn Tage
dauern kann.

Stadium eruptionis et floritionis.

Unter Ansteigung der Körperwärme bis zum höchsten Maximum von 40° Cels. und selbst darüber und den Zeichen heftiger
Congestion zum Gehirne (Delirien, Convulsionen) erscheint das
Exanthem und zwar zuerst im mehr oder weniger gedunsenen
Gesichte auf der Wangen- und Schläfengegend in Form von
flüchtiger fleckiger Röthe und feinen rothen Pünktchen, welche,
allmählich an Grösse und Färbung gewinnend, schärfer hervortreten und theils als linsengrosse hie und da in unregelmässiger
Begrenzung confluirende, dunkel- bis lividrothe Flecken, theils
als hirsekorngrosse ebenso gefärbte Knötchen sich zeigen, zwischen
welchen jedoch immer Inseln normaler Haut liegen Binnen
24—48 Stunden verbreitet sich der Ausschlag unter andauernder
Steigerung der febrilen, allgemeinen und respiratorischen Störungen über den Hals, Stamm und Extremitäten (nur selten entwickelt sich das Exanthem wie mit einem Schlage binnen wenigen
Stunden über die ganze Hautoberfläche) bis der Ausschlag seinen
Höhepunkt erreicht hat und in voller Blüthe steht. Nach etwa
24- bis 36stündiger Florescenz beginnt unter allmählich erfolgender
definitiver oder unterbrochener Defervescenz des Fiebers das Erblassen des Ausschlages; die Flecken werden gelblichroth, schmutzig-
gelblich, um nach drei bis fünf Tagen gänzlich zu verschwinden.
Dabei wird die Haut weicher, fängt an feucht zu werden oder
reichliche Schweisse stellen sich ein. Unter Einem schwindet die
Lichtscheu, das Secret aus der Nase nimmt ab, an Stelle des
trockenen tritt feuchter, weicher Husten mit Auswurf klumpiger
Sputa bei älteren Kindern. Schlaf und Appetit kehren zurück,
die bisher spärliche Diurese wird reichlicher.

Stadium desquamationis.

• Gewöhnlich acht bis zehn Tage nach dem Auftreten des
Ausschlages ist derselbe spurlos verschwunden und die Epidermis
löst sich als kleienförmige Schüppchen ab, während das Fieber

durch Krisis oder Lysis ganz geschwunden ist und die katarrhösen Symptome ihr Ende nehmen. Die Dauer dieses Stadiums beträgt acht bis zwölf Tage.

Anomalien und Complicationen.

Das Exanthem weicht mitunter in der Art ab, dass die Flecken vielfach confluiren und grössere der Scarlatina variegata ähnliche, jedoch mehr bläulichrothe Flächen bilden (Morbilli conferti s. confluentes); oder es bilden sich punktförmige Extravasate (Morbilli haemorrhagici) oder die Masernflecken nehmen in Folge particller Zerreissung der überfüllten Hautcapillaren eine bläuliche Färbung an, weichen dem Fingerdrucke nicht und sind selbst drei Wochen nach dem Auftreten noch als schmutzige Pigmentflecken zu erkennen.

Plötzliches Verschwinden des Exanthems im Stadium florescentiae (sogenanntes Zurücktreten des Ausschlages) wird beobachtet bei entzündlichen Complicationen innerer Organe, namentlich ausgebreiteter Bronchitis, Bronchopneumonie oder croupöser Pneumonie, ferner nach sehr profusem Nasenbluten, und verhalten sich diese Krankheiten zu dem Verschwinden des Exanthems wie Ursache zu Wirkung, die Fluxion wird von der Haut auf ein inneres Organ abgeleitet.

Masern ohne Exanthem (Morbilli sine exanthemate) sieht man fast in jeder Epidemie, seltener sind die Fälle, wo die katarrhösen Symptome fehlen.

Die häufigsten und wichtigsten Complicationen der Masern im Stadium floritionis und desquamationis betreffen die Respirationsorgane und sind: diffuse und Capillarbronchitis, Atelectase der hinteren abhängigen Lungenparthien, Bronchopneumonie, croupöse Pneumonie, Lungengangrän, Glottisödem, Laryngitis crouposa, Pleuritis. In anderen Organen finden sich Conjunctiv. blennorrh., diphtherit., Keratitis, Diphtheritis der Nasen-Rachenhöhle, einfache oder croupöse Entzündung der Tonsillen, Oesophagitis und Gastritis crouposa-diphtheritica, Magendarmkatarrh, Dysenterie, seltener Nephritis albuminosa, Noma.

Gleichzeitiges Vorkommen von Masern und Variola, Varicella oder Masern und Scharlach wurde von mir einige Male beobachtet, und wirkt dann das eine Exanthem auf das andere mitunter abschwächend.

Die Nachkrankheiten sind zum Theile schon bei den Complicationen erwähnt; andere sind: Keuchhusten, wenn beide

Epidemien gleichzeitig herrschen, Hyperplasie und Verkäsung
der Lymphdrüsen, chronische Pneumonie, Lungenphthise, Bronch-
ectasie, Tuberculose, besonders bei scrophulösen und aus tuberculösen Familien stammenden Kindern, chronische Katarrhe der
Nasenschleimhaut, Ohrenkrankheiten, Entzündung des Periostes
und der Knochen. Masern wirken auf alle scrophulösen Affectionen verschlimmernd ein.

Ursachen.

Die Masern werden durch ein Gift hervorgerufen und ver-
breitet; das Wesen desselben ist bis heute weder chemisch noch
mikroskopisch sichergestellt, die von Hallier aufgefundenen
Pilze (Mucor mucedo) dürften kaum die Ursache, wohl aber ein
Produkt der Krankheit sein, und ist es noch mehr als zweifelhaft, dass diese Pilze die Uebertragung der Krankheit vermitteln.
Impfungen mit Blut (Katona, Speranza) und Nasenschleim
(Mayer) Masernkranker hatte den Ausbruch von Masern zur
Folge, und scheinen die Secrete der Luftwege, die Thränen und
das Blut die Träger des Contagiums zu sein. Die Anstek-
kungsfähigkeit ist schon im Prodromalstadium vorhanden, und
ebenso gross, wie in den späteren Stadien der Krankheit.
Eine gewisse Disposition ist nothwendig und sehr verbreitet;
durch Schulen, Kindergärten, öffentliche Spielplätze, Kirchen etc.
werden zahlreiche Ansteckungen vermittelt. Kleinere Masern-
epidemien kehren nach drei bis fünf Jahren, grössere nach sieben
bis acht Jahren zurück, in grösseren Städten unterhalten einzelne
Fälle die Fortdauer der Krankheit oft durch lange Zeit, bis sich
dieselbe unter gewissen Witterungsverhältnissen wieder zu epidemischer Häufigkeit steigert. Säuglinge, namentlich im ersten
halben Jahre bleiben gewöhnlich verschont, doch habe ich auch
schon vier bis sechs Wochen alte Kinder an Masern behandelt.
Einmalige Durchmaserung verschafft nicht immer absolute
Immunität, zweimaliges Auftreten der Masern selbst in relativ
kurzer Zeit (acht Wochen) habe ich einige Male beobachtet.
Acute und chronische Krankheiten schützen nicht, unmittelbares
Aufeinanderfolgen zweier oder drei acuter Exantheme, so dass
ein zweiter Ausschlag schon wieder im letzten Stadium des vor-
hergehenden erfolgt, ist in Kinderspitälern kein gar seltenes Vorkommen. Der Charakter der einzelnen Epidemien, der sich bald
als ein sehr gutartiger, bald als ein schlimmer (septisch-entzünd-
licher) äussert, hängt von gewissen Witterungsverhältnissen, der

Jahreszeit und anderen uns noch unbekannten äusseren und individuellen Nebenumständen ab. Sommerepidemien sind in der Regel leichter als die im Winter und Frühjahre auftretenden.

Diagnose.

Am leichtesten zu verwechseln sind die Masern mit den Rötheln (Rubeola); letztere machen sich kenntlich durch das Fehlen des Fiebers, der katarrhösen Symptome, der Abschilferung und den äusserst flüchtigen Charakter. Der Typhus exanthematicus ist bei Kindern eine überhaupt nicht häufige Krankheit, der typische Verlauf, die regelmässig wiederkehrenden abendlichen Fieberexacerbationen, der Milztumor, die Art und Weise, wie das Exanthem auftritt, und das weitere Verhalten desselben sowie das Fehlen der katarrhösen Symptome an Augen und Nase sprechen zu Gunsten des Typhus. Bei Roseola syphilitica bleiben die Flecken länger stehen, gehen gerne in andere infiltrirte Formen über und sind in der Regel gleichzeitig andere Zeichen der Lues vorhanden; auch ist der Verlauf gewöhnlich fieberlos. Fieberhafte Urticaria oder Erythema urticatum unterscheidet sich von Masern durch das sehr flüchtige, öfter wiederkehrende Exanthem, durch das Vorhandensein von Quadeln, starkes Jucken und den Abgang der katarrhalischen Begleiterscheinungen, die nur im Beginne mögliche Verwechselung der Masern mit Variola wird durch die weitere Entwickelung der Pusteln bei Blattern bald beseitigt; die Unterscheidungsmerkmale zwischen Scharlach und Masern sind bereits bei ersterer Krankheit erwähnt.

Prognose.

Dieselbe richtet sich nach dem Charakter der Epidemie, der Individualität der Kranken und den Complicationen. Im Allgemeinen sind die Masern keine gefährliche Krankheit, können jedoch unter Umständen und in manchen Epidemien sich zur ganzen Gefährlichkeit des Scharlach steigern. Die Mortalitätsverhältnisse gestalten sich verschieden, während ich bei einer Sommerepidemie auf dem Lande unter 200 Fällen von Masern nicht einen Sterbefall beobachtete, erlagen im Prager Kinderspitale während einer bösartigen mit Diphtherie vergesellschafteten Winterepidemie von zwölf gleichzeitig behandelten Kindern zehn der Krankheit. In der Mitte liegt die Durchschnittsziffer.

Behandlung.

Das einzig stichhaltige Prophylacticum ist auch hier die Isolirung der Gesunden von den Kranken. Bei der Erfahrung, dass die grössere Mehrzahl der Menschen die Masern wenigstens einmal überstehen müssen, ist es zu entschuldigen, die Absperrung während gutartiger Epidemien weniger zu berücksichtigen, in schweren Epidemien halte ich dieses Vorgehen für gewissenlos, namentlich schon anderweitig kranken, scrophulösen und tuberculösen Kindern gegenüber. Bei Ausbruch intensiver Epidemien sind die Schulen temporär zu sperren, der Besuch von Kinderbewahranstalten und Kindergärten zu untersagen.

Die Behandlung selbst ist wie bei allen acuten Infectionskrankheiten eine diätetisch-symptomatische. In ersterer Beziehung gelten dieselben Vorschriften wie sie schon beim Scharlach erörtert wurden, die Augenaffection erheischt eine mässige Verdunkelung des Krankenzimmers. Die Diät sei, so lange Fieber vorhanden, eine auf Milch und Suppe beschränkte; für Stuhlentleerung ist zu sorgen. Gegen den heftigen Hustenreiz, besonders gegen den die Krankheit einleitenden neckenden trockenen Husten reiche man Extract. hyoscyami, Aq. lauroc., Belladon., älteren Kindern auch Morphium, am besten in einem Decoct althaeac oder in einer Mixtur oleosa. Bei schwerem Abhusten und zähem Sputum sind ein Infus. rad. ipecacuanh. mit Aq. lauroc., Salmiak oder Sulfur. aurat. antim. die entsprechenden Mittel; ist das Bronchialsecret sehr reichlich, der Athem erschwert, so ist ein rechtzeitig gereichtes Brechmittel, ein stärkeres Infus. rad. ipecacuanh. (egr. 8—12) mit Liquor. ammon. anisat. (gutt. XII bis 1 Scrupel) am Platze. Hohe Fiebergrade erheischen Chinin und Digitalis, Schwächezustände und Collapsus Wein, Arnica, Moschus; Hämorrhagien Chinapräparate und Mineralsäuren, typhoider Charakter der Masern Chinin und Säuren. Anderweitige entzündliche Complicationen sind nach den gewöhnlichen Regeln zu behandeln. So lange die Abschilferung dauert, sind die Kinder im Bette oder wenigstens im Zimmer zu belassen; dies gilt besonders von den Winterepidemien.

3. Rötheln, Rubeola.

Die Rötheln sind jenes selbstständige, mit Masern und Scharlach nicht identische acute Exanthem, welches sich durch eine

sehr flüchtige, fleckige Röthe der Haut mit sehr geringen oder
ganz fehlenden Allgemeinerscheinungen charakterisirt.

Die Krankheit wird überhaupt nicht oft und dann gewöhnlich in epidemischer Verbreitung beobachtet.

Die Incubation dauert durchschnittlich etwa zehn bis
vierzehn Tage.

Das Stadium der Vorläufer ist meist ein sehr kurzes,
einige Stunden bis höchstens zwei Tage und äussert sich in Störungen, wie Frostschauer, Hitzegefühl, Kopfschmerz und nach
den Angaben einiger Autoren (Gerhardt, Thomas u. A.) im
Nasen- Rachen- und Augenkatarrh.

Die Eruption findet in der Regel urplötzlich und zwar
meist über den grösseren Theil der Hautoberfläche statt; das
Exanthem besteht in kleineren oder grösseren rundlichen hie und
da durch unregelmässige Ausläufer confluirenden bläulich-rothen
über das Niveau der dazwischen liegenden normalen Haut kaum
erhabenen Flecken, welche beim Fingerdrucke weichen- und alsbald wieder zurückkehren. Der Ausschlag steht 24—48 Stunden,
nie darüber, gewöhnlich 16—30 Stunden, hinterlässt weder Abschilferung noch Pigmentirung. Einzelne Beobachter (Gerhardt,
Thomas) wollen einige Tage nach dem Verschwinden des Ausschlages eine kleienförmige Abschuppung bemerkt haben. Der
ganze Verlauf ist in der Regel fieberlos oder nur mit sehr geringer
fieberhafter Erregung. Die Temperatursteigerung beträgt selten
über einen Grad, der Gipfel der Fiebercurve fällt mit dem Auftreten des Exanthems zusammen. Fälle, zu welchen sich als
Complication Pneumonie mit Ausgang in Tod gesellte (Emming-
haus), scheinen mir eher Masern als Rötheln gewesen zu sein.
Unter den befallenen fand ich Kinder von acht Monaten bis zehn
Jahren, das Geschlecht macht keinen wesentlichen Unterschied.

Eine deutliche Contagiosität konnte ich bis jetzt nicht
wahrnehmen, während von anderen Beobachtern behauptet wird,
dass die Rötheln sowohl direct als indirect von Individuum zu
Individuum übertragbar sind; wie denn überhaupt die Ansichten
über das Wesen und den Verlauf dieser durch lange Zeit todt-
geschwiegenen Krankheit noch viel Widersprechendes aufweisen.

Die Rötheln gewähren keine Immunität gegen die Masern,
ihre Prognose ist immer eine günstige; eine Therapie erheischen sie in der Regel nicht.

4. Blattern, Variola.

Unter Blattern (Variola, Pocken) versteht man eine acute, contagiöse, typisch verlaufende Krankheit mit Efflorescenzen an der Haut, welche als Knötchen und Bläschen beginnend sich in Pusteln und Krusten umwandeln.

Bezüglich der Eintheilung der verschiedenen Blatternformen haben sich unter den Aerzten zwei Ansichten gebildet. Die Vertreter der einen nehmen, der Auffassung von Hebra folgend, nur einen Blatternprocess an, der jedoch nach der jeweiligen Intensität in drei Formen die Variola vera, die Variolois s. V. modificata und die Varicella zerfällt. Dieser Ansicht gegenüber behaupten wieder Andere, und ihre Zahl mehrt sich in der Jüngstzeit, dass Variola und Variolois als die eigentliche Blatternform von der Varicella strenge zu trennen sei. So sagt Thomas, die Varicellen sind eine Krankheit sui generis und begründet seine Ansicht folgender Weise: Die Aus- und Rückbildung geschieht viel rascher, Varicellenepidemien treten häufiger auf als Pockenepidemien; die Vaccination schützt nicht vor ihnen; vorzugsweise werden Kinder befallen, keine Prodromalsymptome; die Eruption erfolgt oft schon am Ende des ersten Tages. Der Inhalt der Varicellenpusteln wird als nicht oculabel bezeichnet. Auch die Incubation hat keine constante Dauer wie die Pocken.

Was nun den Standpunkt betrifft, den ich gegenüber diesen beiden Parteien einnehme, so muss ich ehrlich gestehen, dass ich trotz zahlreicher Erfahrungen, wiederholter Forschungen und Impfversuche noch immer schwanke; es sprechen ebensoviele Gründe für wie gegen die Specicifität der Variola und Varicella. Folgende Thatsachen habe ich bei diesem Streben und Suchen nach dem Richtigen gewonnen.

1. Die Varicellen unterscheiden sich anatomisch nicht strenge von den wahren Blattern, und kommen zwischen den krystallhellen, rasch sich entwickelnden und ebenso schnell eintrocknenden Bläschen auch gedellte, eitererfüllte Pusteln vor; selbst die Rupia variolosa sah ich öfter aus Varicellabläschen hervorgehen. Varicella hinterlässt mitunter, wie Variola vera Narben.

2. Auch der Varicellaeruption gehen nicht selten Prodromalsymptome voraus.

3. Der Inhalt der Varicellabläschen ist bestimmt oculabel; ich habe durch Impfung desselben auf andere nicht vaccinirte

Kinder Haftung und zwar wieder unter der Form der Varicella erzielt.

4. Die Incubation dauerte acht Tage, die Impfstellen zeigten keine Spur einer Reaction. Der Ausbruch erfolgte mit einem Male über die ganze Hautoberfläche.

5. Ich sah durch Berührung mit varicellakranken Kindern bei anderen sowohl vaccinirten wie ungeimpften Kindern echte Variola entstehen und umgekehrt.

6. Vaccination schützt nicht vor Varicella. aber auch mit Haftung geimpfte Kinder erkranken und zwar, wie ich gesehen, in verhältnissmässig kurzer Zeit zweimal an echter Variola.

7. Kinder, welche eben Varicella überstanden hatten, erkrankten bald darauf an echter Variola. Dies beobachtete ich besonders scharf bei einem einjährigen Knaben, welchen ich mit Varicellalymphe geimpft: acht Tage nach der Impfung kam eine mässig reichliche Eruption von Varicellen zum Vorscheine; und nach drei Wochen schon ein reichlicher Ausbruch von Variola, der Knabe war nicht vaccinirt.

8. Nicht vaccinirte Kinder waren durch acht beziehungsweise zehn Wochen unter schweren Blatternkranken gelegen, ohne zu erkranken.

Angesichts solcher Thatsachen ist es schwer, einen entscheidenden Ausspruch zu thun, doch möchte ich mich, meine frühere Auffassung verlassend, mehr zu der Annahme hinneigen, dass Variola und Varicella verschiedene und nicht blos formell abweichende Grade einer und derselben Krankheit sind.

Auch die von Hebra den einzelnen Blatternformen zu Grunde gelegte Krankheitsdauer ist kein stichhaltiger Eintheilungsgrund und werden zahlreiche Abweichungen in dieser Richtung beobachtet.

Anatomie.

Nach mehrfachen Untersuchungen namentlich durch Auspitz und Basch, ergibt sich für die Entwickelung der Blatternefflorescenzen folgender Vorgang:

Das Blatternknötchen, gewöhnlich am fünften Tage der Krankheit entsteht durch Vorwölbung der Epidermis in Folge von Anschwellung der Malpigh'schen Schichte. Die Zellen derselben sind grösser, die Kerne vergrössert; die Gefässe des Corium sowohl in der Papillarschichte wie unter derselben sind erweitert, an ihren Wänden sitzen zahlreiche, kleine, runde Zellen;

im Stroma der Papillen ähnliche Zellen. Papillen und Drüsen
sind nicht verändert.

Bläschen. Unter den deutlich geschwellten Zellen des
Rete Malpighii zeigt sich ein Maschenwerk von fasriger Structur,
welches Eiterzellen einschliesst. Die Papillen sind breiter und
kürzer, die Gefässe von Zellen umgeben.

Pustel. Das Maschenwerk dehnt sich gegen das Corium
hin mehr aus, wird weiter, in den Maschenräumen sind runde
Zellen. Der Pustelinhalt, zumeist Eiterzellen, ist von zwei
Schichten kernloser Epidermiszellen wie von einer Kapsel einge-
schlossen. Der Entzündungsprocess schliesst mit allmähliger
Abstossung des Pustelinhaltes durch eine unterhalb desselben neu-
entstandene Epidermis; der abgestossene Inhalt vertrocknet zu
einer Borke, unter welcher das Rete Malpighii zur Norm zurück-
kehrt oder ein Geschwür entsteht.

Die Delle ist eine einfache Vertiefung der Epidermis und
entweder eine primäre oder erst im Stadium der Decrustation
sich entwickelnde secundäre. Sie ist kein für die Blattern
allein charakteristisches Zeichen und wird auch bei anderen
Pustelformen beobachtet.

Die übrigen anatomischen Veränderungen entsprechen zum
Theile den schon bei Scharlach und Masern aufgeführten, zum
Theile den später zu erwähnenden Complicationen und Nach-
krankheiten.

Symptome und Verlauf.

Der Blatternprocess zeigt je nach der Heftigkeit der Allgemeinerscheinungen, nach der Reichlichkeit der Efflorescenzen und
den ihn begleitenden Complicationen verschiedene Abstufungen,
und es werden, dem jeweiligen Grade der Krankheit entsprechend,
bald sehr schwere, bald leichte Symptome beobachtet.

Incubatio. Dieselbe dauert zehn bis vierzehn Tage und
bleibt dabei das Befinden ganz ungestört oder es machen sich
nach der Aussage älterer Kinder Störungen, wie leichter Frost,
das Gefühl vorübergehender Mattigkeit und Eingenommenheit
des Kopfes bemerkbar.

Stadium prodromorum.

Frostschauer oder intensiver Frost, Fiebersteigerung bis zum
Maximum von 39—40° Cels, gastrische Störungen, wie Appetitmangel, Ekel, belegte Zunge, öfter Erbrechen, heftiger Stirnkopf-

schmcrz, grosse Unruhe, abwechselnd mit Schlafsucht, schreckhafter, häufig unterbrochencr Schlaf, Delirien, Zähneknirschen,
Muskelzittern, Convulsionen, Ohnmachten oder zuweilen Zeichen
von Collapsus bilden die gewöhnlichen Symptome dieses Stadiums, Röthung der Haut in Form eines ausgebreiteten Erythems
odcr flüchtiger Roseola wird manchmal beobachtet. In einem
Falle, einen achtjährigen Knaben betreffend, bildete Tobsucht ein
Prodromalsymptom. Die bei Erwachsenen fast immer vorhandenen Kreuz- und Rückenschmerzen, sowie die in der Magengrube sich äussernden mannigfachen Gefühle werden bei Kindern
aus leicht begreiflichen Gründen öfter vermisst als wahrgenommen. In der Mundhöhle sah ich öfter schon in diesem Stadium
einzelne Knötchen und Bläschen aufschiessen.

Stadium eruptionis et floritionis.

Unter Andauern und allmählicher Steigerung der febrilen
und allgemeinen Störungen erscheinen die Efflorescenzen und
zwar bei den echten Pocken zuerst im Gcsichte, bei den Vario-
loiden an verschiedenen zerstreuten Hautstellen zunächst als kleine
härtliche, rothe Knötchen, die theils spärlich und isolirt, theils
dicht gedrängt stehen und nach zwei- bis dreitägiger Dauer sich
in Bläschen, endlich durch eiterige Umwandlung des Inhaltes in
Pusteln umformen, was sich bei Variola vera zwischen acht bis
zehn, bei der modificirten Variola zwischen vier bis sechs Tagen
vollzieht. Mit beginnender Eiterung, namentlich bei zahlreichen
Efflorescenzen nimmt das Fieber, nachdem es im Stadium eruptionis etwas gesunken, einen neuerlich höheren Grad an (40 bis
41° Cels.), der Entzündungshof um die Pocken vergrössert sich,
das Gesicht schwillt an, wird unförmlich und unkenntlich und
ein heftiges Jucken in der Haut macht sich fühlbar.

Stadium decrustationis.

Nach längerem oder kürzerem Bestande der Pusteln (bei
V. vera am vierzehnten bis achtzehnten Tage, bei Variolois am
siebenten bis zwölften Tage der Krankheit) trocknet der Inhalt
derselben ein, es bilden sich bräunliche dicke Krusten, welche
allmählich abfallen und eine mit neuer Epidermis bedeckte Narbe
hinterlassen, die sich bei Kindern im Verlaufe der Zeit aus-
gleichen oder für immer zurückbleiben kann. Die Abtrocknung
geht in derselben Weise vor sich, wie die Proruption der Efflores-

cenzen erfolgte und zwar desto schneller, je geringer und gutartiger die letzteren waren.

Nach Form, Inhalt und Anordnung der Pusteln hat
man verschiedene Abarten der Blattern aufgestellt, welche jedoch
nicht alle eine praktische Bedeutung haben und daher mehr oder
weniger in Vergessenheit gerathen.

Als wichtig wären folgende Abweichungen zu berücksichtigen: Blattermasern, Nirlus, eine sehr gutartige Form, wo
es nicht zur Pustelbildung kommt; Variola miliformis, die Efflorescenzen werden nur hirsekorngross, sehen aus wie warzenartige
Knoten, ohne Eiterung und ohne Entzündungshof, eine stets lethale
Form und von mir nur bei atrophischen, anämischen anderweitig
kranken Kindern beobachtet; Variola pemphigoidea, die
Efflorescenzen wandeln sich in grosse Blasen um; Variola con-
fluens, die Pusteln fliessen zu grossen von Eiter unterminirten
Hohlräumen zusammen; Rupia variolosa, im Stadium decru-
stationis entwickelt sich um die schon halb trockenen Pusteln ein
Eiterwall, welcher in serpiginöser Weise an Umfang zunimmt;
Variola haemorrhagica (Purpura variolosa), unter heftigen
Fiebererscheinungen und grosser Unruhe der Kinder kommt es
zur Entwickelung zahlreicher, über das Niveau der gesunden
Haut nur wenig hervorragender hämorrhagischer Knötchen oder
Bläschen, zwischen welchen sich auch Petechien befinden. Ausser
den Hauthämorrhagien werden in solchen Fällen gewöhnlich auch
capilläre Apoplexie im Gehirne, Hämorrhagie der Lunge, Nieren,
Darmschleimhaut, Blutharnen und blutige Stuhlentleerungen
beobachtet.

Vorkommen der Pusteln auf den Schleimhäuten.
Auch die Schleimhäute betheiligen sich mehr oder weniger am
Blatternprocesse; die Eruptionen entwickeln sich entsprechend
ihrem anatomischen Boden rascher und zwar nur zu stecknadel-
kopfgrossen Knötchen oder höchstens linsengrossen Bläschen,
welche bald collabiren und sich in kurzer Zeit wieder abstossen.
Die Efflorescenzen auf den der Untersuchung zugänglichen
Schleimhäuten treten nicht selten um ein bis zwei Tage früher
auf als an der Haut selbst. Von den Schleimhäuten werden ergriffen: Mund-Rachen-Nasenhöhle, Oesophagus, Epiglottis, Kehlkopf, Trachea, Bronchien, Darmcanal, Conjunctiva
bulbi et palpebrarum und bedingen der jeweiligen Localität entsprechend vermehrte Speichelsecretion, schmerzhaftes und erschwertes Saugen und Schlingen, was namentlich bei Säuglingen

äusserst störend wirkt, indem sie keine Nahrung aufnehmen
können; Heiserkeit, Stimmlosigkeit, bellenden, croupartigen
Husten, pfeifenden und erschwerten Athem, Diarrhöe etc. Auch
der äussere Gehörgang und zwar am knorpeligen Theile ist öfter
Sitz von Blatterneiflorescenzen.

Die Schleimhautblattern stehen, was Zahl und Ausdehnung
betrifft, im geraden Verhältnisse zu den Efflorescenzen der äusseren Haut.

Von anderweitigen Anomalien und Complicationen
kommen vor: Eiterung auf der Cornea mit Perforation derselben und Phthisis bulbi; diese Complication kommt relativ nicht
häufig vor und hat eine blos metastatische Bedeutung; Verwachsung der Nasenhöhle bei reichlicher Eruption und
Verschwärung der Nasenschleimhaut, wie ich bei einem vierjährigen Knaben beobachtete, wo das eine Nasenloch vollständig
verwachsen, das andere nur für eine dünne Sonde durchgängig
war, ferner croupös - diphtheritische Entzündung der Nasen-
Rachen- Kehlkopf- und Darmschleimhaut, Pleuritis, Pneumonie,
Meningitis, Arthritis, Pericarditis, Gangrän, Nephritis parenchymatosa. Gleichzeitiges Vorkommen von Variola und Scarlatina.
Variola und Morbillen wurden von Monti, Thomas und mir
mehrfach sichergestellt, und habe ich zu den schon veröffent-
lichten Fällen vier neue Fälle beizufügen, von denen zwei nicht
im Spitale sondern in der Privatpraxis beobachtet wurden.

Von Nachkrankheiten kommen vor: Tuberculosis und
diffuse phlegmonöse Entzündung durch Aufsaugung des Pustelinhaltes, ebenso schmerzhafte wie gefährliche Processe, Noma,
Knochennecrose, hartnäckige Anämie und das ganze Heer der
scrophulösen Affectionen bei mit dieser Krankheit behafteten
Kindern.

Ursachen.

Die Blattern sind eine ungemein ansteckende Krankheit.
Der Ansteckungsstoff ist in dem Eiter der Pusteln und im Blute
Blatternkranker enthalten; die Ansteckung kommt wahrscheinlich durch Vermittelung der Schleimhäute zu Stande. Die An-
steckungsfähigkeit Blatternkranker ist im Stadium floritionis und
decrustationis am stärksten. Ob die Pocken durch eine Zwischen-
person übertragbar, ist noch nicht hinreichend festgestellt; wie denn
überhaupt bei Deutung solcher Thatsachen die grösste Vorsicht
nöthig ist, und nicht jede jahrelang aufgewärmte und wieder-

gekäute Geschichte gleich zu Schlussfolgerungen benützt werden darf. Viele, jedoch nicht alle Menschen sind für Blatterncontagien überhaupt und in gleichem Grade empfänglich. Einen Fall fötaler Variola beobachtete ich bei einem todtgeborenen Kinde, dessen Mutter im letzten Schwangerschaftsmonate an confluirender Variola erkrankt war.

Prognose.

Dieselbe ist von dem Alter des Kindes, der Heftigkeit der Krankheit, ihren Complicationen und schliesslich vielleicht von dem Umstande abhängig, ob das Kind und seit wie lange es geimpft ist. So sehr auch die Ziffern zu Gunsten der Impfung sprechen, so ist die Frage über den wirklichen oder blos scheinbaren Nutzen der Impfung doch noch nicht unanfechtbar entschieden. Zahlreiche Fälle, wo geimpfte Kinder an den heftigsten Formen der Variola vera erkrankten und im Gegentheile wieder nicht vaccinirte Kinder nur von leichten Verioloiden befallen wurden, halten meiner Ueberzeugung in dieser Richtung noch mancherlei Bedenken entgegen.

Je jünger das Kind, desto schlimmer die Prognose, dies gilt besonders von den Säuglingen, ebenso erliegen schon früher und anderweitig kranke Kinder leicht dem Blatternproeesse. Entzündliche, namentlich Complicationen diphtheritischer und pyämischer Natur sind schlimme Begleiter und machen die Blattern stets sehr gefährlich.

Die Procentverhältnisse der Mortalität gestalten sich in den einzelnen Epidemien verschieden und sind, wie es mir scheint, nicht allein von dem vorhandenen oder fehlenden Schutz der Impfung abhängig. In bösartigen Epidemien beträgt die Sterblichkeit 50—60, in mehr gutartigen wohl auch nur 5—6 Proeent.

Entstellende Narben, sowie zurückbleibende Störungen in der Funktion des Gesichts- Geruchs- und Gehörsinnes bilden schon früher angedeutete Folgeübel der Blattern.

Diagnose

Höhere Grade der Krankheit in einem vorgerückten Entwickelungsstadium sind ohne Schwierigkeit zu erkennen. Im Prodromalstadium wäre eine Verwechslung mit Typhus oder mit Masern, namentlich mit Morbilli papulosi nicht unmöglich. Das Auftreten und Zunehmen der Milzschwellung, der typische Gang und die Höhe des Fiebers, vor Allem aber das hervortretende Exanthem und bei Masern die katarrhösen Nebensymptome werden bald jeden Zweifel entfernen. Leichte Formen der Variola (Variolois und Varicella) haben grosse Aehnlichkeit mit acutem Eczema, unter Umständen selbst mit Scabies und mit Blasen-Syphiliden. Eine genaue Würdigung des gesammten Krankheitsbildes, des gesetzmässigen Verlaufes und der Nachweis von Milbengängen, sowie anderer syphilitischer Produkte werden das Richtige erkennen lassen.

Behandlung.

Als Prophylacticum gilt die Impfung, vor Allem aber die Isolirung der Gesunden von den Kranken; ein Specificum gegen die Krankheit gibt es nicht. Wir besitzen kein Mittel, um den Ausbruch der Krankheit zu verhindern, die Zahl und Grösse der Efflorescenzen zu beschränken oder die Narbenbildung zu verhüten. Die zahlreichen, in dieser Beziehung versuchten und gerühmten Mittel, wie Ungtum cinereum, Collodium, Sublimat, Emplast. de Vigo, Emplast. diachyl., Jodtinctur oder gar die schmerzhafte ectrotische Methode (Zerstörung der Pusteln mit dem Lapisstifte), leisten alle wenig oder gar nichts. In jüngster Zeit wurde die Saracena purpurea als ein specifisches Mittel gepriesen, auf wie lange, kann man heute noch nicht sagen; die Erfolge klingen sehr abweichend, eigene Versuche mit dem Mittel stehen mir noch nicht zu Gebote. Die von einem englischen Arzte vorgeschlagene und als heilsam bezeichnete Methode, die Entwickelung der Blattern durch Entziehung des Lichtes und innerliche Darreichung·der Tinctura Fowleri erfolgreich zu beschränken, kann ich nach mehreren Versuchen nicht empfehlen. Die von Hebra versuchte Behandlung im continuirlichen Wasserbade scheint den gehegten Erwartungen auch nicht zu entsprechen. Neben einer rationellen diätetischen Behandlung, wie sie schon bei Masern und Scharlach angedeutet, kann unsere Therapie nur eine symptomatische und gegen die lästigen und gefährlichen Aeusserungen der Krankheit gerichtet sein. Gegen das hohe Fieber Chinin, Digitalis, die Mineralsäuren; gegen das spannende und brennende Gefühl in der Haut kalte Bäder, nasskalte Einwickelungen, Speckeinreibungen, bei Affectionen der Mundhöhle Kali chloricum, bei Variola haemorrhagica Chinapräparate, Wein, frische Luft. Im Stadium decrustationis befördern warme Bäder und wiederholte Fetteinreibungen das Abfallen der Krusten. Die gegen gleichzeitige Augenaffectionen empfohlenen Mittel sind auch nur mehr theoretische, da die starke Geschwulst der Augenlider ein Eingreifen in der Regel ganz unmöglich macht. Die leichteren Formen von Variolois und Varicella erheischen keine Therapie und werden dieselben nicht selten im Herumgehen absolvirt.

5. Impfpocken (Vaccina) und Impfung (Vaccinatio).

Die Impfung, wenn auch schon vor Jenner bekannt, so doch durch ihn im grösseren Massstabe eingeführt und geübt (1796) und seitdem in den meisten civilisirten Staaten direkt oder indirekt obligat, gewährt keinen absoluten Schutz gegen die Blattern und selbst die Behauptung, dass durch sie die Intensität des Blatternprocesses wesentlich abgeschwächt, modificirt und die Mortalität herabgesetzt wird, hat noch mit zahlreichen Ausnahmen zu kämpfen.

Die Impfung geschieht entweder mit der Lymphe vom Euter der Kuh (originäre Lymphe) oder mit der der menschlichen Impfpustel entnommenen Lymphe (humanisirte Lymphe) oder aus den durch Impfung von menschlicher Lymphe auf das Euter der Kuh erzielten Pocken (Retrovaccinationslymphe). Die sicherste Methode ist unstreitig die von Arm zu Arm, die in Glasphiolen aufbewahrte Lymphe behält wohl eine Zeit lang ihre Wirksamkeit, ist jedoch nicht so zuverlässig, wie die aus frischen Pusteln genommene. Die Impfung wird am besten mittelst der mit Impfstoff befeuchteten lancettförmigen Impfnadel vorgenommen, indem man auf beiden Oberarmen zwei bis drei seichte, bis zum Papillarkörper reichende Einstiche macht. An den Impfstichen zeigt sich schon in den ersten zwei Tagen manchmal, jedoch nicht immer eine leichte Anschwellung, am dritten bis vierten Tage erhebt sich ein kleines rothes Knötchen, welches am fünften bis sechsten Tage zu einem Bläschen sich vergrössert und bis zum achten Tage wächst. Während der Inhalt eiterig schmilzt, umgibt sich die Pustel mit einem bald breiteren, bald schmäleren rothen Hofe. Vom neunten bis zehnten Tage an trocknet die Pustel ein und verwandelt sich in eine gelbliche, bräunliche oder schwärzliche Kruste, welche bis zum achtzehnten bis einundzwanzigsten Tage abfällt mit Hinterlassung einer vertieften rundlichen, unebenen, allmählig zum Milchweiss erblassenden Narbe (Impfnarbe).

Der ganze Verlauf der Vaccinapusteln geht in seltenen Fällen ohne jede Störung vor sich; gewöhnlich zeigt die Körpertemperatur am achten bis zehnten Tage, also zur Zeit, wo die eiterige Schmelzung des Pustelinhaltes stattfindet, eine merkliche Steigerung, vermehrte Pulsfrequenz, Mattigkeit, unruhiger, von Aufschrecken und Aufschreien unterbrochener Schlaf, verminderter Appetit und das Gefühl von Jucken und Brennen an den Impfstellen, in Folge dessen die Kinder vom Kratzen schwer abzuhalten sind, sind die anderen den Vaccinationsverlauf begleitenden Symptome. Zur Milderung des lästigen Juckens lasse man die Pusteln öfter mit Oel oder frischer Butter bestreichen, und bei sehr unruhigen Kindern den Arm mit einer feinen Leinwandbinde umwickeln.

Das beste Alter zum Impfen ist die Zeit vom vierten bis zwölften Lebensmonate; Kinder, welche geimpft werden sollen, müssen vollkommen gesund sein; mit Bronchitis oder Lungenkatarrh behaftete Kinder bekommen unter dem Einflusse der Impfreaction leicht Pneumonie.

Die geeignetste Zeit sind die Sommermonate, da erfahrungsgemäss in denselben die Haftung sicherer ist und die Pusteln sich besser entwickeln.

Man impfe nur von gesunden, vorher genau untersuchten Kindern, deren Eltern man gut kennt.

Von Complicationen und Folgen aus der Impfung direkt können entstehen:

Das Impferysipel, gewöhnlich im Eiterungsstadium auftretend, beschränkt sich dasselbe Anfangs nur auf die nächste Umgebung der Pusteln, wandert jedoch auch weiter auf den Stamm und kann, wie ich einmal beobachtet, selbst den Tod herbeiführen.

Impferythema, in Form von Erythema urticatum, Urticaria und Roseola, namentlich bei Kindern mit zarter Haut.

Vaccinola, ein der Varicella ähnlicher Bläschenausschlag, mehr oder weniger reichlich über die Hautoberfläche verbreitet

Eczem- und Impetigopocken, bei scrophulösen Kindern entwickeln sich von den Impfpusteln aus, welche sich zu scrophulösen Geschwüren umwandeln und schwer heilen, hartnäckige Bläschen- und Pustelefflorescenzen.

Auch Furunculosis, Phlegmone und selbst Gangrän wurden schon als Folgen der Impfung beobachtet.

Mitunter entwickeln sich an jedem Impfstiche statt einer

zwei Pusteln (Zwillingspusteln), so dass an den sechs Ein-
stichen zwölf Pusteln sitzen.

Die Entwickelung der Impfpusteln ist manchmal ohne bekannte Veranlassung retardirt, so sah ich dieselben erst acht,
einmal eilf Tage nach der Impfung zum Vorschein kommen.

Was das Uebertragen verschiedener Krankheiten
durch die Impfung betrifft, so ist es nur von der Syphilis erwiesen, dass sie mittelst der Lymphe (wenn sie durch Blut verunreinigt) auf gesunde Kinder übertragen werden kann. Ereignet
sich so ein trauriger Fall, so ist dies weit mehr Schuld des Impf-
arztes, als der Impfung selbst. Genaue Untersuchung des Stamm-
impflings und die Beobachtung der kleinen Vorsicht, von Kindern
unter drei Monaten nie abzuimpfen, wird solches Unheil fast
immer verhüten lassen. Im Prager Kinderspitale ist unter 12,000
Impfungen nicht ein Fall vorgekommen. Wenn bei einem ge-
impften Kinde statt der Vaccinapusteln ein Infiltrat ähnlich einem
Chankergeschwüre entsteht, so war das Kind entweder schon
früher mit Lues behaftet und die Syphilis ist nur in Folge der
Impfung aus dem Stadium der Latenz herausgetreten, oder die
Syphilis wurde wirklich erst durch die Lymphe auf ein gesundes
Kind übertragen; Möglichkeiten, welche man bei Beurtheilung
solcher Fälle nicht aus dem Auge verlieren darf.

Wenn aber die Impffeinde behaupten, dass seit Einführung
der Impfung das Menschengeschlecht schwächlicher geworden,
dass Scrophulose, Tuberculose, ja sogar Geistesschwäche unverhältnissmässig überhand genommen, so thun sie es aus Mangel
an Erfahrung, absichtlicher Entstellung von Thatsachen, simpler
Nachbeterei, ohne dass sie Beweise für solche Behauptung beibringen können, sie müssten denn ihre eigene Geistesschwäche
der Impfung zuschreiben.

6. Typhus.

Der Typhus tritt auch bei Kindern wie bei Erwachsenen
unter zwei scharf von einander getrennten Formen auf, als
Typhus abdominalis (Ileotyphus), die häufiger vorkommende und als Typhus exanthematicus (Fleckfieber)
die seltenere Form. Mir selbst kamen in einem Zeitraum von
sechzehn Jahren nur zweimal während heftiger Fleckfieberepide-
mien bei Erwachsenen auch Kinder mit exanthematischem Typhus
zur Beobachtung.

Typhus abdominalis, Ileotyphus.

Derselbe bildet eine im Kindesalter nicht seltene Krankheit; im Prager Kinderspitale kamen in zehn Jahren (Löschner, Aus dem Franz-Joseph-Kinderspitale 2. Theil) auf 80,245 kranke Kinder 1180 Fälle von Typhus abdominalis.

Im Allgemeinen lässt sich die Regel aufstellen, dass der Typhus im Kindesalter sowohl bezüglich seiner anatomischen Veränderungen und Zerstörungen, als auch bezüglich der Heftigkeit und Gefährlichkeit seines Verlaufes viel milder und gutartiger auftritt als bei Erwachsenen.

Anatomie.

Die wichtigsten Veränderungen betreffen zunächst den Darmkanal mit seinem Follikelapparate. In allen von mir beobachteten Fällen fand sich als Zeichen der ersten Krankheitsperiode mehr oder weniger intensive Schwellung und Röthung der Schleimhaut mit Abstossung der Epithelien und als besonders charakteristisch markige Schwellung der solitären Follikel und Peyer'schen Plaques; die ersteren als graue, stecknadelkopfgrosse rothumsäumte Knötchen, die letzteren als breitere netzartige $1/2$ bis $3/4$ Linien hohe und $1-5/4$ Zoll lange Erhebungen (Placques molles). Die markige Zellenwucherung betrifft fast nur die Follikel mit Freilassung des dazwischen liegenden Gewebes. Seltener, doch nicht so selten als allgemein behauptet wird, kommt es im weiteren Verlaufe durch Necrose der Follikeloberfläche zur Verschorfung und Geschwürsbildung (typhöse Geschwüre). Unter zwanzig Sektionen von Typhusleichen fand ich sie sechzehnmal. Sie sitzen gewöhnlich in der Nähe der Coecalklappe, sind mehr oberflächlich, seicht, dann und wann schon in Vernarbung begriffen oder vorgeschritten; Perforation derselben ist eine seltene Ausnahme (von mir zweimal beobachtet).

Die Mesenterialdrüsen sind stets geschwellt, bohnenhaselnuss- bis pflaumengross; die markige Schwellung derselben ist in der Nähe der am meisten veränderten Darmfollikel (an der Coecalklappe) am stärksten; Verkäsung derselben bei protrahirtem Verlaufe kann vorkommen.

Ebenso constant wie die Veränderung der Darmfollikel und Mesenterialdrüsen ist die Anschwellung der Milz mit blutreicher leicht zerreisslicher Pulpa (acuter Tumor).

Ausser den eben aufgeführten Veränderungen und den erst

später zu erwähnenden Complicationen und Nachkrankheiten bilden Hyperämie der Meningen, des Gehirns, sowie der hinteren
unteren Lungenabschnitte und der Nieren, wenig geronnenes,
dünnes Blut, braune trockene Muskulatur die übrigen anatomischen Wahrnehmungen.

Symptome und Verlauf.

Die Krankheit beginnt nur selten scharf markirt und
stürmisch, gewöhnlich wird sie durch Anfangserscheinungen,
wie Mattigkeit, Eingenommenheit des Kopfes, Abnahme des
Appetites, unruhigen Schlaf, Nasenbluten in schleichender Weise
und allmälig eingeleitet, bis wiederholtes Erbrechen, seltener Diarrhöe, bei älteren Kindern Frost und ein Ansteigen der Temperatur die ersten deutlichen Symptome der Krankheit anzeigt.

Unter den Allgemeinerscheinungen überragt das
Fieber seines charakteristichen Verhaltens und seiner diagnostischen wie prognostischen Wichtigkeit wegen alle übrigen Symptome. Gewöhnlich an den initialen Frost anknüpfend, geht die
Temperatur in einer aufsteigenden Zickzackcurve (Wunderlich) in die Höhe mit einer Steigerung von 1 Grad von jedem
Morgen zum Abend, und einem Abfall von $\frac{1}{2}$ Grad von jedem
Abend zum Morgen, bis sie gegen Ende der ersten Woche oder
im Beginne der zweiten die Höhe von $39\frac{1}{2} - 40\frac{1}{2}$ G. Cels. erreicht. Um den zehnten bis zwölften Tag macht sich eine stärkere Morgen- und Abendremission bemerkbar; gegen Ende der
zweiten oder Anfangs der dritten Woche wird der Nachlass der
Morgen- und Abendtemperatur relativ grösser, bis die Körperwärme wieder die normalen Grenzen erreicht. Das Maximum der
Temperatur (40, $40\frac{1}{2} - 41$ G. Cels.) fällt nach der Heftigkeit des
Falles auf den siebenten bis zwölften Tag. Hinzutretende Complicationen verrücken und verwischen die gesetzmässige Fiebercurve.

Was das Verhältniss der Pulsfrequenz und Temperatur betrifft, so können die von Gerhardt aufgestellten Normen als
die durchschnittlich richtigen gelten. Nach ihm bleibt jenseits
des zehnten Jahres zwischen 30,5 und 32,5° die Puls- unter der
Temperaturcurve zurück, so dass etwa 32° und 31° an Pulsen 110
bis 120 und 90—100 entsprechen; bei Kindern unter sechs Jahren
treffen beide Curven in den hohen Temperaturen zusammen (32
und 31° R. entsprechen 140—120 Schlägen).

Der Puls ist beim Typhus weniger kräftig wie bei Entzündungskrankheiten, der doppelschlägige Puls (P. dicrotus) wird fast nur bei älteren Kindern beobachtet.

Von Störungen im Nervenleben, die im Kindesalter nur ausnahmsweise die Intensität der Erwachsenen erreichen, kommen vor: Muskelschwäche, unruhiger Schlaf, Delirien, die sich innerhalb der Bildungssphäre der Kinder bewegen, und desto geringer sind, je jünger das Kind, tiefe Schlafsucht, Apathie, verminderte oder endlich ganz abhanden gekommene psychische und sensorielle Receptivität und Schwerhörigkeit.

Von Localerscheinungen finden sich die wichtigsten im Gebiete der Digestionsorgane vor.

Der Unterleib ist mehr oder weniger aufgetrieben, der Meteorismus erreicht jedoch der geringeren Geschwürsbildung auf der Darmschleimhaut entsprechend nie die excessiven Grade der Erwachsenen; Schmerzhaftigkeit bei Druck betrifft mehr die Milz- als Ileocoecalgegend; gurrende Geräusche an der Coecalklappe werden öfter wahrgenommen. Diarrhöe ist selten schon im Beginne der Krankheit, gewöhnlich von der zweiten Woche an vorhanden, die Stuhlentleerungen bald seltener, bald häufig erfolgend, sind dünnflüssig, hellbraun oder erbsenbreiartig von Farbe, sehr übelriechend, reagiren alkalisch und enthalten viel Salze, Fett, Speisereste und Epithelien. In einzelnen Fällen, oder wie ich beobachtet während einer Epidemie fast bei allen Kindern, kann die Diarrhöe gänzlich fehlen und eine so anhaltende Stuhlverstopfung vorherrschen, dass nur mittelst Nachhilfe jeden dritten bis vierten Tag eine Entleerung erzielt werden kann.

Darmblutungen und Perforationen sind bei Kindern ausserordentlich selten.

Die Zunge ist mehr oder weniger weisslich belegt, an der Spitze und Rändern lebhaft roth mit stärker entwickelten Papillen, nur in schweren Fällen wird sie lederartig trocken, rissig, mit braunem, russigen Belege, der sich dann auch am Zahnfleisch und den gesprungenen Lippen findet.

Der Appetit schwindet in der Regel gänzlich, in seltenen Ausnahmen und leichten Formen der Krankheit bleibt er fast unbeeinträchtigt, dagegen ist der Durst stets vermehrt. Erbrechen kommt öfter im Beginne als im weiteren Verlaufe der Krankheit vor.

Die Milz ist ohne Ausnahme stets geschwollen, um das zwei bis dreifache vergrössert, geringe Grade der Milzschwellung sind bei Kindern der Kleinheit des Organs, sowie

der Raumvergrösserung des Darmkanales wegen nicht immer leicht zu constatiren. Ein ziemlich sicherer Leiter ist die Schmerzhaftigkeit der geschwellten Milz, und werden bei stärkerem Druck auf die Milzgegend die typhuskranken Kinder selbst aus tiefer Schlummersucht geweckt. Das so wichtige diagnostische Zeichen der Milzschwellung fällt bei Kindern, welche schon von früher her in Folge von Rachitis, chronischem Darmkatarrh oder Intermittens mit Milztumoren behaftet waren, als unbenützbar hinweg.

Veränderungen an der äusseren Haut.

Auf der Haut typhöser Kinder finden sich, jedoch nicht mit der Regelmässigkeit wie bei Erwachsenen, gewöhnlich vom Beginne der zweiten Woche an rosenfarbene, stecknadelkopf- bis linsengrosse, flohstich-ähnliche über die Hautoberfläche nicht erhabene Flecken (Roseola maculata). Ihr Sitz ist vorzüglich die Haut des Unterleibes, seltener Brust oder Extremitäten. Nach drei bis sechs Tagen verschwinden dieselben, während an anderen Stellen neue auftauchen. Frische typhöse Localisation im Darmkanal wird in der Regel von einem neuen Nachschube der Roseola begleitet.

Miliaria crystallina, wasserhelle, perlartige kleine Bläschen treten manchmal in spärlicher, gewöhnlich aber in grosser Anzahl auf der Haut des Unterleibes, der Brust, selten der oberen Hälfte der Oberschenkel gewöhnlich in der dritten Krankheitswoche auf, und sind ein erfreuliches Zeichen. Dabei ist die Haut weich und feucht, oder selbst noch trocken. Nach mehrtägigem Bestehen bersten die Bläschen und hinterlassen eine Abschuppung der Epidermis.

Petechien sieht man öfter allein oder zwischen den Roseolaflecken, und haben dieselben nicht immer jene schlimme Bedeutung, die man ihnen gewöhnlich beilegt. Sie kommen wohl meistens, doch nicht ausschliesslich bei früher kränklichen und in schlechten häuslichen Verhältnissen lebenden Kindern zur Beobachtung.

Herpes labialis, mentalis und frontalis habe ich einige Male beobachtet.

Decubitus entwickelt sich bei Kindern seltener und später als bei Erwachsenen; Sitz desselben sind das Kreuzbein und die Trochanteren. Thalergrossen, brandigen, bis auf den Knochen vordringenden Decubitus an der Kreuzbeingegend sah ich bei

einem zehjährigen in sehr glänzenden Verhältnissen lebenden
Mädchen schon am achtzehnten Tage des Typhus.

Noma bildet eine nicht so seltene Complication und Nachkrankheit des Typhus und kommt häufiger im Gesichte, seltener
an den Genitalien bei Mädchen vor. Von allen Nomafällen meiner
Beobachtung endigten drei in Genesung.

Furunculosis folgt dem Typhus, namentlich schweren
Formen desselben und ist ebenso schmerzhaft wie gefährlich;
in einem Falle zählte ich an dreissig Furunkeln, welche die
Dauer der Krankheit ungewöhnlich verlängerten.

Die Respirationsschleimhaut ist constant katarrhalisch
erkrankt und ergibt die Auscultation neben rauhem vesiculären
Athmen mehr oder weniger zahlreiche verschieden blasige Rasselgeräusche. Seltener, nicht ausgiebiger, halb unterbrochener
Husten bei zahlreichen Rasselgeräuschen ist ein schlimmes Zeichen;
ausgebreitete Hypostasen, lobuläre und lobäre Pneumonie, Lungenbrand, Lungenödem gesellen sich gerne
hinzu. Acute Lungentuberculose, unmittelbar an die Reconvalescenz nach schweren Typhen anschliessend, habe ich einige
Male bei Kindern beobachtet, welche aus scrophulösen, tuberculösen Familien stammten. Bei der Section fanden sich immer
ältere Herde der beiden genannten Krankheiten. Ausgebreitete Thrombose der Lungenarterie bildete in einem
Falle eine seltene Complication des Typhus.

Geschwüre im Larynx kommen im Ganzen nicht häufig
vor. Die Symptome derselben treten, wo sich solche Geschwüre
entwickeln, gewöhnlich in der dritten Woche auf, und bestehen
in Heiserkeit oder vollständiger Aphonie, croupartigem Husten,
Schmerzhaftigkeit in der Kehlkopfgegend, so dass die Kinder
häufig dahin greifen. Einmal sah ich bei einem sechsjährigen
Knaben Perforation eines typhösen Kehlkopfgeschwüres und cutanes
Emphysem über Brust und Rücken in der dritten Krankheitswoche auftreten und nach sechstägiger Dauer dieser gewiss seltenen Complication den Tod erfolgen.

Oefter als Kehlkopfgeschwüre werden Perichondritis und
Knorpelnecrose beobachtet.

Auch croupöse Laryngitis mit einem reichlichen oder
nur dünnen florähnlichen Exsudatbeschlage und Heiserkeit, dagegen weniger mit den Zeichen der Stenose kommen vor. Heiserkeit im Verlaufe des Typhus hat in der Regel eine schlimme Bedeutung und darf nie leicht genommen werden.

Der Urin ist bis zum Eintritte der Krise gewöhnlich sparsam, dunkelbraunroth, reagirt sauer, die Chloride sind vermindert, der Harnstoff reichlich vertreten, nicht selten finden sich Spuren oder selbst grössere Mengen von Eiweiss Croupöse Fetzen fand ich im Harne bei einem Knaben, wo in der dritten Woche des Typhus unter heftiger Dysurie Cystitis crouposa hinzukam.

Von anderen Complicationen werden Diphtheritis und Croup der Nasen- und Rachenschleimhaut, des Dickdarms mit ruhrartigen Stuhlentleerungen, der weiblichen Genitalien, eiterige Pleuritis, Nephritis parenchymatosa, Parotitis, Thrombosen beobachtet.

Eine namentlich diagnostisch wichtige Complication ist die des Typhus mit Hydrocephalus. Solche Fälle wurden von Löschner und mir veröffentlicht; sie betreffen meist Kinder zwischen zwei bis vier Jahren und finden sich neben den Symptomen des Typhus, wie Milztumor, Meteorismus, Diarrhöe, Roseola, auch die Zeichen grosser Hirnreizung, Zähneknirschen, Aufschreien, Convulsionen, Paralysen. In einem Falle bei einem schon älteren Knaben hatte der gleichzeitige Hydrocephalus in der dritten Woche der Krankheit Tobsucht hervorgerufen, die bis zum Tode anhielt.

Als nicht häufige Nachkrankheiten sind Aphasie, ein Zurückgehen der geistigen Fähigkeiten bis zur Schwachsinnigkeit und vorübergehendem Blödsinn zu erwähnen. Diese Störungen schwinden fast immer nach wochen- oder monatelanger Dauer und haben ihren Grund wohl nur in Anämie, Atrophie und Circulationsstörungen des Gehirns, da sie mit der Zunahme des Körpergewichtes und der besseren Blutbildung allmählig wieder zurücktreten.

Chorea mit Erweichung des Rückenmarkes sahen Rilliet und Barthez.

Sogenannte Recidiven kommen bei Kindern nicht häufig vor, wohl aber tritt eine Erscheinung öfter zu Tage, welche fälschlich als Recidive gedeutet werden könnte. Es kommt vor, dass unter vollständiger Entfieberung, sowie Abfall der subjectiven Typhussymptome eine scheinbare Krisis eintritt, drei bis vier Tage anhält und die Hoffnung auf Reconvalescenz hervorruft, statt der letzteren erscheinen ohne Veranlassung von aussen neue Fiebersteigerung, Delirien, Roseola, Diarrhöe, bis nach vier bis sechstägiger Dauer auch diese neue Scene abgewickelt ist. Solcher Nachschübe, welche ähnlich dem Erysipelas ambulans, mit neuen Anschwellungen im Follikelapparate des Darmkanales zusammenhängen, können zwei selbst drei auftreten und die Krankheitsdauer wesentlich in die Länge ziehen.

Ursachen.

Der Typhus ist keine Krankheit des ersten Kindesalters und tritt zumeist zwischen dem fünften bis zwölften Lebensjahre auf; einzelne Ausnahmen, wo Kinder von fünf Tagen drei und acht Wochen befallen wurden (Bednar, Buhl, Löschner), stossen diese Regel nicht um. Knaben erkranken häufiger als Mädchen. Die grösste Häufigkeit der Typhuserkrankungen fällt gewöhnlich auf den Spätsommer und Herbst. Die Contagiosität des Abdominaltyphus wird mit Recht bezweifelt, mir ist im Verlaufe fünfzehnjähriger ärztlicher Thätigkeit sowohl im Spitale wie in der Stadtpraxis kein Fall directer Uebertragung am Krankenbette vorgekommen; dagegen tritt Massenerkrankung unter dem gemeinschaftlichen Einflusse äusserer Schädlichkeiten öfter auf. Dahin gehört vor Allem die Trinkwasserverunreinigung, und wird man bei genauer Prüfung derselben gar oft die Ursache des Typhus entdecken. Ich sah einmal durch Genuss von Brunnenwasser, welches durch Zufluss von Mistjauche verunreinigt war, im Verlaufe von drei Tagen sämmtliche zehn Glieder einer Familie an schwerem Abdominaltyphus erkranken. In einem anderen Hause, wo der Brunnen neben der schadhaften Kloake sich befand, erkrankten in wenigen Wochen gegen dreissig Personen am Typhus. Auch der von Buhl nachgewiesene Zusammenhang zwischen dem Fallen des Grundwassers und dem Typhus verdient alle Beachtung. Andere Typhus erzeugende oder wenigstens begünstigende Momente sind verdorbene, unzweckmässige und ungenügende Nahrung, feuchte, lichtlose, inundirte Wohnungen, Acclimatisation, plötzlich veränderte Lebensweise, übermässig geistige Anstrengung. Dass das Wesen des Typhusgiftes in faulenden, zersetzten thierischen Producten oder in pflanzlichen Parasiten (Rhicopus nigricans und Penicillium crustaceum) bestehe, darf höchstens als Vermuthung hingenommen werden.

Diagnose.

Sie wird zumeist nur durch Benützung der objectiven Symptome, wie Milztumor, Meteorismus, Diarrhöe, Roseola und vor Allem der typischen Temperaturverhältnisse ermöglicht. Am

leichtesten zu Verwechselung mit Typhus kann Anlass geben
die acute Miliartuberculose. Die Anamnese, der Gang
der Temperatur, die enorm gesteigerte Sensibilität der Haut, das
Fehlen des Exanthems sowie der Nachweiss früherer scrophulöser
und tuberculöser Herde sprechen zu Gunsten der Tuberculose.
Die differentielle Diagnose zwischen Meningitis, Hydrocephalus acutus und Typhus wurde schon bei den genannten
Krankheiten beleuchtet; hier möge nur noch betont werden, dass
mit Hydrocephalus complicirte Typhusfälle der Diagnose in der
Regel die grössten Schwierigkeiten bereiten, dass die Ansichten
der Aerzte in solchen zweifelhaften Fällen oft abweichen und
dass die scharfsinnigste Benützung aller Krankheitszeichen dazu
gehört, um solche Complicationen richtig zu erkennen. Fieberhafte Magen- und Magendarmkatarrhe älterer Kinder,
welche im Beginne entfernte Aehnlichkeit mit Abdominaltyphus
haben, werden durch das Fehlen des Milztumors, der Roseola
und der charakteristischen Temperaturverhältnisse ausgeschlossen.
Sogenannte Gehirnpneumonie wird durch das Verhalten der
Temperatur und Pulscurve, den Abgang der Diarrhöe und des
Exanthems, sowie den physikalischen Nachweis in den Lungen
vom Typhus unterschieden. Schwieriger gestaltet sich die Diagnose nur in jenen, von mir öfter beobachteten Fällen, wo sich
der Typhus gleich in den ersten Tagen mit Pneumonie complicirt. Irreguläres Wechselfieber, welches einige Tage lang bei
Kindern das Bild des Typhus vortäuscht, wird bei dem Hervortreten der typischen Paroxysmen leicht erkannt.

Prognose.

Der Kindertyphus ergibt im Allgemeinen eine weit bessere
Prognose, als der bei Erwachsenen. Zu berücksichtigen sind bei
der Vorhersage vor Allem die Schwere der Fiebersymptome, die
Heftigkeit und Qualität der Darmerscheinungen, die anderweitigen Complicationen, der frühere Gesundheitszustand der Kinder
und die Verhältnisse, in welchen dieselben leben. Die Mortalität
beziffert sich im Verhältnisse zu den Erkrankungen im Prager
Kinderspitale von 1:13 (Löschner). Im Durchschnitte kommt
auf zehn bis zwölf Erkrankungen ein Sterbefall.

Behandlung.

Die Prophylaxis hat besonders bei erkannter Ursache
(schlechtes, verdorbenes Trinkwasser, unzweckmässige Nahrung,

ungesunde Wohnung) derselben Rechnung zu tragen, um weitere
Erkrankungen zu verhüten. Da wir ein specifisches Mittel nicht
besitzen, so ist die Behandlung des Typhus nur eine exspectativ-
symptomatische. Dass eine rechtzeitige Abortivbehandlung mit
Calomel, wie F r a n k e, W u n d e r l i c h u. A. behaupten, den Verlauf der Krankheit abschneidet, abkürzt oder wenigstens milder
gestaltet, ist noch keine erwiesene Thatsache; ein Versuch aber
immerhin gerechtfertigt, namentlich für jene Fälle von Typhus,
wo der Ansteckungsstoff durch den Darmkanal aufgenommen,
also eingegessen oder eingetrunken wurde.

Die diätetische Behandlung hat zunächst die Abhaltung aller
schädlichen und den Verlauf der Krankheit störenden Verhältnisse zu ermöglichen, für reine, kühle, fleissig ventilirte Luft, un-
verzügliches Entfernen der verunreinigten Wäsche und der Darmausleerungen, sowie für Desinfection zu sorgen.

Als Nahrung sind zu empfehlen: kräftige Fleischbrühe, Milch,
Eier, als Getränk frisches kaltes Wasser, entweder rein oder
versetzt mit Acidum muriaticum, phosphoricum oder Elix. avid.
Halleri, auch Eispillen, Fruchteis werden gern genommen.

Die gegenwärtig so sehr beliebte und vielfach gerühmte
K a l t w a s s e r b e h a n d l u n g des Typhus konnte selbstverständlich auch für das Kindesalter nicht ohne Rückwirkung bleiben,
und wurde schon mehrfach geübt. Nach der B r a n d 'schen
Methode erhält der Patient, neben fortgesetzten kalten Umschlägen
auf Kopf, Brust und Unterleib, jedesmal so bald die Temperatur
in der Achselhöhle mehr als 39,5 und im Rectum mehr als 40°
Cels. zeigt, ein kühles Bad von 23—26° und einige Uebergiessungen in demselben mit Wasser von 10—16°, dabei viertel-
stündlich kaltes Wasser zu trinken und ungefähr in dreistündlichen Zwischenräumen Fleischbrühe oder Milch. Was nun meine
eigene Erfahrung und Ansicht betrifft, so halte ich diese für die
Umgebung und das Wartepersonal mit ungewöhnlicher Anstrengung verbundene Kaltwasserbehandlung in leichten Fällen des
Kindertyphus für überflüssig und die einfache Anwendung von
wiederholten kalten Umschlägen, Abreibungen oder Essigabwasch-
ungen für vollkommen ausreichend; in schweren Fällen dagegen
nach meinen eigenen und anderseitig gewonnenen Resultaten
jedoch für äusserst zweckmässig. Nur theile ich nicht die san-
guinischen Hoffnungen einiger begeisterter Lobredner, kann im
Gegentheile mancherlei Bedenken nicht unterdrücken bezüglich
der Einwirkung der kalten Bäder auf ausgebreitete Bronchitis,

Hypostasen, Pneumonien und bei anämischen, schwächlichen Kindern auf den allgemeinen Kräftezustand. Unentbehrlich und als äusserst wirksam erkläre ich für schwere Fälle von Typhus besonders bei schwächlichen und entkräfteten Kindern die Reizmittel, den Wein, Rumwasser ($1/2$ — 1 Kaffeelöffel auf ein Glas Wasser, alle $1/4$—$1'_2$ Stunde einen Schluck zu nehmen), Champagner, Branntwein, und warte man mit diesen Mitteln nicht lange zu. Neben ihnen ist Chinin zwei bis dreimal des Tags zu $1/2$ bis 2 gr. pro dosi nach dem Alter des Kindes zu reichen. Gegen reichliche Schleimanhäufung in den Bronchien ist Ipecacuanha (zu 6—8 gr. in einem Infus. von 2—3 Unzen), bei schwerem Abhusten mit Liquor ammon. anisat. (gutt. 8—15), gegen übermässige Diarrhöe sind Stärkemehlklystiere mit einigen Tropfen Landanum, gegen starken Meteorismus Klystiere mit Camillenabsud, Einreiben von Ungt. aromaticum, bei Stuhlverstopfung nur eröffnende Klystiere von Oel und Seifenwasser die entsprechenden Mittel.

Bei Darmblutungen greife man zu Eiswasserklystieren, oder Klystieren mit Liquor ferr. sesquichlorat.

Andere Complicationen, wie Pneumonie, Croup, Diphtheritis, Dysenterie, werden nach den gewöhnlichen Regeln behandelt. — Harnverhaltungen erheischen tägliche Entleerung der Blase mit dem Katheter. Ist vollständige Entfieberung eingetreten und die Zunge wieder feucht und rein, so werden Tonica, besonders die Chinapräparate, die Tinctur. nervino-tonica Bestuchefii zu zwei bis drei Tropfen des Tags in etwas Zuckerwasser gereicht und vor allem eine vorsichtig eingeleitete kräftigende Diät mit öfteren, aber kleinen Mahlzeiten und Vermeidung aller groben, schwer verdaulichen Nahrungsmittel durchgeführt. Zur Verhütung von Decubitus ist öfterer Wechsel der Lage und der Gebrauch von Luft- und Wasserkissen geboten; bei eingetretenem Decubitus sind Zinksalbe, Spiritus camphoratus, Kali chloricum, Carbolsäure zu gebrauchen.

7. Febris recurrens, Typhus recurrens, relapsing fever. Wiederkehrendes Fieber, Rückfallsfieber.

Das Rückfallsfieber, erst durch Griesinger in Deutschland näher bekannt geworden, ist eine dem Typhus ähnliche epidemisch-contagiöse Krankheit, welche nach den bisherigen Erfahrungen zu Folge vorzugsweise die arme durch Hunger geschwächte und in schlechten hygieinischen Verhältnissen lebende Volksklasse befällt.

Anatomie.

Als constante Veränderungen finden sich an den Leichen neben straffer, dunkler Muskulatur Schwellung der Milz, öfter um das drei- bis vierfache ihres Volumens, und der Leber, und beide Organe von zahlreichen miliaren Abscessen durchsetzt, ferner fettige Degeneration des Herzmuskels, der Nierenepithelien, und Ecchymosenbildung in verschiedenen Organen, nicht regelmässig ausserdem Magendarmkatarrhe, Schwellung der Mesenterialdrüsen, Bronchitis und Pneumonie.

Die Incubation wird durchschnittlich auf sechs bis acht Tage angegeben.

Symptome und Verlauf.

Als seltene Vorboten wurden Eingenommenheit des Kopfes, allgemeine Mattigkeit, Muskelschwäche und Gliederschmerzen beobachtet. Die Krankheit beginnt in der Regel plötzlich mit einem Schüttelfroste, heftigen Kopf- und rheumatismusähnlichen Gliederschmerzen, dann und wann auch mit Erbrechen. Mit diesen Symptomen gleichzeitig treten als charakteristische Zeichen heftiges Fieber (mit einer Temperatursteigerung bis zu 39,5 bis 40° Cels.) und Anschwellung der Milz, sowie der Leber auf. Der Puls ist dabei frequent (140—160), gross, auch doppelschlägig; die Haut trotz des hohen Fiebers feucht und meist schwitzend.

Nach fünf- bis sechstägiger Dauer dieses Fiebers, während welcher das letztere unter geringen Schwankungen doch allmählig steigt (bis auf 41,5 und selbst 42° Cels.), die Kopf- und Gliederschmerzen zunehmen und die Hinfälligkeit ihren Höhepunkt erreicht, erfolgt ebenso plötzlich wieder wie der Beginn ein vollständiger Abfall des Fiebers, so dass in einem Tage die Temperatur auf 35 – 36°, der Puls auf 60—70 Schläge herabsinkt und die Kranken sich fünf bis acht Tage lang fast vollständig wohl befinden. Damit ist in seltenen Fällen der ganze Krankheitsprocess erschöpft, häufiger jedoch geschieht es, dass nach dieser Intermission, unter neuerlichem Froste mit denselben früher erwähnten Erscheinungen ein zweiter Anfall (Relaps) sich einstellt, wieder einige Tage andauert und unter Schweiss und vollstän-

diger Entfieberung abermals rasch sein Ende findet. Mit dem
Eintreten der zweiten Intermission kommt es gewöhnlich zur
Krise, nur ausnahmsweise folgt noch ein dritter, dann aber nur
kurzer Anfall nach.

Der Harn wird spärlich abgesondert, die Chloride sind vermindert, der Harnstoff vermehrt, Eiweiss und Cylinder sind häufige Befunde. Zoster facialis und Miliaria, dagegen niemals Roseola erheben sich auf der Haut, der Stuhl ist öfter angehalten
als diarrhoeisch; dann und wann sind Icterus und biliöse Erscheinungen (aus Fettdegeneration der Leber) vorhanden und bedingen
das biliöse Typhoid nach Griesinger. — Als Nachkrankheiten werden Anämie, Milztumor, Hautabscesse beobachtet. Die
Reconvalescenz schreitet meist langsam vorwärts.

Die Prognose

ist überwiegend gutartig, die Sterblichkeit kann durchschnittlich
mit drei Procent beziffert werden.

Behandlung.

Wegen der heftigen Contagiosität sind die Kranken zu iso-
liren; die eigentliche Behandlung ist nur eine exspectativ-sym-
ptomatische. Ruhe, fleissiges Ventiliren der Krankenstube, eine
entsprechende Diät (Fleischbrühe, Milch) neben grosser Reinhaltung der Kranken sind die diätetischen Massregeln. Von
Medicamenten ist das Chinin in grösseren Gaben, bei Collapsus
Wein, Branntwein und Rum zu empfehlen. Gegen die hohen
Temperaturgrade wäre vielleicht die Kaltwasserbehandlung noch
das Beste.

8. Wechselfieber, Febris intermittens.

Das Wechselfieber, jene durch Aufnahme von Malariagift
im Organismus hervorgerufene, meist endemische, nicht
contagiöse Infectionskrankheit zeigt, was Aetiologie,
Pathogenese und Verlauf betrifft, im Kindesalter fast dieselben
Verhältnisse, wie bei Erwachsenen, und will ich mich hier auch
mehr nur auf die Abweichungen, wie sie den ersten zwei bis drei
Lebensjahren eigen sind, beschränken und das Andere als bekannt
voraussetzen.

Das Wesen des Malariagiftes ist noch nicht genau bekannt,
wir wissen nur, dass es sich mit Vorliebe in Sumpfböden, stagni-
renden, faulenden Wässern, in überschwemmten, schlammbedeckten

Niederungen und feuchten Kellerwohnungen entwickelt, dass Massenerkrankungen an demselben nach Pettenkofer's Beobachtungen durch Schwellungen des Grundwassers begünstigt werden, und gewisse Schwächezustände des Körpers besonders dafür empfänglich machen. Als Wesen und die Erkrankung vermittelnden Faktor werden mehrseitig pflanzliche Parasiten (Palmillaarten nach Salisbury) bezeichnet.

Dass Wechselfieber von der Mutter auf die Frucht übergehen könne, geht aus mehreren glaubwürdigen Beobachtungen hervor (Stokes); ich selbst kann denselben eine neue beifügen. Eine Frau, welche früher an Wechselfieber gelitten hatte, und sobald sie schwanger wurde, immer wieder an diesem Leiden erkrankte, verspürte jedesmal während des Paroxysmus ungewöhnlich starke Bewegungen der Frucht. Von den neugeborenen Kindern waren zwei mit ansehnlichen Milztumor behaftet. Dass das Wechselfieber durch die Milch der Säugenden, wie Bondin u. A, beobachtet, mitgetheilt wird, kann ich nicht bestätigen.

Die anatomischen Veränderungen, welche das Malariagift hervorruft, stehen auch bei Kindern in geradem Verhältnisse zur Heftigkeit und Dauer der Krankheit, sind jedoch im Allgemeinen nicht so zahlreich, hochgradig und gefährlich wie bei Erwachsenen. Die wichtigste betrifft die Milz, welche bei nur kurzer Krankheitsdauer einfache Schwellung (acuter Milztumor), bei längerer Dauer Hypertrophie mit Bindegewebswucherung (fibroide Degeneration), speckige Entartung oder gleichzeitig Hypertrophie mit Ablagerung von braunen oder schwarzen Pigmentkörnchen (Pigmentmilz) erkennen lässt. Verschwemmung des Pigments in Leber, Nieren, Lungen, Darmkanal und Gehirn mit Pigmentembolien und Apoplexien im letzteren habe ich bis jetzt bei Kindern nur in einem Falle beobachtet.

Specknieren, Nephritis parenchymatosa, Hydrops, Melanämie und Anämie bilden anderweitige mehr oder weniger häufig· vorkommende Folgen der Krankheit.

Symptome und Verlauf.

Je jünger das intermittenskranke Kind, desto unregelmässiger und unvollständiger sind die einzelnen Paroxysmen und der Rhythmus derselben. Der Quotidiantypus (tägliche Anfälle) ist der relativ häufigste bei kleinen Kindern, bei älteren der Tertiantypus (alle 48 Stunden ein Anfall), oder der quar-

tane; auch der doppelte Rhythmus (Febris intermittens
dupplex) wird dann und wann beobachtet.

Bezüglich der Anfälle selbst findet man bei Kindern, dass
dieselben manchmal nur angedeutet und fast nie vollkommen
ausgebildet sind; auch halten sie nicht immer die genaue Zeit ein.
Das erste Stadium, der Frostanfall, fehlt öfter vollständig,
kennzeichnet sich in anderen Fällen nur durch Kleinwerden des
Pulses, Blässe der Haut, Blauwerden der Nägel, Kälte der unteren
Extremitäten, Erbrechen, Wimmern und Unruhe, Muskelzittern,
leichte Zuckungen oder einen schlafähnlichen Zustand; dabei
sehen die Kinder oft so verfallen aus, dass sie auf die Umgebung
und den mit diesen Formen nicht vertrauten Arzt den Eindruck
einer sehr bedenklichen Krankheit machen. Der Frostanfall
dauert entweder nur einige Minuten bis eine Stunde.

Das Hitzestadium ist selbst bei den rudimentären Anfällen stets am deutlichsten ausgesprochen, dauert meist am längsten
(zwei bis vier Stunden) und ist bei Kindern mitunter die einzige
Aeusserung des Wechselfiebers. Das Gesicht ist stark geröthet,
selbst leicht gedunsen, die Augen glänzen stärker, der Durst ist
vermehrt; ausserdem begleiten Unruhe, wildes aufgeregtes Wesen,
Aufschreien, Delirien, Hallucinationen, ecclamptische Anfälle und
herpetische Effloreseenzen im Gesichte dieses Stadium, in dessen
Beginn gewöhnlich das Maximum der Körperwärme (40 bis
41,5°) fällt.

Das Schweissstadium ist im Ganzen kürzer und nicht
so intensiv wie bei Erwachsenen. Vorübergehendes Feuchtwerden der Haut, seltener starke Schweisse während des Schlafes
bezeichnen das letzte Stadium; der Schweiss kann auch ganz
fehlen. Die Turgescenz nimmt wieder ab und die Kinder ent-
leeren während oder nach dem Ablauf des Schweissstadiums viel
dunkeln, durch sein ziegelmehlrothes Sediment auffallenden Urin.

Die Milzschwellung, welche am meisten während des
Anfalles stattfindet, fehlt nie, ist dann und wann eine sehr bedeutende, schon bei der Inspection der Kinder in die Augen
springende und in Wechselfiebergegenden bei vielen Kinder das
einzige Zeichen der Krankheit. Ich habe in einem von Malaria
stark heimgesuchten Dorfe 50 Kinder untersucht und bei allen
ohne Ausnahme einen Milztumor gefunden, obgleich zwei Drittel
derselben bei den Angehörigen als gesund galten und bis dahin
keinen Anfall erkennen liessen.

Auch die Apyrexie ist bei Kindern nicht vollkommen frei

und ungetrübt, im Gegentheile dauern gewisse Störungen, wie
Mattigkeit, Unruhe, gestörter Appetit, unterbrochener Schlaf etc.
auch während dieser Zeit fort.

Larvirte und perniciöse Wechselfieber kommen im
Kindesalter verhältnissmässig selten und nur in ausgesprochenen
Fiebergegenden zur Beobachtung.

So leicht die Diagnose des scharf ausgeprägten Wechselfiebers ist, so schwierig kann sie werden bei rudimentären Anfällen und irregulärem Auftreten. Intermittens kann die mannigfachsten Krankheiten vortäuschen und gehört immer die grösste
Vorsicht dazu, um sich diagnostische Blössen zu ersparen. Ich
fand wiederholt, dass sich die während des Hitzestadiums von
Aerzten gestellte Diagnose der Pneumonie, Meningitis, des Typhus
etc. am zweiten oder dritten Tage als Wechselfieber entpuppte. Namentlich bei zahnenden Kindern können solche Fehler leicht unterlaufen.

Behandlung.

Wechselfieberkranke Kinder müssen, wo es die Verhältnisse
gestatten, besonders wenn sich bereits Zeichen der Cachexie ein-
gestellt haben, aus der Malariagegend in höher gelegene Wohnorte geschickt werden, ist es nicht durchführbar, so sind gewisse
diätetische Vorsichtsmassregeln nicht zu verabsäumen, man setze
dem Trinkwasser etwas Wein zu, schütze die Kinder vor Erkältungen, vor Nachtluft, Diätfehlern etc.

Das sicherste Mittel ist Chinin, nach dem Alter des Kindes zu 1—3 gran pro dosi, am besten während der Intermission
gereicht. Ist es innerlich nicht beizubringen, so kann es mit dem
gleichen Erfolge mittelst Klystieren geschehen (6, 8 bis 10 gran in
2 Unzen Wasser gelöst); sträuben sich die Kinder auch dagegen,
so versuche man es in Form hypodermatischer Injection oder
als Salbe in den Unterleib einzureiben (10—12 gran auf eine
halbe Unze Fett).

Sollte das Chinin wirkungslos bleiben, so bedient man sich
mit Nutzen der Tra arsen. Fowleri (1—2 Tropfen täglich und
allmählig steigend). Ich verbinde mit sehr gutem Erfolge gleich
bei Beginn der Behandlung diese Tinctur mit Chinin und Opium
(Rp. Chinin. sulf. gr. 4—6, Elix. avid. Halleri gutt. sex., Tra
arsenic. Fowleri gutt. 4—6, Tra opii simpl. gutt. 3—4, Sacch.
albi drachm. duas M. D. S. 4 Löffel täglich in dreistündigen
Zwischenräumen).

Gegen Wechselfiebercachexie sind neben kräftiger Kost das
Eisen und Chinapräparate die heilsamsten Mittel. Die Behandlung ist so lange fortzusetzen, bis der Milztumor geschwunden
und überhaupt keine rhythmische Temperaturerhöhung mehr vorhanden ist.

9. Cholera asiatica.

Die Cholera ist eine acute miasmatisch-contagiöse Krankheit,
die durch ein specifisches, uns noch unbekanntes Gift hervorgerufen und verbreitet wird.

Anatomie.

Die wichtigsten anatomischen Veränderungen dieser noch
räthselhaften Krankheit sind auch im Kindesalter bald eintretende hochgradige Todtenstarre, blei- bis blaugraue collabirte
Haut, eingedicktes Blut mit Verminderung der Salze, namentlich
des Kochsalzes, während Phosphate und Kaliumverbindungen
vermehrt sind, der Magen ist ausgedehnt, seine Schleimhaut mit
einer oft liniendicken Schichte Schleim überzogen, die Schleimhaut des Darmkanales, namentlich im Dünndarm stark geröthet,
geschwellt, serös durchfeuchtet, die Epithelien derselben massenhaft und in grosser Ausdehnung schuppig abgestossen, die Peyer-
schen Plaeques stärker geschwellt. Klob entdeckte sowohl in den
Entleerungen wie im Darme Pilze. Hyperämie der Nieren, Nephritis parenchymatosa, Lungenödem, Hyperämie des Gehirns,
ungewöhnliche Trockenheit und Blässe der Muskeln, Leber, Lunge
und eine eigenthümlich seifenartig schlüpfrige Beschaffenheit der
serösen Häute, besonders der Arachnoidea und des Herzbeutels
(Löse h n er) bilden weitere mehr oder weniger constante Befunde.

Symptome und Verlauf.

Je nach der Heftigkeit der Infection und der individuellen
Resistenzfähigkeit gegen das Gift selbst, äussern sich die Krankheitszeichen der Cholera bei Kindern bald schwächer (Chole-
rine), bald stark (Choleraanfall). Man unterscheidet in den
verschiedenen Verlaufsweisen ein Stadium algidum, Stadium asphycticum, Stadium reactionis und das
Choleratyphoid, wenn die Reaction in ungewöhnlicher und
excessiver Weise erfolgt.

Prodromen. Nicht regelmässig, aber in einer gewissen

Anzahl von Fällen gehen dem eigentlichen Ausbruche der Krankheits-Erscheinungen voraus, welche als Vorläufer gedeutet werden müssen; sie bestehen in Verdauungsstörungen und zwar namentlich bei Säuglingen in Dyspepsie, bei älteren Kindern in Diarrhöe. Einigemale fand ich auch bei Kindern das Vorhandensein eines Krankheitsgefühles, ohne dass sie demselben einen bestimmten Ausdruck geben konnten, von Luzinsky wird es als grosse Mattigkeit bezeichnet.

Den eigentlichen Anfang der Cholera machen gewöhnlich Störungen im Verdauungskanal, Diarrhöe und Erbrechen, welche nicht selten gleichzeitig, öfter nach einander sich einstellen, und zwar mit vorausgehender Diarrhöe. Der Brechact erfolgt bald leicht ohne Würgen und Schmerzen (besonders bei Säuglingen), bald mit Unruhe, Anstrengung, Würgen und geringen Schmerzen in der Magengegend. Die Quantität des Erbrochenen ist verschieden nach der Heftigkeit der Krankheit und nach der Menge des genossenen Getränkes; das Erbrochene besteht anfangs in unveränderten oder halbverdauten Speiseresten (Muttermilch), später in mit Schleimflocken untermischter reiswasserähnlicher Flüssigkeit.

Die Diarrhöe, die constanteste und in den meisten Fällen die erste Erscheinung, stellt sich gewöhnlich ohne Beschwerde ein, nachdem Gurren und Kollern im Unterleibe vorausgegangen, oder die Entleerung geschieht unter heftigem Geräusche und in einem gleichsam rasch hervorschiessenden Strome. Charakteristisch dabei ist, dass selbst nach reichlichen Entleerungen im Magen und Darmkanale immer noch etwas Flüssigkeit zurückbleibt. Die Zahl der Entleerungen ist in der Regel eine grosse, nur in seltenen Ausnahmsfällen fand ich dieselben sehr spärlich (Cholera sicca), die entleerten Massen sind sehr wässerig oder molkig getrübt, anfangs blassgelblich, später reiswasserähnlich, dabei jedoch nicht in dem Grade und in der Regelmässigkeit gallenlos, wie bei Erwachsenen, nur selten durch Blutbeimischung röthlich oder gar pflaumenbrühähnlich, sind ganz geruchlos oder verbreiten einen deutlichen Geruch nach faulen Eiern; die Reaction ist überwiegend alkalisch, selten neutral und wird erst mit dem Breiigwerden derselben im Stadium der Reaction wieder sauer. Die Cholerastühle bestehen im algiden Stadium hauptsächlich aus Wasser (96—98 Proc.) und viel Kochsalz, Eiweiss findet sich nicht regelmässig, manchmal kohlensaures Ammoniak in denselben. Monti erhielt bei Säuglingen deutliche Reaction auf Bilifein

und bei grösseren Kindern auf Zusatz von Acidum nitricum rosen-
rothe Färbung.

Hand in Hand mit den profusen Entleerungen durch Mund
und After geht die Veränderung des Unterleibes. Im
Beginne der Krankheit noch etwas aufgetrieben, sinkt er im
Stadium algidum immer ein, wird weich und schwappend, die
Bauchdecken werden schlaff, teigig, bleiben in Falten erhoben
längere Zeit bestehen, nicht selten kann man durch die Bauchdecken einzelne Darmwindungen erkennen.

Die Zunge ist im Stadium algidum bald feucht und graulich-
gelb belegt, bald mehr trocken und röthlich, die Ränder derselben stets bläulich, im Stadium asphyeticum immer kalt, trocken,
oder nur wenig feucht und klebrig anzufühlen.

Singultus wird von Löschner als ein häufiges, von
Monti als ein sehr seltenes Symptom an cholerakranken Kindern bezeichnet, ich selbst beobachtete diese Erscheinung in der
letzten Epidemie ziemlich oft.

Der Durst ist bei gänzlichem Mangel an Appetit stets gesteigert, oft qualvoll, unlöschbar, bis zum letzten Athemzuge anhaltend und steht meist im geraden Verhältnisse zur Häufigkeit
der Entleerungen.

Im Gebiete der Circulations- und Respirationsorgane treten nach dem jeweiligen Stadium der Krankheit verschiedene charakteristische Erscheinungen auf. Die Herzaction
ist im Stadium algidum oft sehr stürmisch, wird allmählig schwächer
und unrhythmisch; dabei steht die Stärke der Herzaction nicht
im geraden Verhältnisse zur Stärke des Pulses (Löschner,
Monti), der Puls zeigt im Stadium algidum mehrfache Schwankungen, ist anfangs frequent, wird immer kleiner, fadenförmig
und ist endlich gar nicht mehr zu fühlen. Bei eintretender Reaction wird er wieder frequent, kräftiger und bei Ausgang in
Choleratyphoid nicht selten retardirt. Die Venen sind mit dick-
lichem, heidelbeerartigem Blute überfüllt und bewirken besonders
bei noch gut genährten Kindern Cyanose. Dieselbe ist entweder eine allgemeine, über den ganzen Körper verbreitete,
mit tiefblauer, fleckiger Verfärbung der Haut (ein schlimmes
prognostisches Zeichen), oder sie ist nur eine partielle und auf
die Lippen, Wangen, Augenlider, Ohren, Finger und Zehen beschränkte. Bei früher kranken, herabgekommenen, anämischen
Kindern wird die Cyanose seltener, dagegen eine bleigraue, erdfahle, leichenartige Entfärbung der Haut beobachtet. Neben der

Cyanose entwickeln sich ferner die Zeichen des Collapsus, die Hauttemperatur sinkt auf 31, 30 bis 29° Cels., die Haut verliert ihren Turgor und ihre Elasticität, ist öfter mit klebrigem Schweisse bedeckt, ihre Sensibilität geht verloren, die erschlafften Augenlider decken das tief eingesunkene, blau halonirte Auge nur unvollständig, Wangen und Schläfe fallen ein, die Nase ist zugespitzt, die noch offene Fontanelle sinkt ein. Die Cyanose und der Collapsus treten desto früher ein, und sind desto ausgeprägter und hochgradiger je profuser die Choleraentleerungen erfolgen.

Die Respiration wird bei übrigens ganz negativem physikalischen Befunde der Brustorgane entweder sehr beschleunigt und erreicht die Ziffer von 60—70 in der Minute, oder sie ist unregelmässig, von tiefem Seufzen unterbrochen. Mit diesem Lufthunger ist gewöhnlich verbunden ein unheimliches Kühlwerden des Athems, was man mit vor den Mund gehaltener Hand deutlich wahrnehmen kann. Ob diese Respirationsanomalie blos die Folge der Circulationsstörungen oder, wie andere Autoren (Monti, Schott) annehmen, durch Veränderungen im Nervensysteme bedingt sind, lässt sich heute noch nicht mit voller Bestimmtheit sagen.

Die vox cholerica, eine nicht seltene Erscheinung bei Erwachsenen, wird bei Kindern nicht oft, wohl aber nicht selten eine schwache, belegte Stimme beobachtet.

Von Störungen in der Function der Centralorgane des Nervensystems kommen bei Kindern leichter oder tiefer Sopor, Delirien und Convulsionen nicht regelmässig, immerhin aber öfter die bei Erwachsenen so charakteristischen Muskelkrämpfe und selbständige Rigidität der Muskeln vor.

Secretionsanomalien im Verlaufe der Cholera betreffen zunächst die Nieren. Die Urinsecretion ist während des Anfalles in der Regel sehr vermindert oder gänzlich unterdrückt (letzteres während der Asphyxie immer), der später gelassene Urin enthält Eiweiss, öfter auch Faserstoffcylinder. Mit dem Nachlasse der Choleraausleerungen und der eintretenden Besserung stellt sich die Urinsecretion wieder ein, und zwar entweder mit einem Male, reichlich oder im Verlaufe einiger Tage und nur allmählich. Je früher und reichlicher dieses geschieht, desto besser die Prognose. Der im Stadium reactionis gewonnene Urin reagirt stets sauer, hat ein niedriges specifisches Gewicht und enthält Eiweiss bei auffallender Verminderung der Chloride

Auch verminderte Secretion der Conjunctiva des Auges, der
Thränenflüssigkeit und des Speichels wird bei cholerakranken
Kindern schon beobachtet.

Die Krankheitsdauer beträgt bei sehr rapidem Verlaufe
oft nur 12—18 Stunden; erstreckt sich jedoch in der Mehrzahl
der Fälle über mehrere Tage. Löschner unterscheidet mit
Recht nach der Reihenfolge der Erscheinungen einen raschen,
continuirlichen und einen remittirenden, schleppenden Verlauf.

Die Ausgänge der Cholera sind in Genesung, Tod
und Choleratyphoid.

Nach Monti fällt das Minimum der Genesungsfälle auf die
Kinder im Alter von ein bis fünf Jahren. Nachlass der Darmerscheinungen, Schwinden der Cyanose, gallige Stühle, Wiederkehr der Körperwärme mit flüchtiger Röthe der Wangen, Fühlbar-
werden des Pulses und vor Allem reichliche Urinsecretion sind
die Zeichen eintretender Besserung.

Der Ausgang in Tod erfolgt am meisten im Stadium asphycticum, selten im Stadium algidum, und zwar unter Erscheinungen
von Sopor, Convulsionen und grosser Unruhe. Je jünger die
Kinder, desto grösser die Sterblichkeit; die höchste Sterblichkeit
fällt in den Beginn, die geringste in die Abnahme der Epidemie.
Nach Löschner starben von 235 Kindern 121, nach Hervieux von 117 Kindern 70, nach Monti von 54 Kindern 38;
also durchschnittlich mehr als die Hälfte.

Als Choleratyphoid bezeichnet man einen Symptomencomplex, welcher nach eingetretener Reaction sich entwickelt und
in Unruhe, Sopor, Somnolenz, Delirien, Convulsionen, Trockenheit der Schleimhäute, Erbrechen, Diarrhöe, einer mehr oder
weniger gesteigerten Temperatur mit abendlichen Fieberexacerbationen, kräftigem, öfter retardirtem Pulse, Injection der Conjunctiva, Trübung und Verschorfung der Hornhaut, Hydrops und
Oedemen und manchmal einem roseola- oder urticariaähnlichen
Ausschlage (Choleraausschlag) besteht, und ohne Rückfall in das
Stadium asphycticum durch einige Zeit andauert. Als Ursachen
des Choleratyphoides werden Urämie, starkes Reactionsfieber,
Anämie des Gehirns (ähnlich dem Hydrocephaloid) bezeichnet.

Ursachen.

Die specifische Krankheitsursache ist noch unbekannt; als
die Träger des Choleragiftes werden die Ausleerungen, die Luft,
das Trinkwasser bezeichnet, ohne dass jedoch der Beweis dazu

beigebracht wurde. Die Cholera befällt Kinder aller Altersstufen, auch Säuglinge werden nicht verschont; gut genährte und kräftige Kinder werden ebenso oft wie anämische, herabgekommene und anderweitig kranke (scrophulöse, tuberculöse, rachitische) befallen. Als Gelegenheitsursachen und den Ausbruch begünstigende Veranlassungen dürfen Diätfehler, Erkältungen, schlechte häusliche Verhältnisse und Gemüthsbewegungen angesehen werden.

Behandlung.

In prophylaktischer Beziehung ist es rathsam, die noch gesunden Kinder aus dem Hause, wo schon Cholerakranke liegen, oder noch besser aus dem inficirten Wohnorte in gesunde, von der Epidemie verschonte, am liebsten waldige Gebirgsgegenden zu bringen. Die Ausleerungen cholerakranker Kinder, die beschmutzte Wäsche, Betten etc. sind sofort zu entfernen und zu desinficiren (mittelst Carbolsäure). Während einer Choleraepidemie sollen, wenn es vermieden werden kann, Säuglinge nicht abgestillt werden; auch sind zahnende Kinder mehr denn sonst zu überwachen.

Eine gegen das Wesen der Cholera selbst gerichtete Behandlung gibt es nicht, soviel die Erfahrung beweist, hat sich aus der grossen Reihe der zeither gerühmten und empfohlenen Mittel noch keines bewährt; unsere ganze Thätigkeit beschränkt sich leider nur auf symptomatische Versuche.

Zur Zeit von Choleraepidemieen überwache man sorgfältig, jedoch nicht mit selbstpeinigender Aengstlichkeit die Diät der Kinder, entziehe ihnen alle jene Speisen, namentlich Obstarten, welche leicht Durchfall zur Folge haben und berücksichtige jede auch leichte Diarrhöe. Die Kinder belasse man im Bette und reiche ihnen neben schleimiger Kost Opiate innerlich oder in Form von Klystieren.

Ist der Choleraanfall bereits ausgebrochen, so suche man durch Darreichen von starkem schwarzen Kaffee, oder Thee mit Rum, durch ein warmes Bad (28—30° Réaum. durch fünf bis acht Minuten) und nachfolgende Einwickelung in wollene Kotzen den Kranken in Schweiss zu bringen; auch mittelst Einwickelung in nasskalte Leintücher und längeres Liegenlassen in denselben ist es mir öfter gelungen, den gewünschten Schweiss zu erzielen.

Gegen die Diarrhöe wende man Opium mit Mineralsäuren und aromatischen Vehikeln an, wenngleich zugestanden werden

muss, dass die Opiate in der Cholera der Kinder oft ebenso im
Stiche lassen wie alle anderen Mittel. Man gebe von folgender
Mischung: Rep. Aq. menthae piperit. drachmam Tra thebaic.,
Trae aromat. acid. aa scrupulum stündlich zehn Tropfen;
oder lasse zweistündlich ein Stärkemehlklystier mit zwei bis drei
Tropfen Tra opii crocat. appliciren. Bei eintretender Cyanose,
Kühlwerden der Haut und drohendem Collapsus zögere man nicht
länger und mache mit aller Energie Gebrauch von den Reizmitteln. Heisse Bäder (30—32° Réaum. durch fünf bis acht
Minuten) mit kalten Uebergiessungen in denselben, Abreibungen
mit Senfspiritus, Hautreize und vor Allem innerlich starke, feurige
Weine, Branntwein, Rum selbst in rauscherzeugenden Gaben sind
unter solchen Umständen geboten. Ich habe von dieser Methode
noch immer die verhältnissmässig besten Resultate gesehen und
möchte dringend anrathen, von derselben lieber früher als zu
spät Gebrauch zu machen. Auch Campher, Moschus und andere
Reizmittel können in dieser Absicht versucht werden.

Gegen das heftige Erbrechen sind Eispillen, in Eis
abgekühltes Sodawasser, alkalische Säuerlinge, wie Giesshübler
u. A. die besten Mittel, von einigen Autoren, neuerlich durch
Monti, wird das Creosot (Sacerdote verschrieb: Aq. melissae,
Aq. menthae aa unc. duas, Creosoti gutt. XII, Aether sulf.
scrupulum, Syrup cort. aurant. unciam. Ms. esslöffelweise
zu nehmen) sehr empfohlen. Auch hypodermatische Injection von
Morphium ($^1/_{50}$, $^1/_{30}$ bis $^1/_{20}$ gran stündlich zu injiciren) wurde
mehrfach gerühmt, ich verspreche mir nicht viel davon, überdiess
ist Morphium ein für Kinder äusserst gefährliches Mittel.

Als Getränk, welches nicht oft und nur in kleinen Quantitäten zu verabreichen ist, gebe man Eiswasser, Reis- oder Salep-
wasser mit Rothwein, Bier.

Muskelkrämpfe sind mittelst Abreibungen mit Eis oder
Chloroform zu beschwichtigen. Erfolgt Reaction, so setze man
die Reizmittel allmählich aus, unterhalte, wenn Schweisse eintreten, dieselben möglichst lange und störe nicht durch unzeitge-
mässes und allzueifriges Eingreifen den Heilgang der Natur.

Auch beim Choleratyphoid verhalte man sich nur symptomatisch; Essigabreibungen der Haut bei hoher Temperatur,
kalte Ueberschläge auf den Kopf bei Zeichen von Hirnreizung,
Chinin, Benzoe oder Kali acet. solutum bei spärlicher Diurese
und Zeichen von Urämie. Die Diät ist auch bis in die Reconvalescenz hinein sorgfältig zu überwachen.

10. Syphilis.

Die Syphilis der Kinder ist in überwiegender Häufigkeit eine ererbte (Syphilis hereditaria), weit seltener eine erworbene (Syphilis acquisita).

Die ererbte Syphilis äussert sich entweder schon im Mutterleibe und die Früchte kommen häufig in der zweiten Hälfte der Schwangerschaft todt zur Welt; oder die Kinder werden wohl ausgetragen und lebend geboren, sind jedoch atrophisch, mit den Spuren der Krankheit behaftet und gehen schon nach einigen Tagen oder Wochen zu Grunde; in einer dritten Reihe von Fällen kommen die Kinder anscheinend gesund und kräftig zur Welt, und die Syphiliden erscheinen erst nach Wochen oder Monaten.

Symptome und Verlauf.

Die Krankheitserscheinungen der hereditären Syphilis charakterisiren sich wie die secundären Formen der Erwachsenen bezüglich ihres Sitzes, der anatomischen Form, Verlaufsweise und Combination in mannigfacher Weise.

Der häufigste und vorzüglichste Sitz derselben ist die Haut, welche auch an den von Syphiliden verschonten Stellen nicht die Eigenschaften einer gesunden und normalen hat, sondern schmutzig,r graulichweiss, welk und faltig, an der Stirne eigenthümlich wachsartig glänzend ist, und an den Handtellern und Fusssohlen wegen de dünnen Epidermis ein trockenes, fettig glänzendes Aussehen hat und sich leicht abschilfert. Die bei Kindern auftretenden Syphiliden charakterisiren sich ähnlich wie bei Erwachsenen durch besondere Lieblingssitze, obgleich sie an der ganzen Hautfläche vorkommen können, durch ihren langsamen, schleppenden Verlauf Neigung zu Recidiven, das Fehlen von Schmerz oder Jucken, nur tritt die kupferrothe Farbe nicht so scharf hervor wie bei Erwachsenen, sondern ist mehr blassroth oder schmutzig-bräunlich Die cutane Syphilis zeigt folgende Formen.

Syphilis cutanea maculosa s. erythematosa, Roseola, Fleckensyphilis, linsen- bis groschengrosse, livid blass- oder bräunlichroth gefärbte Flecke, welche nur spärlich oder in grosser Anzahl, scharf begrenzt oder von verwaschener Begrenzung am Stamme und den Extremitäten, seltener im Nacken und Gesicht auftreten. Diese Flecken verschwinden entweder schon nach kurzem Bestehen, hinterlassen schwachbraun

pigmentirte Stellen, häufiger jedoch entwickelt sich aus ihnen
durch exsudative Infiltration

die Syphilis cutanea papulosa (Papula, Lichen), stecknadelkopfgrosse, härtliche, zerstreut stehende oder gruppirte Knötchen, welche meist zwischen anderen Formen am Stamme und den
Extremitäten, besonders gern an Handtellern und Fusssohlen auftreten, und wenn sie älter geworden, sich mit kleinen Epidermis-
schüppchen bedecken; nur selten verwandeln sich dieselben durch
Vereiterung an der Spitze in kleine Geschwüre.

Syphilis cutanea squamosa, Schuppensyphilid,
Psoriasis syphilit. entwickelt sich entweder aus den beiden
früheren maculo-papulösen Formen oder gewissermassen primär,
auf linsengrossen, einzelnstehenden, bräunlich oder schmutzig-roth
gefärbten Infiltraten, indem in der Mitte des Fleckes sich eine
kleine Schuppe ablöst, ein feuchtes Grübchen hinterlässt und, während in der Mitte Heilung eintritt, nach aussen ringförmig fort-
schreitet. Diese Form kommt bei Kindern nicht häufig zur Beobachtung.

Syphilis cutanea vegetans, Condylomata lata,
breite Condylome, Placques muqueuses. Linsen- bis
groschengrosse, sich in die Breite ausdehnende, knotige Infiltrate
von schmutzig-rother Farbe mit oberflächlicher Exulceration der
sie überziehenden Epidermisschichten. Sie kommen einzeln oder
in Gruppen stehend und confluirend am häufigsten an den Uebergangsstellen der äusseren Haut in die Schleimhaut, an Genitalien, After, Lippen und Nasenwinkeln, ferner mit Vorliebe an
den verschiedenen Hautfalten und Gelenksbeugen, am Gesässe,
der Leistenbeuge, Halsfurche, Achselfalte, am Nabel etc. vor,
wobei gewöhnlich durch Contact die den Condylomen gegenüber-
liegende Hautpartie inficirt wird. Bei unrein gehaltenen Kindern, welche viel in ihren Entleerungen liegen bleiben, kommt
es leicht zu tieferen Ulcerationen und selbst phlegmonösen Entzündungen.

Syphilis cutanea bullosa et pustulosa. Während
Aknepusteln, varicella- und impetigoartige Formen bei Kindern
nicht oft vorkommen, wird bei ihnen der Pemphigus, ein bei
Erwachsenen sehr seltenes Syphilid, verhältnissmässig häufiger
gesehen. Spärliche oder zahlreiche, isolirt stehende oder confluirende, erbsen- bis taubeneigrosse, ovale Blasen mit schwach molkig-
eiterigem Inhalte, welche bald bersten und oberflächliche, mit
Fetzen abgelöster Epidermis begrenzte oder noch theilweise

bedeckte Substanzverluste hinterlassen. Der Pemphigus sy-
phylit. kommt auf der gesammten Haut, am liebsten an
Handtellern und Fusssohlen vor und wird fast immer schon mit
auf die Welt gebracht. Die damit behafteten Kinder sind in der
Regel hochgradig atrophisch und werden nur einige Tage, selten
mehrere Wochen alt. Nicht jeder Pemphigus neonatorum ist ein syphilitischer; weit öfter ist er ein pyä-
misch-cachectischer, nur wo neben dem Pemphigus auch
andere deutliche Zeichen hereditärer Syphilis vorhanden sind,
darf er als solcher betrachtet werden.

An der Haut syphilitischer Kinder kommen ferner auch
Schrunden, Geschwüre, grössere und kleinere Abscesse, letztere
besonders gerne am Hinterhaupte, in der Hals- und Gesässgegend mit langsamer, träger Vernarbung und Pigmentirung der
ergriffenen Stellen vor.

Von den Schleimhäuten ist besonders die der Nase fast
constant ergriffen. Schwellung und Röthung derselben mit schlei-
mig-eiterigem oder blutig-jauchigem Ausflusse ist nicht selten die
erste und einzige Aeusserung der hereditären Syphilis (Coryza
syphilit.), Athmen mit offenem Munde, erschwertes, öfter unter-
brochenes und von schnarchendem oder schnüffelndem Geräusche
begleitetes Saugen und Schlafen, Verkeuchen etc. sind die bei
solchen Kindern ebenso lästigen wie die Ernährung beeinträch-
tigenden Symptome. Seltener führt die zur Ozäna gesteigerte
Nasenaffection Necrose der Knochen mit Einsinken der Nase
herbei. Syphilitische Kinder leiden überhaupt an ausgesprochener Neigung zu hartnäckigen Nasencatarrhen.

Ihr zunächst steht die Schleimhaut des Rachens, welche
bei Kindern, wenn auch nicht in so destructiver Weise, wie bei
Erwachsenen, Sitz der Syphilis ist. Dunkle Röthung und Schwellung derselben, ein mehr oder weniger reichlicher, schleimig-
eiteriger Beschlag wird nur selten vermisst. Ulcerationen mit
speckigem Grunde und Rändern, Defect der Uvula, des weichen
Gaumens, oder selbst Perforation des Gaumengewölbes sind nicht
häufige Befunde, bei älteren mit Lues behafteten Kindern.

An der Schleimhaut der Lippen, welche meist sehr
trocken, spröde und wie zu kurz erscheint, kommen Einrisse
(Rhagaden) vor, die leicht bluten und bei andauernder Reizung
zu tieferen, graulich-gelb belegten Einschnitten führen.

An den Mundwinkeln bilden sich gerne flache oder tiefer
greifende, speckig-gelb belegte Geschwüre mit der Tendenz zum

Weitergreifen; ähnliche Geschwüre und Rhagaden finden sich auch
auf der Schleimhaut der Mundhöhle, der Zunge, am Mastdarme
und der Genitalschleimhaut der Mädchen.

Verhältnissmässig weit seltener als bei Erwachsenen localisirt sich die Syphilis auf die Schleimhaut des Larynx, und
dann gewöhnlich nur bei älteren Kindern, obgleich ich auch schon
bei acht Tage alten, an Syphilis verstorbenen Kindern Kehlkopfgeschwüre vorfand. Die syphilitische Kehlkopfstenose ist im
Kindesalter keine häufige Erscheinung. Als seltenen Befund
beobachtete ich hochgradige Trachealstenose in Folge syphilitischer Ulceration.

Auf der Darmschleimhaut haben Förster und Schott
knotige Infiltration der Peyer'schen Placques mit necrotischem
Zerfalle beobachtet.

Otorrhoe und Leucorrhoe gesellen sich öfter zu den übrigen
Schleimhauterkrankungen.

Die syphilitische Gummigeschwulst (Gummata s.),
verschieden grosse, knotige Neubildungen, die anfangs härtlich
sind, später erweichen und eine gummiartige oder eiterige Flüssigkeit enthalten, entwickeln sich bei Kindern oft schon ziemlich
früh und bilden vorzugsweise die Syphilis innerer Organe. Sie
kommen vor in der Thymus, Leber, Milz, Niere, Nebenniere,
Lunge, auf der Zunge und wohl nur sehr ausnahmsweise im Gehirne (Schott) und sind bei den einzelnen Organen bereits erwähnt worden.

Ziemlich constant schwellen bei Kindern auch die Lymphdrüsen am Halse, Unterkiefer, Achsel- und Leistengegend an,
ohne jedoch zu eitern.

Auffallend selten sind bei Kindern das Periost und die
Knochen sowie das Auge Sitz syphilitischer Erkrankung,
und zwar desto seltener je jünger die Kinder.

Lähmungen der oberen und unteren Extremitäten in
Folge hereditärer Syphilis wurden einige Male beobachtet.

Dass gekerbte, meisselartig zugeschärfte Zähne
bei Kindern, wie Hutchinson behauptet, für Syphilis spreche,
kann ich nicht bestätigen, ich habe dieselben auch bei anderen
nicht syphilitischen Kindern beobachtet.

Der Verlauf hereditärer Syphilis gestaltet sich in der
Mehrzahl der Fälle, besonders bei Kindern, welche die Zeichen
der Krankheit schon mit auf die Welt gebracht, ungünstig; Marasmus, Pyämie, Peritoneitis, Pneumonie, Darmkatarrh, Menin-

gitis etc. bilden die Todesursache. Günstiger ist der Verlauf bei
Kindern, welche kräftiger zur Welt kommen und wo die Zeichen
der Syphilis erst sechs bis acht Wochen nach der Geburt auftreten. Je zahlreicher die Producte der Krankheit und je jünger
das Kind, desto schlimmer ist die Prognose.

Als Folgekrankheiten ererbter Syphilis sind Rachitis,
Scrophulose, speckige Degeneration der Leber, Milz, Nieren, Hydrops, Drüsenhypertrophie etc. zu nennen.

Aetiologie.

In ätiologischer Beziehung lassen sich folgende, durch zahlreiche Erfahrungen erhärtete Sätze vertheidigen:

Hereditäre Syphilis stammt in der grossen Mehrzahl der
Fälle ($^9/_{10}$) vom Vater.

Väter mit latenter Syphilis zeugen bald mit dieser Krankheit
behaftete, bald scrophulöse, unter Umständen auch ganz gesunde
Kinder.

Kinder syphilitischer Väter können die Zeichen der Lues
an sich tragen, während die Mutter ganz intact bleibt.

Bei secundär syphilitischen Müttern erreichen die ersten
Schwangerschaften selten ihr Ende; ich sah Frauen sieben- bis
achtmal abortiren, ehe sie ein lebensfähiges, mit stärkeren oder
schwächeren Formen der Syphilis behaftetes Kind zur Welt
brachten.

War die Mutter schon vor der Schwängerung secundär syphi-
litisch, wurde sie zugleich mit der Schwängerung oder in den
ersten Monaten der Schwangerschaft inficirt, so sind die Kinder
fast immer mit Lues behaftet.

Syphilis der Mütter, welche erst in den letzten Schwanger-
schaftsmonaten erworben wird, soll auf die Frucht nicht mehr
übertragbar sein.

Syphilitische Kinder können von der intact gebliebenen
Mutter gestillt werden, ohne dass die Dyskrasie sich auf letztere
verpflanzt.

Gesunde Ammen werden von syphilitischen Kindern gewöhnlich, jedoch nicht nothwendig inficirt, die Ansteckung wird am
häufigsten durch Lippengeschwüre vermittelt.

Secundär syphilitische Ammen können Kinder gesunder Eltern viele Monate lang nähren, ohne dass die Kinder an Syphilis
erkranken, wenn nicht eiternde Flächen eine Infection herbei-

führen; durch die Milch scheint somit die Ansteckung nicht möglich zu sein.

Die Ansteckung eines gesunden Kindes durch primäre Ge-
nitalgeschwüre der Mutter während des Geburtsactes ist noch
nicht erwiesen.

Erworben wird die Syphilis bei Kindern durch syphilitische Ammen, Berührung (Küssen, Zusammenschlafen) mit
syphiliskranken Personen, durch die Impfung mit syphilitischen
Kindern entnommener Lymphe, durch Stuprum violentum seitens
angesteckter Personen, oder durch versuchten Coitus selbst. Ich
behandelte ein achtjähriges Mädchen, welches von einem mit
primärem Ulcus behafteten zehnjährigen Knaben angesteckt wurde.

Behandlung.

Die prophylaktische Behandlung hereditärer Syphilis hat,
wenn schon früher Kinder mit Lues geboren wurden, oder öfteres
Abortiren vorausgegangen, mit einer entsprechenden antisyphilitischen Cur der Eltern, häufiger des Vaters zu beginnen.

Da eine zweckmässige Ernährung syphilitischer Kinder eine
Hauptbedingung für die Erhaltung derselben ist, so hat der Arzt
zunächst für eine solche zu sorgen. Ist die Mutter geeignet, so
stille sie ihr Kind selbst, kann oder darf sie dies nicht, so leite
man eine zweckdienliche künstliche Ernährung ein, was freilich
die Aussicht auf Erhaltung des Kindes sehr trübt. Einer gesunden Amme darf ein syphilitisches Kind nicht übergeben werden,
ausser sie ginge von der Gefahr, der sie sich aussetzt, in Kenntniss gesetzt, den Vertrag doch ein.

Was die medicamentöse Behandlung betrifft, so bringt kein
anderes Mittel die Zeichen der hereditären Syphilis so sicher und schnell zum Verschwinden als
der Mercur, wenngleich damit die Recidiven nicht immer zu
verhüten sind. Unter allen Mercurialpräparaten leistet das Ca-
lomel (zu $\frac{1}{4}$, $\frac{1}{3}$ bis $\frac{1}{2}$ gran pro dosi drei- bis viermal täglich gereicht) die besten Dienste. Bei sehr anämischen Kindern verbindet
man mit Nutzen das Calomel mit Ferrum, bei gleichzeitiger Diarrhöe und Kolik mit kleinen Gaben Pulv. Doweri. Schnellen und
sicheren Erfolg gewährt auch die Inunctionskur (15—20 gr.
Ungt. ciner. bis zur Salivation täglich in die von den Syphiliden
frei gelassene Haut einzureiben). Die subcutanen Subli-
matinjectionen ($\frac{1}{32} - \frac{1}{24}$ gran für eine Injection) leisten
nicht mehr, als die anderen Methoden, haben aber das Unange-

nehme, dass an den Injectionstellen leicht heftige und hartnäckige Ulcerationen entstehen.

Sublimatbäder (1 Scrupel bis ¹/₂ Drachme auf jedes Bad, zwei- bis dreimal in der Woche angewendet) werden von mehreren Seiten als hilfreich empfohlen.

Die Jodpräparate bewirken im Allgemeinen viel langsamer als Mercur das Verschwinden der Syphiliden, dagegen fand ich sie bei hartnäckigen secundären Erscheinungen an Schleimhäuten, Drüsen und Beinhaut öfter heilsamer als den Mercur, wesshalb ich bei älteren Kindern, wo die Syphiliden mehr in den Hintergrund treten, lieber von Jodkali (6, 8 bis 10 gran täglich in einem Decoct. cort. chin.), vom Jodeisen (10 bis 20 gr. de die) oder vom Syrup. fer. jodati Gebrauch mache. Eine combinirte Mercurial- und Jodbehandlung wirkt in hartnäckigen Fällen manchmal auffallend günstig.

Neunter Abschnitt.

Krankheiten der Haut.

1. Erythema.

Das Erythem der Haut besteht in bald mehr umschriebenen, bald diffusen Hyperämien derselben mit entzündlicher Schwellung des Papillarkörpers. Röthe der Haut, fehlender oder geringer brennender Schmerz, Jucken und ein schneller gutartiger Verlauf sind die klinischen Zeichen des Uebels. Erytheme sind im Kindesalter eine nicht seltene Erscheinung, praktisch wichtig sind folgende Formen:

Erythema neonatorum. Als solches bezeichnet man schon jene physiologische, rothe Hautfärbung nach der Geburt, welche namentlich bei manchen Kindern stark ausgesprochen über die ganze Hautfläche verbreitet ist und mit Uebergang ins Gelb- und Blassrothe binnen wenigen Tagen verschwindet.

Eine andere bei Neugeborenen vorkommende Form ist das Erythema papulatum, stecknadelkopfgrosse, über die Haut prominirende dunkelrothe Knötchen, welche von einem etwas blässer rothen Hofe umgeben sind. Stamm und Extremitäten, namentlich Hand- und Fussrücken sind der Sitz dieses Erythems, welches nach den Aeusserungen der Kinder zu schliessen, Brennen und Jucken verursacht, binnen wenigen Tagen ohne Hinterlassung von Pigmentirung höchstens mit leichter Abschilferung an den centralen Knötchen verschwindet. Das Erythema papulatum tritt nicht selten öfter auf, und könnte bei reichlicher Entwickelung am Stamme mit Masern verwechselt werden. Der ganz fieberlose Verlauf, das Fehlen der katarrhösen Symptome und das noch sehr zarte Alter, in welchem Masern nur sehr ausnahmsweise auftreten, lassen es in der Regel leicht erkennen.

Eine Therapie verlangt das Erythema papulatum nicht.

Erythema Intertrigo (Frattsein, Wundsein der Kinder), ist jene Form des Erythems, welche sich unter dem Einflusse mechanischer und chemischer Reize besonders gerne an jenen Stellen entwickelt, wo s.ch zwei Hautflächen berühren und reiben; also am After, den Genitalien, der Schenkelbcuge, an der Innenseite der Oberschenkel, unter der Achsel, am Halse, hinter den Ohren, an den Fersen und Hohlhandflächen; reichlicher Fettpolster, dünne, zarte Haut mit grosser Vulnerabilität und die Einwirkung von Urin, Koth, Schweiss und Eiter auf dieselbe begünstigen und unterhalten den Intertrigo. Er kommt daher selten aber doch auch bei gesunden, reingehaltenen, häufiger aber bei unreingehaltenen, atrophischen, schwächlichen und anderweitig kranken Kindern vor. Röthung und Feuchtwerden der Haut, im weiteren Verlaufe Bläschen- und Blasenbildung, Erweichung und Ablösen der Epidermis, Erosionen und tiefere Geschwüre, die sich dann und wann mit diphtheritischen Placques belegen und selbst brandig werden können, bilden die Ausgänge des hochgradigen und vernachlässigten Intertrigo. Unruhe, Schmerzhaftigkeit besonders beim Reinigen der Kinder, gestörter Schlaf begleiten das Uebel. Intertrigo verbreitet sich in manchen hartnäckigen Fällen von dem ursprünglichen Entstehungsherde auf die Nachbarschaft und überzieht im Verlaufe von Wochen, wie ich öfter gesehen, von der Genitalgegend aus auch die Ober- und Unterschenkel.

Intertrigo ist bald eine leichte, einer entsprechenden Behandlung in wenigen Tagen weichende Störung, bald wieder ein hartnäckiges, wochenlang allen Mitteln trotzendes Hautleiden.

Behandlung.

Grösstmöglichste Reinlichkeit, Fernhalten jeder Reizung durch Urin und Koth sind die Hauptbedingungen zur Verhütung und Heilung des Intertrigo. Von localen Mitteln sind bei noch intacter Epidermis Einstreupulver, wie Pulv. semin. lycopodii oder eine Mischung von Zincum oxydatum und Pulv. amyli anzuwenden; auf die nässenden excorïrten Hautstellen wirken Salben aus Magister. Bismuthi, Zinc. oxydt., Calomel. Nitras argenti günstig. Man verabsäume nie, zwischen die sich berührenden, wunden Hautpartien feine Charpie oder weiche Leinwandläppchen einzulegen und vor Anwendung der localen Mittel die erkrankten Stellen ausgiebig zu reinigen und abzutrocknen. Werden die Geschwüre diphtheritisch oder gangränös, so empfehlen sich

neben einer entsprechenden tonisirenden inneren Therapie örtlich
Kali chloricum, Calcar. chlorata, Carbolsäure, Campherspiritus.
E r y t h e m a   n o d o s u m.   Dasselbe charakterisirt sich durch
erbsen- bis wallnussgrosse, beulenartige, isolirt stehende Anschwellungen der Haut mit einer knotigen Härte in der Mitte, und von
hellrother, braunrother oder tiefvioletter Färbung, je nachdem das
Exsudat ein einfach seröses oder hömorrhagisches ist. Sitz dieses
Erythems sind zumeist die Streckflächen der Unterschenkel,
seltener die Vorderarme, nur ausnahmsweise die Haut des Gesichtes. Allgemeine Mattigkeit, herumziehende Gliederschmerzen,
mitunter gastrische und leicht febrile Störungen und Schmerzhaftigkeit der ergriffenen Stellen begleiten den Ausbruch und
Verlauf der Krankheit, welche mitunter Nachschübe macht und
gewöhnlich in zwei bis drei Wochen abläuft.   Die knotigen Anschwellungen verschwinden immer auf dem Wege der Resorption.
Die Ursachen kennt man noch nicht genau, Erkältung wird öfter
angeschuldigt, B o h n lässt das Erythema nodosum aus Embolien
der Hautcapillaren entstehen, ähnlich wie bei der Peliosis rheumatica.

Behandlung.

Horizontale Lagerung der Extremitäten, kalte Umschläge
oder Einpackungen der Extremitäten in nasskalte Leinen, Application von Aq. G o u l a r d i und, wo die Kälte nicht vertragen
wird, Oleum olivarum mit Chloroform bilden die Therapie.   Bei
Stuhlverhaltung sind Abführmittel, gegen die febrilen Symtome
Mittelsalze, Aq. lauroc., Acid. phosphor. zu geben.

Ausser den genannten Formen begegnet man im Kindesalter
auch noch anderen localisirten und ausgebreiteten idiopathischen
und symptomatischen Erythemen. Zu nennen wären das Erythem
nach Einwirkung hoher Hitzegrade (Eryth. solare), nach Druck
oder Schlag (Eryth. traumaticum), das Stauungserythem im Verlaufe anderer Krankheiten, wie z. B. bei der Pneumonie, das
Erythem venenatum nach Einwirkung gewisser Medicamente
(Jodismus) und Gifte, das Erythem im Verlaufe der Pyämie
und Diphtheritis, welche, wenn sie sehr ausgebreitet, leicht mit
Scharlach verwechselt werden können.

2. Rothlauf, Erysipelas.

Der Rothlauf, jene diffuse Hautentzündung mit Zelleninfiltration des Corium und bei hochgradiger Entwickelung der Krankheit gleichzeitig auch des Unterhautzellgewebes, wird häufiger bei Neugeborenen (Erysipelas neonatorum), als älteren Kindern beobachtet.

Symptome und Verlauf.

Nachdem die Symptomatik bei älteren Kindern dieselben Verhältnisse annimmt, wie bei Erwachsenen, so soll hier zumeist das Erysipelas neonatorum berücksichtigt werden.

Unter geringen, oder stärkeren febrilen Symptomen entwickelt sich am häufigsten am Nabel, seltener an anderen Stellen (z. B. an den Genitalien nach der rituellen Beschneidung) eine umschriebene Röthe der Haut mit Anschwellung, Temperaturerhöhung und Schmerzhaftigkeit derselben. Unter Steigerung der Fieberzeichen und hinzutretenden anderen Symptomen, wie grosse Unruhe, Schlaflosigkeit, soporöses Dahinliegen, Wimmern und selbst Convulsionen, gewinnt die locale Hautentzündung an Umfang, indem sich dieselbe allmählich auf die anstossenden noch gesunden Hautflächen fortpflanzt (Erysipelas migrans), während sie an der ursprünglich erkrankten Hautpartie schwindet. Dieses wandernde Fortschreiten der Entzündung findet in der Regel erst dann seinen Abschluss, bis die gesammte Hautoberfläche, oder wenigstens der grösste Theil derselben bereits befallen war. Das successive Fortschreiten der Krankheit erfährt dann und wann eine Abweichung darin, dass die Entzündung sprungweise sich auf entferntere Hautpartien, z. B. von dem linken Fussrücken auf den rechten Oberarm, wirft (Erysipelas ambulans), oder die zuerst erkrankte Stelle zum zweiten Male befallen wird. Den Schluss machen nicht selten umschriebene phlegmonöse Entzündungen mit Suppuration und zwar am häufigsten in der Kreuzbeingegend, am Fuss- oder Handrücken, seltener am Scrotum, woselbst unter ungünstigen Verhältnissen selbst Gangrän hinzutreten kann. Ich habe erst in jüngster Zeit zwei Knaben behandelt, wo das Erysipelas neonatorum den Ausgang in Brand des Hodensackes nahm.

Der Rothlauf der Neugeborenen ist unter allen Umständen eine schwere und lebensgefährliche Krankheit, und wird von einzelnen Autoren sogar als stets tödtlich erklärt. Ich selbst habe

unter mehr denn sechzig Fällen bis jetzt blos zweimal einen
günstigen Ausgang beobachtet. Pyämie, febrile Erschöpfung, eitrige
Peritonitis, Meningitis, Pleuritis, Pericarditis, Pneumonie, Oedem
des Gehirns, erschöpfender Durchfall und Brand bilden die gewöhnlichen Complicationen, Folgen und Todesursachen der
Krankheit.

Die Dauer beträgt selten nur einige Tage, durchschnittlich
zwei Wochen, kann sich jedoch auch auf drei bis vier Wochen
ausdehnen.

Ursachen.

Das Erysipel nimmt in der Mehrzahl der Fälle, jedoch nicht
immer, seinen Ausgangspunkt von einem localen Eiterherde oder
einer wunden Stelle der Schleimhaut; beim Erysipelas neonatorum
vom Nabel oder den Genitalien, bei älteren, namentlich mit Scrophulose behafteten Kindern von der Nase, den Ohren, Augen,
Impetigopusteln, Geschwüren, Beinhaut- und Knochenaffectionen
aus. Die Vermittelung geschieht durch Resorption mittelst der
Lymphbahnen. Auch Intertrigo und die Vaccinationspusteln können
Ausgangspunkt des Rothlaufes sein. In anderen Fällen lässt sich
kein Zusammenhang mit einem localen Leiden nachweisen und
das Erysipel ist der Ausdruck einer Blutinfection, entweder pyämischer Natur, oder durch epidemische Einflüsse bedingt. Solche
idiopathische Erysipele treten namentlich im Frühling und Herbst
öfter auf, und werden gewöhnlich von heftigen Initialsymptomen,
wie Erbrechen, Frost, starkes Fieber, Delirien, Convulsionen, eingeleitet.

Behandlung.

Das Erysipelas neonatorum trotzt gewöhnlich jeder Behandlung, ob sie eine kalte, warme, oder einfach symptomatische ist.
Bisher ist es noch nicht gelungen, das Erysipelas migrans zu
fixiren, weder kräftiges Touchiren mit dem Lapisstifte, noch Heftpflasterstreifen, weder das Glüheisen, noch die Mercurialsalbe vermögen das Weiterschreiten des Wanderrothlaufes zu verhindern.

Die zweckmässigste und dem Wesen der Krankheit am
meisten entsprechende Behandlung besteht im Anfange, so lange
die Entzündungssypmtome vorherrschen, in der Anwendung der
Kälte und zwar unter der Form von Eisblasen, kalten Umschlägen, und wenn die Zeichen der Entzündung nachlassen, in
Wärme und die Resorption befördernden Mitteln, wie Jodkalisalbe,

Jodtinctur, Ungtum cinereum etc. Bei hohen Fiebergraden und
pyämischem Charakter des Rothlaufes ist Chinin zu versuchen,
tritt Brand hinzu, so kommen die demselben entsprechenden
Mittel an die Reihe. Nur, wo sich die Angehörigen gegen die
Anwendung der Kälte sträuben, mache ich von der Aq. calcis in
Verbindung mit Oleum olivarum oder Oleum hyoscyami (aa part.
aequales) Gebrauch.

3. Dermatitis folliculosa. (Acne cachecticorum.)

Die folliculäre Hautentzündung wird fast nur in Spitälern,
selten bei häuslich verpflegten Kindern beobachtet und charakterisirt sich durch hanfkorn- bis linsengrosse knotige, den Haut-
föllikeln entsprechende Infiltrate, welche von einem schmalen
Injectionshofe umgeben sind, langsam schmelzen, sich im weiteren
Verlaufe zu kraterförmigen, scharfrandigen, immer kreisrunden
Geschwüren umwandeln und nach ihrer Heilung vertiefte Narben
hinterlassen. Die so entstandenen Geschwüre stehen theils isolirt,
theils verschmelzen sie zu kreuzer- selbst thalergrossen Substanzverlusten, zeigen nicht selten einen schmutzig-gelben diphtheritischen Beschlag und können unter ungünstigen Umständen selbst
brandig werden.

Sitz der Follicularverschwärungen sind vorzugsweise Unterleib, Gesäss und Rücken, seltener die Innenfläche der Oberschenkel und die Unterschenkel.

Die Dermatitis follicularis befällt nie gesunde, sondern immer
nur herabgekommene, kachektische und anderweitig kranke Kinder.
Scrophulose, chronischer Darmkatarrh und Tuberculose begünstigen
das Leiden in ausgesprochener Weise, und finden sich namentlich bei scrophulösen Kindern gleichzeitig auch andere Hautaffectionen, wie Eczem, Lichen, Impetigo, Furunculosis etc. vor.

Die Krankheit liebt es, in Nachschüben aufzutreten, so dass
die zuerst entstandenen Geschwüre schon halb oder ganz vernarbt
sind, wenn neue Infiltrate auftreten. Interessant ist dabei die
Wahrnehmung, dass selbst bei hochgradig kachektischen Kindern
diese Geschwüre in der Regel fast alle wieder verheilt sind, ehe
die Kinder erliegen, was früher oder später immer geschieht.

Ich möchte den letzten Grund der Follicularentzündung ähn-
lich, wie Bohn beim Erythema nodosum, in Thromben der
Hautcapillaren mit entzündlicher Anschwellung und geschwürigem
Zerfalle der Follikel suchen. Neben Ernährungsstörung der Haut

in Folge der allgemeinen Kachexie scheinen Druck bei anhaltender horizontaler Rückenlage und Mangel an Reinlichkeit das Leiden sehr zu begünstigen.

Behandlung.

Neben Berücksichtigung des Allgemeinzustandes, welcher in der Regel eine roborirende und tonische Behandlung erheischt, habe ich als Localmittel ein einfaches Cerat. fuscum noch am besten befunden; nur wo ein diphtheritischer Beschlag oder Ausgang in Brand vorhanden, wird man vom Kali chloricum, Campherspiritus oder einer Salbe aus Nitras argenti mit Balsam. peruvian. Gebrauch machen. Grösste Reinhaltung der Kinder und Entfernen grober Wäschstücke ist nothwendig.

4. Urticaria, Nesselausschlag, Nesselsucht.

Die Urticaria besteht in Eruption von Quaddeln, welche durch eine in die oberflächlichen Schichten des Corium äusserst acut gesetzte seröse Ausscheidung erzeugt werden.

Die Quaddeln (Pomphi) bilden zahlreiche oder spärliche, verschieden grosse, über das Hautniveau erhabene, in der Mitte weisslich gefärbte, an der Peripherie roth umsäumte Efflorescenzen, welche lebhaft jucken oder brennen und gewöhnlich einen flüchtigen Charakter haben.

Sitz derselben kann die gesammte Hautoberfläche sein, mit Vorliebe tritt das Leiden im Gesichte, am Stamme und in der Gegend der Gelenke auf.

Die Urticaria erscheint in manchen Fällen ohne jede Störung im Allgemeinbefinden, in anderen wieder gehen febrile und gastrische Initialsymptome dem Ausbruche voraus oder begleiten den Verlauf der Krankheit. Das Uebel erschöpft sich entweder mit einem einzigen Ausbruche, oder es erfolgen mehrere Ausbrüche in unregelmässigen Zeiträumen nach einander, seltener wird die Urticaria habituell und kann dann, wie ich bei einigen Mädchen beobachtet, auch zwei Jahre lang mit geringen Unterbrechungen andauern.

Die Ursachen

können verschieden sein und beruhen bald im Organismus selbst, bald wieder in gewissen äusseren Einflüssen. So entsteht Urticaria bei Kindern nach dem Genusse gewisser Nahrungsmittel,

wie Spargel, Erdbeeren, Stachelbeeren, Austern, Schnecken,
Würsten, Honig etc., nach Einwirkung grosser Hitze oder Kälte.
Urticaria erscheint ferner bei Kindern während der Dentition, und
im Verlaufe des Prurigo nach heftigem Kratzen, sie complicirt
ferner Variola, Scarlatina, Morbilli und Cholera; als habituelle
beobachtete ich sie einige Male bei Mädchen mit schwerer Geschlechtsentwickelung. Die Urticaria darf für die Mehrzahl der
Fälle als vasomotorische Nervenkrankheit aufgefasst werden.

Die Behandlung

des Nesselausschlages ist eine theils ursächliche, theils locale. In
erster Beziehung sind die bei der Aetiologie aufgeführten Momente zu berücksichtigen, zu localen Zwecken empfiehlt sich am
meisten das kalte Wasser in Form von Umschlägen oder Waschungen mit Aq. Coloniensis; bei erschwerter Geschlechtsentwickelung
ist Eisen das hilfreiche Mittel.

5. Herpes, Bläschenflechte.

Als Herpes wird jener acute, nicht contagiöse Bläschenausschlag bezeichnet, bei welchem auf gemeinschaftlichem rothen
Grunde Bläschen aufschiessen, die meist gleich gross sind und
in Gruppen beisammenstehen. Solcher Bläschengruppen erscheinen
gewöhnlich mehrere und liegen im Verbreitungsbezirke eines
Nervenastes oder Nervenstammes (Herpes genuinus). Die Eruption ist fast immer mit Schmerzen in dem betroffenen Nerven-
gebiete verbunden, seltener wird der Beginn von Frost und
starkem Fieber eingeleitet. Kurze Zeit nach dem Auftreten
trocknen die Bläschen, nachdem sich der alkalisch reagirende
Inhalt getrübt hat, ein und stossen sich ohne Hinterlassung von
Narben in Form lamellöser Schorfe ab. Tritt Verschwärung ein,
was nicht oft und mehr nur beim Herpes Zoster geschieht, so
bleiben seichte Narben zurück; dann und wann ist der Bläschen-
inhalt leicht blutig getrübt.

Von den bekannten Herpesarten werden im Kindesalter beobachtet:

a. Herpes facialis (Hydroa febrilis), besonders an den
Lippen (Hydroa labialis), aber auch auf den Wangen, Nase, Stirn,
Ohr etc. auftretend, kommt meist in Begleitung hochfieberhafter
Krankheiten vor, so bei Pneumonie, Intermittens, acuten Exan-
themen, kann aber auch unabhängig von denselben sich ent-

wickeln. Herpes der Mundschleimhaut, namentlich des Gaumens, wie ihn Bertholle beschrieb, habe ich bei Kindern bis jetzt nicht bestätigen können.

b. Herpes Zoster (Gürtelausschlag). Die Eruption der Bläschengruppen wird immer von sehr heftigem Schmerze eingeleitet und begleitet, welche jedoch nach beendigter Exsudation oder spätestens mit der Decrustation vollständig wieder schwinden. Bei Kindern überdauern nach fremden und eigenen Erfahrungen diese Neuralgien nie das Hautleiden, während sie bei Erwachsenen oft sehr hartnäckig sind und selbst Monate oder Jahre nach Ablauf des Herpes noch andauern.

Der Herpes Zoster befällt in der Regel nur eine Körperhälfte, Fälle von doppelseitigem Zoster haben Hebra, Neumann, Thomas, Mörs beobachtet; auch ich zähle unter der grossen Zahl meiner Beobachtungen einen Fall von doppelseitigem Zoster pectoralis.

Nach der Localität trennt man den Herpes Zoster in:

Zoster pectoralis mit dem Sitze im Gebiete eines oder mehrerer Intercostalnerven, beginnt gewöhnlich an den proc. spinos. und zieht sich, den Intercostalnerven folgend, bis zur Medianlinie des Sternum bogenförmig nach vorne; er ist die häufigste Form.

Zoster abdominalis, etwas seltener als der vorige, entspricht den Lendennerven.

Zoster femoralis, nach dem Verlaufe der grossen Nervenstämme auftretend und wird sowohl an der vorderen, wie hinteren Fläche der unteren Extremitäten beobachtet. Ausgangspunkt ist oft die Gesässgegend, von wo sich die Eruption über den Oberschenkel bis in die Kniekehle oder selbst die Waden ausbreitet. Der Zoster der Extremitäten hat in seltenen Fällen während der Dauer des Uebels leichte Lähmungserscheinungen im Gefolge.

Zoster brachialis, eine nicht häufige Form, bei welcher die Bläscheneruption an den letzten Halswirbeln beginnt und längs der oberen Extremität an der Beuge- oder Streckseite herabläuft.

Zoster facialis, zumeist nach dem Verlaufe des ersten seltener des dritten Astes des Nerv. trigeminus.

Zoster capillitii, die Bläschen erscheinen nach dem Verlaufe des Nerv. frontalis und supraorbitalis, dann und wann auch an der Conjunctiva.

Der Verlauf des Herpes Zoster ist stets ein gutartiger, seine
Dauer beträgt durchschnittlich vier bis zwölf Tage.

Die Ursachen

desselben sind verschiedene und beruhen entweder in einer Reizung der Spinalganglien (Thomas), oder in peripherer Entzündung;
auch Traumen, ungewöhnliche Körperanstrengungen, Blutintoxi-
cationen werden als Veranlassung angeführt. Im Prager Kinderspitale kommen auf 70,000 kranke Kinder 330 Fälle von idiopathischem Herpes, somit auf 213 Kinder je ein Fall.

Herpes Zoster befällt auch schon Kinder unter einem Jahre,
häufiger jedoch Kinder zwischen dem vierten bis zwölften Jahre;
Knaben sind demselben mehr ausgesetzt als Mädchen; schubweises Auftreten zu gewissen Zeiten wird beobachtet. Nach
Bohn kommt genuiner Zoster bei Kindern relativ häufiger vor,
als bei Erwachsenen. Die Behauptung, dass der genuine Zoster
den Menschen im Leben nur einmal befalle, bestätiget sich nicht.

Behandlung.

Diejenige Behandlung ist auch hier die beste, welche in den
Verlauf der Krankheit am wenigsten störend eingreift; man suche
besonders bei ungeduldigen und empfindlichen Kindern eine gewaltsame Zerstörung der Bläschen durch Reiben, Kratzen, Wetzen
möglichst zu verhindern und die lästigen Schmerzen zu mildern,
oder zu beseitigen. In letzterer Beziehung empfehlen sich am
meisten die örtliche Anwendung der Kälte, die subcutane Injection mit Morphium (Morph. muriat. gr. duo. Aq. destill. drachmam), 6—10 Tropfen davon zu einer Injection, oder der innerliche Gebrauch des Chinin mit Opium oder Morphium. Andere
mehrseitig empfohlene Mittel, wie Collodium, Emplast. diabotanum,
Belladonnasalbe etc. können leicht entbehrt werden.

c. Herpes iris ist jene Form der Bläschenflechte, wo um
ein centrales Bläschen sich ein peripherischer Bläschenkranz
gruppirt, so dass die jüngsten derselben am weitesten nach aussen
gelagert sind. Der Name Iris rührt von den verschiedenen
Farbennuancen her, welche die verschiedenalterigen Efflorescenzen
annehmen. Herpes iris tritt zumeist an Hand- und Fussrücken,
seltener an den übrigen Theilen der Extremitäten auf, ausnahmsweise sieht man ihn auch am Stamme und im Gesichte. Die
Involution geschieht, wie bei den anderen Herpesarten und ist
gewöhnlich in 8—12 Tagen vollendet.

Die Affection ruft fast nie Beschwerden hervor und erheischt
demgemäss auch keine besondere Therapie; bei etwas in die
Länge gezogenem Verlaufe wird eine Salbe aus Mercur. ppt.
rubri gr. tria., auf Ungti simplex d r a c h m. t r e s mit Nutzen angewendet.

6. Pemphigus, Blasenausschlag, Pompholyx.

Der Pemphigus ist jene Krankheit, bei welcher sich an verschiedenen Stellen auf ganz normaler Haut oder auf rothen,
nicht erhabenen Flecken rundlich-ovale, linsen- taubenei- bis
nussgrosse, mit anfänglich klarer, später molkig-getrübter Flüssigkeit erfüllte Blasen erheben. Im weiteren Verlaufe berstet
gewöhnlich die Epidermisdecke, der Inhalt entleert sich und es
bildet sich eine dünne, blass- oder dunkelgelbe trockene Kruste,
nach deren Ablösung eine schwach geröthete, mit zarter Epidermis bedeckte Fläche zurückbleibt, die allmählich wieder das Aussehen des normalen Haut annimmt. Nur einmal beobachtete ich
nach Abtrocknung der Blasen seichte, weisse Narben.

Der Inhalt der Blasen besteht anfangs in Serum, später in
Eiter, dem mitunter Blut beigemischt ist, in seltenen Ausnahmsfällen enthalten die Blasen nur Blut (Pemphigus haemorrhagicus).
Die Reaction des Blaseninhaltes ist in den frischen Blasen meist
neutral, in älteren überwiegend alkalisch, nur in wenigen Fällen
fand ich dieselbe sauer.

B a m b e r g e r wies im Blaseninhalte Faserstofffäden, Leucin,
Tyrosin, Ammonium, aber keinen Harnstoff nach, auch ich fand
den letzteren nie vor.

Die Blasenbildung zeigt, was Oertlichkeit, Zahl, Grösse und
Gruppirung betrifft, mannigfache Verschiedenheiten. Sitz der
Krankheit ist manchmal die gesammte Hautoberfläche mit Ein-
schluss des behaarten Kopftheiles, manchmal wieder sind nur
einzelne Partien ergriffen. Am häufigsten befallen werden die
Extremitäten, namentlich die unteren, der Rumpf, die Genitalien,
Hals und Gesicht, seltener die behaarte Kopfhaut, Handteller,
Fusssohlen (bei dem syphilitischen Pemphigus dagegen fast immer
und vorzugsweise). Dann und wann kommen Pemphigusblasen
auch an der Schleimhaut der Mund- und Nasenhöhle vor.

Bezüglich des Verlaufes unterscheidet man einen a c u t e n
und c h r o n i s c h e n Pemphigus.

Der erstere (Pemphigus idiopathicus), fast nur bei Kindern

beobachtet, beginnt und verläuft nicht selten unter heftigen Allgemeinerscheinungen, wie Schüttelfrost, Fieber, allgemeine Mattigkeit, grosse Unruhe, Kopfschmerz, Delirien, und wickelt sich binnen drei bis sechs Wochen ab.

Der chronische Pemphigus, bei Kindern gewöhnlich unter dem Bilde des Pemphigus vulgaris auftretend, unterscheidet sich von dem acuten dadurch, dass in kleineren oder grösseren Zwischenräumen von einigen Tagen, Wochen oder Monaten immer wieder neue Eruptionen von Blasen auftauchen und zwar an anderen, früher verschonten Stellen, oder unmittelbar an die alten Krankheitsherde anknüpfend und allmählich weiter kriechend (Pemphigus serpiginosus nach Hebra). Brennen und Jucken in der Haut geht nicht selten dem Ausbruche der Blasen vorher; der Verlauf des chronischen Pemphigus ist fast immer fieberlos.

Complicationen. Während der acute Pemphigus in der Regel keine complicirenden Zufälle aufzuweisen hat, ist der chronische öfter mit Darmkatarrh und Bronchitis complicirt und führt durch seine lange Dauer einen marastischen Zustand der Kinder herbei. Als seltene Complication habe ich öfter wiederkehrende Hämaturie und in einem anderen lethal verlaufenden Falle Nephritis albuminosa beobachtet.

Ursachen.

Die letzte und eigentliche Ursache des Pemphigus ist uns noch immer unbekannt. Pemphigus befällt verhältnissmässig mehr Kinder als Erwachsene. Nach Hebra und mir entfällt auf je 700 kranke Kinder ein Fall von Pemphigus; Mädchen werden etwas häufiger ergriffen als Knaben, die grössere Mehrzahl sind Kinder im ersten Lebensmonate, etwas seltener tritt er zwischen dem 6. — 18. Monate auf; die meisten Erkrankungen kamen im Monate Juli vor. Schwächliche, herabgekommene Constitution, chronische, erschöpfende, mit Eiterung verbundene Krankheit und Pyaemie begünstigen den Pemphigus (Pemphigus cachectic. et pyaemic); der acute Pemphigus kommt auch bei gut genährten, sonst gesunden Kindern vor; Pemphigus syphiliticus begleitet die hereditäre Syphilis und haben wir das Nähere schon bei dieser Krankheit angegeben.

Der Pemphigus ist nach meinen ganz negativen Impfversuchen und klinischen Wahrnehmungen eine nicht ansteckende Krankheit, doch wird dann und wann ein schubweises Auftreten desselben beobachtet.

Prognose.

Der acute Pemphigus ist in der Regel eine gutartige Krankheit, der chronische dagegen zählt wegen seiner Hartnäckigkeit,
seinen Complicationen und Folgen zu den lästigen und gefährlichen Leiden, in manchen Fällen ist er geradezu unheilbar.
Unter 70 Fällen meiner Beobachtung befinden sich sechzehn Sterbe-
fälle und zwar zehn Kinder mit Pemphigus syphiliticus, vier Kinder mit Pemphigus cachecticus und zwei mit Pemphigus pyaemicus.

Behandlung.

Bei der acuten Form reicht ein exspectativ-symptomatisches
Verfahren aus, leichte antiphlogistische Mittel bei fieberhaftem
Auftreten und local ein austrocknendes Streupulver oder eine
Salbe aus Zinc. oxydat. Der chronische Pemphigus trotzt in der
Regel allen Mitteln, während er ohne Hinzuthun oft plötzlich spontan schwindet, um nach einiger Zeit wiederzukehren. Der chro-
nische Pemphigus erfordert, da die befallenen Kinder meist kachek-
tische, scrophulös-tuberculöse sind, Chinapräparate, Chinin, Ferrum,
Wein, Oleum jecoris aselli, Jodeisen, Acidum carbolicum, kräftige
Kost und frische Luft. Der syphilitische Pemphigus erheischt
die bei dieser Krankheit aufgeführten Mittel. Local habe ich
beim chronischen Pemphigus kaltes Wasser, warme Bäder, Ungtum hydr. cinereum, Zinksalbe etc. meist fruchtlos angewendet.
Beim Pemphigus pyaemicus wäre Chinin zu versuchen.

7. Eczem, nässende Flechte, Salzfluss.

Eczem ist jene seltener acut, gewöhnlich chronisch verlaufende Hautentzündung, bei welcher sich kleine, unregelmässig
neben einander stehende Bläschen, Knötchen oder Pusteln mit
nachfolgender Krusten- oder Schuppenbildung entwickeln, welche
immer mit heftigem Jucken verbunden sind.

Nach dem verschiedenen anatomischen Verhalten dieser Entzündungsproducte unterscheidet man Eczema simplex s.
vesiculosum, wenn die Epidermis durch das Entzündungs-
plasma in Form kleiner Bläschen sich erhebt; Eczema papu-
losum, wenn blos knötchenförmige Erhebungen stattfinden;
Eczema impetiginodes, wenn die Blasen grösser sind, ihr
Inhalt trübe, eitrig ist und nach dem Bersten der Blasen zu
gelben, oder braungelben Krusten eintrocknen; Eczema squa-

mosum, wenn sich die entzündeten Stellen in eine mehr oder weniger rothe, schuppende Fläche umwandeln; Eczema rubrum, wo die Bläscheneruption auf intensiv gerötheter, nässender Haut stattfindet. Wird das Exsudat entweder vorzugsweise oder gleichzeitig in die Tiefe der Haut abgesetzt, so complicirt sich das Eczem mit ödematöser Anschwellung der betreffenden Partien. Bei chronischem Eczem, namentlich an den unteren Extremitäten, wird die Haut bedeutend verdickt, rauh und spröde, die Papillen hypertrophiren und die Zelleninfiltration dringt nicht selten bis in die tiefsten Schichten des Corium vor.

Gegen die Auffassung von T. Fox, welcher das Eczem als eine catarrhalische, Impetigo und Ecthyma als eine eiterige und Lichen als eine plastische Entzündung der Haut bezeichnet, liesse sich einwenden, dass in der Natur diese Grenzen nicht so scharf gezogen sind.

Was die Standorte des Eczems betrifft, so kann es entweder an der ganzen Hautoberfläche vorkommen (Eczema universale), oder nur auf einzelne Hautpartien beschränkt sein (Eczema partiale); Lieblingssitze sind bei Kindern die Kopfhaut (Eczema capillitii, Tinea capitis achorosa), das Gesicht (Eczema faciei, Crusta lactea), die Uebergangsstellen der äusseren Haut in die Schleimhaut, die Extremitäten, insbesondere die Beugeflächen des Knie- und Ellbogengelenkes, die Umgebung des Afters und der Genitalien und alle jene Stellen, wo sich zwei Hautflächen berühren.

Die Eczeme verlaufen seltener acut und werden dann mitunter von allgemeinen und Fiebererscheinungen eingeleitet, oder sie sind, was viel häufiger der Fall, chronische. Anschwellung und Vereiterung der correspondirenden Lymphdrüsen, furunculöse Hautentzündung, Erysipel, Urticaria, allgemeine Anämie und Abmagerung, nur ausnahmsweise Nephritis parenchymatosa bilden Folgen langdauernder und weitverbreiteter Eczeme.

Das Eczem complicirt sich nicht selten mit anderen papulösen und pustulösen Hautkrankheiten, wie Prurigo, Ecthyma, Lichen etc., dies gilt besonders von scrophulösen Kindern.

Ursachen.

Die Ursachen des Eczems liegen entweder im Organismus, oder ausserhalb desselben. Zu letzteren gehören Einwirkung zu hoher oder zu niederer Temperaturgrade, mechanische Reize, wie Kratzen mit den Nägeln, Reibung und Druck durch Kleidungsstücke, thierische Parasiten oder chemische Reize, wie gewisse Salben, Pflaster, Urin, Schweiss, Eiter etc.; Veranlassung im Organismus selbst bietet vor Allem die Scrophulose, die bei Kindern zweifellos häufigste Ursache des Eczems (unter 1192 mit Scrophulose behafteten Kindern fand ich die Haut 684 mal und zwar zumeist unter der Form von Eczem erkrankt), Dyspepsie in Folge unzweckmässiger Nahrung, die Zahnung und Rachitis. Als prädisponirende Momente sind die Erblichkeit und bei älteren Kindern gewisse Beschäftigungen zu erwähnen. Durch einzelne Krankheiten, wie Masern, Keuchhusten, Scharlach, Typhus etc. werden verschwundene Eczeme wieder hervorgerufen oder schon vorhandene nicht selten bedeutend verschlimmert.

Das Eczem ist keine ansteckende Krankheit, nur will man beobachtet haben, dass sich dasselbe mittelst des Secretes auf jene Stellen der Haut, mit welchen es längere Zeit und öfter in Berührung kommt, überpflanzt.

Prognose.

Das Eczem ist in manchen Fällen eine leichte, schnell entfernbare, in anderen wieder eine sehr hartnäckige oder geradezu unheilbare Krankheit. Eine lästige Erscheinung vieler Eczeme, namentlich jener, welche auf scrophulösem Boden wuchern, sind die häufigen Recidiven, welche zu gewissen Jahreszeiten oder auf Einwirkung äusserer Schädlichkeiten immer wiederkehren und in der Regel erst nach gründlich beseitigtem Allgemeinleiden ausbleiben. An manchen Standorten, so am Capillitium, den Händen und Augenlidern, sind die Eczeme schwerer zu beseitigen als an anderen.

Behandlung.

Die Frage, ob chronische Eczeme der Kinder, namentlich die am Capillitium und Gesichte, local behandelt werden dürfen, wird noch immer verschieden beantwortet. Während viele Autoren, namentlich der Neuzeit, sich dahin aussprechen, man darf und soll die Eczeme ohne Bedenken durch locale Mittel beseitigen, betrachten wieder andere dieselben als ein Noli me tangere und wollen jeden Localeingriff strenge verpönt wissen, indem sie behaupten, dass durch Vertreibung der Ausschläge Hydrocephalus, Meningitis, Pneumonie, Pleuritis, Tuberculosis etc. hervorgerufen und das Leben dadurch ernstlich bedroht wird. So lesen wir selbst in Waldenburg's gediegener Arbeit bei der Prophylaxis

der Tuberculose Seite 531: Hautausschläge und Geschwüre, die
seit langen Jahren eingewurzelt sind, suche man nicht durch
locale Application starker Adstringentien plötzlich zu unterdrücken.

Mehr als tausend Fälle von Eczemen eigener Beobachtung
liegen vor meinen Augen; fast alle wurden ohne Rücksicht
auf Dauer und Ausbreitung derselben local behandelt und doch
ist es mir niemals begegnet, dass während oder nach erfolgter
Behandlung durch Hinzutritt einer der oben genannten Krankheiten der Tod erfolgt wäre. Dagegen konnte ich mich vielfach
überzeugen, dass lange vernachlässigte Eczeme durch die andauernde Entzündung und Eiterung, durch die in Folge heftigen
Kratzens schlaflosen und unruhigen Nächte die Kinder in der
Ernährung herabbringen, dass sie anämisch werden, und dass
selbst lebensgefährliche Krankheiten, wie Nephritis parenchymatosa aus den Eczemen hervorgehen können.

Ich stimme somit für die locale Behandlung, verbinde dieselbe jedoch in allen jenen Fällen, wo eine Dyskrasie, wie Scrophulose zu Grunde liegt, mit einer entsprechenden inneren Therapie.
Zur letzteren empfehlen sich Leberthran, Eisen, Jodeisen, jodhaltige Mineralwässer, Jodkali.

Von localen Mitteln erweisen sich hilfreich beim Eczema
rubrum zunächst das kalte Wasser in Form von öfter ge-
wechselten Umschlägen oder Douchen, Umschläge mit Aq. Goulardi, so lange bis die Hyperämie geschwunden ist; beim vesi-
culösen Eczem Salben oder Lösungen von Zincum oxydt. oder
aceticum, Alaun, Magisterium bismuthi, Mercur. ppt. albus und
ruber, die Solutio Vlemingkx, die Schmierseife und vor Allem das
von Hebra empfohlene Ungtum diachyli albi (Rpe. Olei lini,
Emplast. diachyl. simpl. aa part. aequales) auf Leinwand
gestrichen und innerhalb 24 Stunden zweimal gewechselt). Gegen
das Eczema squamosum ist unstreitig der Theer das Beste, als
Ungtum piceum (Rpe. Axung porcin, Picis liquidae aa part. aequales)
oder als Oleum cadini, in neuerer Zeit wendet man auch die
Carbolsäure an. Bei Eczemen, welche an Beugeflächen und
Hautfalten sitzen, mache ich mit Nutzen von den Streupulvern
Gebrauch, wie Amylum, Zincum oxydatum, Pulv. alum. plumosi,
Tannin etc. (Rpr. Amyli puri unc. duas, Zinci oxydat., pulv.
ireos florent aa drachm. duas, oder Calomelan. pulv. drach-
mam, Pulv. amyli unciam).

8. Lichen, Knötchenflechte.

Unter Lichen versteht man jenen Krankheitsprocess, bei welchem sich meist gruppenweise bis stecknadelkopfgrosse Knötchen entwickeln, welche gewöhnlich etwas röther als die normale Haut oder schmutzig-braun gefärbt sind, gar nicht oder nur mässig jucken und mit kleienartiger Abschuppung endigen.

Hebra unterscheidet den Lichen scrophulosorum und den Lichen exsudativus ruber (die Schwindflechte).

Der von einigen Kinderärzten noch immer aufrecht erhaltene Strophulus ist seinem Auftreten, Wesen und Verlaufe nach nichts anderes als ein Lichen, der zum Unterschiede von den übrigen Lichenarten zumeist nur bei Säuglingen und zahnenden Kindern auftritt, und könnte diese Bezeichnung ohne Bedauern der Vergessenheit übergeben werden.

Von den beiden genannten Lichenarten wird bei Kindern vorzugsweise der Lichen scrophulosorum beobachtet. Das anatomische Wesen desselben besteht in Ablagerung von Exsudatzellen in und um die Horn- und Talgfollikel der Haut; Sitz des Uebels ist vorzugsweise der Stamm, ferner die Extremitäten, kann sich jedoch auch über den grössten Theil der Hautoberfläche, selbst das Gesicht ausbreiten. Wie schon der Name besagt, kommt dieser Lichen nur bei mit Scrophulose oder Tuberculose behafteten Kindern zur Entwickelung und ist nicht selten mit anderen scrophulösen Affectionen der Haut, Schleimhäute, Knochen etc. complicirt. Der Lichen scrophulosorum befällt meist ältere, dann und wann auch Kinder unter zwei Jahren, und ist, wie alle scrophulösen Hautaffectionen, stets ein hartnäckiges, leicht wiederkehrendes Leiden.

Die Behandlung

ist eine theils innerliche, anti-scrophulöse, theils örtliche. Hebra lobt Einreibungen mit Leberthran täglich zwei- bis viermal, wobei die Kinder zwischen wollene Decken gelegt werden. Ich selbst habe mich von der Solutio Vlemingkx, von Salben aus weissem oder rothem Präcipitat, sowie von der Theersalbe und dem Ungtum diachyl. alb. gute Heilerfolge beobachtet.

Weit seltener als Lichen scrophulosorum wird bei Kindern der Lichen exsudativus ruber beobachtet, und unterscheidet sich in Nichts von dem bei Erwachsenen vorkommenden, wesshalb er hier übergangen werden kann.

9. Prurigo, Juckblattern.

Bildung von stecknadelkopf- bis hanfkorngrossen, blassroth gefärbten, immer jedoch stark juckenden Knötchen, welche zerkratzt, sich an der Spitze mit braunroth gefärbten Krüstchen bedecken, bilden das Wesen dieser Hautkrankheit. Bei längerer Dauer des Leidens wird die Haut verdickt, pigmentreich, fühlt sich rauh, hart und spröde an, die oberflächlichen Lymphdrüsen, besonders die an der Leistenbeuge, schwellen zu umfänglichen Knoten an. Prurigo kommt fast nur an den Streckflächen der Extremitäten, etwas häufiger der unteren als oberen, seltener am Stamme vor. Zwischen den Knötchen finden sich in Folge des heftigen Kratzens und besonders bei Vernachlässigung dieses Hautleidens Quaddeln, Bläschen, Pusteln, Schuppen, wodurch die Haut ein eigenthümlich verändertes Aussehen erhält.

Prurigo befällt in der Regel, jedoch nicht ausschliesslich, Kinder aus schlechten häuslichen Verhältnissen; die letzte Ursache dieser Entzündung im Papillarkörper, als welche sich die Prurigo anatomisch beurkundet, ist noch nicht bekannt, auf scrophulösem Boden wuchert das Uebel nur selten. Prurigo befällt zumeist Kinder vom fünften Lebensjahre angefangen, leise Anfänge des Uebels oder leichtere Formen desselben (Prurigo mitis) trifft man jedoch auch schon bei Säuglingen; sie zieht sich dann gerne von den Extremitäten bis in die Gesässgegend und stört namentlich des heftigen Juckens halber oft lange Zeit hindurch den Schlaf, wobei die Kinder in der Ernährung zurückbleiben oder sichtlich herabkommen.

Prurigo ist immer eine chronische, hartnäckige, leicht wiederkehrende und bei Vernachlässigung selbst auch schon bei Kindern nicht selten unheilbare Krankheit.

Behandlung.

Bei noch sehr jungen Kindern mit zarter, empfindlicher Haut ist es rathsam, zunächst mit weniger eingreifenden Mitteln zu beginnen; man wähle einfache Fetteinreibungen, schwache Theersalben oder den Leberthran. Für ältere Kinder und schon weit vorgeschrittene veraltete Formen empfiehlt sich nach meinen zahlreichen Versuchen als das beste und am schnellsten wirkende Mittel die Solutio Vlemingkx; acht bis zehn Einreibungen reichen gewöhnlich hin, um die groben Veränderungen der Haut verschwinden zu machen, gegen die zurückbleibende Rauhigkeit

lasse ich gewöhnlich einige Theereinreibungen nachfolgen. Das
heftige und lästige Jucken weicht, wenn auch nur vorübergehend,
einer nasskalten Einpackung der befallenen Extremitäten; der
von mehreren Seiten gepriesene innerliche Gebrauch der Carbolsäure leistete mir keine irgendwie erspriesslichen Dienste. Häufiger und länger dauernde warme Bäder scheinen der Heilung
nicht sehr förderlich, wesshalb ich dieselben gewöhnlich nur auf
seltene Reinigungsbäder von kurzer Dauer beschränke. Auch
Salben aus weissem Präcipitat mit Balsam. peruvianus erwiesen
sich mir öfter hilfreich. Der innerliche Gebrauch des Leber-
thranes, Ferrum, der Arsenicalien und Jodpräparate konnte die
Recidiven in hartnäckigen Fällen keineswegs hintanhalten. Eine
nicht leichte Aufgabe ist es, bei Kindern das anerkannt nachtheilige Kratzen zu verhüten; öfteres Abschneiden der Finger-
nägel, Tragenlassen von Handschuhen während des Schlafes und
Umwickelung der kranken Extremitäten mit Heftpflasterstreifen
sind in dieser Beziehung empfehlenswerthe Massregeln.

10. Seborrhoea, Gneis.

Als Seborrhoe bezeichnet man im Allgemeinen jede vermehrte
Absonderung der Talgdrüsen und bei Kindern insbesondere die
d e r K o p f h a u t (Seborrhoea capillitii). Es geschieht nämlich
öfter, namentlich bei unrein gehaltenen Kindern, dass sich im
Verlaufe des ersten Lebensjahres durch fortdauernd vermehrte
Secretion der Talgdrüsen und durch Beimengung von Epidermidal-
zellen, Schmutz und Staub auf der Kopfhaut dunkelgelbe oder
schmutzig-braune, bis liniendicke Borken bilden, welche nach und
nach an Dicke und Ausdehnung gewinnend mitunter die ganze
behaarte Kopfhaut wie mit einer haubenartigen Schwarte über-
ziehen. Allmählich heben sich dieselben, besonders beim Hervor-
keimen der bleibenden Haare, stückweise ab und hinterlassen
eine vollkommen normale, höchstens etwas stärker geröthete,
junge Epidermis. Hauptsitz derselben ist das Vorderhaupt und
hier besonders die Gegend der grossen Fontanelle.

Die Seborrhoe kommt ebenso oft bei gut genährten, kräftigen
Säuglingen, wie schwächlichen und anderweitig kranken Kindern vor.

Als Complication gesellt sich dann und wann Eczem hinzu.

Zur Entfernung dieser Borken, was ohne Furcht für die
Gesundheit der Kinder geschehen kann und soll, genügen in der

Regel neben öfteren Waschungen mit Seifenwasser wiederholte Einreibungen mit Oel, Ungtum simplex oder Crême celeste.

11. Alopecia areata, Area Celsi, Porrigo decalvans (Willan).

Als Alopecia areata bezeichnet man jenes Leiden, in Folge dessen an behaarten Stellen der Haut, namentlich am Kopfe, die Haare in Kreis- oder Scheibenform ausfallen und schliesslich ganz kahle, pigmentarme, asbestartig glänzende Tonsuren entstehen, welche an ihrer Peripherie weiter greifen. Die Haare in der nächsten Nachbarschaft dieser kahlen Stellen sind glanzlos, trocken und lassen sich mit leichtem Zuge entfernen. Das Leiden beschränkt sich entweder nur auf kleine umschriebene Inseln, oder bewirkt nach und nach eine Kahlheit des ganzen Kopfes, ausnahmsweise befällt es auch die Augenbrauen.

Die Alopecia areata wird von einzelnen Autoren (Gruby u. A.) als Pilzkrankheit, von anderen wieder als nicht parasitäres Leiden, sondern als Trophoneurose (Bärensprung) aufgefasst. Rindfleisch verlegt das Wesen derselben in eine Ernährungsstörung des Haares, wobei dasselbe durch Einlagerung zahlreicher Fettkörnchen in seine Substanz zwischen dem mittleren und unteren Drittel von seiner Wurzel sich gewissermassen amputirt.

Meinen eigenen Untersuchungen zufolge muss ich die Alopecia areata als nicht parasitäres Leiden bezeichnen; eine Uebertragung durch Ansteckung, wie sie Ziemssen annimmt, habe ich bis heute nicht beobachtet.

Die Mehrzahl der Fälle betrifft schlecht genährte, schwächliche Kinder im Alter von vier bis zehn Jahren, doch habe ich die Krankheit auch schon bei kräftigen, gut genährten Kindern gesehen.

Heilung erfolgt stets, nur treten dann und wann kleine Rückfälle ein.

Behandlung.

Neben einer entsprechenden innerlichen Behandlung mit Chinapräparaten, Eisen etc. erweisen sich locale Einreibungen mit Spirit. vini gallic., Spirit. aromat. und Salben aus weissem Präcipitat heilsam. Rindfleisch empfiehlt Glycerin mit Tinct. capsici (aa part. aequales), während andere Beobachter (Neumann) das Mittel ganz wirkungslos fanden.

12. Sklerema, Zellgewebsverhärtung.

Das Sklerem ist eine vorzugsweise nur bei Neugeborenen auftretende, zum Theil noch räthselhafte Krankheit und charakterisirt sich durch Hartwerden der Haut und des Unterhautzellgewebes, durch ödematöse Anschwellung derselben und auffallendes Sinken der Körperwärme.

Diese Veränderung stellt sich gewöhnlich in den ersten drei bis vier Tagen nach der Geburt ein, beginnt in der Regel an den Waden mit einer entweder umschriebenen, inselförmigen oder gleich ursprünglich diffusen Härte und verbreitet sich von da allmählich auf die Oberschenkel, den Stamm, die oberen Extremitäten und das Gesicht; doch kann auch letzteres oder eine andere Stelle der Haut Ausgangspunkt der Zellgewebsverhärtung sein.

Die Haut ist dabei blass, wachsartig glänzend oder gelblich und bei gleichzeitigem Icterus selbst intensiv gelb oder endlich dunkel livid, fühlt sich hart und kühl, oder eisigkalt an. Die Gliedmassen werden in Folge der ödematösen Anschwellung dick und unförmlich, starr und unbeweglich, so dass der Körper das Aussehen eines erfrorenen hat. Gleichzeitig mit diesen Veränderungen oder mitunter schon etwas früher, stellen sich auch andere functionelle Störungen ein, die Kinder werden hinfällig und schlummersüchtig, wollen die Brust nicht nehmen, das Athmen ist oberflächlich und schnell, die Stimme schwach und wimmernd, Puls- und Herzschlag klein und meist verlangsamt, und was besonders charakteristisch, die Körperwärme sinkt stetig selbst bis 8—10° Cels. unter das Normale; gegen das Ende ergiesst sich nicht selten blutiges Serum aus Mund und Nase.

Unter Zunahme dieser Symptome führt die Krankheit meist binnen wenigen Tagen zum Tode, nur ausnahmsweise und in wenigen Fällen geschieht es, dass unter ausgiebigen Athemzügen und Kräftigwerden der Herzthätigkeit Heilung erfolgt.

Bei der Section findet sich neben der auch nach dem Tode noch andauernden Härte der Haut und des Unterhautzellgewebes Ansammlung von gelblichem oder rothgefärbtem Serum im letzteren, ausserdem öfter Lungenatelectase, catarrhalische oder croupöse Pneumonie, hämorrhagischer Infarct der Lunge, capilläre Extravasate in verschiedenen Organen, seröse Ergüsse im Pleura- und Peritonealsacke und wohl nur zufällig dann und wann Offenbleiben der fötalen Circulationswege.

Ein ähnlicher, jedoch nicht so ausgeprägter und ausgebreiteter Symptomencomplex ist die von Hervieux und Löschner beschriebene Algidité progressive. Dieselbe besteht in ödematöser Anschwellung, Blau- und Kaltwerden der Füsse, Unterschenkel und mitunter auch der Oberschenkel und entwickelt sich bei herabgekommenen, mit chronischen Darm- oder Lungenleiden behafteten Kindern gewöhnlich einige Tage vor dem Tode. Hämorrhagien an der Haut des Unterleibes und am Rücken werden dabei mitunter beobachtet.

Ursachen und Pathogenese. Das Sklerem der Kinder darf keineswegs als ein locales Hautleiden aufgefasst werden, sondern ist wahrscheinlich das Resultat tiefgehender Störungen im Respirations- und Circulationsysteme. Ungenügendes Athmen, mangelhafte, herabgesetzte Energie der Herzthätigkeit, träger Kreislauf aus verschiedenen bei Neugeborenen obwaltenden Ursachen, vielleicht zumeist aus mangelhafter Innervation bewirken zu geringe Wärmeproduction, Starrwerden des Fettgewebes, Oedem und Cyanose der Haut. Die capillären Apoplexien der venösen Blutüberfüllung, die hypostatische Pneumonie etc. sprechen zu Gunsten dieser Auffassung.

Das Sklerem befällt meist ausgetragene, zarte und schwächliche Neugeborene oder marastische, mit chronischen Darm- und Lungenleiden behaftete ältere Kinder. Es wird häufiger in armen als wohlhabenden Familien, öfter im Spitale, Gebär- und Findelhäusern als ausserhalb derselben, und mehr im Winter beobachtet.

Die Behandlung

hat neben einer guten Ernährung vorzugsweise die Einleitung der Respiration, Anregung des Kreislaufes und mit ihnen die Hebung der Eigenwärme anzustreben. Warme Bäder, Wärmflaschen, Einwickeln der Kinder in gut durchwärmte Tücher, Kneten und Faradisiren des Körpers etc. sind möglichst viel in Gebrauch zu ziehen; kann das Kind nicht trinken, so muss die Mutter- oder Ammenmilch mittelst des Löffels eingeflösst werden, ausserdem sind Reizmittel, wie Wein, Rum, Branntwein tropfenweise zu reichen, um wenigstens Alles versucht zu haben.

13. Parasitische Hautkrankheiten.

Die Krankheitserreger gehören theils den pflanzlichen, theils den thierischen Parasiten an; von ersteren werden im

Kindesalter der Herpes tonsurans und Favus, von letzteren
besonders die Scabies beobachtet.

**a) Herpes tonsurans, Herpes circinnatus (Batemann), Trichomykosis, Ring-
Worm (Plumbe.), Trichophyton tonsurans, scheerende Flechte.**

Derselbe wird durch einen Pilz (Trichophyton Malmstenii)
erzeugt, ist vorzugsweise eine Krankheit der behaarten Hautfläche, kommt jedoch auch an nicht behaarten Stellen und im Gesichte, Handrücken, Vorderarmen, Stamm etc. vor.

Er beginnt entweder mit kreisrunden, rothen, etwas erhabenen Flecken (Herpes tonsurans maculosus) von mehreren Linien
Durchmesser, mit kleinen, weisslich gefärbten Schüppchen in der
Mitte, und einer peripher weiterschreitenden frischrothen Rand-
zone, oder er tritt in Form von kleinen eben wahrnehmbaren,
kreisförmig angeordneten Bläschen auf (Herpes tonsurans vesi-
culosus), welche kurze Zeit nach ihrem Aufschiessen wieder eintrocknen und kleine, dünne Schüppchen hinterlassen.

Ergreift die Krankheit die Kopfhaare, so werden dieselben
fahl, glanzlos, spröde, brüchig, fallen entweder aus oder brechen
einige Linien über der Oberfläche ab, so dass kreisrunde, einer
Tonsur täuschend ähnliche kahle Stellen entstehen.

Die Krankheit hat einen chronischen Verlauf und erhalten
mit vorschreitender Heilung die haarlosen Stellen allmählich ihre
Behaarung wieder.

Ursachen.

Herpes tonsurans befällt Kinder eben so häufig wie Erwachsene; feuchte Wohnungen mit Schimmelbildung, Anziehen
von noch nicht gehörig getrockneter Wäsche und vor Allem die
Uebertragung des Pilzes von damit behafteten Menschen (durch
gemeinschaftlichen Gebrauch von Kämmen, Handtüchern, Mützen
etc) oder Thieren (Katzen, Hunden, Pferden etc.) erzeugen und
verbreiten das Uebel. Die Uebertragung kann auch durch Favusborken stattfinden, und ist namentlich durch Kulturversuche von
Hebra, Neumann, Pick u. A. sichergestellt, dass Favus und
Herpes tonsurans durch Einen Pilz (Penicillium) hervorgerufen
werden können.

Behandlung.

Herpes tonsurans sah ich nach einer gewissen Zeit auch
von selbst wieder schwinden; um ihn zu begrenzen, sind vor

Allem Abreibungen mit Kaliseife (Schmierseife) oder Waschungen mit Spirit. sapon. alcalin. (Hebra) zu empfehlen. Dasselbe erreicht man auch mit Boraxlösungen, rother Präcipitatsalbe; überraschend schnelle Wirkung sah ich von der Anwendung des Styrax.

b) Favus, Tinea vera, Porrigo favosa, Erbgrind.

Favus ist jene pflanzlich parasitäre Hautkrankheit, bei welcher sich theils isolirt stehende, theils dicht gruppirte bis linsengrosse, schüssel- oder napfförmige, blass- bis schwefelgelbe Borken bilden, welche am Kopfe sich gewöhnlich zu mehr weniger dicken, trockenen, honigwabenartigen Krusten vereinigen und einen eigenthümlichen Geruch nach Schimmel verbreiten.

Lieblingssitz des Favus ist die behaarte Kopfhaut, doch kommt derselbe auch auf anderen Körpertheilen vor.

Im Beginne der Krankheit entwickeln sich unter Jucken auf bisweilen runden, bisweilen diffusen, leicht hyperämischen Stellen dünne runde Schüppchen, einzelne derselben erheben sich zu mohnkorngrossen gelben Hügelchen, welche allmählich zu der Grösse der ausgebildeten Favusborke anwachsen, dann und wann wird selbst Pustelbildung gleichzeitig beobachtet. Nach Köbner beginnt der Favus an den übrigen Hautstellen gewöhnlich mit herpesartigen Bläschen, welche allmählich zu gelben Borken eintroeknen (herpedisches Vorstadium).

Löst man die Borken ab, so findet sich an der ihnen entsprechenden Haut eine kleine, napfförmige Vertiefung mit zarter, leicht gerötheter Epidermisdecke (partielle Atrophie der Haut), nach langem Bestehen des Uebels auch wirkliche Ulcerationen und Narben.

Die vom Favus getroffenen Haare werden farb- und glanzlos, wie mit feinem Puder bestaubt, spröde und brüchig, zerklüften, brechen ab und lassen sich mit Leichtigkeit ausziehen.

Mikroskopisch untersucht bestehen die Borken aus Epidermiszellen und zum grösseren Theile aus einem Pilze (Achorion Sehoenleinii), welch letzterer zahlreiche farblose Myceliumfäden und theils einzeln liegende, theils kettenförmig aneinander gereihte Conidien zeigt.

Aehnlich wie andere Favusborken finden sich auch in den erkrankten Haaren und zwar sowohl in den Wurzelscheiden, wie in der faserigen Schichte zahlreiche Pilzelemente vor.

Ob dem Achorion Sehoenleinii und dem Herpes tonsurans

ein und derselbe Pilz zu Grunde liegt und beide Krankheiten nur gewisse Entwickelungsstadien desselben repräsentiren, wie Robin, Hebra, Hudchinson, Pick u. A. annehmen, oder ob die Krankheit erregenden Pilze verschiedene sind, darüber sind die Ansichten noch getheilt, doch sprechen mehrere triftige Beobachtungen zu Gunsten der ersteren Ansicht. Fortgesetzte Untersuchungen und directe Kulturversuche werden in dieses höchst interessante Kapitel noch mehr Licht bringen.

Favus befällt Kinder wie Erwachsene, derselbe ist durch Ansteckung übertragbar und wird nicht selten von Thieren auf Menschen überpflanzt. In einer feuchten Försterswohnung, wo an Wänden und Fussböden Schimmelpilze reichlich wucherten, sah ich drei Kinder gleichzeitig an Favus erkrankt.

Favus ist eine sehr chronische, den Heilmitteln hartnäckig trotzende, doch nicht immer unheilbare Krankheit.

Behandlung.

Nachdem die Borken mit Oel oder einem anderen Fett ausgiebig durchtränkt und mittelst wiederholter Seifenwaschungen abgelöst sind, werden die kranken Haare ausgezogen und pilztilgende Mittel in Anwendung gebracht. Hebra lässt die kranken Stellen zweimal täglich mit Schmierseife abreiben und mit in Carbolsäurelösung (Acid. carbolici drachmam, Glycer., Alcoh. aa unciam, Aq. font. destill. une. sex) getauchte Compressen bedecken. Aus vielen anderen gerühmten Mitteln mögen nur noch die Sublimatwaschungen, Benzin und Terpentin als hilfreich genannt werden. Ich selbst habe, ähnlich wie beim Herpes tonsurans, auch beim Favus in einigen Fällen vom Styrax gute Erfolge beobachtet.

c) Krätze, Scabies.

Die Krätze ist jener heftig juckende Hautausschlag, welcher durch den Reiz eines thierischen Parasiten, nämlich der Krätzmilbe (Acarus scabiei, Sarcoptes) hervorgerufen wird. Die Milbe sieht, mit bewaffnetem Auge betrachtet, einer Schildkröte nicht unähnlich und ist in der Länge $1_5 - 1/4$, in der Breite $1/7 - 1/6$ Linie gross. Die männlichen Milben sind viel kleiner als die weiblichen, letztere bohren sich mit ihren Kiefer in die Epidermis bis ins Rete Malpighii, dringen daselbst, während sie ihre Eier ablegen, allmählich in geraden oder winkligen Zickzacklinien weiter, wodurch die für die Krankheit so charakteristischen und diagnostisch wichtigen Milbengänge entstehen. Am Ende

eines jeden Ganges befindet sich gewöhnlich eine kleine weissliche Erhabenheit, in welcher sich die Milbe befindet. Sticht
man mit einer Nadel vorsichtig in dieselbe ein, so gelingt es
öfter, die Milbe herauszuheben.

Lieblingsstellen der Krätzmilbe sind die Hände, namentlich
zwischen den Fingern, die Ellbogengelenke, Achselfalten, der Penis,
Steiss, die Füsse, namentlich die Fusssohlen, ausserdem kann die
Krätze aber jede Stelle der Haut befallen, und zeigt sich gerade
bei Kindern nicht selten auch im Gesichte, sogar an der behaarten Kopfhaut, auf der Brust und Bauchwand.

Als artificielle Folgen der Krankheit, und zwar zumeist durch
das Kratzen erzeugt, finden sich auf der Haut Papeln, Bläschen,
Pusteln, mitunter selbst Ekthyma- und pemphigusähnliche Eruptionen; je zarter und empfindlicher die Haut und je länger das
Uebel schon dauert, desto ausgebreiteter und intensiver werden
dieselben getroffen. Das Jucken steht im geraden Verhältnisse zu
der Ex- und Intensität der Krankheit und steigert sich auffallend
in der Bettwärme, während es in der Kälte abnimmt.

So leicht die Diagnose bei deutlichen Milbengängen sich gestaltet, so schwierig kann sie unter Umständen bei Kindern werden, wenn sich die Gänge in die oben genannten Hautefflores-
cenzen umwandeln; eine Verwechselung mit Eczema impetiginodes, Lichen, Prurigo und selbst Pemphigus gehört unter solchen
Umständen, namentlich für den noch weniger geübten Arzt, nicht
zu den Unmöglichkeiten. Ich erinnere mich eines Falles von
Scabies bullosa und zwar nur an den Händen, welcher von
vielen und darunter schon erfahrenen Aerzten als Pemphigus bezeichnet wurde.

Behandlung.

Die früher so sehr beliebten Krätzmittel wurden in jüngerer
Zeit vom Styrax und dem Perubalsam ziemlich verdrängt
Wenige Einreibungen mit Balsam. per. genügen in der Regel, das
Uebel zu beseitigen; der Styrax wird entweder nur mit Olivenöl
($1/4$—$1/3$), oder auch mit Glycerin, Schwefel verbunden. Für sehr
ausgebreitete und schon veraltete Fälle erweist sich die Solutio
Vlemingkx als das sicherste Mittel; um stärkere Reizungszustände
der Haut zu vermeiden, wähle man die Solutio Vlemingkx modificata. Nach Monti sind der Balsam. copaiv. und besonders
die Carbolsäure sicher und schnell wirkende Krätzmittel.

BERICHTIGUNGEN.

Pierer'sche Hofbuchdruckerei. Stephan Geibel & Co. in Altenburg.